"十二五"职业教育国家规划教材
经全国职业教育教材审定委员会审定

工业锅炉设备与运行

主　编　白凤臣
副主编　马文姝
参　编　居晨红　魏少波
主　审　黄　波

机械工业出版社

本书是“十二五”职业教育国家规划教材，经全国职业教育教材审定委员会审定。

本书以人力资源和社会保障部颁布的“锅炉操作工国家职业标准”为依据，按照高职城市热能应用技术专业人才培养目标的要求，通过校企合作、校校合作编写而成。

本书按照供热企业岗位群的能力要求，以供热企业典型工作任务为载体，以热能动力设备运行操作流程为主线进行编写。全书共有三个学习项目，六个学习任务。主要内容包括：火床锅炉设备选型、火床锅炉设备运行、燃油燃气锅炉设备选型、燃油燃气锅炉设备运行、循环流化床锅炉设备选型、循环流化床锅炉设备运行。

本书在编写过程中广泛吸收了国内外供热企业的最新技术和标准，贴近生产，贴近工程实践。通过学习本书，学生能够初步掌握现代供热企业的最新技术，明确工业锅炉设备运行管理岗位的工作内容与工作职责，熟悉热能动力设备操作规程，为今后走上工作岗位打下良好的基础。

本书主要作为能源类和建筑类高职高专院校城市热能应用技术专业、热能动力设备与应用专业、供热通风与空调工程技术专业教学用书，也可作为供热企业的培训教材和工程技术人员掌握专业知识的自学参考用书。

本书配有电子课件，凡使用本书作为教材的教师可登录机械工业出版社教育服务网 www.cmpedu.com 注册后免费下载。咨询邮箱：cmpgaozhi@sina.com。咨询电话：010-88379375。

图书在版编目（CIP）数据

工业锅炉设备与运行/白凤臣主编．—北京：机械工业出版社，2016.12（2023.8 重印）

“十二五”职业教育国家规划教材．经全国职业教育教材审定委员会审定

ISBN 978-7-111-55267-3

Ⅰ．①工…　Ⅱ．①白…　Ⅲ．①工业锅炉-锅炉运行-高等职业教育-教材

Ⅳ．①TK229②TK227

中国版本图书馆 CIP 数据核字（2016）第 257597 号

机械工业出版社（北京市百万庄大街 22 号　邮政编码 100037）

策划编辑：王海峰　责任编辑：刘良超　张丹丹　责任校对：刘怡丹

封面设计：鞠　杨　责任印制：张　博

北京建宏印刷有限公司印刷

2023 年 8 月第 1 版・第 3 次印刷

184mm×260mm・25.75 印张・636 千字

标准书号：ISBN 978-7-111-55267-3

定价：69.80 元

电话服务　　　　　　　　　　网络服务

客服电话：010-88361066　　机　工　官　网：www.cmpbook.com

　　　　　010-88379833　　机　工　官　博：weibo.com/cmp1952

　　　　　010-68326294　　金　　书　　网：www.golden-book.com

封底无防伪标均为盗版　　机工教育服务网：www.cmpedu.com

前言

“工业锅炉设备与运行”课程是城市热能应用技术专业、供热通风与空调工程技术专业的一门核心专业课程。它以培养学生掌握城市集中供热厂供热锅炉机组运行管理的基本知识和机组的启、停、运行调整、事故处理等方面的基本技能，初步形成岗位工作能力为目标，根据教育部制定的高职高专城市热能应用技术专业课程标准的要求，本着理论够用、应用为主、工学结合、注重实践的教学理念，并结合编者长期讲授该门课程的丰富教学经验编写而成，是一部工学结合的特色教材。

本书对原来学科体系的知识进行了解构和重构，构建了以项目或任务为载体、工作过程系统化为导向的工学结合特色教材。为了突出高等职业教育的特色，体现国家骨干高职院校的建设成果，本书在内容选择上广泛吸收了国内外供热企业的最新技术和标准，贴近生产，贴近工程实践，符合专业教育标准和专业培养目标的要求，具有针对性、实用性、先进性。通过学习本书，学生能够初步掌握现代供热企业的最新技术，明确工业锅炉设备运行管理岗位的工作内容与工作职责，熟悉热能动力设备操作规程，为今后走上工作岗位打下良好的基础。

本书共有三个学习项目，六个学习任务，按照校企合作、校校合作的原则编写而成。学习项目一“火床锅炉设备与运行”由中山职业技术学院马文姝和大庆高新热力有限公司居晨红编写；学习项目二“燃油燃气锅炉设备与运行”由黑龙江职业学院白凤臣和中山职业技术学院马文姝编写；学习项目三“循环流化床锅炉设备与运行”由黑龙江职业学院白凤臣和哈尔滨红光锅炉集团公司魏少波编写。全书由黑龙江职业学院白凤臣任主编并统稿，中山职业技术学院马文姝教授任副主编。哈尔滨理工大学黄波审阅了本书并提供了宝贵修改意见。

本书在编写过程中，参阅了高等学校有关教材及公开出版的技术参考书，并得到了合作院校、锅炉制造厂和供热企业的热情帮助，在此一并致谢。

尽管编者在探索“工业锅炉设备与运行”课程特色教材方面做了许多努力，但由于高职教育的改革是一个继续探索和不断深化的过程，教材的完善需要一个较长的时间，加之编者水平所限，书中难免存在疏漏和不足之处，恳请各教学单位和广大读者批评指正。

编　者

目录

学习项目二　燃油燃气锅炉设备与运行

学习项目三　循环流化床锅炉设备与运行

学习项目一

火床锅炉设备与运行

学习任务一

火床锅炉设备选型

知识目标

1. 了解火床锅炉设备的组成与工作过程。
2. 掌握火床锅炉房系统组成设备的分类、特点、工作原理与应用选型知识。
3. 熟知工业锅炉主要的技术经济指标及其对锅炉性能的影响。
4. 熟悉工业锅炉性能特点及应用选型技术。
5. 掌握锅炉房热负荷计算方法。
6. 熟知锅炉设备选型原则。

能力目标

1. 具有借助相关资料进行锅炉房热负荷计算的能力。
2. 能根据具体要求进行锅炉供热系统设备选型。
3. 能够独立编制锅炉设备选型报告。
4. 具备对锅炉设备进行评价的能力。
5. 获取信息资源的能力。

任务导入

华北某量具厂要设计一座蒸汽锅炉房，为生产、生活以及厂房和住宅采暖提供热源。生产、生活为全年性用汽，采暖为季节性用汽。生产用汽设备要求提供的蒸汽压力最高为0.4MPa，用汽量3.7t/h；凝结水受生产过程的污染，不予回收利用；采暖用汽量为7.8t/h，采暖系统的凝结水回收率为65%；生活用汽主要供食堂和洗澡用热需要，用汽量为0.7t/h，无凝结水回收，采用山西烟煤作为燃料。

根据以上的条件，要求学生通过教师讲解、现场参观、网上查阅资料等各种手段，获取知识信息，通过自主学习，编制此火床锅炉房设备选型报告，具体内容包括：

1. 锅炉房最大热负荷计算。
2. 锅炉本体选型方案。
3. 锅炉辅助设备选型方案。
4. 锅炉房工艺流程图绘制。
5. 锅炉运行经济性分析，估算出每平方米供暖面积的成本。
6. 形成任务报告单。

任务分析

要想正确做出火床锅炉房设备选型，首先必须了解火床锅炉设备构成及其工作过程，熟悉设备组成系统内每一设备的类别、工作原理、性能特点及应用条件。本任务将通过火床锅炉设备构成与工作过程认知、工业锅炉性能评价、工业锅炉本体结构分析与应用、锅炉辅助设备选型、锅炉房规模确定和设备选型五个单元的学习，最终完成火床锅炉设备选型报告的编制任务。

教学重点

1. 掌握火床锅炉房系统组成设备的分类、特点、工作原理与应用选型知识。
2. 熟知工业锅炉主要技术经济指标及其对锅炉性能的影响。

教学难点

锅炉设备选型及经济性分析。

相关知识

锅炉是利用燃料（煤炭、生物质、石油、天然气等）燃烧释放的热能或其他热能将工质（水或其他流体）加热到一定参数的设备。由于锅炉广泛地被应用于加热水使之转变为蒸汽，所以有时也称锅炉为蒸汽发生器。

工业锅炉广泛应用于国民经济的各个领域，主要为工业生产的工艺过程提供热能，是生产活动得以正常进行的关键动力源，是现代生产不可或缺的重要设备。我国的能源结构特点是煤多油少，由此决定了国内工业锅炉的燃料主要以燃煤为主，而火床锅炉又是燃煤工业锅炉的主要形式，占燃煤工业锅炉的70%以上。因此，带领学生了解燃煤工业锅炉设备的构成、结构、性能特点及应用选型技术，是本任务的主要内容。

单元一　火床锅炉设备构成与工作过程认知

一、火床锅炉设备构成

锅炉设备由锅炉本体和辅助设备两大部分构成。

1. 锅炉本体

锅炉本体是由“锅”（接受高温烟气的热量并将其传给工质的受热面系统）和“炉”（将燃料的化学能转变为热能的燃烧系统）两大部分组合在一起构成的。图1.1-1所示为双锅筒横置式链条炉排锅炉。

“锅”是容纳水和蒸汽并承受内部或外部作用压力的受压部件，包括锅壳、锅筒（也叫汽包）、下降管、集箱（联箱）、水冷壁、凝渣管、锅炉管束、蒸汽过热器、省煤器等，其中进行着水的加热、汽化及汽水分离等过程。

“炉”是燃料燃烧的场所，包括燃烧设备（炉排、挡渣器、受煤斗、煤闸门、风室、空气预热器）和燃烧室（炉膛）。锅和炉是通过受热面的传热过程联系起来的。

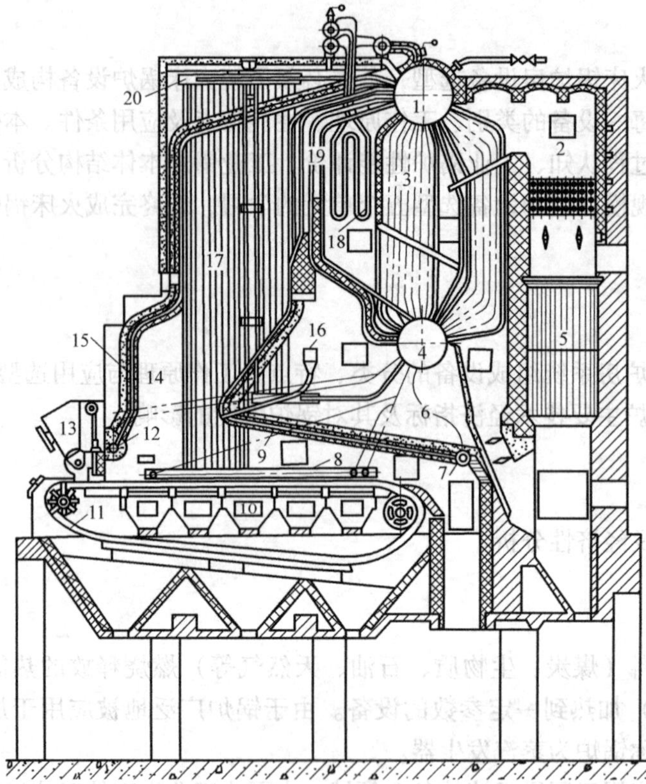

图 1.1-1　双锅筒横置式链条炉排锅炉

1—上锅筒　2—省煤器　3—锅炉管束　4—下锅筒　5—空气预热器　6—下降管
7—后墙水冷壁下集箱　8—侧墙水冷壁下集箱　9—后墙水冷壁　10—风仓　11—链条炉排
12—前墙水冷壁下集箱　13—炉前煤斗　14—炉膛　15—前墙水冷壁　16—二次风管道
17—侧墙水冷壁　18—蒸汽过热器　19—凝渣管　20—侧墙水冷壁上集箱

受热面是锅和炉的分界面。凡是一侧有放热介质（火焰、烟气）、另一侧有受热介质（水、蒸汽、空气）、进行着热量传递的壁面均称为受热面。

受热面从放热介质吸收热量并向受热介质放出热量。主要以辐射传热的方式吸收放热介质热量的受热面称为辐射受热面。而主要以对流传热的方式吸收放热介质热量的受热面称为对流受热面。辐射受热面布置在炉膛内，对流受热面布置在炉膛出口以后的烟气温度较低的烟道内。布置对流受热面的烟道称为对流烟道。

2. 锅炉辅助设备

（1）燃料供应系统设备　燃料供应系统设备的作用是保证供应锅炉连续运行所需要的符合质量要求的燃料。其设备包括：

1）燃料储存设备。燃料储存设备包括煤场、原煤仓、受煤斗和煤粉仓等。

2）燃料运输设备。燃料运输设备包括带式输送机、埋刮板输送机、多斗提升机、电动葫芦吊煤罐、单斗提升机、给煤机、给粉机、桥式抓斗起重机和推煤机等。

3）燃料加工设备。燃料加工设备包括破碎机、磨煤机、粗粉分离器、细粉分离器、排粉风机、型煤机等。

(2) 送、引风设备　送、引风设备的作用是给炉子送入燃烧所需要的空气或给磨煤系统输送热空气干燥剂，并从炉膛内引出燃烧产物——烟气，以保证燃料的正常燃烧。送、引风设备包括送风机、引风机、冷风道、热风道、烟道和烟囱等。

(3) 汽、水系统设备　汽、水系统包括蒸汽、给水和排污三大系统。

蒸汽系统的作用是将合格的蒸汽送往用户或作为锅炉自用汽。蒸汽系统设备包括蒸汽管道、附件、分汽缸等。

给水系统的作用是将经过水处理后的符合锅炉水质要求的给水送入锅炉，以保证锅炉正常运行。给水设备包括水泵，水箱，给水管，再生液管，水的除硬、除碱、除盐和除气设备等。

排污系统的作用是将锅水中的沉渣和盐分杂质排除掉，使锅水符合锅炉水质标准。排污系统设备包括排污管、附件、连续排污膨胀器、定期排污膨胀器、排污降温池等。

(4) 除灰渣设备　除灰渣设备的作用是将锅炉的燃烧产物——灰渣，连续不断地除去并运送到灰渣场。除灰渣设备包括马丁除渣机、叶轮除渣机、螺旋除渣机、刮板除渣机、重型链条除渣机、水力除灰渣系统、沉灰池、渣场、渣斗、桥式抓斗起重机、推灰渣机等。

(5) 烟气净化系统设备　烟气净化系统包括烟气的除尘、脱硫、脱硝设备，它们的作用是除去锅炉烟气中夹带的固体微粒——飞灰和二氧化硫、氮氧化物等有害物质，改善大气环境。除尘、脱硫、脱硝设备包括机械力式除尘器、湿式除尘器、过滤式除尘器、电除尘器、二氧化硫吸收塔、脱硝装置等。

(6) 仪表及自动控制系统设备　仪表及自动控制系统设备的作用是对运行的锅炉进行自动检测、程序控制、自动保护和自动调节。仪表及自动控制系统设备包括微型计算机和温度计、压力表、水位计、流量计、负压表等仪表，烟气氧量表，自动调节阀以及控制系统等。

二、锅炉的工作过程

在锅炉内进行着能量的转换和转移过程：

1) 燃料在炉内燃烧，燃料的化学能以热能的形式释放出来，使火焰和烟气具有高温。

2) 高温火焰和烟气的热量通过受热面向被加热介质传递。

3) 水被加热至沸腾而汽化，成为饱和蒸汽，再经过加热而成为过热蒸汽。

燃料燃烧、火焰和烟气向工质传热、工质的加热和汽化是三个相互关联而又同时进行的过程，是锅炉工作中的主要过程。

能量转换和转移过程是与物质运动相结合的：

1) 给水进入锅炉，最后以饱和蒸汽或过热蒸汽（对于热水锅炉则为热水）形式输出。

2) 煤进入炉内燃烧，其可燃部分燃烧后连同原含水分转化为烟气，原含灰分则残存为灰渣。

3) 风送入炉内参加燃烧反应，过剩的空气也混入烟气中排出。

汽水系统、煤渣系统、风烟系统是锅炉的主要系统，这三个系统的工作也是同时、连续地进行的。

通常把燃料、烟气侧进行的燃烧、放热、排渣、气体流动等过程总称为炉内过程。把水、汽侧进行的流动、吸热、汽化、汽水分离以及一系列热化学过程总称为锅内过程。工业锅炉的工作过程，如图 1. 1-2 所示。

1. 炉内过程

图 1. 1-2 所示的锅炉是以煤为燃料的层燃炉。煤经输煤装置送入锅炉原煤仓 12，原煤仓 12 中的煤直接靠自重经溜煤管进入炉前煤斗，再落到缓缓向前移动的链条炉排 2 上，经过煤闸门进入燃烧室。燃料燃烧所需要的空气经送风机压入空气预热器 5，升温后进入炉排下面的分段送风仓，进而与炉排上面的煤充分接触、混合，进行强烈的燃烧反应，产生的高温烟气以辐射传热的方式，向敷设在燃烧室四周水冷壁内的水或汽水混合物传递热量。继而，高温烟气经烟窗（炉膛出口）掠过凝渣管，冲刷蒸汽过热器，沿着隔火（折烟）墙横向冲刷锅炉管束，以对流传热方式，将热量传递给对流受热面管束内的汽、水、汽水混合物等工质；沿途温度逐渐降低的烟气进入尾部受热面，冲刷省煤器 4，以对流传热方式，将部分热量传递给管内工质——水，随后烟气进入空气预热器 5 管内，以对流传热方式将热量传递给管外流动的工质——空气，被加热后的空气进入炉膛，使炉内燃烧强化、炉温升高，从而提高了锅炉热效率。至此，烟气温度已降到经济排烟温度，离开锅炉本体，经过除尘器 6 除尘、引风机 7、烟道、烟囱 8 排入大气。燃烧生成的灰渣经除灰渣装置送往渣场。图 1. 1-3所示为炉内过程流程框图。

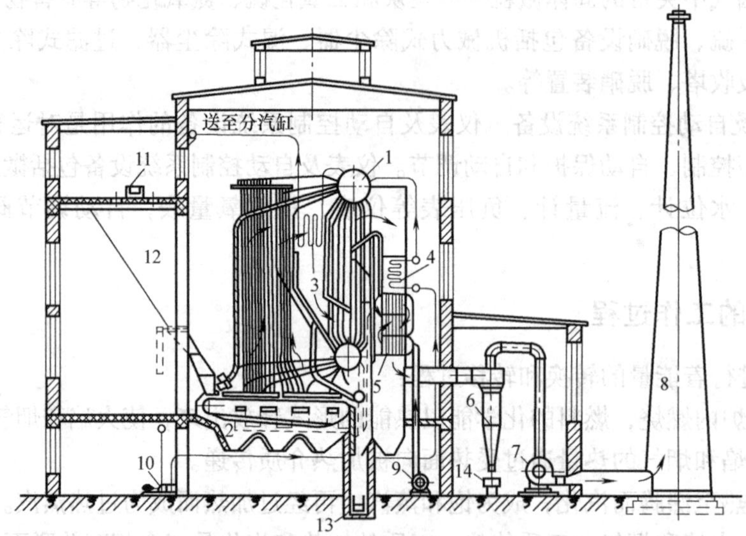

图 1. 1-2 工业锅炉的工作过程

1—锅筒 2—链条炉排 3—蒸汽过热器 4—省煤器 5—空气预热器 6—除尘器 7—引风机 8—烟囱 9—送风机 10—给水泵 11—带式输送机 12—原煤仓 13—重链除渣机 14—灰车

2. 锅内过程

经水处理系统处理并符合锅炉水质要求的给水，由给水泵经给水管道送入省煤器，水在省煤器中吸收尾部烟道内烟气的热量，预热后的给水进入上锅筒，并由下降管经水冷壁下部集箱流入辐射受热面（水冷壁），水在水冷壁中吸收炉内高温辐射热后形成汽水混合物并流入上锅筒；在锅炉管束中也进行同样的过程。上锅筒内的炉水沿着受热较弱的管束向下流入下锅筒，并由下锅筒经受热较强的管束形成汽水混合物再流回上锅筒。汽水混合物在上锅筒内经过汽水分离装置进行汽水分离，饱和蒸汽由锅筒上部送入蒸汽过热器，蒸汽在蒸汽过热器内与管外高温烟气进行对流传热，吸收高温烟气的热量后形成过热蒸汽，并经汽温调节装置达到额定过热蒸汽温度，品质合格的蒸汽汇合到过热器出口集箱，经主蒸汽阀进入分汽缸，再分送往各热用户。图 1.1-4 所示为锅内过程流程框图。

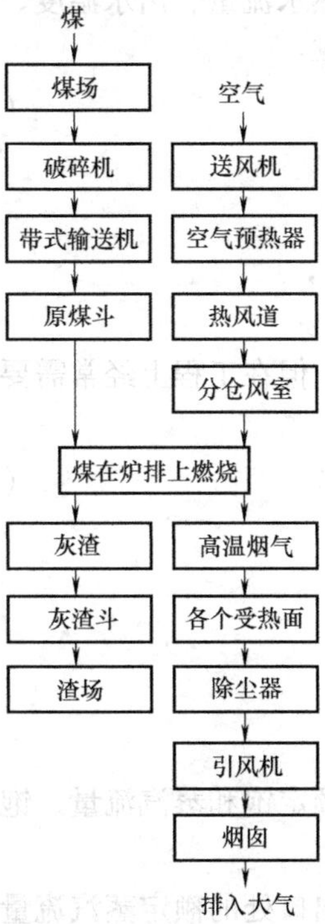

图 1.1-3　炉内过程流程框图

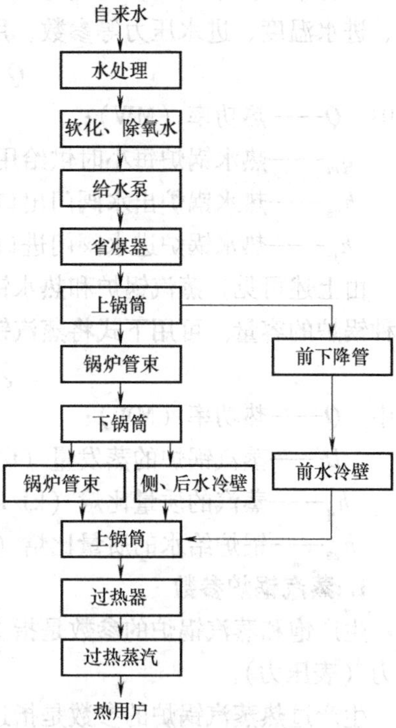

图 1.1-4　锅内过程流程框图

单元二　工业锅炉性能评价

我国工业锅炉量大面广，种类繁多，常用下列锅炉参数和技术经济指标来区别其结构特征、燃烧方式、燃料品种、容量大小、参数高低及其经济性等，以利于设计、制造、选型、运行、维修和管理标准化。

一、锅炉输出功率及换算

锅炉参数是指锅炉容量、工作压力、工质温度。

蒸汽锅炉用额定蒸发量表征其容量的大小。所谓额定蒸发量，是指蒸汽锅炉在额定压力、温度（出口蒸汽温度与进口水温度）、使用设计燃料和保证设计热效率指标的条件下，每小时连续运行所达到的最大蒸汽产量。锅炉铭牌上所标蒸汽产量即为该锅炉的额定蒸发量。蒸发量用符号“D”表示，单位为 t/h。

运行中的蒸汽锅炉，可以直接通过蒸汽流量计、压力表、温度计等测量仪表来检测其参数。

热水锅炉则用额定热功率表征其容量的大小。所谓额定热功率，是指热水锅炉在额定压力、温度（出口水温度与进口水温度）、燃烧设计燃料和保证设计热效率指标的条件下，每小时连续运行所达到的最大产热量，锅炉铭牌上所标热功率即为额定热功率。热功率用符号 Q 表示，单位为 MW。

运行中的热水锅炉，通过各种仪表可以分别测量出锅炉的热水流量、出水温度、出水压力、进水温度、进水压力等参数，用下式计算热水锅炉的热功率：

$$Q = 0.000278 q_m (h_{cs} - h_{js}) \tag{1.1-1}$$

式中 Q——热功率（MW）；

q_m——热水锅炉每小时供给用户的热水流量（t/h）；

h_{cs}——热水锅炉出水阀门出口处的出水质量比焓（kJ/kg）；

h_{js}——热水锅炉进水阀门进口处的进水质量比焓（kJ/kg）。

由上述可见，蒸汽锅炉和热水锅炉热容量的表示方法不同，但在工程上经常需要比较这两种锅炉的容量。可用下式将蒸汽锅炉的蒸发量换算成热功率：

$$Q = 0.000278 D (h_q - h_{gs}) \tag{1.1-2}$$

式中 Q——热功率（MW）；

D——蒸汽锅炉的蒸发量（t/h）；

h_q——蒸汽的质量比焓（kJ/kg）；

h_{gs}——锅炉给水的质量比焓（kJ/kg）。

1. 蒸汽锅炉参数

生产饱和蒸汽锅炉的参数是指上锅筒主蒸汽阀门出口处的额定饱和蒸汽流量、饱和蒸汽压力（表压力）。

生产过热蒸汽锅炉的参数是指过热器出口集箱主蒸汽阀门出口处的额定蒸汽流量、蒸汽压力（表压力）和过热蒸汽温度。

蒸汽锅炉设计时的给水温度分为 20℃、60℃、105℃，由制造厂在设计时结合具体情况确定。锅炉给水温度是指进省煤器的给水温度，对于无省煤器的锅炉是指进锅筒的给水温度。

2. 热水锅炉参数

热水锅炉参数是指热水供水阀门出口处的额定热功率、压力（表压力）、热水温度及回水阀门进口处的回水温度。

3. 常压热水锅炉参数

常压热水锅炉是以水为介质、表压力为零的固定式锅炉。锅炉本体开孔与大气相通，以此来保证在任何情况下，锅筒水位线处表压力始终保持为零。常压热水锅炉参数是指热水供水阀门出口处的额定热功率、热水温度及回水阀门进口处的回水温度。

二、工业锅炉的技术经济指标

1. 受热面蒸发率

锅炉受热面是指“锅”与烟气接触的金属表面积，即烟气与工质进行热交换的金属表面积。受热面的大小，工程上一般以烟气侧的放热面积计算，用符号 A 表示，单位为 m^2。

蒸汽锅炉每平方米受热面每小时产生的蒸汽量称为受热面蒸发率，用符号 D/A 表示，单位为 $kg/(m^2 \cdot h)$。

由于烟气在流动过程中不断放热，烟气温度逐渐降低，致使各受热面处的烟气温度水平各不相同，其受热面蒸发率有很大差异。如炉内辐射受热面蒸发率可达800kg/(m^2·h)，而对流受热面蒸发率只有20～30kg/(m^2·h)。因此，对整台锅炉而言，受热面蒸发率只是一个平均指标，一般蒸汽锅炉的受热面蒸发率D/A=30～40kg/(m^2·h)。

鉴于各种型号工业锅炉的工质参数不尽相同，为便于比较，引入标准蒸汽的概念。标准蒸汽是指压力（绝对大气压力）为101325Pa的干饱和蒸汽，其焓值为2676kJ/kg。将锅炉的实际蒸发量D换算为标准蒸发量D_{bz}，这样，受热面蒸发率就以D_{bz}/A表示，其换算公式为：

$$D_{bz}/A=\frac{10^3 D(h_q-h_{gs})}{2676A} \tag{1.1-3}$$

式中　D_{bz}/A——受热面蒸发率［kg/(m^2·h)］；

A——受热面面积（m^2）。

2. 受热面热功率

热水锅炉每平方米受热面面积每小时产生的热量，称为受热面热功率，用符号Q/A表示，单位为MW/m^2或kJ/(m^2·h)。与蒸汽锅炉一样，热水锅炉受热面发热率也是一个平均值概念，一般热水锅炉受热面发热率Q/A<0.02325MW/m^2或Q/A<83700kJ/(m^2·h)。

3. 锅炉热效率

锅炉热效率是指锅炉在额定负荷运行时，锅炉有效利用热量占锅炉输入热量的百分比，即每小时送进锅炉的燃料完全燃烧所放出的热量中有百分之几用来产生蒸汽或加热水，用符号η_{gl}表示。

锅炉热效率是锅炉的重要技术指标。NB/T 47034—2013《工业锅炉技术条件》中，规定了在工业锅炉通用技术要求下，试验、检验和验收以及新产品鉴定的热效率。

在锅炉运行中，常用“煤汽比”来表示锅炉运行的经济性，其含义为每1kg煤燃烧后产生多少kg蒸汽。

4. 锅炉金属耗率及电耗率

锅炉金属耗率是指锅炉单位额定蒸发量所用金属材料的质量，单位为t·h/t。

工业锅炉金属耗率指标一般为2～6t·h/t。

锅炉电耗率是指生产1t蒸汽耗用电的度数，单位为kW·h/t。计算锅炉电耗率时，除了锅炉本体外，还应计算所有的辅助设备，包括煤的破碎及制粉设备的电耗量，工业锅炉电耗率指标一般为10kW·h/t左右。

衡量锅炉总的经济性，不仅要求热效率高，而且要求金属耗量低，电耗量少；但这三者之间是互相制约的。如果要提高锅炉热效率，则要增加受热面的面积，这样金属耗率就增加了；又如要想提高煤粉炉的热效率，煤粉越细，燃烧越完全，热效率也就越高，但这样一来，金属耗率和电耗率均要增加。因此，为了提高锅炉运行的经济性，应综合考虑这三个方面的因素，取其最佳值。

5. 煤汽比

蒸汽锅炉在统计期内（如一班、一个月或一年），根据实际耗煤量与实际产汽量的累计统计值，来计算煤汽比，求得生产每吨蒸汽的实际耗煤量。既可反映锅炉的实际燃料消耗指标，是能源统计报表与成本核算的主要数据，又可依燃煤发热量和蒸汽压力等相关参数换算成锅炉平均运行效率，可用于班组与厂际之间的评比考核。

6. 锅炉运行负荷率

锅炉负荷率就是考核期内锅炉的实际运行出力与额定出力之比。它是总体反映锅炉容量设置是否合理的主要指标，可用下式计算：

$$\varphi_{PJ} = \left(\frac{D_z}{D_{ed}h}\right) \times 100\% \tag{1.1-4}$$

式中 φ_{PJ}——考核期内锅炉的平均负荷率（%）；

D_z——考核期内锅炉实际产生的蒸汽量（t）；

D_{ed}——锅炉额定出力（t/h）；

h——考核期间锅炉实际运行时间（h）。

锅炉实际运行效率与众多因素有关，如锅炉型号、结构与容量、使用年限、燃料品种、燃烧方式、自动化控制程度、运行操作和负荷率等。当锅炉已经选定且运行后，运行效率与其负荷率有密切关系。就一般总的趋势来讲，锅炉最高运行效率多是在负荷率75%~100%时获得的。如果负荷率太低，锅炉运行效率必然降低；超负荷运行，锅炉运行效率也会降低，如图1.1-5所示。因此，要提高锅炉运行效率，应首先合理提高锅炉的负荷率，才能获得经济运行效果。

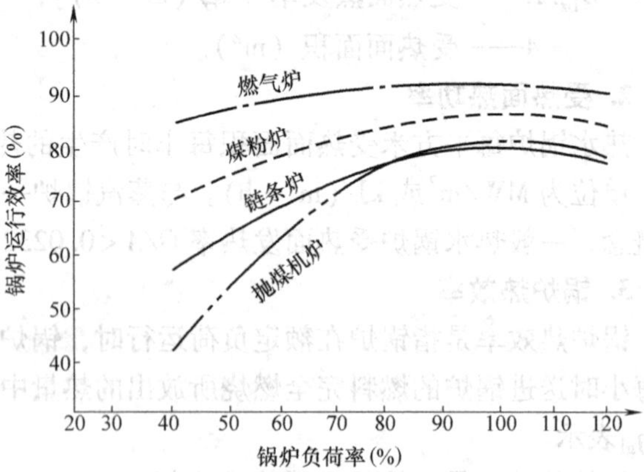

图1.1-5 锅炉负荷率与运行效率的关系示意图

三、对工业锅炉的基本要求

在我国一次能源的构成中，化石燃料占95%以上。锅炉是一种能源转换装置——将一次能源（化石燃料）转换成二次能源（蒸汽或热水）的装置。通过工业锅炉转换的一次能源占能源总消耗量的30%以上，工业锅炉是消费能源最多的装置，工业锅炉排放的烟尘是我国大气污染的主要污染源。

对工业锅炉的基本要求是：

1. 保产保暖

按质（压力、温度、净度）按量（蒸发量、供热量）地供出蒸汽或热水，满足生产和采暖需要。

2. 安全耐用

正确选用钢材，确保材质合格；正确进行受压元件的强度计算，保证足够的厚度；正确设计结构和选择工艺，保证制造、安装施工质量；正确进行热工、水力设计，保证工质对受热面的良好冷却；采取合理的结构和措施，防止零、部件受到腐蚀、磨损，以及由于热应力、机械振动等原因而产生材料的疲劳；选用适当的水处理装置，满足水质要求。

3. 节能省材

完善燃烧过程和传热过程，提高效率，节约燃料和电力，节约金属材料和建筑材料。

4. 消烟除尘

组织好燃烧工况，避免产生黑烟。选配合适的除尘装置，控制排烟的含尘浓度和排尘量。选择合适的烟囱高度。

单元三　工业锅炉本体结构分析与应用

工业锅炉按本体结构的形式可分为火管锅炉（也称烟管锅炉）、水火管锅炉和水管锅炉三种。火管锅炉的外形为一筒体，属内燃式锅炉，具有结构紧凑、整体性好，对给水品质要求不高，安装和运行都很方便等优点。

但因其本体结构尺寸受到限制，一般只能制造成低参数、小容量的锅炉。目前在燃油、燃气锅炉中得到广泛应用。水管锅炉本体由较小直径的锅筒和管子组成，受力条件好，且受热面和炉膛布置非常灵活，传热性能好，适用于大容量和高参数锅炉；但对水质、安装、运行、维修、管理要求都很高。

水火管锅炉是一种由水管和火管组合而成的混合型锅炉。它具有水管和火管锅炉的双重优点，水管构成外置炉膛，燃烧室体积较火管锅炉增加，锅炉容量相应增加，一般制造成快装（整装或组装）锅炉出厂。此炉型广泛应用于小型燃煤锅炉，目前在中国工业锅炉中，此型锅炉的数量约占一半。

此外，还有适用于特殊要求的工业锅炉，即特种锅炉，其主要炉型有：余热锅炉、废料锅炉、间接加热锅炉、特种工质锅炉等。

一、火管锅炉结构

火管锅炉在工业上应用最早，其特点是：烟气在火筒（炉胆）和烟管中流动，以辐射和对流传热方式将热量传递给工质——水，使其受热、汽化，产生蒸汽。容纳水和蒸汽并兼作锅炉外壳的筒形受压元件称为锅壳。锅炉受热面——火筒（炉胆）和烟管布置在锅壳内。燃烧装置布置在火筒之中。水的加热、汽化、汽水分离等过程均在锅壳内完成，其水循环安全可靠。锅壳水容积大，因此适应负荷变化的能力强。

火管锅炉按其布置方式可分为卧式和立式两种。前者的锅壳纵向中心线平行于水平面，后者锅壳的纵向中心线垂直于水平面。

（一）卧式火管锅炉

卧式火管锅炉是我国目前制造最多、应用最广的火管锅炉。燃煤卧式火管锅炉的最大蒸发量为 4t/h，而燃油、燃气卧式火管锅炉最大蒸发量可达 32t/h，蒸汽压力最高可达 2.45MPa。国内外燃油、燃气工业锅炉，大多采用此种炉型。

卧式火管锅炉分单火筒锅炉和双火筒锅炉两种形式。

图 1.1-6 所示的是燃煤卧式单火筒火管锅炉。链条炉排安置在具有弹性的波形火筒之中。锅壳左、右侧及火筒上部都设置烟管，火筒和烟管都沉浸在锅壳的水容积内，锅壳上部约 1/3 的空间为汽空间，锅壳的顶部设置汽水分离装置。煤层以上的火筒内壁为主要辐射受热面，烟管为对流受热面。

此型锅炉的烟气在锅壳内呈三个回程流动。烟气流动的第一回程是燃烧的烟气在火筒内自前向后流动，纵向冲刷火筒内壁；第二回程是烟气经后烟箱进入左、右两侧烟管自后向前流至前烟箱；第三回程是进入前烟箱的烟气经上部烟管自前向后流入锅炉后部。离开锅壳后的烟气，流经省煤器、除尘器、引风机、烟囱排入大气。

卧式火管锅炉不需外砌炉墙，整体性和密封性极好，采用快装，安装费用少，占地面积小。但由于内燃，对煤质要求较高；烟管采用胀接，后管板内外温差大，易产生变形，使胀接的烟管在胀口处造成泄漏；烟管间距小，清洗水垢比较困难，因而对水质要求较高；烟管水平布置，管内易积灰，且烟气在管内纵向冲刷，因而传热效果差，热效率低。

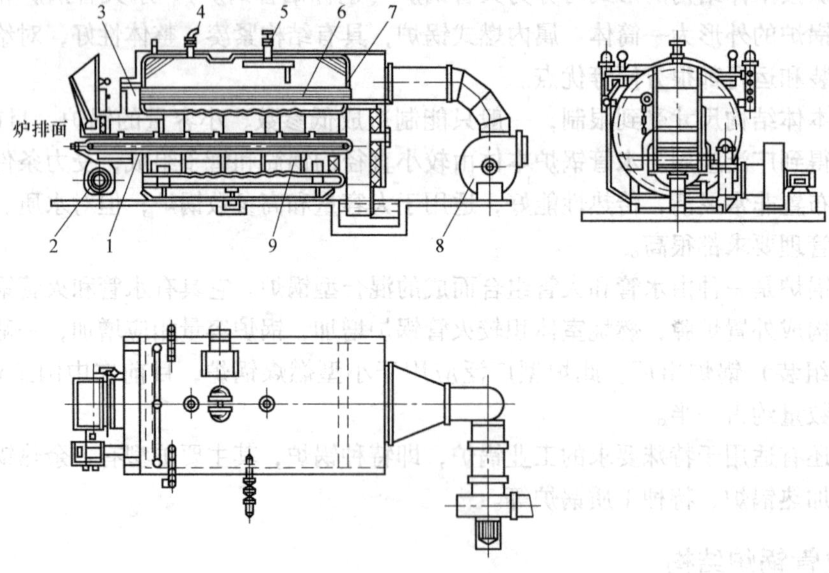

图 1.1-6　WNL4-1.25-AⅡ型锅炉

1—链条炉排　2—送风机　3—前烟箱　4—安全阀　5—主蒸汽阀

6—烟管　7—锅壳　8—引风机　9—火筒

由于卧式火管锅炉整体性和密封性极好，可以采用微正压燃烧，而且火筒的形状与油、气燃烧产生的火焰形状一致，燃烧完全，火焰充满整个火筒，辐射传热效果好，热效率高。因此，此型燃油、燃气锅炉应用很广泛。卧式内燃燃油、燃气火管锅炉的结构还有下列一些特点：

1）目前国内外燃油、燃气火管锅炉大多采用具有弹性的波形炉胆和回燃室，可以吸收高温所引起的炉胆和回燃室受热面的热膨胀量，还可以提高系统的刚性，同时，也使辐射受热面面积加大，增加了辐射传热量。

2）由于大功率燃烧器的采用，单台锅炉容量大大提高，国产的燃油、燃气卧式火管锅炉单台蒸发量可达28t/h，国外此型锅炉蒸发量可达32t/h。

3）采用湿背式结构，彻底解决了后烟室的密封问题，使其更适于微正压燃烧。

4）烟气的回程数大多是三回程的，也有用二回程、四回程、五回程的。但四回程、五回程结构太复杂，一般较少采用。

5）采用强化传热的螺纹烟管，传热性能接近或超过水管锅炉的横向冲刷管束，从而使燃油、燃气锅炉的结构更加紧凑。

6）采用先进的隔热保温材料，减少了散热损失，提高了锅炉的热效率。

图 1.1-7 所示为 WNS 型卧式燃油、燃气火管锅炉，额定蒸发量 10t/h，饱和蒸汽压力 1.27MPa，微正压燃烧，炉膛正压为 2000Pa 左右，锅炉不用引风机，节省了投资和电耗。最大程度地发挥了卧式火管锅炉的优越性，避免了其自身的缺陷，使锅炉结构紧凑，安装方便，全自动调节，能够高效、清洁、安全、可靠、经济地运行。

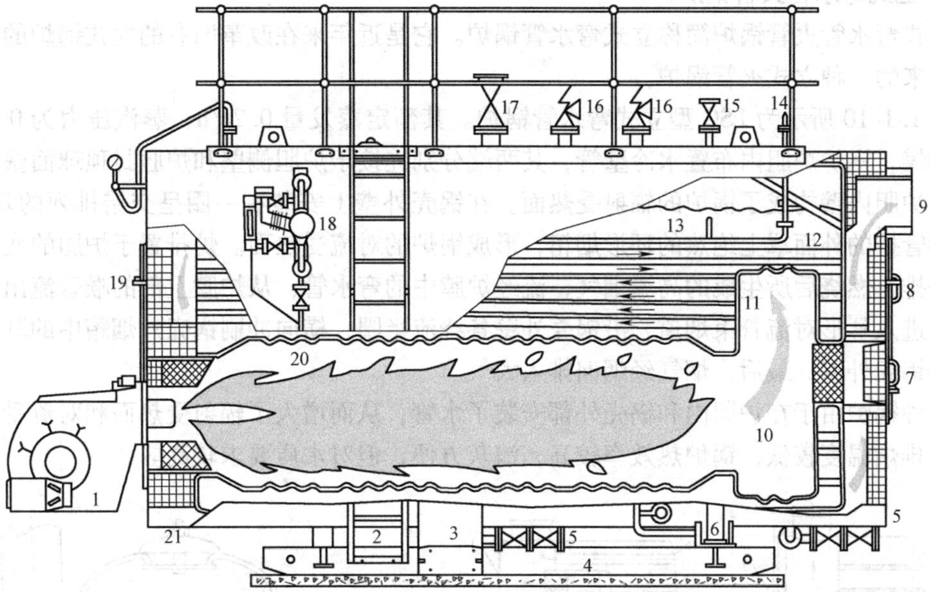

图 1.1-7 WNS 型卧式燃油、燃气火管锅炉

1—燃烧器 2—梯子 3—电控柜 4—底座 5—手动排污阀 6—水泵 7—检修门 8—后烟箱门 9—出烟口 10—回燃室 11—第二回程烟道 12—第三回程烟道 13—壳体 14—连续排污管 15—副蒸汽阀 16—安全阀 17—主蒸汽阀 18—水位显示及控制装置 19—前烟箱门 20—波形炉胆 21—炉体保温

卧式燃油、燃气火管锅炉有干背、半干背和湿背之分。“背”是指第一回路烟气转弯所掠过的后墙壁面，该壁面如果是由耐火砖或耐火混凝土砌筑成的，称为干背式；如果该壁面是沉浸在锅水内的回燃室的水冷钢板，称为湿背式；如果该壁面部分被水冷却，则称为半干背式，如图 1.1-8 所示。

（二）立式火管锅炉

立式火管锅炉按其结构形式不同可分为三种类型。

1. 立式火管锅炉

立式火管锅炉有横烟管和竖烟管等多种形式，由锅壳、炉胆、烟管、冲天管等主要受压元件构成。锅壳和炉胆夹层内为锅水和蒸汽空间，烟管沉浸在水容积空间内。烟气在管内流动放热，水在管外吸热。因其受热面布置受到锅壳结构的限制，容量一般较小，蒸发量大多在 1t/h 以下，用煤作为燃料时，通常为手烧炉。

图 1.1-9 所示为一配置双层炉排的立式横火管手烧锅炉。水冷炉排管和炉胆内壁构成了锅炉的辐射受热面，横贯锅壳的烟管，成为锅炉主要对流受热面。

煤由人工通过上炉门加在水冷炉排上，未燃烧的煤和未燃尽的碳粒，掉在下炉排上继续燃烧，煤在上下炉排上燃烧后生成烟气，经炉膛出口进入后下烟箱，纵向流动冲刷第一、二烟管管束，最后汇集于上烟箱，再经烟囱排入大气。

此型锅炉具有结构紧凑、占地小、不需要砖工、便于安装等优点。但因炉膛内置，水冷程度高，炉温低，只适宜燃用较好的烟煤。

2. 立式弯水管火管锅炉

立式弯水管火管锅炉简称立式弯水管锅炉。它是近年来在改革旧有的立式锅炉的基础上发展起来的一种立式火管锅炉。

图 1. 1-10 所示为 LSG 型立式弯水管锅炉。其额定蒸发量 0. 2t/h，蒸汽压力为 0. 5MPa，燃用烟煤。锅炉炉胆内布置水冷壁管，其两端分别连接于炉胆侧壁和炉胆封顶球面壁。这些水管与炉胆内壁构成了锅炉的辐射受热面。在锅壳外壁上安装有一圈呈交错排列的耳形管，在耳形管排的外面罩上绝热的环形烟箱，形成锅炉的对流受热面。炉排置于炉胆的底部，燃料在炉排上燃烧后所生成的高温烟气，流经炉膛中的弯水管，从炉膛上部的喉管流出，分左右两路进入耳形对流管束烟道，沿锅壳外壁各绕流半圈，横向冲刷锅壳外烟箱中的耳形管及相应的锅壳外壁。最后，烟气经烟囱排入大气。

这种锅炉由于在炉胆内和锅壳外都安装了水管，从而增大了辐射受热面和对流受热面的面积，排烟温度较低，锅炉热效率较高，清灰方便，但对水质要求较高。

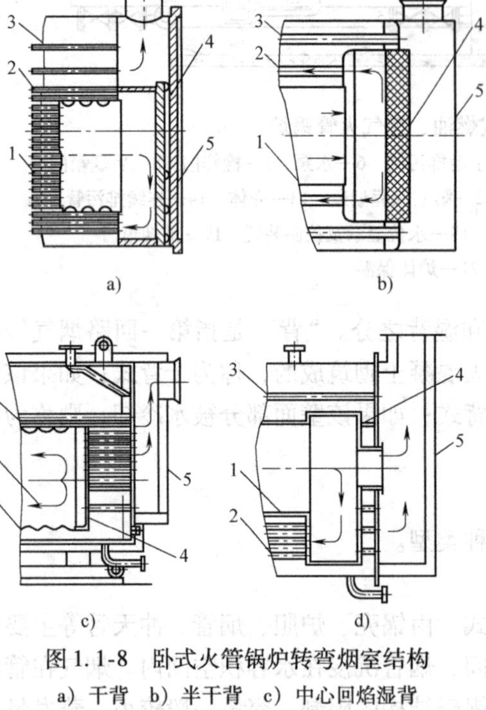

图 1. 1-8　卧式火管锅炉转弯烟室结构

a）干背　b）半干背　c）中心回焰湿背

d）三回程带回燃室湿背

1—炉胆　2—第二回程　3—第三回程

4—“背”　5—后烟箱

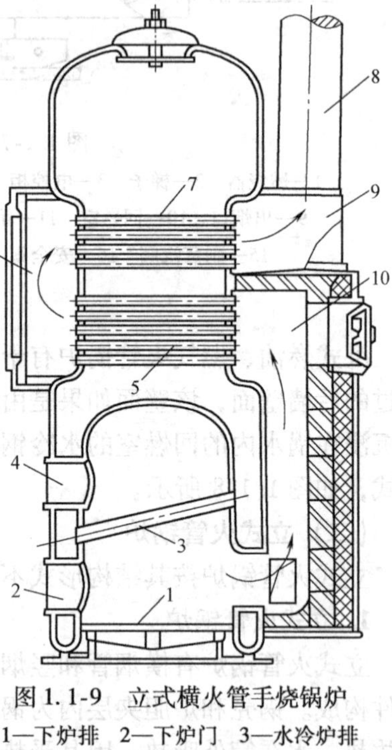

图 1. 1-9　立式横火管手烧锅炉

1—下炉排　2—下炉门　3—水冷炉排

4—上炉门　5—第一烟管管束　6—前烟箱

7—第二烟管管束　8—烟囱　9—后上烟箱

10—后下烟箱

3. 立式无管锅炉

立式无管锅炉是一种没有水管和烟管的锅炉。图 1. 1-11 所示为美国富尔顿燃油、燃气

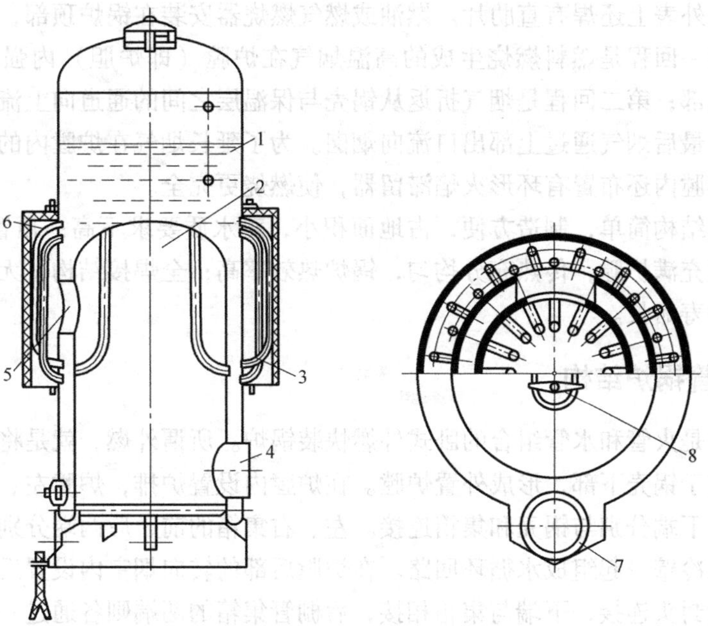

图 1.1-10　LSG 型立式弯水管锅炉

1—锅壳　2—炉胆　3—耳形弯水管　4—炉门　5—喉管　6—烟箱　7—烟囱　8—人孔

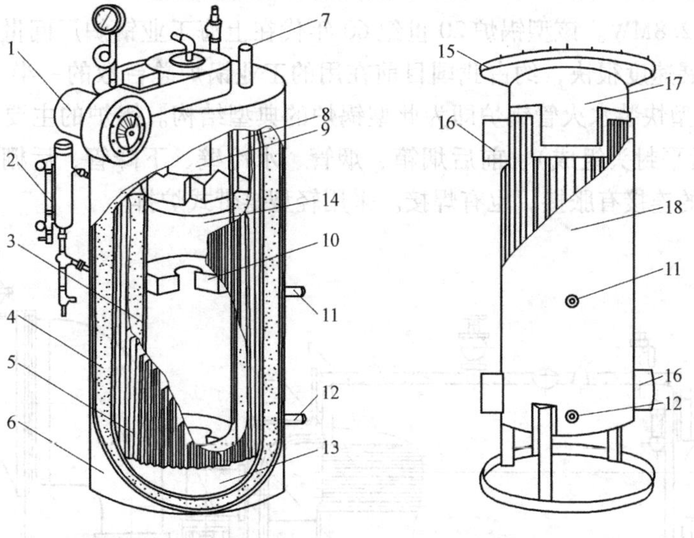

图 1.1-11　立式无管锅炉（美国富尔顿燃油、燃气锅炉）

1—鼓风机　2—水位计　3—水空间　4—保温层　5—肋片　6—锅炉外保护层　7—蒸汽出口　8—蒸汽空间　9、14—燃烧器　10—火焰滞留器　11—进水口　12—排污口　13—烟气通道　15—支承圈　16—手孔　17—锅壳　18—外包

锅炉，有蒸汽锅炉和热水锅炉两种形式。锅炉容量：蒸汽锅炉的蒸发量（以100℃蒸汽计量）为63～2034kg/h（4～130 匹锅炉马力），饱和蒸汽压力为0.1～2.1MPa；热水锅炉的热功率为40～1300kW。其受热面为套筒式设计，内筒（炉胆）内表面为辐射受热面；外筒（锅壳）外表面为对流受热面，内外筒两端之间用环形平封头围封形成汽水空间。为了增加

受热面，在锅壳外表上还焊有直肋片。燃油或燃气燃烧器安装在锅炉顶部，其切向风速大而轴向风速小，第一回程是燃料燃烧生成的高温烟气在炉膛（即炉胆）内强烈旋转，并由上而下流至锅炉底部；第二回程是烟气折返从锅壳与保温层之间的通道向上流动，冲刷带肋片的锅壳外表面，最后烟气通过上部出口流向烟囱。为了延长烟气在炉膛内的滞留时间，提高火焰充满度，炉膛内还布置有环形火焰滞留器，使燃烧更完全。

这种锅炉的结构简单，制造方便，占地面积小，对水质要求不高；顶置下旋式燃烧器，燃烧完全，火焰充满炉膛，传热充分均匀，锅炉热效率高；全焊接结构，无爆管事故，维修工作量少，锅炉寿命长。

二、水火管锅炉结构

水火管锅炉是火管和水管组合的卧式外燃快装锅炉。所谓外燃，就是将燃烧室由锅壳内移至锅壳外，置于锅壳下部，形成外置炉膛。在炉膛内设置炉排，炉膛左、右两侧各增设一排水冷壁，上、下端分别与锅壳和集箱连接。左、右集箱的前、后两端分别安装一根大直径的下降管，与水冷壁一起组成水循环回路。在炉膛后部的转向烟室内设置后棚管受热面，其上端与锅壳的后封头连接，下端与集箱相接，后棚管集箱的两端则各通过一根大直径短管与两侧水冷壁集箱连接，构成了后棚管的水循环回路。锅壳下腹部外壁面、水冷壁和后棚管构成了辐射受热面，锅壳内的烟管则为对流受热面。此型锅炉结构紧凑，整装出厂，称为快装锅炉，锅炉本体形式代号用“KZ”表示，蒸汽锅炉额定蒸发量 $D=1\sim4$t/h，热水锅炉额定产热量 $Q=0.7\sim2.8$MW。该型锅炉20世纪60年代在上海工业锅炉厂问世以来，成为我国独特的炉型，发展速度很快，约占我国目前在用的工业锅炉总台数的一半。图1.1-12所示的KZL4-1.27-A型快装水火管锅炉即为此型锅炉的典型结构。锅炉的主要受压部件有锅壳（由筒节和前、后平封头组成）、前后烟箱、烟管、水冷壁、下降管、后棚管、集箱等。烟管与前后平封头的连接有胀接，也有焊接。采用轻型链带式炉排。

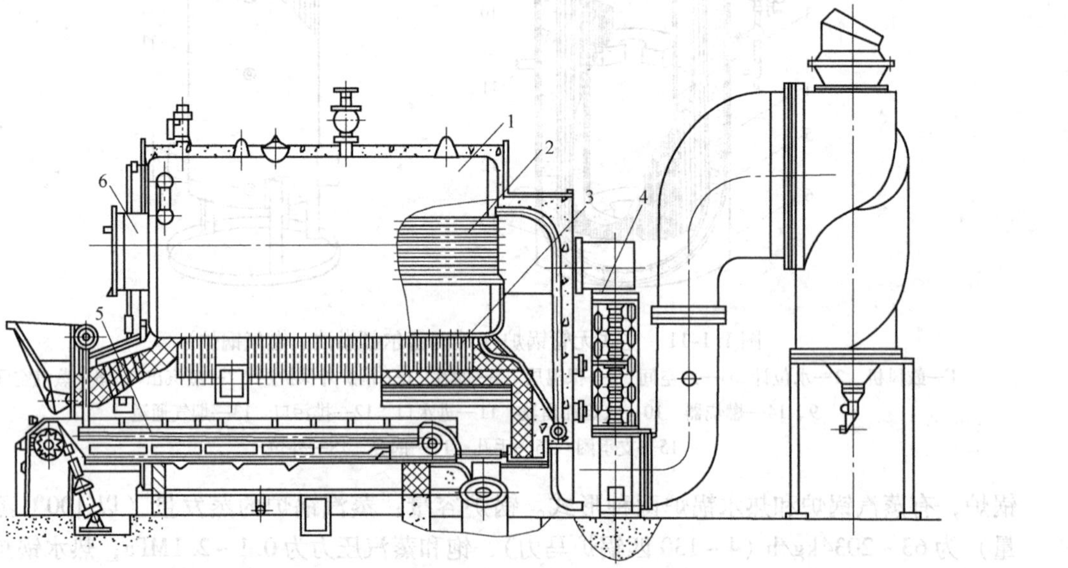

图1.1-12　KZL4-1.27-A型快装水火管锅炉

1—锅壳　2—烟管　3—水冷壁　4—省煤器　5—链条炉排　6—前烟箱

烟气有三个回程：第一回程为燃烧的烟气在炉膛内自前向后流动，进入后棚管组成的转向烟室；第二回程为高温烟气由转向烟室进入第一烟管管束，自炉后向炉前流动，进入前烟箱；第三回程为高温烟气由前烟箱进入第二烟管管束，自炉前向炉后流动。离开锅炉本体的烟气再先后流经外置的铸铁省煤器、除尘器、引风机，最后由烟囱排入大气。

汽水流程为：软化水经给水泵加压后送入省煤器，预热后进入锅壳，再经下降管进入两侧下集箱和后集箱，分配给两侧水冷壁和后棚管，在其内被加热、汽化后回到锅壳，进行汽水分离，合格的饱和蒸汽经主蒸汽阀引向用户。

该型锅炉结构紧凑，安装和运输方便，使用和维修保养容易。但存在下列问题：

1）锅壳下部位于炉膛上方高温区，会因结垢使热阻增加，影响高温烟气向工质的传热，从而导致锅炉传热系数降低，造成锅壳下部变形、鼓包，危及安全运行。

2）第一回程烟管进口（即高温平封头）处，由于管板内外温差大，产生很大的应力，致使后管板产生裂纹，进而产生水（汽）泄漏。

3）采用拉撑结构，不利于受热膨胀，而且容易引起拉撑开裂，造成事故。

针对 KZ 型水火管快装锅炉存在的问题，在科研工作的基础上，不断进行改进，涌现出不少新的炉型，早期的水火管锅炉已逐渐被新型的水火管锅炉所取代。新型的水火管锅炉不仅在锅炉本体结构上有重大的突破，而且锅炉的容量也大幅度增加，燃煤蒸汽锅炉额定蒸发量增加至 10t/h（热水锅炉额定产热量增加至 7MW）或更大，并用“DZ”来表示本体形式代号。

图 1.1-13 所示为 DZL2-1.27-AⅡ型水火管快装锅炉。锅壳偏置，且锅壳底部设置护底砖衬，使其不直接接受炉膛内高温辐射热；烟气的第二回程为在炉膛左上侧增设的水管对流管束，第三回程则由设置在锅壳内的烟管管束组成。

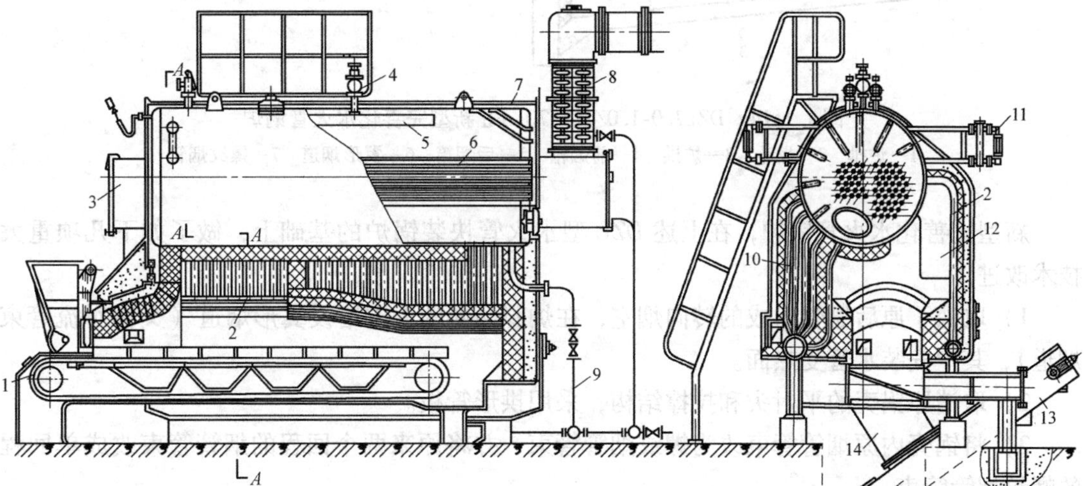

图 1.1-13　DZL2-1.27-AⅡ型水火管快装锅炉

1—大块炉排片链条炉排　2—水冷壁　3—前烟箱　4—主蒸汽阀　5—汽水分离装置　6—第三回程烟管管束　7—锅壳　8—铸铁省煤器　9—排污管　10—第二回程对流管束　11—水位表　12—炉膛烟气出口　13—刮板除渣机　14—落渣管

烟气流程：高温烟气从炉膛后部出口出来，先进入左上方的对流管束烟道，自炉后向炉前流动，横向冲刷对流管束，放热降温，这就使得第三回程入口的烟气温度大为降低，对防止管板产生裂纹非常有利。烟气在前烟箱内折转，经锅壳内的单回程烟管管束自前向后流动，然后沿铸铁省煤器、除尘器、引风机，由烟囱排向大气。

此型锅炉结构较为合理，安全性、可靠性好；燃烧稳定，能达到额定出力，锅炉热效率较高，烟气初始含尘浓度和黑度符合环保要求。但也存在金属耗量大、制造工艺较复杂、成本高等不足之处，影响其推广应用。

图 1.1-14 所示为 DZL7.0-1.0/115/70-AⅡ新型完善化水火管锅炉。目前，已生产的此型系列热水锅炉容量为 0.7～29MW，工作压力为 0.7～1.6MPa；蒸汽锅炉容量为 1～25t/h，工作压力为 0.7～1.25MPa。凡蒸发量 $D \geqslant 10$t/h 的蒸汽锅炉或产热量 $Q \geqslant 7$MW 的热水锅炉均组装出厂，其余则整装出厂。

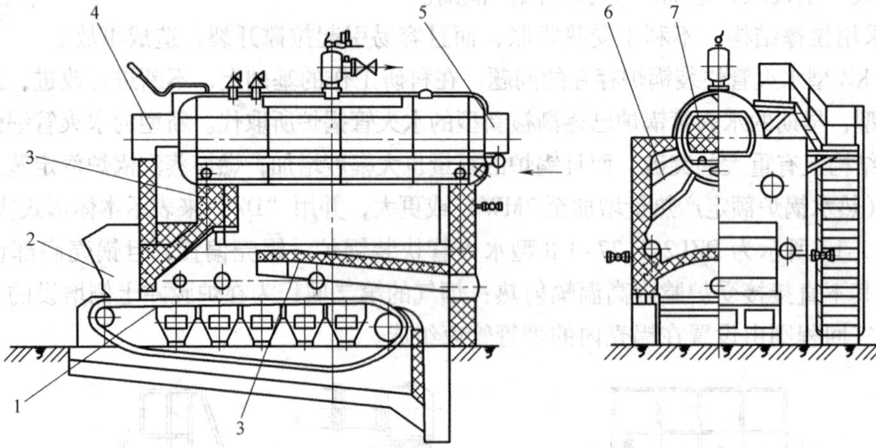

图 1.1-14　DZL7.0-1.0/115/70-AⅡ新型完善化水火管锅炉

1—炉排　2—煤斗　3—炉拱　4—前烟箱　5—后烟箱　6—翼形烟道　7—螺纹烟管

新型完善化水火管锅炉，在上述 DZL 型水火管快装锅炉的基础上，做了如下几项重大技术改进：

1）取消了原后棚管组成的转向烟室，在炉膛两侧的上方增设翼形烟道（又称对流管束烟道），其中安装水管受热面。

2）取消原锅壳的平封头和拉撑结构，采用拱形管板。

3）将锅壳内原烟管管束改为螺纹烟管管束，并将原来两个回程的烟管管束改成单回程的螺纹烟管管束。

4）对热水锅炉还采用了回水引向高温管板结构，采用大直径下降管和下集箱、引射装置等，简化了循环回路。

烟气在锅炉本体内呈三回程流动：第一回程为燃烧的高温烟气在炉膛内自前向后流动，进入炉膛两侧上方的翼形烟道；第二回程为翼形烟道内的高温烟气，自炉后向炉前流动，横向冲刷对流管束后进入前烟箱；第三回程为前烟箱内的烟气进入锅壳内的单回程螺纹烟管管束，自炉前向炉后流动，最后离开锅炉本体。降温后的烟气流经外置的省煤器、空气预热器、除尘器、引风机，最后由烟囱排入大气。

此型锅炉基本上解决了 KZ 型水火管快装锅炉在设计和运行中存在的问题，达到了高效、节能、环保的要求和保证锅炉安全运行的目的。

三、水管锅炉结构

汽水在管内流动吸热，烟气在管外冲刷放热的锅炉称为水管锅炉。水管锅炉没有大直径的锅壳，用富有弹性的弯水管取代了刚性较大的直烟管，这不仅可以节省金属，而且可以增大锅炉容量和提高参数。采用外燃方式，燃烧室的布置非常灵活，在燃烧室内可以布置各种燃烧设备，有效地燃用各种燃料，包括劣质燃料。

水管锅炉可以充分应用传热理论来布置受热面，如可按优化计算理论，合理地安排辐射受热面和对流受热面的配比，充分地组织烟气流对受热面进行横向冲刷，合理地设计对流管束的排列方式等。

水管锅炉锅筒内不布置烟管受热面，蒸汽的容积空间增大，更利于安装完善的汽水分离装置，可以保证蒸汽品质符合使用要求，水管受热面布置可以满足清垢除灰要求。总之，水管锅炉具有很多的优越性，对于大容量、高参数锅炉来说，水管锅炉是确定炉型时的唯一选择。

水管锅炉的主要特征反映在锅筒的数目和布置方式上，下面介绍几种典型的水管锅炉结构形式。

（一）单锅筒纵置式水管锅炉

单锅筒纵置式水管锅炉，锅筒位于炉膛中央上部，沿锅炉（炉排）的纵向中心线布置。炉膛四周布置水冷壁，上端与锅筒相连，下端分别与前、后、左、右集箱相接；下降管由锅筒经炉墙外引至下集箱。对流烟道位于炉膛左右两侧，右侧对流烟道的前部布置蒸汽过热器，其余均设置蒸发受热面管束，管束上端与锅筒相连，下端分别与纵置的大直径集箱相接。对流管束下集箱的标高比炉排面标高高，这样可以空出两侧炉墙下面一部分，以便布置门孔，便于运行操作。

这种形式的锅炉本体外形很像英文字母 A，故又称为 A 形锅炉或人字形锅炉。A 形锅炉一般容量为 2 ~ 20t/h，最大容量可达 45t/h，图 1.1-15 所示为 DZL20-2.5/400-A 型锅炉。燃烧设备为抛煤机倒转炉排。

烟气流程：烟气在炉膛内自后向前流动，流至炉前，分左右两股，分别经两侧狭长的烟窗进入对流烟道，由前向后流动，横向冲刷对流管束，流至锅炉后部，左右两股烟气流分别向上汇合于锅炉顶部，再折转 90°向下，依次冲刷铸铁省煤器和空气预热器，后经除尘器、引风机、烟囱，排入大气。

汽水流程：软化除氧水经锅炉给水泵加压，送入省煤器预热后进入锅筒，分别在水冷壁和对流管束两个循环回路内受热、汽化，形成汽水混合物再回到锅筒，经汽水分离装置进行汽水分离，并将饱和蒸汽引入蒸汽过热器加热，达到合格参数的过热蒸汽经主蒸汽阀送往用户。

A 形锅炉结构紧凑，对称布置，容易制成整装出厂，金属耗量少；由于高温炉膛被对流烟道围住，对流烟道外墙温度较低，减少了散热损失，提高了热效率。但锅炉管束布置受结构限制，功能上有时难以完全满足要求，制造比较复杂，维修也不太方便。

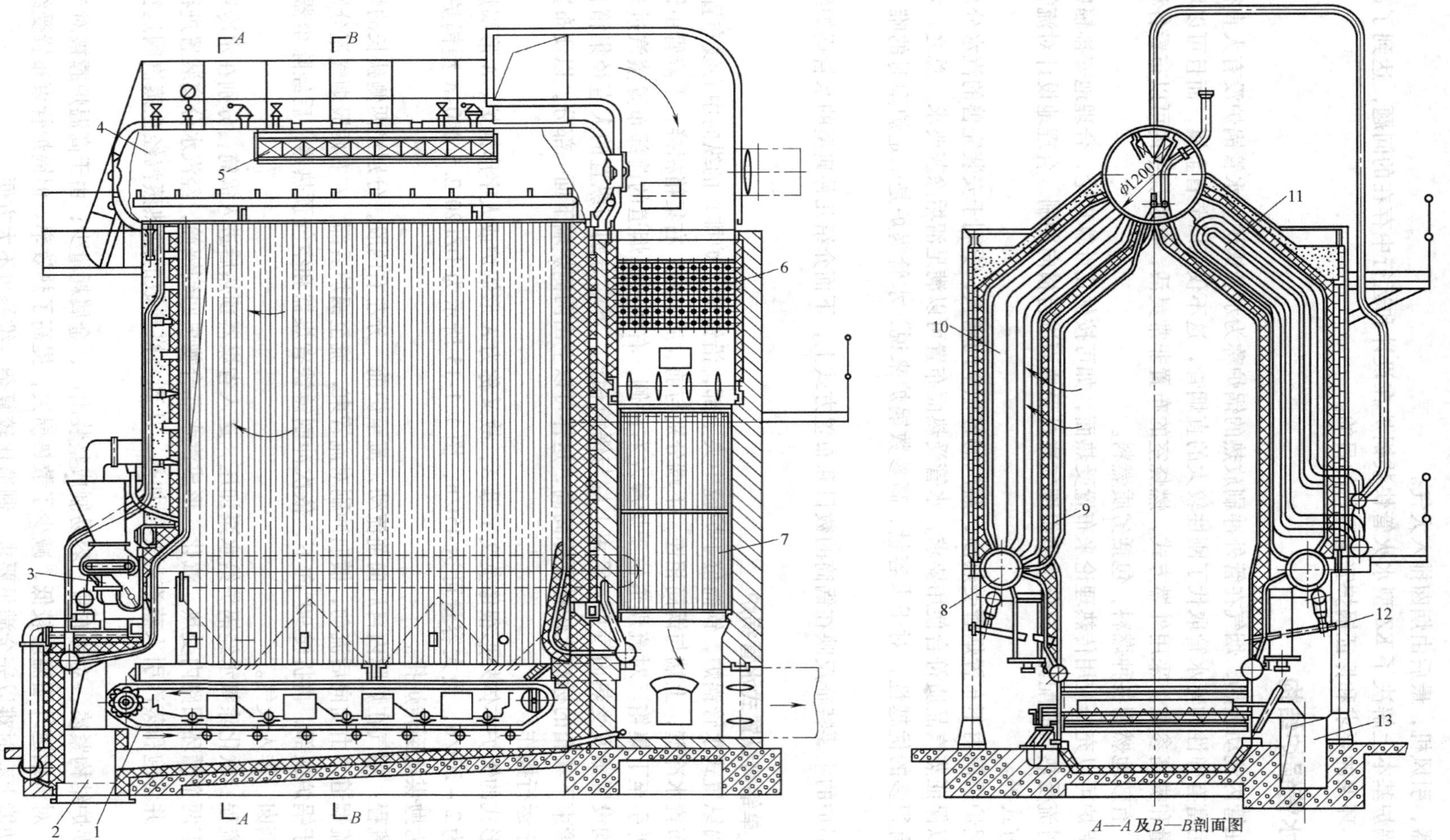

A—A及B—B剖面图

图 1.1-15　DZL 型水管锅炉

1—倒转链条炉排　2—灰渣槽　3—机械风力抛煤机　4—锅筒　5—钢丝网汽水分离器　6—铸铁省煤器　7—空气预热器　8—对流管束下集箱　9—水冷壁　10—对流管束　11—蒸汽过热器　12—飞灰回收再燃装置　13—风道

（二）双锅筒纵置式水管锅炉

双锅筒纵置式水管锅炉，上下两个锅筒平行布置，其间安装锅炉管束，两个锅筒的轴线与锅炉（炉排）的纵向中心线相互平行。根据锅炉管束烟道相对于炉膛的位置，可分为锅炉管束烟道旁置的D形锅炉和锅炉管束烟道后置的O形锅炉。

1. D形锅炉

图1.1-16所示为SZL2-1.27-AⅡ型锅炉。其锅炉管束烟道与炉膛平行布置，各居一侧。右墙水冷壁在炉顶沿横向微倾斜延伸至上锅筒，并与两锅筒间垂直布置的锅炉管束、水平炉排一起，形似英文字母D，故称为D形锅炉。为了延长烟气在炉内的行程，保证适当的流速和逗留时间，在对流烟道中间和左侧水冷壁与锅炉管束间，用耐火材料各砌筑一道隔烟墙，形成三回程烟道，使烟气循着三回程流动。即烟气在炉膛和燃尽室内由前向后流动为第一回程，烟气经炉膛后的烟窗进入右侧对流烟道（第一对流烟道），由炉后向炉前流动为第二回程，烟气在炉前水平转向左侧对流烟道（第二对流烟道），由炉前向炉后流动，最后离开锅炉本体，此为第三回程。

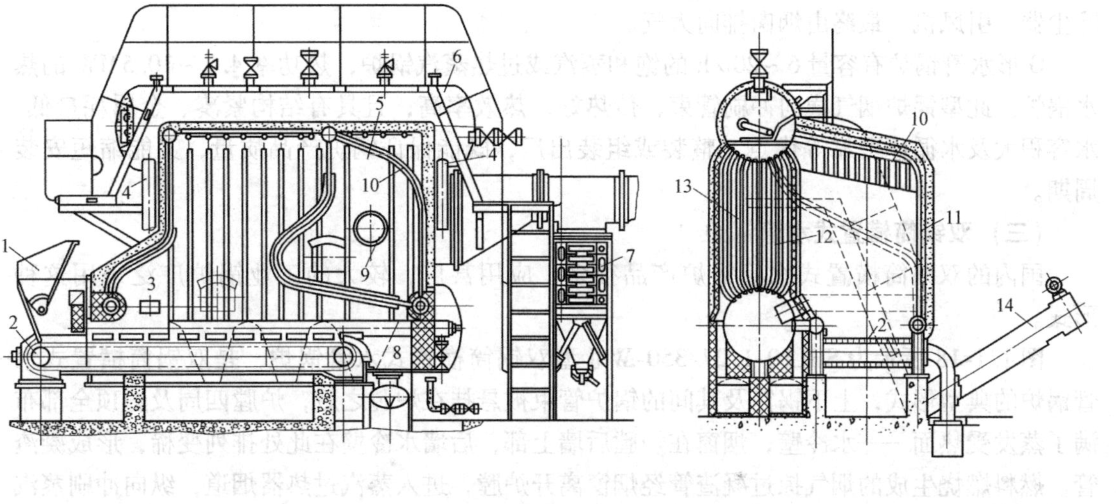

图1.1-16　SZL2-1.27-AⅡ型锅炉

1—煤斗　2—链条炉排　3—炉膛　4—右侧水冷壁的下降管　5—燃尽室　6—上锅筒　7—铸铁省煤器　8—灰渣斗　9—燃尽室烟气出口　10—后墙管排　11—右侧水冷壁　12—第一对流管束　13—第二对流管束　14—螺旋除渣机

与其他D形锅炉相比，这台锅炉最大的特点是带有旋风燃尽室。由图1.1-16可知，燃尽室后墙是一个圆弧形壁面，与炉膛后拱的外表面一起，形成了一个近似圆筒形的燃尽室，高温烟气出炉膛沿切线方向进入燃尽室，使未燃尽的可燃物质与高温烟气、空气强烈混合，达到燃烧燃尽的目的；又由于旋转气流的离心力作用，使飞灰与烟气分离，飞灰由燃尽室的外壁经下部缝隙落到链条炉排上，完成了炉内的一次旋风除尘，使锅炉出口烟气含尘浓度大为降低。

D形锅炉，结构紧凑；长度方向不受限制，便于布置较长的炉排，以利于增强对煤种的适应性；锅炉水容量大，适应负荷变化的能力强。但只能单面操作，单面进风，此型燃煤锅炉容量以不大于10t/h为宜。

2. O 形锅炉

图 1.1-17 所示为 SZP 型双锅筒纵置式抛煤机锅炉，炉膛在前，锅炉管束在后。从炉前看，居中的纵置双锅筒及其间的锅炉管束呈现为英文字母 O 的形状，故常称为 O 形锅炉。这种锅炉的上锅筒有长锅筒和短锅筒两种形式。上锅筒为长锅筒时，其延伸至整个锅炉的前后长度，两侧水冷壁上端弯曲后微向上倾斜与上锅筒连接，形成双坡形炉顶；上锅筒为短锅筒时，炉膛两侧设置上集箱，再由汽水引出管将上集箱和上锅筒相连接，左右两侧水冷壁管在炉膛顶部弯曲后交叉进入对侧的上集箱。

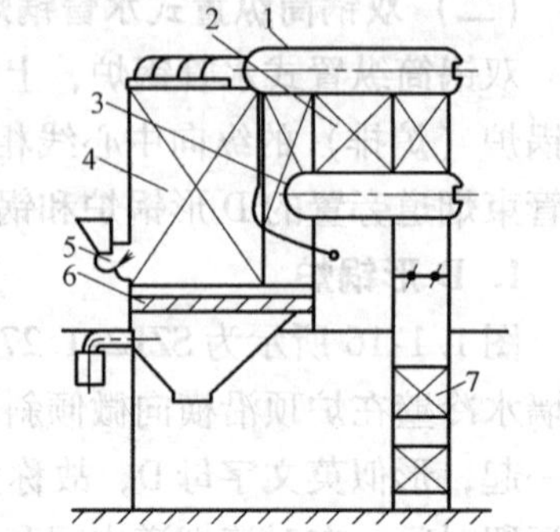

图 1.1-17 SZP 型双锅筒纵置式抛煤机锅炉

1—上锅筒 2—锅炉管束 3—下锅筒 4—炉膛 5—抛煤机 6—手摇翻转炉排 7—省煤器

O 形水管锅炉燃烧设备采用抛煤机手摇翻转炉排、链条炉排或振动炉排；在炉膛与对流管束之间设置燃尽室；在对流管束烟道内竖向有两道折烟墙，使烟气沿水平方向呈 S 形流动，横向冲刷对流管束。然后进入铸铁省煤器、除尘器、引风机，最终由烟囱排向大气。

O 形水管锅炉有容量 6 ~ 20t/h 的饱和蒸汽或过热蒸汽锅炉，热功率 4.2 ~ 10.5MW 的热水锅炉。此型锅炉烟气横向冲刷管束，传热好，热效率高；且具有结构紧凑、金属耗量低、水容积大及水循环可靠等优点，整装或组装出厂，既能保证锅炉产品质量，又能缩短安装周期。

（三）双锅筒横置式水管锅炉

国内的双锅筒横置式水管锅炉产品很多，应用甚广，较大的工业锅炉广泛采用这种形式。

图 1.1-18 所示为 SHL10-1.27/350-WⅡ型双锅筒横置式水管锅炉，是双锅筒横置式水管锅炉的典型形式，上下锅筒及其间的锅炉管束被悬挂在炉膛之后，炉膛四周及炉顶全部布满了蒸发受热面——水冷壁，烟窗在炉膛后墙上部，后墙水冷壁在此处排列变稀，形成凝渣管。燃料燃烧生成的烟气掠过凝渣管经烟窗离开炉膛，进入蒸汽过热器烟道，纵向冲刷蒸汽过热器，继而进入锅炉管束烟道，在锅炉管束折烟墙的导向下，呈倒 S 形向上绕行，横向和纵向冲刷锅炉管束，再从上部出口窗向后流至尾部烟道，依次经过省煤器、空气预热器、除尘器、引风机，最终由烟囱排入大气。该锅炉燃烧设备为链条炉排。

该型锅炉的容量为 6 ~ 65t/h 的饱和蒸汽和过热蒸汽锅炉。其燃烧设备可配置链条炉排、煤粉、燃油、燃气燃烧器、流化床等。

双锅筒横置式水管锅炉具有大、中型锅炉的特点：受热面齐全，而且锅炉辐射受热面、对流受热面以及尾部受热面在布置上灵活自如，互不牵制，燃烧设备机械化程度高，锅炉自控系统比较完善。但此型锅炉整体性差，宜采用散装形式，构架和炉墙较复杂，安装周期长，金属耗量大，成本高。

（四）小型直流锅炉（蒸汽发生器）

直流锅炉没有锅筒，给水靠水泵的压力在受热面中一次通过便产生额定参数的蒸汽，在稳定流动时，给水量等于蒸发量。直流锅炉的加热段、蒸发段和过热段之间无明显界限，因此对控制技术和水质的要求都非常高。

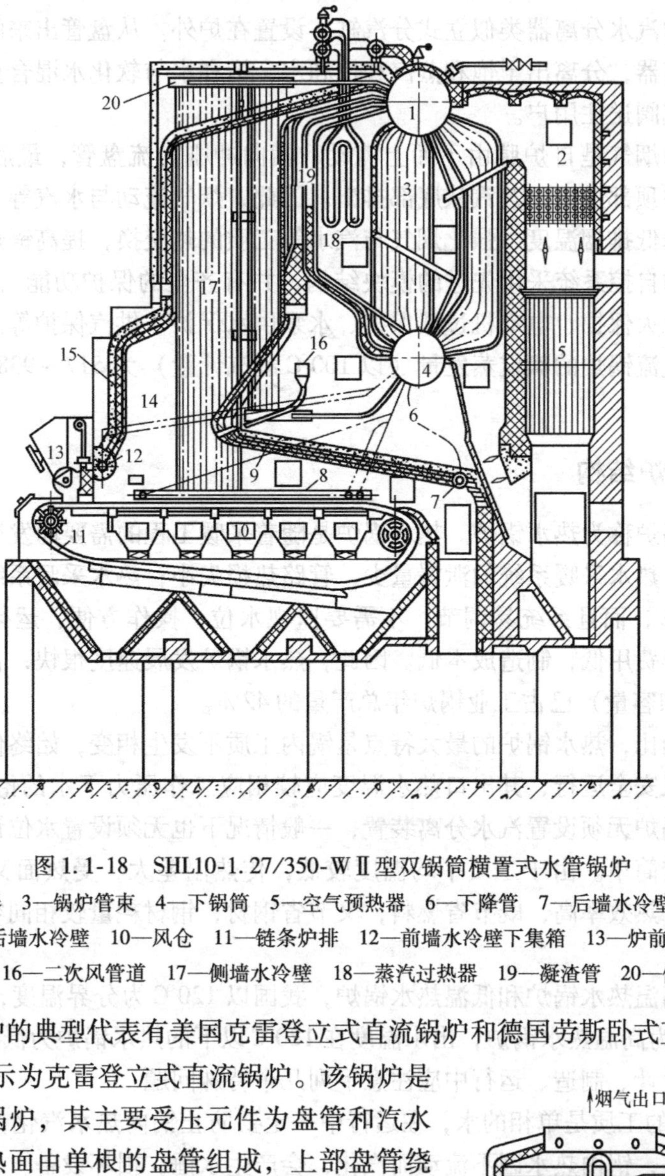

图 1.1-18　SHL10-1.27/350-WⅡ型双锅筒横置式水管锅炉

1—上锅筒　2—省煤器　3—锅炉管束　4—下锅筒　5—空气预热器　6—下降管　7—后墙水冷壁下集箱　8—侧墙水冷壁下集箱　9—后墙水冷壁　10—风仓　11—链条炉排　12—前墙水冷壁下集箱　13—炉前煤斗　14—炉膛　15—前墙水冷壁　16—二次风管道　17—侧墙水冷壁　18—蒸汽过热器　19—凝渣管　20—侧墙水冷壁上集箱

小型直流锅炉的典型代表有美国克雷登立式直流锅炉和德国劳斯卧式直流锅炉。

图 1.1-19 所示为克雷登立式直流锅炉。该锅炉是生产饱和蒸汽的锅炉，其主要受压元件为盘管和汽水分离器，它的受热面由单根的盘管组成，上部盘管绕成多层重叠、交错排列的对流受热面，下部螺旋盘管围绕成炉膛，属辐射受热面。盘管受热面受热时能自由膨胀，热应力小。给水自盘管上部进入锅炉，盘管的管径沿着水汽流动方向逐渐增大，即给水进口处管径小，以后逐渐增大，以适应水汽受热膨胀和状态变化后体积增大的需要。燃油、燃气燃烧器设置在锅炉底部，火焰向上。其上部多层盘管的管圈间距沿着烟气流向逐渐减小，即最上层一排的管圈间距最小，向下逐渐增大，以满足烟气冷却后体积虽然缩小，但仍能保持自下而上稳定不变的烟气流速，保证锅炉在高

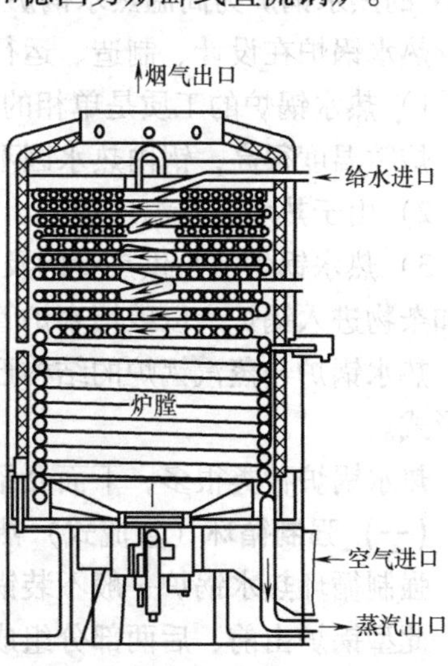

图 1.1-19　克雷登立式直流锅炉

效率下运行。

克雷登锅炉的汽水分离器类似立式分汽缸，设置在炉外。从盘管出来的汽水混合物，进入外置的汽水分离器，分离出干饱和蒸汽和饱和水，饱和水与软化水混合重新进入锅炉。干饱和蒸汽经主蒸汽阀送往用户。

克雷登锅炉的烟气是自炉膛由下而上流动，横向冲刷对流盘管，最后从炉顶的烟囱排出，而给水则由炉顶部进入，蒸汽从底部排出。因此，烟气流动与水汽等工质的总体流向是逆向的，有利于降低排烟温度，强化烟气与汽水等工质的热交换，提高锅炉热效率。

克雷登锅炉的自控系统采用先进的模块结构，并有齐全的保护功能，有多级缺水保护、多级超压保护、熄火保护、电动机过载保护、水泵供水保护、供汽保护等。

克雷登立式直流锅炉的额定蒸发量（以100℃蒸汽计量）为517～9389kg/h，工作压力为0.1～3.5MPa。

四、热水锅炉结构

生产热水的锅炉称为热水锅炉。热水锅炉是随着采暖工程的需要而发展起来的。与蒸汽采暖系统相比较，热水采暖系统的泄漏量少，管路热损失小；热水采暖系统较蒸汽系统可节约燃料20%～30%，而且系统易调节，不需要监视水位，操作方便，运行安全，室内温度波动小，维修保养费用低，制造成本低。因此，热水锅炉发展速度很快，目前我国热水锅炉的年产量（台数和容量）已占工业锅炉年总产量的42%。

与蒸汽锅炉相比，热水锅炉的最大特点是锅内工质不发生相变，始终保持单相的水。为了防止汽化，确保安全运行，其出口热水温度应较相应工作压力下水的饱和温度低20℃以上。因此，热水锅炉无须设置汽水分离装置，一般情况下也无须设置水位计，甚至连锅筒也不需要，结构比较简单。由于工质平均温度较低，传热温差大，受热面又很少结垢，热阻小，传热系数大，热效率高，既节省燃料，又节省钢材，钢材耗量较相同容量的蒸汽锅炉降低约30%。

热水锅炉分高温热水锅炉和低温热水锅炉，我国以120℃为分界温度，即出水温度高于120℃的热水锅炉为高温热水锅炉，出水温度在120℃以下的热水锅炉为低温热水锅炉。

热水锅炉在设计、制造、运行中应注意下列几个特殊问题：

1）热水锅炉的工质是单相的水，在运行中一定要防止锅内热水汽化，特别是突然停电时，炉膛温度很高，锅内热水因不流动而汽化，会产生水锤，损坏设备。

2）由于热水回水温度较低，在低温受热面的外表面容易发生低温腐蚀和堵灰。

3）热水锅炉常与供热管网及用户系统直接连接，要防止管网和用户系统内的污垢、铁锈和杂物进入锅炉，以致堵塞炉管，造成爆管事故。

热水锅炉与蒸汽锅炉的结构形式基本相同，也有火管（锅壳式）、水火管和水管锅炉三种形式。

热水锅炉种类很多，下面介绍五种类型的热水锅炉。

（一）强制循环（直流式）热水锅炉

强制循环热水锅炉一般不装锅筒，而是由受热的并联排管和集箱组成，又称为管架式锅炉。此型锅炉由前、后两部分组成，前面为炉膛，后面为对流烟道，中间用隔火墙隔开，隔火墙上部设置烟窗，后墙水冷壁在此处拉稀，形成凝渣管。热水的循环动力是由供热网路的热水循环水泵提供的，迫使水在受热面中流动吸热。

图 1.1-20 所示为德国艾森威克勃姆戈特制造公司生产的 HW100U 型角管式强制循环热水锅炉。该型锅炉主要燃用重油或天然气，燃烧器设在锅炉前墙下部。燃料燃烧后生成的高温烟气上行至炉膛出口烟窗，折转后进入对流烟道，横向冲刷对流受热面，从对流烟道底部流出锅炉，经除尘器、引风机、烟囱排入大气。

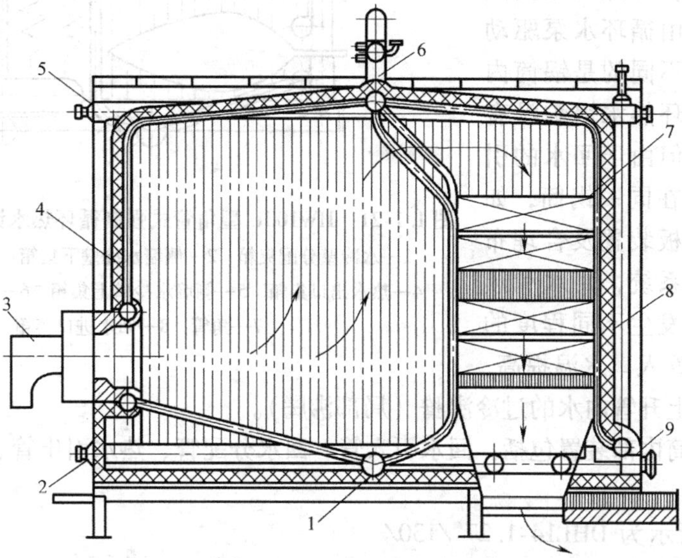

图 1.1-20　HW100U 型角管式强制循环热水锅炉

1—水冷壁分配集箱　2—侧墙水冷壁下集箱　3—燃烧器　4—前墙水冷壁　5—侧墙水冷壁上集箱　6—热水出口　7—旗式对流受流面　8—角管　9—回水进口集箱

锅炉四角布置 4 根垂直的大直径管子（即下降管），大直径管与集箱连通，炉膛四周的膜式水冷壁固定在上、下集箱间，角管、集箱、膜式水冷壁构成一个整体，承受锅炉上部结构与水的全部荷重，并由这 4 根角管将荷重传递给锅炉基础。所以该型锅炉又称为角管式锅炉。

该型锅炉热功率为 2.5～86MW，最高出水温度达 220℃。

角管式锅炉是新型锅炉产品，它具有如下特点：

1）锅炉采用膜式水冷壁，实现微正压燃烧，燃烧完全；密封性能好，漏风少，排烟热损失小；膜式水冷壁外侧采用敷管炉墙，属轻型炉墙，既减轻重量，保温性能又好，散热损失小。因此，锅炉热效率高。

2）锅炉荷重完全靠自身的受压部件承担，省去了钢架结构，既减轻锅炉重量，又节省钢材。

3）角管锅炉结构紧凑，利于整装或组装制造和运输，安装周期短。

图 1.1-21 所示为 HW100U 型角管式强制循环热水锅炉水流程原理图。回水由循环水泵经锅炉对流受热面进口集箱，送入旗式对流受热面，经带中间隔板的上集箱通过角管送入水冷壁下集箱，从而分配送入炉膛四周水冷壁，加热至所需温度后汇集到布置在锅炉顶部的热水出口集箱，经供水阀送往用户。

（二）自然循环热水锅炉

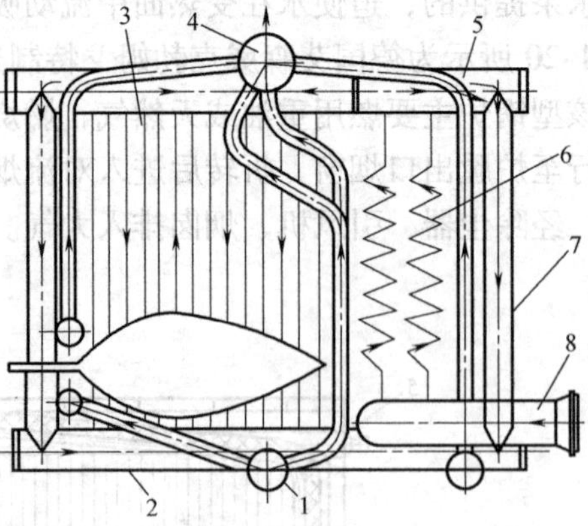

图 1.1-21　HW100U 型角管式强制循环热水锅炉水流程原理图

1—水冷壁分配集箱　2—侧墙水冷壁下集箱　3—侧墙水冷壁　4—热水出口集箱　5—侧墙水冷壁上集箱　6—旗式对流受热面　7—角管　8—回水进口集箱

自然循环热水锅炉的结构与自然循环蒸汽锅炉基本相同。辐射受热面中的热水是依靠下降管和上升管中工质的密度差产生的压头而循环流动；尾部对流受热面中的热水，则由循环水泵驱动而强制循环。所不同的是锅筒内部装置，自然循环热水锅炉没有汽水分离装置。但由于回水的引入和热水的引出在同一锅筒，如果没有合适的隔板装置及合理布置引入、引出管系统，回水和热水在锅筒中就会发生不同程度的短路，导致下降管入口水温提高，从而有可能引起上升管内水的过冷沸腾（局部沸腾）。

热水锅炉锅筒内部装置包括：回水引入管、回水分配管、热水引出管、集水管、隔板装置等。

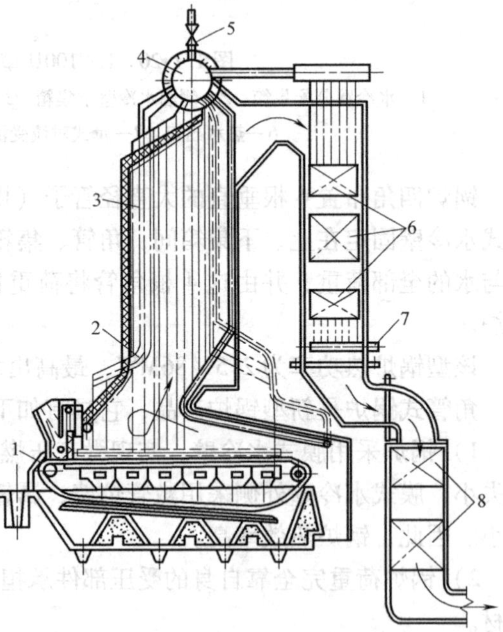

图 1.1-22　DHL14-1.27/130/70-AⅡ型自然循环热水锅炉

1—链条炉排　2—下降管　3—水冷壁　4—锅筒　5—供热水出口　6—对流受热面（钢管省煤器）　7—回水入口集箱　8—空气预热器

图 1.1-22 所示为 DHL14-1.27 /130/70-AⅡ型自然循环热水锅炉。锅炉布置呈Π形，本体由自然循环的辐射受热面和强制循环的对流受热面叠加而成，尾部烟道内布置管式空气预热器。炉膛四周布置水冷壁——辐射受热面，对流受热面由两组蛇形管省煤器串联组成。

燃烧设备采用鳞片式链条炉排，双侧进风。燃料在炉排和燃烧室空间燃烧，产生高温烟气，在炉内进行辐射传热，烟气从炉膛的后上方烟窗进入燃尽室，再折转向下，横向冲刷蛇形钢管对流管束（钢管省煤器），再纵向冲刷管式空气预热器，流经除尘器、引风机、烟囱排入大气。

该热水锅炉的水流程为：从供热管网回锅炉房的回水，经循环水泵加压，进入对流管束入口集箱，先后通过第一组蛇形钢管对流管束、第二组蛇形钢管对流管束，最后汇集于炉顶的对流管束出口集箱，并通过 4 根 ϕ108mm 的连接管引入锅筒。在锅筒、下降管、下集箱、水冷壁组成的封闭系统内进行自然循环，水温升到额定供水温度后，由锅筒顶部的供水阀门送往用户。

自然循环的热水锅炉，由于有容积较大的锅筒，系统水容量就大，本身可进行自然循环，因此，当突然停电时，不易发生汽化和水锤，这是自然循环热水锅炉与强制循环热水锅炉相比最突出的优点。

（三）常压热水锅炉

随着城市建设事业的发展和人民生活水平的不断提高，我国住宅建筑集中采暖和生活热水供应设施发展速度很快。大型集中供热工程难以满足高速发展的需求，而小型分散的锅炉房由于投资少，建设周期短，使用方便灵活，每年都有大量的这类锅炉房投入运行，尤其是“三北”地区。在这些小型工业锅炉中，常压热水锅炉很受物业管理部门和业主的青睐。

常压热水锅炉的结构形式与小型承压热水锅炉基本相同，有立式水管、立式火管、卧式火管、卧式水火管等形式，使用燃料有煤、油、燃气等。所不同的是常压锅炉工质的压力是大气压（即常压），亦即表压力为零，故又称为无压锅炉。

这种锅炉本体是敞开的，直接与大气相通，一般锅炉制造时在本体上开一个流通面积足够大的孔，以便安装通气管，这就保证了在锅炉水位线上，表压力永远为零。

常压锅炉具有两大优越性：

1）常压锅炉本身不带压力，不属于压力容器，锅壳、炉胆、锅筒和管道不会因超压而发生爆炸事故。

2）因无承压部件，制造工艺和材质要求都不高，可用普通钢材和较薄的壁厚，节省钢材，制造方便，成本低。

常压热水锅炉在使用中应特别注意以下问题：

1）常压热水锅炉的供热系统与承压热水锅炉是不相同的，主要是循环水泵安装的位置不同。承压热水锅炉循环水泵安装在供热系统回水管道上，而常压热水锅炉循环水泵安装在供热水管道上，为保证循环水泵安全可靠运行，要求热水温度不宜超过90℃。

2）常压热水锅炉循环水泵相当于热水给水泵，其耗电量较承压热水锅炉大得多，而且随着建筑物高度增加，两者耗电量的差值也随之增大。

3）运行中的常压热水锅炉突然停电时，系统回水倒回锅炉，造成锅炉由通气孔跑水，因此，在设计供热系统时，宜在高于锅炉本体的位置增设缓冲水箱和采取相应的自控措施。

4）由于回水温度较低，钢管受热面烟气侧易腐蚀，影响锅炉使用寿命。

为了规范常压热水锅炉的设计、制造和使用，国家有关行政管理部门已制定和发布了相关的法规和标准，如《小型和常压热水锅炉安全监察规定》（国家质技监局〔2000〕第11号令）、《常压热水锅炉制造许可证条件》（质技监锅字〔2000〕63号）、《小型锅炉和常压热水锅炉技术条件》（JB/T 7985—2002）等。

（四）铸铁热水锅炉

主要承压部件用铸铁制造的锅炉称为铸铁锅炉。铸铁锅炉与钢制锅炉相比较有如下特点：

1）耐蚀性好，无论在运行期间还是停炉期间，对于酸腐蚀和氧腐蚀均有很强的抵抗能力。因此，锅炉使用寿命长。

2）铸铁与钢相比，从材料冶炼开始计算，到制造成锅炉，可节约能耗30%，制造成本低。

3）铸铁锅炉的主要承压和受热部件是铸铁锅片，可以根据热负荷大小，确定锅片数量，拼装成满足需求的锅炉。

4）铸铁锅炉结构紧凑，运输和安装非常方便。可直接安装在建筑物的地下室内，既可减少占地，又可节约基建投资。

5）铸铁锅片上带有翅片式散热片，增加烟气和工质的传热面积，可提高锅炉热效率。

因此，工业发达国家普遍采用铸铁锅炉作为采暖和生活热水供应的热源。近年来，铸铁锅炉在我国也有较大的发展。

铸铁热水锅炉的容量都不大，热功率一般不超过1000kW，热水参数不宜太高。我国《热水锅炉安全技术监察规程》（质技监锅字〔2011〕8号）规定：铸铁热水锅炉额定出口热水温度低于120℃且额定出水压力不超过0.7MPa时，锅炉可以用牌号不低于HT150的灰铸铁制造，参数超过此范围的锅炉不应采用铸铁制造。

铸铁热水锅炉可分为整体式铸铁锅炉和组合式铸铁锅炉两种，目前应用最多的是后者。

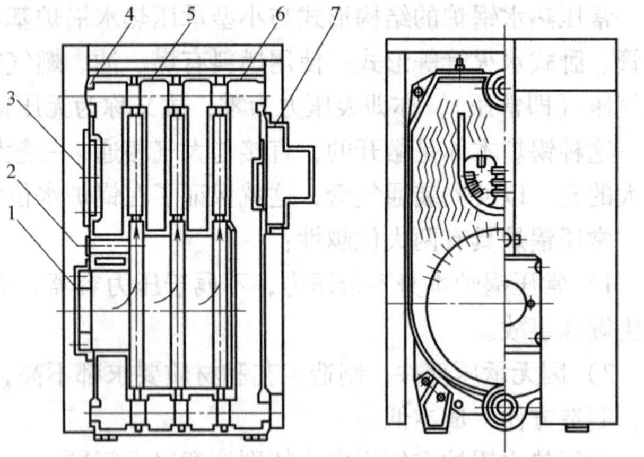

图1.1-23 组合式铸铁热水锅炉结构简图

1—燃烧器接口 2—看火孔 3—检查孔 4—前锅片 5—中锅片 6—后锅片 7—烟道

图1.1-23所示为组合式铸铁热水锅炉结构简图。这是一台燃油、燃气铸铁热水锅炉，其承压部件由三个基本类型的锅片串联而成，前锅片一般用于固定燃烧器和控制器；中锅片是主要承压和传热部件，即主要受热面，片数按锅炉容量增减；后锅片上一般带有烟气出口，进、出水管的接口，并带有安装安全阀、压力表、温度计和水位表的接口。燃料燃烧生成的高温烟气，经充分放热后，沿着铸铁烟道从烟囱排入大气。

（五）壁挂式燃气热水锅炉

自从1959年适合于家庭使用的采暖和生活热水两用壁挂式燃气锅炉在德国威能公司问世以来，发展速度很快，现在工业发达国家已用得非常普遍。在中国市场，壁挂式锅炉也很畅销，现在国内已有不少厂家生产该型产品。

壁挂式锅炉是集燃气燃烧设备、高效率热交换器、电磁式循环泵、自动控制和自动保护装置等于一体的高新技术产品。

壁挂式热水锅炉采暖与用其他锅炉集中采暖相比有如下优点：

1）节省资金。使用家用壁挂锅炉采暖，不需要建锅炉房、供热管网和集中供暖设施（包括分户热计量等）。既可以减少锅炉房占地面积，也可以解决城市街道地下管网非常复杂的矛盾，同时还节省了大量建设、运行和维护费用。

2）节约能源。使用家用壁挂式热水锅炉采暖，可以省去中间传热环节而带来的能量损耗，省去设备和管网因漏损与散热而造成的能量损耗，用户可以根据自己的需要及时调整室内温度，减少燃料消耗，提高了能源的利用率。

3）改善大气质量，保护环境。家用壁挂式热水锅炉使用的是优质、洁净的天然气或液化石油气，其燃烧产物不含烟尘，SO_2 和 NO_x 的含量也很少，这对保护大气环境具有重大意义。

4）壁挂式热水锅炉结构紧凑、体积小、重量轻，悬挂在超过人身高的墙壁上，因此，不占用家庭的有效空间。

壁挂式热水锅炉输出热功率一般为11.6～34.9kW。

图1.1-24所示为意大利阿芙乐尔（AURORA）壁挂式热水锅炉结构简图。

阿芙乐尔（AURORA）壁挂式热水锅炉是集户式采暖与生活热水供应功能于一体的全自动家用热水锅炉，采用天然气或液化石油气等清洁燃料为能源，在计算机智能控制指令下，完成住房的采暖和生活热水供应。该锅炉属强制循环热水锅炉。

该型壁挂式热水锅炉由燃料燃烧系统、热交换系统、水循环系统、通风系统及自动控制系统等组成。燃烧设备采用自然通风式扩散燃烧器。

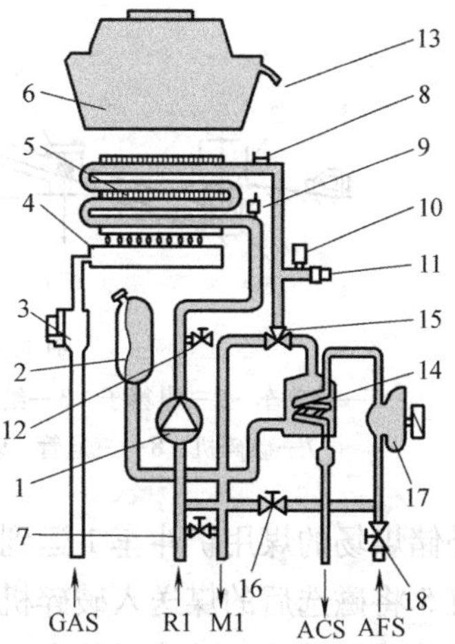

图1.1-24　AURORA壁挂式热水锅炉结构简图

ACS—生活热水出口　AFS—冷水入口　GAS—燃气入口

R1—采暖回水　M1—采暖供水

1—水泵　2—膨胀水箱　3—燃气阀　4—燃烧器

5—主热交换器　6—烟罩　7—旁路管

8—水安全恒温器　9—排气阀　10—缺水压力开关

11—加热系统压力安全阀　12—系统排水阀

13—烟气恒温保护装置　14—热水交换器

15—三通阀　16—阀门　17—水压保护　18—调节阀

该型锅炉采用平衡通风，即燃烧所需的空气全部从室外吸入，燃烧产物——烟气全部排放到室外大气中去。吸、排气筒为一同心套管，外层套管吸入室外空气，内管排放烟气，依靠烟气和空气的密度差产生流动压头，此密度差是由于烟气温度高、密度小，而空气温度低、密度大形成的。该流动压头促使燃烧生成的烟气不断地排往室外，同时将室外空气不断地吸入到炉内，与燃气混合燃烧，又产生了高温烟气，此过程周而复始地进行着，而且是随着负荷的大小进行自动调节，即负荷低时，产生的烟气量少，流动压头也小，吸入的空气量也就少，反之则烟气量和空气量都增大。

单元四　锅炉辅助设备选型

一、工业锅炉的燃料供应及除灰渣系统

工业锅炉房运煤和除灰渣系统是燃煤锅炉房设备的重要组成部分。可靠的运煤和除灰渣系统是工业锅炉房安全运行的必要条件。其设置是否合理，不仅直接关系到锅炉能否正常运

行，还将影响锅炉房位置选择和基建投资，以及工人的劳动强度和环境卫生状况等。因此，应根据锅炉燃烧设备的特点、锅炉房的耗煤量和产生的灰渣量、场地条件和技术经济的合理性等综合因素，选用适宜的运煤和除灰渣系统。

(一) 工业锅炉房的运煤系统

工业锅炉房的运煤系统是指煤从锅炉房的储煤场到锅炉炉前储煤斗之间的燃煤输送系统，其中包括煤的破碎、筛选、计量和转运输送等过程。

工业锅炉房运煤系统如图 1.1-25 所示。

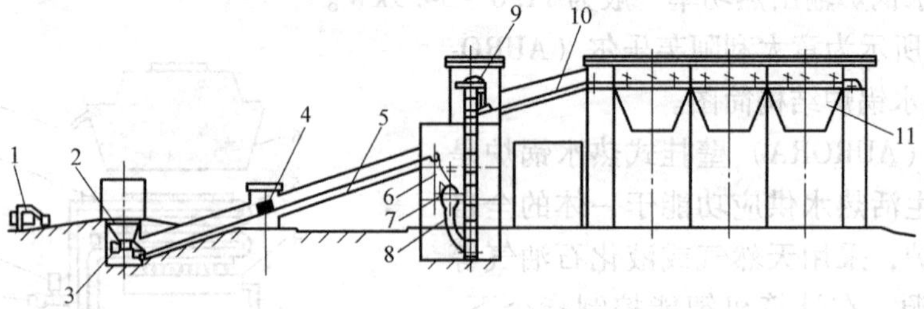

图 1.1-25 工业锅炉房运煤系统

1—铲斗车 2—煤箅子 3—给煤机 4—电磁分离器 5—1 号带式输送机 6—三通筛 7—破碎机 8—三通管 9—斗式提升机 10—2 号带式输送机 11—储煤斗

室外储煤场的煤用铲斗车 1 运到受煤坑，煤从受煤坑上的煤箅子 2 落入受煤斗。再由带式输送机 5 将磁选后的煤送入破碎机 7，在带式输送机上设置电磁分离器 4，将煤中铁件去除后进入破碎机破碎，破碎后的煤经过斗式提升机 9 提升至锅炉房运煤层，最后由带式输送机 10 将煤卸入炉前的储煤斗。

1. 煤的制备

由于燃煤锅炉不同的燃烧设备对原煤的粒度要求不同，当原煤的粒度不能满足燃烧设备的要求时，煤块必须先经过破碎。此时，运煤系统中应设置碎煤装置。层燃炉常采用双辊齿牙式破碎机按要求将煤破碎成颗粒状的煤块；煤粉炉常用锤击式破碎机将煤破碎成细小的小颗粒。在破碎之前，煤应先进行筛选，以减轻碎煤装置不必要的负荷。常用的筛选装置有振动筛、滚筒筛和固定筛。固定筛结构简单，造价低廉，用来分离较大的煤块。振动筛和滚筒筛可用于筛分较小的煤块。

当采用机械碎煤时，应进行煤的磁选，以防止煤中夹带的碎铁进入碎煤机，发生火花和卡住等事故，引起设备的损坏。常用的磁选设备有悬挂式电磁分离器和电磁带轮两种。悬挂式电磁分离器悬挂在输送机的上方，可吸除输送机上、中层煤中的含铁杂物，定期用人工加以清理。电磁带轮是一种旋转去铁器，它通常作为带式输送机的主动轮，借直流电磁铁产生的磁场自动分离输送带下层煤中的含铁杂物。

为了使煤连续均匀地供给运煤设备，常在运煤系统中设置给煤机。常用的给煤设备为电磁振动给煤机和往复给煤机。

生产中为了加强经济管理，在运煤系统中一般应设置煤的计量装置。采用汽车、手推车进煤时，可选用地磅；带式输送机上煤时，可采用传送带称；当锅炉为链条炉排时，还可以采用煤耗计量表。

2. 运煤设备

工业锅炉用煤，通过运煤系统将储煤场的煤运到锅炉炉前储煤斗，并且连续不断地向锅炉提供燃煤，以保证锅炉的正常运行。工业锅炉常用的运煤设备有以下几种：

（1）电动葫芦吊煤罐　电动葫芦吊煤罐是一种既能承担水平运输又能承担垂直运输的简易的间歇运煤设备，每小时运煤量2～6t，适用于额定耗煤量4t/h以下的锅炉。其系统装置简图如图1.1-26所示。

工业锅炉常用的电动葫芦吊煤罐起吊重量一般为0.5～1t，提升高度为6～12m，提升速度为8m/min，水平移动速度为20m/min。吊煤罐有方形、圆形及钟罩式等形式，均为底开式，容积为0.4～1.0m^3。

（2）单斗提升机　由卷扬机拖动，并能沿着钢轨作垂直、倾斜及水平方向运动的运煤设备称为单斗提升机。其最简单的结构形式为翻斗上煤机，如图1.1-27所示。在进行垂直提升运煤时，可在运煤层上加一水平输送机，如带式输送机或刮板输送机，也可在垂直提升后延伸一水平段，在运煤层上进行水平运煤，如图1.1-28所示。

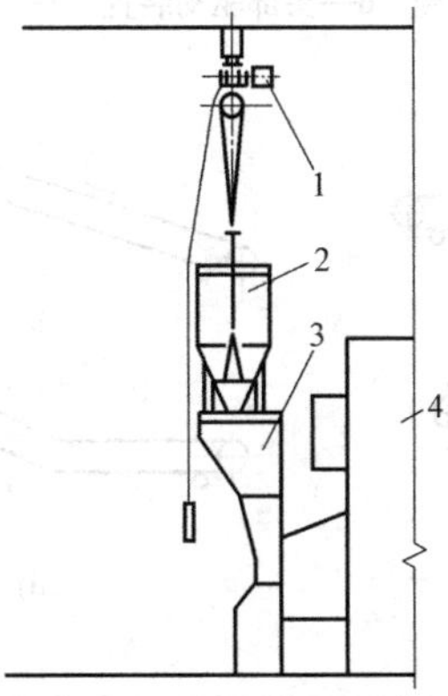

图1.1-26　电动葫芦吊煤罐系统布置图
1—电动葫芦　2—吊煤罐
3—煤斗　4—锅炉

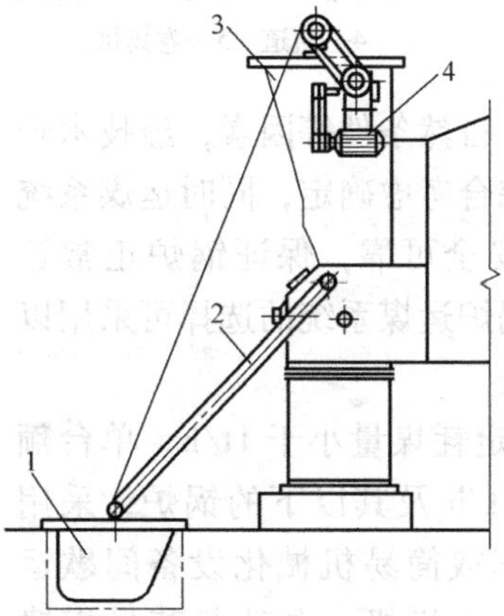

图1.1-27　翻斗上煤机装置示意图
1—单斗　2—摇臂　3—锅炉煤斗
4—卷扬机装置

（3）埋刮板输送机　埋刮板输送机是一种连续运煤设备，由头部驱动装置带动封闭在中间壳体内的刮板链条输送物料。这种设备结构简单，重量轻，体积小，布置灵活，密封性能好，能水平、倾斜、垂直和Z形运煤，而且还能多点卸煤。上煤时煤的粒度小于20mm，在加料口前装筛板，大块煤被筛板分离经破碎后进入进料口，如图1.1-29所示。

（4）带式输送机　带式输送机是一种连续运煤设备，运输能力高，运行可靠，可以水平运输，也可倾斜向上运输，但倾斜运输占地面积较大。

带式输送机主要由头部驱动装置、输送带、尾部装置及机架等组成，如图1.1-30所示。固定式带式输送机的宽度有500mm、650mm、800mm三种，带速一般为0.8～1.25m/s，适用于耗煤量4t/h以上的锅炉房。移动式带式输送机装有滚轮，可随意移动，带宽有400mm、500mm两种，在锅炉房煤场卸煤、转运煤时使用。

3. 运煤系统方式的选择

锅炉房运煤系统及其所用设备的选择，主要取决于锅炉房规模、耗煤量大小、燃烧方

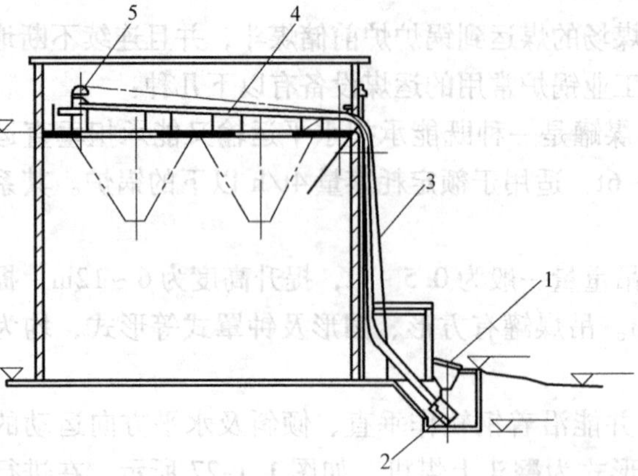

图 1. 1-28 单斗提升机（带水平段）运煤示意图

1—格子板 2—单斗 3—钢丝绳

4—轨道 5—卷扬机

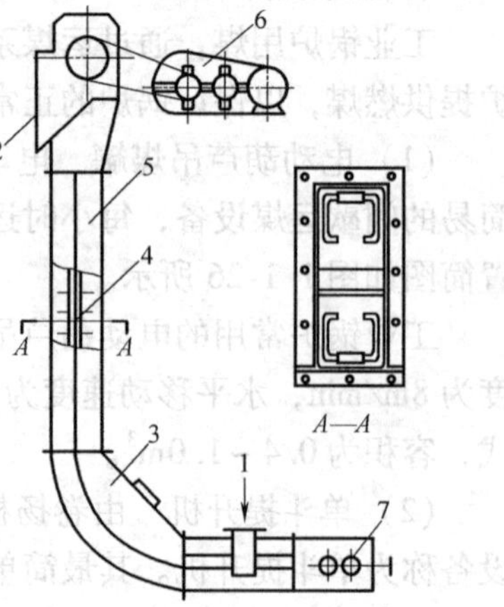

图 1. 1-29 埋刮板输送机运煤示意图

1—加料口 2—卸料口 3—弯曲端 4—刮板

5—外壳 6—头部驱动装置 7—尾部拉紧装置

式、地形、自然条件等因素，经技术经济比较，综合考虑确定，同时运煤系统的选择要安全可靠，保证锅炉正常运行。工业锅炉运煤系统的选择可采用以下几种：

1）额定耗煤量小于 1t/h，单台额定蒸发量 4t/h 及其以下的锅炉，采用人工手推车或简易机械化设备间歇运煤。如翻斗上煤机、电动葫芦吊煤罐运煤。

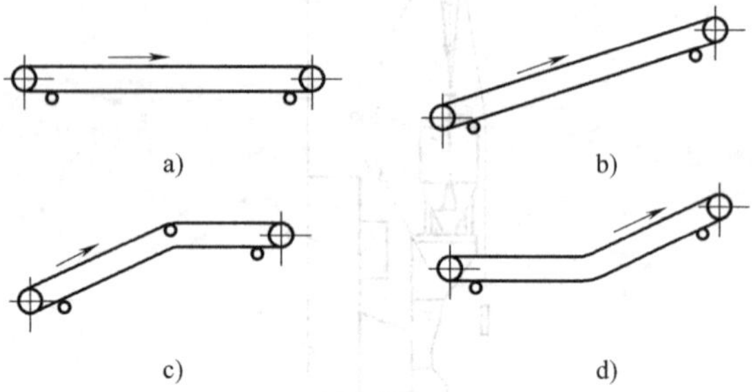

图 1. 1-30 带式运输机的布置形式

a）水平运输 b）倾斜向上运输 c）由倾斜转为水平运输

d）由水平转为倾斜向上运输

2）额定耗煤量为 1 ~ 6t/h，单台额定蒸发量为 6 ~ 10t/h 的锅炉，采用间歇或机械化设备连续运煤。如采用单斗提升机、埋刮板输送机运煤。

3）额定耗煤量大于 6t/h，单台额定蒸发量大于 10t/h 的锅炉，采用机械化设备连续运煤。如带式输送机运煤，但在占地面积受到限制时，也可采用埋刮板输送机运煤。

在地下水位较高的地区，要避免选用地下工程较大的运煤系统。

（二）工业锅炉的除灰渣系统

煤在燃烧设备中燃烧所产生的残余物称为灰渣。把灰渣从锅炉灰渣斗以及把烟灰从除尘器的集灰斗收集起来，并运往锅炉房外灰渣场的灰渣输送系统，称为锅炉房的除灰渣系统。

合理设置除灰渣系统，是保证锅炉正常运行的条件之一。同时，要注意保证锅炉间内有良好的通风，尽量减少灰尘、蒸汽和有害气体对锅炉房环境的污染。工业锅炉房常用的除灰渣方式有以下三种：人工除灰渣、机械除灰渣和水力除灰渣。

1. 人工除灰渣

人工除灰渣即锅炉房的灰渣完全依靠人力来装卸和输送，由工人将灰渣从灰坑中耙出，由于灰渣温度高、灰尘飞扬，为了保证除灰渣工人的安全生产和改善工人的劳动条件，灰渣应先用水冷却，然后装上手推车，用人力推到灰渣场进行处理。人工除灰渣由于劳动强度大，卫生条件差，仅适用于小容量的锅炉房。

2. 机械除灰渣

前面介绍的一些机械化运煤设备，也可用来输送灰渣，但炽热的灰渣必须用水冷却，大块灰渣还得适当破碎后进入除渣设备，避免设备卡住或损坏。

（1）刮板输送机　刮板输送机是一种连续输送灰渣的设备，既可以水平输送，又可以倾斜输送。它主要由链（环链或框链）、刮板、灰槽、驱动装置及尾部拉紧装置组成，如图1.1-31所示。环链式刮板机，在链上每隔一定的距离固定一块刮板，灰渣靠刮板的推动，沿着灰槽而被刮入室外灰渣场。对于框链式刮板机，框链本身既起到推动物料的作用，又起到牵引链的作用。

采用刮板输送机除灰渣时，链式刮板机埋于灰槽的水中，具有运行可靠、加工和检修方便、卫生条件好等优点。但耗钢量较大，同时链条及转动部分的机件易磨损。

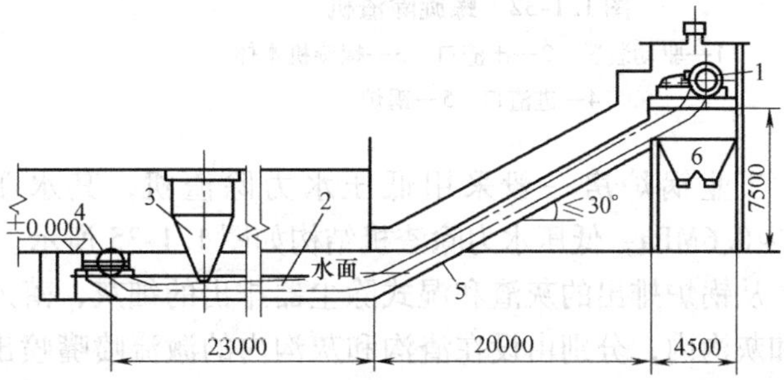

图1.1-31　刮板输送机

（2）螺旋除渣机　螺旋除渣机是一种连续输送灰渣的设备，可进行水平或倾斜方向输送。它由驱动装置、出渣口、螺旋轴、筒壳及进渣口等几部分组成，如图1.1-32所示。其工作原理是利用旋转的螺旋轴将被输送的灰渣沿固定的筒壳内壁推移而将灰渣送出炉外。螺旋轴直径一般为200～300mm，转速为30～75r/min，由于其有效流通截面较小，输送的灰渣量及渣块大小受到限制，因此，输送物料必须为粒状或屑粉状。一般适用于容量为4t/h及其以下的锅炉除渣。

（3）马丁除渣机　对于结焦性强的煤，在锅炉排渣口处安装马丁除渣机，将灰渣破碎后再排入输送设备，如图1.1-33所示。马丁除渣机工作时，热灰渣从落渣管7落下，电动机通过齿轮减速器带动凸轮1转动，然后通过连杆2拉动杠杆3，借棘轮使齿轮5旋转而带动轧辊转动以破碎灰渣，同时带动推灰板4做往复运动而将灰渣推出灰槽外。为使热灰渣冷却，在灰槽内保持一定的水位。此外，挡板6伸入水封，以防漏风。马丁除渣机一般用于蒸发量6t/h及其以上的链条炉或其他连续除渣的锅炉。

（4）圆盘除渣机　圆盘除渣机是一种连续输送灰渣的设备，主要由减速器2、主轴3、除渣轮4、渣槽8等部件组成，如图1.1-34所示。灰渣经落渣管进入渣槽，在渣槽中冷却后由除渣轮不停地转动而将灰渣排出。圆盘除渣机转速比马丁除渣机低，磨损小，但该设备无碎渣装置，在燃用结焦性强的煤时，会发生除渣轮被卡事故，故不适用于强结焦性煤。适用于单台容量为10～20t/h的层燃炉除渣。

3. 水力除渣机

水力除渣机是用带有压力的水将锅炉排出的灰渣，以及湿式除尘器收集的烟灰，送至渣池的除渣系统。水力除渣机分为低压除渣机、高压除渣机和混合水力除渣机三种。

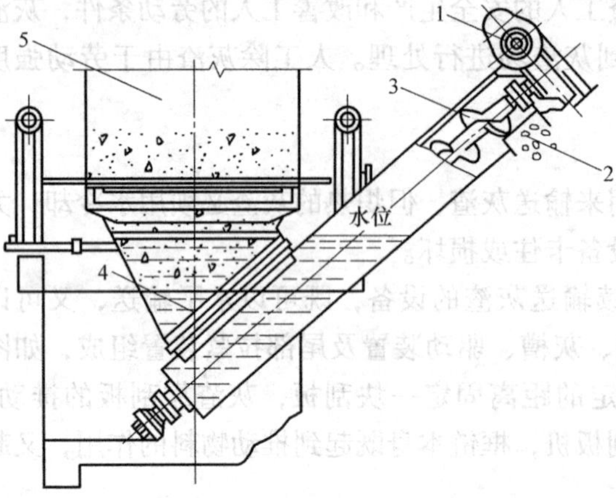

图 1.1-32 螺旋除渣机

1—驱动装置 2—出渣口 3—螺旋机本体

4—进渣口 5—锅炉

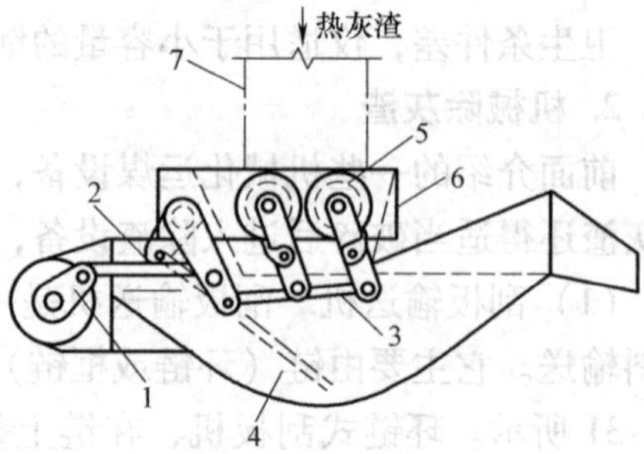

图 1.1-33 马丁除渣机

1—凸轮 2—连杆 3—杠杆

4—推灰板 5—齿轮 6—挡板 7—落渣管

工业锅炉房一般采用低压水力除渣机，其水压为 0.4 ~ 0.6MPa，低压水力除渣机结构如图 1.1-35 所示。

从锅炉排出的灰渣和湿式除尘器排出的细灰，落入渣沟和灰沟内，分别由设在渣沟和灰沟内的激流喷嘴喷出的水流冲往沉淀池，由抓斗起重机将灰渣从沉淀池倒至沥干台，定期将沥过的湿灰渣再倒入汽车运出厂外，沉淀池中的水经过滤后进入清水池循环使用。

为保证低压水力除渣机运行工况良好，设计时，灰渣与冲渣水的质量比为 1:20 ~ 1:30。循环水泵应尽可能靠近清水池，以减少阻力损失，并设有备用泵。冲渣沟和冲灰沟用铸石镶板，可以达到耐磨和防腐蚀、减小摩擦阻力的目的。冲渣沟和冲灰沟的镶板半径分别为 150mm 和 125mm，坡度分别为 1.5% ~ 2.0% 和 1% ~ 1.5%，布置力求短直，转弯处曲率半径应不小于 2m。

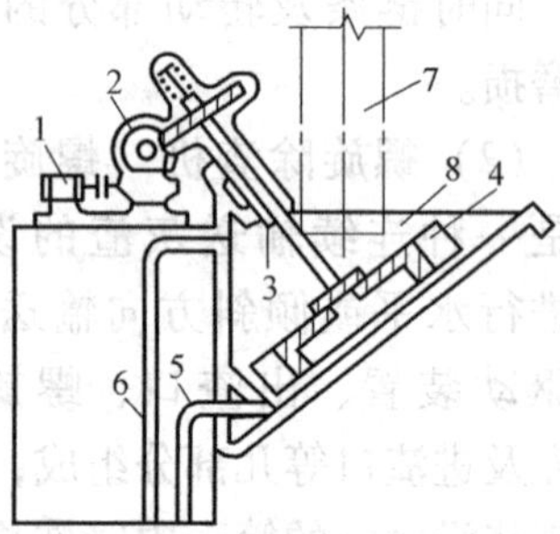

图 1.1-34 圆盘除渣机

1—电动机 2—减速器 3—主轴

4—除渣轮 5—供水管 6—溢水管

7—落渣管 8—渣槽

激流喷嘴之间的间距一般为 10 ~ 20m，在灰、渣沟的转弯处也应设激流喷嘴。激流喷嘴一般宜安装在离渣沟和灰沟镶板底面 300mm 的高度处，中心线应与沟道中心线相吻合，并与沟底成 15°左右倾角。喷嘴直径为 12mm、14mm、16mm。

低压水力除渣机具有运行安全可靠、劳动强度小，卫生条件好及操作管理方便等优点。缺点是需要建造较庞大的沉淀池，水量大，湿灰渣的运输也不大方便。在严寒地区，沉淀池应采取防冻措施。低压水力除渣机一般适用于大、中型容量的供热锅炉房。冲灰水、冲渣水均为酸性水，应将其他碱性废水排入沉淀池，以进行中和处理，如酸性仍高，则应加碱处理，使其略带碱性，方能循环使用。需要排除时，必须经过处理使其达到污水排放标准，才能向城市下水道、江、河等水体系排放。

4. 除灰渣方式的选择

锅炉房除灰渣方式的选择主要根据锅炉类型、灰渣排出量、灰渣特性、运输条件及基建

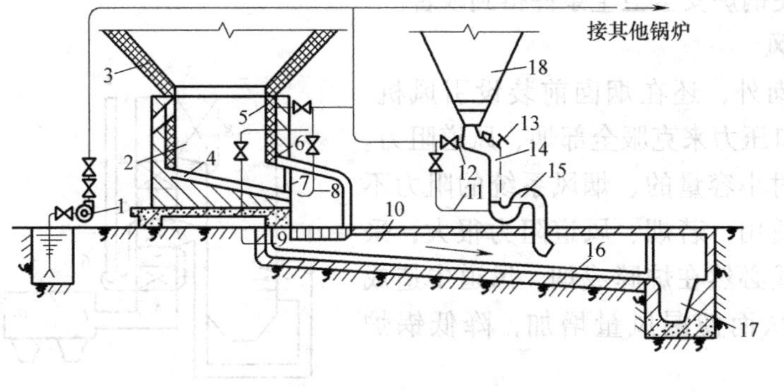

图 1. 1-35　低压水力除渣机

1—水泵　2—排渣槽　3—灰渣斗　4—铸铁护板　5—灭火喷嘴　6—排渣口　7—灭渣闸门　8—冲灰喷嘴　9—冲洗喷嘴　10—冲灰沟　11—激流喷嘴　12—喷嘴　13—手孔　14—冲灰器　15—水封　16—铸石镶板　17—集灰沟　18—灰斗

投资等因素，经技术经济比较后确定。

除人工加煤的锅炉可采用人工手推车除渣外，工业锅炉房机械除灰渣方式可考虑如下：

1）锅炉房灰渣排除量小于 1t/h，宜采用半机械化或机械化除渣。除渣设备有螺旋除渣机、马丁除渣机、圆盘除渣机或配以手推车等。

2）锅炉房灰渣排除量为 1 ~ 2t/h，宜采用简易机械化、机械化方式或低压水力除渣机。机械化方式除渣设备包括螺旋除渣机、马丁除渣机、圆盘除渣机并同时配以带式输送机或刮板输送机等。

3）锅炉房灰渣排除量大于或等于 2t/h，一般采用机械化方式或低压水力除渣机。

二、通风设备

通风设备的作用是给炉子送入燃烧所需要的空气，并从炉膛内引出燃烧产物——烟气，以保证锅炉正常燃烧。通风设备包括送风机、引风机、冷风道、热风道、烟道和烟囱。

（一）锅炉通风方式

锅炉在运行时，为了保证燃烧，必须连续地向锅炉送入所需要的空气，并及时将燃烧产物排走，这种连续送风和排除燃烧产物的过程称为锅炉的通风过程。根据锅炉类型和容量大小不同，锅炉通风方式可分为自然通风与机械通风两种。自然通风指利用烟囱中热烟气与外界冷空气间密度差所形成的自生抽力来克服锅炉通风阻力，一般仅适用于烟气阻力较小无尾部受热面的小型锅炉，如立式锅壳锅炉等。机械通风又叫强制通风，它是借助风机所产生的压力来克服通风阻力，这种通风方式为了满足环保要求，仍需要建造一定高度的烟囱，把烟气中的灰粒和有害气体散逸到高空中，以减小附近地区大气污染物的排放浓度。机械通风又分为平衡通风、负压通风和正压通风三种。现代锅炉特别是燃煤锅炉常采用平衡通风，其烟风通道系统如图 1. 1-36 所示。

1. 平衡通风

平衡通风是在锅炉烟风通道系统中间同时安装送风机和引风机。利用送风机压力克服风道、燃烧设备及燃料层的全部阻力；利用引风机压力克服全部烟道系统阻力。在炉膛出口处保持 20 ~ 40Pa 的负压。平衡通风使风道中正压不大。因此，能有效地调节送引风量，满足燃烧要求，又使锅炉安全卫生条件得到改善。

2. 负压通风

除利用烟囱外，还在烟囱前装设引风机，利用引风机入口压力来克服全部烟、风道阻力。这种通风方式对小容量的、烟风系统的阻力不大的锅炉较为适用。若烟、风道阻力很大，采用这种通风方式必然在炉膛或烟、风道中造成较高的负压，从而使漏风量增加，降低锅炉效率。

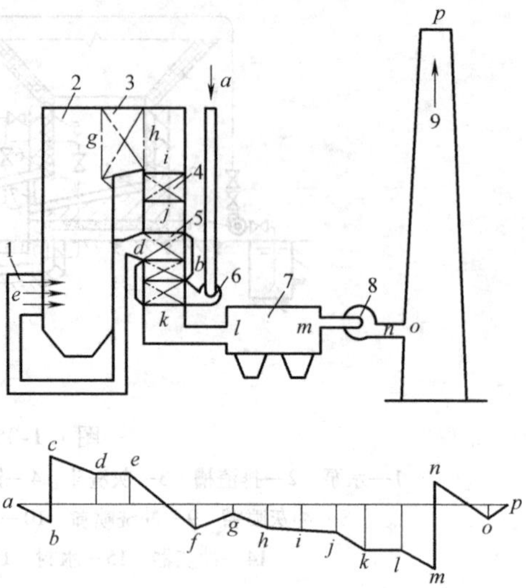

图 1.1-36　平衡通风烟风通道系统

1—燃烧器　2—炉膛　3—过热器　4—省煤器　5—空气预热器　6—送风机　7—除尘器　8—引风机　9—烟囱

3. 正压通风

正压通风是在锅炉烟、风道中只装设送风机，利用送风机出口压力来克服全部烟、风道阻力。此时烟、风道均处于正压，燃烧强度有所提高，消除了锅炉漏风，减少了排烟损失，但对炉墙、炉门和烟道严密性要求较高。国内外有不少燃油、燃气锅炉采用了这种通风方式。

锅炉通风计算是在锅炉热力计算确定了各受热面的结构特征和预先设计布置了烟、风道基础上，通过计算烟、风道的全压降，来校核锅炉结构、布置的合理性，并选择合适的烟囱、风机等通风装置，以保证燃烧的正常运行和满足锅炉设计的技术经济指标。

通风计算按锅炉额定负荷计算，计算所需要的原始数据，如烟气流量、温度、流速、有效截面积和其他结构特性等均取自热力计算。在个别情况下，为了确定烟、风道中的最大压力，需要进行低负荷时的通风计算。

（二）锅炉通风阻力计算

1. 锅炉烟道阻力计算

计算烟道阻力的顺序从炉膛开始，沿烟气流动方向，依次计算各部分阻力，由此求得烟道的全压降，作为引风机选择的参数依据。

按烟气流程的顺序，锅炉烟气系统总阻力$\sum\Delta p_y$包括炉膛负压Δp_1、锅炉本体阻力Δp_g、省煤器阻力Δp_s、空气预热器烟气侧阻力Δp_{k-y}、除尘器阻力Δp_c、烟道阻力Δp_y、烟囱阻力Δp_{yc}，即

$$\sum\Delta p_y=\Delta p_1+\Delta p_g+\Delta p_s+\Delta p_{k-y}+\Delta p_c+\Delta p_y+\Delta p_{yc} \qquad (1.1\text{-}5)$$

式中　$\sum\Delta p_y$——锅炉烟气系统总阻力（Pa）。

下面分述每一阻力的计算。

（1）炉膛负压Δp_1　炉膛负压即炉膛出口的真空度，它由燃料的种类、炉子形式及所采用的燃烧方式而定。机械通风时，一般取$\Delta p_1=20\sim40\text{Pa}$；自然通风时，取$\Delta p_1=40\sim80\text{Pa}$。

炉膛保持一定的负压可防止烟气和火焰从炉门及缝隙向外喷漏，但负压不能过高，以免冷空气向炉内渗漏过多，降低炉温和影响锅炉热效率。

（2）锅炉本体阻力Δp_g　锅炉本体阻力是指烟气离开炉膛后冲刷受热面管束所产生的阻力，其数值通常由锅炉制造厂家的计算书中查得。对于铸铁锅炉及小型锅壳锅炉，没有空气

动力计算书，其本体阻力可参照表1.1-1进行估算。

表1.1-1　锅炉本体阻力

炉型	锅炉本体烟气阻力/Pa	炉型	锅炉本体烟气阻力/Pa
铸铁锅炉	40～50	水火管组合锅炉	30～60
卧式水管锅炉	60～80	立式水管锅炉	20～40
卧式烟管锅炉	70～100		

（3）省煤器阻力 Δp_s　省煤器阻力指烟气横向或纵向冲刷管束时产生的阻力，其值通常由锅炉厂家提供。

（4）空气预热器烟气侧阻力 Δp_{k-y}　管式空气预热器中，空气在管束外面横向流动，烟气在管内流动。因此，空气预热器的烟气侧阻力是由管内的摩擦阻力和管子进出口的局部阻力组成。通常由制造厂家提供。

（5）除尘器阻力 Δp_c　与除尘器结构和形式有关，可根据制造厂提供的资料确定；对于常用的旋风除尘器，阻力约为600～800Pa。

（6）烟道阻力 Δp_y　从锅炉尾部受热面到除尘器的烟道阻力，按锅炉热力计算的排烟温度和排烟量计算；从除尘器到引风机及引风机后的烟道则按引风机处的烟气量和烟气温度计算。引风机处的烟气量按下式计算

$$V_y = B_j(V_{py} + \Delta\alpha V_k^0)\frac{273 + t_y}{273} \tag{1.1-6}$$

式中　V_y——引风机处的烟气量（m^3/h）；

B_j——计算燃料消耗量（kg/h）；

V_{py}——尾部受热面后的排烟体积（m^3/kg）；

$\Delta\alpha$——尾部受热面后的漏风系数，对砖烟道，每10m长 $\Delta\alpha = 0.05$，对钢烟道，每10m长 $\Delta\alpha = 0.01$，对旋风除尘器，$\Delta\alpha = 0.05$，对电除尘器，$\Delta\alpha = 0.1$；

V_k^0——理论空气量（m^3/kg）；

t_y——尾部受热面后的排烟温度（℃）。

烟道阻力包括烟道的摩擦阻力 Δp_{yd}^m 和局部阻力 Δp_{yd}^j。

烟道的摩擦阻力按下式计算

$$\Delta p_{yd}^m = \lambda\frac{l}{d_d}\frac{\omega_{pj}^2}{2}\rho_y^0\frac{273}{273 + t_{pj}} \tag{1.1-7}$$

式中　Δp_{yd}^m——烟道的摩擦阻力（Pa）；

λ——摩擦阻力系数，对于金属管道取0.02，对于砖砌或混凝土管道取0.04；

l——管段长度（m）；

ω_{pj}——烟气的平均流速（m/s）；

ρ_y^0——标准状态下的烟气密度，1.34kg/m^3；

t_{pj}——烟气的平均温度（℃）；

d_d——管道当量直径（m），圆形管道，d_d 为其直径；边长分别为 a、b 的矩形管道，可按式（1.1-7a）换算；管道截面周长为 u 的非圆形管道，可按式

(1.1-7b) 换算。

$$d_{\mathrm{d}}=\frac{2ab}{a+b} \tag{1.1-7a}$$

$$d_{\mathrm{d}}=\frac{4F}{u} \tag{1.1-7b}$$

式中 F——与流动方向垂直的管道截面积 (m^2)。

为了简化计算，将动压力$\frac{\omega^2}{2}\rho$制成线算图，计算时可参考相关手册。

烟道的局部阻力可按下式计算

$$\Delta p_{\mathrm{yd}}^{\mathrm{j}}=\xi\frac{\omega^2}{2}\rho \tag{1.1-8}$$

式中 $\Delta p_{\mathrm{yd}}^{\mathrm{j}}$——烟道的局部阻力 (Pa)；

ξ——局部阻力系数，查相关手册；

ω——烟气流速 (m/s)。

(7) 烟囱阻力 Δp_{yc} 烟囱阻力包括摩擦阻力和烟囱出口阻力。

烟囱的摩擦阻力按下式计算

$$\Delta p_{\mathrm{yc}}^{\mathrm{m}}=\lambda\frac{H}{d_{\mathrm{pj}}}\frac{\omega_{\mathrm{pj}}^2}{2}\rho_{\mathrm{pj}} \tag{1.1-9}$$

式中 $\Delta p_{\mathrm{yc}}^{\mathrm{m}}$——烟囱的摩擦阻力 (Pa)；

λ——烟囱的摩擦阻力系数，砖烟囱或金属烟囱均取 $\lambda=0.04$；

d_{pj}——烟囱的平均直径，取烟囱进出口直径的算术平均值 (m)；

H——烟囱高度 (m)；

ω_{pj}——烟囱中烟气的平均流速 (m/s)；

ρ_{pj}——烟囱中烟气的平均密度 (kg/m^3)。

烟囱出口局部阻力可按下式计算

$$\Delta p_{\mathrm{yc}}^{\mathrm{c}}=\xi\frac{\omega_{\mathrm{c}}^2}{2}\rho_{\mathrm{c}} \tag{1.1-10}$$

式中 $\Delta p_{\mathrm{yc}}^{\mathrm{c}}$——烟囱出口阻力 (Pa)；

ξ——烟囱出口局部阻力系数，查相关手册；

ω_{c}——烟囱出口处的烟气流速 (m/s)；

ρ_{c}——烟囱出口处烟气的密度 (kg/m^3)。

烟囱阻力按下式计算

$$\Delta p_{\mathrm{yc}}=\Delta p_{\mathrm{yc}}^{\mathrm{m}}+\Delta p_{\mathrm{yc}}^{\mathrm{c}} \tag{1.1-11}$$

2. 锅炉风道阻力计算

锅炉送风系统总阻力$\sum\Delta p_{\mathrm{f}}$包括燃烧设备阻力 Δp_{r}、空气预热器空气侧阻力 $\Delta p_{\mathrm{k-k}}$和风道阻力 Δp_{fd}，即

$$\sum\Delta p_{\mathrm{f}}=\Delta p_{\mathrm{r}}+\Delta p_{\mathrm{k-k}}+\Delta p_{\mathrm{fd}} \tag{1.1-12}$$

(1) 燃烧设备阻力 Δp_{r} 燃烧设备阻力取决于炉子形式和燃料层厚度等因素，对于层燃炉，燃烧设备阻力包括炉排与燃料层阻力，宜取制造厂的测定数据为计算依据，如无此数

据，可参考下列炉排下要求的风压值来代替：往复推动炉排炉 600Pa；链条炉排 800 ~ 1000Pa；抛煤机链条炉排 600Pa。

对沸腾炉，燃烧设备阻力 Δp_r指布风板（包括风帽）阻力和料层阻力；对于煤粉炉，燃烧设备阻力 Δp_r指按二次风计算的燃烧器阻力；对燃油燃气锅炉，燃烧设备阻力 Δp_r指调风器的阻力。

（2）空气预热器空气侧阻力 Δp_{k-k}　空气预热器空气侧阻力是指管外空气冲刷管束所产生的阻力，通常由制造厂家提供。

（3）风道阻力 Δp_{fd}　风道阻力计算与烟道阻力计算一样，是按锅炉的额定负荷进行的。风道阻力计算时，空气流量按下式计算

$$V_k = B_j V_k^0 (\alpha_l'' - \Delta\alpha_l + \Delta\alpha_{ky}) \frac{273 + t_{lk}}{273} \tag{1.1-13}$$

式中　V_k——空气流量（m^3/h）；

α_l''——炉膛出口处的过量空气系数；

$\Delta\alpha_l$——炉膛的漏风系数；

$\Delta\alpha_{ky}$——空气预热器中空气漏入烟道的漏风系数，取 0.05；

t_{lk}——冷空气温度（℃）。

风道阻力也包括摩擦阻力和局部阻力，可分别参照烟道的摩擦阻力和局部阻力计算方法进行计算，计算时只需用所有的空气参数来代替烟气的参数即可。

3. 烟囱的计算

（1）烟囱高度的确定　对于采用机械通风的锅炉，烟道阻力主要由风机来克服，烟囱的作用主要是将烟尘排至高空扩散，减轻飞灰和烟气对环境的污染，使附近的环境处于允许污染程度之下。因此，烟囱高度要根据环境卫生的要求确定，应符合（GB 13271—2014）《锅炉大气污染物排放标准》的规定，其高度应根据锅炉房总容量按表 1.1-2 选取。

表 1.1-2　烟囱最低允许高度

锅炉房总容量	t/h	<1	1 ~ 2	2 ~ 4	4 ~ 10	10 ~ 20	20 ~ 40
	MW	<0.7	0.7 ~ 1.4	1.4 ~ 2.8	2.8 ~ 7.0	7.0 ~ 14.0	14.0 ~ 28.0
烟囱最低允许高度	m	20	25	30	35	40	45

当锅炉房总容量大于 28MW（40t/h）时，其烟囱高度应按环境影响评价要求确定，但不得低于 45m。

烟囱高度应高出半径 200m 范围内最高建筑物 3m 以上，以减轻对环境的影响。

（2）烟囱抽力的确定　对于自然通风的锅炉房，是利用烟囱产生的抽力来克服风、烟系统的阻力。因此，烟囱的高度除了满足环境卫生的要求，还必须通过计算使烟囱产生的抽力足以克服烟、风系统的全部阻力。

烟囱抽力是由于外界冷空气和烟囱内热烟气的密度差形成的压力差而产生的，即

$$p_s = gH(\rho_{lk} - \rho_y)$$

$$p_s = gH\left(\rho_{lk}^0 \frac{273}{273 + t_{lk}} - \rho_y^0 \frac{273}{273 + t_{pj}}\right) \tag{1.1-14}$$

式中　p_s——烟囱产生的抽力（Pa），自然通风时应使 p_s 大于或等于风烟道总阻力的

1.2 倍；

g——重力加速度（m/s^2）；

H——烟囱高度（m）；

ρ_{lk}——外界空气的密度（kg/m^3）；

ρ_y——烟气密度（kg/m^3）；

ρ_{lk}^0、ρ_y^0——标准状态下空气和烟气的密度（kg/m^3）；

t_{lk}——外界空气温度（℃）；

t_{pj}——烟囱内烟气平均温度（℃），可按下式计算

$$t_{pj} = t^1 - \frac{1}{2}\Delta t H \tag{1.1-15}$$

式中 t^1——烟囱进口处烟气温度（℃）；

Δt——烟气在烟囱每米高度的温度降（℃），按下式计算

$$\Delta t = \frac{A}{\sqrt{D}} \tag{1.1-16}$$

式中 D——在最大负荷下，由一个烟囱负担的各锅炉蒸发量之和（t/h）；

A——烟囱温降修正系数，见表 1.1-3。

表 1.1-3 烟囱温降修正系数

烟囱种类	无衬铁烟囱	有衬铁烟囱	砖烟囱（壁厚小于 0.5m）	砖烟囱（壁厚大于 0.5m）
修正系数 A	2	0.8	0.4	0.2

烟囱或烟道的温降也可按经验数据估算，砖烟道及烟囱或混凝土烟囱每米长温降约为 0.5℃，钢板烟道及烟囱每米长温降约为 2℃。

对于机械通风的锅炉房，为简化计算，烟气在烟道和烟囱中的冷却可不考虑，烟囱内烟气平均温度按引风机前的烟气温度进行计算。

计算烟囱的抽力时，对于全年运行的锅炉房，应分别以冬季室外温度和冬季锅炉房热负荷以及夏季室外温度和相应的热负荷时系统的阻力来确定烟囱的高度，取二者中较高者；对于专供供暖的锅炉房，也应分别以采暖室外计算温度和相应的热负荷计算的阻力确定烟囱的高度，与采暖期将结束时的室外温度和相应的热负荷计算的系统阻力确定的烟囱高度相比较，取其中较高的值。

4. 风机的参数确定与选型

当锅炉额定负荷下的烟、风道的流量和阻力确定后，即可计算所需风机的风压和风量，进行风机的选择。

（1）送风机的选择计算　送风机的风量按下式计算

$$V_s = 1.1 V_k \frac{101.325}{p_b} \tag{1.1-17}$$

式中 V_s——送风机的送风量（m^3/h）；

V_k——额定负荷时的空气量（m^3/h）；

p_b——当地大气压（kPa）。

送风机的风压按下式进行计算

$$p_{hs}=1.2\sum\Delta p_f\frac{273+t_{lk}}{273+t_s}\times\frac{101.325}{p_b}\times\frac{1.293}{\rho_k^0}\tag{1.1-18}$$

式中　p_{hs}——送风机的风压（Pa）；

$\sum\Delta p_f$——风道总阻力（Pa）；

t_{lk}——冷空气温度（℃）；

t_s——送风机铭牌上给出的气体温度（℃）。

（2）引风机的选择计算　引风机的风量按下式计算

$$V_{yf}=1.1V_y\frac{101.325}{p_b}\tag{1.1-19}$$

式中　V_{yf}——引风机的风量（m^3/h）；

V_y——额定负荷时的烟气量（m^3/h）。

由于引风机产品样本上列出的风压是以标准大气压下200℃的空气为介质计算的，因此，实际设计条件下的风机压力要折算到风机厂家设计计算条件下的风压。

引风机的风压按下式进行计算

$$p_{yf}=1.2(\sum\Delta p_y-p_{sy})\frac{273+t_{py}}{273+t_y}\times\frac{101.325}{p_b}\times\frac{1.293}{\rho_y^0}\tag{1.1-20}$$

式中　p_{yf}——引风机的风压（Pa）；

$\sum\Delta p_y$——烟道总阻力（Pa）；

t_{py}——排烟温度（℃）；

t_y——引风机铭牌上给出的气体温度（℃）；

p_{sy}——烟囱产生的抽力（Pa）。

（3）风机所需电动机功率的计算　风机所需电动机功率按下式计算

$$P=\frac{Vp}{3600\times10^3\times\eta_f\eta_c}\tag{1.1-21}$$

式中　P——风机所需功率（kW）；

V——风机风量（m^3/h）；

p——风机风压（Pa）；

η_f——风机在全压下的效率，一般风机为0.6～0.7，高效风机可达0.9；

η_c——传动效率，当风机与电动机直连时，$\eta_c=0.95\sim0.98$；用V带传动时，$\eta_c=0.90\sim0.95$；用平带传动时，$\eta_c=0.85$。

电动机功率

$$P_d=\frac{KP}{\eta_d}$$

式中　η_d——电动机效率，一般取0.9；

K——电动机储备系数，按表1.1-4选用。

（4）风机的选择原则

1）锅炉的送风机、引风机宜单独配置，以减少漏风量，节约用电和便于操作。

2）风量和风压，应按锅炉的额定蒸发量、燃烧方式和通风系统的阻力经计算确定。

表 1.1-4 电动机储备系数

电动机功率/kW	储备系数	
	带传动	同一传动轴或联轴器连接
≤0.5	2.0	1.15
0.5~1.0(含)	1.5	1.15
1.0~2.0(含)	1.3	1.15
2.0~5.0(含)	1.2	1.10
>5.0	1.1	1.10

3）配置风机时，风量的富裕量一般为10%，风压的富裕量一般为20%。

4）尽量选用效率高的风机，以降低电动机功率，缩小风机外形尺寸。

5）引风机技术条件规定的烟气温度范围，必须与锅炉的排烟温度相适应。

6）为保持风机安全可靠运行，应在引风机前装设除尘器。

三、烟气净化设备

（一）工业锅炉除尘技术

从气体中去除或捕集固体或液体微粒的过程称为除尘，用于除尘的装置称为除尘设备。目前，我国工业锅炉数量大（2014 年全国在用锅炉约 58 万台），分布面广，燃烧效率低，烟囱低，而且主要燃料为原煤，燃烧耗煤量约占全国年产煤量的三分之一，由此而造成的烟尘污染相当严重。根据目前国内外科技水平，控制锅炉烟尘污染的措施有：改进锅炉的燃烧方式和进行合理的燃烧调节，以减少烟尘中的可燃物，降低烟尘的初始含尘浓度；采用一定高度的烟囱，提高烟囱的烟气速度，通过高空扩散，稀释烟尘浓度；加装高效除尘装置，降低烟尘排放浓度。

1. 工业锅炉初始排尘浓度和烟尘分散度

（1）工业锅炉初始排尘浓度　标准状态下每立方米（m^3）烟气体积中含有烟尘的质量，称为锅炉烟气含尘浓度，单位为 mg/m^3（或 g/m^3）。锅炉烟尘浓度与燃烧方式、燃料种类及其组成、锅炉负荷、锅炉结构及运行水平等多种因素有关。GB 13271—2014《锅炉大气污染物排放标准》中，规定了我国在用及新建锅炉大气污染物排放浓度限值，见表 1.1-5a和表 1.1-5b。

表 1.1-5a 在用锅炉大气污染物排放浓度限值　（单位：mg/m^3）

污染物项目	限　值			污染物排放监控位置
	燃煤锅炉	燃油锅炉	燃气锅炉	
颗粒物	80	60	20	烟囱或烟道
二氧化硫	400	300	100	
氮氧化物	400	400	400	
汞及其化合物	0.05	—	—	
烟气黑度(林格曼黑度,级)	≤1			烟囱排放口

表 1.1-5b　新建锅炉大气污染物排放限值　（单位：mg/m^3）

污染物项目	限值			污染物排放监控位置
	燃煤锅炉	燃油锅炉	燃气锅炉	
颗粒物	50	30	20	烟囱或烟道
二氧化硫	300	200	50	
氮氧化物	300	280	300	
汞及其化合物	0.05	—	—	
烟气黑度（林格曼黑度，级）	≤1			烟囱排放口

锅炉排烟出口处初始排尘浓度按下式计算

$$\mu=\frac{M_A}{V_y\frac{273}{T_{py}}\times\frac{101325}{p}} \tag{1.1-22}$$

式中　μ——初始排尘浓度（mg/m^3）；

V_y——锅炉烟气量（m^3/h）；

T_{py}——锅炉排烟温度（K）；

p——排烟绝对压力（Pa），对于负压燃烧锅炉，可按当地大气压计算；

M_A——锅炉排烟出口处总排尘量（mg/h），按下式计算

$$M_A=B\times10^6\left(\frac{A_{ar}}{100}+\frac{Q_{net,v,ar}q_4}{32866\times100}\right)a_{fh} \tag{1.1-23}$$

式中　B——锅炉燃料消耗量（kg/h）；

A_{ar}——燃料收到基灰分（%）；

$Q_{net,v,ar}$——燃料收到基低位发热量（kJ/kg）；

q_4——固体未完全燃烧热损失（%）；

a_{fh}——飞灰质量份额（%）。

（2）烟尘颗粒分散度　燃烧方式不同，锅炉烟尘颗粒分散度是不相同的，见表 1.1-6。

表 1.1-6　不同燃烧方式锅炉烟尘颗粒分散度

烟尘粒径 /μm	手烧炉（自然通风）	手烧炉（机械通风）	链条炉排炉	往复炉排炉	抛煤机炉	煤粉炉	沸腾炉
<5	1.2	1.3	3.1	4.2	1.5	6.4	1.3
5~10	4.6	7.6	5.4	8.9	3.6	13.9	7.9
10~20	14.0	6.65	11.3	12.4	8.5	22.9	13.8
20~30	10.6	8.2	8.8	10.6	8.1	15.3	11.2
30~47	16.9	7.5	11.7	13.8	11.2	16.4	15.4
47~60	9.1	15.6	6.9	6.7	7.0	6.4	10.6
60~74	7.4	3.2	6.3	7.0	6.1	5.3	11.2
>74	36.2	50.0	46.0	36.4	54.0	13.4	28.6

注：本表数据为锅炉负荷在 85%~100% 时的烟尘平均颗粒分散度。

烟尘分散度还随着燃料种类的变化以及锅炉负荷的变化而变化。

(3) 锅炉的初始排尘浓度和颗粒度的影响因素　锅炉烟气的含尘浓度和粗细尘粒所占的百分比，因燃烧设备形式的不同而有所差别。小型锅炉，尤其手烧炉，由于炉温低，燃烧条件不充分，排出的烟气中存在大量游离炭黑，所以烟色浓黑。煤的含灰量大，热值低，相应的排尘量就要增高。锅炉的燃烧强度大，烟气流速高，较大的尘粒就更易被烟气带出。燃烧方法不同也会使排尘量各异，如沸腾炉、煤粉炉和抛煤机炉，烟气含尘浓度比层燃炉大得多。

各种燃烧方式锅炉排尘浓度见表1.1-7。

各种燃烧方式锅炉烟尘分散度平均值见表1.1-8（负荷在100%左右）。

各种煤质（如含灰量、水分、颗粒大小不同）对排尘浓度的影响也很大，燃用的煤种灰分高，水分少时，排尘浓度大。反之，燃用的煤种灰分低，水分高时，排尘浓度小。

从实测数据可以看出，各种燃烧方式的锅炉其排尘浓度大不一样，如双层燃烧、反烧锅炉和简易煤气炉，在正常燃烧工况下，排尘浓度都比较低。往复炉排锅炉的排尘浓度为1～2g/m^3。链条炉的排尘浓度一般为2～4g/m^3。抛煤机锅炉的排尘浓度达到8～13.5g/m^3。煤粉炉的排尘浓度一般为14～20g/m^3。沸腾炉的排尘浓度高达40～70g/m^3。

表1.1-7　各种燃烧方式锅炉排尘浓度

序号	燃烧方式	平均排尘浓度/(mg/m^3)	最高排尘浓度/(mg/m^3)	备注
1	往复炉排	1450	2753	
2	链条炉排	2670	6299	
3	振动炉排	9790		
4	抛煤机	9440	11594	
5	煤粉炉	16760	17393	
6	沸腾炉	59240	75162	
7	手烧铸铁锅炉	1030	1125	自然引风
8	反烧锅炉	190		自然引风
9	双层燃烧	170	375	
10	手烧机械引风	3280	3667	固定炉排

表1.1-8　各种燃烧方式锅炉烟尘分散度平均值（%）

烟尘粒径/μm	>75	7～60	6～47	4～30	3～20	2～15	1～10	5～10	4～5
往复炉排	41.63	3.19	3.66	10.20	13.85	8.29	11.37	6.85	0.96
链条炉排	50.74	4.53	6.30	12.05	7.39	5.48	6.25	5.45	1.81
抛煤机	61.02	7.69	6.03	9.93	5.85	3.21	2.97	2.33	0.97
煤粉炉	13.19	13.23	10.20	14.94	11.60	5.74	15.36	11.65	4.08
沸腾炉	33.18	6.85	7.67	11.86	9.90	5.44	15.70	5.64	0.76
双层炉排	15.98	5.16	2.99	2.83	3.17	1.20	45.96	6.37	16.34

烟气流速对锅炉排尘浓度也有影响，自然引风锅炉排尘浓度比机械引风的锅炉排尘浓度低。

炉排和炉膛容积热负荷对排尘浓度影响也很大。

另外，实测证明，锅炉排尘浓度和颗粒分散度还与锅炉运行负荷有关。锅炉烟尘排放浓度随锅炉运行负荷的增加而增大，尤其是超负荷运行时，烟尘浓度更为急剧增大。但在50%负荷时，排尘浓度只有满负荷的20%。

锅炉烟尘分散度也与锅炉负荷有关，随着负荷的增加，烟尘中大颗粒也随之增加。

2. 除尘器的分类及性能

根据捕尘的作用力或作用机理，目前国内常用的除尘器有：机械力式除尘器、湿式除尘器、过滤式除尘器、电除尘器四大类，见表1.1-9。

表1.1-9　除尘设备的分类及性能

序号	类别	除尘设备形式	有效捕集粒径/mm	阻力/Pa	除尘效率(%)	设备费用	运行费用
1	机械力式除尘器	重力除尘器	>50	50~150	40~60	少	少
		惯性力除尘器	>20	100~500	50~70	少	少
		旋风除尘器	>10	400~1300	70~92	少	中
		多管旋风除尘器	>5	800~1500	80~95	中	中
2	湿式除尘器	喷淋除尘器	>5	100~300	75~95	中	中
		文丘里水膜除尘器	>5	500~10000	9~99.9	中	高
		其他水膜除尘器	>5	500~1500	85~99	中	较高
3	过滤式除尘器	颗粒层除尘器	>0.5	800~2000	85~99	较高	较高
		布袋除尘器	>0.3	400~1500	8~99.9	较高	较高
4	电除尘器	干式电除尘器	0.01~100	100~200	8~99.9	高	少
		湿式电除尘器	0.01~100	100~200	8~99.9	高	少

（1）除尘器的性能

1）处理烟气量。通常用标准状态下（0℃，101325Pa）烟气的体积流量来表示除尘器流量。烟气量来自于锅炉热工计算。

2）除尘器阻力。阻力是表示气流通过除尘器时的压力损失。在一定的除尘效率条件下，阻力大，则风机耗电量也大。因此，除尘器阻力是衡量除尘器性能的主要指标之一。

3）除尘器的经济性。它包括除尘器的设备费、安装费和运行费，是评定除尘器性能的重要指标之一。

4）除尘效率。它表示除尘器所捕集的粉尘量占进入除尘器总粉尘量的质量分数。它是评定除尘器性能的主要指标。

除尘设备的除尘效率也可根据除尘设备前后的烟气量及烟气含尘浓度由下式求得

$$\eta = \frac{G_2}{G_1} \times 100\% = \frac{c_j Q_1 - c_c Q_2}{c_j Q_1} \times 100\% \tag{1.1-24}$$

式中　η——除尘效率（%）；

G_1——进入除尘设备的烟气中含有的尘粒质量（g/h）；

G_2——除尘设备所捕集的尘粒质量（g/h）；

c_j——进入除尘设备的烟气含尘浓度（g/m^3）；

c_c——排出除尘设备的烟气含尘浓度（g/m^3）；

Q_1——进入除尘设备的烟气量（m^3/h）；

Q_2——排出除尘设备的烟气量（m^3/h）。

如果 $Q_1 = Q_2$，即假设除尘设备没有漏风，而且进、出除尘设备的烟气温度不变时，公式可简化为

$$\eta = \left(1 - \frac{c_c}{c_j}\right) \times 100\% \tag{1.1-25}$$

在某些情况下，为了对除尘设备的工作做出正确评价，有时也用所谓透过率（通过系数）这一指标来评价除尘器的质量。透过率 P 表示除尘设备没有捕集到的随烟气排出的尘粒质量占进入除尘设备的尘粒质量的百分数，即

$$P = \frac{G_3}{G_1} \times 100\% \tag{1.1-26}$$

或

$$P = 1 - \eta$$

式中 P——透过率（%）；

G_3——除尘设备没有捕集到的尘粒质量（g/h）。

从卫生观点来看，重要的不是捕集下来多少烟尘，而是排放出去多少烟尘，对周围大气造成多大的污染。此时，用 P 值来说明就更合适些。例如比较两台除尘器，其中一台的除尘效率为 80%，另一台为 90%，两者相差仅为 10%，而透过率则一台为 20%，另一台为 10%，相差一倍，也就是说排放到大气中的尘量相差一倍之多。

影响除尘效率的因素有：

1）烟气进口速度。烟气进口速度对除尘效率影响较大，一般烟气进口流速在 10 ~ 25m/s范围内时烟气净化效率较好。但流速增大对减小除尘器的阻力不利。离心式除尘器的压力损失与进口烟气速度有极大的关系，若进口烟气速度增加 1 倍，则其压力损失就要增加 3 倍。

2）烟气的初始含尘浓度。烟气初始含尘浓度高时，在一般情况下除尘效率也高。因此旋风除尘器用于净化含尘浓度高的烟气或作为第一级净化设备较合适。

3）烟尘的粒度和比重。烟尘粒度越粗，比重越大，除尘效率就越高。

4）旋风子的绝对尺寸。旋风子的绝对尺寸对除尘效率影响很大。旋风子直径越小，除尘效率越高。因此将小直径的旋风子组合起来，这就产生了多管旋风除尘器或双筒、四筒除尘器。

5）管道及锁气器的严密性。管道系统或除尘器下部集灰斗、锁气器漏风，除尘效率就会急剧下降。据有关资料介绍，当漏风率为 5% 时，除尘效率由原来的 90% 下降到 50%，当漏风率为 15% 时，除尘效率就接近于零。

（2）机械力式除尘器 机械力式除尘器通常指利用质量力（重力、惯性力、离心力等）的作用使颗粒物与气流分离的装置。

1）重力沉降室。重力沉降室是通过重力作用使尘粒从气流中沉降分离的除尘装置，如图 1.1-37 所示。含尘气流进入重力沉降室后，由于扩大了流通截面积而使气体流速降低，较重的颗粒在重力作用下缓慢沉降到灰斗。

常用的沉降室有：干式重力沉降室、冲击水浴式沉降室、水封重力沉降室以及喷雾沉降室等。

重力沉降室结构简单，耗钢少，投资省，运行维护方便，但占地面积大。一般只能捕集大于 50μm 的尘粒，除尘效率低，干式沉降室为 50% ~60%，湿式沉降室为 60% ~80%；沉降室内烟气流速控制在 0.5 ~1.0m/s，加喷雾时可稍大一些，但不宜超过 1.5m/s；除尘器阻力为 98 ~147Pa。适用于环境空气质量要求不高地区的小型燃煤工业锅炉，也可用于多

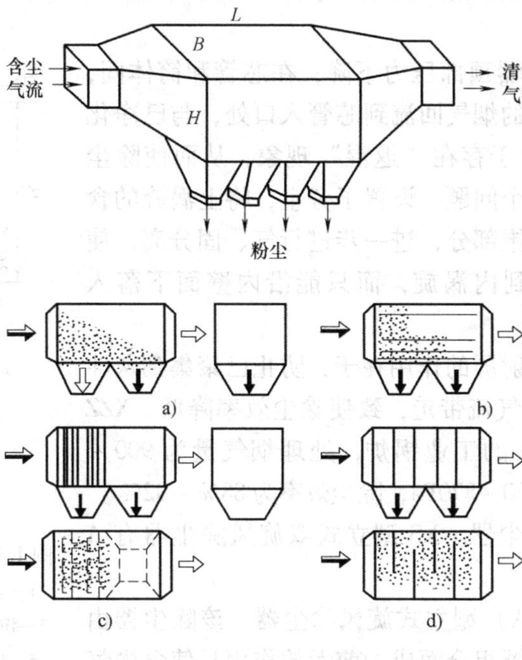

图 1.1-37　重力沉降室

a）空沉降室　b）人字形隔板沉降室　c）C 形挡墙沉降室　d）垂直挡墙沉降室

级除尘系统的初级除尘。

2）惯性除尘器。惯性除尘器是利用含尘气流冲击挡板或改变气流方向而产生的惯性力使颗粒状物质从气流中分离出来的装置。惯性除尘器的气流速度越高，气流方向转变角度越大，转变次数越多，净化效率越高，压力损失越大。惯性除尘器用于净化密度和粒径较大的尘粒时，具有较高的效率。因此，惯性除尘器常用于小型工业燃煤锅炉或用于多级除尘中的第一级除尘。

惯性除尘器可分为四种基本形式，即立帽式（钟罩式）、冲击折转式、百叶窗式和浓缩式。图 1.1-38 所示为钟罩式除尘器。它是小型立式燃煤锅炉上采用较多的一种惯性除尘器，这种除尘器的除尘效率只有 50% 左右，而且只能除掉较大粒径的尘粒。

3）旋风除尘器。旋风除尘器是利用旋转气流的离心力使尘粒从气流中分离出来的装置。它具有历史悠久、结构简单、应用广泛、种类繁多等特点。下面介绍几种与工业锅炉配套的典型旋风除尘器。

① XZZ 型立式旋风除尘器。该型除尘器是典型的立式除尘器，可分为单筒立式除尘器、双筒并联组合式和四筒并联组合式除尘器。

图 1.1-39 所示为 XZZ 型单筒立式旋风除尘器结构示意图。除尘器由筒体，烟气进、出口管，旁室，平板反射屏，灰斗，排灰阀和支架等组成。

含尘烟气以 20m/s 的流速从烟气进口切向进入除尘器外壳和芯管之间的环形空间，沿外壁自上而下做旋转运动，形成外涡旋；旋转气流到达锥底后，受到引风机的抽吸作用，回转 180°沿轴心自下而上做旋转运动，形成内涡旋。烟气气流在做旋转运动的同时，尘粒在离心力作用下，与气流分离并沿着径向运动，到达壳体内壁的尘粒在向下旋转气流和自重联合作用下，沿内壁面下滑，最后落入灰斗。净化后的内涡旋烟气经烟气出口排出。

由于外涡旋作用，除尘器顶部压力下降，在芯管和筒体间，形成上涡旋，将部分未净化的烟气回流到芯管入口处，与已净化的烟气内涡旋气流混合，由于存在“返混”现象，从而使除尘器的效率降低。为了解决这个问题，设置了旁室，将上涡旋的含灰气流经旁室引向筒体的直锥部分，进一步进行气、固分离，使分离出来的灰粒不能返回到内涡旋，而只能沿内壁面下落入灰斗。

锥体底部设置的平板反射屏的作用在于：防止已聚集到灰斗的尘粒二次飞扬而被内涡旋气流带走，致使除尘效率降低。XZZ型除尘器适用于0.2～20t/h的工业锅炉，处理烟气量为900～60000m^3/h，其折算阻力为430～870Pa，除尘效率为88%～92%。

② XS型立式双旋风除尘器。XS型立式双旋风除尘器有A型和B型两种结构形式。

图1.1-40所示为XS（A）型立式旋风除尘器。该除尘器由大旋风分离器和小旋风分离器组合而成，前者的作用是使含尘气流浓缩，后者的作用是将尘粒从气流中分离出来。大、小旋风分离器下部均设置灰斗。含尘气流以25～35m/s速度切向进入大蜗

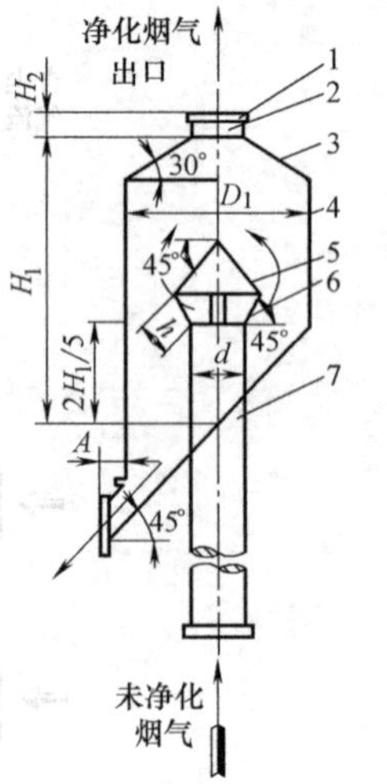

图1.1-38　钟罩式除尘器
1—烟囱法兰　2—短烟管
3—沉降室锥顶　4—沉降室
5—锥形隔烟罩　6—支柱
7—长烟管

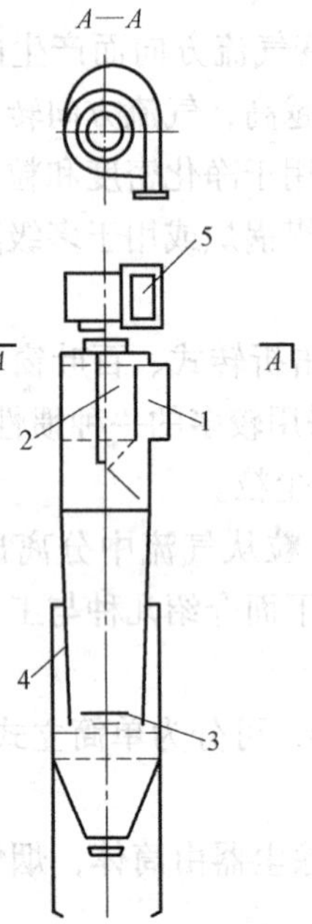

图1.1-39　XZZ型单筒立式旋风除尘器结构示意图
1—烟气进口管　2—旁室
3—平板反射屏　4—直筒型锥体　5—烟气出口管

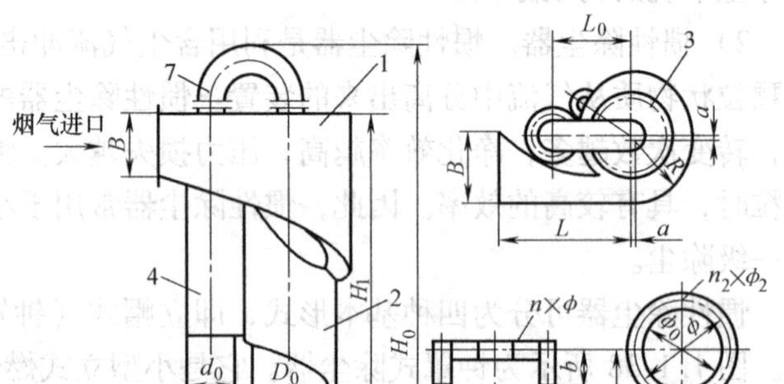

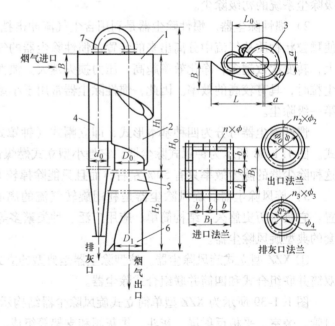

图1.1-40　XS（A）型立式双旋风除尘器
1—大蜗壳　2—平旋蜗壳　3—大芯管　4—小旋风筒
5—变径管　6—排气管　7—排气连接管

壳，在离心力作用下，含尘烟气中大部分尘粒被甩至外缘，当气流旋转到270°处，最外缘上约占总烟气量15%～20%的含尘浓缩气流，携带大量的尘粒进入小旋风分离器。未进入小旋风分离器的内层气流，一部分进入平旋蜗壳，在大旋风分离器内继续旋转分离，另一部分通过芯管与筒壁之间的空隙与新进入除尘器的气流汇合，继续参与气固分离，以增加细颗粒灰尘的捕集机会，从而提高了除尘器的除尘效率。小旋风分离器内的净化烟气经小旋风芯管和排气连接管进入大旋风芯管，与大旋风分离器内的净化烟气汇合后一同向下排出除尘器。在大、小旋风分离器中被分离出来的尘粒，分别收集在各自的灰斗内。

XS型立式双旋风除尘器适用于1～20t/h燃煤层燃锅炉，处理烟气量为3000～58000m^3/h，折算阻力为360～650Pa，除尘器效率为93%～95%。

③ 立式多管旋风除尘器。根据离心分离原理，在相同进口烟气流速下，旋风子（旋风筒）的直径越小，其分离效果也越好。多管旋风除尘器就是在一个壳体内装设若干个小旋风子组合而成的，如图1.1-41所示。

多管旋风除尘器运行中存在的突出问题就是旋风子的磨损，为此，旋风子必须采用耐磨损材料制造。目前常用的有铸铁旋风子和陶瓷旋风子两种形式。图1.1-42所示为旋风子结构示意图。

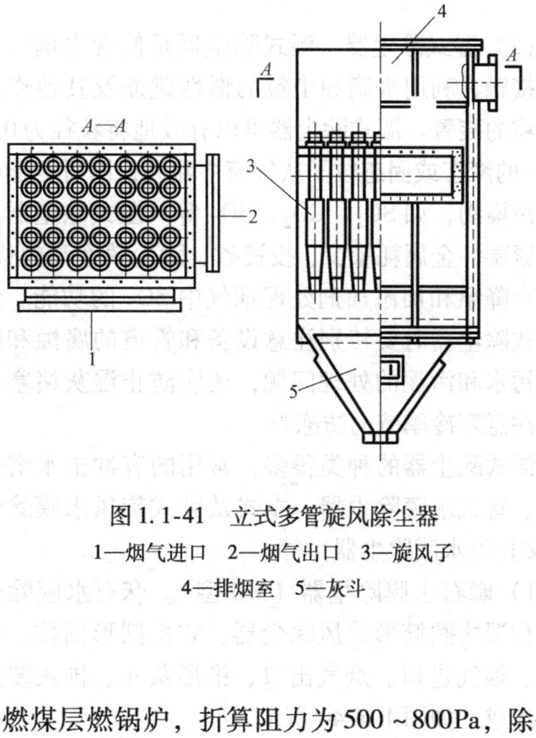

图1.1-41　立式多管旋风除尘器

1—烟气进口　2—烟气出口　3—旋风子　4—排烟室　5—灰斗

当含尘烟气以很高的流速通过螺旋形导向器进入旋风子内部时，气流产生旋转运动，在离心力的作用下，尘粒被抛向旋风子壳体内壁，并沿其内壁下落，最后进入除尘器灰斗。净化后的烟气在引风机抽吸作用下，形成上升的内涡旋，经旋风子的芯管汇集到排气室，而被引风机抽走。

立式多管旋风除尘器适用于1～35t/h燃煤层燃锅炉，折算阻力为500～800Pa，除尘效率为92%～95%。

④ XND/G型卧式旋风除尘器。XND/G型卧式旋风除尘器由进气管、进气蜗壳、牛角弯锥体、排气芯管、芯管减阻器和排灰口等组成，如图1.1-43所示。含尘烟气以20m/s的流速，由切向进入蜗壳内，平稳而均匀地沿螺旋线旋转，尘粒在离心力作用下，抛甩到内壁，从气流中分离出来的尘粒沿牛角弯至排灰口，经排灰口排出，而净化后的烟气又从牛角尖附近沿螺旋线旋转返回，进入排气芯管，由烟气出口排出。此型除尘器的结构特点是筒体呈卧式，降低了除尘器的总高度，便于直接与锅炉出口烟道衔接。在净化烟气排出口上装设了芯管减阻器，它是借气流的导向作用，减小气流流向变化时的局部阻力。

该型除尘器适用于1～4t/h的燃煤层燃锅炉，折算阻力约为740Pa，除尘器效率约为94%。

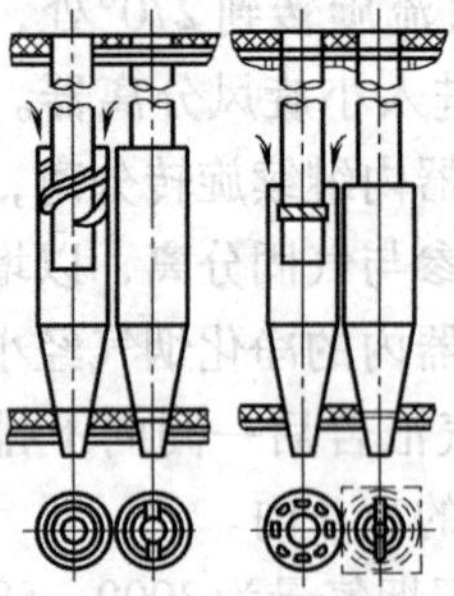

图 1.1-42　旋风子结构示意图

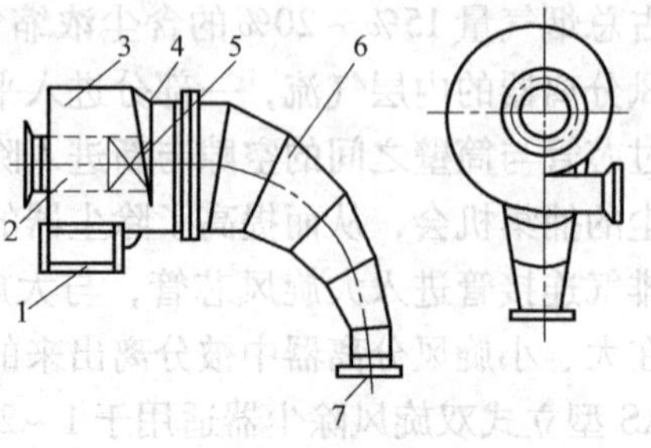

图 1.1-43　XND/G 型卧式旋风除尘器

1—进气管　2—排气芯管　3—进气蜗壳　4—锥形底板　5—芯管减阻器　6—牛角锥体　7—排灰口

（3）湿式除尘器　湿式除尘器是使含尘烟气与水密切接触，利用水滴和尘粒的惯性碰撞及其他作用捕集尘粒的装置。湿式除尘器可以有效地将粒径为0.1～20μm 的液态或固态粒子从气流中除去，同时也能脱除气态污染物，如 SO_2、CO_2、SO_3 等。湿式除尘器具有结构紧凑、金属耗量少、投资省、除尘效率高的优点，并具有降温和加添加剂处理烟气中 SO_2 的功能。但采用湿式除尘器时要特别注意设备和管道的腐蚀和磨损以及污水和污泥的处理问题，还应防止湿灰堵塞设备以及注意寒冷季节的防冻等。

湿式除尘器的种类很多，常用的有冲击水浴式除尘器、管式水膜除尘器、立式及卧式旋风水膜除尘器（含文丘里水膜除尘器）等。

1）麻石水膜除尘器（MC 型）。麻石水膜除尘器是一种湿式圆筒形旋风除尘器。它由圆形筒体、淋水装置、烟气进口、烟气出口、锥形灰斗、排灰装置等部件组成，如图 1.1-44 所示。

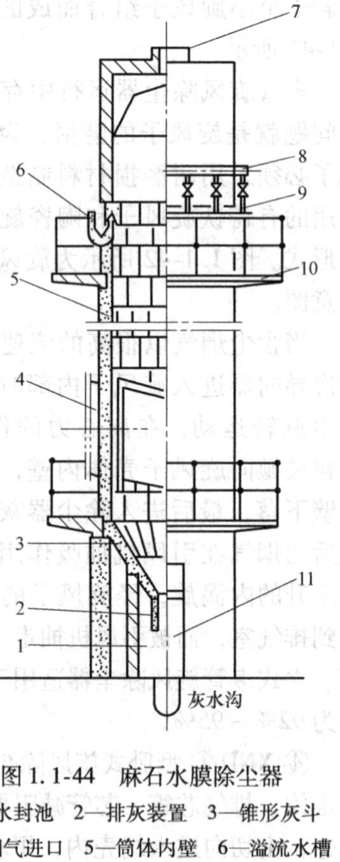

图 1.1-44　麻石水膜除尘器

1—水封池　2—排灰装置　3—锥形灰斗　4—烟气进口　5—筒体内壁　6—溢流水槽　7—烟气出口　8—环形给水总管　9—给水支管　10—上平台　11—插板口

圆形筒体用麻石（花岗岩）砌筑而成，筒体的严密性是锅炉安全运行的重要保证；淋水装置是麻石水膜除尘器的重要组成部分，形成水膜的水由筒体外的溢流水槽供应，在圆形筒体上每隔一定的弧线距离留一个溢流口，并与水槽相通，溢流口与水槽最低水位应保持一定的距离，应保证每个溢流口在圆筒内表面上形成的水膜能互相搭接，以防出现干的表面，当然水膜的重叠部分也不宜过大，以保证水膜均匀。灰斗处的水封池应始终处于良好状态，即根据除尘器内的负压设置一定的水封高度，以防冷空气侵入。

含尘气流以 20m/s 左右的速度由除尘器下部沿切线方向经烟气进口进入除尘器筒体内，

气流沿螺旋线旋转上升，烟气中的尘粒在离心力的作用下甩向筒内壁，并被从溢流口流下的水膜所湿润，且附着在水膜上，随水膜流入灰斗，经溢流水封连续不断地流入沉灰池。净化后的烟气，沿螺旋线继续旋转向上，进入淋水装置上部的分离段，进行气、水重力分离或气、固重力分离，以保证除尘器出口烟气的洁净度和干燥度，这对保证引风机的安全运行是非常重要的。这种不仅除尘效率高，而且能有效地捕集小于5μm粒径的尘粒，因此，它适用于所有工业燃煤锅炉。其性能见表1.1-10。

表1.1-10　麻石水膜除尘器性能

型号 / 性能	麻石水膜除尘器（MC型）	文丘里麻石水膜除尘器（WMC型）
进口烟气流速/(m/s)	18～22	9.5～13
文丘里管喉部流速/(m/s)	—	55～70
筒体内气流上升速度/(m/s)	18～22	3.5～4.5
除尘效率(%)	≥90	93～95
除尘器阻力/Pa	490	784～1176
除尘器内烟气温降/℃	≤50	≤60

麻石水膜除尘器具有如下特点：

① 除尘效率高，而且稳定可靠。除尘效率一般达到90%以上。

② 对炉型的适应性较强。不仅适用于链条炉、抛煤机炉，同时对于含尘浓度大、尘粒细的煤粉炉也可以取得90%的除尘效率。

③ 耐蚀性强，耐磨性好，耐冷耐热，经久耐用。有的单位已经使用十几年，经历过多次断水急热，但未发现漏水漏气现象。内部磨损甚微。

④ 节约钢材。与同容量的钢制除尘器相比，钢材耗量只是多管旋风除尘器的1/11，是钢板单筒除尘器的1/4。

⑤ 耗水量较大。每处理1000m^3烟气的耗水量为70～200kg。如循环使用，则需耗费电能。

⑥ 沉淀池和捞灰设备占地面积较大。废水需经处理后方可排放。

2）文丘里麻石水膜除尘器（WMC型）。文丘里麻石水膜除尘器是在麻石水膜除尘器的烟气入口前增加一台麻石文丘里洗涤器，麻石文丘里洗涤器由收缩管、喉管、扩散管和喷嘴等部件组成，如图1.1-45所示。

含尘气流以10m/s的速度由进气管进入收缩管后，流速逐渐增大，气流的压力能逐渐转变成动能，在喉管入口处，气流速度达到最大值（70m/s），烟气处于强烈的湍流状态，压力水通过沿喉管周边均匀布置的喷嘴喷入高速气流中，液滴被高速的气流雾化和加速，水雾充满整个喉部，烟气中的尘粒被水雾充分吸附，并凝聚成大的固体颗粒；在扩散管中，由于断面积逐渐扩大，气流速度逐渐减小，速度能（动能）转化为压力能，压力回升，使以尘粒为凝结核的凝聚作用的速度加快，形成粒径更大的凝聚物，随烟气沿切线方向进入水膜除尘器筒体进行气固和气液分离。在圆形筒体内的分离过程与前述麻石水膜除尘器相同，不再赘述。

WMC型除尘器的除尘效果和脱硫效果均优于MC型除尘器，其性能见表1.1-10。麻石

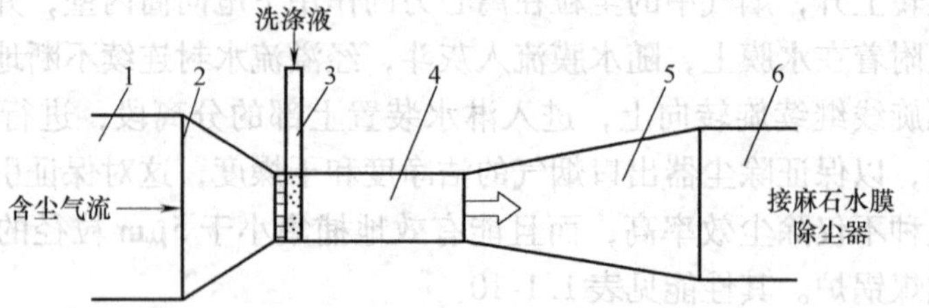

图 1.1-45 麻石文丘里洗涤器示意图

1—进气管 2—收缩管 3—喷嘴 4—喉管 5—扩散管 6—连接管（后接麻石水膜除尘器）

水膜除尘器排出的含尘废水必须进行沉淀处理，不得直接排入下水道；系统用水应循环使用，并尽量与水力冲渣系统结合，以减少灰水处理设施（包括沉渣池、灰渣泵及灰渣清理设备等）；麻石水膜除尘器排出的废水是酸性水，因此，系统补充水应尽量利用锅炉排污水或其他工业碱性废水。如仍中和不了，则应在沉淀池内进行加碱处理，以保证循环灰水略带碱性。

（4）过滤式除尘器 过滤式除尘器是使含尘气流通过过滤材料，将尘粒分离捕集的装置。根据所用过滤材料的不同，过滤式除尘器又分为袋式除尘器和颗粒层除尘器两种。袋式除尘器应用最为广泛，目前主要用于净化工业尾气，如锅炉除尘。

1）袋式除尘器工作原理。图 1.1-46 所示为简单的机械振动袋式除尘器。

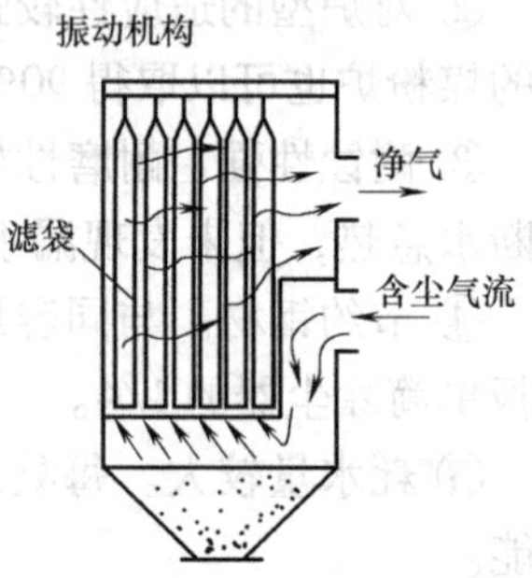

图 1.1-46 机械振动袋式除尘器

含尘气流从下部进入圆筒形或扁形滤袋内，在通过滤料的空隙时，尘粒被捕集于滤袋上，透过滤袋的清洁气体由排出口排出。沉积在滤袋内表面的尘粒，可在机械振动作用下脱落，落入灰斗中。常用的滤袋材料有天然纤维（如棉、毛织物）、无机纤维（如玻璃纤维）、合成纤维（如尼龙、奥纶、涤纶、聚四氟乙烯等），滤袋材料本身网孔较大，一般为 20～50μm，表面起毛的滤袋材料为 5～10μm，因而新滤袋的除尘效率较低。在过滤过程中，由于筛滤、碰撞、滞留、扩散、静电等效应，滤袋表面积聚了一层粉尘，称为初层。初层是袋式除尘器的主要过滤层，提高了除尘效率。滤布仅起着形成粉尘的初层和支撑骨架作用。随着粉尘在滤袋上积聚，滤袋两侧压力差增大，会把有些已附着在滤袋上的细小尘粒挤压过去，使除尘效率下降。另外除尘器阻力过高会使除尘系统风量显著下降。因此，除尘器阻力达到一定数值后，要及时清灰。

袋式除尘器的过滤原理分为外滤式和内滤式两种。上述介绍的属于内滤式除尘器，即含尘气流进入袋内，流出袋外的烟气为净化烟气，被滤出的尘粒则滞留在袋内。外滤式除尘器的工作原理与此相反。袋式除尘器的除尘效率高达99%以上，阻力为1000～1500Pa。

2）袋式除尘器的清灰。清灰是袋式除尘器运行中非常重要的环节，多数袋式除尘器是按照清灰方式命名和分类的，常用的清灰方式有三种：机械振动清灰、逆气流清灰、脉冲清灰。图 1.1-47 所示为脉冲清灰的袋式除尘器。

脉冲袋式除尘器是外滤式除尘器，采用上部开口、下部封闭的滤袋，含尘气体由袋外进入袋内，灰尘被阻留于滤袋外表面上，净化后的气体由袋内经文氏管进入上部净化箱，然后由出气口排出。

脉冲清灰是采用0.4～0.7MPa的压缩空气脉冲反吹（即与过滤时的气体流动方向相反）滤袋，脉冲产生冲击波，使滤袋振动，导致积附在滤袋外表面上的灰尘脱落，压缩空气的脉冲时间为0.1～0.2s，完成一个吹灰周期时间为60s。

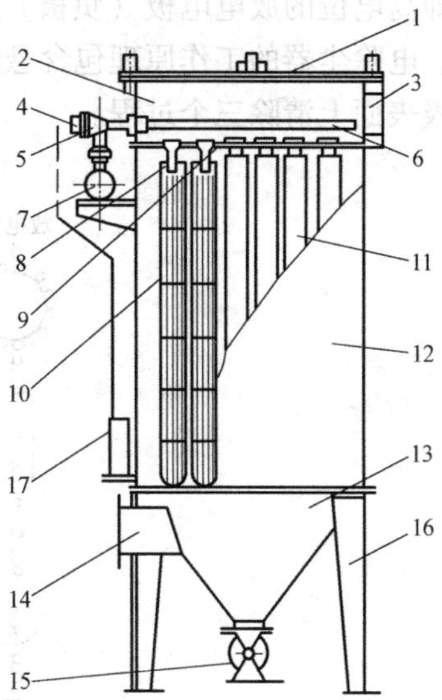

图1.1-47　脉冲袋式除尘器

1—上盖板　2—上箱体　3—出风口　4—电磁阀　5—脉冲阀　6—喷吹管　7—锅筒　8—文氏管　9—花板　10—滤袋架　11—滤袋　12—中箱体　13—灰斗　14—进风口　15—排灰装置　16—支腿　17—控制仪

脉冲清灰系统由程序控制仪、电磁脉冲阀、锅筒、喷吹管和文氏管组成。每排滤袋的上方设一根喷吹管，喷吹管上设有与每条滤袋相对应的喷嘴，在每根喷吹管的前端均装设有脉冲阀，每个脉冲阀与装满压缩空气的锅筒相连，由程序控制仪控制脉冲阀的启闭。依次开启脉冲阀，压缩空气从喷嘴高速喷出，引射周围气流一起经文氏管进入滤袋内，使滤袋急剧膨胀引起振动，瞬间一股由里向外的气流，将黏附在滤袋外表面的灰尘清除掉，落入灰斗，经卸灰阀排出。

这种清灰方式是在不切断烟气净化的情况下进行的，喷吹后的压缩空气在除尘器内与待净化的烟气混合后进入运行中的滤袋。由于每次只清一部分滤袋，而且喷吹时间很短，不会影响到除尘器的正常运行。

3）袋式除尘器的优点：

① 具有很高的净化效率，除尘效率高达99%以上。

② 可捕集粒径0.3μm的细微尘粒。

③ 与电除尘器相比，袋式除尘器结构简单，投资少。

④ 操作简便，运行稳定可靠。

⑤ 可以过滤高比电阻灰尘，这是电除尘器难以净化的含尘气流。（比电阻是用面积正好为1cm^2的圆盘，自然堆到1cm高，再沿高度方向测得其电阻，单位是Ω·cm）。

⑥ 大型袋式除尘器每小时能处理几十万到几百万立方米的烟气，可以满足大型电站锅炉的除尘要求。

4）袋式除尘器的缺点：

① 袋式除尘器阻力大，约1000～1500Pa，电能消耗大，运行费用高。

② 滤袋寿命不够长，需经常更换，使运行费用增加。

③ 使用温度不宜超过250℃，限制了其应用范围。

④ 不宜过滤灰粒黏性大的烟气或含纤维状烟尘的气体。

（5）电除尘器　电除尘器是含尘烟气在通过高压电场进行电离的过程中，使尘粒荷电，并在电场静电力的驱动下做定向运动，使尘粒沉积在集尘极上，从而将尘粒从烟气中分离出来的一种除尘设备。

1）电除尘器的工作原理。电除尘器有许多不同的形式，但其基本的组成都是一对电极，即高电位的放电电极（负极）和接地的集尘极（正极），负极也称电晕极，如图1.1-48所示。电除尘器的工作原理包含悬浮粒子荷电，带电粒子在电场内迁移和捕集，将沉积物从集尘极表面上清除三个过程。

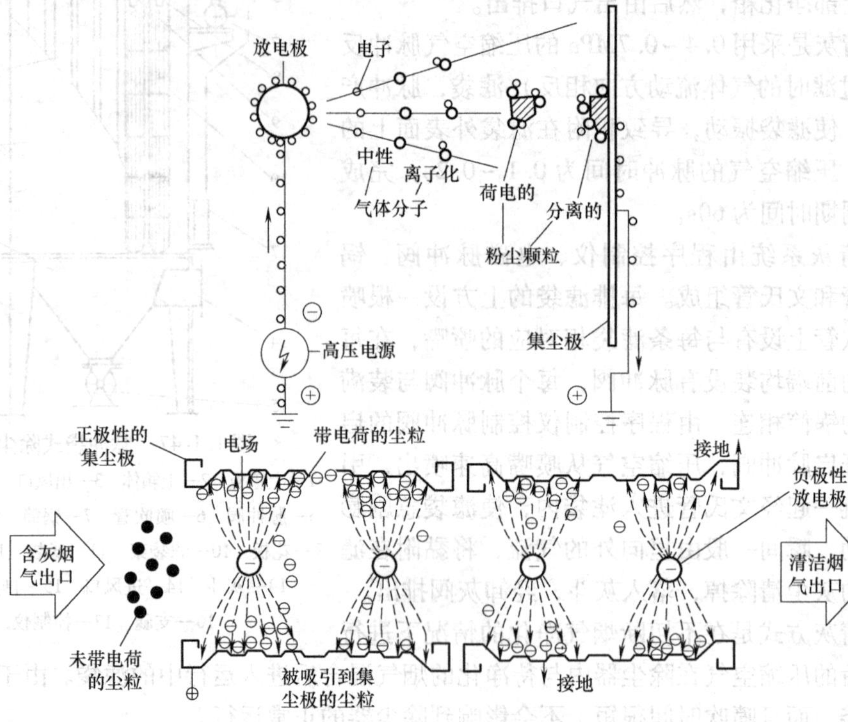

图1.1-48　电除尘过程

① 悬浮粒子荷电。放电极（电晕极）与高压直流电源连接，使其具有很高的直流电压(30～60kV，有时高达100kV)，正极接地，正负极之间形成电场。电晕极释放出大量的电子，迅速向正极运动，与气体碰撞并使之离子化，结果又产生了大量电子，这些电子被电负性气体（如氧气、水蒸气、二氧化碳等）俘获并产生负离子，它们也和电子一样，向正极运动。这些负离子和自由电子就构成了使尘粒荷电的电荷来源。含尘烟气通过这个空间时，尘粒在百分之几秒时间内因碰撞带电离子而荷电。尘粒获得电荷的多少随其粒径大小而异，粒径大的获得的电荷也多。一般情况下，直径1μm的粒子大约获得30000个电子的电量。

② 灰尘粒子捕集。荷电粒子在延续的电晕电场作用下，向正极漂移，到达光滑的正极极板上，释放电荷，并沉积在集尘极板上，形成灰层。失去尘粒的烟气成为洁净的气流，净化后的烟气由烟气出口排出。

③ 清灰。电晕极和集尘极上都有灰尘沉积，灰尘的厚度为几毫米到几厘米。灰尘沉积在电晕极上会影响电晕电流的大小和均匀性。因此，对电晕极应采取振打清灰法，以保持电晕极表面清洁。

集尘极的灰层不宜太厚，否则灰尘会重新进入烟气流，从而降低除尘效率。

集尘板清灰方法在湿式和干式电除尘器中是不同的，在湿式电除尘器中，一般是用水冲洗集尘极板，使极板表面经常保持着一层水膜，灰尘落在水膜上时，随水膜流下，从而达到清灰的目的。

在干式电除尘器中集尘极上沉积的灰尘，是采用电磁振打或锤式振打清除的。

2）电除尘器结构。锅炉用电除尘器主要有两种形式：管式电除尘器和板式电除尘器。

管式电除尘器用于处理烟气量小或需要用水清灰的锅炉。

板式电除尘器是锅炉上应用的电除尘器的主要形式。图 1.1-49 所示为锅炉常用的板式电除尘器结构。

板式电除尘器的集尘极是由多块轧制成不同断面的钢板组合而成的，集尘板垂直安装，电晕极置于相邻的两极之间，集尘极长一般为 10 ~ 20m，高为 10 ~ 15m，板间距为 0.2 ~ 0.4m，含尘烟气沿着垂直于电晕极的方向流经由平行极板组成的烟气通道，一台大型板式电除尘器，这种平行的烟气通道数目可达上百个。烟气在平行集尘板间的平均流速约为 1.0 ~ 2.0m/s。电晕极形式很多，目前常用的有直径 3mm 左右的圆形线、星形线及锯齿线、芒刺线等。电晕极固定方式有两种：一是重锤悬吊式，二是管框绷线式。电晕极之间距离为 0.1 ~ 0.4m。

3）电除尘器的优点。

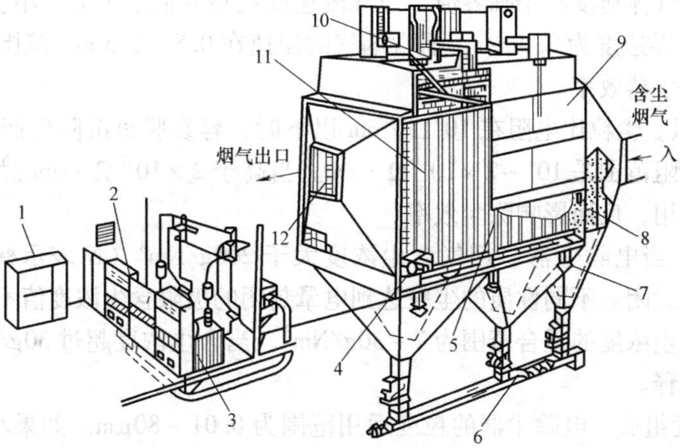

图 1.1-49　板式电除尘器

1—低压电源控制柜　2—高压电源控制柜　3—电源变压器　4—集尘极振打清灰装置　5—电晕极　6—螺旋除灰机　7—下灰斗　8—烟气进口气流　9—电除尘器本体　10—电晕极振打清灰装置　11—集尘极　12—烟气出口气流

① 优异的除尘性能，捕集粒径范围为 0.01 ~ 100μm，当灰尘粒径大于 0.1μm 时，除尘效率可达 99% 以上。

② 烟气流动阻力很小，约 100 ~ 300Pa，降低了引风机的耗电量。

③ 电除尘器的运行电压虽然很高，但电流很小，因此消耗的电功率并不高，净化 $1000m^3/h$ 烟气约耗电 0.2 ~ 0.6kW · h。

④ 可净化高压和负压烟气。

⑤ 能耐高温，最高可达 500℃。

4）电除尘器的缺点。

① 设备造价偏高，安装、运行要求严格。

② 对烟气的波动（如流量、温度、烟气成分、含尘浓度等）很敏感。

③ 对灰尘的比电阻有严格要求。沉积在集尘极上的高比电阻灰尘，会阻碍电晕极和集

尘极间输送离子电流，使除尘效率降低，一般情况下，灰尘的比电阻值应小于 $2\times10^{10}\Omega\cdot cm$。

④ 维修技术要求高。

⑤ 占地面积大。

5）电除尘器的应用范围。

① 国内80%的电站锅炉均已采用电除尘器，目前电除尘器的数量仍在以每年4%～5%的速度递增。

② 随着国家对环境保护要求的不断提高，大型工业燃煤锅炉也要逐步实现电除尘。目前在工业锅炉行业，循环流化床锅炉发展速度很快，而流化床锅炉必须配备电除尘器或袋式除尘器。

6）静电除尘器的应用条件。

① 烟气流速。从电除尘器的制造成本和布置出发，要求提高电场风速，缩小体积，但气流速度的增加会使除尘器效率降低，这就使得气流速度不宜过高。尘粒在从沉降极表面开始脱落时，电场内气体速度有个临界值，当气流速度在临界值以下时，不会发生二次夹带。一般锅炉飞灰的临界速度为2.4m/s，通常烟气的流速在0.8～1.5m/s范围内，以避免出现二次夹带，保证除尘器效率。

② 尘粒比电阻。尘粒比电阻在 $10^4\Omega\cdot cm$ 以下时，容易脱离沉降极而重新回到烟气流中去，最好的比电阻范围是 $10^4\sim2\times10^{10}\Omega\cdot cm$。当高于 $2\times10^{10}\Omega\cdot cm$ 时，尘粒容易覆盖电极而起绝缘体作用，反而影响除尘效率。

③ 含尘浓度。当电除尘器中烟气含尘浓度大于 $200g/Nm^3$（N 表示标准状态，下同）时，就会发生电晕封闭。不同性质的尘粒达到电晕封闭的极限含尘浓度值不同。为燃煤锅炉设计的电除尘器含尘浓度的适合范围为 $7\sim30g/Nm^3$。当含尘浓度超过 $30g/Nm^3$ 时，就要采取措施，将烟气稀释。

④ 尘粒的粒度组成。电除尘器的粒度适用范围为0.01～80μm。如果小于0.01μm，就不适合于电除尘器，应设法将微尘预先凝聚成大颗粒；对于大于80μm的尘粒，由于荷电和沉降困难，用电除尘器捕集是不经济的。工业锅炉烟尘粒子基本上在1～100μm范围内，皆能被电除尘器捕集下来。

⑤ 烟气的温度。烟气温度的变化会引起尘粒比电阻的改变，从而影响除尘效率。比电阻随着烟气温度的升高而增大。电除尘器通常使用的温度范围是100～200℃。

⑥ 烟气的湿度。在正常情况下，烟气中的水蒸气不会引起极板的腐蚀，但当烟温降至露点以下时，会造成酸腐蚀。此外，由于烟气湿度增加可以降低比电阻，对于高比电阻的尘粒，增湿可提高除尘效率。

（二）锅炉烟气脱硫技术

1. 燃烧前脱硫

燃烧前脱硫即对燃料进行脱硫，因此也称为燃料脱硫。

（1）煤的洗选　煤中的硫化铁（FeS_2）的相对密度为4.7～5.2，比煤的相对密度1.25大得多，因此可将煤破碎后利用两者相对密度的不同，用洗选法将煤中的硫化铁和部分其他矿物质去除。

（2）煤的转化　将煤进行气化或液化，在此过程中脱去硫分，从而把煤转化成为一种清洁的二次燃料，这将是清洁煤技术的一个重要发展方向。

2. 燃烧中脱硫

通过向煤中添加一些固硫剂，在燃烧过程中和 SO_2 生成固态硫化物，随灰渣排出，主要用于型煤和流化床燃烧技术。

型煤生产及燃烧技术，可使烟气中硫化物减少 40% ~50%，使烟尘、一氧化碳等减少 60% ~70%，同时使热能利用率提高 20% 左右。在工业锅炉上应用有广阔的前景。

在流化床燃烧过程中直接向床内加入石灰石等脱硫剂，由于燃烧温度（800 ~900℃）正是石灰石脱硫反应的最佳温度，因而可以有效地脱除燃烧过程中生成的 SO_2，脱硫率可达 90% 以上。

3. 燃烧后的烟气脱硫

烟气脱硫种类很多。按脱硫产物是否回收，烟气脱硫可分为抛弃法脱硫和回收法脱硫两种，前者是将 SO_2 转化为固体残渣抛弃掉，后者则是将烟气中的 SO_2 转化为硫酸、硫黄、液体 SO_2、化肥等有用物质回收利用，其工艺流程为闭路循环，可防止二次污染。但回收投资大，经济效益低，甚至无利可图或亏损。抛弃法设备简单，投资和运行费用较低，但存在废渣污染和处理问题，硫也未能回收利用。

课堂提问与互动：二氧化硫对锅炉受热面外部工作过程有何危害？

按脱硫过程是否加水和脱硫产物的干湿状态，烟气脱硫又可分为湿法脱硫、半干法脱硫和干法脱硫三种工艺过程。

（1）湿法烟气脱硫技术　湿法烟气脱硫技术的特点是整个脱硫系统位于除尘器之后，脱硫过程在溶液中进行，脱硫剂和脱硫生成物均为湿态，所以脱硫后的烟气一般需要再加热后才能从烟囱排出。

湿法烟气脱硫的工艺方法很多，其中湿式石灰石-石膏洗涤工艺最为成熟，运行可靠性最高，应用最广。

湿式石灰石-石膏洗涤工艺分为自然氧化和强制氧化两种，其主要区别在于是否将空气通入浆池（吸收塔储槽），以使亚硫酸钙氧化成石膏（$CaSO_4 \cdot 2H_2O$）。目前，强制氧化已成为主要的烟气脱硫工艺流程。如图 1.1-50 所示，来自引风机出口待脱硫的高温烟气，经过气-气换热器，间接加热脱硫后的湿烟气，使湿烟气温度升高后从烟囱排入大气；降温后的待脱硫烟气进入吸收塔，在吸收塔里烟气中的 SO_2 直接和磨细的石灰石浆液接触而被吸收掉。其总化学反应式为

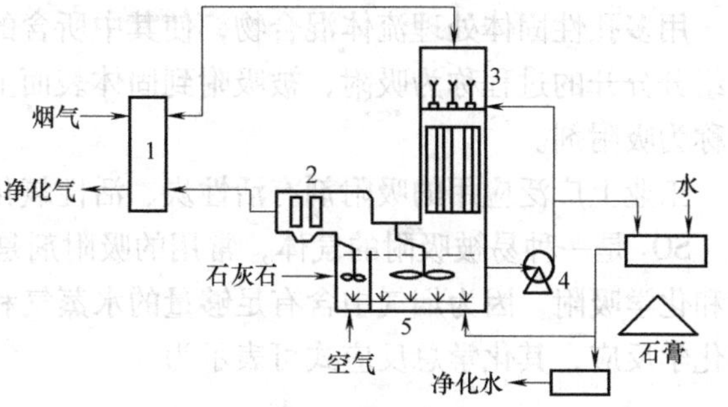

图 1.1-50　石灰石-石膏湿法烟气脱硫工艺流程

1—换热器　2—除雾器　3—吸收塔　4—循环泵　5—浆池

$$CaCO_3 + SO_2 + \frac{1}{2}O_2 + 2H_2O = CaSO_4 \cdot 2H_2O + CO_2$$

新鲜的石灰石浆液不断地加入到浆池中，以补充在吸收过程中消耗的石灰石，脱硫后的烟气经过折流板、除雾器，进行气液分离，再经气-气换热器加热后经烟囱排放到大气中。反应产物从浆池中取出，脱水和进一步处理，得到成品——石膏。

（2）半干法烟气脱硫技术　半干法烟气脱硫是采用湿态吸收剂，在吸收装置中吸收剂

被烟气的热量所干燥，并在干燥过程中与 SO_2 反应生成干粉状脱硫产物。

半干法脱硫工艺较简单，干态产物易于处理，无废水产生，投资低于湿法。但脱硫效率和脱硫剂的利用率低。

1）吸收剂制备流程。石灰仓内的粉状石灰经螺旋输送机送入消化槽消化，并制成高浓度浆液，然后进入配浆槽，用水稀释到20%（指质量分数）的含量。制备好的石灰乳用泵送到延时箱，经过滤筛清除大颗粒杂质，稀释液存放到吸收剂储罐，再用供给泵输送到吸收塔顶部的高位罐储存备用。

2）吸收流程。安装在吸收塔顶部的离心喷雾机以1500～2000r/min 的高速旋转吸收浆液，吸收剂浆液在离心力作用下呈雾状，与来自锅炉的高温烟气接触，发生强烈的热质交换和化学反应，其化学反应式为

$$CaO + H_2O = Ca(OH)_2$$

$$SO_2 + H_2O = H_2SO_3$$

$$Ca(OH)_2 + H_2SO_3 = CaSO_3 + 2H_2O$$

$$CaSO_3 + \frac{1}{2}O_2 = CaSO_4$$

在高温烟气中水分迅速地被蒸发掉，形成含水量较少的固体产物——亚硫酸钙、硫酸钙、飞灰和未经反应的氧化钙。

脱硫后的净化烟气经除尘器、引风机、烟囱排入大气。

3）灰渣再循环流程。从喷雾干燥吸收塔和除尘器底部收集的灰渣中含有相当数量的氧化钙，因此，将一部分氧化钙含量高的脱硫灰渣返回到配料槽，这样可以提高脱硫剂的利用率。

（3）干法烟气脱硫技术　目前，干法烟气脱硫主要采用活性吸收剂脱硫。

用多孔性固体处理流体混合物，使其中所含的一种或几种组分浓集在固体表面，而与其他组分分开的过程称为吸附，被吸附到固体表面上的物质称为吸附质，吸附吸附质的固体物质称为吸附剂。

工业上广泛应用的吸附剂有活性炭、活性氧化铝、硅胶和沸石分子筛。

SO_2 是一种易被吸附的气体，常用的吸附剂是活性炭。活性炭对 SO_2 的吸附包括物理吸附和化学吸附，因为烟气中含有足够量的水蒸气和氧气，伴随着物理吸附，还会发生一系列的化学反应，其化学总反应式可表示为

$$SO_2 + \frac{1}{2}O_2 + (n+1)H_2O = H_2SO_4 \cdot nH_2O$$

覆盖在活性炭表面的硫酸，降低了活性炭的吸附能力，当达到饱和状态时，活性炭将完全丧失其吸附作用，为了使活性炭再生，必须进行脱附。采用洗涤方法脱附，既可以使活性炭再生，还可以回收硫酸。图1.1-51 所示为德国鲁奇公司锅炉烟气脱硫的活性炭吸附—水洗再生流程示意图。该装置是一台吸附与脱附同时进行的固定床活性炭吸附器。锅炉烟气经过文丘里洗涤器除尘、降温后，进入固定床活性炭吸附器，SO_2 被活性炭吸附而生成 H_2SO_4，净化后的烟气经过气-气换热器加热后经引风机、烟囱排入大气，气-气换热器的加热气体是进入文丘里洗涤器前的高温烟气；与此同时，在吸附器顶部连续喷水洗涤活性炭表面的硫酸，使其脱附，并生成含量为10%～15%（质量分数）的硫酸溶液，流入再循环槽。稀 H_2SO_4 溶液在再循环槽与文丘里洗涤器之间进行循环，不断吸收流经文丘里洗涤器的烟气中的 SO_2，使 H_2SO_4 含量增加到25%～30%（质量分数），直接作为 H_2SO_4 产品供应

用户。

（三）锅炉脱氮技术

燃料燃烧过程中生成的氮氧化物中，NO占90%，其余为NO_2。烟气中氮氧化物的来源有两部分：一部分是燃料中含有氮的成分在高温下与氧进行化学反应生成NO，通常称为燃料型NO；二是空气中的氮在高温下氧化为氮氧化物，称为温度型NO_x。燃料含氮量对燃料型氮氧化物的生成影响较大，而温度是影响温度型氮氧化物生成的主要因素。

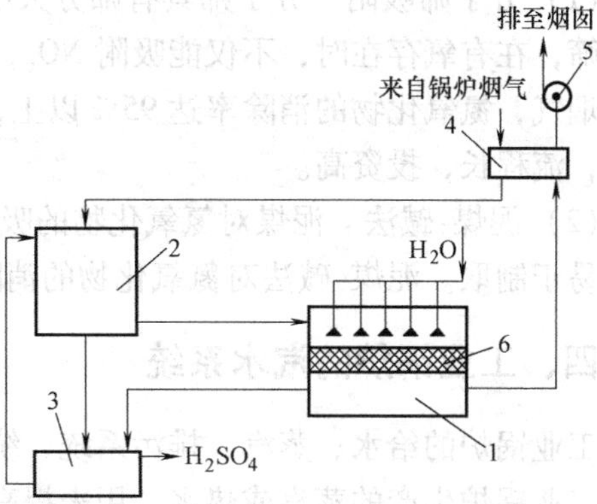

图 1.1-51　锅炉烟气脱硫的活性炭吸附—水洗再生流程示意图

1—吸附器　2—文丘里洗涤器　3—再循环槽　4—气-气换热器　5—引风机　6—活性炭床

燃料在高温条件下燃烧后产生的氮氧化物可通过改变燃料燃烧条件、燃烧技术和使用低NO_x燃烧器等措施加以控制，可以使烟气中的NO_x含量降低50%（指体积分数）左右，如果仍不符合排放标准要求，则要装设烟气脱硝装置。关于改变燃烧条件和方法，使烟气中的NO_x含量降低的措施，本节不做详细介绍。

从烟气中去除氮氧化物的过程与烟气脱硫相似，也是应用液态或固态吸收剂和吸附剂来吸收、吸附NO_x，以达到脱氮的目的，可分为催化还原法、吸收法和吸附法。

1. 催化还原法

催化还原法分为非选择性催化还原法与选择性催化还原法两种脱氮方法。

（1）非选择性催化还原法　利用还原剂H_2、CH_4（天然气），在催化剂的作用下，将NO_x还原生成N_2。在反应过程中，还原剂不仅与NO_x反应，而且还与烟气里的O_2反应，因而称为非选择性催化还原法。其NO_x去除率达90%以上，但处理成本较高。

（2）选择性催化还原法　此法消除NO_x是在催化剂（以铝矾土为载体的催化剂）存在下，以过氧化氢、一氧化碳等为还原剂，将NO_x选择性地还原生成N_2，而不与尾气里的O_2反应。此法工艺简单，处理效果好，NO_x去除率达90%以上，但仅能化有害为无害，尚未达到变废为宝、综合利用的目的。

2. 吸收法

吸收法分碱液吸收法与硫酸吸收法两种。

（1）碱液吸收法　氮氧化物是酸性气体，所以用碱性溶液来中和吸收，将其脱除。常用的吸收液有：NaOH、KOH、NH_4OH、$Ca(OH)_2$等。

此法在消除烟气中NO_x的同时，也可消除SO_2，还可获得硝酸盐产品，达到综合利用、变废为宝的目的，但投资较大，成本高。

（2）硫酸吸收法　此法是以铅室法的化学过程为基础，基本上与铅室法制硫酸反应相似，其生成的亚硝酸基硫酸，可供浓缩稀硝酸用。在消除NO_x的同时，可除去烟气中的SO_2。

3. 吸附法

吸附法包括分子筛吸附与泥煤-碱法。

（1）分子筛吸附　分子筛具有筛分大小不同分子的能力，如用氢型丝光沸石、BX型等分子筛，在有氧存在时，不仅能吸附NO_x，还能将NO氧化成NO_2，并加以回收。用分子筛处理烟气，氮氧化物的消除率达95%以上，可达到既消除污染又综合利用的目的，但设备庞大，流程长，投资高。

（2）泥煤-碱法　泥煤对氮氧化物的吸收效率很高。泥煤加熟石灰制成的吸附剂，既经济又易于制取。泥煤-碱法对氮氧化物的消除率达97%～99%。

四、工业锅炉的汽水系统

工业锅炉的给水、蒸汽、排污系统，统称为汽水系统，也称热力系统。

工业锅炉生产的蒸汽或热水，用来提高生产用汽、采暖、通风、空调、生活用热。由于用户用热方式不同，供热管网的长短和系统的复杂程度也不同，有些用户直接用蒸汽作为热源，凝结水不能回收或不能全部回收，再加上管网的漏损，蒸汽和热水都会有损耗，因此，需要不断地向锅炉补充水。工业锅炉所用水源一般是经过自来水厂处理过的湖水、河水、江水、地下水，这些天然水中的悬浮物和胶体杂质在自来水厂通过混凝和过滤处理后大部分被清除。但这些外观上澄清的水作为锅炉给水，还是不能满足要求。这是因为水中的溶解固形物（主要是钙、镁盐类）依然存在，受热后就会析出或浓缩沉淀出来，沉淀物的一部分成为锅水中的悬浮杂质——水渣，而另一部分则附着在受热面的内壁，形成水垢。水垢的导热性能很差（比钢小30%～50%），它的存在使受热面的传热情况恶化，以致锅炉出力降低、排烟温度升高，从而降低了锅炉热效率。根据试验，受热面内壁附着1mm厚的水垢，热效率降低2%～3%。与此同时受热面壁温升高，金属材料因过热而使机械强度降低，导致受热面鼓泡或出现裂缝，造成爆管事故。管中结垢，使管内介质流通截面减小，增加了循环流动的阻力，结垢严重时会堵塞受热面管子，使水循环遭到破坏，导致部分管子过热而烧坏，威胁锅炉安全运行。如果天然水中的碱度高，将会使锅水碱度随着锅水的蒸发、浓缩而越来越高，不但增加锅炉排污量，影响蒸汽品质，甚至产生锅炉的碱性腐蚀，如苛性脆化即属于碱性腐蚀的一种。天然水中的溶解盐，在锅内受热时析出，形成固体水渣，增加了锅炉排污量，使锅炉热效率降低。含盐量和碱度过高时锅水会起泡沫，造成汽水共腾，致使蒸汽大量带水，蒸汽含盐量高，导致过热器结垢，不仅影响传热，而且会使过热器因超温而烧坏。

天然水中的溶解氧和CO_2，不仅对给水系统产生腐蚀，而且在锅内对金属管壁产生明显的电化学腐蚀，影响锅炉寿命，尤其是热水锅炉。

氧是很活泼的元素，溶解在水中的氧对金属的腐蚀属于电化学腐蚀，使金属铁氧化成$Fe(OH)_2$、$Fe(OH)_3$、FeO、Fe_3O_4等结构疏松的腐蚀产物，这些疏松物质极易从金属壁面脱离，从而露出新的金属表面，使腐蚀过程持续进行下去，直到O_2消耗殆尽。锅炉金属表面氧化腐蚀以后，呈现出大小不等的小鼓泡。

溶解在水中的CO_2对金属的腐蚀有化学腐蚀和电化学腐蚀双重破坏作用。CO_2溶于水后呈酸性，直接破坏金属表面保护膜；由于溶液中CO_2的电化学腐蚀，使金属铁离子不断地从金属表面进入到水溶液中，进入水中的铁离子与其他物质生成可溶性盐，反应持续进行下去，致使受压元件壁厚不断减薄。

由此可见，对锅炉给水或锅炉补给水除了在自来水厂的一般处理外，还必须进行专门的处理，以降低水中钙、镁离子的含量（除硬），降低水中的碱度（除碱），降低水中含盐量（除盐)，降低水中的溶解气体（除氧），确保锅炉安全经济运行。水处理有两种方法：给水经预先处理后再进入锅炉，称为锅外水处理；水的处理过程直接在汽锅内部进行，称锅内水处理。

锅炉生产的蒸汽经锅筒或过热器出口集箱的主蒸汽阀送往用户。锅炉与分汽缸之间联系的蒸汽管道、由锅筒或蒸汽管道或分汽缸通往各辅助设备的支管以及由分汽缸至锅炉房出口段的蒸汽管道，称为工业锅炉蒸汽系统。

锅炉排污是指把含有污物的锅水排至锅外的过程。锅炉排污系统的作用就是及时排除锅内已形成的沉渣和污物，以防结生二次水垢；及时排除部分高碱度、高含盐量的锅水，以防锅炉腐蚀、污染蒸汽品质和发生汽水共腾事故。这对锅炉安全经济运行具有重要的意义。

（一）工业锅炉给水系统

将经过预先处理并符合锅炉给水质量标准的水送入锅炉设备、管道、附件的系统，称为给水系统。锅炉给水系统包括给水箱、锅炉设备、补水定压设备、水处理设备、凝结水回收设备、给水管道、阀门、附件等。

1. 给水管道

由给水箱到给水泵的管道称为吸水管道；由给水泵到锅炉的管道称为压水管道，吸水管和压水管总称为给水管道。给水管道分为单母管和双母管两种布置形式。一般工业锅炉采用单母管，但对常年不间断供汽的锅炉，应设置两根单独供水的母管，即双母管。两根母管互为备用，因此，每条管道的给水量不应小于锅炉的最大给水量。吸水管道由于水压比较低，检修方便，可以采用单母管。双母管给水管道系统如图 1. 1-52 所示。

在锅炉的每一个进水口，铸铁省煤器的进、出口，钢制省煤器的进口，都应串联安装截止阀和止回阀，止回阀安装在截止阀前方，即水先流经止回阀，后流经截止阀。铸铁省煤器进口应安装安全阀，出口设放气阀。每台给水泵出口必须串联安装止回阀和截止阀，进口安装截止阀（闸阀或蝶阀）。

省煤器进口应设置直通锅筒的旁通管道（再循环管）。因为锅炉起动和停炉过程中不需要上水，而省煤器处的烟气温度很高，使省煤器内静止的水很快沸腾，从而有被烧坏的危险。安装旁通管后，此时可利用锅筒内水与省煤器内水温度不同，产生热压作用迫使水在省煤器内循环流动，使省煤器得到冷却，以保护省煤器的安全。为防止给水泵内的水在低负荷运行时汽化，应在给水泵出口和给水箱之间设一根再循环管，保证在任何运行工况下都有足够的水量通过给水泵，多余的水量通过再循环管返回给水箱。省煤器旁通烟道及附件装置如图 1. 1-53 所示。

每台锅炉的给水泵上应设置手动和自动互为切换的给水自动调节装置。额定蒸发量小于或等于 4t/h 的锅炉可设置位式给水自动调节装置；大于或等于 6t/h 的锅炉宜设置比例式给水自动调节装置。手动调节装置应设置在司炉操作方便的地点。

给水管道的阻力与工质在管内的流速关系很大，根据运行经验，水在各种管道内的推荐流速见表 1. 1-11。

表 1. 1-11　给水管推荐流速

类别	活塞式水泵		离心式水泵		给水母管
	进水管	出水管	进水管	出水管	
水流速/(m/s)	0.7~1.0	1.5~2.0	1.0~2.0	2.0~2.5	1.5~3.0

2. 给水设备

为保证锅炉安全、可靠地连续运行，必须借助于给水设备将给水持续不断地送入锅炉。

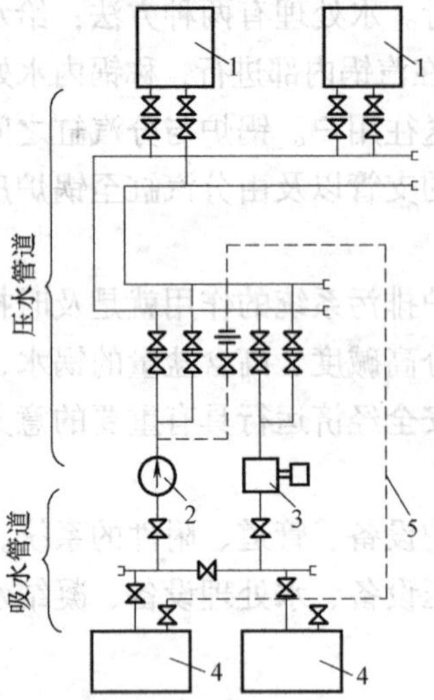

图 1.1-52 双母管给水管道系统
1—锅炉 2—电动给水泵 3—气动给水泵
4—给水箱 5—再循环管

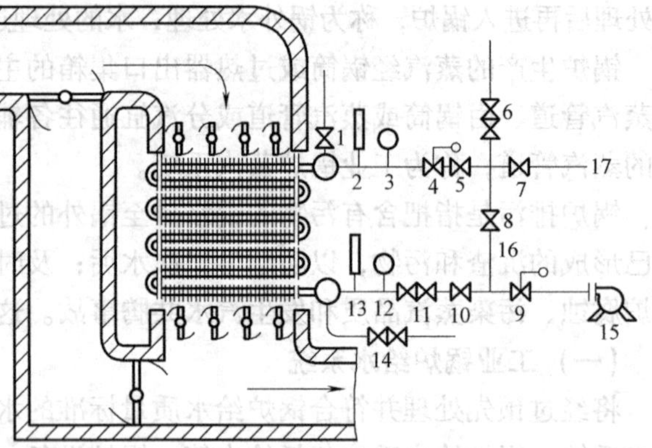

图 1.1-53 省煤器旁通烟道及附件装置
1—放空气阀 2、13—温度计 3、12—压力表 4、9—安全阀
5、7、8、10—给水截止阀 6、11—给水逆止阀 14—放水阀
15—给水泵 16—旁路水管 17—回水管

锅炉给水设备有电动离心式给水泵、气动活塞式给水泵和蒸汽注水器等。

(1) 电动离心式给水泵 性能稳定，能连续均匀地给水，是最常用的锅炉给水泵。根据离心泵的性能特性曲线，当流量增加时，其扬程降低。而给水系统流量增加则总阻力增加，需要泵提供更高的扬程来加以克服。因此，应按锅炉最大给水流量和与该流量相对应的给水系统总阻力来选择水泵。当锅炉在非额定参数下运行时，多余的压力可借助阀门的节流来消除。如设置有变频调速装置，调节就更方便了。

(2) 气动活塞式给水泵 气动活塞式给水泵是借助于活塞的往复运动使水泵周期性地进水和出水，因此，出水压力是不稳定的，也是不均匀的，而且，需要耗用较多的蒸汽量，一般作为停电时的备用泵。具有一级电力负荷的锅炉房，可以不设置气动给水泵。

(3) 蒸汽注水器 如图 1.1-54 所示，蒸汽注水器是利用锅炉蒸汽的能量将水引射到锅炉中去的一种简易给水设备。额定蒸发量 $D \leqslant 1t/h$，工作压力 $p \leqslant 0.7MPa$ 的蒸汽锅炉可用蒸汽注水器作为锅炉给水装置。蒸汽注水器应为单炉单台布置，注水器与锅炉之间应安装止回阀。可采用浮球自动阀控制锅炉水位。蒸汽注水器的吸水高度与给水温度和蒸汽压力有关，给水温度不得高于 40℃，此时吸水高度小于或等于1m。

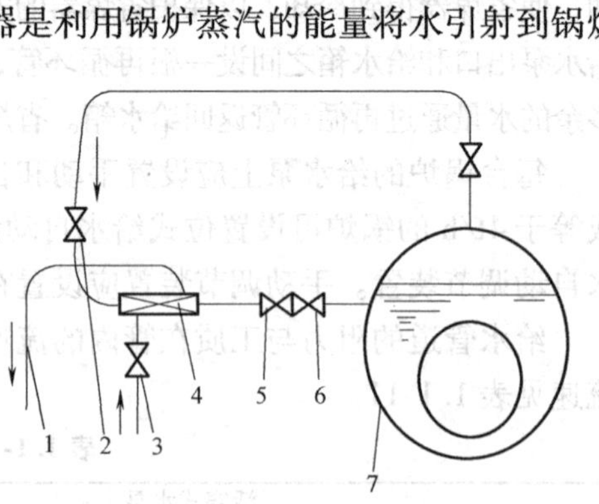

图 1.1-54 注水器的安装
1—溢水管 2—蒸汽阀 3—进水阀
4—注水器 5—止回阀 6—给水阀
7—锅筒

(4) 给水泵 给水泵是锅炉重要的辅机设备，应设备用给水泵，以确保锅炉安全运行。当流量最大的一台给水泵因故停止运行时，其余给水泵的总流量应能满足所有锅炉额定蒸发

量时所需给水量的110%。给水量应包括锅炉额定蒸发量、排污量和必要的损耗。

给水泵的扬程应能克服锅筒设计压力下安全阀的开启压力、省煤器和给水管道系统的阻力、锅筒高水位与给水箱最低水位差以及适当的富裕压力之和。

当采用热力除氧时，给水箱的布置高度应保证给水泵有足够的正水头（灌注头），以防给水泵进口处的热水汽化而使给水泵不能正常运转。正水头指的是给水箱最低液面与给水泵进口中心线的高度差，此高度差生成的压强应大于该处水温下的饱和蒸汽压。表1.1-12列出了不同的水温下水泵进口处所需的正水头高度。

表1.1-12　不同的水温下水泵进口处所需的正水头高度

水温/℃	80	90	100	110	120
最小正水头高度/m	2	3	6	11	17.5

当不设置热力除氧装置而锅炉给水箱又位于给水泵之下，水泵的吸水高度与水温有关，并应满足表1.1-13的要求。

表1.1-13　不同水温下离心水泵允许吸水高度

水温/℃	0	10	20	30	40	50	60	75
允许吸水高度/m	6.4	6.2	5.9	5.4	4.7	3.7	2.3	0

（5）循环水泵

1）流量。

$$G = K\frac{3.6Q}{c\rho(t_2 - t_1)} \times 10^3 \qquad (1.1\text{-}27)$$

式中　K——考虑管网散热及漏损的系数，取$K=1.05$；

c——水的比热容（4.18×10^3J/kg·℃）；

ρ——水的密度（kg/m^3）；

t_2——供水温度（℃）；

t_1——回水温度（℃）；

Q——用户总的计算热负荷（kW）。

2）扬程。

$$H = K(\Delta H_r + \Delta H_w + \Delta H_n)/9.81 \qquad (1.1\text{-}28)$$

式中　K——安全裕量，一般$K=1.15$；

ΔH_r——锅炉房内阻力损失（kPa）；

ΔH_w——室外管网供、回水干管的阻力损失（kPa）；

ΔH_n——室内系统的阻力损失（kPa）。

重点说明：承压热水锅炉的循环水泵在闭合环路中工作，水泵的吸水管与出水管都在水的静压作用下，水泵的压头（即扬程）仅消耗在克服锅炉房内、室外管网和室内系统的阻力上，有人认为供暖锅炉循环泵的扬程应该由建筑物的高度所产生的水柱静压力来决定，如锅炉供六层楼取暖，层高3m，共高18m，静压是18m水柱，因此认为水泵的扬程必须大于18m水柱，这种认识是错误的。因为承压热水锅炉采暖系统是一个闭合环路，相当于一个连通器，一面缺水，另一面会自动压过来。水泵的作用是推动系统中水的流动，水泵的压头只是克服水在整个系统中流动的阻力，而与高度造成的静压无关。

3. 除氧水泵、凝结水泵

将软化水箱中的软化水压送到除氧器头的泵，称为除氧水泵。

将凝结水箱中的凝结水压送到除氧器头或软化水箱的泵，称为凝结水泵。

除氧水泵和凝结水泵至少各选用两台，其中一台备用。

(1) 除氧水泵和凝结水泵流量的确定

1) 除氧水泵流量的确定。当一台除氧水泵停止运行时，其余除氧水泵的总流量应能满足所有运行锅炉额定蒸发量时所需给水量的110%。这样考虑是基于凝结水中断时，仍然能够保证锅炉正常给水，确保锅炉安全运行。

2) 凝结水泵流量的确定。当一台凝结水泵停止运行时，其余凝结水泵的总流量不应小于凝结水回收量的110%。

(2) 除氧水泵和凝结水泵扬程的确定　除氧水泵和凝结水泵扬程的计算方法是一样的，均按下式计算

$$H=[p+10^{-3}(H_1+10H_2+H_3)]\times 100 \tag{1.1-29}$$

式中　H——水泵扬程（m）；

p——接收水泵压送水的设备内工质的工作压力（MPa），大气压力式热力除氧器内工质的工作压力（表压力）$p=0.02$MPa；开式水箱水面上的压力（表压力）$p=0$；

H_1——管路系统内的工质流动阻力（kPa）；

H_2——水箱最低水位至工质接收设备进口之间的标高差（m）；

H_3——附加压头（kPa），$H_3=50$kPa。

4. 给水箱、软化水箱、凝结水箱、膨胀水箱

大型工业锅炉房给水箱、软化水箱、凝结水箱、膨胀水箱宜分别设置。

(1) 给水箱　热力除氧器的水箱即锅炉给水箱，水箱台数与除氧器台数相同。水箱总有效容量宜为所有运行锅炉在额定蒸发量时所需20~60min的给水量。蒸汽锅炉给水箱选择见表1.1-14。

表1.1-14　蒸汽锅炉给水箱选择表

锅炉房额定蒸发量 D/(t/h)	锅炉房	水箱个数	水箱总容量/m^3
$D<10$	专供采暖 生产、采暖合用	1 2	$(1\sim2)D$ $(1\sim1.5)D$
$D\geqslant10$	不论性质	2	$(0.5\sim1)D$

锅炉给水箱的安装高度，应使锅炉给水泵有足够的灌注头。灌注头不应小于下列各项的代数和。

1) 给水泵进水口处水的汽化压力和给水箱的工作压力之差。

2) 给水泵的汽蚀余量。

3) 给水泵进水管的压力损失。

4) 3~5kPa的富裕量。

(2) 软化水箱　宜选用1个。软化水箱总有效容量与水处理设备的设计出力和运行方式有关。当设有备用软化水设备时，软化水箱总有效容量宜为30~60min的软化水消耗量。

(3) 凝结水箱　宜选用1个，但常年不间断供汽的锅炉房宜选用2个水箱或1个中间带

隔板分为两格的水箱。其有效容量为20~40min的凝结水回收量。

小型工业锅炉房一般不设置热力除氧器，通常给水箱、软化水箱、凝结水箱三合一，称为锅炉给水箱。一般情况下设置1个水箱，但采用锅内水处理，需在水箱内加药时，应选用2个水箱或1个中间带隔板分为两格的水箱，以便轮换清洗。水箱有效容量为所有运行锅炉在额定蒸发量时所需30~60min的给水量。当锅炉房内只有1台离子交换器时，水箱有效容量应满足离子交换器再生时间所需的锅炉给水量。

（4）膨胀水箱　热水锅炉供热系统应设膨胀水箱，它的主要作用是向系统灌水，缺水时向系统补水，排除系统内的空气，对系统定压以及容纳系统膨胀量。

膨胀水箱的有效容积，对于95℃/70℃低温水，应为系统容水量的4.5%（体积分数）。

膨胀水箱上应有给水管、膨胀管、循环管、信号管、溢流管和排污管。

膨胀水箱的安装位置，应比系统最高点至少高1m，膨胀水箱通过膨胀管连接在系统的回水管上，膨胀管上不得安装阀门。

（二）工业锅炉水处理系统

1. 工业锅炉用水指标

常用的工业锅炉都是以水为介质的，水质的好坏对于锅炉安全经济运行影响很大。所谓水质，是指水和其中杂质共同表现的综合特性。评价水质好坏的指标，叫水质指标。

工业锅炉用水的水质指标有两种表示方法：一种是客观反映水中某种杂质含量的成分指标，例如，溶解氧、氯离子、钙离子、镁离子等；另一种是为了技术上的需要反映水质某一方面特性的技术指标，例如，碱度、硬度、溶解固形物的含量等。

（1）工业锅炉用水评价指标

1）浊度。浊度是指悬浮于水中经过过滤分离出来的不溶性固体混合物。由于这类杂质没有统一的物理和化学性质，所以，很难确切地表示出它们的含量。通常采用某些过滤材料分离水中不溶性物质（其中包括不溶于水的泥土、有机物、微生物等）的方法来测定悬浮固形物，单位为FTU。

2）溶解固形物。将已被分离出悬浮物的水，在水浴上将溶于水中的各种无机盐类、有机物蒸干，并在105~110℃温度下干燥至恒重，所得到的蒸发残渣称为溶解固形物，单位为mg/L。当水比较洁净时，水中有机物含量甚微，通常也用溶解固形物的含量表示水中的含盐量（水中全部阳离子和阴离子含量的总和）。

课堂提问与互动：悬浮固形物和溶解固形物有何区别？它们对蒸汽品质有什么影响？

3）硬度。硬度是指溶解于水中的钙离子、镁离子总量。钙离子存在于重碳酸钙、碳酸钙、硫酸钙、氯化钙等盐类中；镁离子存在于重碳酸镁、碳酸镁、硫酸镁、氯化镁等盐类中。硬度用符号“YD”表示。

① 碳酸盐硬度。碳酸盐硬度是指溶解于水中钙、镁的重碳酸盐与碳酸盐的含量。用符号“YD_T”表示。天然水中的碳酸盐含量非常少，所以碳酸盐硬度实际就是水的重碳酸盐硬度。此类盐类在水沸腾时就从溶液中析出而产生沉淀，所以也叫暂时硬度。

② 非碳酸盐硬度。非碳酸盐硬度是指溶解于水中钙、镁的硫酸盐和氯化物的含量。用符号“YD_F”表示。由于这类盐类在水沸腾时不能析出沉淀，所以称为永久硬度。

③ 负硬度。负硬度是由于水中（主要是地下深井水）的碱金属碳酸盐、重碳酸盐及氢氧化物存在所引起的，因此又叫钠盐碱度，用符号“$YD_{负}$”表示。此种水碱度大于硬度，亦即

HCO_3^- >(Ca^{2+} + Mg^{2+})，水中的 Ca^{2+}、Mg^{2+} 全部以重碳酸盐形式存在，所以水中仅有碳酸盐硬度，没有非碳酸盐硬度。过剩的 HCO_3^- 与 K^+、Na^+ 结合，它能抵消一部分总硬度。

通常把总碱度大于总硬度的那一部分称为负硬度。

负硬度（$NaHCO_3$）不含钙、镁离子，不算硬度，但它在水中能消除非碳酸盐硬度，其化学反应式为

$$CaCl_2 + 2NaHCO_3 \xlongequal{} CaCO_3 + 2NaCl + CO_2\uparrow + H_2O$$

④ 各种硬度间的相互关系

$$YD = YD_{Ca} + YD_{Mg}$$

$$YD = YD_T + YD_F$$

$$YD = YD_{暂} + YD_{永}$$

⑤ 硬度的单位。硬度的单位有三种表示方法，分别为：

a. 用 mmol/L（毫摩尔/升）表示。它是法定计量单位的基本单位，以一价离子作为基本单元。对于二价离子（或分子）均以其 1/2 作为基本单元。同样，对于三价离子（或分子）均以其 1/3 作为基本单元。

b. 用“度”表示。硬度单位也有用“度”表示的，如“德国度”，用符号（°G）表示。它表示水溶液中硬度离子的浓度相当于 10mg/LCaO 时，称为 1°G。即

$$1°G = 10 \times 1/28\ mmol/L = 1/2.8mmol/L$$

$$1mmol/L = 2.8°G$$

c. 用 $mg/LCaCO_3$ 表示。因为 $1/2CaCO_3$ 的毫摩尔质量为 50mg，所以

$$1mmol/L = 50mg/LCaCO_3 = 50mg/1000000mgCaCO_3 = 50 \times 10^{-6} CaCO_3$$

4）碱度。碱度是指水中含有能够接受氢离子的物质的量。如 OH^-、CO_3^{2-}、HCO_3^-、PO_4^{3-} 以及其他一些弱酸性盐类和氨等，都是水中常见的碱性物质，它们都能与酸进行反应。碱度用符号“*JD*”表示，单位为 mmol/L。

天然水中一般不含 OH^-，CO_3^{2-} 的含量也很少，故天然水中的碱度主要是 HCO_3^-。HCO_3^- 进入锅筒后，在不同的压力和温度下，会全部分解成 CO_3^{2-} 和一定比例的 OH^-。因此，锅水的主要碱度由 CO_3^{2-} 和 OH^- 组成。

天然水中碱度的存在形式：当水中同时存在重碳酸根（HCO_3^-）和氢氧根（OH^-）时，就会发生化学反应，即

$$HCO_3^- + OH^- \xlongequal{} CO_3^{2-} + H_2O$$

故水中不可能同时存在重碳酸根碱度和氢氧根碱度。

因此，水中碱度可能有五种不同存在形式：①只有 OH^- 碱度；②只有 CO_3^{2-} 碱度；③只有 HCO_3^- 碱度；④同时有 OH^- 和 CO_3^{2-} 碱度；⑤同时有 HCO_3^- + CO_3^{2-} 碱度。

5）相对碱度。相对碱度是指锅水中游离的 NaOH 和溶解固形物含量的比值。即

$$相对碱度 = \frac{游离\ NaOH}{溶解固形物} = \frac{[OH^-] \times 40}{溶解固形物}$$

相对碱度是为防止锅炉产生苛性脆化而规定的一项技术指标。锅炉在有高浓度 NaOH 和高度应力集中的情况下，会产生晶间腐蚀，称为苛性脆化。发生苛性脆化的部位失去了金属光泽，会使锅炉受热面发生脆性破裂。

6）电导率。衡量水中含盐量最简便、迅速的方法是测定水的电导率。表示水导电能力

大小的指标，称为电导率。电导率是电阻的倒数，可用电导仪测定。电导率反映了水中含盐量的多少，是水纯净程度的一个重要指标。水越纯净，含盐量越少，电导率越小。水电导率的大小除了与水中离子含量有关外，还和离子的种类有关，单凭电导率不能计算水中含盐量。在水中杂质离子的组成比较稳定的情况下，可以根据试验求得电导率与含盐量的关系，将测定的电导率换算成含盐量。电导率的单位为S/m或μS/cm。

7）pH值。pH值是用溶液中氢离子浓度的负对数来表示溶液酸碱性强弱的指标。

$pH<7$，水呈酸性；$pH=7$，水呈中性；$pH>7$，水呈碱性。

酸性水进入锅炉，会使金属产生酸性腐蚀。

8）溶解氧。水中溶解的氧气称为溶解氧，其含量单位为mg/L。

氧气在水中的溶解度随着温度的变化而变化，水温越高，其溶解度越小。由于水中的溶解氧能腐蚀金属，所以，锅炉给水中的溶解氧应尽量除去。控制溶解氧的含量是防止锅炉腐蚀的主要措施之一。

热水锅炉循环水处于密闭循环系统内，给水带入的溶解氧不能像蒸汽锅炉那样可以随蒸汽蒸发掉一部分，所以给水中溶解氧对热水锅炉的腐蚀更为严重。

9）氯离子。水中氯离子的含量也是常见的一项水质指标，水中氯离子含量越低越好，含量高时则会腐蚀锅炉，易引起汽水共腾。由于氯化物的溶解度很大，不易呈固相析出，所以常以锅水中氯离子的变化，间接表示锅水含盐量的变化。另外也常用锅水中的氯离子含量和给水中氯离子含量的比值来衡量锅水浓缩倍数和指导排污。氯离子浓度的单位以mg/L表示。

10）亚硫酸根（SO_3^{2-}）。给水中的溶解氧可用化学方法去除，常用的化学药剂为亚硫酸钠。为了使反应完全，提高除氧效果，药剂的实际加入量要求多于理论计算量，以维持水中一定的亚硫酸根离子浓度。但如果加入量过多，不仅会增加运行费用，而且会使锅水溶解固形物增加，从而增加锅水的泡沫，污染空气，使蒸汽品质恶化。因此，锅水中SO_3^{2-}浓度也是一项控制指标，单位为mg/L。

11）磷酸根（PO_4^{3-}）。天然水中一般不含磷酸根。为了消除锅炉给水带入汽锅的残留硬度，使之形成松软的碱性磷酸钙水渣，随锅炉排污排走，通常在锅内进行加磷酸盐处理，同时还可消除一部分游离的苛性钠，保证锅水的pH值在一定范围内。但锅水中的磷酸根含量不能太高，过高时会生成$Mg_3(PO_4)_2$水垢，也会增加不必要的运行费用。因此，锅水中的PO_4^{3-}浓度也是一项控制指标，单位为mg/L。

12）含油量。天然水中一般不含油，但蒸汽凝结水或给水在其使用过程中受到污染后可能混入油类物质。锅水含油在锅筒水位面易形成泡沫层，使蒸汽带水量增加，影响蒸汽品质，严重时造成汽水共腾，还会在传热面上生成难以清除的含油水垢。含油量的单位为mg/L。

（2）水质指标间的关系

1）硬度与碱度的关系。天然水中的硬度表示水中Ca^{2+}、Mg^{2+}金属离子的含量；碱度表示水中OH^-、CO_3^{2-}、HCO_3^-等阴离子的含量。在水溶液中，硬度与碱度的成分都是以离子状态单独存在的，但出于判断水质及选择水处理工艺的需要，有时将它们组成假想的化合物。

① 假想的化合物的组成次序。假想的化合物的组成原则是根据水体在蒸发浓缩时，阴、阳离子形成化合物的溶解度由小到大的次序先后组合的。阳离子按Ca^{2+}、Mg^{2+}、K^+、Na^+

的次序排列；阴离子按 HCO_3^-、SO_4^{2-}、Cl^- 的次序排列。由此可以推断由阴、阳离子组成假想的化合物的次序为：

a. Ca^{2+} 和 HCO_3^- 首先组合成化合物 $Ca(HCO_3)_2$ 之后，多余的 HCO_3^- 才能与 Mg^{2+} 组合成 $Mg(HCO_3)_2$。这类化合物属于碳酸盐硬度（即暂硬）。

b. 如果 Ca^{2+} 或 Mg^{2+} 与 HCO_3^- 组合化合物之后，Ca^{2+} 和 Mg^{2+} 还有剩余时，则 Ca^{2+} 首先与 SO_4^{2-} 组合成 $CaSO_4$，其次 Mg^{2+} 与 SO_4^{2-} 组合成 $MgSO_4$。当 Ca^{2+}、Mg^{2+} 还有剩余时才组合成 $CaCl_2$ 和 $MgCl_2$。这些化合物都属于非碳酸盐硬度（即永硬）。

c. 如果 Ca^{2+} 或 Mg^{2+} 与 HCO_3^- 组合化合物之后，HCO_3^- 有剩余时，则与 K^+、Na^+ 组成 $NaHCO_3$ 和 $KHCO_3$，即为负硬度。

② 硬度与碱度的关系。

a. 当总碱度 > 总硬度时，水中无非碳酸盐硬度，有钠盐碱度（$NaHCO_3$、$KHCO_3$），而且

$$总硬度 = 碳酸盐硬度$$

$$总碱度 - 总硬度 = 钠盐碱度$$

b. 当总碱度 = 总硬度时，水中无非碳酸盐硬度，也无钠盐碱度，而且

$$总碱度 = 总硬度 = 碳酸盐硬度$$

c. 当总碱度 < 总硬度时，水中必有非碳酸盐硬度，无钠盐碱度，而且

$$总碱度 = 碳酸盐硬度$$

$$总硬度 - 总碱度 = 非碳酸盐硬度$$

天然水中的硬度成分首先与碱度成分组合成碳酸盐硬度，其次才能组合成非碳酸盐硬度。由此可总结出硬度与碱度的关系，见表 1.1-15。

表 1.1-15　天然水中硬度与碱度的关系

水质分析结果	碳酸盐硬度	非碳酸盐硬度	负硬度
$YD > JD$	JD	$YD - JD$	0
$YD < JD$	YD	0	$JD - YD$
$YD = JD$	YD	0	0

2）氯化物与溶解固形物间的关系。

① 锅水中溶解固形物与氯化物的关系。溶解固形物分析方法既烦琐又费时，所以水质标准的注释中指出："测定溶解固形物有困难时，可以采用测定氯化物（Cl^-）的方法来间接控制。但溶解固形物与氯化物（Cl^-）间的比值关系须根据试验确定，并定期复试和修正此比值关系。"这是由于氯化物（Cl^-）的分析方法比较简单，并且在锅内高温情况下，氯化物不易分解、挥发、沉淀，而较稳定地存在于锅水中。所以氯化物在锅内的浓缩情况与相同条件下锅水溶解固形物存在着一定的比例关系。

在原水水质稳定的情况下，锅水的溶解固形物与氯离子浓度的比值接近一个常数，在锅水碱度合格时，通过分析所测得的溶解固形物和氯离子含量，求出它们的比值，即

$$K = \frac{RG}{Cl^-}$$

式中　RG——溶解固形物含量（mg/L）；

Cl^-——氯离子含量（mg/L）；

K——每1mg/L 的 Cl^- 相当于溶解固形物的量，或

$$RG = K[Cl^-]$$

通过这个关系，可以把难以及时测定的锅水溶解固形物的控制指标，转化为易于测定的氯离子控制指标，以便及时指导锅炉排污，把锅水浓度限制在一定范围内，从而获得良好的蒸汽品质和保证锅炉安全经济运行。

② Cl^- 控制标准的计算。

例［1-1］ 某台锅炉的工作压力为 1.0MPa，其锅水分析结果如下：溶解固形物为2400mg/L；氯离子浓度［Cl^-］为300mg/L，则溶解固形物与氯离子的比值为多少？

解

$$K = \frac{2400}{300} = 8$$

这就是说，锅水中1mg/L 的氯离子相当于8mg/L 溶解固形物。从水质标准中查到该工作压力下，锅水溶解固形物控制标准要求小于4000mg/L，则可根据上面计算的比值 8 转化为 Cl^- 控制标准：

$$Cl^- 控制标准 = \frac{RG}{K} = \frac{4000\text{mg/L}}{8} = 500\text{mg/L}$$

具体来说，对于这台锅炉，只要在运行中控制锅水中氯离子浓度小于500mg/L，就等于控制溶解固形物少于4000mg/L。

对于杂质成分发生变化的原水（如季节变化或水被污染），需定期复试和修正此比例关系。

3）碱度和 pH 值的关系。天然水中存在 HCO_3^-，HCO_3^- 进入锅炉受热后发生如下变化

$$2HCO_3^- = CO_3^{2-} + CO_2 + H_2O$$

锅水中产生的 CO_3^{2-} 在压力作用下发生下列水解反应

$$CO_3^{2-} + H_2O = 2OH^- + CO_2$$

因此锅水的碱度是指 OH^- 和 CO_3^{2-} 的浓度之和。而锅水的 pH 值，主要是指 OH^- 的浓度，而 $pH = -\lg[H^+]$，又 $pH + pOH = 14$。

低压锅炉水质标准中，要求锅水的 pH 值在 10 ~ 12 之间，此时锅水中 OH^- 的浓度见表1.1-16。

表 1.1-16　锅水 pH 值在 10 ~ 12 时的 OH^- 的浓度

pH 值	10.0	10.1	10.2	10.3	10.4	10.5	10.6	10.7	10.8	10.9	11.0
［OH^-］/(mmol/L)	0.10	0.13	0.16	0.20	0.25	0.32	0.40	0.50	0.63	0.79	1.00
pH 值	11.1	11.2	11.3	11.4	11.5	11.6	11.7	11.8	11.9	12.0	
［OH^-］/(mmol/L)	1.30	1.60	2.00	2.50	3.20	4.00	5.00	6.30	7.90	10.0	

工业锅炉中，既然锅水的碱度是由 OH^- 和 CO_3^{2-} 共同组成的，因此锅水的 OH^- 浓度只为锅水碱度的一部分，其所占比例是随锅炉压力变化的，见表 1.1-17。

由于锅水中的［OH^-］= 总碱度 ×［OH^-］占总碱度的百分数，则可以计算出锅水 pH 值。

表 1.1-17　不同压力下锅水中 OH^- 占总碱度的百分数

锅炉压力/MPa	0.2	0.3	0.4	0.5	0.6	0.7	0.8	0.9	1.0	1.3	1.5	2.0	2.5	5.0
OH^- 占总碱度百分数	2	6	10	15	20	25	30	35	40	50	60	70	80	100

2. 工业锅炉水质标准

《工业锅炉水质》（GB/T 1576—2008）规定了工业锅炉运行时的水质要求，适用于额定出口蒸汽压力小于3. 82MPa，以水为介质的固定式蒸汽锅炉和汽水两用锅炉，也适用于以水为介质的固定式承压热水锅炉和常压热水锅炉。但不适用于铝材制造的锅炉。

（1）自然循环蒸汽锅炉和汽水两用锅炉水质标准

1）采用锅外水处理的自然循环蒸汽锅炉和汽水两用锅炉，给水和锅水水质应符合表 1. 1-18 规定。

表 1. 1-18　采用锅外水处理的自然循环蒸汽锅炉和汽水两用锅炉水质标准

区分	额定蒸汽压力/MPa		$p\leqslant1.0$		$1.0<p\leqslant1.6$		$1.6<p\leqslant2.5$		$p<3.8$	
	补给水类型		软化水	除盐水	软化水	除盐水	软化水	除盐水	软化水	除盐水
给水	浊度/FTU		≤5.0	≤2.0	≤5.0	≤2.0	≤5.0	≤2.0	≤5.0	≤2.0
	硬度/(mmol/L)		≤0.030	≤0.030	≤0.030	≤0.030	≤0.030	≤0.030	$\leqslant5\times10^{-3}$	$\leqslant5\times10^{-3}$
	pH(25℃)		7.0~9.0	7.0~9.0	7.0~9.0	7.0~9.0	7.0~9.0	7.0~9.0	7.0~9.0	7.0~9.0
	溶解氧/(mg/L)[a]		≤0.10	≤0.10	≤0.10	≤0.050	≤0.050	≤0.050	≤0.050	≤0.050
	油/(mg/L)		≤2.0	≤2.0	≤2.0	≤2.0	≤2.0	≤2.0	≤2.0	≤2.0
	全铁/(mg/L)		≤0.30	≤0.30	≤0.30	≤0.30	≤0.30	≤0.10	≤0.10	≤0.10
	电导率(25℃)/(μs/cm)		—	—	$\leqslant5.5\times10^2$	$\leqslant1.1\times10^2$	$\leqslant5.0\times10^2$	$\leqslant1.0\times10^2$	$\leqslant3.5\times10^2$	≤80
锅水	全碱度[b]/(mmol/L)	有过热器	6.0~26.0	≤10.0	6.0~24.0	≤10.0	6.0~16.0	≤8.0	≤12.0	≤4.0
		无过热器	—	—	≤14.0	≤10.0	≤12.0	≤8.0	≤12.0	≤4.0
	酚酞碱度/(mmol/L)	有过热器	4.0~18.0	≤6.0	4.0~16.0	≤6.0	4.0~12.0	≤5.0	≤10.0	≤3.0
		无过热器	—	—	≤10.0	≤6.0	≤8.0	≤5.0	≤10.0	≤3.0
	pH(25℃)		10.0~12.0	10.0~12.0	10.0~12.0	10.0~12.0	10.0~12.0	10.0~12.0	9.0~12.0	9.0~12.0
	溶解固形物/(mg/L)	有过热器	$\leqslant4.0\times10^3$	$\leqslant4.0\times10^3$	$\leqslant3.5\times10^3$	$\leqslant3.5\times10^3$	$\leqslant3.0\times10^3$	$\leqslant3.0\times10^3$	$\leqslant2.5\times10^3$	$\leqslant2.5\times10^3$
		无过热器	—	—	$\leqslant3.0\times10^3$	$\leqslant3.0\times10^3$	$\leqslant2.5\times10^3$	$\leqslant2.5\times10^3$	$\leqslant2.0\times10^3$	$\leqslant2.0\times10^3$
	磷酸根/(mg/L)[c]		—	—	10.0~30.0	10.0~30.0	10.0~30.0	10.0~30.0	5.0~20.0	5.0~20.0
	亚硫酸根/(mg/L)[d]		—	—	10.0~30.0	10.0~30.0	10.0~30.0	10.0~30.0	5.0~20.0	5.0~20.0
	相对碱度[e]		≤0.20	≤0.20	≤0.20	≤0.20	≤0.20	≤0.20	≤0.20	≤0.20

a. 溶解氧控制值适用于经过除氧装置处理后的给水，额定蒸发量大于等于 10t/h 的锅炉，给水应除氧。额定蒸发量小于 10t/h 的锅炉如果发现局部氧腐蚀，也应采取除氧措施。对于供汽轮机用汽的锅炉给水含氧量应小于等于 0. 050mg/L。

b. 对蒸汽质量要求不高，而且不带过热器的锅炉，锅水全碱度上限值可适当放宽，但放宽后锅水的 pH 不应超过上限。

c. 适应于锅内加磷酸盐阻垢剂。采用其他阻垢剂时，阻垢剂残余量应符合药剂生产厂规定的指标。

d. 适用于给水加亚硫酸盐除氧剂。采用其他除氧剂时，药剂残余量应符合药剂生产厂规定的指标。

e. 全焊接结构的锅炉，相对碱度可不控制。

2）单纯采用锅内加药处理的自然循环蒸汽锅炉和汽水两用锅炉水质标准。额定蒸发量小于等于 4t/h，且额定蒸汽压力小于等于 1. 3MPa 的蒸汽锅炉和汽水两用锅炉（如对汽、水品质无特殊要求）也可采用锅内加药处理。但必须对锅炉的结垢、腐蚀和水质加强监督，认真做好加药、排污和清洗工作，其给水和锅水水质应符合表 1. 1-19 规定。

表 1.1-19　单纯采用锅内加药处理的自然循环蒸汽锅炉和汽水两用锅炉水质标准

水样	项目	标准值
给水	浊度/FTU	≤20.0
	碱度/(mmol/L)	≤4.0
	pH(25℃)	7.0~10.0
	油/(mg/L)	≤2.0
锅水	全碱度/(mmol/L)	8.0~26.0
	酚酞碱度	6.0~18.0
	pH(25℃)	10.0~12.0
	溶解固形物/(mg/L)	$\leq 5.0\times10^3$
	磷酸根/(mg/L)[a]	10.0~50.0

注：1. 单纯采用锅内加药处理，锅炉受热面平均结垢速率不得大于 0.5mm/a。

2. 额定蒸发量小于等于 4t/h，并且额定蒸汽压力小于等于 1.3MPa 的蒸汽锅炉和汽水两用锅炉同时采用锅外水处理和国内加药处理时，给水和锅水水质可参照表 1.1-19 的规定。

a. 适应于锅内加磷酸盐阻垢剂。采用其他阻垢剂时，阻垢剂残余量应符合药剂生产厂规定的指标。

（2）热水锅炉水质标准　承压热水锅炉给水应进行锅外水处理，对于额定热功率小于等于 4.2MW 水管式和锅壳式承压热水锅炉和常压热水锅炉，可采用锅内加药处理。但必须对锅炉的结垢、腐蚀和水质加强监督，认真做好加药工作，其给水和锅水水质应符合表 1.1-20a 和表 1.1-20b 规定。

1）采用锅外水处理的热水锅炉，给水和锅水水质应符合表 1.1-20a 规定。

表 1.1-20a　采用锅外水处理的热水锅炉水质标准

水样	项目	标准值
给水	浊度/FTU	≤5.0
	硬度/(mmol/L)	≤0.60
	pH(25℃)	7.0~11.0
	溶解氧/(mg/L)[a]	≤0.10
	油/(mg/L)	≤2.0
	全铁/(mg/L)	≤0.30
锅水	pH(25℃)[b]	9.0~11.0
	磷酸根/(mg/L)[c]	10.0~50.0

a. 溶解氧控制值适用于经过除氧装置处理后的给水，额定功率大于等于 7.0MW 的承压热水锅炉给水应除氧，额定功率小于 7.0MW 的承压热水锅炉如果发现局部氧腐蚀，也应采取除氧措施。

b. 通过补加药剂使锅水 pH 控制在 9.0~11.0。

c. 适应于锅内加磷酸盐阻垢剂。采用其他阻垢剂时，阻垢剂残余量应符合药剂生产厂规定的指标。

2）单纯采用锅内加药处理的热水锅炉，给水和锅水水质应符合表 1.1-20b 规定。

（3）贯流锅炉、直流锅炉水质标准　对于贯流锅炉、直流锅炉，给水和锅水水质应符合表 1.1-20c 规定。

表 1.1-20b 单纯采用锅内加药处理的热水锅炉水质

水样	项目	标准值
给水	浊度/FTU	≤20.0
	硬度/(mmol/L)[a]	≤6.0
	pH(25℃)	7.0~11.0
	油/(mg/L)	≤2.0
锅水	pH(25℃)	9.0~11.0
	磷酸根/(mg/L)[b]	10.0~50.0

注:对于额定功率小于或等于4.2MW的水管式和锅壳式承压热水锅炉和常压热水锅炉,同时采用锅外水处理和锅内加药水处理时,给水和锅水水质可参照表1.1-20b的规定。

a. 使用与结垢物质作用后不生成固体不溶物的阻垢剂,给水硬度可放宽至小于或等于8.0mmol/L。

b. 适应于锅内加磷酸盐阻垢剂。采用其他阻垢剂时,阻垢剂残余量应符合药剂生产厂规定的指标。

表 1.1-20c 贯流锅炉、直流锅炉水质

区分	锅炉类型	贯流锅炉			直流锅炉		
	额定蒸汽压力/MPa	P≤1.0	1.0<P≤2.5	P<3.8	P≤1.0	1.0<P≤2.5	P<3.8
给水	浊度/FTU	≤5.0	≤5.0	≤5.0	—	—	—
	硬度/(mmol/L)	≤0.030	≤0.030	$\leq 5\times10^{-3}$	≤0.030	≤0.030	$\leq 5\times10^{-3}$
	pH(25℃)	7.0~9.0	7.0~9.0	7.0~9.0	10.0~12.0	10.0~12.0	10.0~12.0
	溶解氧/(mg/L)[a]	≤0.10	≤0.050	≤0.050	≤0.10	≤0.050	≤0.050
	油/(mg/L)	≤2.0	≤2.0	≤2.0	≤2.0	≤2.0	≤2.0
	全铁/(mg/L)	≤0.30	≤0.30	≤0.10	—	—	—
	全碱度/(mmol/L)[a]	—	—	—	6.0~16.0	6.0~12.0	≤12.0
	酚酞碱度/(mmol/L)	—	—	—	4.0~12.0	4.0~12.0	≤10.0
	溶解固形物/(mg/L)	—	—	—	$\leq 3.5\times10^{3}$	$\leq 3.0\times10^{3}$	$\leq 2.5\times10^{3}$
	磷酸根/(mg/L)	—	—	—	10.0~50.0	10.0~50.0	10.0~50.0
	亚硫酸根/(mg/L)	—	—	—	10.0~50.0	10.0~30.0	10.0~20.0
锅水	全碱度/(mmol/L)[a]	2.0~16.0	2.0~12.0	≤12.0	—	—	—
	酚酞碱度/(mmol/L)	1.6~12.0	1.6~10.0	≤10.0	—	—	—
	pH(25℃)	10.0~12.0	10.0~12.0	10.0~12.0	—	—	—
	溶解固形物/(mg/L)	$\leq 3.0\times10^{3}$	$\leq 2.5\times10^{3}$	$\leq 2.0\times10^{3}$	—	—	—
	磷酸根/(mg/L)[b]	10.0~50.0	10.0~50.0	10.0~20.0	—	—	—
	亚硫酸根/(mg/L)[c]	10.0~50.0	10.0~30.0	10.0~20.0	—	—	—

注:1. 贯流锅炉汽水分离器中返回到下集箱的疏水量,应保证锅水符合本标准。

2. 直流锅炉给水取样点可定在除氧热水箱出口处。

3. 直流锅炉汽水分离器中返回到除氧热水箱的疏水量,应保证给水符合本标准。

a. 对蒸汽质量要求不高,并且不带过热器的锅炉,锅水全碱度上限值可适当放宽,但放宽后锅水pH不应超过上限。

b. 适用于锅内加磷酸盐阻垢剂。采用其他阻垢剂时,阻垢剂残余量应符合药剂生产厂规定的指标。

c. 适用于给水加亚硫酸盐除氧剂。采用其他除氧剂时,药剂残余量应符合药剂生产厂规定的指标。

课堂提问与互动：为什么热水锅炉的水质指标较自然循环蒸汽锅炉低？在什么情况下可以采用锅内加药处理方法？

3. 锅炉用水分类

根据锅炉用水部位和作用不同，一般可分为以下几种：

（1）原水（源水）　原水又称生水，泛指未经任何处理的天然水。原水主要来自江河水、井水或城市自来水等。

（2）给水　直接进入锅炉，被锅炉蒸发或加热使用的水称为锅炉给水。给水通常由补给水、生产回水和疏水等混合而成。

（3）补给水　锅炉在运行中由于取样、排污、泄漏等要损失掉一部分水，而且生产回水被污染不能回收利用，或无蒸汽回水时，都必须补充符合水质要求的水，这部分水叫补给水。补给水是锅炉给水中除去一定量的生产回收水外，补充供给的那一部分水。因为锅炉给水有一定的质量要求，所以补给水一般都要经过适当的处理。当锅炉没有生产回水时，补给水就等于给水。

（4）生产回水　当蒸汽或热水的热能利用之后，其凝结水或低温水应尽量回收，循环使用的这部分水称为生产回水。提高给水中回水所占的比例，不仅可以改善水质，而且可以减少生产补给水的工作量。如果蒸汽或热水在生产流程中已被严重污染，那就不能直接回收，而应进行处理，水质合格后才能回收。

冷凝水的污染主要是金属离子的溶入污染，溶入的同时伴随着腐蚀的发生。目前采用的处理方法为碱性中和法和成膜法，如把两种方法结合处理效果最佳。中和处理主要是中和剂在汽、液相中的分配问题与中和特性。成膜剂则要重点解决其乳化与分散的问题以及膜的致密性与完整性。

（5）软化水　原水经过软化处理，使总硬度达到一定的标准，这种水称为软化水，简称软水。

（6）锅水　正在运行的锅炉本体系统中流动着的水称为锅炉水，简称锅水。

（7）排污水　为了除去锅水中的杂质（过量的盐分、碱度等）和悬浮性水渣，以保证锅炉水质符合 GB/T 1576—2008 水质标准的要求，就必须从锅炉的一定部位排放掉一部分锅水，这部分水称为排污水。

（8）冷却水　锅炉运行中用于冷却锅炉某一附属设备的水，称为冷却水。冷却水往往是生水。

4. 水垢的形成、危害及清除

（1）水垢的形成

1）受热分解。含有碳酸盐硬度的水进入锅炉后，在加热过程中，一些钙、镁盐类受热分解，从溶于水的物质转变成难溶于水的物质，附着于锅炉金属表面上结为水垢，钙、镁盐类分解如下：

$$Ca(HCO_3)_2 \longrightarrow CaCO_3\downarrow + H_2O + CO_2\uparrow$$

$$Mg(HCO_3)_2 \longrightarrow MgCO_3 + H_2O + CO_2\uparrow$$

$$MgCO_3 + H_2O \longrightarrow Mg(OH)_2\downarrow + CO_2\uparrow$$

2）某些盐类超过了其溶解度。由于锅水的不断蒸发和浓缩，水中的溶解盐类含量不断增加，当某些盐类达到过饱和时，盐类在蒸发面上析出固相，结为水垢。

3）溶解度下降。随着锅水温度的升高，锅水中某些盐类溶解度下降，如 $CaSO_4$ 和 $CaSiO_3$ 等盐类。

4）相互反应。给水中原溶解度较大的盐类和锅水中其他盐类、碱反应后，生成难溶于水的化合物，从而结为水垢。一些盐和碱相互反应如下：

$$Ca(HCO_3)_2 + 2NaOH = CaCO_3\downarrow + Na_2CO_3 + 2H_2O$$

$$CaCl_2 + Na_2CO_3 = CaCO_3\downarrow + 2NaCl$$

5）水渣转化。当锅内水渣过多，而且又黏时，如 $Mg(OH)_2$ 和 $Mg_3(PO_4)_2$ 等，如果排污不及时，很容易由泥渣转化为水垢。

（2）水垢的分类

1）碳酸盐水垢，是以钙、镁的碳酸盐为主要成分的水垢，包括 $Mg(OH)_2$，其中 $w(CaCO_3) > 50\%$。

2）硫酸盐水垢，是以硫酸钙为主要成分的水垢，其中 $w(CaSO_4) > 50\%$。

3）硅酸盐水垢，当水垢中的 $w(SiO_2) > 20\%$ 时，属于这类水垢。

4）混合水垢，这种水垢有两种组成形式：一种是钙、镁的碳酸盐、硫酸盐、硅酸盐以及氧化铁的混合物，难以分出哪一种是主要成分；另一种是各种水垢以夹层的形式组成为一体，所以也很难指出哪一种成分是主要的。表 1.1-21 给出了各种水垢的定性鉴别方法。

表 1.1-21　水垢定性鉴别方法

水垢类别	颜色	鉴别方法
碳酸盐水垢 $CaCO_3$ + $Mg(OH)_2$ 占 50% 以上	白色	在质量分数为 50% 盐酸溶液中，大部分可溶解，反应生成大量气泡，反应结束后，溶液中不溶物很少
硫酸盐水垢 $CaSO_4$ + $MgSO_4$ 占 50% 以上	黄色或白色	在盐酸溶液中很少产生气泡，溶解很少，加入质量分数为 10% 氯化钡溶液后，生成大量的白色沉淀（硫酸钡）
硅酸盐水垢 SiO_2 占 20% 以上	灰白色	在盐酸中不溶解，加热后其他成分部分地缓慢溶解，有透明状沙粒沉淀，而加入质量分数为 1% 氢氟酸或氟化钠可有效溶解
水垢以铁氧化合物为主，含有其他盐类	棕褐色	加稀盐酸可溶解，溶液呈黄色
油垢（含油 5% 以上）	黑色	将垢样研碎，加入乙醚后，溶液呈黄绿色

（3）水垢的危害　水垢的导热性一般都很差。不同的水垢因其化学组成不同，内部孔隙不同，水垢内各层次结构不同等原因，导热性也各不相同。各种水垢的热导率见表 1.1-22。水垢的热导率大约仅为钢材热导率的 1/100 ~ 1/10。这就是说假设有 0.1mm 厚的水垢附着在金属壁上，其热阻相当于钢板（或管子）加厚了几毫米到几十毫米。水垢的热导率很低是水垢危害大的主要原因。

表 1.1-22　钢和各种水垢的平均热导率

名称	热导率 λ/[W/(m·℃)]
钢材	46.40 ~ 69.60
炭黑	0.069 ~ 0.116
氧化铁垢	0.116 ~ 0.230
硅酸钙垢	0.058 ~ 0.232
硫酸钙垢	0.58 ~ 2.90
碳酸钙垢	0.58 ~ 6.96

水垢的危害可归纳如下：

1）浪费燃料、降低锅炉热效率。由于水垢的热导率比钢材的热导率小数十倍到数百倍，因此锅炉结有水垢时，使锅炉受热面的传热性能变差，燃料燃烧所放出的热量不能有效地传递到锅炉水中，大量的热量被烟气带走，造成排烟温度升高，排烟热损失增加，锅炉的热效率降低。在这种情况下，为保证锅炉的参数，就必须投加更多燃料，提高炉膛的温度和烟气温度，因此造成燃料浪费。有人估算，锅炉受热面上结有1mm厚的水垢，将浪费燃料约3%～5%。

2）影响锅炉安全运行。锅炉水垢常常生成在热负荷很高的锅炉受热面上。因水垢导热性能差，导致金属管壁局部温度大大升高。当温度超过了金属所能承受的允许温度时，金属因过热而蠕变，强度降低，在锅炉工作压力下，金属会发生鼓包、穿孔和破裂，影响锅炉安全运行。

3）水垢能导致垢下金属腐蚀。锅炉受热面内有水垢附着的条件下，从水垢的孔、缝隙渗入的锅水，在沉积的水垢层与锅炉受热面之间急剧蒸发。在水垢层下，锅水可被浓缩到很高浓度。其中有些物质在高温高浓度的条件下会对锅炉受热面产生严重腐蚀，如$NaOH$等。结垢、腐蚀过程相互促进，会很快导致金属受热面的损坏，以致使锅炉发生爆管事故。

4）降低锅炉出力。锅炉结垢后，由于传热性变差，要达到锅炉额定蒸发量或额定产热量，就需要多消耗燃料。但随着结垢厚度的增加，在炉膛容积、炉排面积一定，燃料消耗受到限制的情况下，锅炉的出力就会降低。

5）结垢会降低锅炉使用寿命。锅炉受热面上的水垢，必须彻底清除才能保证锅炉安全经济运行。无论由人工、机械，还是采用化学药品除垢，都会影响锅炉的使用寿命。

（4）水垢的清除

1）人工除垢。这种方法要靠人工锤、刮、铲等清除水垢，最后冲洗排尽。此方法除垢效率低、劳动强度大，且由于工作人员原因可能会损坏锅炉受压部件。随着化学清洗技术的提高，目前很少使用。

2）机械除垢。依靠专门的清洗工具，如带有电动机、钢丝软带的电动洗管器进行除垢的方法称为机械除垢。清除水垢的物理过程是：当转轴上的铣刀因电动机驱动，与软轴一起转动时，铣刀和水垢接触，将水垢研碎研细、剥落。直径为35～100mm的管内水垢，均可用此法清除。

3）化学除垢。化学除垢分碱煮法和酸洗法两种。

碱煮法就是将不同品种、不同浓度的碱液注入锅炉，然后在一定的压力下进行煮炉，一般煮48h或更长一点时间，从而达到除垢的目的。碱煮法的除垢效率与水垢的类型有较大关系。

酸洗法除垢时，酸不仅能清除锅炉受热面上的水垢，同时也能与金属反应，从而使锅炉遭到腐蚀或穿孔，因此酸洗的技术要求比较高。不经批准，一般单位和个人不准从事酸洗除垢业务。酸洗除垢法技术比较成熟，是目前公认最有效的除垢方法。锅炉酸洗除垢时，必须请具有相应级别的酸洗单位来进行。此酸洗单位必须持有锅炉压力容器安全监察部门颁发的化学清洗许可证。

5. 锅外水处理

水中含有较多的杂质，如不处理，有的会沉淀在锅炉受热面上结成水垢，降低锅炉出力，增加燃料消耗，甚至损坏锅炉；有的腐蚀锅炉金属，影响锅炉的使用寿命；有的在锅炉内引起汽水共腾，使水位看不清楚，并污染蒸汽。所以锅炉用水必须进行处理，除去水中的有害杂质，保证锅炉安全运行，节约能源，延长锅炉的使用寿命。

锅炉常用的水处理方法分锅内水处理和锅外离子交换水处理。本项目将重点介绍锅外水处理。

锅外水处理常用离子交换法。在离子交换过程中，交换与被交换的离子均为阳离子，这种只进行阳离子交换的方法称为阳离子交换法。树脂参加交换反应中的阳离子是钠离子（Na^+）时，则此树脂为钠型阳离子交换树脂。当此树脂与水中钙、镁离子进行交换时，树脂上的钠离子（Na^+）全部进入软化水中。这种用钠离子取代水中钙、镁离子的过程称为钠离子软化交换。

课堂提问与互动：采用离子交换法，对原水水质有什么要求？

（1）钠离子交换的原理　锅炉常用水处理设备是固定床钠离子交换水处理设备，主要由树脂罐和盐液制备设备两部分组成。树脂罐及配管如图 1.1-55 所示，盐液制备设备如图 1.1-56 所示。

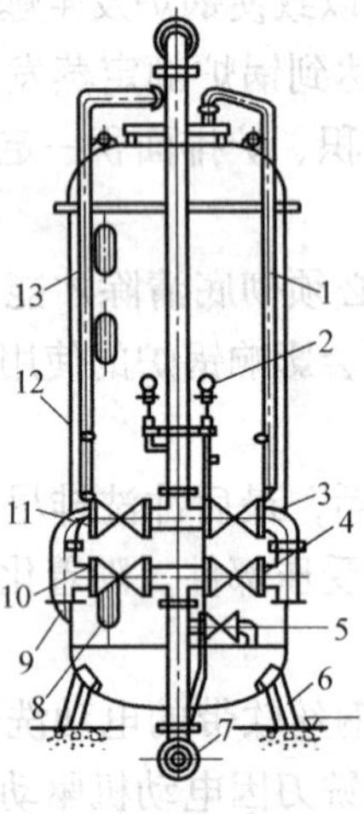

图 1.1-55　树脂罐及配管

1—排气管　2—压力表及取样管　3—反洗排水阀　4—排水阀
5—再生剂回收阀　6—柱脚　7—软水出水管　8—窥视镜
9—生水出水管　10—反洗进水阀　11—进水阀
12—树脂罐　13—进再生剂管

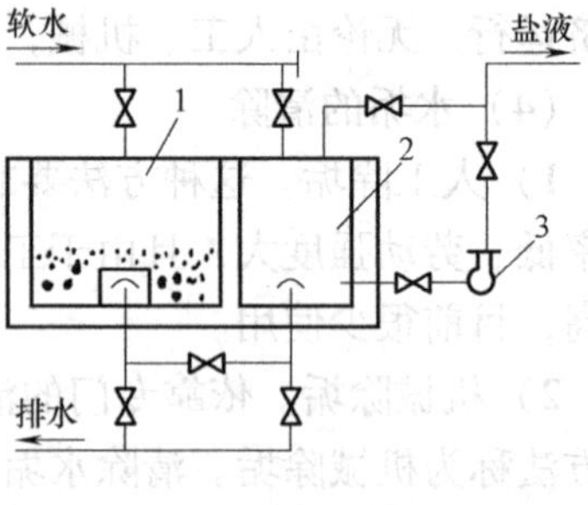

图 1.1-56　盐液制备设备

1—浓盐液池　2—稀盐液池　3—盐液泵

当含有钙、镁离子的原水，流经离子交换器中的钠离子交换剂层时，水中的钙、镁离子被交换剂中的钠离子所置换，从而将在锅炉中可能形成水垢的钙、镁盐类，转变为易溶性钠盐，而使水得以软化。用反应方程式表示如下：

$$Ca^{2+} + 2NaR \Longrightarrow CaR_2 + 2Na^+$$

$$Mg^{2+} + 2NaR \Longrightarrow MgR_2 + 2Na^+$$

式中　NaR——钠离子交换剂；

Na^+——交换剂中的交换离子；

R——交换离子以外的母体部分，它并不参加反应。

课堂提问：离子交换剂的保存有哪些要求？阳离子交换剂有几种？

什么是离子交换？离子交换有几种？

（2）钠离子交换的特点

1）原水硬度大大降低或基本消除。

2）碱度保持不变。

经钠型离子交换树脂软化后的水质，由于碳酸盐硬度等量地转变成了碳酸氢钠，所以软化水中碱度与进水中的碱度相等。

3）软化水中含盐量略有增加。

经钠型离子交换树脂软化后的水质，由于原水中的阴离子，即水中的氯离子（Cl^-）、硫酸根（SO_4^{2-}）、碳酸氢根（HCO_3^-）和硅酸根（SiO_3^{2-}）等并不改变，如果水中的其他重金属阳离子忽略不计时，只是钙、镁盐类等量地转换成不生成水垢的钠盐。钠离子的摩尔质量为23g/mol，以$1/2Ca^{2+}$为基本单元的摩尔质量为20.04g/mol，以$1/2Mg^{2+}$为基本单元的摩尔质量为12.16g/mol，因此，使软化后的水含盐量比原水含盐量高。

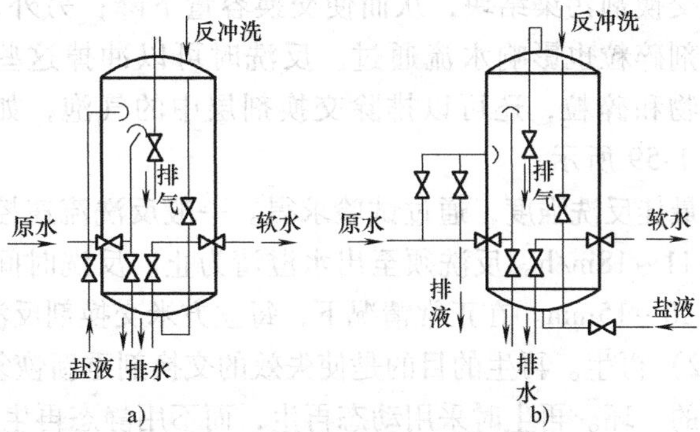

图1.1-57　单级钠离子交换系统

a）顺流再生　b）逆流再生

钠离子交换软化水系统一般分为单级（见图1.1-57）和双级（见图1.1-58）两种，中小型锅炉常采用单级系统，而中、高压锅炉采用双级系统。装有树脂的固定床逆流再生钠离子交换器，进水总硬度一般小于6.5mmol/L，最高进水总硬度小于10mmol/L，单级出水即可满足锅炉水质标准要求。单级固定床顺流再生钠离子交换器，进水总硬度不宜大于4mmol/L。对于原水硬度较高，且对减低原水碱度无要求时，则应考虑双级串联系统。采用双级交换各级出水的残余硬度可按下列指标控制：第一级交换器出水硬度小于0.05mmol/L，第二级交换器出水硬度小于0.005mmol/L。

（3）钠离子交换器的运行　钠离子交换器的运行一般分为四个步骤（从交换器失效算

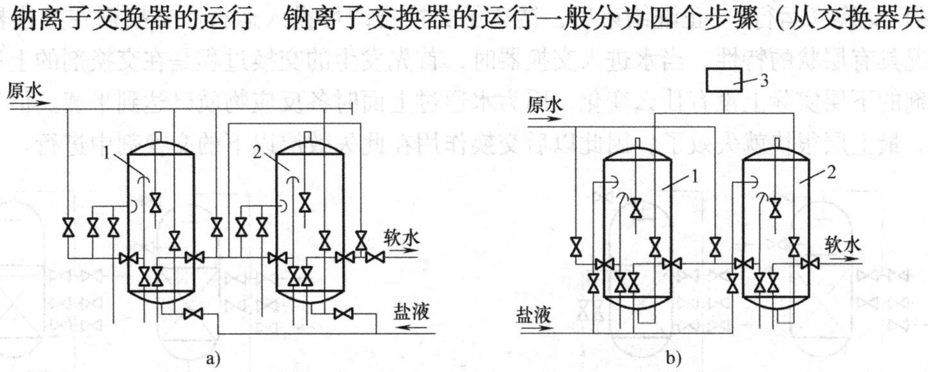

图1.1-58　双级钠离子交换系统

a）固定床逆流再生　b）固定床顺流再生

1—一级钠离子　2—二级钠离子　3—反洗水箱

起)：反洗、再生、正洗和交换（即运行）。这四步组成一个运行循环，通常称为一个周期，现分述如下：

1）反洗。当交换器出水硬度超过规定水质标准时，即为失效。失效后应停止软化，先用一定压力的水自下而上对树脂层进行短时间强烈反洗。反洗的目的是：

① 松动交换剂层，为再生打下良好基础。在交换过程中，由于水自上而下地通过交换剂层，使交换剂层被压实，再生时就会造成交换剂与再生液接触不充分。所以再生前要反洗，使交换剂层得到充分松动，为再生打下良好基础。

② 冲掉交换剂表层中截留的悬浮物、碎粒和气泡。在交换过程中，交换剂表层也起着过滤作用，水中的悬浮物被截留在表层上，致使压力增大，还会使交换剂污染结块，从而使交换容量下降；另外，交换剂碎粒也影响水流通过。反洗时可以冲掉这些悬浮物和碎粒，还可以排除交换剂层中的气泡，如图 1.1-59 所示。

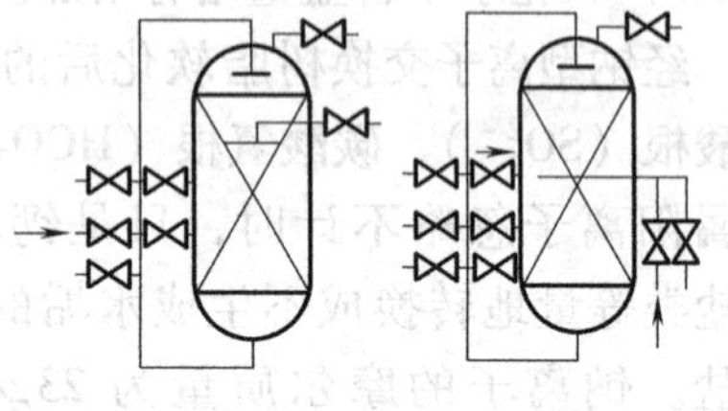

图 1.1-59　反洗过程

a）顺流再生反洗过程　b）逆流再生反洗过程

最佳反洗强度，通过试验求得。一般反洗流速控制在 11～18m/h。反洗须至出水澄清为止。反洗时间约为 10～15min。在正常情况下，每立方米交换剂反洗水量约 2.5～$3m^3$。

2）再生。再生的目的是使失效的交换剂重新恢复交换能力。它是交换器运行操作中很重要的一环。再生时采用动态再生，而不用静态再生。即再生时不要放掉交换器内的水，然后在开始进再生液［盐液浓度以 6%～10%（指质量分数）为宜］的同时打开排水阀门，边进再生液边排水。应严格控制排水阀门开度，使再生液流速控制在 3～5m/h，并确保全部交换剂层都浸泡在再生液面里。再生时间应不少于 40min 。再生过程如图 1.1-60 所示。

3）正洗。正洗的目的就是清除交换器中残留的再生剂和再生产物（$CaCl_2$、$MgCl_2$）。正洗初期实际上是再生的继续，流速不要太大，可控制在 3～5m/h；当正洗出水基本不咸时，可将流速加大到 10～15m/h；正洗后期应经常取样化验出水硬度，当出水硬度达到标准时，且氯化物不超过原水氯根 50～100mg/L 时，即可投入交换运行，如图 1.1-61 所示。

4）交换（运行）。正洗结束后，钠离子交换器即可投入运行。交换剂在交换器中的工作情况具有层状的特性。当水进入交换器时，首先发生的交换过程是在交换剂的上层，此时交换剂的下层实际上没有什么变化，因为水通过上面时各反应物质已达到平衡。但当开始运行后，最上层很快就失效了，因此以后交换作用在此失效层以下的交换剂中进行。

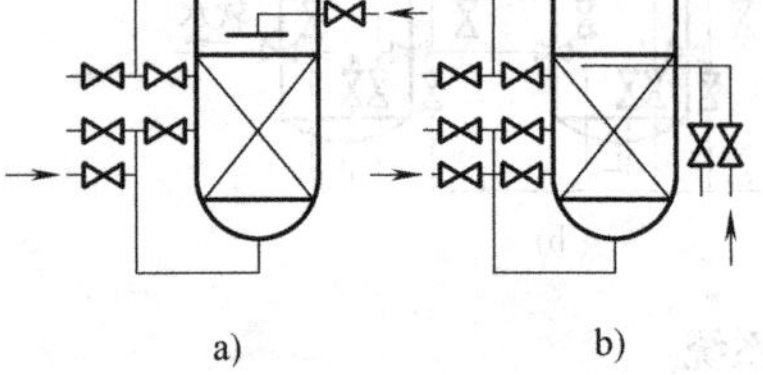

图 1.1-60　再生过程

a）顺流再生过程　b）逆流再生过程

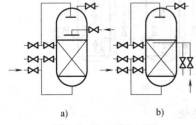

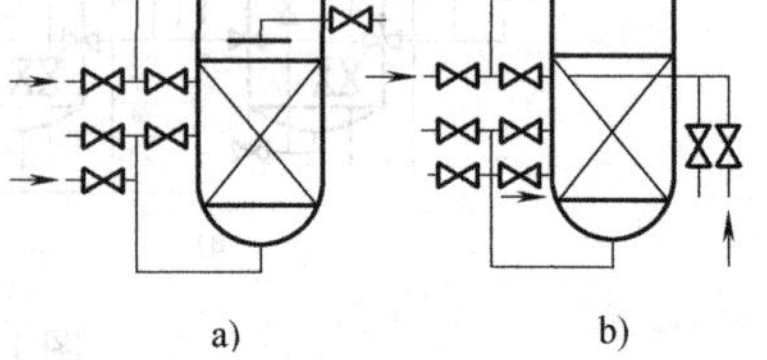

图 1.1-61　正洗过程

a）顺流再生正洗过程　b）逆流再生正洗过程

在钠离子交换软化过程中交换剂层分为三层，如图 1.1-62 所示。

第一层为失效层，第二层为工作层，又称保护层。在交换软化中，第一层渐渐加大，第二层渐渐向下移动，而第三层逐渐缩小，直到第二层的下边缘移到和交换剂层的下边缘重合时，若再继续交换，出水的硬度就开始增大，也就是说交换器已开始失效。

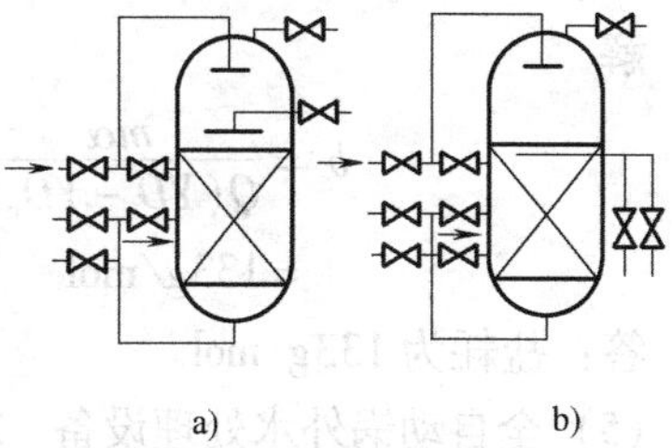

图 1.1-62　交换过程

a）顺流再生交换过程　b）逆流再生交换过程

（4）钠离子交换器的有关计算

1）交换剂的工作交换容量可按下式计算

$$E=\frac{Q(YD-YD_c)}{V} \tag{1.1-30}$$

式中　E——交换剂的工作交换容量（mol/m^3）；

Q——交换器周期出水量（m^3）；

YD——原水硬度（mmol/L）；

YD_c——软化水平均残留硬度（mmol/L）；

V——交换剂体积（m^3）。

例［1-2］　某厂一台交换器内装 001×7 树脂为 $1m^3$，经化验 $YD=2.52mmol/L$，$YD_c=0.02mmol/L$，周期出水量为 $400m^3$，求此周期交换剂的工作交换容量。

解

$$E=\frac{Q(YD-YD_c)}{V}=\frac{400\times(2.52-0.02)}{1}mol/m^3=1000mol/m^3$$

答：此周期交换剂的工作交换容量为 $1000mol/m^3$。

2）再生一次用盐量的计算。再生一次用盐量可按下式计算

$$m=\frac{EVb}{1000\alpha} \tag{1.1-31}$$

式中　m——再生一次用盐量（kg）；

b——交换剂的盐耗（g/mol）；

α——盐的纯度。

例［1-3］　某厂一台交换器内装 001×7 树脂为 $0.3m^3$，其工作交换容量为 $1000mol/m^3$，再生时盐耗为 120g/mol，使用盐的纯度为 95%，求再生一次用盐量。

解

$$m=\frac{EVb}{1000\alpha}=\frac{1000\times0.3\times120}{0.95\times1000}kg\approx37.6kg$$

答：再生一次用盐量为 37.6kg。

3）盐耗的计算。根据式（1.1-30）、式（1.1-31），可以推导出盐耗计算公式为

$$b=\frac{m\alpha}{Q(YD-YD_c)}\times10^3 \tag{1.1-32}$$

例［1-4］　某厂一台交换器内装 001×7 树脂为 $1m^3$，周期出水量为 $500m^3$，经化验：$YD=$

2.02mmol/L，YD_c =0.02mmol/L，盐的纯度为95%，再生一次用盐量为140kg，求盐耗。

解

$$b=\frac{m\alpha}{Q(YD-YD_c)}\times 10^3=\frac{140\times 0.95}{500\times(2.02-0.02)}\times 10^3 g/mol$$
$$=133g/mol$$

答：盐耗为133g/mol。

(5) 全自动锅外水处理设备　20世纪80年代以来国内外全自动软水器开始研制和推广使用，全自动离子交换软水器，在技术理论上并未有新的突破，其交换和再生的原理及再生步骤与同类型手动（顺流、逆流、浮床等）普通钠离子交换器基本相同，只是体积变小了，在终点控制上进行了一些改进，国内手动水处理设备的软化终点控制是通过化验监测出水硬度或由硬度超标报警信号来实现的。而美国、日本进口软水器终点控制是采取流量或时间进行控制的。

这类软水器一般都由控制器、交换柱和盐水罐组成，其中交换柱和盐水罐的构造基本上都相似，而控制器则因其品牌和种类不同而构造各异，且软水器的性能主要取决于控制器的特性。常用的全自动软水器按控制器对运行终点及再生的控制不同，又分为时间控制型（简称时间型）和流量控制型（简称流量型）两大类。由于控制器的品牌和种类繁多，设定操作的方法也各有不同，使用前应详细查看软水器的使用说明书，下面仅以典型的控制器为例，做简要介绍。

1）时间型全自动软水器。时间型自控系统采用时间电动机控制全部工作程序，当预先设定的制水时间终止时立即投入再生，并自动如期完成反洗、进盐（置换）冲洗、制水、备盐等流程后又自动转入制水。

时间型软水器一般是单机单柱、顺流再生的。它根据交换柱内树脂所能除去的硬度总量设定运行时间、定时进行自动再生，也可以根据需要随时进行手动再生。由于时间型软水器是按日期再生，且在再生期间不产软水，因此较适用于用水量较稳定并间歇运行的锅炉。时间型软水器的控制器一般装在交换柱的上部，其面板部分通常由定时器钮（或时间控制钮）、日期轮和操作指针钮（或手动再生钮）等组成，如图1.1-63所示。

① 再生时间的设定。通常时间型控制器在出厂时已将自动再生的时间固定在凌晨2时30分，即当时间箭头转到2.5AM处时就开始再生（因为这时锅炉一般都暂停运行）。当然也可以根据需要，自行设定时间，使再生提前或推迟进行。另外，停电时定时器钮将停止走动，故停电后必须重新校正定时器钮的时间。AUTOTROL控制器的时间校正方法为：把定时器钮拉出（使齿轮脱开）并转动，将时间箭头指向欲定的时刻，然后松手，使定时器钮的齿轮啮合。FLECK控制器则是压下时间控制钮，使其松开与时间盘的啮合，转动时间盘使时间箭头对准欲定的时刻，然后松开按钮，恢复与时间盘的啮合。

例如，在上午10点校正时间，如果不想改变再生

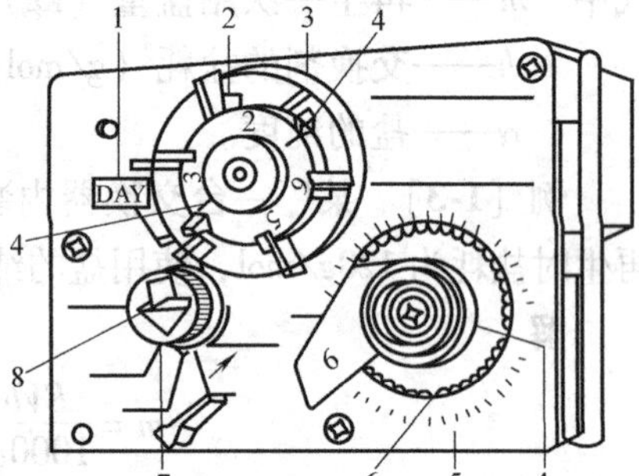

图1.1-63　时间控制型全自动软水器控制面板示意图

1—日期箭头　2—期限销　3—日期轮　4—定时器钮　5—时间刻度　6—时间箭头　7—操作指针钮　8—红色箭头槽

时间，就把时间箭头指向当前时间，即10AM处；如要推迟2h再生，可把定时器往前移2h，即把时间箭头指向上午8点（8AM）处，这样再生就将在凌晨4点30分进行；如欲提前3h再生，则把时间箭头指向下午1点（1PM）处，那么半夜11点30分就会再生。

② 再生日期的设定。应根据交换器内树脂的填装量、工作交换容量、原水的硬度、软水的每日用量等因素确定，可按下式估算：

$$\text{再生后可运行天数} = \frac{V_R E}{YDQ_d T}(\text{再生日期取其整数})$$

式中 V_R——交换柱内树脂的填装体积（m^3）；

E——树脂的工作交换容量（mol/m^3），一般树脂可按1000～1200mol/m^3计算；

YD——原水硬度（mmol/L）；

Q_d——交换器单位时间产水量，或锅炉进水量（也可近似按蒸发量算）（t/h）；

T——交换器或锅炉日运行时间（h）。

例［1-5］ 一台KZL2-8型蒸汽锅炉，自动软水器内装0.3m^3 001×7树脂，锅炉每天实际运行12h，如原水硬度为5.0 mmol/L，该交换器应设定几日再生一次？

解

$$\text{再生后可运行天数} = \frac{V_R E}{YDQ_d T} = \frac{0.3\times1000}{5.0\times2\times12} = 2.5$$

为了确保锅炉安全运行，严防软水硬度超标，根据计算结果取其整数，宜定为2天再生一次。AUTOTROL控制器再生日期设定时，先将日期轮上的期限销全部拉出，然后转动日期轮使日期箭头指向当天日期或第1号，再在需要再生的日期上按下期限销（如本例2天再生一次，需将2、4、6号即间隔的期限销按下）。FLECK控制器则是将日期轮上数码对应的不锈钢片向外拔出。

时间型软水器只能自动运行1天，需手动增加再生次数。或改用流量型软水器，也可选用树脂装载量较多的软水器。

※手动再生

AUTOTROL控制器中再生及运行的程序是由操作指针钮控制的。一般情况下是自动运转的，但在调试或停电时可用宽刃螺钉旋具插入红色箭头槽内将指针钮压下后进行手动再生。指针按钮的运转程序为：反洗（BACK—WASH）→进盐和慢洗（BRINE&RINSE）→重充盐水和清洗（BRINEREFILL&PURGE）→运行制软水（SERVICE）。有时当原水水质突然恶化或软水用量暂时增大而造成软水提前出现硬度时，可将操作钮压下转到“启动”（START）位置，过几分钟交换器就会自动进行一次额外的再生，而不影响原设定的再生时间。FLECK控制器手动再生时，只要顺时针方向转动手动再生按钮，听见“咔嗒”声，即可自动开始再生程序。另外，有些控制器（如FLECK）还可根据用户当地水质情况调整再生程序的时间。即通过增加或减少定时器上的插销和插孔数目来调整再生各步的时间，以便取得最佳的再生效果。

2）流量型全自动软水器。流量型全自动软水器（流量启动再生软水器），其自控系统所配置的流量计，可连续记载软水累积产量，等达到设定值时，即由流量控制器自行起动再生装置转入再生。结束后又可自动转入制水，始终周而复始地转换制水与再生。流量型软水器通常配置有两个或两个以上的交换柱，其再生周期是根据交换柱内树脂所能除去的硬度总量，按周期制水量来设定的。运行时由控制器内的流量计对流过的水量进行计量，当制水量达到设定的水量时，就自动进行切换再生。因此流量型软水器不但可连续产软水，而且在用水量不稳定或间断运行的情况下，其再生设定比时间型更为合理。流量型软水器的组成及控制器有多种系列，如单阀双路（由一套控制器控制两个交换柱）、双阀双路（每个交换柱各有一套控制器，并由一个遥控调节流量计来控制自动切换）及多阀多路（由多组控制阀和交换柱及计算机控制系统组成，可满足制水量大于50t/h的需要）。流量型软水器大多采用顺流再生，其再生程序及再生各步所需时间的调整与时间型软水器相同。也有些流量型软水器是采用逆流再生的，不过一般都是采用无顶压低流速逆流再生，因此其运行和再生程序与顺流再生差不多，基本上都是：运行→反洗→进盐→置换洗（慢速洗）→正洗（快速洗）→盐水罐再注水。其中逆流再生在进盐和置换时的液流流向与顺流再生时相反，且由于进盐流速慢而使得再生时间较长。全自动软水器采用逆流再生时，需注意水压波动对射流器进盐速度的影响，有的控制器装有进盐稳压装置及压力表，以保证进盐速度的稳定，防止树脂乱层，避免水压波动的影响，这样逆流再生的效果就较好。常见流量型全自动软水器如图1.1-64所示。

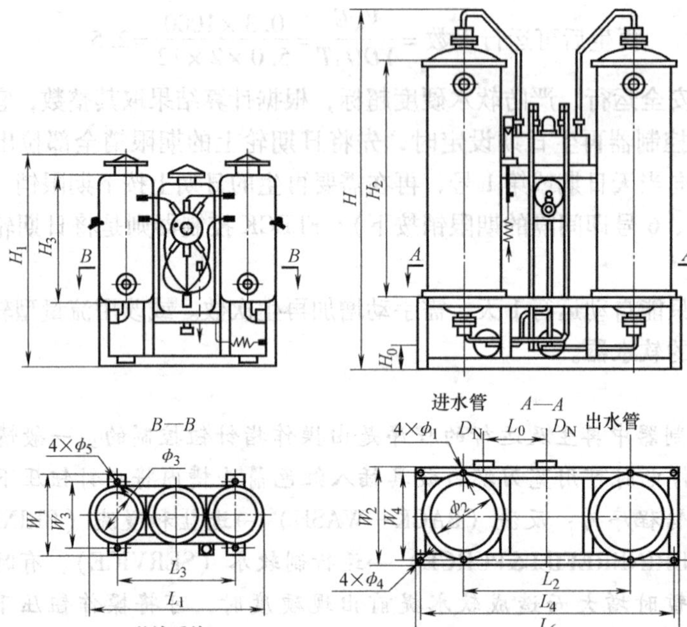

图1.1-64　全自动钠离子交换器

流量型软水器的流量设定可按下式估算，但这仅为参考数，设定后还应定期化验出水硬度，并及时按实际运行终点时软水总流量进行调整，使软水器既保证整个周期的出水符合国家标准，又尽量提高运行的经济性。

$$Q = V_R E\varepsilon / YD$$

式中　Q——软水器在整个运行周期制取的软水总流量（m^3）；

ε——为保证运行后期软水硬度不超标所需的保护系数，一般可取0.5~0.9（流速较高或原水硬度较大时，取较小值，反之取较大值）。

例［1-6］ 某台锅炉配有一台进口的双柱流量型全自动软水器，每个交换柱内各装250kg树脂，测得进水平均硬度为5.0mmol /L，若树脂的湿视密度为0.8t/m³，工作交换容量为1000mol/m³，保护系数取0.8，则交换器流量宜设定为多少？

解 $Q = V_R E\varepsilon / YD = (0.25 \div 0.8) \times 1000 \times 0.8\mathrm{m^3}/5.0 = 50\mathrm{m^3}$

即该软水器可初步设定周期制水量为50t。

流量型软水器的设定一般较简单，如BMS系列FLECK控制器，设定方法为：

1）顺时针方向转动再生程序轮，使轮上的小白点对准面板上的箭头。

2）将流量盘上的白点对准面板上的流量白色箭头。

3）压住流量外盘，提起流量刻度盘，按所要设定的流量值对准面板上的流量白色箭头，然后松手，使齿轮啮合。这样当周期制水总量达到50m³时，交换器就会自动进行切换再生。流量型软水器可一天再生多次，且当原水硬度发生变化时，可随时调整流量的设定并进行手动切换再生。

课堂提问与互动：有人说全自动软水器只要出水，水质就一定是合格的，这种说法对吗？

（6）需注意的几个问题　虽然同类型的全自动离子交换软水器，其构造和再生原理基本相似，但各国各厂的产品在具体操作方法上都会因所配置的控制器不同而有所不同，因此在使用时应严格按产品说明书的要求进行操作。另外，还需要注意以下几个问题：

1）软水器出口验水阀应设在出水控制阀之前，以便化验合格后再开出水阀，确保水箱内软水硬度合格。有些说明书上将验水阀设在出水阀之后，或没有验水阀，都易造成硬度不合格的水进入软水箱内，应予以改进。

2）不少时间型全自动软水器的出水并没有自动开关装置，再生时硬水将从控制器内部的旁路出水。这类软水器在自动再生时一般是靠软水箱满水位状态下由浮球阀关闭来阻止硬水进入软水箱（这也是自动再生常设在半夜锅炉暂停时进行的原因）。如果再生时软水箱未满或水位下降，浮球阀开启着，则硬水及再生后期的部分排出液就会进入软水箱，造成给水不合格。在这种情况下应先手动将出水阀关闭，再进行再生。建议安装时加装电磁阀，以便在设定的时刻，出水可自动关闭或开启。有的控制器（如FLECK控制器）配有无硬水旁通活塞，再生时硬水能自动阻断，就无须外配电磁阀。

3）交换器自动再生时需用电来工作，因此安装时交换器的电源须和锅炉用电分开，以便锅炉停用切断电源时，交换器可继续工作。

4）盐水罐溶盐的水，第一次使用时是人工加入的，以后每次再生后期交换器会自动充水不必另加。使用中应注意，盐水罐内水位不可太高，否则会造成再生时吸盐过多，甚至将盐水带入再生后的软水中。如发现盐水罐溢流，有可能是连接部位泄漏或盐水阀等被脏物卡住，须及时检修或清洗。

5）盐水罐的盐水须保持过饱和状态。每次再生时实际用盐量和加入的盐量无关。但加盐也不可太少或太多，盐量不足会造成再生不彻底；而盐太多易引起结块并会因形成盐桥而无法吸取盐水（这时应小心地将盐块捣碎）。每次加盐量最好不超过六次再生所需盐量。另外，最好用颗粒状工业粗盐，不宜用精盐或加碘盐。

6）自动软水器的进、出水及软水池也需经常化验（每天至少一次），除了化验硬度外，也应定期化验氯离子含量，以防盐水带入软水中。当发现原水硬度发生变化或出水硬度超标时，应及时调整再生的设定日期或流量。

7）目前应用的全自动离子交换器，基本都仅除去硬度制取软水，对于原水碱度较高的地区仍需考虑降碱的问题。

8）有些进口的全自动软水器是由进水向盐水罐自动注水，这在原水硬度较高的情况下将会明显影响再生效果，因此对于原水为高硬度的地区宜选配采用软水向盐水罐注水的全自动软水器。

9）有些进口的全自动软水器所用的单位并非国际单位，设定计算时需进行换算，其常见单位的换算有：

$$1\text{mmol/L}(1/2Ca^{2+}、1/2Mg^{2+}) = 50\text{ppm}(以\ CaCO_3\ 计)$$

$$1\text{mmol/L}(1/2Ca^{2+}、1/2Mg^{2+}) = 2.92\text{grain/gallon}(格令/加仑)$$

$$1\text{grain/gallon}(格令/加仑) = 17.1\text{ppm}(以\ CaCO_3\ 计)$$

$$1\text{m}^3 = 264\text{gallon(US)}(美加仑) = 220\text{gallon(UK)}(英加仑)$$

$$1\text{kg} = 2.2\text{pounds}(磅)$$

$$1\text{ppm} = 1\text{mg/L}$$

（7）进口类全自动离子交换软水器常见故障及处理方法（见表1.1-23）

表1.1-23　进口类全自动离子交换软水器常见故障及处理方法

序号	故障	原因	处理方法
1	软水器不能自动再生	(1)电源系统出故障 (2)定时器有故障 (3)再生插销未设置	(1)保证电路完好(检查熔丝、插头及开关等) (2)检修或更换定时器 (3)按操作说明设置再生日期对应的插销
2	自动再生时刻有误	(1)定时器设定时间有误 (2)停电后未校正时间	(1)按操作说明正确设定时间 (2)停电后及时校正时间
3	出水硬度超标	(1)旁通阀开启或渗漏 (2)盐水罐中没有盐 (3)盐水罐中水量不足 (4)进水过滤器或射流器堵塞 (5)不正确的再生设定或原水水质恶化 (6)升降管周围的O形密封圈损坏,内部阀门漏水 (7)树脂量不够	(1)关闭或检修旁通阀 (2)向盐水罐中加盐 (3)检查并调整盐水罐充注水时间,若吸盐管控制阀堵塞,则进行清洗 (4)清洗进水过滤器或射流器 (5)正确设定及调整再生时间或运行流量 (6)检修并更换O形密封圈 (7)加树脂至适量,并找出树脂流失的原因
4	系统用盐过多	(1)用盐量设定不当 (2)盐水罐中水量过多	(1)设定合适的一次再生用盐量 (2)见上栏
5	溢水管流出树脂	(1)系统中有空气 (2)反洗时排水流量控制过大	(1)系统应设有排空气装置,检查操作条件 (2)检查并调整合适的排水流量
6	水空间有铁锈	(1)树脂层受污染 (2)原水中铁含量过高	(1)检查反洗和进盐水过程,加大再生频率,增长反洗时间 (2)在过滤器或系统中增设除铁措施
7	盐水罐中水过量或溢流	(1)盐水重注流量不受控制 (2)进水阀在进盐时未闭合	(1)清洗注盐水控制阀 (2)清洗进水阀及管路,清除阀中的夹杂物

6. 锅内水处理

锅外水处理是一种出水质量高、运行操作简便、应用范围广的水处理方法，特别对于大型锅炉以及对水质要求特别严格的场合，锅外水处理是唯一能够满足要求的水处理方法。

但锅外水处理也有其自身的缺点，如设备一次性投资大，运行成本高，维修工作量大等。因此，对于对水质要求不高的场合，如低压小型采暖热水锅炉，为了降低运行费用，常采用更简单的水处理方法，即锅内加药处理。

（1）锅内水处理特点　锅内水处理是通过向锅炉内投入一定数量的软水剂，使锅炉给水中的结垢物质转变成泥垢，然后通过排污将泥垢从锅内排出，从而达到减缓或防止水垢结生的目的。这种水处理主要是在锅炉内部进行的，故称为锅内水处理。锅内水处理有以下特点：

1）锅内水处理不需要复杂的设备，故投资小，成本低，操作方便。

2）锅内加药处理法是最基本的水处理方法，又是锅外化学水处理的继续和补充。原水经过锅外水处理以后还可能有残余硬度，为了防止锅炉结垢与腐蚀，仍要加一定的水处理药剂。

3）锅内水处理还不能完全防止锅炉结生水垢，特别是生成的泥垢，当排污不及时时很容易结生二次水垢。

4）锅内加药处理法对环境没有污染，它不像离子交换等水处理法，处理掉天然水多少杂质，再生后还排出多少杂质，而且还排出大量剩余的再生剂和再生后产物。锅内加药处理方法是将水中的主要杂质变成不溶性的泥垢，对自然环境不会造成污染。

5）锅内加药处理法使用的配方需与给水水质匹配，给水硬度过高时，将形成大量水渣，加快传热面结垢速度，因而一般不适用于高硬度水质。

（2）锅内加药适用范围　根据锅内水处理特点，只要符合下列条件，就可以采用锅内加药水处理法。

1）锅炉没有水冷壁管。

2）在运行中能保证可靠地排除锅炉内所形成的水渣。

3）通过加药而形成的泥垢不会影响锅炉安全运行。

4）使用单位对蒸汽品质要求不高。

（3）锅内水处理常用药剂配方

1）纯碱法。此法主要向锅内投用纯碱（Na_2CO_3），Na_2CO_3 在一定压力下，虽然能分解成部分 NaOH，但对于成分复杂的给水，此法处理效果并不能令人满意。

2）纯碱-栲胶法。由于纯碱和栲胶的协同效率，要比单用纯碱效果好。

3）纯碱-腐殖酸钠法。此法又要比纯碱-栲胶法效果好，主要是腐殖酸钠的水处理效果要比栲胶优越的缘故。

4）“三钠一胶”法。“三钠一胶”法指的是碳酸钠、氢氧化钠、磷酸三钠和栲胶。此种方法在我国铁路系统有一套完整的理论和使用方法，管理得好，防垢率可达80%以上。

5）“四钠”法。“四钠”指的是碳酸钠、氢氧化钠、磷酸三钠和腐殖酸钠，此法处理效果优于“三钠一胶”法，对各种水质都有良好的适应性。

6）有机聚磷酸盐、有机聚羧酸盐和纯碱法。此法是近几年才发展起来的新的阻垢配方，效果比较理想。

（4）锅内水处理常用药剂用量的计算　水处理药剂的用量一般需要根据原水的硬度、碱度和锅水维持的碱度或药剂浓度及锅炉排污率大小等来确定。通常无机药剂可按化学反应物质的量进行计算；而有机药剂（如栲胶、腐殖酸钠、有机聚磷酸盐或有机聚羧酸盐等水质稳定剂）则大多按试验数据或经验用量进行加药。下面主要介绍氢氧化钠、碳酸钠、磷酸三钠用量计算。

1）氢氧化钠、碳酸钠加药量计算。

① 空锅上水时给水所需加碱量。

$$X_1 = (YD - JD + JD_G)MV \tag{1.1-33}$$

式中 X_1——空锅上水时，需加 NaOH 或 Na_2CO_3 的量（g）；

YD——给水总硬度（mmol/L）；

JD——给水总碱度（mmol/L）；

JD_G——锅水需维持的碱度（mmol/L）；

V——锅炉水容量（m^3）；

M——碱性药剂摩尔质量，用 NaOH 为 40g/mol，用 Na_2CO_3 为 53g/mol。

② 锅炉运行时给水所需加碱量。

a. 对于非碱性水可按下式计算：

$$X_2 = (YD - JD + JD_G P)M \tag{1.1-34}$$

式中 X_2——每吨给水中需加 NaOH 或 Na_2CO_3 的量（g/t）；

P——锅炉排污率。

如果 NaOH 和 Na_2CO_3 同时使用，则在上述各公式中应分别乘以其各自所占的质量分数，如 NaOH 的用量占总碱量为 $\eta\%$，则 Na_2CO_3 占 $(1-\eta)\%$，两者的比例应根据给水水质而定。一般对于高硬度水、碳酸盐硬度高或镁硬度高的水质宜多用 NaOH，而对于以非碳酸盐硬度为主的水质，应以 Na_2CO_3 为主，少加或不加 NaOH。

b. 对于碱性水，也可按上式计算，但如果当 JD_G 以标准允许的最高值代入后，计算结果出现负值，则说明原水钠钾碱度较高，将会引起锅水碱度超标，宜采用偏酸性药剂，如 Na_2HPO_4、$Na_2H_2PO_4$ 等。

2）磷酸三钠（$Na_3PO_4 \cdot 12H_2O$）用量计算。磷酸三钠在锅内处理软水剂中，一般用来作为水渣调解剂和消除残余硬度。当单独采用锅内水处理时，加药量按经验用量计算。

① 空锅上水时磷酸三钠用量 Y_1 的经验计算式。

$$Y_1 = 65 + 5YDV \tag{1.1-35}$$

② 锅炉运行时磷酸三钠用量 Y_2 的经验计算式。

$$Y_2 = 5YD \tag{1.1-36}$$

3）常用有机药类的用量。有机类防垢剂一般每吨水的经验用量如下：

① 栲胶。5～10g/t。

② 腐殖酸钠。每 1mmol/L 的给水硬度投加 3～5g。

③ 有机聚磷酸盐或有机聚羧酸盐。根据不同的水质，一般在 1～5g/t。

上述各式的加药量仅为理论计算值，实际运行时，由于各种因素（如锅炉负荷、实际排污率的大小等）的影响，加药后锅水的实际硬度有时与控制的硬度有一定差别，这时应根据实际情况，适当调解加药量和锅炉排污量，使锅水指标达到国家标准。

（5）加药方式　将药剂放在耐腐蚀的容器内，用50～60℃的温水溶解成糊状，在加水稀释至一定浓度后过滤弃去杂质，然后按照锅炉给水量和规定的加药量均匀地加入锅内。

1）加药泵加药。加药泵加药方式如图1.1-65a所示。

2）注水器加药。注水器加药方式如图1.1-65b所示。

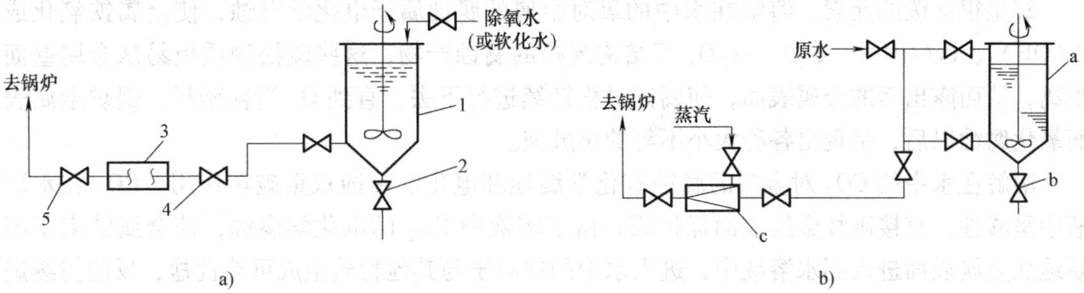

图1.1-65　加药方式

a）加药泵加药方式　b）注水器加药方式

1—溶药罐　2—排渣阀　3—柱塞加药泵　4—柱塞泵入口阀　5—柱塞泵出口阀

a—溶药罐　b—排渣阀　c—注水器

3）差压加药罐加药。差压加药罐加药方式如图1.1-66所示。

（6）加药注意事项

1）为了使药性充分发挥作用，向锅内加药要均匀，每班可分为两三次进行，避免一次性加药，更不要在锅炉排污前加药。加药装置最好设在给水设备之前，以免承受给水设备出口的压力，但加药装置必须符合受压部件的有关要求。

2）加药后，要保持锅水碱度在10～20mmol/L，pH值在10～12范围内。

3）凡是通过给水往锅内加药时，只能在无省煤器或者省煤器出口给水的温度不超过80℃时采用。对省煤器出口温度超过80℃的锅炉，药剂应直接加入锅筒或省煤器出口的给水管道中，以防止水在省煤器中受热后结垢。

4）在初次加药后，锅炉升压时，如果发现泡沫较多，可以通过少量排污来减少泡沫，待正常供汽后，泡沫就会逐渐消失。

5）锅炉不要经常处于高水位运行，防止蒸汽带水时夹带药液。

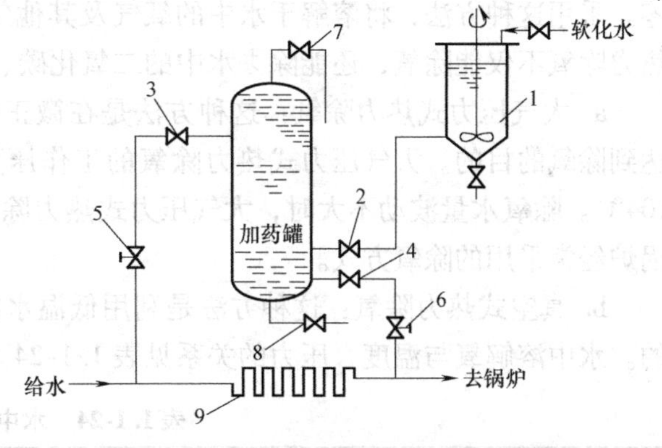

图1.1-66　差压加药罐加药方式示意图

1—溶药罐　2—加药阀　3—入口阀　4—出口阀　5—入口针阀

6—出口针阀　7—空气阀　8—放水阀　9—省煤器

6）严格执行排污制度，坚持每个班都排污，防止大量水渣沉积，生成二次水垢。排污量的控制要掌握既经济又合理的原则，即在保证除掉锅筒底部泥渣的前提下，尽量减少排污量，以免损失过多热量。

7）对有旧水垢的锅炉，最好在第一次加药前将旧水垢彻底清除，或者在加药后每月开炉检查一次，把脱落的旧水垢掏净，以免堵塞管道。以后再根据旧水垢脱落和锅炉运行情况，逐渐延长检查间隔时间。

7. 水的除气

天然水中除溶解悬浮物、固形物、胶体等固体外，还溶解有大量的氧气（O_2）和二氧化碳（CO_2），这些气体不仅对给水系统产生腐蚀，而且在锅内对金属管壁产生明显的电化学腐蚀，影响锅炉寿命，这种损害对热水锅炉尤为严重。

氧是很活泼的元素，溶解在水中的氧对金属的腐蚀属于电化学腐蚀，使金属铁氧化成 $Fe(OH)_2$、$Fe(OH)_3$、FeO、Fe_3O_4 等结构疏松的腐蚀产物，这些疏松物质极易从金属壁面脱离，从而露出新的金属表面，使腐蚀过程持续进行下去，直到 O_2 消耗殆尽。锅炉金属表面氧化腐蚀以后，呈现出各种大小不等的小鼓泡。

溶解在水中的 CO_2 对金属的腐蚀有化学腐蚀和电化学腐蚀双重破坏作用。CO_2 在水溶液中呈酸性，直接破坏金属表面保护膜；由于溶液中 CO_2 的电化学腐蚀，使金属铁离子不断地从金属表面进入到水溶液中，进入水中的铁离子与其他物质生成可溶性盐，反应持续进行下去，致使受压元件壁厚不断减薄。

由此可见，对锅炉给水或锅炉补给水除了在自来水厂的一般处理外，还必须进行专门的处理，即除气处理。本项目将系统介绍工业锅炉用水的除氧和除二氧化碳。

水中溶解的氧气和二氧化碳对锅炉受热面会产生化学和电化学腐蚀，因此必须将其除去。

根据气体溶解定律：水温越高，气体在水中的溶解度越小；水面上某种气体的分压力越小，则该气体在水中的溶解度也越小。

（1）水的除氧　工业锅炉常用的除氧方法有热力除氧、解析除氧和化学除氧三种。

1）热力除氧。

① 热力除氧原理。热力除氧就是利用气体溶解定律，将容器中的水在定压下加热到沸点，此时水面上的蒸汽分压力近乎等于水面上的全压力，而氧气及其他气体的分压力趋近于零。采用这种方法，将溶解于水中的氧气及其他气体分离出来，并及时地将其排出。因此，热力除氧不仅能除氧，还能除去水中的二氧化碳、氨和硫化氢等气体。

a. 大气压力式热力除氧：这种方法是在微正压工况下，将待除氧水加热、沸腾，从而达到除氧的目的。大气压力式热力除氧的工作压力为 0.02MPa（表压力）；除氧水温102～104℃。除氧水量波动不大时，大气压力式热力除氧器运行稳定，除氧效果好，是工业蒸汽锅炉经常采用的除氧方式。

b. 真空式热力除氧：这种方法是利用低温水在真空状态下达到沸腾，以实现除氧的目的。水中溶解氧与温度、压力的关系见表 1.1-24。

表 1.1-24　水中含氧量　　　　（单位：mg/L）

水面上绝对压力/MPa	水温/℃									
	0	10	20	30	40	50	60	70	80	90
0.08	11	8.5	7.0	5.7	5.0	4.2	3.4	2.6	1.6	0.5
0.06	8.3	6.4	5.3	4.3	3.7	3.0	2.3	1.7	0.8	0.0
0.04	5.7	4.2	3.5	2.7	2.2	1.7	1.1	0.4	0.0	0.0
0.02	2.8	2.0	1.6	1.4	1.2	1.0	0.4	0.0	0.0	0.0
0.01	1.2	0.9	0.8	0.5	0.2	0.0	0.0	0.0	0.0	0.0

进入除氧器的含氧水温度应较除氧器真空下运行相对应的饱和温度高 3～5℃，以使其成为过热水。当过热水喷入真空式除氧器后，能自行蒸发、沸腾，水中所含氧气等气体能自

行析出。真空除氧的负压是依靠蒸汽喷射器或水-水喷射器实现的。

真空式热力除氧器可以不用蒸汽作为热能；真空式热力除氧器除氧水温度低，因而锅炉给水温度低，可以充分发挥省煤器的作用，并能有效地降低排烟温度，有助于提高锅炉热效率。真空式热力除氧器更适用于热水锅炉。

② 热力除氧器的构造及工艺流程。用以进行热力除氧的设备称为热力除氧器。

热力除氧器由脱气塔和储水箱组成，如图1.1-67所示。脱气塔的任务是完成水的加热至沸腾，并从中析出氧气、二氧化碳等气体。蒸汽与水的接触面积越大，加热和分离效果越好。储水箱用来储存已除氧水并兼作锅炉给水箱，储存在水箱中的水应始终保持沸腾状态，以防已析出的氧气又重新溶解于水中。为此，需从储水箱底部引入再沸腾蒸汽管，用蒸汽直接加热除氧水，以弥补水箱的散热损失。

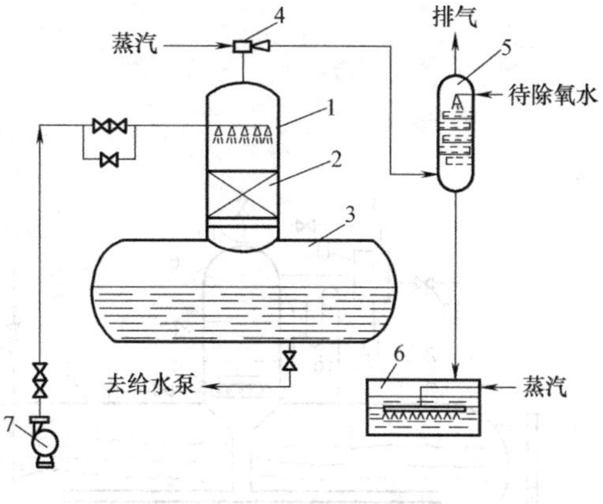

图1.1-67　热力除氧器结构

1—进水喷头　2—填料层　3—储水箱　4—除氧喷射器　5—热交换器　6—中间水箱　7—除氧水泵

各种热力除氧器的储水箱基本都相同，而脱气塔的构造不同。

淋水盘式除氧器是工业锅炉中应用最早的一种热力除氧器，其脱气塔如图1.1-68a所示。含氧水由上部引入，流经若干层带筛孔的淋水盘，水经筛孔分散成许许多多股细微的水流，层层下淋。加热蒸汽从下部引入穿过水流向上流动，水和蒸汽逆向流动，相互之间有很大的接触面积，水迅速被加热，沸腾，并使水中溶解氧和其他气体迅速析出，随着少量蒸汽自上部排气阀进入排气冷却器，蒸汽冷凝成凝结水回收，分离出来的氧气及其他气体由排气管排出。已除氧水自流落入下部储水箱中。

喷雾填料式除氧器是工业锅炉中用得最多的一种热力除氧器，图1.1-68b所示为该种除氧器的脱气塔。

含氧水经喷嘴雾化成雾状水滴，下流入填料层，在为数众多的Ω形不锈钢环填料表面形成水膜。蒸汽由下而上流动，加热水膜和雾状水滴，由于汽-水接触非常充分，逆流快速进行热质交换，使含氧水即刻沸腾并析出氧和其他气体，随少量蒸汽由脱气塔顶部排气管排出。已除氧水自流落入下部储水箱中。这种除氧器结构简单，维护方便，比淋水盘式除氧器体积小、除氧效果好。因而，应用很广泛。

2）解析除氧。解析除氧是使含氧水与不含氧气体强烈混合，由于不含氧气体中氧的分压力为零，水中的氧就大量地扩散到气体中去，再将混合气体从水中分离出去，从而使水中含氧量降低，以达到除氧的目的。

解析除氧装置由水泵、喷射器、扩散器、混合管、解析器、挡板、反应器、水箱、浮板、气水分离器、水封箱等组成。反应器设置在烟气温度500~600℃的锅炉烟道内，如图1.1-69所示。

含溶解氧的水经水泵加压至0.3~0.4MPa后，送入喷射器，由喷嘴高速喷出。水的压力能变成动能（速度能），致使喷嘴周围形成负压，将反应器内的无氧气体（N_2+CO_2）吸入喷射器，并在扩散器和混合管中与水强烈混合，水中的溶解氧大量向气体中扩散，进入解析器（除气筒）进行气水分离，挡板用以改善分离过程，可以减少气带水，提高气水分离效果。分离出来

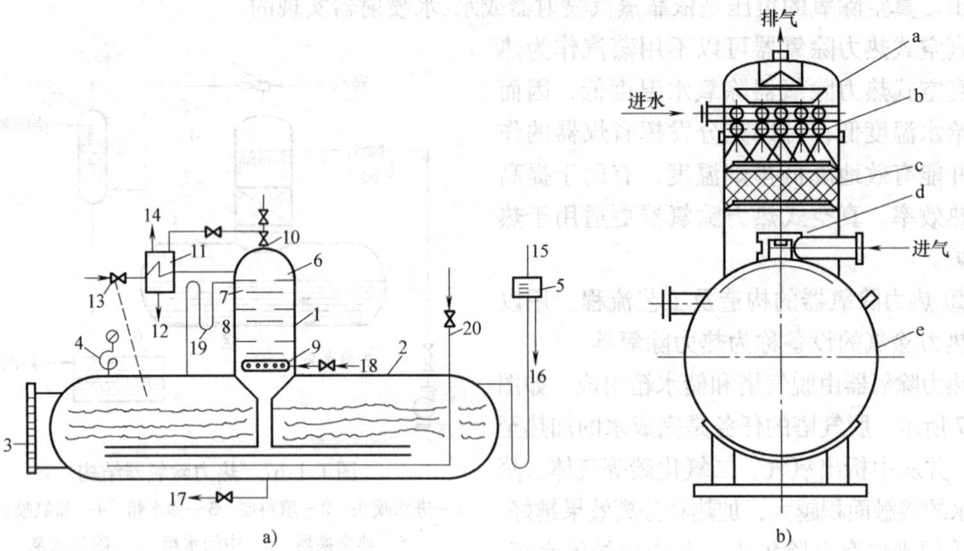

图 1.1-68　除氧器

a）淋水盘式除氧器结构　b）喷雾填料式除氧器示意图

1—除氧头　2—储水箱　3—水位表　4—压力表　5—安全水封　6—配水盘　7、8—多孔筛形淋水盘（孔径 5 ~ 8mm）　9—加热蒸汽分配器　10—排气阀门　11—排气冷却器　12—至疏水箱出口　13—给水自动调节器（浮子式）　14—排气至大气　15—安全水封补水口　16—溢流管　17—通往给水泵母管　18—加热蒸汽　19—平衡管　20—再沸腾管　a—除氧头　b—喷嘴　c—填料表　d—节汽分配器　e—储水箱

的含氧气体（$N_2+O_2+CO_2$），经气水分离器，进一步进行气水分离，分离出来的水经水封箱排掉，脱水后的气体进入反应器与灼热的木炭相遇，木炭与氧作用形成 CO_2，故从反应器出来的是无氧气体。上述过程反复进行，反应器中木炭逐渐消耗，需定期增添。

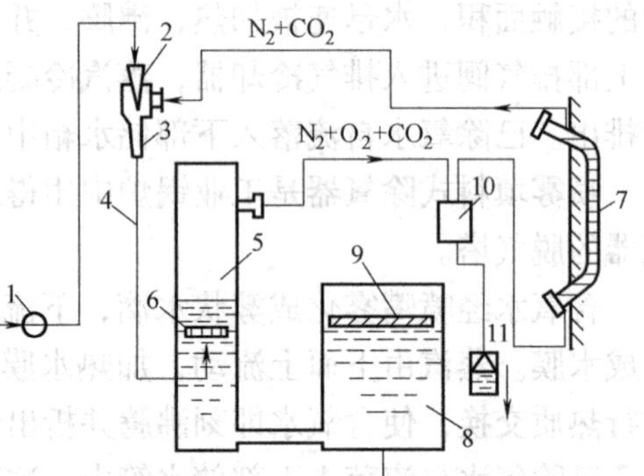

图 1.1-69　解析除氧装置

1—水泵　2—喷射器　3—扩散器　4—混合管　5—解析器　6—挡板　7—反应器　8—水箱　9—浮板　10—气水分离器　11—水封箱

除氧水由解析器流入开式水箱，为了防止其与空气接触而使空气中氧气扩散到除氧水中，水箱内应设置木质浮板或塑料密封球覆盖。

解析除氧装置简单，容易制造，设备投资省；运行中只消耗木炭，成本低；给水常温除氧，省煤器的作用可以充分发挥。但解析除氧器只能除氧，不能去除其他气体，而且使水中 CO_2 含量增加。

反应器的加热温度对解析除氧效果影响很大，随着锅炉负荷的变化，烟气温度波动幅度很大，造成解析除氧装置运行极不稳定，达不到应有的除氧效果。为了解决这一问题，目前国内不少厂家生产的解析除氧装置是用电炉来加热反应器，自动控制温度，除氧效果好，但运行费用增加了。

3）化学除氧。通过氧化反应消耗水中溶解氧而使水中含氧量降低的除氧方法，称为化学除氧。

化学除氧包括钢屑除氧、海绵铁粒除氧、反应剂除氧、催化树脂除氧等。

① 钢屑除氧。含氧水通过钢屑除氧器，其中的钢屑被氧化，从而使水中的溶解氧降低，从而达到除氧的目的。其化学反应式为

$$3Fe+2O_2 = Fe_3O_4$$

钢屑除氧器的结构如图 1.1-70 所示。

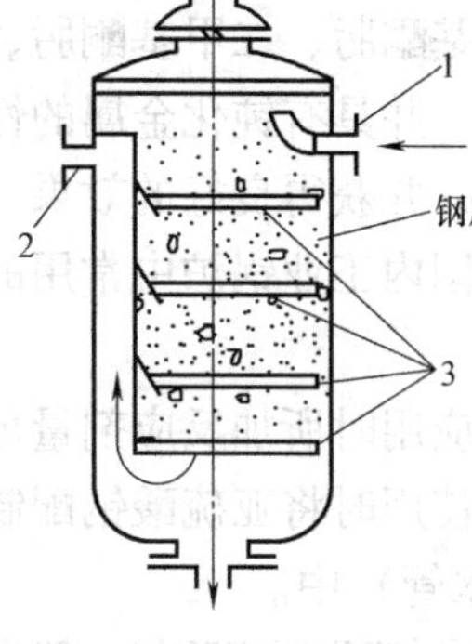

图 1.1-70　钢屑除氧器

1—进水口　2—出水口　3—多孔隔板

除氧器内所装碳钢钢屑应先用质量分数为 3% ~5% 的碱液清洗表面油垢，再用质量分数为 2% ~3% 的硫酸溶液处理 20 ~30min，最后用热水冲洗，装入除氧器时要压紧，使钢屑装填密度达到 1.0 ~1.2t/m^3。

钢屑除氧的反应速度与温度有关，水温为 80℃时，水与钢屑所需接触时间约为 3min，因此，进口含氧水温宜控制在 80℃以上；水中含氧量越高，流经除氧器的水速则越低，一般天然水中含氧量约为 3 ~5mg/L，因此，流经除氧器的水流速度宜采用 15 ~25m/h。

钢屑除氧设备简单，运行方便，但其除氧效果是不稳定的，新换的钢屑除氧效果较好，以后则逐渐下降，这种方法仅能除去水中 50% 的含氧量，宜和其他除氧方法联合使用。

② 海绵铁粒除氧。海绵铁粒除氧是常温过滤式铁粉除氧的一种形式。滤料的主要成分为含有微量催化剂的海绵铁粒，无毒无味，是一种高含铁量的多孔性物质，吸附能力很强。当常温含氧水通过滤料层时发生如下化学反应：

$$2Fe+2H_2O+O_2 = 2Fe^{2+}+4OH^-$$

$$Fe^{2+}+2OH^- = Fe(OH)_2$$

$Fe(OH)_2$ 吸附在海绵铁粒上，但它在含氧水中是不稳定的，易氧化成三价铁的化合物。其化学反应式为

$$4Fe(OH)_2+2H_2O+O_2 = 4Fe(OH)_3$$

$Fe(OH)_3$ 为黄绿色絮状物，用水反洗冲即可冲走。因此，滤料层可反复使用，定期补充损耗量即可。

当水中含氧量很低时，滤料层中存在少量的 Fe^{2+}，随除氧水带出，致使水中铁离子含量增加。因此，在该型除氧器后应设一级浮床式钠离子交换器，吸收 Fe^{2+}，其化学反应为

$$2NaR+Fe^{2+} = FeR_2+2Na^+$$

树脂失效后可用 NaCl 稀溶液再生，其还原反应式为

$$FeR_2+2NaCl = 2NaR+FeCl_2$$

海绵铁粒除氧器除氧效果好，出水含氧量可降到 0.05mg/L，适应负荷变化的能力强，即出水量波动时不影响除氧效果；属常温除氧，省煤器进水温度低，可充分利用省煤器，以降低锅炉排烟温度；除氧器和给水泵安装在同一高度，无须增加厂房高度；微机控制多功能平面集成阀，以实现多罐同时产水和逐罐轮流反洗。它更适用于热水锅炉的除氧。

③ 反应剂除氧。反应剂除氧是将化学反应剂加入水中与溶于水中的氧化合生成无腐蚀性物质，从而除去水中溶解氧的方法，称为反应剂除氧。

由于反应剂是直接加入给水中，增加了给水的含盐量。因此，一般处理给水，只作为热

力除氧的辅助除氧措施，除去水中剩余的、为数不多的溶解氧。

常用的反应剂有亚硫酸钠、联氨（N_2H_4）、氢氧化亚铁等。

近年来一些新型的反应剂相继问世，有二乙羟胺、碳酸肼、氨基乙醇胺、对苯二酚、甲基乙基酮肟、二甲基酮肟、复合乙醛肟和异抗坏血酸钠等。它们均具有除氧速度快、除氧效率高，并具有钝化金属的性能，且毒性小或无毒。在国外，尤其是在美国和西欧等国家应用较多，并获得良好的效果。

国内工业锅炉中常用的反应剂为亚硫酸钠，其除氧化学反应式如下：

$$2Na_2SO_3 + O_2 = 2Na_2SO_4$$

应用时所加反应剂量可按 10kg 工业亚硫酸钠除掉 1kg 溶解氧进行控制。

使用时将亚硫酸钠配制成质量分数为 2% ~10% 的溶液，用活塞泵压入锅筒或给水母管（压水管）中。

④ 催化树脂除氧。催化离子交换树脂是将水溶性的钯覆盖到强碱型阴树脂上，形成钯树脂。当含氧水加入氢气通过钯树脂时，水中的溶解氧与氢经树脂催化作用在低温下化合成水。

这种除氧方法反应产物是水，不带盐类和其他杂质，因此，可以在无盐水中除氧。

（2）水的除二氧化碳　由于空气中的 CO_2 分压力很低，当鼓风机鼓入的空气与含 CO_2 气体的水接触时，溶解于水中的 CO_2 即从水中扩散到空气中，并随空气带走，使水中溶解的 CO_2 得以脱除。

除去水中二氧化碳气体的设备称为除碳器或脱碳器。

在氢-钠离子交换系统中应设置除碳器。在串联氢-钠离子交换系统中，除碳器应设置在钠离子交换器之前，否则 CO_2 形成碳酸后再流经钠离子交换器会产生 $NaHCO_3$，使出水碱度重新升高。其化学反应式为

$$H_2CO_3 + NaR = NaHCO_3 + HR$$

在除盐系统中应设置除碳器，而且应设置在强碱离子交换器之前，否则 CO_2 形成碳酸后再流经强碱离子交换器会与新鲜强碱树脂产生交换反应，使阴离子交换器提前失效，增加了不必要的运行费用。其化学反应式为

$$H_2CO_3 + 2ROH = R_2CO_3 + 2H_2O$$

鼓风式除碳器是工业锅炉中常用的除碳器，如图 1.1-71 所示。

除碳器本体由金属或塑料制成。除碳器内部装有填料层，用瓷环或聚丙烯多面空心球做填料。水从除碳器顶部进入，经配水装置下淋，通过填料层形成水膜，鼓风机将空气从除碳器下部鼓入，在填料层中，空气与水膜充分接触，由于空气中 CO_2 分压力很低，所以水中所含 CO_2 被迅速解析出来，扩散到空气中并随空气流上升，也从除碳器顶部排出。被除去 CO_2 的水自填料层流入下部水箱。水通过除碳器后，可使 CO_2 含量降至 5mg/L 以下。

（三）工业锅炉蒸汽系统

蒸汽锅炉一般都设有主蒸汽管和副蒸汽管。由锅炉主蒸汽阀至分汽缸的蒸汽管以及由分汽缸至锅炉房出口的蒸汽管，称为主蒸汽管。如不设置分汽缸，则由锅炉主蒸汽阀至锅炉房出口的蒸汽管为主蒸汽管。对于工业锅炉房主蒸汽管宜采用单母管，但对常年不间断供汽的锅炉房应采用双母管。由锅炉副蒸汽阀至吹灰器、注水器、气动给水泵的蒸汽管称为副蒸汽管；气动给水泵的蒸汽管有时引自分汽缸。主蒸汽管、副蒸汽管及其连接件、附件、热膨胀补偿器、管子支吊架、热绝缘等总称为蒸汽系统。

确定蒸汽系统时，应考虑到锅炉房内蒸汽锅炉台数、各台锅炉的参数、用户对蒸汽需求等因素。锅炉房内各台锅炉的蒸汽压力和温度相同时，宜采用单母管；但对常年不能间断供汽的锅炉房宜采用双母管。当锅炉房内蒸汽锅炉台数较多，或向用户采用多管供汽时，宜设分汽缸，每台锅炉的主蒸汽管道直接接至分汽缸。对于工作压力和温度不同的锅炉不能合用一根蒸汽母管或一个分汽缸，而应分别设置。

每台锅炉主蒸汽管道与蒸汽母管或分汽缸之间应安装两个启闭阀门，其中一个紧靠锅筒或过热器出口，另一个安装在靠近蒸汽母管或分汽缸上。这样，当一台锅炉停炉检修，运行炉的蒸汽就不会渗漏到检修炉的锅筒和受热面内，避免烫伤检修人员，在两个阀门之间的蒸汽母管上应设疏水，及时将从紧靠蒸汽母管或分汽缸处阀门渗漏的蒸汽冷凝后排除，也可作为锅炉起动疏水。设计蒸汽管以及蒸汽系统其他部件时，应根据锅炉额定蒸发量时锅炉的额定工作压力和额定工作温度来确定管道直径和介质流速。

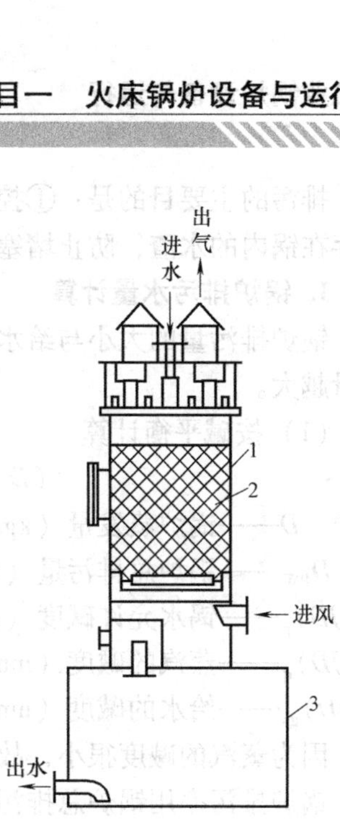

图 1.1-71　鼓风式除碳器

1—除碳器　2—填料　3—水箱

计算蒸汽管及其连接件、附件、补偿器的管径时，应按推荐流速进行选取，见表 1.1-25。

表 1.1-25　计算蒸汽管等管径时的推荐流速

工作介质	管径/mm	流速①/(m/s)	工作介质	管径/mm	流速①/(m/s)
过热蒸汽	DN > 200	40 ~ 60	饱和蒸汽	DN > 200	30 ~ 40
	DN = 200 ~ 100	30 ~ 50		DN = 200 ~ 100	25 ~ 35
	DN < 100	20 ~ 40		DN < 100	15 ~ 30

① 小管取较小值，大管取较大值。

蒸汽管道应有 3% 的坡度，蒸汽管道最高点设置放空气阀，以便在管道水压试验时排除空气；在低处应设置疏水和放水，以排除沿途产生的冷凝水。

锅炉本体和除氧器的向空放气管、安全阀排气管，应单独接至室外。两个独立的安全阀排气管不应相连，这样，根据排气管排气情况就可以确认起跳的安全阀。

分汽缸可根据蒸汽压力、流量、连接管的直径及数量等设计。分汽缸直径可按蒸汽分汽缸内蒸汽推荐流速不超过 25m/s 计算。蒸汽进入分汽缸时，由于流速突然降低而将蒸汽夹带的水分分离出水，因此，在分汽缸下面应设疏水，以排除凝结水。

分汽缸的筒体壁厚、封头壁厚以及补强等，应按强度计算结果确定。

分汽缸宜安装在锅炉操作层的固定端，以免影响锅炉房扩建。靠墙布置时，离墙距离应考虑接出阀门及便于检修。分汽缸前应有足够的操作空间。

分汽缸应安装在坚固的基础或支座上，以防运行时振动而损坏。

（四）工业锅炉排污系统

锅炉在运行中，给水带入锅内的杂质绝大部分留在锅内水中，随着锅水的不断蒸发浓缩，杂质浓度逐渐增加。为了使锅水中的杂质保持一定的限度以下，需要从锅水中不断地排出含盐量大的锅水和沉积的水渣，同时补入相同量的含盐量低的给水，这个过程就是锅炉排污。排污的主要目的是：①控制锅水的含盐量及碱度，防止其含量过高而带来危害；②排除积存在锅内的水渣，防止堵塞或形成二次水垢。

1. 锅炉排污水量计算

锅炉排污量的大小与给水质量有关，给水碱度越大，排污量越大；给水含盐量越大，排污量越大。

（1）按碱平衡计算

$$(D+D_{PW})(JD)_{gs}=D_{PW}(JD)_g+D(JD)_q \tag{1.1-37}$$

式中 D——锅炉蒸发量（kg/h）；

D_{PW}——锅炉总排污量（kg/h）；

$(JD)_g$——锅水允许碱度（mmol/L）；

$(JD)_q$——蒸汽的碱度（mmol/L）；

$(JD)_{gs}$——给水的碱度（mmol/L）。

因为蒸汽的碱度很小，故可以忽略不计。

锅炉排污率用锅炉总排污量占蒸发量的质量分数表示。由式（1.1-37）可得

$$P_1=\frac{D_{PW}}{D}\times 100\%=\frac{(JD)_{gs}}{(JD)_g-(JD)_{gs}}\times 100\% \tag{1.1-38}$$

式中 P_1——按碱度平衡计算的排污率。

蒸汽凝结水一般属无离子水，是最佳的锅炉给水。因此，蒸汽锅炉的凝结水应尽量回收，这样，既减少热损失，节约能源，又节约了锅炉水处理的建设投资和运行费用。当有蒸汽凝结水返回锅炉房时，给水的碱度为

$$(JD)_{gs}=(JD)_b a_b+(JD)_n a_n \tag{1.1-39}$$

式中 $(JD)_b$——补给水的碱度（mmol/L）；

$(JD)_n$——蒸汽凝结水的碱度（mmol/L）；

a_b、a_n——补给水、凝结水各占锅炉给水量的质量份额，即 $a_b+a_n=1$。

因为蒸汽凝结水碱度极小，可忽略不计，则锅炉给水碱度为

$$(JD)_{gs}=(JD)_b a_b$$

$$P_1=\frac{(JD)_b a_b}{(JD)_g-(JD)_b a_b}\times 100\%$$

（2）按盐平衡计算

$$(D+D_{PW})S_{gs}=D_{PW}S_g+DS_q$$

式中 S_{gs}——给水含盐量（mg/L）；

S_g——锅水含盐量（mg/L）；

S_q——蒸汽含盐量（mg/L）。

因为蒸汽含盐量极小，可忽略不计。则由上式可得

$$P_2=\frac{D_{PW}}{D}\times 100\%=\frac{S_{gs}}{S_g-S_{gs}}\times 100\%$$

式中 P_2——按盐平衡计算的排污率。

当有凝结水回收时，则排污率为

$$P_2=\frac{S_b a_b}{S_g-S_b a_b}\times 100\%$$

（3）定期排污量　定期排污是间断排污，每次排污量按下式计算

$$V_{dps}=dhL$$

式中 V_{dps}——一台锅炉一次的定期排污水量（m^3）；

d——上锅筒（或锅壳）直径（m）；

h——水位计水位高度的变化值，一般 $h=0.1m$；

L——上锅筒长度（m）。

2. 排污扩容器计算

（1）锅炉连续排污　锅炉连续排污水的热量，应充分利用。一般是设连续排污膨胀器，将锅筒排污水连续排至膨胀器内，压力降至0.2MPa，由锅炉来的高温、高压水在膨胀器内汽化，产生二次蒸汽。二次蒸汽可作为热力除氧器的汽源，也可预热锅炉给水或供其他需要用热的设备；从连续排污膨胀器中分离出来的饱和水可通过表面式水-水换热器，预热锅炉给水，以提高锅炉给水温度，降温后的排污水排入排污降温池。

在锅炉房内，一般几台锅炉共用一台连续排污膨胀器，但各台锅炉的连续排污管应分别引入膨胀器，并应设置节流阀，用以调节和控制排污水量。图1.1-72所示为连续排污膨胀器。

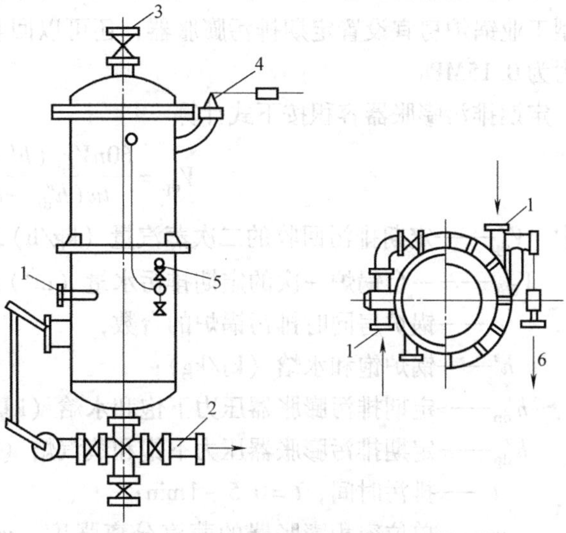

图1.1-72　连续排污膨胀器

1—排污水进口　2—废热水出口　3—二次蒸汽出口
4—安全阀　5—压力表　6—放气管

在连续排污膨胀器中，由于压力降低所产生的二次蒸汽量按下式计算

$$D_{2q}=\frac{D_{lps}(h'\eta-h_{lp}')}{(h_{lp}''-h_{lp}')x} \tag{1.1-40}$$

式中 D_{2q}——二次蒸汽量（kg/h）；

D_{lps}——连续排污水量（kg/h），其值应等于单位时间锅炉总排污水量减去定期排污水量；

h'——锅炉饱和水焓（kJ/kg）；

η——排污管热损失系数，$\eta=0.98$；

h_{lp}'、h_{lp}''——锅炉连续排污膨胀器工作压力下饱和水和饱和蒸汽的焓（kJ/kg）；

x——二次蒸汽干度，$x=0.97$。

连续排污膨胀器的容积按下式计算

$$V_{lp}=\frac{KD_{2q}v}{w} \tag{1.1-41}$$

式中 V_{lp}——连续排污膨胀器容积（m^3）；

K——连续排污膨胀器富裕系数，$K=1.3\sim1.5$；

v——二次蒸汽的比体积（m^3/kg）；

w——单位容积膨胀器的蒸汽分离强度，$w=400\sim1000m^3/(m^3\cdot h)$，一般取 $w=800\ m^3/(m^3\cdot h)$。

为了保证连续排污膨胀器正常运行，膨胀器内应保持一定的水位，该水位是靠浮球阀自动调节的。

（2）锅炉定期排污　锅炉定期排污是周期性的，且排污时间短，排污水的热能难以充分利用。一般工业锅炉是将其直接排入排污降温池，与锅炉房内各种低温度排水或自来水混合降温后，排入城市下水道。但容量大的工业锅炉的定期排污水直接排放也未必合理，其一是排污降温池需要的容积大，其二是混合的冷却水需要量大，需补充大量的自来水。因此，大型工业锅炉房宜设置定期排污膨胀器，还可以回收一部分二次蒸汽。定期排污膨胀器工作压力为 0.15MPa。

定期排污膨胀器容积按下式计算

$$V_{dp}=\frac{60nV_{dps}(h'-h'_{dp})}{tw(h''_{dp}-h'_{dp})} \tag{1.1-42}$$

式中　V_{dp}——定期排污回收的二次蒸汽量（kg/h）；

V_{dps}——一台锅炉一次的定期排污水量（m^3）；

n——锅炉房同时排污锅炉的台数；

h'——锅炉饱和水焓（kJ/kg）；

h'_{dp}——定期排污膨胀器压力下饱和水焓（kJ/kg）；

h''_{dp}——定期排污膨胀器压力下饱和蒸汽焓（kJ/kg）；

t——排污时间，$t=0.5\sim1min$；

w——单位容积膨胀器的蒸汽分离强度，$w=400\sim1000m^3/(m^3\cdot h)$，一般取 $w=800m^3/(m^3\cdot h)$。

锅炉定期排污管上应设置双阀门，靠锅炉排污口处安装截止阀，其后安装快速排污阀。排污时，先开快速排污阀，再缓慢开启截止阀；排污结束时，先关截止阀，再关快速排污阀。这样可以保证快速排污阀的严密性和延长使用寿命，当同一台锅炉有几根排污管时，应逐根进行排污。

每台锅炉宜单独设置定期排污管，与定期排污膨胀器或排污降温池连接；如几台锅炉共用排污母管时，严禁两台或两台以上锅炉同时排污。排污系统不应采用铸铁件或螺纹连接件，排污管道应尽量减少弯头，确保排污畅通。

定期排污宜在锅炉低负荷时进行。

（五）热水锅炉定压系统

1. 常压热水锅炉定压系统

根据散热器中水流方向不同和系统最高处是否设置水箱，有两种定压系统。

（1）单点定压系统　所谓单点定压系统，是指在系统最高处不设置高位水箱，循环回路中只有一个定压点的系统。图 1.1-73 所示为单点定压系统。从图中可以看出，水流方向为 O-B-C-D-O 完成循环，O 处只承受由锅炉水位形成的水柱静压 p_h（包括水箱），而锅炉水位保持不变（或变化很小），故 O 处为定压点。散热器的供水由循环水泵的扬程来实现，回水管的回水由其高度的静压完成。CD 段和 DO 段的存水流向锅炉，即使回水管上的启闭阀 2 不很严密，系统中散热器的水也不会倒空，只要锅炉（含水箱）的容积足够大，就不会造成跑水事故。

单点定压系统只能用于简单的散热器下给上回系统，而这种水流方向传热条件不好，很少采用。

（2）双点定压系统　所谓双点定压系统，是指在系统最高处设置水箱，如图 1. 1-74 所示。由于有高位水箱，使系统形成两个水位▽1 和▽2，即产生了两个定压点，故称双点定压。在运行中，两个定压点的高差 H 要求始终保持不变，所以双点定压系统较单点定压系统复杂，对回水管上的阻力调节阀和启闭阀要求更加严格。

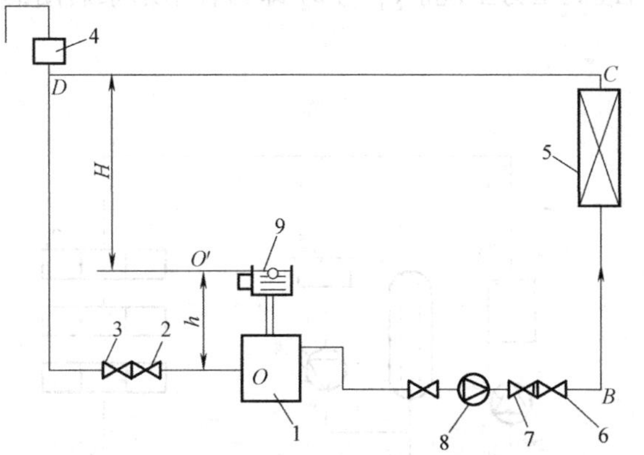

图 1. 1-73　单点定压系统

1—常压热水锅炉　2—启闭阀　3—阻力调节阀　4—自动排气阀　5—散热器　6—调节阀　7—止回阀　8—循环泵　9—低位水箱

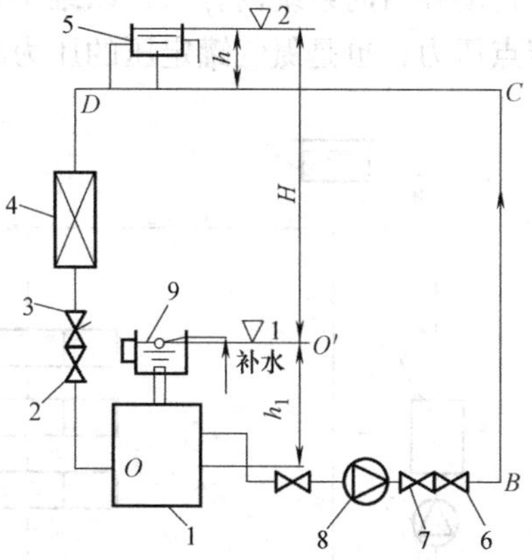

图 1. 1-74　双点定压系统

1—常压热水锅炉　2—启闭阀　3—阻力调节阀　4—散热器　5—高位水箱　6—调节阀　7—止回阀　8—循环泵　9—低位水箱

从图 1. 1-74 中可以看出，在正常的情况下，循环泵将锅炉热水提升到高位水箱高度，各散热器的供水由高度 H 来确定，调节各散热器出口阀门和回水管上的阻力调节阀 3，即可使散热器进行流量分配和使上给下回供暖系统稳定运行。

当循环泵 8 突然停电、停泵时，回水启闭阀 2 必须及时关闭，否则 C-D-O 段（包括散热器 4）中的水流向锅炉，造成锅炉溢水。因此，回水启闭阀 2 必须要求与循环水泵同步启闭，而且要动作灵活、关闭严密、运行可靠。

系统中的循环水流速较大，一般在 2m/s 以上，当突然截断水流时，水流速度的动能得不到释放，将造成水击，严重时会损坏散热器和管路附件。因此，回水管上的回水启闭阀 2 应具有与泵联动、动作灵敏、关闭严密、有一定延时、有效防止水击五项功能。

2. 承压热水锅炉定压系统

热水锅炉多数是锅水直接参与热水供热管网循环，因此锅炉运行操作与管网运行直接关联。为了使热水供热系统管网水力工况运行正常，对管网系统的泄漏必须随时补充，而且必须保证每一点的压力都处于正值，不允许出现倒空，保证平稳运行。为此，需要在热源处对热网定压。定压的方法有如下几种：

（1）高位水箱定压系统　利用安装在用户系统最高处的膨胀水箱来对系统进行补水定

压，如图 1.1-75 所示。

该系统简单、安全、可靠，水力工况稳定。它是机械循环小型低温水供热系统最常用的定压方式。采用此系统时，应注意的是，膨胀水箱应设在高出系统管网最高点 2 ~3m 处。

（2）氮气罐定压系统　当系统内没有条件安装高位膨胀水箱时，可用隔膜式氮气罐代替。该系统的工作原理如图 1.1-76 所示。在氮气罐内设有囊形胶袋，胶袋内为水室，胶袋外充氮气。最初胶袋外充满氮气，而胶袋内水室容积近似于零，当供热系统开始运行后，水温从最低温度上升直到最高温度，胶袋内水室容积由于系统水升温膨胀从最低值（近似于零）扩大到最高值，胶袋外的氮气由初始压力 p_1 升到 p_2（最高值）。当系统中水冷缩或泄漏时，氮气罐内水容量减少，氮气的压力也随之降低，压力降到最低限值 p_1 时，补给水泵即自动开启向系统内补水，以维持系统要求的最低压力工况。p_1 与 p_2 即为补给水泵启闭的定点压力，也是氮气罐定压的压力波动范围。

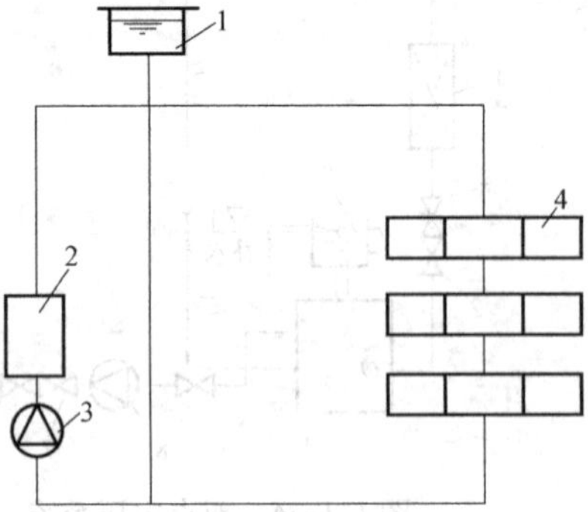

图 1.1-75　膨胀水箱定压系统

1—膨胀水箱　2—锅炉　3—循环水泵　4—热用户

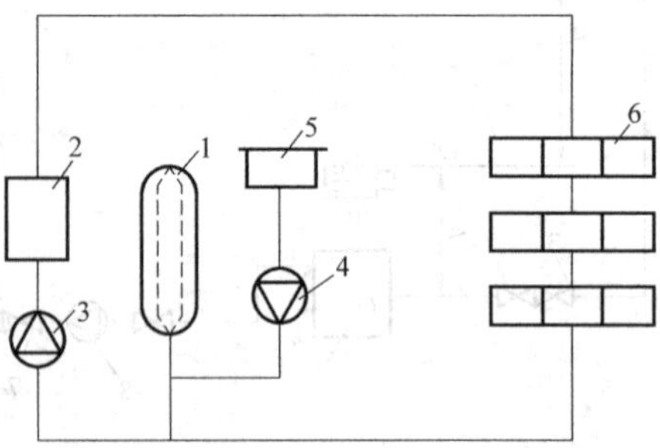

图 1.1-76　氮气罐定压系统

1—隔膜式氮气罐　2—锅炉　3—循环水泵

4—补给水泵　5—补给水箱　6—热用户

（3）补给水泵补水定压系统　当膨胀水箱或氮气罐不能满足系统的要求时，可利用补给水泵所提供的压力来进行补水定压。

根据补给水泵的运行情况，又分为补给水泵连续补水定压和补给水泵间歇补水定压两种方式。

1）补给水泵连续补水定压。补给水泵连续补水定压的特点是补给水泵连续运转，电力消耗大一些。根据定压点的压力控制方式又分为以下三种：

① 利用补给水泵旁通管网上的压力调节阀保持定压点压力。若系统压力升高，则阀门应开大些；若系统压力降低，则阀门应关小些，进而使补给的水量与系统的泄漏水量相适应。

当网路循环水泵停止运行时，补给水泵继续工作，利用调节阀的开大或关小来控制补给水量，使整个网路的压力波动控制在一个很小的范围内，以维持系统所必需的静压力。

考虑到由于突然停电而会使补给水泵定压装置失去作用，可采用上水压力定压的辅助性措施，如图 1.1-77 所示。当循环泵正常工作时，由于网路供水干管出口处的压力高于上水压力，而又装设了止回阀 7、8，网路循环水不会灌进上水管道内，上水压力对热力系统不起作用。当突然停电，补给水泵、循环水泵不能工作时，可立即关闭供、回水管总阀门 9、

10，将热源与网路切断，并同时缓慢开启锅炉顶部集气罐11的放气阀。由于上水压力的作用，止回阀开启，上水流经热水锅炉，并由集气罐排出，从而避免了炉膛余热引起的炉水汽化。如上水压力大于热力系统静水压力，还可保持网路和用户系统都不发生汽化。同时，在循环水泵的出水管路和吸水管路之间要设一带有止回阀的旁通管，以便突然停泵产生水击时作为泄压管用。

② 利用补给水调节阀保持定压点压力。这种定压方式是将调节阀安装在补给水管路上，用安装在循环水泵入口处的电接点压力表来控制调节阀的开大或关小，如图1.1-78所示。当系统压力升高时，关小调节阀；当系统压力降低时，开大调节阀。在补给水泵连续工作的情况下，补给水调节阀能使系统的压力波动限制在一个很小的范围内。

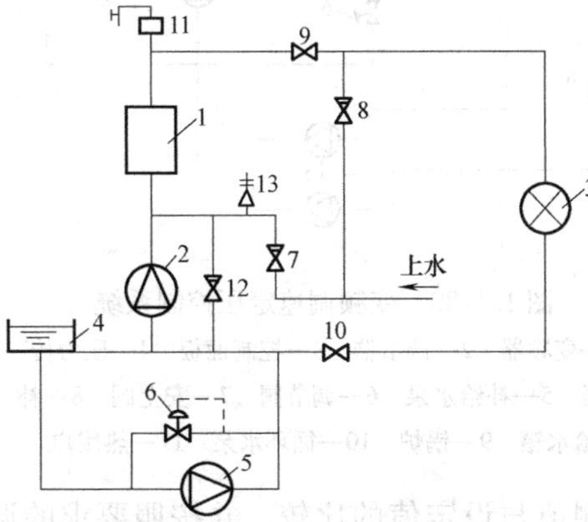

图 1.1-77　上水定压系统

1—锅炉　2—循环水泵　3—热用户　4—补给水箱
5—补给水泵　6—压力调节阀　7、8、12—止回阀
9—供水管总阀门　10—回水管总阀门
11—集气罐　13—安全阀

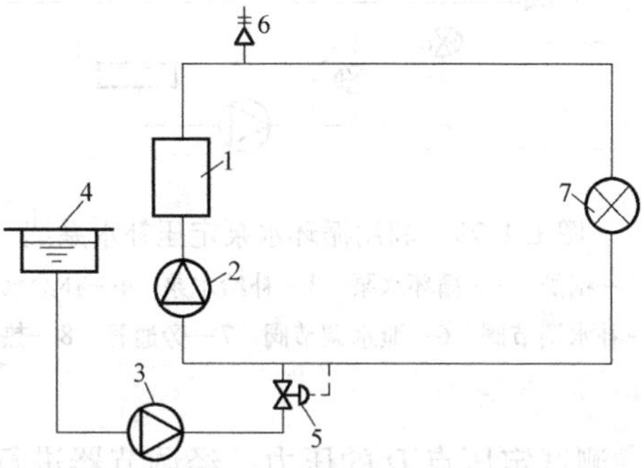

图 1.1-78　补给水调节阀定压系统

1—锅炉　2—循环水泵　3—补给水泵　4—补给水箱
5—补给水调节阀　6—安全阀　7—热用户

采用这种定压方式，必须设置安全阀。其作用是将系统中膨胀水量排出系统之外。这不但增加了系统的失水量，也增加了排水热量损失。

③ 利用循环水泵旁通管设置定压点补水定压。如图1.1-79所示，在网路循环水泵2的进口和出口之间连根旁通管7，利用补给水泵上的补水调节阀使旁通管上的J点保持要求的压力，此点即为定压点。当定压点的压力偏低时，补水调节阀5开大，从而增加向网路内的补水量；当定压点的压力偏高时，补水调节阀5关小，从而减少向网路内的补水量。如由于某种原因，即使补水阀完全关闭，压力仍不断升高，则开启泄水调节阀6开始泄放网路水，一直到定压点的压力恢复到正常为止。当网路循环水泵停止运行时，整个网路压力下降，则泄水调节阀6完全关闭，补水调节阀5开启。由于补给水泵的补水作用使整个系统压力工作在等于定压点的静压力下。

利用旁通管设置定压点补水定压的方法可以降低运行时的动水压线；通过调节旁通管上两个阀门的开度能使网路的动水压线适当升高或降低，对调节系统的运行压力具有较大的灵活性。其缺点是定压点的压力有时不稳定，且要消耗循环水泵的流量和电能。

2）补给水泵间歇补水定压。就是利用接在循环水泵入口处的电接点压力表来控制补给水泵的启停。当循环水泵入口处压力升高到某一数值时，补给水泵停止运行；当循环水泵入口处压力降低到某一数值时，补给水泵启动向系统补水。由于循环水泵入口处压力值一直在某一范围内变化，因而这实际上是一种变压式的定压系统，补给水泵需要频繁启停。近年来采用的变频调速定压控制系统（图 1.1-80）不仅可以使定压点的压力稳定，而且补给水泵的频繁启停也可以避免，间歇补水定压变成了连续补水定压。

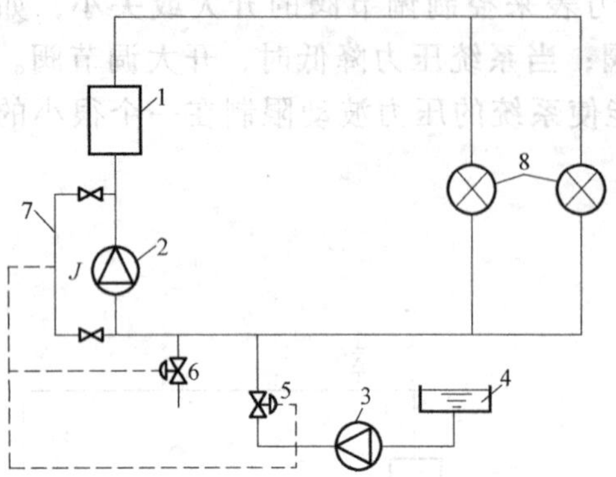

图 1.1-79　利用循环水泵定压补水系统

1—锅炉　2—循环水泵　3—补给水泵　4—补给水箱　5—补水调节阀　6—泄水调节阀　7—旁通管　8—热用户

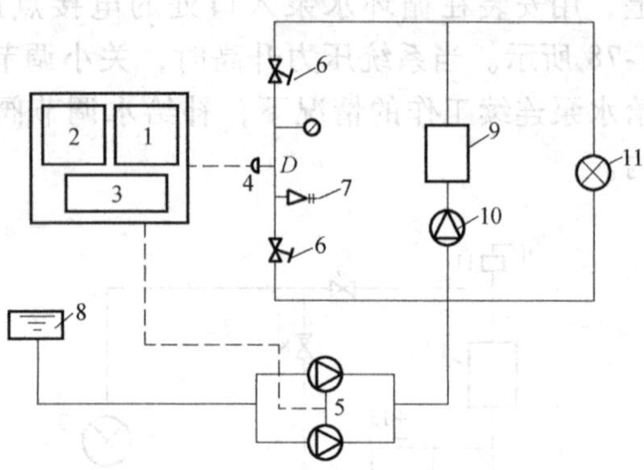

图 1.1-80　变频调速定压控制系统

1—变频器　2—调节器　3—控制面板　4—压力传感器　5—补给水泵　6—调节阀　7—安全阀　8—补给水箱　9—锅炉　10—循环水泵　11—热用户

测试定压点 D 的压力，经调节器进行压力实测值与设定值的比较，并按照要求的调节规律，通过变频器改变电动机的输入频率，进而调节补水泵转速，控制补水量，使运行中的供热系统实现定压点的压力恒定。当定压点实测压力低于设定值时，补水泵加速；当定压点实测压力高于设定值时，补水泵减速；当定压点实测压力超过报警压力值时，安全阀动作进行泄水降压。

补给水泵补水定压系统，一般适用于规模较大的热水供热系统，具有运行可靠、比较经济等优点。

（4）蒸汽定压系统　蒸汽定压系统有下面几种形式：

1）蒸汽锅炉定压方式。这种方式是依靠锅炉上锅筒蒸汽空间的压力来维持定压的。

2）外置膨胀罐的蒸汽定压方式。这种方式是将热水锅炉中的高温水引入外置高位膨胀罐，高温水的蒸汽积聚在罐的上部形成对系统加压的蒸汽垫层，用以对系统加压。

3）采用淋水式加热器的蒸汽定压方式。淋水式换热器内部具有一定的蒸汽压力，同时它的下部起着蓄存系统中膨胀水的膨胀水箱的作用。因此，淋水式换热器除了加热网路水外，同时还起着容纳系统膨胀水量和对系统进行定压的作用。

由于蒸汽定压系统工作稳定性取决于蒸汽压力，蒸汽压力的波动，会影响定压点压力的波动。因此，虽然蒸汽定压系统比较简单，但在工程中使用较少。

五、锅炉安全附件与自动控制

锅炉是供热系统的热源。锅炉应能向用户提供满足一定参数要求的热媒，同时要保证安全运行，还应对锅炉的运行参数（压力、水位、温度、水质）加以监控。同时，为保证锅炉及供热系统的运行效率，降低由于燃烧对环境造成的污染，应对燃烧过程参数（烟气中 O_2 含量、过剩空气量）进行调节和监控。

为了保证锅炉的安全经济运行和给锅炉自动控制提供必要的数据，在锅炉上必须装有一系列热工检测仪表，它们可以随时显示锅炉运行工况的各种参数，如温度、压力、流量、水位、气体成分、汽水品质、热膨胀等，并记录下来。它们还可以把这些参数变送给锅炉自动化装置，作为自动调节的输入信号。因此，要求检测数据必须可靠、稳定、准确和灵敏。本节将介绍有关锅炉热工检测仪表方面的基本知识。

（一）常用仪表的工作原理、结构及使用注意事项

1. 温度计

温度计是用来测量物质冷热程度的一种仪表，在锅炉房中需要进行测量的有蒸汽温度、给水温度、空气温度、燃料油温度、各段烟气温度等。

（1）液体膨胀式温度计　液体膨胀式温度计有水银玻璃温度计、有机液体玻璃温度计、电接点水银温度计等。它是利用液体体积随温度升高（降低）而膨胀（收缩）的原理制成的。

水银玻璃温度计由测温包、毛细管和标尺等部分组成。图 1.1-81a 所示为外标式温度计，温度读数直接刻在玻璃棒的外表面。图 1.1-81b 所示为内标式温度计，刻度板装在温度计内。

电接点水银温度计是在毛细管内插入两根导线，达到一定温度后，电流接通，带动控制系统或使信号装置发出声光，缺点是接点易腐蚀。

液体膨胀式温度计的优点是价廉、精度高、稳定性好，缺点是容易破损和不能远方指示。

（2）压力式温度计（见图 1.1-82）　它利用温包里的气体或液体因受热膨胀而改变压力的原理制作，内部结构与弹簧式压力表基本相同。它由温包、毛细管、游丝、小齿轮、扇形齿轮、拉杆、弹簧管、指针等元件组成。它的优点是价廉，能就地集中安装。毛细管长度 3 ~ 20m，缺点是毛细管容易损坏，不易修复，精度低。

（3）热电阻温度计　它利用导体或半导体的电阻随温度变化而改变的性质制成，通过测量金属电阻大小，即得出所测温度的数值。它由测量元件热电阻和温度显示仪两部分组成。它的优点是精度较高，能远距离显示。和热电偶相比其缺点是维护工作量大，振动场合容易损坏。

（4）热电偶温度计（见图 1.1-83）　它利用两种不同金属导体接点受热后产生热电势的原理制成，由测量元件热电偶和温度显示仪两部分组成，用补偿导线把两部分连接起来。优点是能远距离显示，精度较高，最高可测 1600℃，与热电阻相比安装维护方便，不易损坏。缺点是需要补偿导线，安装费用较贵。

1）热电偶由两种不同的金属一端焊接而成（热端），此端放在测温处的工作端，另一端为自由端（冷端）。当两端处于不同的温度下，就产生热电势，温度越高，热电势越大。热电偶产生的热电势与两端的温度都有关，只有当冷端温度保持不变时，热电偶产生的热电势大小才只与热端的温度有关，所以在使用时，应根据不同显示仪表和不同的使用场合，采用不同的冷端温度补偿方法。根据测量出来热电势的大小，便可决定热端的温度。

2）温度显示仪表常用的有动圈式温度表和各种自动平衡式显示仪。

3）补偿导线由具有与热电偶本身低温热电性质相似的全导丝制成。

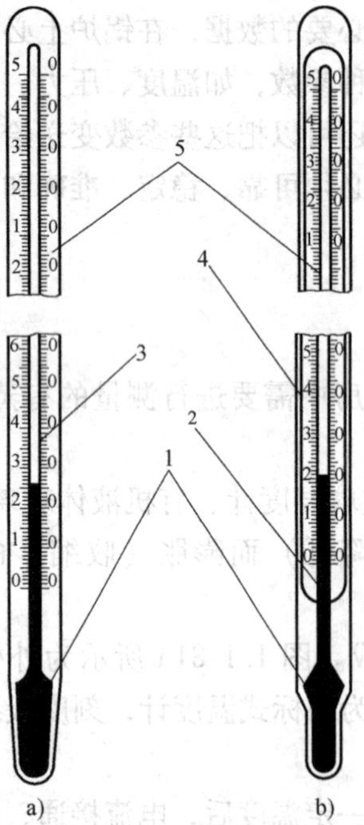

图 1.1-81 水银玻璃温度计

a）外标式 b）内标式

1—测温泡 2—薄壁毛细管 3—厚壁毛细管 4—保护壳 5—标尺

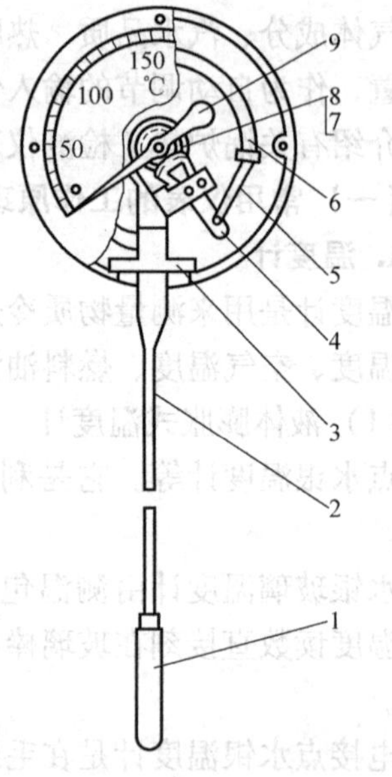

图 1.1-82 压力式温度计

1—温包 2—毛细管 3—支承座 4—扇形齿轮 5—拉杆 6—弹簧管 7—小齿轮 8—游丝 9—指针

（5）测温元件安装的一般要求

1）选择测点位置要有代表性，不受外来因素的干扰。

2）测温元件与被测介质形成逆流，即测温元件应迎着被测介质流向插入，至少必须与被测介质成 90°角，切勿与被测介质形成顺流，如图 1.1-84 所示。

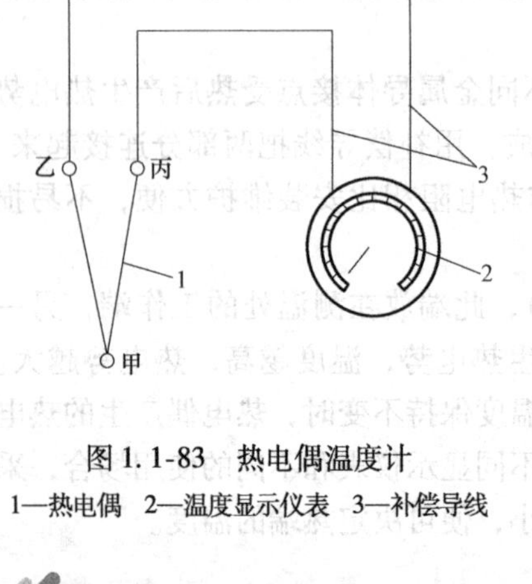

图 1.1-83 热电偶温度计

1—热电偶 2—温度显示仪表 3—补偿导线

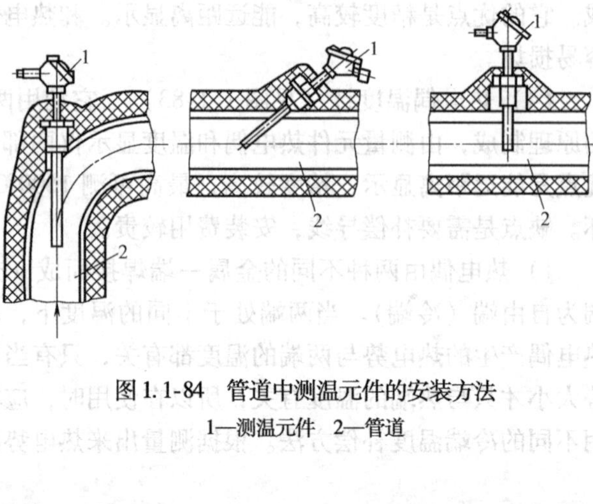

图 1.1-84 管道中测温元件的安装方法

1—测温元件 2—管道

3）测温元件的感温点，应处于管道内流速最大处。

① 膨胀式温度计测温点的中心在管道中心线上。

② 热电偶保护套管的末端应越过流速中心线 5～10mm。

③ 压力式温度计的温包中心应与管道中心线重合。

④ 测温元件应尽量深入管道或容器内，以减少保护套管上的热损失，其露出部分越短越好，并用绝缘材料包起来，以保证能反映出介质的实际温度。

⑤ 热电偶接线盒的盖子应朝上，以防雨水及其他液体浸入或溅入，影响测量。

⑥ 安装压力式温度计温包时，除要求温包中心与管道中心重合外，还应将温包自上而下垂直安装，同时毛细管不应有外加拉力。

⑦ 若被测介质含有尘粒时，为保护测量元件不受磨损，应加保护屏或保护管。

⑧ 在加保护套管时，为减少测温滞后，可在保护套管中随不同温度要求加装传热良好的填充物，如变压器油等，以使传热良好。

2. 压力表

在工业锅炉中进行压力测量的有燃油压力、蒸汽压力、给水压力、送风系统的空气压力、引风系统的烟气压力和炉膛负压等。

常用玻璃管压力计、膜盒式压力计来测量炉膛的负压、烟气和空气系统的烟气和空气压力。用弹簧管式压力表来测量蒸汽、水、燃料油等压力。

（1）弹簧管式压力表　弹簧管式压力表主要由表盘、弹簧弯管、拉杆、扇形齿轮、小齿轮、中心轴、指针等部分组成，如图 1.1-85 所示。

在弹簧管式压力表的圆形外壳内有一根截面呈椭圆形的弹簧弯管（由金属制成），其一端固定在表座上，并与锅炉蒸汽空间引出的存水弯管相连通，作为固定端；另一端封闭的自由端与拉杆相连。拉杆的另一端与扇形齿轮相连接，扇形齿轮又与中心轴上的小齿轮相连接，指针固定在中心轴上。

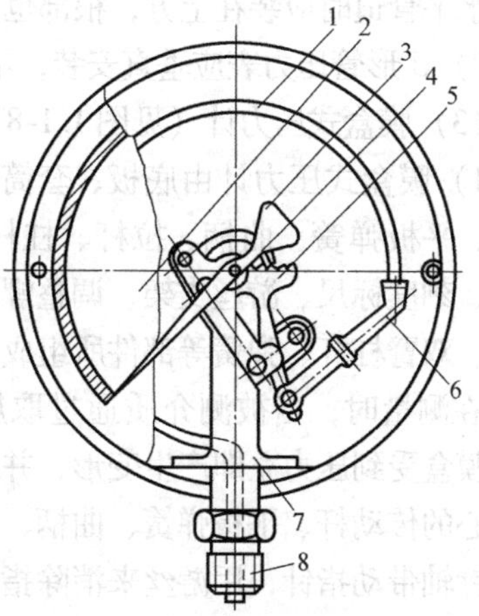

图 1.1-85　弹簧管式压力表

1—弹簧弯管　2—表盘　3—指针　4—中心轴　5—扇形齿轮　6—拉杆　7—表座　8—接头

当弹簧管内受到介质的压力作用时，弹簧管椭圆形截面就有膨胀成圆形的趋势，迫使弹簧管固定端向外伸展，自由端也向外移动，通过拉杆、扇形齿轮、小齿轮传递给指针，指针顺时针方向转动指示出容器内压力的大小。介质压力越高，弹簧弯管伸展越大，指针转动角度越大。但压力下降时，弹簧弯管有恢复原状的趋势，在游丝作用下，指针回到零位。弹簧管式压力表指示的是表压。

（2）U 形管压力表（见图 1.1-86）　它是根据流体静力学原理而工作的，即利用一定重度的液柱重量与被测压力相平衡。当平衡时，液柱的高度就代表被测压力的数值。

U 形管压力表由一根直径相同的 U 形玻璃管制成，垂直固定在底板上。在两平行管之间装有刻度标尺，零位在标尺的中间。U 形管内注入工作液有水银、水、有机溶剂等。溶液后液面应在刻度的零位处，使用时一端通大气，另一端与被测介质相连。测量时根据两液面差，即可在刻度尺上读出读数来。

U 形管压力计使用和安装的注意事项：

1）U 形管内工作液的选择。当被测压力大时应选用重度大的工作液，测量较小压力时，则应选用重度小的工作液，以增大液柱差而提高灵敏度，并注意选用的工作液与被测介质不应发生化学反应。

2）在读取液柱 h 值时，应分别读出两管的液柱高度。读水银柱时以液面弯曲面最高点为读数的基准，读水柱时以液面最低点为读数的基准。

3）U 形管压力表在使用前，应用以硫酸作为溶剂和饱和重铬酸钾配制成的溶液冲洗玻璃管和胶管，冲洗后应立即用酒精洗一次，最后再用清水冲洗。

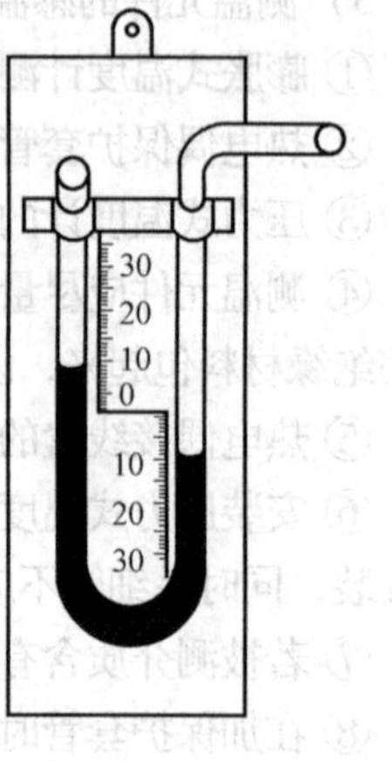

图 1. 1-86　U 形管压力表

4）玻璃管内注入工作液时，应刚好在刻度零位处。为了增加工作液面的清晰度，可在工作液中加入不污染玻璃管的颜料。

5）取压孔的边缘应光滑，不准接头突出在管道内，孔的中心应和管道中心垂直。

6）用于测量炉膛或烟道内的烟气压力时，为防止堵塞，取压管的装置应与烟气流向垂直。若为水平管道时应装在上方，根部也不应突出在炉膛或烟道内。连接管应保证畅通和严密。

7）U 形管压力表应垂直安装，不宜装在环境温度过高或过低的地方。

（3）膜盒式压力计（见图 1. 1-87）

1）膜盒式压力计由底板、套筒、膜盒、传动杆、平板弹簧、曲柄、拉杆、杠杆、指针轴、指针、刻度标尺、游丝支架、调整螺栓、零点校正器、双臂杠杆、弹簧等部件所组成。

在测量时，当被测介质通过取压管进入膜盒，膜盒受到压力立即产生变形，并通过焊在膜片中心的传动杆、平板弹簧、曲柄、拉杆、杠杆及指针轴带动指针，用游丝来消除指针轴和传动杆杆连接点的活动间隙。

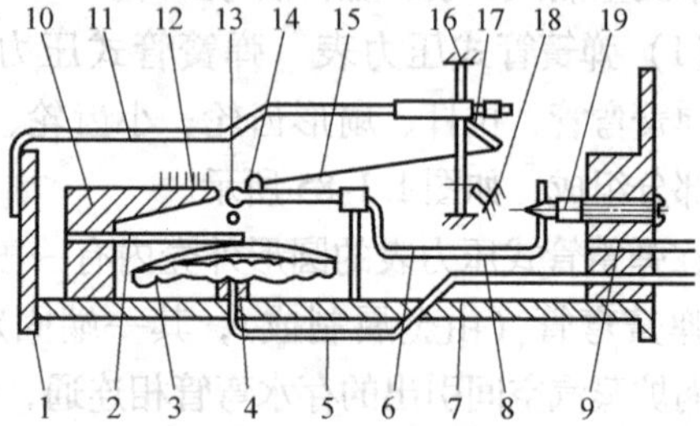

图 1. 1-87　膜盒式压力计

1—刻度标尺　2—平板弹簧　3—膜盒　4—套筒　5—管子　6—双臂杠杆　7—底板　8—弹簧　9—管子　10—支架　11—指针　12—调整螺栓　13—传动杆　14—曲柄　15—拉杆　16—指针轴　17—杠杆　18—游丝支架　19—零点校正器

膜盒的变形并不与所测压力的变化成正比，压力变化越大，变形的增长速度反而显著变慢。为了均匀刻度标尺，在仪表中装置了一个由平板弹簧和带有调整螺栓的支架所组成的特殊附件。当平板弹簧升高时，就会被调整螺栓顶住，因此随着压力的升高，平板弹簧的有效长度缩短，从而刚度增加。借平板弹簧的作用，使压力的增加与膜盒形变的增长平衡，从而达到刻度标尺上的刻度线均等。

膜盒式压力表有正压、负压、正负压三种，测量范围：正压为 0～40kPa，负压为 0～−40kPa，正负压为 ±200Pa～±20kPa。精度等级为 2. 5 级。

2）膜盒式压力计安装和使用要求。

① 仪表安装点到测压点的距离不应超过 50m。

② 仪表连接管不宜小于 DN15mm，并以 1%～3% 坡度敷设，在最低点应有排除凝结水的管件。从膜盒式压力计到连接管一段，可以用内径为 ϕ6mm 的橡皮管连接。

③ 连到烟风道上的连接管，必须在管路的上部进行连接，使凝结水、油脂或其他沉淀物不致进入连接管内。

(4) 压力开关　在工业锅炉中压力开关主要应用在天然气锅炉上，当天然气压力极低时或炉膛压力极低或极高时，压力开关动作切断快速关断阀电源，将快速关断阀关闭。

(5) 压力变送器与差压变送器　压力变送器主要用于测量水、蒸汽的压力以及炉膛负压。差压变送器与节流装置配合，用于测量液体、气体或蒸汽的流量等。

压力变送器和差压变送器测量的参数不同，但它们的结构和原理相同。只是测量敏感元件和受力方式不同，压力变送器的敏感元件是弹簧管和波纹管，而且是单侧受压。差压变送器的敏感元件是膜盒或膜片等，且为双侧受压（在壳体上标有 +、- 等号）。在 DDZ 型变送器系列中，DBV 是压力变送器，DBC 是差压变送器，DBL 是流量变送器。

变送器将被测参数值转换成统一的电信号送给指示、记录仪表或送给调节器、计算机，以实现对被测参数的显示、记录或自动控制。因变送器首先接触各种被测介质，所以又把变送器称为“一次仪表”，而把各种显示仪表称为“二次仪表”。

变送器的工作原理：变送器由敏感元件、杠杆系统、位移检测放大器等几部分组成，如图 1. 1-88 所示。

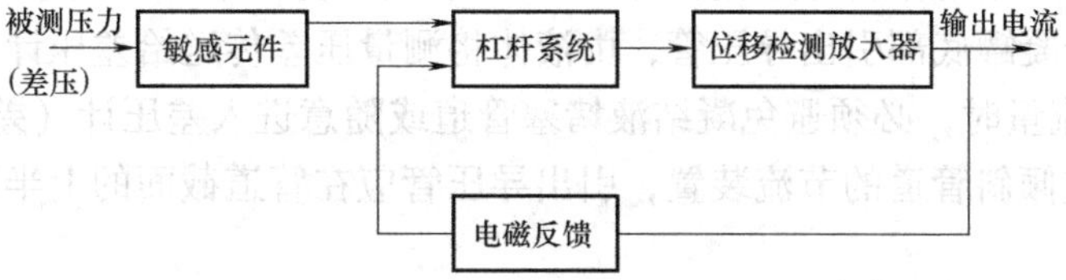

图 1. 1-88　压力（差压）变送器原理框图

变送器是根据力平衡原理工作的，因此又叫力平衡式变送器，敏感元件将被测压力（差压）转换成相应的测量力 F_m，杠杆系统把测量力 F_m 与反馈力 F_f 进行比较后，转换成检测铝片的位移。位移检测放大器将检测铝片的位移转换成 4 ~ 20mA 的直流电流输出，该电流通过电磁反馈机构形成电磁反馈力，并作用于副杠杆上，形成反馈力矩。当反馈力矩与测量力 F_m 的作用力矩相等时，杠杆处于平衡状态，此时变送器的输出电流即与被测压力成正比。

3. 流量表

工业锅炉房中需要测量蒸汽、给水、燃油等流量，测量流量的仪表种类很多。一般常用的有差压式流量计、转子流量计及流速流量计三种。

(1) 差压式流量计（见图 1. 1-89）

1) 差压式流量计由节流装置、导压管和差压计三部分组成。当流体通过管道中的节流装置时，由于流通截面缩小，流速增大，使流体部分位能转换为动能，流体静压力下降，在节流装置前后就产生了静压差。流体通过数量越多，这个静压差就越大，即

$$Q = K\sqrt{\Delta p}$$

式中　Q——流量；

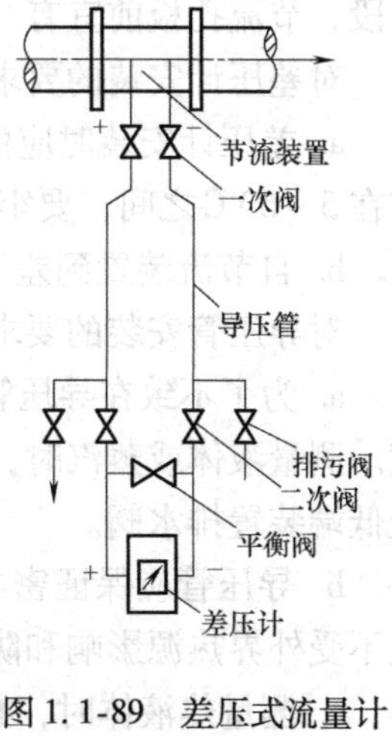

图 1. 1-89 差压式流量计

K——比例常数；

Δp——节流装置前后的压差值。

压差经导压管传送到差压计，再由差压计根据静压差的大小，转换成不同的流量读数，所以只要测出节流装置前后的静压差，就能间接地测出流量的数值。

① 节流装置。节流装置是将介质的流量转换成差压的一种装置，常用的节流装置有节流孔板、喷嘴和文丘里管三种。

② 差压计。用于流量测量的差压计一般有两种类型：一种是将节流装置压差变化通过导压管，接到差压计上直接显示出流量读数来，有双波纹管差压计、膜片式差压计等；另一种是用差压变送器将节流装置所产生的压差，转换成标准的电气信号（0.02～0.1MPa）或电信号（4～20mA），再由控制室中的动圈指示仪表或电子自动平衡显示仪显示出流量数值。

③ 导压管。导压管起传递差压作用，是内径不小于8mm的无缝钢管。

2）差压式流量计使用与安装。

① 测量液体时，在测量管道中应避免气泡存在，以及沉淀物堵塞管道。节流装置的引出导管要求接在管道截面的下半面，与水平线的夹角小于45°。

② 测量蒸汽时，因蒸汽极易变液体，因此在装置两旁要装两只容积足够大的、高低相等的冷凝罐，由冷凝罐底部引出导压管，由液体将测量压差传送给差压计（差压变送器）。

③ 测量气体流量时，必须避免凝结液堵塞管道或随意进入差压计（差压变送器），对于安装在水平管道或倾斜管道的节流装置，引出导压管应在管道截面的上半部引出。

④ 一般要求。

对节流装置的要求：

a. 安装节流装置的地方，流体必须充满整个管道。

b. 节流装置中心线与管道中心线应重合。当采用孔板节流装置时，不应装倒，应使流体从孔板锐角的一面流入。

c. 安装节流装置的地方，流体必须是单向的，在节流装置前后长度为$2D$（D为管道直径）管段内壁，不应有任何凸出部分，如凸出的垫片和粗糙的焊缝等。

d. 为防止由于局部阻力引起的涡流干扰而影响压差，在节流孔板前后必须有足够的直管段，节流孔板前宜有（10～80）D的直管段，节流孔板后应有不小于$5D$的直管段。

对差压计安装的要求：

a. 差压计安装时应保持垂直和水平的位置，安装地点应无腐蚀性气体，周围环境温度应在5～60℃之间，要牢固、无振动，便于维修。

b. 自节流装置到差压计之间的距离，一般应大于3m，但不超过50m。

对导压管安装的要求：

a. 为了不致在导压管中积聚气体或水分，导压管管道的安装应保持不小于10%的倾斜度。测量液体或蒸汽时，应在连接系统的最高端装置放气阀，测量气体时，应在连接系统的最低端装置排水阀。

b. 导压管应保证密封，在弯曲处必须采用圆滑过渡，敷设在便于检修和维护的地方，且不受外界热源影响和防止冻结。

c. 测量热液体时，必须保证高低压导管内液体温度相等。液体、蒸汽、气体节流式流量计常见连接方式如图 1.1-90～图 1.1-94 所示。

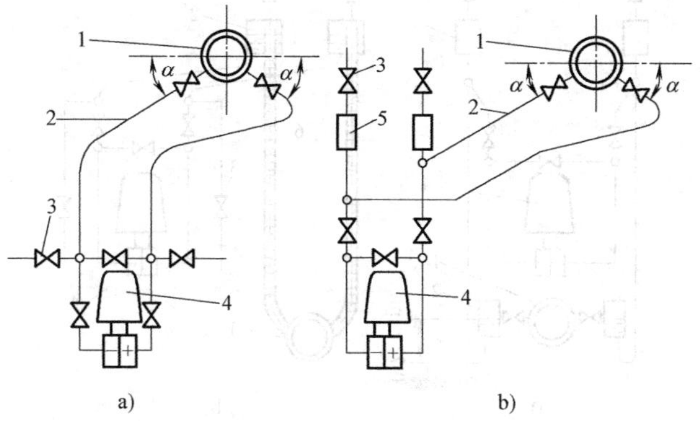

图 1.1-90　液体测量（一）

a）一般情况　b）当导压管不能保证 1:10 倾斜度时差压变送器（差压计）安装在节流装置之下

1—节流装置　2—导压管　3—吹洗阀　4—差压变送器（差压计）　5—储气罐（0＜α＜45°）

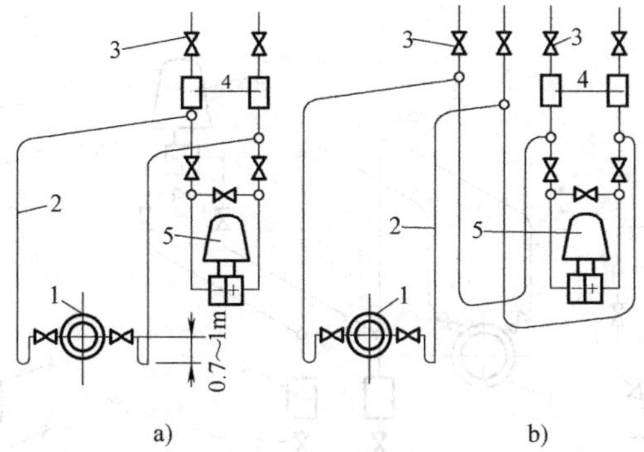

图 1.1-91　液体测量（二）

a）一般情况　b）导压管绕过障碍物形成高点并可能聚积气体时差压变送器（差压计）安装在节流装置之上

1—节流装置　2—导压管　3—吹洗阀　4—储气罐　5—差压变送器（差压计）

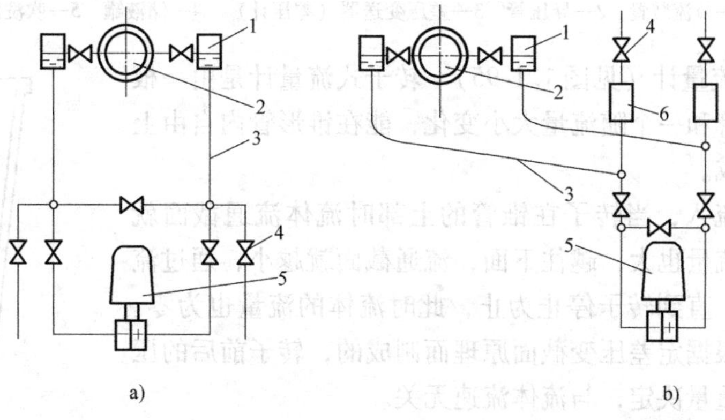

图 1.1-92　蒸汽测量（一）

a）一般情况　b）差压变送器（差压计）最高处安装储气罐和吹洗阀时差压变送器（差压计）安装在节流装置之下

1—冷凝罐（平衡器）　2—节流装置　3—导压管　4—吹洗阀　5—差压变送器（差压计）　6—储气罐

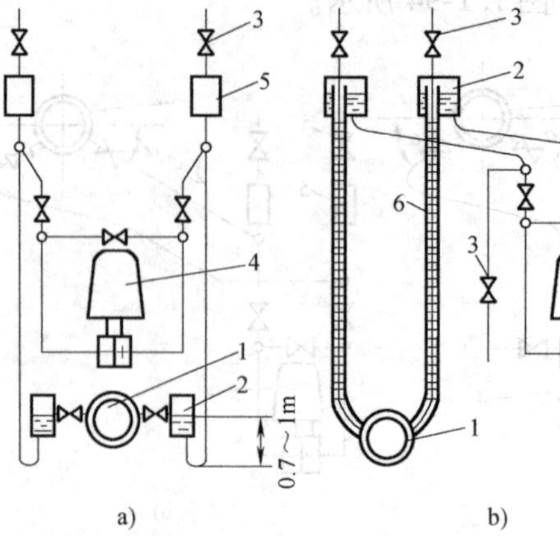

图 1.1-93　蒸汽测量（二）

a）一般情况　b）差压变送器（差压计）距节流装置较远差压变送器（差压计）安装在节流装置之上测量蒸汽流量

1—节流装置　2—冷凝罐　3—吹洗阀　4—差压变送器（差压计）　5—储气罐　6—绝热物

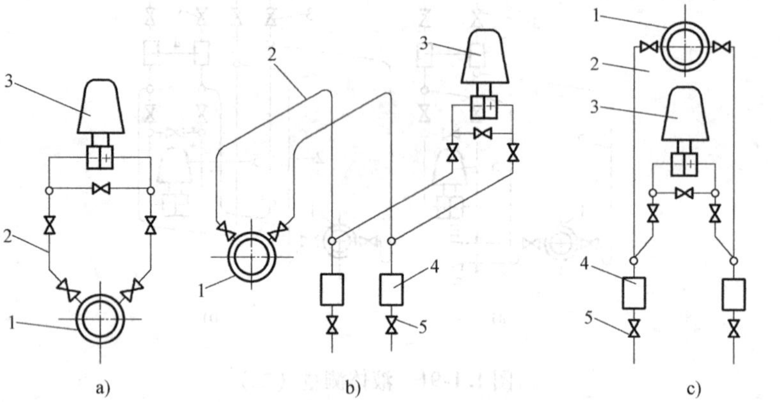

图 1.1-94　气体测量

a）一般情况　b）最低处安装储液罐和吹洗阀时　c）差压变送器（差压计）在节流装置之下

1—节流装置　2—导压管　3—差压变送器（差压计）　4—储液罐　5—吹洗阀

（2）转子式流量计（见图 1.1-95）　转子式流量计是由一根上粗下细的锥形管和一个随流量大小变化，能在锥形管内自由上下移动的转子组成。

流体从下面流入，当转子在锥管的上部时流体流通截面就大，通过流体的流量也大，越往下面，流通截面就越小，通过流体的流量也越小，直到转子停止为止，此时流体的流量也为零。转子式流量计是根据定差压变截面原理而制成的，转子前后的压差完全由转子的重量决定，与流体流速无关。

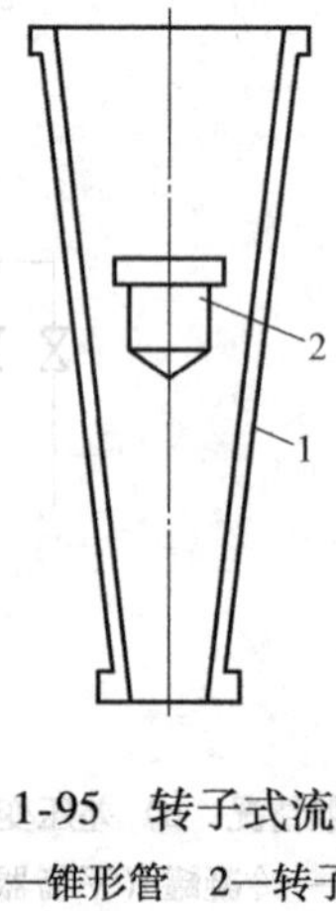

图 1.1-95　转子式流量计

1—锥形管　2—转子

玻璃转子式流量计测量范围为 1～40000L/h，温度范围为 -20～120℃，压力有 0.4MPa、0.6MPa、1.0MPa、1.6MPa 四种，转子式流量计安装于 DN4～DN100 管道上，应垂直安装，进出口直段长度应大于5D。优点是价格便宜、结构简单、维护方便、压力损失小；缺点是精度低，为2.5级，并受介质参数影响较大，强度低，不能远传。

金属转子式流量计能测量液体、气体和蒸汽介质的流量，可以远传后指示、记录和累计，有就地指示、气远传和电远传三种；将流量转换成标准气信号（0.02～0.1MPa）和电信号（0～10mA），再由动圈指示仪表或电子自动平衡显示仪表显示流量数值。

（3）流速流量计（见图1.1-96）　当流体通过叶轮时，动能使叶轮旋转，流体通过流量越大，流速就越高，动能也就越大，叶轮旋转也越快，通过测出叶轮的转速，就可以知道流量的大小。

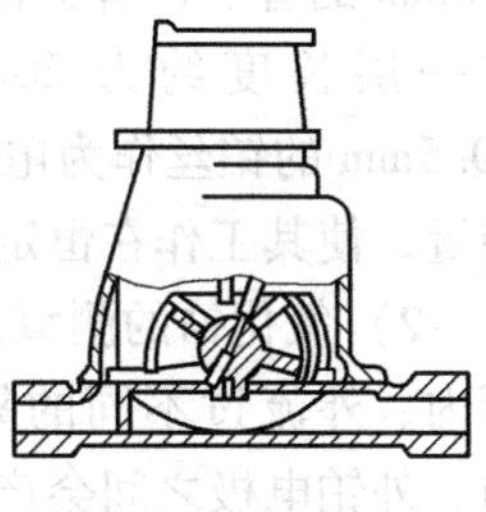

图1.1-96　流速流量计（水表）

水表常安装于DN15～DN400的水平管道上，它的测量范围为0.045～2800m³/h，适应于温度40℃以下，压力不超过1MPa，表前的直管段长度为（6～8）D，表后的直管段为5D。这种流量计的优点是结构简单、表型小、灵敏度高、安装使用方便。

（4）液位计　液位计在工业锅炉中常用来测量锅筒水位，除氧器水位，给水、凝结水箱水位，燃料油液位等。

常用的液位计有直读式（玻璃板、玻璃管）、浮球式、浮筒式、电接点式、差压式和油罐专用液位计等，此外还有电容式、电动式和超声波液位计等。差压式液位变送器安装。如图1.1-97所示。

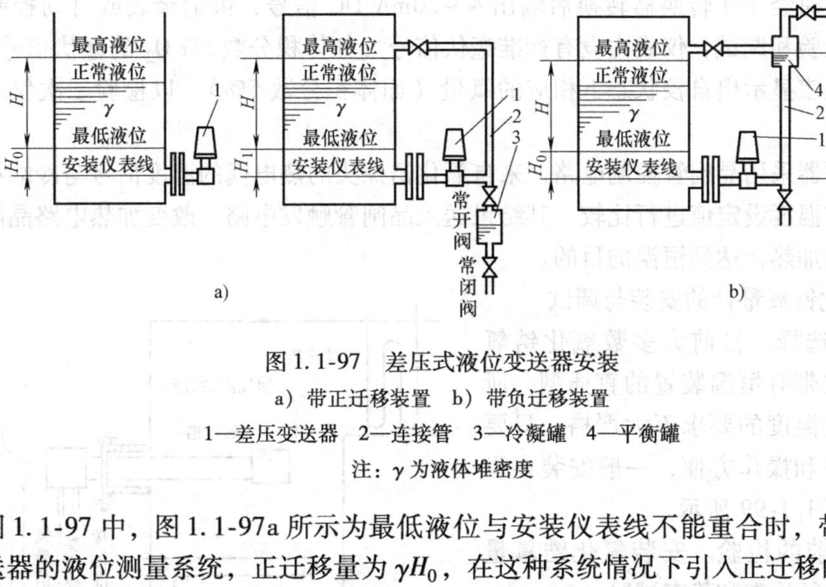

图1.1-97　差压式液位变送器安装

a）带正迁移装置　b）带负迁移装置

1—差压变送器　2—连接管　3—冷凝罐　4—平衡罐

注：γ为液体堆密度

在图1.1-97中，图1.1-97a所示为最低液位与安装仪表线不能重合时，带正迁移装置差压变送器的液位测量系统，正迁移量为γH_0，在这种系统情况下引入正迁移的目的是提高测量的精确度。当最低液位与安装仪表线重合时，则不带迁移装置。测量开口容器时，差压变送器负压室通大气，测量密闭容器时负压室必须保证干燥，否则有冷凝液进入负压室管道内，在低于差压变送器的地方，必须安装冷凝罐，并定期将罐中冷凝液排走。排液时，常开阀要关闭，以免差压变送器承受单向力，如果安装冷凝罐不方便时，可选用图1.1-97b所示的带负迁移装置的差压变送器的液位测量系统，负迁移量为$(h-H_0)\gamma$，量程均为$H\gamma$。

（二）成分仪表

1. 氧化锆氧量计

采用氧化锆氧量计测量锅炉排烟中的含氧量，运行人员根据含氧量的多少及时调节锅炉燃烧的风与煤的比例，以保证锅炉经济燃烧。

（1）结构及工作原理　氧化锆氧量计由氧化锆测氧元件和二次仪表等组成。

1）氧化锆测氧元件的结构（见图1.1-98）。氧化锆测氧元件是一个外径约为 ϕ10mm，壁厚为1mm，长度为70～100mm的管子，管子材料是氧化锆，在管子的内外壁上烧结一层长度约为26mm的多孔铂电极。用直径约为 ϕ0.5mm的铂丝作为电极引出线，在氧化锆管外装有加热装置，使其工作在恒定温度（750～780℃）下。

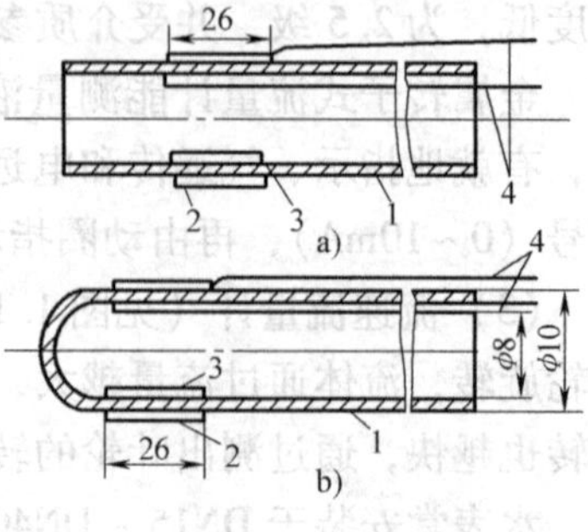

图1.1-98　氧化锆管的结构

a）无封头氧化锆管　b）有封头氧化锆管

1—氧化锆管　2、3—外、内铂电极

4—电极引出线

2）氧化锆的测氧原理。当（在一定温度下）氧化锆管内、外流过不同的氧浓度的混合气体时，在氧化锆管内、外铂电极之间会产生一定的电动势，形成氧浓差电动势，如果氧管壁内侧氧浓度一定（通空气），根据氧浓差电动势的大小，即可知另一侧气体的氧浓度，这就是氧化锆氧量计的测氧原理。

（2）氧化锆氧量计的二次仪表　氧化锆氧量计的二次仪表由两部分组成：一是氧量运算及显示部分；二是测氧元件温度控制部分。

氧量运算器的作用是将测氧元件输出的毫伏信号进行放大和经过反对数运算后显示出被测含氧量。同时经V/I转换器转换后输出4～20mA DC信号，供记录表或自动控制系统使用。为方便检验和调试，仪表内设有标准毫伏信号（如体积分数5% O_2 的毫伏信号），通过自校按钮使仪表显示出自校状态下相应的氧量（如体积分数5%），以检验二次仪表本身是否正常。

温度控制器采用晶闸管控制电路，来自氧化锆探头的热电偶的温度信号与冷端补偿信号相加，然后与温度设定值进行比较，其结果送入晶闸管触发电路。改变加热电路晶闸管的导通角，以控制加热，达到恒温的目的。

（3）氧化锆氧量计的安装与调试

1）测点选择。目前大多数氧化锆氧量计都制造成带有恒温装置的直插型，所以对安装位置温度的要求不太严格，只要求烟气流动好和操作方便，一般安装在省煤器前，如图1.1-99所示。

2）安装前的检验。安装氧化锆氧量计前应对其进行检查和静态试验。

① 外观应完好无损，配件齐全。

② 用万用表测热电偶两端的电阻值，应为5～10Ω；信号线两端应为10MΩ以上，加热炉两端应为140～170Ω。

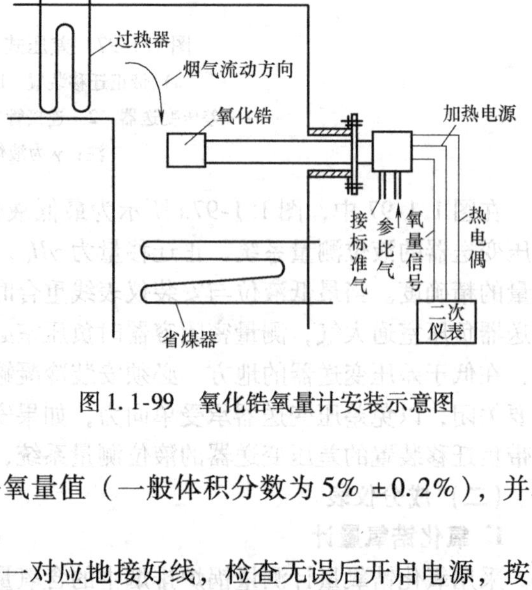

图1.1-99　氧化锆氧量计安装示意图

③ 接通电源，按自检按钮应能显示某一氧量值（一般体积分数为5%±0.2%），并相应地输出电流，说明运算器与转换电路正常。

④ 做联机试验。将二次仪表与氧探头一一对应地接好线，检查无误后开启电源，按下

加热键。一般在 30min 内恒温在 780℃ ±10℃，此时可显示加热炉温度，说明温控系统正常。

⑤ 通入标准气体，标准气体流量控制在 300~500mL/min。如超出允许误差范围，则应根据产品说明书要求进行调整，使其指示出标准气体的含氧量。校验完毕后将标准气体口堵好。

3）氧量计的校验。检查接线无误后即可开启电源，将氧探头升温至 780℃。当温度稳定后，按下测量键，仪表应指示出烟气含氧量。此时可能指示出很高的含氧量（超过21%），这是正常现象，这是由于探头中水蒸气和空气未赶尽所致，可用洗耳球慢慢地将空气吹入"空气入口"，以加速更新参比空气，一般半天后仪表指示即正常。

燃烧稳定时，在最佳风煤比例下，氧量指示一般应在 3%~5% 之间变化。

2. 奥氏分析器

奥氏分析器是利用化学吸收法，按容积测定气体成分的仪器。在锅炉试验中常用其直接测定烟气试样中 SO_2+CO_2 及 O_2 的体积分数。

通常第一个吸收瓶内充 KOH 的水溶液，用以吸收 RO_2；第二个吸收瓶充焦性没食子酸的碱溶液，用以吸收 O_2。

（1）吸收剂的配制方法

1）KOH 溶液，一份化学纯固体 KOH 溶于两份水中。配制时将 75gKOH 溶于 150mL 的蒸馏水中。1mL 溶液能吸收 40mL RO_2。

2）焦性没食子酸碱溶液，一份焦性没食子酸溶于两份水中。配制时取 20g 焦性没食子酸溶于 40mL 蒸馏水中，55gKOH 溶于 110mL 水中。为防止空气氧化，可在吸收瓶内进行混合，1mL 溶液能吸收 2~2.5mL O_2。

为防止分析器漏气，各旋塞接触面应涂以凡士林油膏，各玻璃部件的连接应用弹性好的软橡皮管。

（2）奥氏分析器的使用方法

1）使用前必须检查仪器，应严密不漏。检查严密性的方法，首先是将吸收瓶的药液液位提升到旋塞 4、5 之下的标线处（见图 1.1-100），关闭旋塞后液位不应下降。其次是关闭三通旋塞 9，尽量提高或放低平衡瓶 11，量管中液位经两三分钟不发生变化。

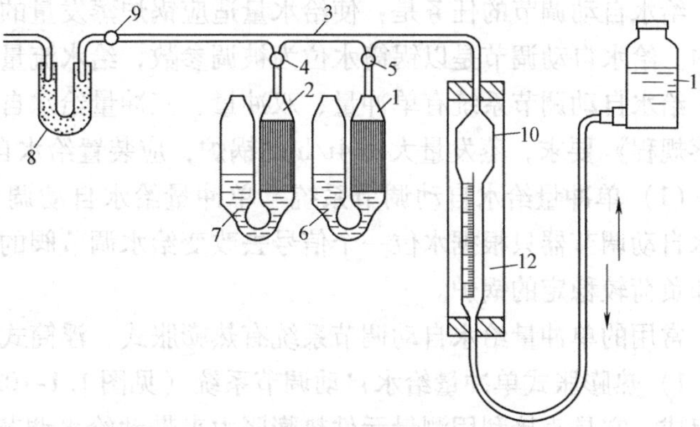

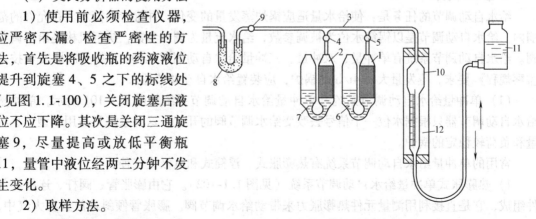

图 1.1-100 奥氏分析器示意图

1、2—吸收瓶 3—梳形管 4、5—旋塞 6、7—缓冲瓶 8—过滤器 9—三通旋塞 10—量管 11—平衡瓶（水准瓶） 12—水套管

2）取样方法。

① 分析器与取样管接通后，应利用旋塞 9 和平衡瓶 11 的动作连续吸取烟气试样，并加以排样，以冲洗整个系统，使其不残存非试样气体。

② 正式吸取试样时，使量管中的液位降到零刻度线以下，并保持平衡瓶水位与量管水

位一致，关闭旋塞9等2min左右。待烟气冷却再对零位，通常是提高平衡瓶，使量管内液位凹面的下缘对准零刻度线。

③ 分析时，应首先使烟气试样通入吸收瓶1吸收RO_2，其步骤是：先抬高平衡瓶，后打开旋塞5，将烟气送入吸收瓶1往复抽送4~5次后，将吸收瓶内药液液位恢复至原位，关闭旋塞5，对齐量管与平衡瓶的液位，读取气样减少的体积。

④ 在RO_2被吸收以后，用同样方法利用吸收瓶2吸收O_2，但至少应往复抽送6~7次，吸收RO_2后得到的读数是O_2+RO_2的体积，因此O_2的体积分数就是这次与上次读数之差额。

分析的顺序必须是先分析RO_2，再分析O_2，因焦性没食子酸溶液不仅能吸收O_2，而且能吸收RO_2。

⑤ 在进行量管排气时，应先将平衡瓶提高，再旋转旋塞9通大气，接着关闭旋塞才能放低平衡瓶，避免吸入空气。

3. 烟气全分析仪

烟气全分析仪目前在市场上国内外品牌较多，而在工业锅炉上直接测量烟气中的氧量、二氧化碳、一氧化碳却很少采用。一般只在工业锅炉进行热工试验时采用，用来测量烟气中的二氧化碳、一氧化碳、氧量等。根据测量的数值计算锅炉尾部烟道漏风系数，以及锅炉化学未完全燃烧和锅炉排烟热损失。

（三）自动调节

为了保证锅炉安全经济运行，必须使一些能够反映锅炉工作状况的参数维持在规定值的范围内或按一定规律变化。

当需要控制的参数偏离规定值时，使它重新回到规定值的过程叫调节。靠自动化装置来实现这种调节的叫自动调节，锅炉自动调节是锅炉自动化的主要内容，锅炉自动调节的主要内容有：给水自动调节、燃烧自动调节、过热蒸汽温度自动调节等。

1. 给水自动调节

给水自动调节的任务是：使给水量适应锅炉蒸发量的变化，并维持锅筒水位在允许的范围内。给水自动调节是以锅筒水位为被调参数，给水流量为调节参数，执行机构是给水调节阀。给水自动调节系统有单冲量、双冲量、三冲量给水自动调节三种。《蒸汽锅炉安全技术监察规程》要求，蒸发量大于4t/h的锅炉，应装置给水自动调节器。

（1）单冲量给水自动调节系统　单冲量给水自动调节系统如图1.1-101所示，单冲量给水自动调节器只根据水位一个信号去改变给水调节阀的开度。这种系统只适用小型、小容量和负荷较稳定的锅炉。

常用的单冲量给水自动调节系统有热膨胀式、浮筒式和电极式三种。

1）热膨胀式单冲量给水自动调节系统（见图1.1-102）。它由膨胀管、阀杆、连杆等部件组成，它是直接利用测量元件热膨胀力来带动给水调节阀。膨胀管倾斜地放置在大气中，其上端与锅筒汽容积相连，下端与锅筒水容积相连，膨胀管的中点相当于锅筒中正常水位，下端固定，上端为自由端。当锅筒中水位升高时，膨胀管内的水量增多，汽量减少，膨胀管收缩，通过连杆与阀杆将给水调节阀关小。反之，当锅炉内水位下降时，膨胀管内的汽量增多，水量减少，膨胀管的温度升高，膨胀量也相应增加，使管子伸长，通过连杆与阀杆将调节阀阀门开大。

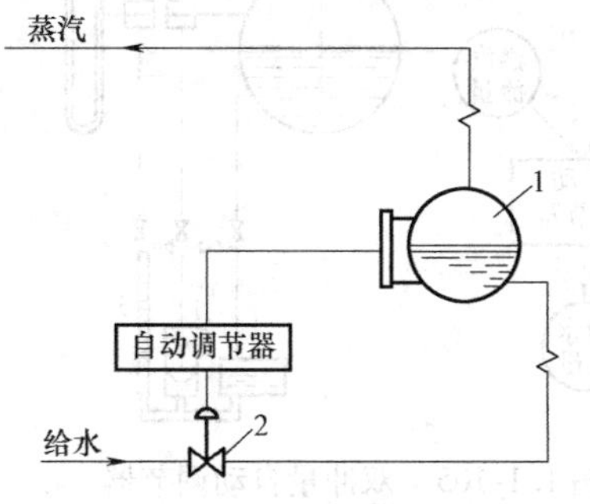

图 1. 1-101　单冲量给水自动调节系统

1—锅筒　2—调节阀

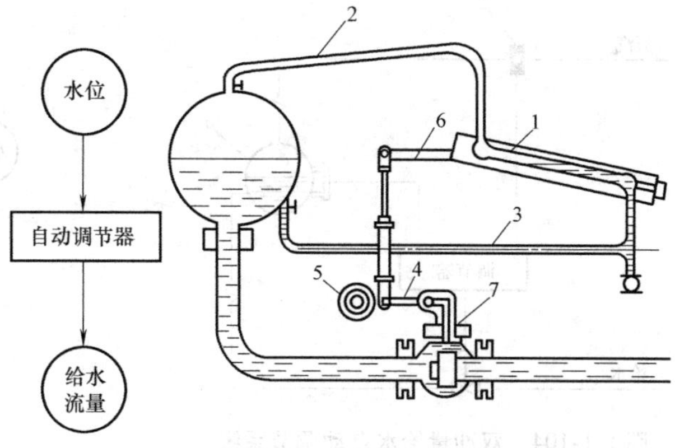

图 1. 1-102　热膨胀式单冲量给水自动调节系统

1—膨胀管　2—蒸汽侧管（保温）　3—水侧管（不保温）

4—阀杆　5—平衡块　6—连杆　7—调节阀

2）浮筒式单冲量给水自动调节系统（见图 1. 1-103a）。当锅筒水位达到上限时，通过浮筒水银开关将给水泵停止，停止向锅炉给水；当锅筒内水位达到下限时，将电动给水泵电动机接通，给水泵工作，向锅筒内进水。

3）电极式单冲量给水自动调节系统（见图 1. 1-103b）。当锅炉水位达到上限时，通过电极和晶体管线路将电动给水泵停止运行，停止向锅筒内进水。当锅筒水位达到下限时，通过电极和晶体管线路将电动给水泵起动，向锅筒内进水。

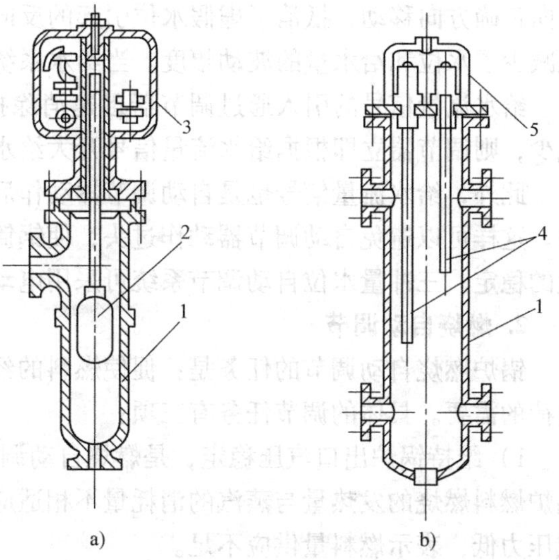

图 1. 1-103　浮筒式和电极式水位控制器

a）UQK-31 型浮筒式水位控制器　b）电极水位控制器

1—筒体　2—浮筒　3—调整箱　4—电极　5—罩壳

（2）双冲量给水自动调节系统　双冲量给水自动调节系统（见图 1. 1-104）接收两个信号，即水位信号和蒸汽流量信号。当负荷变化引起水位大幅度波动时，蒸汽流量这个信号的引入起着超前作用（前馈作用），它可以在水位还未出现波动时提前使给水调节阀动作，从而减少水位的波动，改善了调节品质。

双冲量自动调节器是由充有水银的三个容器所组成的一只复杂的浮子式差压计（见图 1. 1-105），其中放有浮子的容器 1 为正容器，其他两只为负容器 2、3。容器 1 与锅筒汽容积相连。容器 2 与锅筒水容积相连，容器 3 与节流装置后的蒸汽管道相连。所以容器 1 与容器 2 之间的压差就反映了锅筒水位变化的情况，容器 1 与容器 3 之间的压差就反映了蒸汽流量的变化情况。因此容器 1 中的浮子的变化，既取决于蒸汽流量的变化，又取决于锅筒水位的变化，构成了一只双冲量给水自动调节器，通过一套曲柄传动机构使给水调节阀动作。

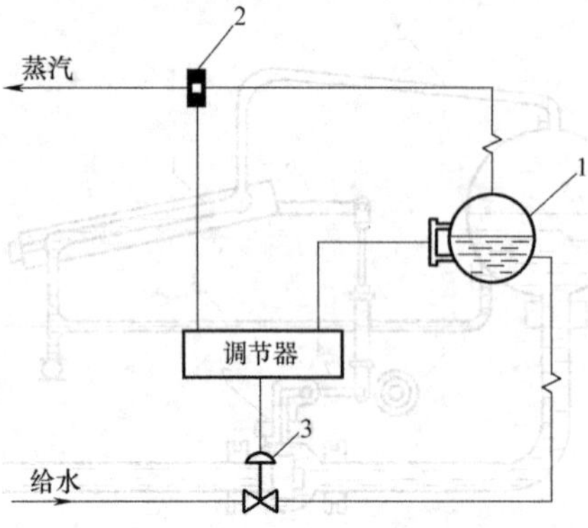

图 1.1-104　双冲量给水自动调节系统

1—锅筒　2—孔板　3—调节阀

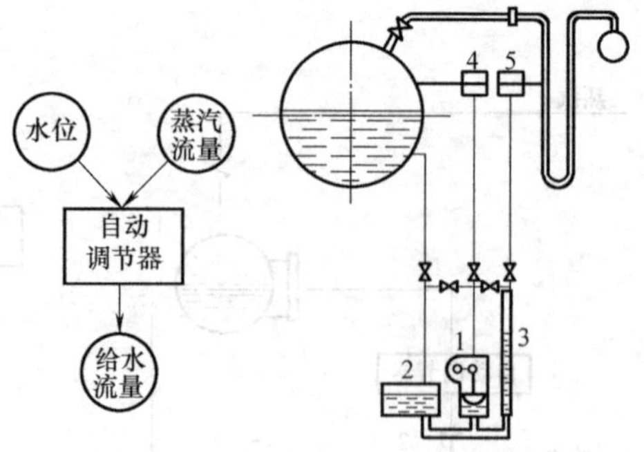

图 1.1-105　双冲量自动调节器

1、2、3—容器　4、5—冷凝器

（3）三冲量给水自动调节系统　三冲量给水流量调节接收三个信号：锅筒水位信号、蒸汽流量信号和给水流量信号。当蒸汽负荷突然变化时，蒸汽流量信号使给水调节阀一开始就向正确方向移动，抵消了虚假水位引起的反向动作，避免了虚假水位所带来的误差，大大地减少了水位和给水量的波动幅度。当给水系统压力变化时，给水流量将受影响。

给水流量信号的引入通过调节器迅速消除扰动（如由于给水压力变小而引起给水流量减少，则调节器立即根据给水流量信号开大给水调节阀，使给水流量较少受到影响）。

此外，给水流量信号也是自动调节器动作后的反馈信号，使自动调节器及早知道调节效果。这样可以避免自动调节器动作过头，使锅筒水位保持在给定的数值上，保证自动调节系统的稳定。三冲量水位自动调节系统可采用电动单元组合仪表或气动单元组合仪表。

2. 燃烧自动调节

锅炉燃烧自动调节的任务是：促使燃料的经济燃烧和供给必要的热量，以满足用户蒸汽负荷的需要。具体的调节任务有三项：

1）维持锅炉出口汽压稳定，是燃烧自动调节的首要任务，出口蒸汽压力变化，则表明锅炉燃料燃烧的发热量与蒸汽的消耗量不相适应。蒸汽压力高了，表示燃料量供应太多，蒸汽压力低，表示燃料量供应不足。

2）确保燃烧过程的经济性。即调整燃料量与空气量的配比，使炉膛出口过剩空气系数为最佳值（锅炉效率最高，排烟热损失、机械未完全燃烧热损失、化学未完全燃烧热损失等之和最低）。

3）维持炉膛出口负压在一定范围内（$-30\sim-20$Pa）。对于燃烧过程自动调节的要求是：在稳定负荷时，应使燃料量、送风量和引风量各自保持相对不变，及时消除由于燃料质量等变化而引起的内部扰动。在负荷变动时，应使燃料量、送风量、引风量成比例地变化。

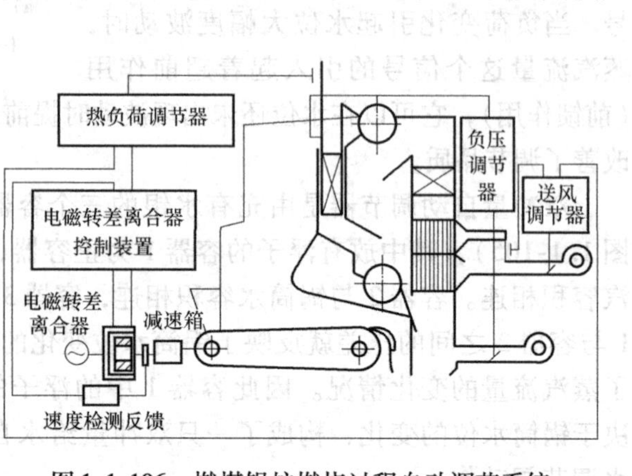

图 1.1-106　燃煤锅炉燃烧过程自动调节系统

（1）燃煤锅炉燃烧过程自动调节系统（见图 1.1-106）

1）锅炉出口压力为被调参数信号，

在一定煤层厚度下对应不同负荷，自动调节炉排速度，使蒸汽压力恒定，如果压力降低，则提高炉排速度，增加燃煤量，以适应负荷需要，反之，则相反。

2）炉排调速装置由电磁转差离合控制装置、电磁调速异步电动机及减速箱组成。当蒸汽压力变化时，热负荷调节器的输出电流随之变化，并送入电磁转差离合控制装置，即可输出一个相应的直流控制电流到电磁调速异步电动机的励磁绕组中去，以改变调速电动机的转速，经减速器减速后，得到所需的炉排速度。

（2）送风调节系统　在调节炉排速度的同时，为提高燃烧的经济性，应保持一定的风煤比，也就是说必须调节送风量。燃料量和风量之比为被调参数信号，此两流量信号按一定的比例加到调节器中去，燃料量信号采用热负荷调节器的输出信号，风量信号采用空气预热器前后的差压信号，送风调节器的输出信号通过执行器，即可控制送风机挡板开度，以得到与燃料量相应的送风量。这里风量信号同时又是送风调节器的反馈信号，它可以提前反映调节器的调节效果。当送风系统有内部扰动时，送风调节器即根据风量信号及时调节风机挡板，克服扰动，仍保持一定的风煤比。

（3）引风调节系统　炉膛负压为被调参数信号，在各种负荷下使炉膛负压保持在一定范围内。炉膛负压信号取自炉膛上部，通过差压变送器送入负压调节器，从而控制引风机的入口挡板，以得到相应的引风量。

（四）锅炉的连锁保护装置

锅炉的保护装置是锅炉的重要组成部分，对锅炉的安全运行起十分重要的作用。它的作用主要有两点：当被控对象的变化超过给定范围之后，具有限制报警作用；当锅炉出现异常情况或操作失误时，具有联锁保护作用。

锅炉保护装置的类型有多种分法，从上述两点作用出发，亦可分为报警系统和联锁保护系统。

1. 锅炉的报警系统

锅炉的报警系统是由水位、压力和温度的传感器与声光信号装置相互串联而组成的一个电路系统。当水位、压力和温度处于极限位置时，指示灯将通过亮或灭、闪烁或颜色区别来显示相应的状态，而音响信号装置则通过发声达到报警的目的。

（1）水位报警系统　为了保持锅炉水位正常，防止发生缺水或满水事故，蒸发量大于或等于2t/h 的锅炉，除装设水位计外，还需装设高低水位报警器。它的作用是：当锅炉内的水位高于最高安全水位或低于最低安全水位时，水位报警器就自动发出报警声响和光信号，提醒司炉人员迅速采取措施，防止事故发生。

高低水位报警器实际上就是一种锅炉水位测量装置和报警装置的结合，其种类很多，主要有浮球式、浮筒式、磁铁式和电极式四种。

1）浮球式水位报警器。它主要由杠杆、传动杆、浮球、汽笛、阀门等部件组成，如图1.1-107 所示。

当锅炉水位正常时，浮球浸没在水中，置于上、下传动杆之间的位置，汽笛阀门关闭，当水位达到最高或最低时，浮球上升或下降，推动传动杆，使汽笛阀门开启，警报声响。

2）浮筒式水位报警器。它主要由报警汽笛、高水位针形阀、低水位针形阀、连杆、高水位浮筒、低水位浮筒等部件组成，如图1.1-108 所示。

当锅炉水位正常时，高水位浮筒悬在蒸汽空间中，低水位浮筒浸没在水中，两个浮筒对应的杠杆均处在平衡状态，高、低水位针形阀关闭；当锅炉内水位下降至最低水位时，低水位浮筒露出水面，浮力减小，连杆失去平衡，低水位针形阀打开，汽笛报警声响；当锅炉内水位升高至最高水位时，高水位浮筒浸没在水中，高水位浮筒所受浮力增加，此时连杆失去平衡，高水位针形阀打开，汽笛报警声响。

3）磁铁式水位报警器。它主要由永磁钢组、浮球、三组水银开关和调整箱等部件组成，如图 1.1-109 所示。

其工作原理是：永磁钢组与浮球连为一体。当锅筒内水位发生变化时，浮球随之上升或下降，带动永磁钢组上下移动。当达到其中一个水银开关对应位置时，开关受磁力吸引接通，发出警报信号。

4）电极式水位报警器。它主要由高水位电极、低水位电极以及附属电气部分组成，如图1.1-110 所示。

当锅炉内水位上升至最高安全水位时，高水位电极与锅水接触，使接触回路中的电源导通，发出警报信号。当锅炉内水位下降至最低安全水位时，低水位电极与锅水脱开，使接触回路中电源切断，从而发出警报信号。

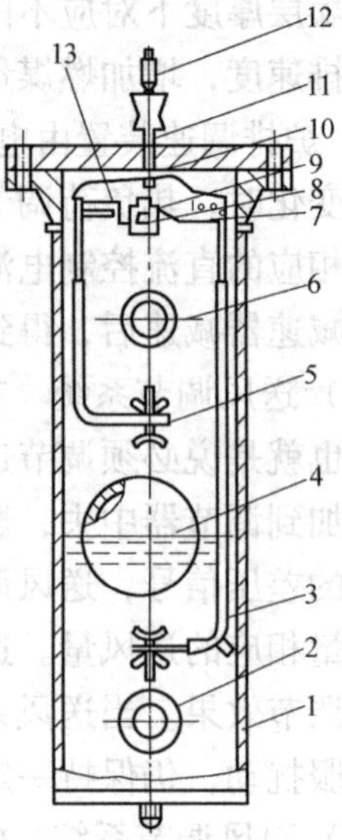

图 1.1-107　浮球式水位报警器

1—外壳　2—水侧连通管　3—下传动杆　4—浮球　5—上传动杆　6—汽侧连通管　7—杠杆　8—支座　9—支架　10—阀门　11—笛座　12—汽笛　13—调节螺母

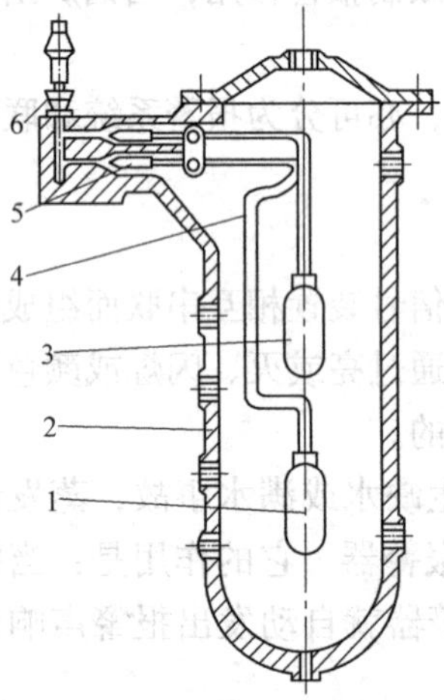

图 1.1-108　浮筒式水位报警器

1—低水位浮筒　2—筒体　3—高水位浮筒　4—连杆　5—针形阀瓣　6—汽笛

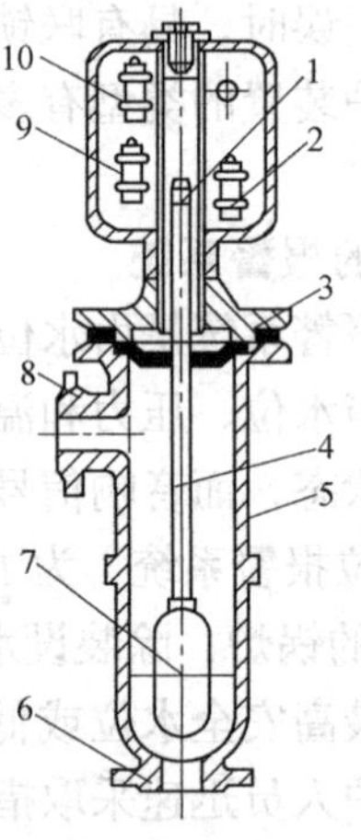

图 1.1-109　磁铁式水位报警器

1—永磁钢组　2—极限低水位开关　3—调整箱组件　4—浮球组件　5—外壳　6—水连通管法兰　7—浮球　8—汽连通管法兰　9—低水位开关　10—高水位开关

(2) 超压报警系统　超压报警系统的原理是通过中间继电器与位式压力控制器的上限触点开关并联或串联，再通过中间继电器连接灯光和音响信号，达到报警目的。

位式压力控制器是一种将压力信号直接转化为电气开关信号的机-电转换装置。它的功能是对压力高、低的不同情况输出开关信号（一般为不同的两组），对外部线路进行位式自动控制或实施报警。常用的位式压力控制器有：电接点压力表、压力控制器等，下面将介绍它们的结构和功能。

1）电接点压力表。电接点压力表是一种既有压力刻度指示又有开关接点信号输出的仪表。它由弹簧压力表和三个电接点组成，其外形结构如图 1. 1-111 所示。电接点压力表的压力指针下面有一个电接点，与其同步运动；另外还有两个与指针同轴空套着的给定值指针，一个是低压给定值指针，另一个是高压给定值指针。它们的下方各带有一个电接点，当需要控制一定压力范围时，可把给定值指针借助专门钥匙调整到定值位置。当示值指针位于高、低压给定值指针之间时，三个接点互相断开；当被测压力超过高压给定值，或低于低压给定值时，示值指针和给定值指针重合，动接点便和上限接点相接触导电，发出警报。

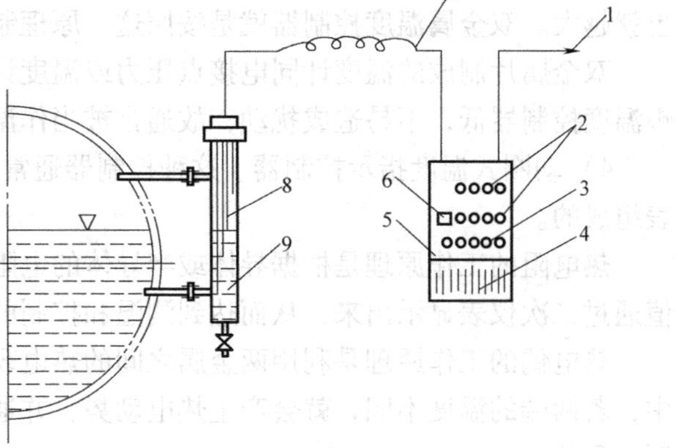

图 1. 1-110　电极式水位报警器

1—接水泵线　2—水位指示灯　3—手动控制开关　4—报警指示信号　5—控制箱　6—警灯　7—信号输出线　8—电极　9—信号器

2）YWK-50 型压力控制器。它是一种随着压力变化输出开关信号的控制装置。其工作原理是利用波纹管弹性元件随着压力的升降而伸缩的变化特性，通过杠杆与拨臂的作用，拨动开关，使触点闭合或断开，从而达到对压力进行监控的目的。如图 1.1-111 所示，当压力升高时，1、2 闭合、1、3 断开；当压力下降时，1、2 断开，1、3 闭合。

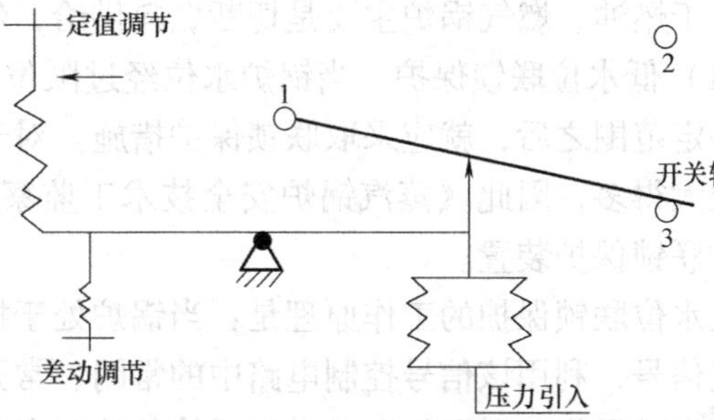

图 1. 1-111　YWK-50 型压力控制器

（3）超温报警系统　温度是锅炉运行过程中的重要参数，对它的测量和控制是保证锅炉安全运行的重要手段。额定出口热水温度高于或等于 120℃的锅炉以及额定出口热水温度低于 120℃，但额定热功率大于或等于 4. 2MW 的锅炉，应装设超温报警装置。

在锅炉中超温报警系统主要由温度控制器和声光信号装置组成。使用的温度控制器有压力式温度控制器、电接点水银温度控制器、双金属温度控制器、动圈式温度指示控制器等。

1）压力式温度控制器。它的结构类似于电接点压力表，它有一个动触点和两个静触点，两个静触点代表温度控制上下两个极限值，定位可调整。动触点随温度指针同步运动，当温度达到上限或下限时，动触点和静触点闭合，外部电路接通，从而达到控制和报警的目的。

2）电接点水银温度控制器。这种控制器是由玻璃水银温度计加装电触针所形成的电接点开关而构成的，其工作原理是利用温度计中的水银柱随温度变化而膨胀或收缩时接触或断开电触针，从而接通或断开外接电路，达到控制的目的。

3）双金属温度控制器。它是由双金属温度计带接点所组成的。双金属温度控制器中的感温元件是双金属，即用两片线膨胀系数不同的金属片叠焊在一起制成的。双金属片受热后由于两金属片的膨胀长度不同而产生弯曲。温度越高，膨胀长度差越大，则引起弯曲的角度也就越大。双金属温度控制器就是按照这一原理制成的。

双金属片制成的温度计同电接点压力或温度计一样，也可以带有接点，且接点电阻较水银温度控制器低，不易造成扰动，故通常被当作温度继电控制器和极值温度信号器等使用。

4）动圈式温度指示控制器。这种控制器通常是由热电阻或热电偶温度传感器和显示仪表组成的。

热电阻的工作原理是根据导体或半导体的电阻值随温度变化而变化的性质，将电阻变化值通过二次仪表显示出来，从而达到测温和控制的目的。

热电偶的工作原理是利用两金属之间的热电现象，即两种不同金属导体焊成的封闭回路中，若两端的温度不同，就会产生热电动势，并通过二次仪表指示出来，从而达到测量和控制的目的。

动圈式温度调节仪表在工业锅炉上一般用作限值报警，如炉膛温度过高、排烟温度过高、热水锅炉中的循环水出口温度过高等，都可通过报警装置发出信号。

2. 锅炉的联锁保护系统

当锅炉的水位、压力、温度达到极限值以及循环泵出现故障时，锅炉就会采取紧急停炉联锁保护。对于燃煤锅炉，主要是停止鼓风机、引风机工作和控制炉排停止运行，以停止燃烧。对于燃油、燃气锅炉主要是切断燃料供给，然后按程序停炉。

（1）低水位联锁保护　当锅炉水位经过限位保护后，仍然不能恢复正常，继续超限时，达到一定范围之后，就应采取联锁保护措施。对于一般工业锅炉，由于低水位带来的危害比高水位大得多，因此《蒸汽锅炉安全技术工监察规程》规定：2t/h 以上蒸汽锅炉必须装设低水位联锁保护装置。

低水位联锁保护的工作原理是：当锅炉处于极低水位时，通过传感器把水位位置信号转换成电信号，利用该信号控制电路中的常闭、常开开关和继电器。由于这些联锁开关与继电器串联在鼓风机、引风机以及燃烧系统的控制电路中，因此当发生低水位联锁保护时，保护开关动作，达到紧急停炉保护的目的。

（2）压力联锁保护　当锅炉的蒸汽压力超过限值时，需进行联锁保护，其方法就是停炉，即停止燃烧系统的工作，不使压力继续上升，以防止锅炉发生超压爆炸事故。压力的联锁保护常用于蒸发量大于或等于 6t/h 的蒸汽锅炉和热水锅炉，以及在用油、气、煤粉作为燃料的锅炉上作安全控制。

压力联锁保护通常采用电接点压力表、压力控制器或其他压力变送器，将锅炉需要联锁保护时的压力信号转换成开关电信号，通过控制系统实现停炉。

（3）超温联锁保护　当热水锅炉热水温度超过规定值时，燃煤锅炉应自动切断鼓风、引风装置；燃气、燃油锅炉应自动切断燃料供应。超温联锁保护的工作原理与超压联锁保护基本相同，这里不再详述。

（4）循环水泵的联锁保护　循环水泵主要在热水锅炉中进行热水循环之用。根据热水锅炉的工作特性，必须保证工作时循环水不中断。因而循环水泵的主要控制保护电路有：循环水泵与备用泵间的联锁保护（自动投入）和循环水泵与燃烧系统间的联锁保护。

1）循环水泵与备用泵间的联锁保护。这种措施主要是解决在用泵与备用泵间的自动转换问题，当运行泵出现故障而跳闸时，备用泵应能自动投入工作。

2）循环水泵与燃烧系统间的联锁保护　它的目的有两个：一是防止误操作，即循环水泵未起动工作之前不允许燃烧系统投入工作；二是在工作过程中，循环水泵因故全部停止工作时，燃烧系统也应停止工作。

（5）紧急停炉联锁保护　燃煤锅炉的联锁保护主要是鼓风机、引风机和炉排的联锁保护。

1）鼓风机、引风机的联锁保护。鼓风机、引风机所作的联锁保护常用方法有两种：同步停止法和分步停止法。

① 同步停止法。这种方法是将鼓风机、引风机在联锁保护时同时停止运行。这样，锅炉的燃烧就会减弱，温度就会降低，从而达到保护的目的。

这种方法的优点是比较简单可靠，容易实现。由于鼓风机、引风机同时停止，炉膛内可能还有可燃气体未被抽走，因而这种控制方法一般只用在小型燃煤锅炉上。

② 分步停止法。这种方法是将鼓风机、引风机在低水位的联锁保护停止分两步进行，首先停止鼓风机，经过一段延时后再停引风机。

这种分步停止方法的优点是：在锅炉停炉前能将炉内可燃烧气体抽走，故在燃油燃气锅炉上都采用分步停止法；缺点是：电路比同步停止时复杂，可靠性稍低一些。

2）炉排的联锁保护。炉排所作的联锁保护也有两种：一种是让炉排停止运行，不再增添新的燃料，达到降负荷目的；另一种是使炉排快速运行，把原有燃煤带到炉外，达到降负荷目的。这两种方法都有利有弊，应针对不同情况选用。

① 炉排停止运行法。这种方法是考虑到在鼓风机、引风机停止运行之后燃料的燃烧状况已明显减弱，锅炉内的余热对锅炉的安全已影响不大而采取的联锁方法。具体的控制电路是将炉排电路的总控制电源线与引风机控制电路受同一联锁保护开关的控制，一旦有联锁保护信号时，联锁保护开关同时切断引风机和炉排的控制电源，使炉排也停止运行，达到保护的目的。

这种方法的优点是控制电路很简单，实现起来比较容易，对蒸汽超压时的联锁保护较为理想。尤其对联锁保护动作之后恢复运行很方便，但是对于低水位联锁保护不够彻底，炉膛内的余热还可能使缺水事故继续扩大。

② 炉排快速运行法。这种方法是从安全可靠的角度来考虑问题的，使炉排快速运行，可将燃煤快速地带出炉膛，并能较快地降低炉膛内的温度，可以较好地保护锅炉安全。其具体电路是将联锁保护、控制开关的信号通过中间继电器交换之后接到炉排的快速控制开关上，以实现炉排的快速运动。

这种方法的优点是保护比较彻底，尤其对低水位联锁保护有好处，但是联锁保护动作之后，需重新点炉方可继续运行。

单元五　锅炉房规模确定和设备选型

一、锅炉房最大热负荷计算

$$Q_{\max}=K(K_1Q_1+K_2Q_2+K_3Q_3+K_4Q_4)$$

式中　Q_{max}——锅炉房最大热负荷（t/h）；

Q_1——生产最大热负荷（t/h）；

Q_2——采暖最大热负荷（t/h）；

Q_3——通风、空调最大热负荷（t/h）；

Q_4——生活最大热负荷（t/h）；

K——管网热损失及锅炉自用汽系数，$K=1.1\sim1.2$，如仅考虑网损时，$K=1.05$；

K_1——生产热负荷同时使用系数，$K_1=0.7\sim0.9$；

K_2——采暖热负荷同时使用系数，$K_2=1.0$；

K_3——通风、空调热负荷同时使用系数；$K_3=0.7\sim1.0$；

K_4——生活热负荷同时使用系数，$K_4=0.5$，如生产、生活热负荷使用时间完全分开，则 $K_4=0$。

二、锅炉选型原则

1. 锅炉类型选择原则

锅炉房最大热负荷和所使用的燃料确定后，可综合考虑相关因素，选择锅炉类型。

（1）供热介质和参数

1）蒸汽锅炉压力和温度，根据生产工艺和采暖通风空调的需要，并考虑锅炉房内、外管网阻力损失，从蒸汽锅炉参数系列中选择。

2）热水锅炉的水温，根据热用户的要求、供热系统（采用直接供用户或采用热交换间接供用户）方式，从热水锅炉参数系列中选择。

3）为方便运行、维护、检修和管理，同一锅炉房内宜采用同型号、同规格、同参数、同容量的锅炉。当选用不同类型锅炉时，不宜超过两种。

4）采暖锅炉房一般宜选用热水锅炉。

5）兼供采暖、通风空调和生产热负荷，而且生产热负荷较大的锅炉房，宜选用蒸汽锅炉，其采暖热水用汽水换热器或蒸汽喷射器产生。采暖热负荷较大的锅炉房且生产用蒸汽压力又较低时，可选用高温热水锅炉，其生产用蒸汽由高温热水作加热介质的蒸汽发生器产生。也可在同一锅炉房内设置热水锅炉和蒸汽锅炉，同时满足采暖、通风空调和生产热负荷的需要。

（2）燃料种类及特性　燃料种类及特性是确定锅炉燃烧设备和燃烧方式的唯一依据。

1）燃料应能很好地满足燃烧设备要求，即对燃烧设备的适应性要好。

2）燃料对锅炉负荷调节的适应性要好。

3）燃料的消烟除尘效果要好。

4）机械化程度高。

（3）其他因素　所选用的锅炉应有较高的热效率、负荷调节范围宽、适应负荷变化的能力强、基建投资少、运行维护费用低。

2. 锅炉台数确定原则

1）锅炉台数应按所有运行锅炉在额定蒸发量工作时，能满足锅炉房最大热负荷的要求选择。

2）锅炉的出力、台数应能有效地适应热负荷变化的需要，且在任何工况下，应保证锅炉有较高的热效率。

3）应考虑热负荷发展的需要。如近期内热负荷有较大增长，可选择较大容量的锅炉，将发展负荷考虑进去。如仅考虑远期热负荷的增长，则可在锅炉房的发展端留有安装扩建锅炉的富裕位置，或在总图上留有空地。

4）锅炉台数应根据热负荷的调度、锅炉检修和扩建的可能性确定。一般新建锅炉房以不少于2台、不超过5台为宜。

5）以生产负荷为主或常年供热的锅炉房，应设置一台备用锅炉。以采暖、通风空调为主的锅炉房，一般不设备用锅炉。

思考题与习题

1. 什么叫锅炉设备？锅炉设备由哪些系统构成？蒸汽锅炉和热水锅炉在锅炉设备构成上有哪些区别？请说明原因。

2. 为什么都采用热水锅炉作为采暖设备？热水作为采暖介质有何优点？

3. 强制循环热水锅炉与自然循环热水锅炉相比，有哪些特点？为什么热水锅炉大都采用强制循环？

4. 近些年，一些WNS型燃气热水锅炉运行了一至两个采暖季之后，经常在回燃室前管板第二回程入口处的管口出现热疲劳现象。管口出现径向穿透性裂纹，有部分裂纹还延伸到管板上，裂纹的纵向长度可达到25mm，裂纹的分布与形状如图1.1-112所示。

停炉检查，可以在回燃室前管板及靠近管板的一段管壁上看到有一层水垢。越靠近根部，水垢的厚度越厚，结垢的形状如图1.1-113所示。如果使用WNS型干背式锅炉，出现裂纹和发现水垢的现象仅出现在后管板的第二回程区域，第三回程则完全正常，而在锅炉热功率、工作压力相同的WNS型蒸汽锅炉上却很少发现这种现象。上述问题已经成为热水锅炉运行中的常见故障，是什么原因导致问题的发生？如何来预防？

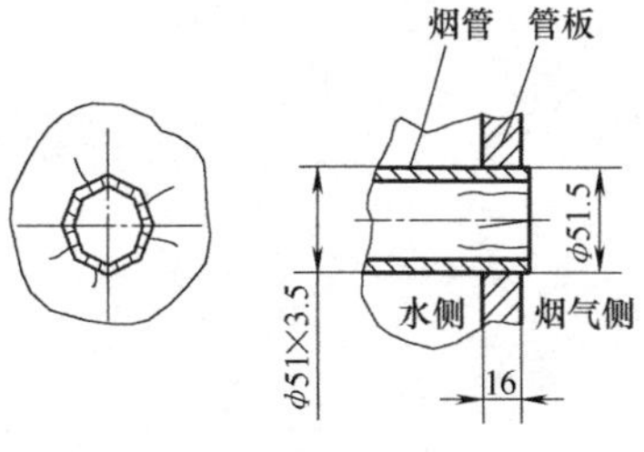

图1.1-112　题4图（一）

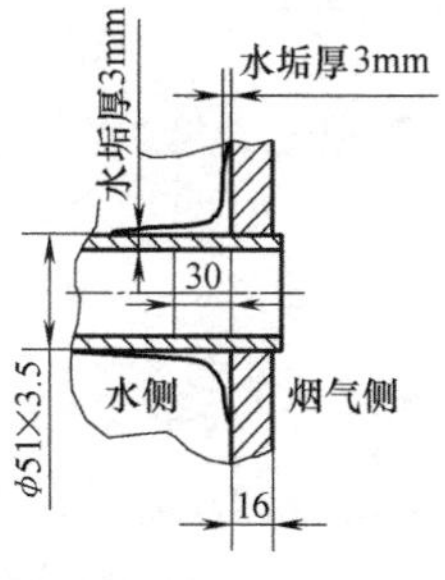

图1.1-113　题4图（二）

5. 烟尘的初始排放浓度对除尘效率有何影响？影响烟尘颗粒度的因素有哪些？如何降低烟尘的初始排放浓度？

6. 选择除尘器要考虑哪些因素？除尘器性能的评价指标包括哪些？

7. 有一台SHL20型饱和蒸汽锅炉，设计煤种为二类烟煤，锅炉总受热面积400m^2，消耗金属总重52t，锅炉房辅机耗电总功率260kW，锅炉出力在燃烧设计煤种的情况下大多时间维持在80%，锅炉运行效率为68%。请根据以上具体描述，写出锅炉性能的评价报告。

8. 某居民住宅小区新增供热面积20万m^2，由于小区处于繁华地带，为了节省建设用地，锅炉房占地空间相对较小；由于燃料供应的局限性，锅炉只能燃用无烟煤；采用高温水采暖，要求负荷调节性能好；原锅炉房安装3台SZL14-1.25/115/70-WⅠ型燃煤锅炉，在运行过程中发现，由于采用双锅筒D形布置，锅炉经常出现烧偏现象，请根据以上条件，为新增容的供暖面积选择一台锅炉，并写出选型报告。

9. 华北某量具厂要设计一座蒸汽锅炉房，为生产、生活以及厂房和住宅采暖提供热源。生产、生活为全年性用汽，采暖为季节性用汽。生产用汽设备要求提供的蒸汽压力最高为4个表压，用汽量3.7t/h；凝结水受生产过程的污染，不予回收利用；采暖用汽量为7.8t/h，采暖系统的凝结水回收率为65%；生活用汽主要供食堂和洗澡用热需要，用汽量为0.7t/h，无凝结水回收，采用山西烟煤作为燃料。

根据以上的条件，要求学生通过教师讲解、现场参观、网上查阅资料等各种手段，获取知识信息，通过自主学习，编制此燃煤锅炉房设备选型报告，具体内容包括：

1）锅炉房最大热负荷计算。

2）锅炉选型方案。

3）锅炉辅助设备选型方案。

4）锅炉房工艺流程图绘制。

5）锅炉运行经济性分析，估算出每平方米供暖面积的成本。

6）形成任务报告单。

学习任务二

火床锅炉设备运行

知识目标

1. 掌握火床锅炉点火、升压与并炉操作知识。
2. 掌握火床锅炉运行参数影响因素及调整方法。
3. 掌握火床锅炉的经济运行技术。
4. 熟悉火床锅炉常见事故现象及产生原因。
5. 掌握火床锅炉运行操作规程编写依据、内容及具体要求。

能力目标

1. 具备编制锅炉设备运行操作规程的能力。
2. 掌握火床锅炉设备的运行操作、参数调节和停炉保养技术。
3. 具备锅炉机组常见故障的分析处理能力。
4. 利用行业最新技术，对锅炉及供热系统实施局部节能改造。

任务导入

华北某量具厂要设计一座蒸汽锅炉房，为生产、生活以及厂房和住宅采暖提供热源。生产、生活为全年性用汽，采暖为季节性用汽。生产用汽设备要求提供的蒸汽压力最高为4个表压，用汽量3.7t/h；凝结水受生产过程的污染，不予回收利用；采暖用汽量为7.8t/h，采暖系统的凝结水回收率为65%；生活用汽主要供食堂和洗澡用热需要，用汽量为0.7t/h，无凝结水回收，采用山西烟煤作为燃料。

在任务一中，已经完成了该燃煤锅炉房设备的选型任务，任务二的任务是为该锅炉房的设备编写运行操作规程，规程包括如下内容：

1. 工程概况。
2. 编写依据。
3. 设备技术参数和燃料特性。
4. 锅炉运行操作规程。

(1) 火床锅炉点火前的检查和准备

(2) 火床锅炉的点火、升压与并炉操作

(3) 火床锅炉的运行调整

(4) 火床锅炉停炉与保养

(5) 火床锅炉常见事故及处理

5. 形成任务报告单。

任务分析

要想正确编写出火床锅炉运行操作规程，首先必须了解火床锅炉运行操作规程编写依据、内容与具体要求。熟悉火床锅炉从点火起动、运行调整、故障处理到维护保养等每一环节的操作技术。本任务将通过火床锅炉点火、升压与并炉，火床锅炉运行调整，工业锅炉的经济运行，锅炉停炉与保养、火床锅炉常见事故与处理五个单元的学习，最终完成火床锅炉运行操作规程的编写。

教学重点

1. 火床锅炉运行操作技术。
2. 火床锅炉经济运行技术。

教学难点

1. 火床锅炉故障分析与处理。
2. 锅炉运行操作规程编制。

相关知识

单元一　火床锅炉点火、升压与并炉

工业锅炉运行是企业生产系统中的一个十分重要的环节，它包括对锅炉设备进行监督、操作、调整、巡回检查和维护保养等日常工作。其基本要求是保证锅炉在额定的参数范围内安全、经济运行。

锅炉运行工况是不稳定的，其不稳定的因素比较复杂，在实际情况下只能维持相对稳定。例如，当外界负荷变动时必须对锅炉操作进行一系列的调整；对供给锅炉的燃料量、通风量、给水量进行相应的改变，使锅炉的运行工况和外界负荷相适应。同样在外界负荷稳定的情况下，燃料的燃烧、传热，锅内过程发生变化也必须及时调整和进行改进操作。因此，在运行中要随时发现这些变化，就必须进行认真的监督和巡回检查。不少企业提出的“四勤”操作法，即勤监督、勤检查、勤调整、勤联系，就是要求锅炉运行人员以“勤”来保持参数的稳定和保证锅炉安全、经济运行。

一、锅炉投入运行的必要条件

1）锅炉设备及其有关环境条件，要符合《蒸汽锅炉安全技术监察规程》及《热水锅炉安全技术监察规程》的有关规定。锅炉必须取得锅炉使用登记证和有效期内的锅炉定期检验报告。

2）锅炉房必须有专人负责锅炉的管理工作。

3）司炉工人必须符合国家颁发的《锅炉司炉工人安全技术考核管理办法》的有关规

定，水质化验人员也应持有上岗证。

4）锅炉应使用设计燃料或与设计燃料相近的燃料。

5）锅炉房应具备以下规章制度：

① 岗位责任制度：

a. 锅炉房管理人员职责。

b. 运行操作人员岗位职责。

c. 水处理及化验分析人员职责。

② 交接班制度：

a. 司炉工人交接班制度。

b. 水处理人员交接班制度。

③ 巡回检查制度。

④ 安全操作制度。

⑤ 设备日常维护保养制度。

⑥ 设备定期检修制度。

⑦ 水质管理制度。

⑧ 安全保卫制度。

⑨ 清洁卫生制度。

二、锅炉运行操作必须注意的事项

1. 安全运行管理

1）锅炉在运行中，应保证汽压、水位、温度正常，做好运行检查和记录。

2）锅炉必须定期进行安全检验，安全附件必须定期进行校验。

3）锅炉在使用中必须定期进行设备状态及技术性能检查，并根据检查情况进行维护。

4）锅炉在使用中，其自控和连锁保护装置必须完好，不允许在非保护状态下运行。

5）燃油、燃气锅炉的油、气管路必须具有完好的密封性。

6）锅炉用水应符合 GB/T 1576—2008 中的规定。

7）较长时间停炉时，必须采取必要的防腐、防寒措施。

2. 经济运行的管理

1）锅炉安装应符合设计要求，并符合 GB 50273—2009 的要求。

2）锅炉及其附属设备和热力管道的保温应符合 GB/T 4272—2008 的要求。

3）锅炉运行时，应经常检查管道、仪表、阀门的工作及保温状况，确保其完好、严密，及时处理跑、冒、滴、漏等情况。

4）锅炉运行时，应经常检查锅炉本体及风、烟设备的密封性，发现泄漏要及时修理，锅炉受热面应定期清灰，保持清洁。

5）在用锅炉应配备能反映锅炉经济运行状态的仪器和仪表，并定期检查、校验。

6）在用锅炉的经济技术指标应符合 GB/T 17954—2007 的规定。

3. 环保运行的管理

1）锅炉大气污染物排放应符合 GB 13271—2014 中的规定。

2）燃煤锅炉应推广使用洁净煤燃烧技术。

3）出力大于或等于20t/h的锅炉应推广使用大气污染物在线监测装置。

4）锅炉、湿式除尘及脱硫设备排放废水为中性。

三、点火前的检查与准备

1. 蒸汽锅炉点火前的准备工作

为了防止锅炉在点火前升压时因存在没有消除的缺陷而延误时间，或者因存在没有消除的隐患而造成锅炉事故，在点火前应做好以下工作：

1）进行锅炉内外部检查。锅筒、集箱是否有遗留的工具或杂物，受热面、主汽管、给水管、排污管内是否有焊条头等杂物堵塞。人孔、手孔等盖板螺栓是否拧紧，安全垫料是否完好，炉墙、炉拱有无裂缝、变形，炉墙与锅筒、集箱等接触部位应有足够的膨胀间隙和石棉垫料，炉门、灰门、防爆门是否关闭严密，吹灰器、挡风板是否良好等。

2）水位表、压力表、安全阀、水位警报器等安全附件要符合规程要求，否则应予以更换或维修。

3）流化床锅炉的防磨部位应完好，返料器应通畅。

4）机械传动系统各转动部分应润滑良好，炉排无变形和损伤，炉排片间隙合适，机械传动装置试运转状态良好，给煤装置工作正常。燃油燃气锅炉应检查燃料管路、滤网、燃料泵、加热器及各旋塞、阀门连接处，不能堵塞或泄漏。循环流化床锅炉的布风板和风帽应正常。

5）水泵应处于正常工作状态并经试运转合格，给水管路、阀门、水箱及附件应正常，离子交换器、除氧设备及加药设备的工作应正常，所有管路、阀门无泄漏、腐蚀、堵塞等，所有阀门都处于工作位置，树脂的质量和数量应符合要求。

6）检查送、引风机内有无异物，对风机进行试运转，检查风机及烟、风道整体有无异常。

7）除渣设备应运转正常，除尘脱硫设备外部应清洁，无漏风及堵塞等现象。燃料充足，输送系统试运转正常，流化床锅炉脱硫剂配置系统工作正常。

8）检查电路、控制盘、调节阀及一次仪表是否正常，燃油燃气锅炉的点火程序和灭火保护装置应灵敏可靠。

9）检查过热器、省煤器内部无异物且清洁，点火前将过热器出口集箱的空气阀、疏水阀及省煤器的进、出口阀门全部打开。

10）平台、扶梯须完好，工作场地和设备周围通道应清洁、通畅。

11）上水速度不宜过快，水温一般宜在40~50℃。当水位升到最低安全水位以上时应停止上水，检查人孔、手孔及法兰连接面是否有泄漏，试开排污阀放水，检查有无堵塞现象，如有需消除堵塞之处。

2. 热水锅炉点火前的准备工作

1）清理锅筒、集箱、炉管内的遗留物，检查人孔、手孔等孔盖螺栓是否拧紧，密封垫料是否完整。炉墙、炉拱有无裂缝、变形，炉墙与锅筒、集箱等接触部位应有足够的膨胀间隙，并应填充石棉垫料，炉门、灰门、防爆门是否关闭严密，吹灰器、挡风板是否良好等。

2）检查安全附件是否完好，锅筒顶部的放气阀是否已打开。对于汽水两用锅炉，除检查上述项目外，还应对混水器和防止出水管吸入端带汽的装置进行检查。对于高温热水锅炉，因锅水温度较高，如果压力波动较大，易使锅水及系统中的水发生汽化，因此必须严格检查恒压装置及设备应完好可靠。

3）检查膨胀水箱及其装置是否可靠完好，循环水泵及网路停电保护装置应完好。

4）对燃烧设备、通风设备等进行全面检查。

5）为防止泥渣、铁锈和其他杂物存在于系统网路中堵塞管路和设备，必须对管路系统进行冲洗。冲洗分粗洗和精洗。

① 粗洗。将0.3～0.4MPa压力的清水压入系统网路进行循环冲洗，保持较高流速，保证冲洗效果。当排出的水由混浊变为清洁时，粗洗工作结束。

② 精洗。为了清除较大的杂物，要采用流速1～1.5m/s以上的循环水流速，使水通过除污器，使杂物沉淀下来，当循环水变得清洁时，精洗工作结束。

6）对系统进行充水，给水最好是软化水，不宜使用碳酸盐硬度较大的水。系统充水的顺序是：锅炉→系统→热用户。

① 热水锅炉的充水一般从下锅筒或下集箱开始，当锅炉顶部集气罐上的放气阀冒水时，关闭放气阀，锅炉充水结束。

② 系统充水一般从回水管开始，充水前应关闭所有排水阀，开启所有网路的放气阀及开启网路末端的连接供水和回水管的旁通阀，当网路中各放气阀冒出水时关闭放气阀，直到网路最高点的放气阀冒出水时再关闭此阀。

③ 热用户充水到各系统顶部集气罐上的放气阀冒出水时，就可关闭放气阀。待静置1～2h后，还应再放气一次，把残存的空气从系统中放出。

7）由于热用户的管路较细，充水速度不宜太快，这样才有利于空气自系统中排出，整个系统充满水后，锅炉房压力表指示读数不应低于管网中最高用户的静压。

四、各种火床锅炉的点火操作

1. 手烧炉的点火操作

1）全开烟道门和灰门，自然通风10min左右。如有通风设备，进行机械通风5min关闭灰门，在炉排上铺一薄层木柴等引燃物，其上均匀撒一层煤。

2）在煤上放一些木柴、油泥等可燃物，将其点燃，此时炉门半开。

3）将煤燃着，火遍及整个炉排，一点点加煤，使燃烧持续进行。全面燃烧后，将灰门打开，关闭炉门，使其渐渐燃烧。

2. 链条炉排锅炉点火操作

1）将煤闸门提到最高位置，在炉排前部铺20～30mm厚的煤，在煤上铺木柴、油棉纱等引火物，在炉排中后部铺较薄炉灰，防止冷空气大量进入。

2）引燃引火物，缓慢转动炉排，将火送到炉膛前部约1～1.5m后停止炉排转动。

3）当前拱温度逐渐升到能点燃新煤时，调整煤闸门，保持煤层厚度为70～100mm，缓慢转动炉排，并调节引风机，使炉膛负压接近零，以加快燃烧。

4）当燃煤移动到第二风门处，适当开启第二段风门，再继续移动到第三、四风门处，依次开启第三、四段风门，移动到最后风门处，因煤基本燃尽，最后的风门视煤燃烧情况确定少开或不开。

5）当底火铺满炉排后，适当增加煤层厚度并且相应加大风量，提高炉排速度，维持炉膛负压在20~30Pa，尽量使煤层完全燃烧。

3. 往复炉排锅炉点火操作

往复炉的点火和燃烧调节与链条炉基本相同，所不同的是：

1）往复炉适用煤种多为中质烟煤。煤层厚度为120~160mm，炉膛温度为1200~1300℃，炉膛负压为0~10.6Pa。如锅炉有4个风室，则第一风室风压要小，风门可开1/3或更小；第二风室的风压要大，风门应全开；第三风室的风压介于第一、第二风室之间，风门可开1/2或2/3，应尽量避免在炉膛前部或中部拨火；第四风室风门微开或不开，但必须保证燃料的燃尽。

2）往复炉的炉排行程一般为35~50mm，每次推煤时间不宜超过30s。如果炉排行程过长，推煤时间过快，容易断火；反之，则容易造成炉排后部无火。实际运行时，要针对不同的煤种进行调整。对于发热量较低的煤，煤层要厚，缓慢推动，风室风压要小；对于灰分多和易结渣的煤，煤层薄一些，增加推煤次数；对于灰分少的煤，煤层可厚些，以免炉排后部煤层中断，造成大量漏风。

3）对于高挥发分的烟煤，为了延长着火准备时间，在进入煤斗前应均匀掺水，煤中水的质量分数以10%~12%为宜，防止在煤闸门下面着火和在煤斗内"搭桥"。

点火后，当发现蒸汽从空气阀内冒出（或提开安全阀）时，即关闭空气阀（或将安全阀恢复原状）。同时，应密切注意锅炉的压力表，并适当开大烟道挡板，加强通风和火力，准备升压。

五、火床锅炉升压操作

随着锅炉水温逐渐上升，汽压逐渐升高，此时要做好以下工作：

1. 空气排出

锅炉产生蒸汽后，待空气从放气阀完全排尽后，应把放气阀关闭。过热器的入口集箱、中间集箱的放气阀、疏水阀，出口集箱的放气阀，在蒸汽流出把空气排尽后进行关闭。但出口集箱疏水阀保持开启，直到并汽或通汽时为止，使蒸汽在过热器中保持流通，以免烧坏过热器。

2. 检查泄漏和紧固

检查水位表、排污阀及其他附件有无泄漏，对泄漏处进行轻度紧固等处理，人孔、手孔等要适当紧固。如紧固后仍不能止漏，锅炉必须停用。

3. 在锅炉压力上升中进行的操作

1）当汽压上升到0.05~0.1MPa时，应冲洗水位表。冲洗时要戴好防护手套，脸部不要正对水位表，动作要缓慢，以免玻璃由于忽冷忽热而爆破伤人。

冲洗水位表的顺序，按照旋塞的位置，先开启放水旋塞，冲洗汽、水通路和玻璃管，再关闭水旋塞，单独冲洗汽通路；接着先开水旋塞，再关汽旋塞，单独冲洗水通路；最后，先开汽旋塞，再关放水旋塞，使水位表恢复正常工作状态。水位表冲洗完毕后，水位迅速回升，并有轻微波动，表明水位表工作正常，如果水位上升很缓慢，表明水位表有堵塞现象，应重新冲洗和检查。水位表冲洗程序如图1.2-1所示。

2）当汽压上升到0.10~0.15MPa时，应冲洗压力表的存水弯管，防止因污垢堵塞而失灵。冲洗的方法是：将连接压力表的三通旋塞转向通往大气位置，如图 1. 2-2 所示，放出弯管中的存水，待见到蒸汽喷出时，再转回原来位置。如在锅筒或锅壳上装有两块压力表，还要校对两块表指示的压力数值是否相同。

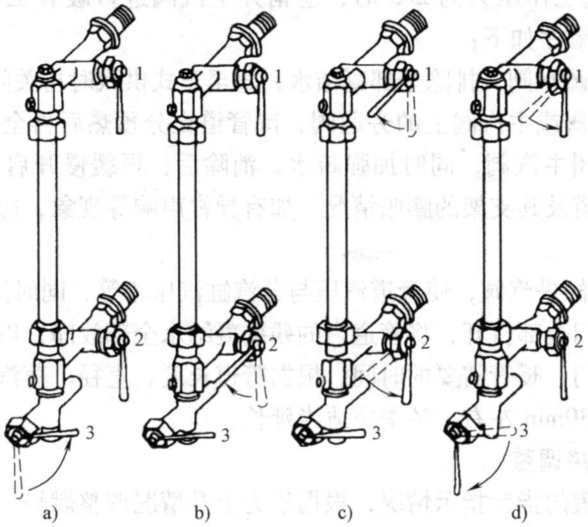

图 1. 2-1　水位表冲洗程序

1—汽旋塞　2—水旋塞　3—放水旋塞

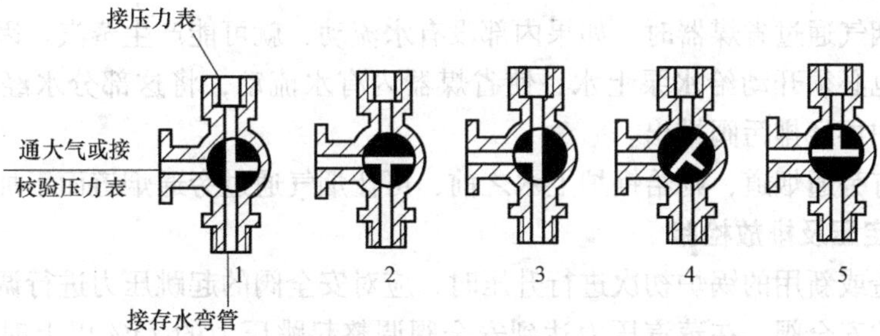

图 1. 2-2　三通旋塞操作过程

1—正常工作时的位置　2—冲洗存水弯管时的位置　3—连接校验压力表时的位置

4—使存水弯管内蓄积凝结水时的位置　5—压力表连通大气时的位置

3）当汽压上升到 0. 20 ~ 0. 29MPa 时，应检查各连接处有无渗漏现象。对螺栓因受热膨胀而伸长，可能使人孔盖、手孔盖及法兰松动泄漏的要将螺栓拧紧一次。操作时应侧身，不宜用力过猛，禁止加长手柄，防止拧断螺栓，如图 1. 2-3 ~ 图 1. 2-5 所示。

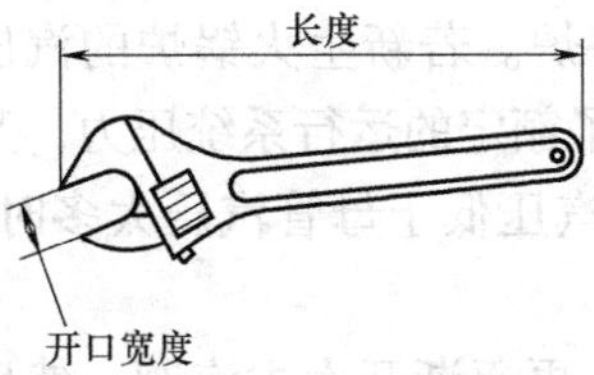

图 1. 2-3　扳手开口宽度示意图

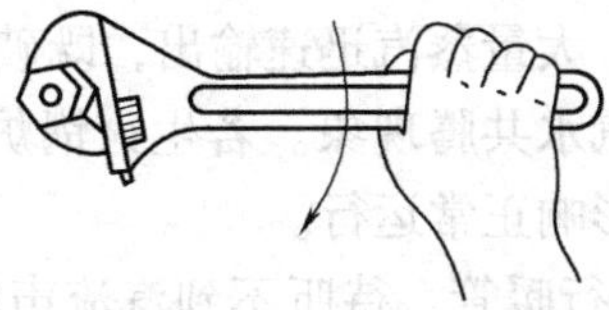

图 1. 2-4　扳手拧紧或松开螺母示意图

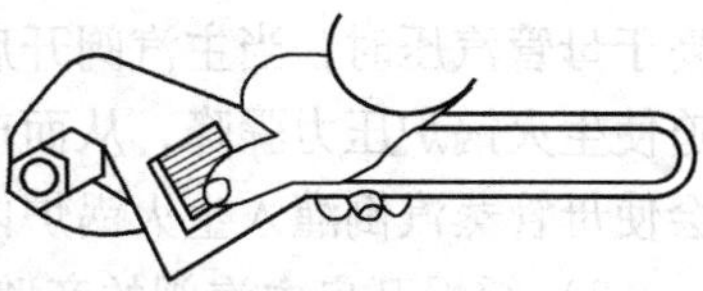

图 1. 2-5　调节小蜗杆紧、松螺栓示意图

4）当汽压上升到0.29～0.39MPa时，应试用给水设备和排污装置，在排污前应先向锅炉进水至最低安全水位以上，排污时应通知其他司炉工，防止排污后忘记关闭阀门，并应检查是否有漏水现象。

5）当汽压上升到工作压力的2/3时，应稍开主汽阀进行暖管工作。暖管的时间应在0.5h以上。暖管操作顺序如下：

① 开启管道上的疏水阀，排除全部凝结水，直至正式供汽时再关闭。

② 缓慢开启主汽阀或主汽阀上的旁通阀，待管道充分预热后再全开。如果发生管道振动或水击，应立即关闭主汽阀，同时加强疏水，消除后，再缓慢开启主汽阀，继续进行暖管。暖管时应注意管道及其支架的膨胀情况，如有异常声响等现象，应停止暖管，及时消除故障。

③ 慢慢开启分汽缸进汽阀，使管道汽压与分汽缸汽压相等，同时注意排除凝结水。

暖管时应将疏水门全部打开，将管道内的残剩凝结水全部放净，以防止送气时发生水击损坏管道、法兰和阀门。暖管需要的时间，根据管道长度、直径、蒸汽温度、季节和环境温度而定，一般夏季在30min左右，冬季应适当延长。

4. 压力监视和燃烧调整

要注意观察压力表的指针指示情况，根据压力上升情况调整燃烧。

5. 水位的监视

注意检查两组水位表的指示水位是否相同，经常观察水位变化情况。

6. 省煤器的操作

点火后，烟气通过省煤器时，如果内部没有水流动，就可能产生蒸汽。因此，在没有给锅炉上水时，也必须开动给水泵上水，使省煤器内有水流动，将这部分水经回水管送回水箱，或进入锅炉再经排污阀排出。

若省煤器有旁通烟道，则给锅炉上水之前，可让烟气通过旁通烟道而不加热省煤器。

7. 安全阀定压及排放检验

维修、改造或新用的锅炉初次进行升压时，应对安全阀的起跳压力进行调整定压。其他已经定好压力的安全阀，在蒸汽压力达到安全阀调整起跳压力的75%以上时，应进行手动排放检验。

六、火床锅炉并炉操作

1. 蒸汽锅炉并炉操作

锅炉房内如果有几台锅炉同时运行，蒸汽母管内已有其他锅炉输入蒸汽，再将新生火锅炉内的蒸汽合并到母管的过程称为并炉（并汽）。并炉的顺序如下：

1）开启母管和主汽管上的疏水阀门，排出凝结水。

2）当锅炉汽压低于母管汽压0.05～0.1MPa时，就可开始并炉。若新生火锅炉的汽压高于母管汽压时，当主汽阀开启后，大量蒸汽迅速输出，既破坏了额定的运行系统压力，又迫使生火锅炉压力骤降，从而产生汽水共腾现象。若生火锅炉的汽压低于母管汽压太多时，会使母管蒸汽倒灌入生火锅炉内，影响正常运行。

3）缓慢开启主汽阀的旁路阀进行暖管，待听不到汽流声时，再逐渐开大主汽阀，然后关闭旁路阀以及母管和主汽阀管上的疏水阀。

4）并炉时应保持汽压和水位正常，如果管道中有水击现象，应进行疏水后再并炉。

5）并炉后，开启省煤器主烟道挡板，关闭旁路烟道挡板。无旁通烟道时，关闭回水管路，使省煤器正常运行。

2. 热水锅炉的升温与并炉操作

（1）热水锅炉升温

1）冲洗压力表弯管。

2）热水锅炉出口温度达到60～70℃时，试用排污装置及补水设备。

3）当水温接近正常供水温度时，应检查各连接处有无渗漏现象。对检修时拆卸过的各孔盖的螺栓，再拧紧一次。

4）在升温期间，应随时监视锅水温度及压力。

（2）热水锅炉并炉

1）对容量较小的热水锅炉，并炉时可先放掉部分温度较低的锅水，缓慢打开回水阀引入系统回水，不断重复此操作。当锅水温度接近系统回水温度时，缓慢打开出水阀，如无振动噪声等异常情况再将出水阀开大，然后开启回水阀，进行正常的点火升温。

2）对容量较大的热水锅炉可先排污，放掉部分锅水，然后点火升温，等锅水温度上升到70℃左右时，可缓慢打开回水阀；等锅内压力与其他运行锅炉压力一致时，再缓慢打开出水阀，如无振动和噪声等异常情况，可逐渐开大出水阀。

3）进行以上操作时，应随时监视锅炉压力与温度，防止超压或超温。

4）除尘脱硫设备也应随锅炉同时起动。

单元二　火床锅炉运行调整

一、蒸汽锅炉的运行和调节

锅炉正常运行时，必须控制水位、汽压、汽温在一定的范围内，以适应锅炉设备的自身安全及企业生产系统中的工艺要求。根据锅炉工作状态，如负荷、燃烧、传热、锅水情况应及时地进行调节。

（一）水位的调节

水位的高低对锅炉的安全运行和生产工艺要求影响很大，在运行中应随时注视和调节锅炉的水位。水位的变化会引起汽压、汽温的波动。水位太高时会使蒸汽大量带水，降低蒸汽品质，影响产品质量，并会在蒸汽管道内发生水冲击，甚至会发生满水事故。有蒸汽过热器时，则会使蒸汽中的盐碱物质附着在过热器中，甚至烧坏过热器。水位过低则容易发生缺水事故，甚至严重缺水事故，造成被迫停炉。为此，必须加强对水位的监视和控制。锅炉在运行过程中，水位应保持在最低安全水位线和最高安全水位线之间，一般控制在水位表的一半左右。根据规程规定：蒸发量 $D \geqslant 2t/h$ 的锅炉必须装设高低水位警报器，警报信号能区分高低水位。水位的变化实际上反映的是给水量和蒸发量之间的矛盾，当给水量小于蒸发量时，水位就下降，当给水量大于蒸发量时，水位就上升，给水量与蒸发量相等时，水位保持不变（这时，没有考虑排污、漏水、漏汽等情况）。

负荷的变化，炉内燃烧工况的变化，必然导致蒸发量的变化，而要维持锅炉的正常水位，就必须及时调节给水量，以适应蒸发量的变化。锅炉的给水方式和时间要适当，锅炉在运行中应尽可能做到均匀连续地给水，避免水位过低时大量给水，水位过高时又进行排污。因此，蒸汽负荷增加或水位下降时，就应及时开大给水调节阀，蒸汽负荷减少或水位上升时，及时关小给水调节阀。

目前，很多企业已使用了给水自动调节器，这对稳定水位、安全运行、改善运行人员工作条件都有显著的作用。

实际上蒸汽负荷是有波动的，特别是在负荷变化比较大的情况下，锅炉往往会出现“虚假水位”。其现象是：当负荷突然大幅度增加时，水位很快上升，然后又很快下降，当负荷突然降低很快时，水位很快下降，然后，又很快上升。出现“虚假水位”的原因是：“当负荷突然大幅度增加时，蒸发量不能很快跟上，汽压就会下降，锅水温度就会从原来压力下的饱和温度，降到新压力下的饱和温度，此时，释放出大量热量来蒸发锅水，使锅水产生大量气泡，汽水混合物容积膨胀，水位升高。待大量气泡逸出水面时，锅水的气泡数量减少，蒸汽混合物容积减小，水位又下降。如果没有加大给水，那么蒸发量大于给水量，水位还要继续下降。因此，在负荷瞬时间大幅度增加时，首先应保持稍低水位（不能低于最低安全水位线），同时开大给水调节阀，加强给煤量和送风量。不能一见水位上升就马上关小给水调节阀，否则会在水位下降时，补不上水，造成缺水事故。

同样道理，在负荷很快下降时，经过了一个与上述相反的过程。即蒸汽压力上升，对应的饱和温度提高，用来增加新的饱和温度的吸热量增加，用于蒸发锅水的热量减小，蒸发量下降，锅水中气泡数量减少，汽水混合物容积减小，水位很快下降，这样就出现了“虚假水位”。随后，锅水温度已上升到新压力下的饱和温度，不再多吸收热量，水位又很快上升。如果没有减少给水，给水量大于蒸发量，水位就要继续上升。因此，在负荷瞬时大幅度降低时，首先应保持稍高水位（不能高于最高安全水位线），同时，关小给水调节阀，减少给煤量和送风量。不能一见水位下降就马上开大给水调节阀，否则会在水位上升时，大量给水，造成满水事故。

（二）汽压的调节

锅炉运行时，应保持汽压稳定，锅炉的汽压不能低于规定的工作压力，否则，不能满足生产工艺要求的需要。同时也不能超过规定的最高许可工作压力，否则将造成安全阀开启排汽而浪费能源，当安全阀发生意外故障时导致超压事故。

锅炉汽压的变化，实际上反映的是蒸发量与蒸汽负荷之间的矛盾。锅炉在运行时，蒸汽不断进入锅筒的蒸汽空间，另一方面蒸汽又不断离开锅筒，送向外界用户。当蒸发受热面流入锅筒的蒸汽量多于外界需求时，锅炉的汽压就会上升，反之，锅炉的汽压就下降。因此，控制锅炉的汽压实质上是对蒸发量的调节，而蒸发量的大小，取决于运行人员对燃烧的操作调整。

外界负荷、燃烧工况和锅内工作情况的变化，都会导致汽压的变化，保持锅炉汽压稳定。总的原则是：当负荷增加时汽压下降，如果水位高时，应先减少给水量或暂停给水，再增加给煤量和送风量，加强燃烧，提高蒸发量，满足负荷需要，使汽压和水位稳定在额定范围内。然后再按正常情况调节燃烧和给水量。如果水位低时，应先增加给煤量和送风量，在强化燃烧的同时，逐渐增加给水量，保持汽压和水位正常。

当负荷减少时汽压升高，如果水位高时，应先减少给煤量和送风量，减弱燃烧，再适当减少给水量或暂停给水，使汽压和水位稳定在额定范围内，然后再按正常情况调整燃烧和给水量。如果水位低时，应先加大给水量，待水位正常后，再根据汽压和负荷情况，适当调整燃烧和给水量。

（三）汽温调节

蒸汽温度在运行中应该控制在一定的范围内。对于无过热器的锅炉，其蒸汽温度的变化，主要反映在锅炉蒸汽压力值的变化及饱和蒸汽的湿度上。对于有过热器的锅炉，过热蒸汽温度的变化，主要取决于过热器烟气侧的放热情况和蒸汽侧的吸热情况。

蒸汽温度偏低，会影响用户加热、干燥、蒸煮等工艺的经济性能。在蒸汽大量带水的情况下，还容易在过热器管内结存盐垢，烧坏过热器。同样，温度偏高，会导致管壁温度升高，在超过钢材允许最高温度以后，把过热器烧坏。一般带有过热器的工业锅炉，其汽温波动一般应为额定汽温 ±10℃。

前面已经讲过过热蒸汽温度的变化实际上反映了过热器烟气侧的放热量和蒸汽侧蒸汽对热量吸收的变化。通过过热器的烟温升高、流速增大、流量增多都会导致汽温升高。例如，在负荷大量增加时，需要强化燃烧来保持汽压，燃烧后的烟气温度、流速都会增高，因而，过热蒸汽的温度就会上升。反之，负荷降低，燃烧减弱，烟温则会下降。同样，蒸汽侧吸热量的状况发生变化，汽温也会发生变化。例如，水位过高时，蒸汽带水，工质吸收的热量有一部分用于蒸发水分，加热工质的热量相对减少了，过热蒸汽的温度就下降。相反，在同样燃烧条件下，水位低时，蒸汽干度提高了，过热蒸汽温度上升。

带有蒸汽过热器的锅炉，其汽温的调节一般有两种方法：中大型锅炉大都采用减温器来调节，一般工业锅炉是通过调节给煤量和送、引风量，改变燃烧来实现的。在汽温偏低的情况下，在操作上可以采取加大引风或减少二次风等措施，来使燃烧中心偏近炉膛出口，以提高炉膛出口的烟气温度来实现。气温偏高时，可用相反的方法来调节。

（四）燃烧调节

燃烧调节主要指煤层厚度、炉排速度和炉膛通风三方面，根据锅炉负荷变化情况及时进行调整。

1. 链条炉排锅炉燃烧调整

（1）煤层厚度　煤层厚度主要取决于燃煤性质，对灰分多、水分大的无烟煤和贫煤，因其着火困难，煤层可稍厚，一般为 100 ~ 160mm。对不黏结的烟煤，厚度约为 80 ~ 140mm，对黏结性强的烟煤，厚度约为 60 ~ 120mm。煤层厚度适当时，应在距煤挡板后 200 ~ 300mm处开始燃烧，在距离老鹰铁前 400 ~ 500mm 处燃尽。

当负荷变化时，给煤量应相应变化，但在一定的范围内，不宜采用调节煤层厚度的办法。因为煤层厚度的变化，对调整负荷不能立即见效，只有当新厚度的煤层移动到炉排的中部时，才开始对负荷有影响，因此对于少量负荷的调节，一般仅通过加快炉排速度来增加给煤量。如果负荷变化较大，而且锅炉将在新负荷下长期稳定运行时，则应考虑改变煤层厚度，使供煤量与蒸发量相适应。

（2）炉排速度　炉排速度应根据试验确定，正常的炉排速度应保持整个炉排面上都有燃烧的火床，而在老鹰铁附近的炉排面上没有红煤。当负荷增加时，炉排速度应适当加快，以增加供煤量。当锅炉负荷减少时，炉排速度应适当降低，以减少供煤量。一般情况下，煤在炉排上的停留时间应不低于 30min。

(3) 炉膛通风量　在正常运行时，炉排各风室风门的开度，应根据燃烧情况及时调整，例如，在炉排前后两端没有火焰处，风门可以关闭，在火焰小处可稍开，在炉排中部燃烧旺盛区要开大。但调整的幅度不宜太大，并要维持火床的长度占炉排有效长度的3/4以上。对于在满负荷时，分四段送风的锅炉，一般第一段的风压为100～200Pa，第二、三段风压为600～800Pa，第四段风压为200～300Pa。如燃用挥发分较高的煤，虽易着火，但着火后必须供给大量的空气，因此风量应集中在炉排中间偏前处，一般第二段风压为900～1000Pa。如燃用挥发分较低的无烟煤，虽着火较慢，但焦炭燃烧需要大量的空气，这时分段送风门的开度，应由中间往后部逐渐加大，直到后拱处才能全开。

当锅炉负荷减少，炉排速度降低时，应降低送风机转速（变频调速）和关小送风机出口风门（或送风机入口调节挡板），以减少送入炉排下部的总风量，而不应采用直接关小各分段风门的办法，避免增大炉排下部的风压，使风乱窜，增加漏风，对燃烧不利。当锅炉负荷增加时，应先增加引风，后增加各风室的送风量，以强化燃烧。

煤层厚薄、炉排速度和炉膛通风量三者不能单一调整，否则会使燃烧工况失调。例如，当炉排速度和通风量不变时，若煤层加厚，未燃尽的煤就多，煤层减薄，炉排上的火床就缩短；当煤层厚度和通风量不变时，若炉排速度加快，未燃尽的煤就增多，炉排速度减慢，炉排上的火床就缩短；当煤层厚度和炉排速度不变时，若通风量减小，未燃尽的煤就增多，通风量增加，炉排上的火床就缩短。因此，煤层厚度、炉排速度、炉膛通风量三者的调整必须密切配合，才能保持燃烧正常。

2. 往复炉排锅炉燃烧调节

往复炉排锅炉的点火和燃烧调节与链条炉基本相同，所不同的是：

1）往复炉适用煤种多为中质烟煤，煤层厚度为120～160mm，炉膛温度为1200～1300℃，炉膛负压为0～10.6Pa。如锅炉有4个风室，则第一风室风压要小，风门可开1/3或更小；第二风室的风压要大，风门应全开；第三风室的风压介于第一、第二风室之间，风门可开1/2或2/3，应尽量避免在炉膛前部或中部拨火；第四室风门微开或不开，但必须保证燃料的燃尽。

2）往复炉排的行程一般为35～50mm，每次推煤时间不宜超过30s。如果炉排行程过长，推煤时间过快，容易断火；反之，则容易造成炉排后部无火。实际运行时，要针对不同的煤种进行调整。对于发热量较低的煤，煤层要厚，缓慢推动，风室风压要小；对于灰分多和易结渣的煤，煤层薄一些，增加推煤次数；对于灰分少的煤，煤层可厚些，以免炉排后部煤层中断，造成大量漏风。

3）对于高挥发分的烟煤，为了延长着火准备时间，在进入煤斗前应均匀掺水，煤中含水量以10%～12%为宜，防止在煤闸门下面着火和在煤斗内“搭桥”。

燃烧调节的注意事项：

1）燃料量与空气量要搭配合适，并且要充分混合接触。

2）炉膛应尽量保持高温，以利于燃烧。

3）应不使锅炉本体和砖墙受强烈火焰直接冲刷。

4）不能突然增大燃烧负荷，要增加燃烧负荷，应先增加通风量；减小燃烧负荷时，应先减少燃料量。

5）要防止冷空气进入锅炉，以保持炉内高温，减少热损失。

6）要保持炉排运转平稳、平整，防止出现不均匀燃烧，避免“火口”或结焦。

7）保持炉膛负压燃烧，防止燃烧气体外漏，以免烧坏绝热、保温材料以及门孔等。

8）监视排烟温度、CO_2 和 O_2 的含量，经常调整燃烧工况。

（五）炉膛负压调节

锅炉正常运行时，一般应保持20～30Pa的炉膛负压。负压过小火焰可能喷出，损坏设备或烧伤人员；负压太大，会漏入过多的空气，降低炉膛温度，增加热损失。

炉膛负压的大小取决于送、引风量的大小匹配。风量是否适当，可以通过火焰颜色来判断。风量适当时，火焰呈黄色，烟气呈灰白色；风量过大时，火焰白亮刺眼，烟气呈白色；风量过小时，火焰呈暗黄色或暗红色，烟气呈淡黑色。

（六）排污

锅炉在运行中，进行必要的排污是至关重要的。排污的主要作用在于保持受热面水侧的清洁、排除锅内存积物以及避免锅水产生泡沫而影响蒸汽品质。排污分连续排污和定期排污两种。连续排污又称表面排污，是根据锅炉水质化验部门提供的水质情况来进行调整。定期排污是根据操作规程，由运行人员定期进行，同时根据化验部门提供的水质情况调整排污量的大小。

1. 定期排污

定期排污的间隔时间和数量，主要取决于锅水的质量。一般排污量不超过给水量的5%。正常情况下，常控制在2%～3%，每班排两次为宜。在一台锅炉上，同时有几个排污系统时，必须对所有排污系统轮流进行排污，避免部分受热面堆积水垢或引起水循环破坏而发生事故。在两台锅炉以上，同时使用一根总排污管，而且每台锅炉的排污管又无逆止阀时，禁止两台锅炉同时排污。

（1）排污操作　排污前应将锅筒水位保持在高于正常水位，并应注意到本锅炉排污不会影响其他锅炉的运行和检修。排污阀串联方式如图1.2-6所示。操作方法有以下两种：

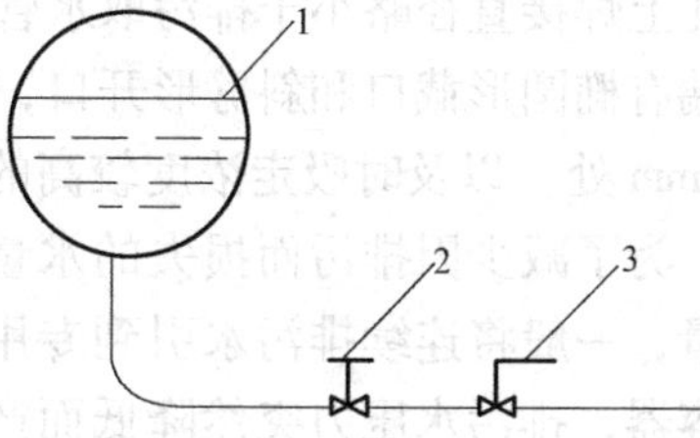

图1.2-6　排污阀串联方式

1—锅筒　2—慢开阀　3—快开阀

1）先开启快开阀3，然后再缓慢稍开慢开阀2，预热管道后再全开慢开阀进行排污。慢开阀不能突然开大，否则，会因管道受热太快，管内冷空气急骤膨胀而发生冲击，甚至振坏管道。排污结束后，先关闭慢开阀2，再关闭快开阀3。这种操作方法的优点是：可以减轻对快开阀的磨损，在两个阀之间不存有积水。缺点是：快开阀没有起到快开、快关作用，排污效果较差。

2）开、关次序与上述次序相反。这种操作方法的优点是：排污效果较好。缺点是：快开阀磨损较严重，两个阀之间存有积水。为了防止下次排污产生水击现象，可在排污完毕后，再稍开快开阀，放尽积水后再关上。

（2）操作时注意的问题

1）排污时，应将水位保持在高于正常水位，且在低负荷时进行。

2）排污时，应有人监护，以免排污阀开后忘关。

3）上述两种排污操作方法，应采取其中一种方法进行操作，以免两个排污阀都磨损。

操作时先开启的阀门应全开，且关闭时后关，后开启的阀门，应先稍开进行暖管后再慢慢全开，而关闭时应先关。

4）开启阀门应用手轮或专用扳手，不可用其他加长手柄的方法开启阀门，以免损坏排污阀而出现不应有的事故。

5）水位不正常或发生事故时（满水除外），应立即停止排污。

6）排污阀应严密不漏。排污完毕，排污阀应关严，管内不能有水的流动声。巡回检查时，应用手触摸一下排污阀出口的引出管道，看是否有异常情况。

2. 连续排污

连续排污又称表面排污，是连续不断地将上锅筒水面附近的锅水排出。主要是防止锅水中含盐量或碱度过高，同时也能排除悬浮在水中的细微水渣。锅炉运行时，上锅筒蒸发面的水面附近，锅水的含盐浓度最大，连续排污由此表面附近取水，故又称表面排污。

常见的连续排污装置有两种：一是如图1.2-7所示，沿着锅筒长度水平安装一根$\phi28\sim\phi60$mm的排污取水管，管上开有$\phi5\sim\phi10$mm的小孔，开孔数目以保证小孔入口处水流速为排污取水管内流速的2～2.5倍为宜。排污取水管安装在锅筒正常水位下200～300mm处，以免吸入蒸汽泡，保证在最低允许水位时，可以吸取浓度较高的锅水。另一种装置如图1.2-8所示，也是用$\phi28\sim\phi60$mm的管子做成水平取水管，在管子上方等距离开孔，孔的间距约为500mm。在管孔上焊接直径略小于排污取水管直径的短管，称为吸水管，管长约150～170mm吸水管的上端有椭圆形截口和斜劈形开口，开口高约为100mm。吸污管顶端一般在正常水位下80～100mm处，以及时吸走浓度较高的锅水，避免排污时将蒸汽带走。

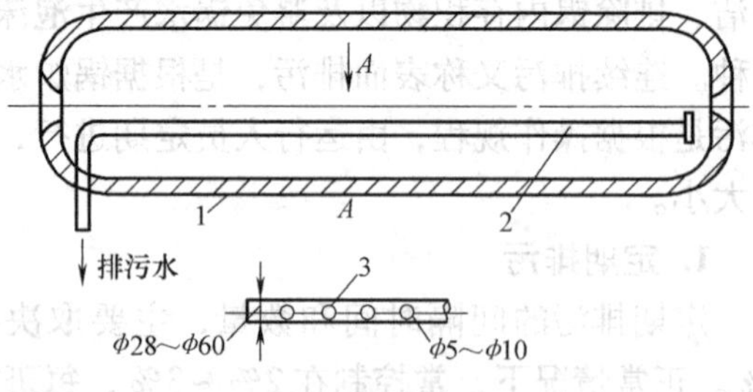

图1.2-7　连续排污装置（一）
1—锅筒　2—排污取水管　3—小孔

为了减少因排污而损失的水量和热量，一般将连续排污水引到专用的扩容器，排污水压力突然降低而产生二次蒸发，该蒸汽可以作为热力除氧器的热源。余下的排污水可以通过表面式热交换器，加热锅炉补水，最后排入地沟。

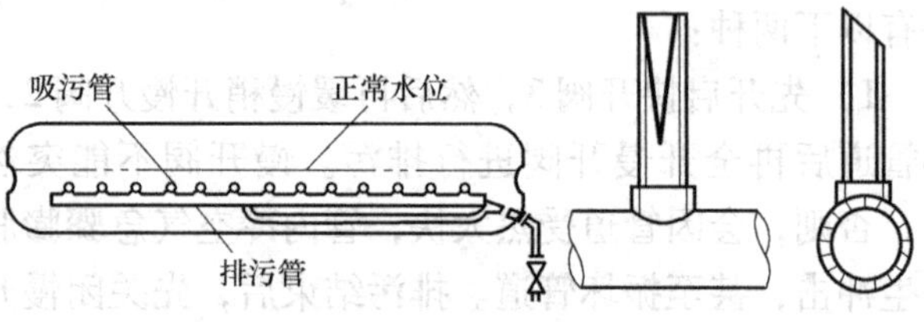

图1.2-8　连续排污装置（二）

（七）吹灰

锅炉受热面的火侧容易积存灰垢，特别是在对流烟道里的对流受热面上。受热面上沉积灰垢将增加热阻，从而降低了锅炉热效率。据测定，灰垢厚度达1mm时，要浪费燃料10%左右，严重时积灰堵塞烟道，使锅炉无法运行下去，而被迫停炉停产。受热面积灰后，还会加速管壁的腐蚀。总之，锅炉积灰将使锅炉的出力和热效率降低，受热面腐蚀加速。因此在运行中，加强对锅炉受热面的吹灰是极为必要的。吹灰的间隔时间根据炉型和煤质来确定，但在锅炉运行时，应一开始就正常投入吹灰装置，否则，如果受热面上已黏结成灰垢就不易清除。一般火管锅炉最好每班不少于一次，水管锅炉每班不少于两次。吹灰主要有蒸汽吹灰、空气吹灰和声波吹灰三种方法。

1. 吹灰操作

吹灰前必须检查吹灰设备和阀门，应无泄漏，并应暖管，以免水分进入烟道，使积灰黏结。

吹灰应顺着烟气的流向逐级进行，即先吹水冷壁，再吹过热器、对流管束，然后吹省煤器、空气预热器，使积灰随烟气流经烟道，进入锅炉尾部的除尘器，而不至落在邻近的受热面上。

吹灰时应增大炉膛负压，一般保持负压在49Pa（$5mmH_2O$）。

有过热蒸汽时，应用过热蒸汽吹灰，当有压缩空气源时，最好用压缩空气吹灰，尤其是鳍片式铸铁省煤器管，不宜用饱和蒸汽吹灰。带有铸铁省煤器而且有旁路烟道的，在吹省煤器前的受热面时，应关闭省煤器烟道，开启旁路烟道。

吹灰完毕后，应关严汽阀，开启疏水阀，防止凝结水漏入而腐蚀受热面管道。同时恢复正常炉膛负压，开启省煤器烟道，关闭旁通烟道。

2. 吹灰时注意事项

吹灰应在低负荷下顺烟气流向逐个进行，不应两个或几个吹灰器同时进行，以免压力下降过多。

汽压下降过多，应停止吹灰。

吹灰时要注意安全，操作时应戴好手套、眼镜，人站在侧面操作。

二、热水锅炉的运行与调节

热水锅炉运行由燃料燃烧过程、烟气与工质间的热交换过程以及水循环过程等组成。这些过程同时进行，且每一过程均影响到热水锅炉的参数、运行安全性和经济性。在实际情况下，热水锅炉的运行是不稳定的。热网、热用户等各种各样的原因会引起热水锅炉回水参数变化。因此，热水锅炉运行的基本任务是在安全经济的情况下保证热用户的需要。

（一）运行前的准备

通常热水锅炉是与热水管网连成一体的，因此必须着重做好全管网运行前的准备工作。

1. 系统冲洗与充水

（1）冲洗的目的　对新投入或长期停运的锅炉及管网系统，运行前应用水进行冲洗，以清除管网系统中的污泥、铁锈及其他杂质，防止在运行中阻塞管网和散热设备。

（2）冲洗的阶段　冲洗分为粗洗和精洗两个阶段。粗洗时可用具有一定压力的自来水或水泵将水压入管网中，压力一般为0.29～0.39MPa，然后将水通过排水管直接排入下水道。当排出水变得不再混浊时，粗洗即告结束。系统较大时，可将管网分成几个分系统，使管内水速较高，以提高冲洗效果。精洗时采用流速1～1.5m/s以上的循环水，并使循环水在通过除污器时将颗粒较大的杂质沉淀下来，然后定期清除。当循环水洁净时，精洗结束。

（3）系统充水　系统冲洗完毕后，应向系统充水，必须使用符合国家水质标准规定的软化水，充水的顺序是锅炉—外网—热用户。当软化水源压力较高且超过系统静压时，可直接由软化水源向系统充水。当软化水源压力低于系统静压时，就需要用补给水泵对系统充水。

向锅炉充水一般从下锅筒、下集箱开始，至锅炉顶部放气阀出水为止。向管网充水一般从回水管开始，至管网中各放气阀出水为止。

外网充水一般应从回水管开始，外网充水前应关闭所有排水阀，开启排气阀，同时开启外网末端连接供水管、回水管的旁通管阀门，关闭所有用户系统，将软化水送入外网。当其最高点放气阀有水冒出时，可关闭放气阀，外网充水结束。

在外网充水完毕后，逐个开放用户系统，对用户系统进行充水。对用户系统充水时应注意以下几点：

1）所有用户系统宜集中统一充水，充水时开启用户系统回水管的阀门，从回水管往系统内充水。

2）充水时，开启用户系统顶部集气罐的放气阀，并关闭用户引入口装置中的排水阀门，边充水边排气，待用户系统顶部集气罐上的放气阀有水冒出时，即可关闭放气阀。

3）充水速度不宜太快，有利于空气自系统中排出。水充完后1~2h，应再一次开启放气阀，以便排出残留在系统中的空气。

2. 检查

系统充水完毕后及锅炉投入运行前，应对锅炉及采暖系统进行必要的检查。

其中，热水锅炉的检查与蒸汽锅炉的检查项目相同。而采暖系统检查的内容是：

（1）检查定压装置

1）检查膨胀水箱与系统的连接是否正确。如果在膨胀水箱与系统之间的膨胀管上装置了阀门，必须将阀门完全开启，否则膨胀水箱就失去了应有的作用。膨胀水箱和膨胀管要注意防冻。

2）用补给水泵定压时，检查其电接点压力表上、下限位置是否准确。

3）用气体定压时，检查定压罐及附属控制仪表是否完好。

（2）检查循环水泵、补给水泵　检查泵体中的泥沙和其他脏物是否冲洗干净，叶轮是否完好，填料松紧是否适度，电动机接线是否正确，地脚螺钉是否松动。

（3）检查安全保护装置　检查停电、停泵时，为防止发生水击事故，是否在循环水泵出入口之间设置带有止回阀的旁通管，有无异常；检查停电、停泵时，防止锅炉汽化的装置装设是否正确；对不设膨胀水箱的采暖系统，为泄放系统受热后的膨胀水而设置的安全阀设置是否正确，其泄水管是否接至安全地点。

（二）起动点火及其注意事项

1. 起动点火

检查完毕，确认无问题后，可起动采暖系统投入运行，应先起动循环水泵，循环正常后再点火起动锅炉。

（1）循环水泵起动程序　打开进水管上的阀门，关闭出水管上的阀门；接通电源，起动水泵电动机；慢慢打开出水管上的阀门，注意观察出水管上压力表的压力指示值是否正常。

（2）锅炉点火程序　热水锅炉燃烧设备的点火程序与蒸汽锅炉同类燃烧设备的点火程序相同。

1）锅炉点火后，开启引风机，通风3~5min后再开启鼓风机，并用烟道和风道挡板控制燃烧，使炉膛负压保持在20~30Pa。

2）点火升温时，要经常监视锅炉供、回水的压力和循环水泵入口压力，保持压力平稳，如发现压力波动较大，应及时调整。

3）在点火后随着水温的升高，要经常打开放气阀进行排气。

（3）供热与并炉程序　热水锅炉供热暖管、多台锅炉的并炉程序与蒸汽锅炉基本相同。

2. 注意事项

1）当准备工作结束后，应先开启循环水泵，待系统网路中的水循环起来之后，方可点火升温，以防止锅内水温过高而发生汽化。

2）循环水泵不应带负荷起动，尤其对大型网路系统，必须避免因起动电流过大而烧坏电动机。离心泵要在关闭水泵出口阀门的情况下起动，待运转正常后，再逐渐开启出口阀门，而后开放热用户。

3）开放热用户时，一般先开启回水阀门，后开启供水阀门，最后将系统网路末端连接供、回水管道的旁通阀门关闭。

4）燃烧设备在点火时，严禁用强挥发性油类或易爆物进行点火，以防止意外事故的发生。

5）点火后，升温不得太快，应在微火下逐步提高炉膛的温度，使锅内水温均匀上升，避免升温太快，损坏炉墙。燃煤热水锅炉的升温时间一般不少于4h，燃油、燃气热水锅炉不少于2h；对轻型炉墙热水锅炉不少于2h；重型炉墙热水锅炉不少于4h。

（三）运行

（1）系统运行调整　系统的运行调整由集中调节和局部调节两部分组成。集中调节是为满足供热负荷的需要，对锅炉出口水温和流量进行调节；局部调节是对各类用热单位局部，通过支管网上的阀门改变热水流量，以调节其供热量。这是因为各用热单位耗热量受室外环境、太阳辐射、风向、风速等因素影响不同，单靠集中调节不能满足各房间及单位的要求。反之，如果没有集中调节，也没法满足各单位用热与锅炉房供热的及时平衡。因此，系统运行时要将上述两种调节方式很好地结合起来。

集中调节的简便方法有：

1）改变向网路供水的温度（流量不变化，称为质调节），即提高锅炉出口水温。

2）改变向网路供水的流量（供水温度不变化，称为量调节），即加减循环水的流量。

3）改变每天供热的时间（供热小时数增减，称为间歇调节），即变化锅炉运行时间。

4）分阶段改变流量的质调节。

集中质调节时，可以根据下列公式确定热水采暖的供水温度，即

$$t_g = t_n + 0.5(t_{gi} + t_{hj} - 2t_n)\left(\frac{t_n - t_w}{t_n - t_{wj}}\right)^{0.8} + 0.5(t_{gi} - t_{hj})\left(\frac{t_n - t_w}{t_n - t_{wj}}\right) \tag{1.2-1}$$

式中　t_g——实际供水温度（℃）；

t_n——室内计算温度，一般取 $t_n = 18$℃；

t_{gi}——计算供水温度，$t_{gi} = 95$℃；

t_{hj}——计算回水温度，$t_{hj} = 70$℃；

t_{wj}——室外计算温度（℃），根据各地情况由采暖通风设备规范确定；

t_w——实际室外温度（℃）。

间歇调节是改变每天的供暖时间，当系统中的水逐渐放出热量而使温度降低，此时室内空气的温度也有一定下降，需要锅炉重新起动，继续对系统供热。

间歇调节时，可以用下面的公式计算确定供暖时间，即

$$n = 24 \times \frac{t_n - t_w}{t_n - t_w^1} \tag{1.2-2}$$

式中　n——一天的供热时数（h）；

t_n——室内计算温度（℃）；

t_w——实际室外温度（℃）；

t_w^1——与供水温度相对应的室外温度（℃）。

（2）运行参数控制

1）保持压力。热水锅炉运行中应密切监视锅炉进出口和循环水泵入口处的压力表，如果发现压力波动较大，应及时查明原因，加以处理。当系统压力偏低时，应及时向系统补水，同时根据供热量和水温的要求调整燃烧。当网路系统中发生局部故障需要切断处理时，更应对循环水压力加强监视，如压力变化较大，应通过阀门做相应调整，确保总的运行网路压力不变。

2）温度控制。司炉人员要经常注意室外气温的变化情况，根据规定的水温与气温关系的曲线进行调节燃烧量。锅炉房集中调节的方法要根据具体情况选择，一般要求网路供水温度与水温曲线所规定的温度数值相差不大于 ±2℃。如果采用质调节方法时，网路供水温度改变要逐步进行，每小时水温升高或降低不宜大于 20℃，以免管道产生不正常的温度应力。热水锅炉运行中，要随时注意锅炉及其管道上的压力表、温度计的数值变化。对各外循环回路中加调节阀的热水锅炉，运行中要经常比较各循环回路的回水温度，要注意调整，使其温度偏差不超过 10℃。

（3）经常排气　运行中随着水温的不断升高，会有气体连续析出。如果系统中的集气罐安装不合理或者在系统充水时放气不彻底，都会使管道内积聚空气，甚至形成空气塞，进而影响水的正常循环和供热效果。因此，司炉人员或有关管理人员要经常开启放气阀进行排气操作。

具体做法如下：

1）在网路的最高点和各用户系统的最高点设置集气罐，锅炉出水管也都设在锅炉最高处，在主出水阀前应设有集气罐。

2）锅炉上各回路集气罐的最高位置应装设不小于 DN20 的放气阀，且定期由此进行排气操作。

3）在系统回水管上应设置除污器，且除污器上安装有排气管，或者在排气管上加装阀门，以定期进行排气。

（4）合理分配水量　经常通过阀门开度来合理分配通往各循环网路的水量，在监视各系统网路回水温度的同时，由于管道在弯头、三通、变径管及阀门等处容易被污物堵塞而影响流量分配，因此对这些地方应勤加检查。最简单的检查方法是用手触摸，如果感觉温度差别很大，则应拆开处理。由于热水系统的热惰性大，调整阀门开度后，需要经过较长时间，或者经过多次调整后才能使散热器温度和系统回水温度达到新的平衡。

（5）防止汽化　热水锅炉在运行中一旦发生汽化现象，轻者会引起水击，重者使锅炉压力迅速升高，以致发生爆破等重大事故。为了避免汽化，应使炉膛放出的热量及时被循环

水带走。在正常运行中，除了必须严密监视锅炉出口水温，使水温与沸点之间有足够的温度裕度，并保持锅炉内的压力恒定外，还应使锅炉各部位的循环水流量均匀，也就是既要求循环水保持一定的流速，又要均匀流经各受热面。这就要求司炉人员密切注视锅炉和各循环回路的温度与压力变化。一旦发现异常，要及时查找原因，例如受热面外部是否结焦、积灰，内部是否结水垢，或者燃烧不均匀等，及时予以消除。必要时，应通过锅炉各受热面循环回路上的调节阀来调整水流量，以使各并联回路的温度相接近。例如，有的蒸汽锅炉改为热水锅炉时，共有两条并联的循环回路，一条是经省煤器到过热器的回路，另一条是锅炉本体回路。运行中若发现前一回路温度上升快，则应将此回路上的调节阀门适当开大，以使其出口水温与锅炉本体的出口水温尽量接近。

(6) 停电保护　自然循环的热水锅炉突然停电时，仍能保持炉水继续循环，对安全运行威胁不大。但是，强制循环的热水锅炉在突然停电，并迫使水泵和风机停止运转时，炉水循环立即停止，很容易因汽化而发生严重事故。此时必须迅速打开炉门及省煤器旁路烟道，撤出炉膛煤火，使炉温迅速降低，同时应将锅炉与系统之间用阀门切断。如果给水（自来水）压力高于锅炉静压时（如此条件不能满足，也可用有高层供热用户的回水），向锅炉进水，并开启锅炉的泄放阀和放气阀，使炉水一面流动，一面降温，直至消除炉膛余热为止。有些较大的锅炉房内设有备用电源或柴油发电机，在电网停电时，应迅速起动，确保系统内水循环不致中断。

为了使锅炉的燃烧系统与水循环系统协调运行，防止事故发生和扩大，最好将锅炉给煤、通风等设备与水泵联锁运行，做到水循环一旦停止，炉膛也随即熄火。

(7) 定期排污　热水锅炉在运行中也要通过排污阀定期排污，排放次数视水质状况而定。排污时炉水温度应低于100℃，防止锅炉因排污而降压，使炉水汽化和发生水击。网路系统水通过除污器后，一般每周排污一次，如系统新投入运行或者水质情况较差时，可适当增加排污次数。每次排水量不宜过多，将积存在除污器内的污水排除即可。

(8) 减少补水量　对于热水采暖系统，应最大程度地减少系统补水量。系统补水量应控制在系统循环水流量1%以下。补水量的增加不仅会提高运行费用，还会造成热水锅炉和网路的腐蚀和结垢。司炉人员应经常检查网路系统，发现漏水应及时修理，同时要加强对放气、排水装置的管理，禁止随意放水。

单元三　工业锅炉的经济运行

锅炉经济运行是锅炉工作的基本要求之一。锅炉经济性的评定主要是由两个方面来衡量的：一个是热效率的高低；另一个是锅炉在工作时自耗能量的大小。锅炉的热效率越高，自耗能量越小，则锅炉经济性越好。

锅炉热效率的高低，主要取决于燃料的燃烧过程和火焰、烟气向工质的传热过程。就是要把燃料的潜在化学能最大程度地变成热能释放出来；同时使工质得到最佳的传热效果。由于锅炉结构、运行条件和传热过程的限制，任何锅炉的热效率都不可能达到百分之百，但在运行过程中，改善运行和传热条件，尽可能提高锅炉的热效率是完全能做到的。锅炉在运行过程中，辅机自身都要消耗一部分电能和蒸汽（如燃烧、除渣系统，给水系统，鼓、引风系统等）。因此在选用辅助设备时，其技术性能应符合锅炉运行的实际情况，合理配套，防止“大马拉小车”现象。同时，在运行时应不断地进行调整，合理使用，尽可能降低锅炉的自耗能量。

一、工业锅炉经济运行的必要性

（一）工业锅炉经济运行差距及其主要原因

我国工业锅炉设计效率大致是72%~80%，略低于国际一般水平，而实际平均运行效率只有60%~65%，小型锅炉甚至更低，与国际水平相差15%~20%。原因是多方面的，这正是本项目所要讨论研究的一个重要方面。诸如工业锅炉装备水平差，单台容量小，运行负荷率低，锅炉辅机不匹配，控制与操作技术水平落后，特别是锅炉长期直接烧原煤，对燃用洁净煤重视不够，推广应用缓慢，不能达到清洁生产要求，各项热损失大，能耗高，对环境污染严重，与节能减排差距甚大。这是我国能源转换设备应解决的一个最薄弱环节，也是工业锅炉可持续发展的必由之路。

（二）工业锅炉经济运行及其主要内容

我国锅炉工作者在20世纪80年代就提出工业锅炉经济运行与低氧燃烧技术，但尚未引起广泛关注与重视，至今对其深刻含义与科学考核规范，在认识上仍然不完全统一。一般来讲，所谓工业锅炉经济运行，就是充分利用现有设备，通过加强科学管理，不断改进设备与操作技术，合理选择运行方式，择优选定最佳操作参数，降低各项热损失，提高锅炉热效率，最终取得安全、节能减排的综合效益。因此，工业锅炉经济运行，对实施节能减排具有重要意义，完全符合科学发展观的要求。

工业锅炉要达到经济运行，具体应包括以下方面：

1）锅炉安全、稳定运行，满足供热需要。

2）锅炉容量与供热负荷匹配合理，且台数与容量配置，要适应负荷变化的需求，防止出现“大马拉小车”与“小炉群”等现象发生。

3）锅炉操作技术合理，燃烧调整得当，能达到或接近低氧燃烧技术要求，燃烧效率高，各项热损失小，能耗低。

4）实施清洁生产，运行低污染，能充分应用洁净煤技术，提高除尘、脱硫效率，环保达标排放。

5）锅炉水、汽系统经济运行，水质达标，实现无污运行，大力降低排污率，延长设备使用寿命。

6）保持炉体严密，保温效果好，跑漏风少。

7）锅炉余热回收利用率高，节能效果好。

8）辅机经济运行，容量选配合理，与实际需要相匹配，控制先进，电耗低。

由上可见，工业锅炉经济运行所包含的内容非常广泛。如何实现经济运行，怎样进行考核评判，需要深入探讨。同时，由于锅炉结构与燃烧方式不同，所用燃料差别又很大，对于经济运行的要求与操作技术也应有所不同。本项目将主要讨论层燃锅炉，特别是链条炉排锅炉的经济运行问题。

关于工业锅炉的一些常规操作方法，诸如锅炉运行前的准备工作，锅炉的起动与停炉程序与要求，点火烘炉、煮炉升温与升压，安全阀定压规范，通汽并网等具体内容与规章制度等，均可按相应的常规操作规程与相关标准规范进行，在此不再赘述。

二、锅炉热效率

（一）加强锅炉房管理

要提高锅炉热效率，必须设法降低各项热损失。为此就需要定量确定各项热损失的分布与流向，通常要进行锅炉正反热平衡测试或节能诊断。

对于锅炉热平衡测试或节能诊断的用途与作用，目前仅限于执法监测。锅炉设计单位与用户应该运用这一技术，来指导和改造锅炉结构，加强锅炉房管理，制订针对性节能措施。例如：

1）对锅炉经济运行现状进行真实的分析与评价。经过测试或诊断，对该锅炉结构是否合理，燃烧调整与控制是否良好，操作技术是否得当，各项热损失大小与流向是否合理，能耗高的原因何在等问题，均应做出科学分析与评价，并提出针对性的改进意见与建议。

2）新锅炉投产后，应按照国家标准规范进行热工试验。对能否达到设计水平与合同要求，做出科学鉴定。锅炉经过技术改造后，也应进行测试，评定其经济效果。

3）为了加强锅炉房的科学管理，制订合理的技术操作规程、燃烧调整方法，优选有关操作参数以及制订合理的燃料消耗定额等，都应该进行实际测定，不断修改完善。

4）目前环保监测仅限于执法，对于如何加强燃料管理与加工，改进设备与操作技术，既提高锅炉热效率，又降低污染物排放量、提高脱硫效果，应加强指导，进行深入研究。把两者结合起来，通过实际试验研究，达到双赢效果。

（二）锅炉热平衡原理

所谓锅炉热平衡就是在连续稳定运行工况下，弄清锅炉总收入热量与有效利用热量和各项热损失之间的平衡关系，编制热平衡表，绘制热流图，计算出锅炉热效率，并对测试结果进行分析与评价，提出改进意见和建议。有关测试与计算方法，在国家标准 GB/T 10180—2003《工业锅炉热工性能试验规程》和 GB/T 15317—2009《燃煤工业锅炉节能监测》中都有明确的规定，在此不再赘述。现仅对热平衡原理与热效率概念做一点说明。

通常为简化计算，取环境温度为基准，在没有外来热源加热的情况下，可认为燃料与空气带入的物理显热为“0”，即

$$Q_{入} \approx 0$$

因此，可建立锅炉热平衡方程式：

$$\sum Q_{收入} = Q_{有效} + Q_{排} \tag{1.2-3}$$

锅炉正平衡热效率为

$$\eta_1 = \frac{有效容量}{\sum Q_{收入}} \times 100\% = \frac{Q_1}{\sum Q_{收入}} \times 100\% \tag{1.2-4}$$

锅炉反平衡热效率为

$$\eta_2 = \left(1 - \frac{损失热量}{\sum Q_{收入}}\right) \times 100\% \tag{1.2-5}$$

国家标准规定，小型工业锅炉热效率以正平衡为准，大中型工业锅炉以反平衡为准，新标准规定按正反平衡平均值确定锅炉热效率。但在测试时必须都做正反平衡测试，且两者相差不得大于±5%。

（三）对锅炉热效率的界定与剖析

锅炉热效率是经济运行的综合性指标，它是评价锅炉经济性，并对其进行技术改造与报

废的主要评判依据。通常所说的锅炉效率是一个总称，根据不同情况，采用不同的细分名称，各自含义不同，数值也不同。如设计效率与鉴定效率，测试效率与平均运行效率，毛效率与净效率及燃烧效率等。有时还会用到现场仪表指示效率、煤汽比等其他一些效率名称。明确这些名称的确切含义与不同应用场合，并正确应用与考核，对经济运行是很有必要的。

1. 锅炉设计效率

在设计锅炉时，根据锅炉设计参数和设计燃料品种，以及所确定的结构，经热工计算而得出的效率，称为锅炉设计效率。锅炉厂家在设计时有一定的效率要求，并载入设计任务书或者产品说明书内，作为锅炉出厂质量标准的一项重要性能指标，代表了设计水平，是向用户做出的公开承诺。前已提到，目前我国工业锅炉设计效率约72%～80%。NB/T 47034—2013《工业锅炉技术条件》规定了设计条件下工业锅炉新产品鉴定、检验、验收的最低热效率指标。

2. 鉴定效率（验收效率）

新产品开发试验或新安装锅炉投产，以及技术改造完成后，按照GB/T 10180—2003《工业锅炉热工性能试验规程》要求，在规定燃料品种和规定工况下，经过正确运行调试，实际测定的热效率，作为新产品鉴定或验收依据，称为锅炉鉴定效率，用以考核是否达到了设计效率指标或合同约定要求，做出相应的鉴定或验收结论。

锅炉鉴定效率不应低于设计效率，它们之间的差别过大，说明设计或运行调试存在问题，应查明原因，加以改进。

3. 运行测试效率

按GB/T 15317—2009《燃煤工业锅炉节能监测》或各省市出台的有关地方标准，在正常生产运行工况条件下，测取各项实际运行参数，计算出锅炉正反平衡热效率，称为锅炉运行效率。它与鉴定效率的区别在于鉴定试验时所规定的试验条件比较严格，达到或接近于设计要求且锅炉是新的。而运行测试效率是在锅炉运行数年时间且在关闭排污条件下测试的，受热面难免会发生结垢、积灰、结渣，影响传热效率，所用燃料多数不完全符合设计要求，炉体可能不太严密，存在跑漏风现象，一般低于鉴定效率。锅炉运行测试效率，主要反映该锅炉在生产运行状态与所用燃料条件下的测试效率水平，即在实际运行条件下所能达到的不包括排污热损失的最佳效率水平。

4. 平均运行效率

锅炉平均运行效率或实际使用效率，所代表的是锅炉某一考核期内的平均运行水平或者实际达到的水平。它并非直接测试的锅炉效率，可用统计计算法间接求得，也可根据测试值再加上考核期内排烟温度、空气系数、灰渣含碳量以及排污率、负荷率等的变化情况经经验修正得出。因为在测试时，热效率主要是依据这些参数的测试平均值计算出来的。在一个较长的考核期内，如一个月以至一年内，这些与热效率相关的参数是变化的，还有正常维护、检修或者事故等情况的停炉影响。因此，锅炉平均运行效率必然低于测试效率。但它在一定程度上综合反映了生产管理方面的影响，更能表征锅炉房的实际燃料消耗水平，是管理节能的重要内容。

5. 仪表指示效率

由于工业计算机的快速发展，在锅炉控制技术方面的广泛应用，以及先进检测仪表的研制出台，借鉴或结合一些有关经验数据，可以在线直接测取并显示运行锅炉的某些重要参数，通过计算机编程运算，直接显示锅炉的瞬时热效率与主要热损失值。此种效率值虽没有前述方法精确，但很直观，对现场操作调试非常方便实用，目前在电站锅炉和大型工业锅炉已有应用，值得推广。

6. 煤汽比

蒸汽锅炉在统计期内（如一班、一个月或一年），根据实际耗煤量与实际产汽量的累计统计值，来计算煤汽比，求得生产每吨蒸汽的实际耗煤量。既可反映锅炉的实际燃料消耗指标，是能源统计报表与成本核算的主要数据，又可依燃煤发热量和蒸汽压力等相关参数换算成锅炉平均运行效率。可用于班组与厂际之间的评比考核。

7. 毛效率与净效率

锅炉设计效率、鉴定效率、测试效率都是毛效率。只要燃料燃烧的热量传给工质水就认为是有效的，不管排污热损失与自用蒸汽等。而净效率则要扣除自用蒸汽与辅助设备耗电等能量，以便更全面地综合评价能耗与产生有效热量之间的关系。一般净效率比毛效率低2%～4%，但很少用净效率评价锅炉热效率。

8. 燃烧效率

锅炉热效率的高低，不能完全正确地说明燃烧技术水平的优劣，因为还有排烟温度、锅炉系统漏风和保温状况等与燃烧技术无关的因素，影响锅炉效率。燃烧效率的计算式为 $\eta_2 = 100\% - (q_3 + q_4)$，表明燃料燃烧的完全程度。

9. 锅炉不同效率的用途

通过以上对工业锅炉热效率的讨论分析，明确了各种热效率的不同含义、界定情况与所对应的工况，因而，各具有不同的用途。

1）锅炉设计效率主要用作考核设计计算依据、设计水平，是设计、制造厂家对用户的公开承诺。而产品鉴定是为了评价锅炉是否达到设计水平或合同约定要求，依据 GB/T 10180—2003 测取的鉴定效率来评判。在 NB/T 47034—2013《工业锅炉技术条件》中规定了锅炉试验、检验以及新产品投产鉴定时的最低热效率值，起码要达到国家标准规定，方可认定合格。

2）依据 GB/T 10180—2003 或 GB/T 15317—2009 测取的锅炉测试效率，主要用于锅炉热平衡分析，对反平衡的各项热损失进行分析，并找出原因；对其耗能水平进行诊断，是否达到标准规定，提出改进意见与建议，必要时评判锅炉是否淘汰或需要进行更新改造。节能监测是执法行为，可依据上述标准是否合格做出评判，并依据 GB/T 17954—2007《工业锅炉经济运行》与 GB/T 3486—1993《评价企业合理用热技术导则》等，对其耗能情况进行综合考评。

3）评价一个单位锅炉房的管理水平或者对其进行考核评比、能耗统计报表、成本核算时，应当用考核期内的锅炉平均运行效率或产品燃料单耗来进行评判。因为这些指标除与设备状况、操作技术有关外，还与管理水平、人员素质、各项规章制度贯彻执行情况有关。

4）依据国家企业能量平衡通则与统计法的相关规定，在做统计报表或做企业热平衡时，企业的热能利用率通常是能源转换效率（锅炉效率）、输送效率（供汽管网）和耗能设备使用效率（设备热效率）三者的乘积。在此情况下，应用锅炉平均运行效率或用煤汽比进行换算。

5）现场操作、燃烧调整时，可参照在线锅炉仪表的指示效率进行。

6）燃烧效率是评价燃烧技术的主要依据。不论固体、液体或气体燃料，用某种燃烧设备进行燃烧时，q_3 和 q_4 表明了各自的燃尽程度，因而可评判燃料完全燃烧程度的优劣。

(四) 工业锅炉热效率计算方法

有关各项热损失的测试与计算方法详见国家标准 GB/T 10180—2003《工业锅炉热工性能试验规程》，在此不赘述。这里着重介绍锅炉平均运行热效率的计算方法。

实际上工业锅炉热平衡测试所测得的正反平衡热效率，只是测试期间的一个瞬间平均值，不能代表一个月或一年的实际平均运行热效率。因为在某一段考核期内，与热效率密切相关的排烟温度、空气系数、灰渣含碳量与锅炉负荷率等是变化的，而且在测试时并未包括排污热损失和锅炉检修、维护等影响。因此，应该在保持供热负荷与燃料质量相对稳定的条件下，寻找一种计算平均运行热效率的方法。现介绍两种方法，供参考。

1. 用煤汽比换算平均运行效率

从锅炉正平衡热效率计算式得知，影响热效率高低的最主要因素是燃料发热量、煤汽比（D/B）、蒸汽压力，此外还有给水温度（一般可取 20℃）、蒸汽湿度（一般可取 5%）等，但影响很小。因此，它们之间的函数关系可用下式表达

$$\eta_{sr} = K_m K_\eta \tag{1.2-6}$$

式中 K_m——煤汽比，按实际耗煤量与产汽量计算；

K_η——热效率换算系数，见表 1.2-1；

η_{sr}——考核期内锅炉平均运行热效率。

根据多年来对中小型工业锅炉大量测试资料得知，所用煤的收到基发热量在 18820 ~ 25100kJ/kg（4500 ~ 6000kcal/kg）之间。蒸汽压力一般为 0.3 ~ 1.0MPa，煤汽比为 4 ~ 7，特好煤可能达到 8。通过计算发现，在一定的发热量和蒸汽压力条件下，热效率换算系数 K_η 为一个常数，与煤汽比无关，因而可利用表 1.2-1 算出锅炉平均运行热效率。当燃煤发热量和蒸汽压力与表 1.2-2 中数值不一致时，可用插入法求取换算系数。

表 1.2-1 饱和蒸汽锅炉热效率换算系数 K_η 值

燃煤热值/（kJ/kg 或 kcal/kg）	煤汽比 K_m	蒸汽压力/MPa							
		0.3	0.4	0.5	0.6	0.7	0.8	0.9	1.0
18820(4500)	1:4 ~ 1:5	13.52	13.58	13.63	13.67	13.71	13.74	13.76	13.78
20910(5000)	1:5 ~ 1:6	12.17	12.22	12.27	12.31	12.35	12.38	12.41	12.43
23000(5500)	1:6 ~ 1:7	11.06	11.11	11.15	11.18	11.21	11.23	11.25	11.27
25100(6000)	1:7 ~ 1:8	10.14	10.18	10.22	10.25	10.28	10.30	10.32	10.33

2. 用校正法求取平均运行效率

为了将工业锅炉测试的瞬时热效率值换算为代表考核期内的平均运行效率，需用考核期内的统计平均排烟温度、空气系数、灰渣含碳量和排污率等平均值进行修正。这样比较科学、公正、合理，可作为运行锅炉分级考核评判依据。用下式表示

$$\eta_{sr} = \eta_p \pm \Delta\eta$$

式中 η_{sr}——考核期内锅炉平均运行热效率；

η_p——锅炉正平衡与反平衡平均热效率；

$\Delta\eta$——锅炉热效率综合修正值。

$$\Delta\eta = K_T \Delta T + K_\alpha \Delta\alpha + K_C \Delta C + K_P \Delta P$$

式中　K_T——排烟温度修正值，即排烟温度对锅炉热效率的影响值，可经试验确定；

K_α——空气系数修正值，即空气系数对锅炉热效率的影响值，可经试验确定；

K_C——灰渣含碳量修正值，即灰渣含碳量对锅炉热效率的影响值，可经试验确定；

K_P——锅炉平均排污率修正值，即排污热损失对锅炉热效率的影响值，可经试验确定；

ΔT——测试排烟温度与考核期内平均排烟温度之差（℃）；

$\Delta\alpha$——测试空气系数与考核期内平均空气系数之差；

ΔC——测试灰渣含碳量与考核期内平均灰渣含碳量之差；

ΔP——考核期内锅炉平均排污率。

三、锅炉负荷匹配

（一）锅炉负荷率与经济运行的关系

锅炉负荷率就是考核期内锅炉的实际运行出力与额定出力之比。它是总体反映锅炉容量设置是否合理的主要指标，可用下式计算

$$\varphi_{PJ}=\left(\frac{D_z}{D_{ed}h}\right)\times100\%$$

式中　φ_{PJ}——考核期内锅炉的平均负荷率；

D_z——考核期内锅炉实际产生的蒸汽量（t）；

D_{ed}——锅炉额定出力（t/h）；

h——考核期间锅炉实际运行时间（h）。

锅炉实际运行效率与众多因素有关，如锅炉型号、结构与容量、使用年限、燃料品种、燃烧方式、自动化控制程度、运行操作和负荷率等。当锅炉已经选定且运行后，运行效率与其负荷率有密切关系。就一般总的趋势来讲，锅炉最高运行效率多是在负荷率75%～100%时获得的。如果负荷率太低，锅炉运行效率必然降低；超负荷运行，锅炉运行效率也会降低，如图1.1-5所示。因此，要提高锅炉运行效率，应首先合理提高锅炉的负荷率，才能获得经济运行效果。

（二）热源必须与供热负荷匹配

正确地统计和分析供热负荷是一项基础性工作。要根据能耗统计台账和现场调查数据绘制热负荷图。对生产负荷、生活负荷、采暖负荷、空调制冷负荷等，分别按照不同季节、不同时段或班次核定数据，准确统计全部供热负荷并绘制出不同季节、不同时段的供热负荷图，用以合理确定锅炉开台率与集中使用系数。

还应按照供热负荷规划，分析不同季节、不同时段的基本负荷与调峰负荷，以合理配置锅炉单台容量和台数。其配置的原则是热源必须与供热负荷匹配，使各台锅炉组合处于高效运行状态，以取得经济运行与节能减排的效果。

根据上述原则与要求，可应用如下方法来达到或促进两者相匹配。

1. 择优组合开炉，发挥各自优势

如果现有锅炉房内有多台不同容量或型号的锅炉，且出力有余，应设法择优组合开炉。可多搞几个组合运行方案，如冬季与夏季、高峰负荷与低峰负荷不同的优化组合方案，进行分析比较。有计划、有目的地加强检修与调配工作，把负荷分配给最佳组合方案，使锅炉出

力与供热负荷尽最大可能相匹配，方可达到经济运行、节能减排的效果。

2. 削峰填谷，错开高峰用汽

有些行业和单位，用汽高峰过于集中，早晨一上班，各部门或工序都要用汽，超过了锅炉的实际能力，汽压急剧下降，无法保证正常生产。而到某一时段，用汽设备已到一个工艺周期，很少用汽或不用汽了。如此大的用汽负荷变化，与锅炉实际出力极不匹配，择优组合也无法达到。应加强生产组织与调度，把大的用汽负荷错开高峰、错开班次，做到交叉用汽、基本均衡用汽。因而，锅炉出力与用汽负荷保持相对平衡、相互匹配，既保证了生产正常进行，又可达到经济运行的目的。

3. 联片供热，达到双赢

有些独立生产企业由于种种原因，锅炉容量选配太大，实际用汽负荷较小，导致锅炉长期处于低负荷运行，难以达到匹配，热效率低，浪费严重。而附近有些单位用汽量较小，已经设立或准备设立小容量锅炉，来满足本企业生产或生活需要。应打破以往小而全的封闭式管理模式，提倡社会化组织生产，实行联片供热。既可提高锅炉运行效率，节能减排，又可避免小锅炉污染严重、排放超标的问题，是一项利国利民的办法。还有少数企业设置余热锅炉，所产蒸汽只用作冬季采暖，其他季节富裕蒸汽排空或经冷却后，变为冷凝水（蒸馏水）又返回锅炉，这是一种极大的浪费。应当供给邻近企业使用，合理收费，达到双赢，既有利于环境保护，又取得了社会效益。

4. 集中供热，热电联产

发展集中供热、热电联产是国家政策优先发展的产业。工业锅炉大型化、高效、节能减排的发展趋势日益加快。目前多选用35~75t/h循环流化床锅炉，有的甚至更大，热效率达到90%以上。不仅热效率高，还具有炉内脱硫与脱硝功能。一些大型骨干企业与造纸行业等建设热电联产、余热余能发电，优势很明显。特别是各省、市、县都建有经济技术开发区或工业园区，集中供热、热电联产的发展方向更加明确，甚至实行发电、供热、制冷三联供，能源实行梯级利用，在规模经济与环保方面具有明显优势，是今后的重点发展方向。因而，必然会加快淘汰一批污染严重的燃煤小锅炉及封闭落后、小而全的生产模式，使供热负荷匹配更加合理。

（三）合理选配锅炉容量

对于锅炉房的设计、锅炉容量的选配，过去往往按规范要求，依据最大热负荷确定锅炉容量，热负荷的波动只能通过锅炉燃烧调整来匹配，不但加大了建设投资，而且锅炉常处于低负荷运行，热效率低，经济效益差。如锅炉并联设置蒸汽蓄热器，只需按平均负荷选配锅炉容量就可以了，而负荷波动用蓄热器来调节。另外，生产的发展有时需要锅炉少量增容，增设蓄热器可相应扩大锅炉容量，相对投资较省，并能使锅炉装机容量最大程度地发挥出来，取得综合节能减排的效果。

四、燃烧调整，合理配风

1. 燃料的完全燃烧与最佳空气系数的选择

燃料在锅炉内良好燃烧，包括四个基本环节，即燃料加工处理、合理配风、创造高温燃烧环境和恰当进行调整。此四者除各自具备所要求的条件外，还必须密切配合，相互协调，精心调整，方可连续稳定燃烧，正常运行，保证出力，取得节能减排效果。

燃料的完全燃烧需要合理配风，只有尽力减少气体不完全燃烧热损失 q_3 和固体不完全燃烧热损失 q_4，才能提高燃烧效率。由于燃料中可燃物质的组成与数量不同，所需要的助燃空气量应有差异。在理论上要达到完全燃烧所需要的空气量称为理论空气量，但在实际条件下，根据燃料品种、燃烧方式及控制技术的优劣，往往需要多供给一些空气量，称为实际空气量。实际空气量与理论空气量之比，称为空气系数，常用 α 表示。

空气系数的大小直接影响燃料的完全燃烧程度，需要通过合理配风来进行调节。如果空气系数太小，空气量不足，则燃烧不完全，q_3 热损失加大，燃烧效率降低，锅炉热效率不高；如若空气系数超过某一限度，危害更为严重，不仅增加烟气量，加大排烟热损失 q_2，而且还会降低火焰温度，影响锅炉出力，甚至造成燃料层穿火，增加烟气中的氧量，带来金属腐蚀和 NO_x 排放超标等问题。这就是说，空气系数太大或太小均不合理，必然有一个最佳值。最佳空气系数是一个范围，而不是固定值，如图 1.2-9 所示。只有合理配风，控制最佳空气系数，锅炉热效率最高，方可实现经济运行的目的。在一般情况下，燃煤锅炉空气系数每超最佳值 0.1，浪费燃料 0.84%，可见空气系数与经济运行的关系至关重要。

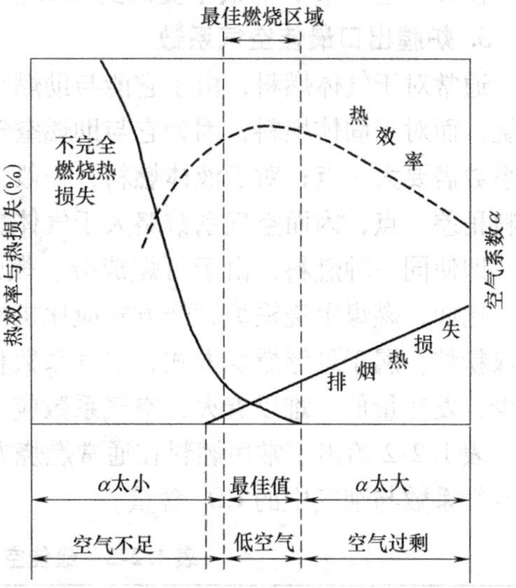

图 1.2-9 空气系数与锅炉热效率的关系

2. 最佳空气系数的确定方法

锅炉燃烧调整、合理配风的目标，就是要根据负荷要求，恰当地供给燃料量，不断寻求并力争控制最佳空气系数，达到完全燃烧、提高燃烧效率的目的。但是，这一最佳值无法从理论上进行准确计算，只能依靠试验研究和实践经验来优选。因而燃烧调整、合理配风是锅炉经济运行的中心内容。

最佳空气系数一般可通过现场热力试验来确定，以某燃煤链条锅炉为例，其步骤如下：

保持负荷、温度、压力稳定。然后调整燃烧，测定在不同空气系数下锅炉的各项热损失，并画出各项热损失与空气系数之间的关系曲线。将各曲线相加，得到一条各项热损失之和与空气系数的关系曲线，如图 1.2-10 所示。然后再选定一个负荷，重复上述步骤。可择优确定在不同负荷下的最佳空气系数范围值。

最佳空气系数通常随负荷的降低而略有升高，但在负荷率 75% ~100% 时基本相近。当各项热损失之和为最小值时，锅炉热效率最高，所对应的空气系数即为最佳燃烧区域。从图 1.2-11 还可得知，最佳空气系数的优选，主要

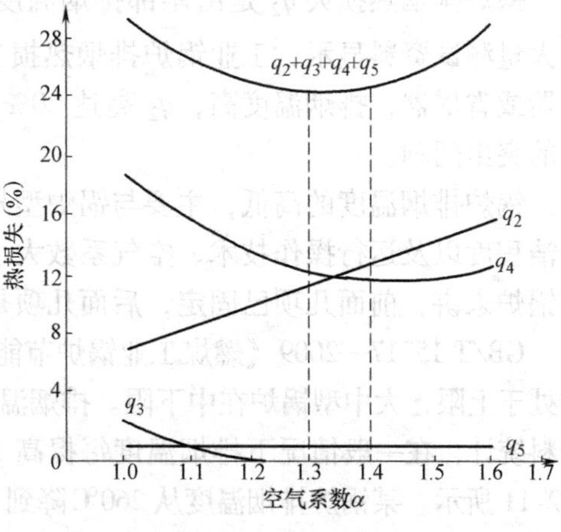

图 1.2-10 锅炉空气系数与各项热损失的关系

与 q_2、q_4 有关，而 q_3、q_5 影响程度很小。

国际学术界早就提倡低氧燃烧技术，我国热工界也充分肯定这一技术的优越性。它可达到完全燃烧，提高锅炉的运行热效率，降低烟气中的氧含量，抑制 NO_x 的生成，有利于节能减排、保护环境。但我国实际运行的工业锅炉空气系数远高于最佳值，普遍存在配风量宁多勿少的通病，影响经济运行。如某厂一台 6t/h 燃煤链条蒸汽锅炉，在预热器后实测空气系数高达 3.4，排烟热损失占 34%，热效率仅为 55%。当把空气系数降到 2.1～2.2 时，排烟热损失降至 19%，热效率提高到 62%。可见合理配风、优选空气系数的重要性。

3. 炉膛出口最佳空气系数

通常对于气体燃料，由于它能与助燃空气达到良好的混合，空气系数小点便可实现完全燃烧；而对于固体燃料，因为它与助燃空气多在表面接触燃烧，不能直接进到内部混合，空气系数需要大一点；对于液体燃料，一般为雾化燃烧，雾化微粒与空气混合较好，但比气体燃料稍差一点，因而空气系数略大于气体燃料。

即使同一种燃料，由于可燃成分、燃烧方式与控制技术的差异，空气系数也不完全相同。比如，燃煤手烧锅炉燃烧方式应比机械炉排燃烧方式空气系数大一点，同样为固体燃料的煤粉炉，属于悬浮燃烧方式，空气系数相对较小。而对于高炉煤气、转炉煤气，可燃成分较少，发热量低，难以着火，空气系数应小一点。

表 1.2-2 给出了常用燃料在通常燃烧方式下，趋向于低氧燃烧技术所推荐的炉膛出口最佳空气系数与烟气中的 CO_2 含量。

表 1.2-2　最佳空气系数及烟气中 CO_2 含量

燃料与炉排	固定炉排	抛煤机	链条炉排	煤粉炉	燃油炉	燃气炉
燃烧方式	手烧法	抛煤法	层燃法	悬燃法	雾化法	雾化法
空气系数	1.3～1.6	1.3～1.5	1.3～1.4	1.15～1.25	1.05～1.2	1.02～1.1
CO_2 体积分数(%)	8～10	11～13	12～14	12～15	12～14	8～20

五、降低排烟热损失

（一）排烟热损失与锅炉热效率的关系

锅炉排烟热损失 q_2 是由尾部排烟温度、烟气量与漏入系统内的冷空气量综合决定的。据大量测试资料显示，工业锅炉排烟热损失一般占 12%～20%，小型锅炉有时不设空气预热器或省煤器，排烟温度高，q_2 高达 20% 以上。它是锅炉的主要热损失，是影响锅炉热效率的突出问题。

锅炉排烟温度的高低，主要与锅炉型号、结构、燃料品种与燃烧方式、受热面的设置与清洁程度以及运行操作技术、空气系数大小、系统漏入冷空气量等因素有关。对已投入运行的锅炉来讲，前面几项已固定，后面几项是经济运行需要特别关注的问题。

GB/T 15317—2009《燃煤工业锅炉节能监测》规定排烟温度在 160～250℃之间，小型锅炉处于上限，大中型锅炉在中下限。排烟温度越高，q_2 热损失越大，锅炉热效率越低。据测试资料统计，在一般情况下排烟温度每提高 15℃，q_2 热损失增大 1% 或浪费燃料 1.4%，如图 1.2-11 所示。某锅炉排烟温度从 260℃降到 117℃，锅炉热效率约可提高 3.6%。由于还有其他因素的影响，现在还无法列出一个计算式，只能根据试验确定。因此，每台锅炉应根据自己的实际情况，选择并控制一个合理的排烟温度，对经济运行是十分有利的。

（二）加强系统密封，大力降低漏风率

根据多年来大量锅炉热平衡测试结果显示，工业锅炉排烟热损失都比较大，远超出锅炉设计指标。但有时排烟温度并不太高，节能监测合格，从表面看好像有点矛盾，其实并不矛盾。造成 q_2 大的首要原因是空气系数大，使烟气量增大；其次是受热面结垢、积灰、结渣，使传热效率下降，排烟温度升高；再次是锅炉系统漏风率大，由于漏入炉内大量冷风，稀释并降低了排烟温度，烟尘浓度、林格曼黑度也冲淡了，单测排烟温度或用目测法并不能反映真实情况，因此用排烟处空气系数来指导炉膛配风是不准确的。

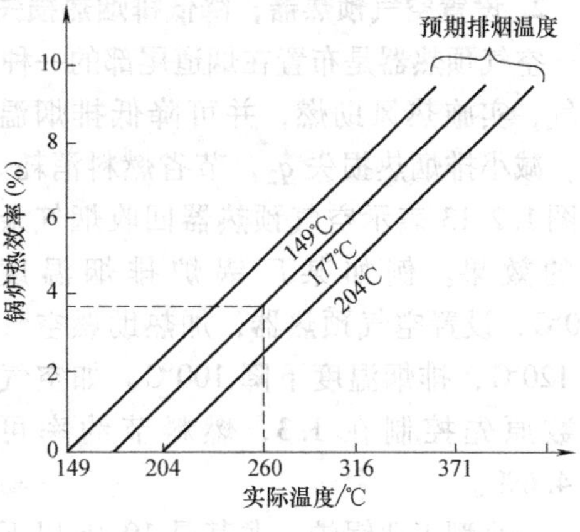

图 1.2-11　降低排烟温度与锅炉热效率的关系

锅炉系统主要漏风部位有：出渣口、炉排侧密封、风室之间、放灰门、给煤斗、炉门、检查门、窥视孔以及炉墙、烟道裂缝等。一般锅炉运行负压操作，从这些部位吸入冷风，致使烟气量增加，排烟热损失加大，引风机电耗增加。据专门测试结果表明，漏风系数增加0.1，排烟热损失提高 0.2% ~0.4%，锅炉热效率相应降低。这一点远没有引起人们的重视，需要纳入锅炉房规章制度，下力量切实抓好，方可取得节能减排功效。

（三）合理配置尾部受热面，回收烟气余热

1. 设置省煤器，提高锅炉进水温度

省煤器是布置在烟道尾部的一种给水预热装置，用来回收一部分烟气余热，同时降低排烟温度，减少排烟热损失 q_2。由于所回收的热量用于提高锅炉给水温度，因而可减少锅炉的燃料消耗，提高热效率。试验研究表明，锅炉给水温度提高6~8℃，可节省燃料消耗1%，如图 1.2-12所示。排烟温度的降低与给水温度的提高大致是3:1 的关系，即锅炉排烟温度降低 3℃，给水温度约能提高1℃左右。例如，排烟温度 250℃，安装省煤器后降低到 150℃，降低值为 100℃，相应的给水温度可提高 32℃左右，燃料消耗可降低约 4%。

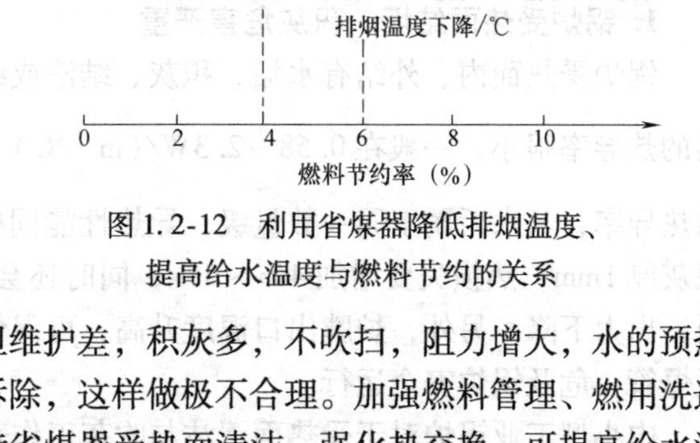

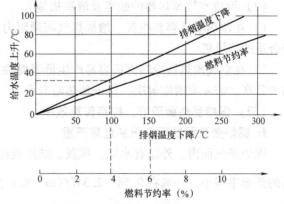

图 1.2-12　利用省煤器降低排烟温度、提高给水温度与燃料节约的关系

中小型工业锅炉虽已安装了省煤器，但维护差，积灰多，不吹扫，阻力增大，水的预热温度低，效果差。有些厂家干脆把省煤器拆除，这样做极不合理。加强燃料管理、燃用洗选洁净煤、减少灰分，并进行定期吹扫，保持省煤器受热面清洁，强化热交换，可提高给水温度。实践证明，把省煤器积灰吹扫干净前后，锅炉热效率相差 1% 左右，节能减排效果很突出。

2. 设置空气预热器，降低排烟热损失

空气预热器是布置在烟道尾部的一种空气预热装置，用来回收一部分烟气余热，加热冷空气，实施热风助燃，并可降低排烟温度，减小排烟热损失 q_2，节省燃料消耗。用图 1.2-13 表示空气预热器回收烟气余热的效果。例如某厂锅炉排烟温度 280℃，设置空气预热器，加热助燃空气到 120℃，排烟温度下降 100℃。如空气系数原先控制在 1.3，燃料节约率可达 4.6%。

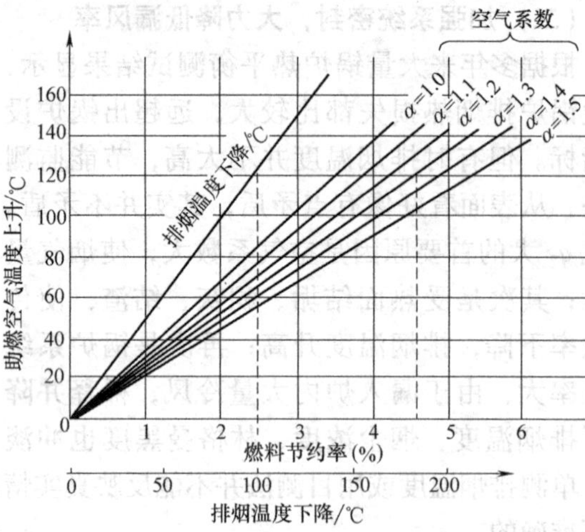

图 1.2-13　降低排烟温度、预热助燃空气与燃料节约率的关系

中小型工业锅炉，尤其是 10t/h 以下的小锅炉，有时不配置空气预热器，因而排烟温度高，这是不合理的，是影响锅炉热效率的突出问题。应该安装空气预热器。

（1）设置空气预热器的优点

1）由于热风助燃，着火快且稳定，可扩大煤种范围。在当前动力配煤无保证、供煤质量差、煤末较多的情况下尤为重要。

2）热风助燃，有利于强化燃烧，降低灰渣含碳量，提高燃烧效率。

3）由于热风助燃，火焰温度高，提高传热效率，保证出力。

4）由于改进了高温环境，不需要太大的空气系数，便可促进低氧燃烧，降低排烟量，有利于环境保护。

（2）设置空气预热器的缺点及解决措施

1）在预热器处容易积灰，增加烟气流通阻力，影响传热效果，需定期进行清扫，并配置合适的引风机。

2）在空气预热器冷端管板容易产生低温腐蚀，尤其在燃料硫含量高时，会使烟气露点温度升高，需采取措施解决，保证预热器寿命。

（四）保持受热面清洁，提高传热效率

1. 锅炉受热面结垢、积灰危害严重

锅炉受热面内、外结有水垢、积灰、结渣或结焦，均会增加热阻，降低热交换效率。水垢的热导率很小，一般在 0.58 ~2.3W/(m·℃) 之间，是钢的$\frac{1}{200}$~$\frac{1}{50}$。积灰、结渣或结焦的热导率，与水垢属于同一数量级，导热性能同样很差。试验研究表明，锅炉受热面结垢、积灰厚 1mm，热损失要增加 4% ~5%，同时还会造成排烟温度升高，导致锅炉运行效率降低，出力下降。另外，炉膛出口温度升高，可促使过热器升温，有可能造成钢管超温起包甚至爆管，危及锅炉安全运行。

中小型工业锅炉对于受热面清洁与吹灰工作普遍重视不够，主要表现在已安装的吹灰设施不能正常投运，许多锅炉房未设置吹灰装置。遇有积灰、结渣、结焦，习惯于在停炉时集中清扫，不愿意在线处理，也是造成排烟温度高、燃料浪费的原因之一。

2. 搞好水处理工作，实现无垢运行

要保持锅炉受热面内侧清洁，应贯彻以防垢为主的技术方针，因而必须搞好水处理工作。只有给水水质达标，方可实现无垢运行，提高传热效率。

3. 加强吹扫，保持受热面清洁

燃煤锅炉在运行中必须坚持定期吹灰、除渣和清焦，保持受热面清洁，不能等到停炉时才去处理。目前国内主要的清灰方法有：蒸汽吹灰、压缩空气吹灰、高压水吹灰、振动除灰、化学除灰和燃气微爆除灰等。

4. 降低排烟温度的瓶颈是烟气露点温度

（1）烟气露点　烟气结露是锅炉低温腐蚀的主要原因。降低排烟温度可减少排烟热损失，但却受到烟气露点温度，特别是预热器冷端管板温度的制约，成为一个瓶颈问题。由于锅炉排烟温度必须高于烟气露点温度以上一定范围，限制了排烟温度的降低。

（2）防止预热器冷端腐蚀的措施

1）以往通常采取的措施有：提高冷端预热器材质，如采用耐热铸铁、耐蚀钢或金属表面进行搪瓷处理，提高耐蚀能力；部分冷空气绕过冷端入口进入预热器内，以减少冷端入口冷空气量，提高该处的壁温；部分热空气从预热器出口再循环进入冷端入口处，提高入口冷空气温度；在空气管道上游采用同流换热式蒸汽盘形管加热器，提高冷空气入口温度等，以提高壁温。

2）采用玻璃管空气预热器。此种材质不但具有优良的抗腐蚀性能，而且如有积灰、结渣，很容易被吹掉，价格又便宜。在小型锅炉曾推广应用，效果较好。

3）采用回转轮空气预热器。此种预热器与管式空气预热器相比，可在较低排烟温度下运行，且传热性能不受积灰的影响，烟气通道流程短，积灰可相对减少。如采用特殊设计，在轮处覆盖有吸水材料，可吸收烟气中部分水蒸气的汽化热，这一点是别的预热器所没有的。该预热器密封比较困难，且周围空气容易被污染。在电站或大型工业锅炉有应用，在中小型工业锅炉可进行试验。

（3）采用热管预热器与省煤器　热管是一种超导传热元件。天津华能集团能源设备有限公司等生产厂家，利用热管元件组装制造的锅炉热管系列空气预热器、热管省煤器，具有传热效率高、结构紧凑、体积小、安装方便灵活、流体阻力小、有利于降低排烟温度、减缓露点腐蚀等优点，可节约燃料10%，使用寿命8年以上。

（4）合理控制蒸汽压力，有利于降低排烟温度　如蒸汽压力从1.05MPa降低为0.7MPa，排烟温度可降低15.6℃，热效率提高0.7%左右。

（5）燃气锅炉采用烟气冷凝技术　预热器采用铜材质或者经过特殊处理的材质，回收相变潜热。

六、燃煤锅炉降低灰渣含碳量

（一）灰渣含碳量与经济运行的关系

燃煤工业锅炉的固体不完全燃烧热损失 q_4 包括三部分，即灰渣含碳量、漏煤含碳量和飞灰含碳量所造成的热损失。它是衡量燃料中可燃成分燃尽程度的一个重要指标，是燃煤工业锅炉的主要热损失。其中最主要的是灰渣含碳量所造成的，一般达到15%左右，较差的高达20%以上，成为中小型工业锅炉的通病。还应该指出，q_4 热损失大，不仅浪费了燃料，还会造成环境污染。

固体不完全燃烧热损失的大小，主要与锅炉型号、结构、燃料品种与质量、燃烧方式及其燃料管理优劣和运行操作技术等有关。该项热损失大，燃烧效率低，直接影响锅炉热效率。据大量锅炉热平衡与节能监测资料显示，灰渣含碳量减少2.5%，可节煤1%；灰渣含碳量降低4.5%，锅炉热效率可提高1%左右，对经济运行、节能减排效果显著。

（二）加强燃煤管理工作

1. 工业锅炉燃用洁净煤

目前工业锅炉燃煤很难满足设计煤种、质量要求。主要表现在燃用小煤窑煤多，煤种与成分波动大，煤质差，往往出现着火推迟、燃烧恶化、炉膛温度水平低、灰渣含碳量升高等现象，供热难以保证；特别是我国沿用历史习惯，工业锅炉一直燃用原煤，粒度级配与设计不匹配，3mm以下煤屑高达60%~70%，漏煤与飞灰多，煤层阻力大，配风难以均匀，灰渣含碳量升高；燃煤含硫量普通较高，且很难控制，环境污染严重。因此，工业锅炉应燃用洁净煤，主要包括动力洗选煤、锅炉型煤、水煤浆以及煤粉，这是我国燃煤工业锅炉可持续发展的必由之路。

2. 燃煤筛分破碎，保持粒度合理

市场上供应的散煤粒度为0~50mm，且小于3mm的煤屑太多，不符合链条锅炉的燃煤粒度要求。为了给均匀布煤、合理配风和组织高温燃烧创造条件，散煤在使用前应进行筛分、破碎。链条炉3mm以下煤屑不好烧，应通过筛分除掉，大块煤需经破碎合格后再燃用，煤矸石一定要拣出。

对于筛分下来的煤面与拣出的矸石，有条件的可用于循环流化床锅炉燃用，或者再搭配几种煤面，并加入适量固硫剂，经炉前成型机压制成型煤入炉，可获得良好的综合经济效益。

3. 燃煤适量加湿闷水

煤中混入水是有害的，因为蒸发每千克水要消耗2500kJ（600kcal）热量。若煤中含有8%的水，就要降低发热量126kJ/kg，相当于煤的0.5%左右热值。但是提前均匀适量闷水，把水分渗透到煤的内部，可补偿上述损失，这是一项非常必要的燃煤准备工作，它有以下几点好处：

（1）疏松燃煤，为强化燃烧创造条件　在一个标准大气压下，水由液态变为气态，比热容从标准状态0.001043m^3/kg膨胀为1.725m^3/kg，体积增大1650倍。当煤中水分与挥发物受热逸出时，必然会产生微小空隙或裂纹，使其疏松，增大了与空气的接触面积，有利于氧气扩散进入，为强化燃烧创造了条件。

（2）促进焦炭还原反应，加速燃烧过程　煤的层燃是通过炭的氧化与还原反应进行的。链条炉排煤层中段下部为氧化带，生成大量CO_2，其上为还原带，水蒸气通过赤热焦炭，发生吸热的还原反应：

$$C + CO_2 —— 2CO - \Delta H$$

$$C + H_2O —— CO + H_2 - \Delta H$$

水蒸气的存在可促进炭的气化过程，使固体炭通过气化反应转化为气态，从而加速了煤的燃烧过程。

（3）减少漏煤与飞灰热损失　煤中渗透适量水分，使煤屑与煤屑之间、煤屑与煤块之间相互黏结，可减少漏煤与飞灰，降低固体不完全燃烧热损失。

加水要点：煤中掺水要适量、均匀、闷透，一般以 8% ~10%（指质量分数）为宜。可送化验室进行分析，也可以用经验法予以判定：用手攥一下，松手后煤团开裂而不散。掺水后要闷放 8h 以上，使水分渗透到煤粒内部。有的锅炉房在煤仓顶部设水管喷水，很不均匀，时间又短，起不到应有作用。

（三）炉排横向均匀布煤，保持火床均衡

对于机械化给煤输送系统，煤在到达顶部平台后先由水平传送带机经落煤管送入锅炉储煤仓内。在重力分离作用下，出现沿煤仓宽度方向的粒度离析现象：致使中部煤屑多，大块则滚落到两侧，因而造成链排横向煤层粒度分布不均，通风阻力差异大。导致中部阻力大，风量严重不足，两侧阻力小，风量过剩。于是炉排横向燃烧进程不同，火床不平齐，甚至会出现火口，灰渣可燃炭与飞灰量增加，降低了燃烧效率。因此，应设法解决炉排横向布煤不均问题，视具体情况可采取如下措施：

1. 设置可摆动的落煤管

燃煤由储煤仓流到煤斗时，多采用固定的落煤管。由于煤斗很宽，有时设置两个以上落煤管，仍会出现粒度离析现象。为此可改为下端沿煤斗横向摆动的落煤管，也叫摆煤管，工作原理如图 1.2-14 所示。

在锅炉链排传动主轴上装设两个行程开关触点，来控制落煤管电动机的起动。当落煤管摆到一定角度时，由落煤管电动机轴端设置的两个行程开关与触点相碰，控制落煤管的停止位置。在链排主轴转动与落煤管电动机联动作用下，实现了落煤管的左右摆动频率与链排速度相协调。

落煤管可促进燃煤粒度沿炉排横向均匀分布，煤层阻力趋于均衡，有利于燃烧的正常进行，降低灰渣含碳量。该装置结构简单，操作方便，维修工作量小，适合于大中型工业锅炉应用。目前已有定型产品供选配，也可自行设计改造。

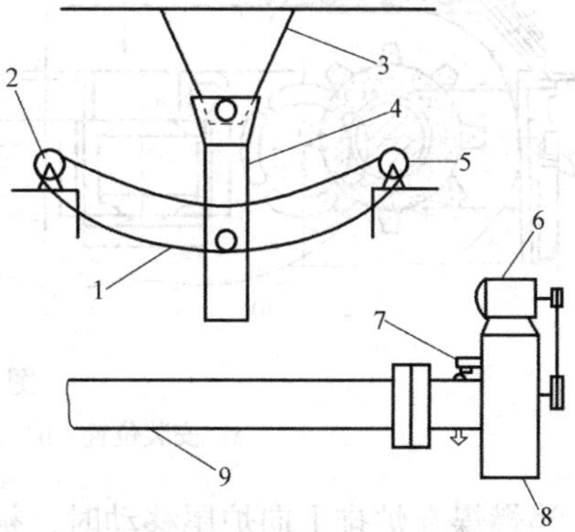

图 1.2-14　摆煤管工作原理图

1—链条　2—链轮　3—煤仓　4—摆煤管　5—电动机　6—直流调整电动机　7—行程开关　8—减速器　9—前大轴

2. 设置传动带机移动卸煤犁

为了使燃煤粒度在链条炉排上均匀分布，首先应设法促进煤仓内的燃煤粒度沿横向分布均匀。为此，在煤仓顶部的水平传动带机上加装移动卸煤犁小车，其下铺设轨道。当传动带机起动后，卸煤犁小车可沿煤仓宽度方向往返移动，使落煤点沿煤仓宽度方向有规律地移动，可达到均匀布煤的要求。该设备已有定型产品供选配，结构简单，效果很好。

（四）疏松煤层，改善通风性能

1. 煤斗下设阻力棒

在锅炉煤斗前壁板下部适当位置，开设一排孔，在孔中插入 $\phi25 \sim \phi38$mm 圆钢，称为阻力棒。可给下煤增加一定阻力，以减缓燃煤掉落时的冲击力，使炉排煤层达到局部或大部疏松，改善通风状况，有利于促进完全燃烧，减少灰渣含碳量。

改变阻力棒的插入部位与间距，可调节阻力大小与煤层疏松程度。阻力棒不宜太密，以免发生堵煤、棚煤问题。

2. 加设炉外松煤器

在锅炉煤斗底部外侧，沿炉排宽度方向安装一根轴，在其上面挂一排铸铁片状松煤器。松煤器的一端开有孔，可挂在轴上，能绕轴转动；另一端为片状自由端，搭落在炉排上，如图1.2-15所示。松煤器的形状和尺寸，可根据实际情况自行设计。其间距应适当，并可调节。间距太大，起不到疏松作用；间距太小，对移动煤层造成太大阻力。

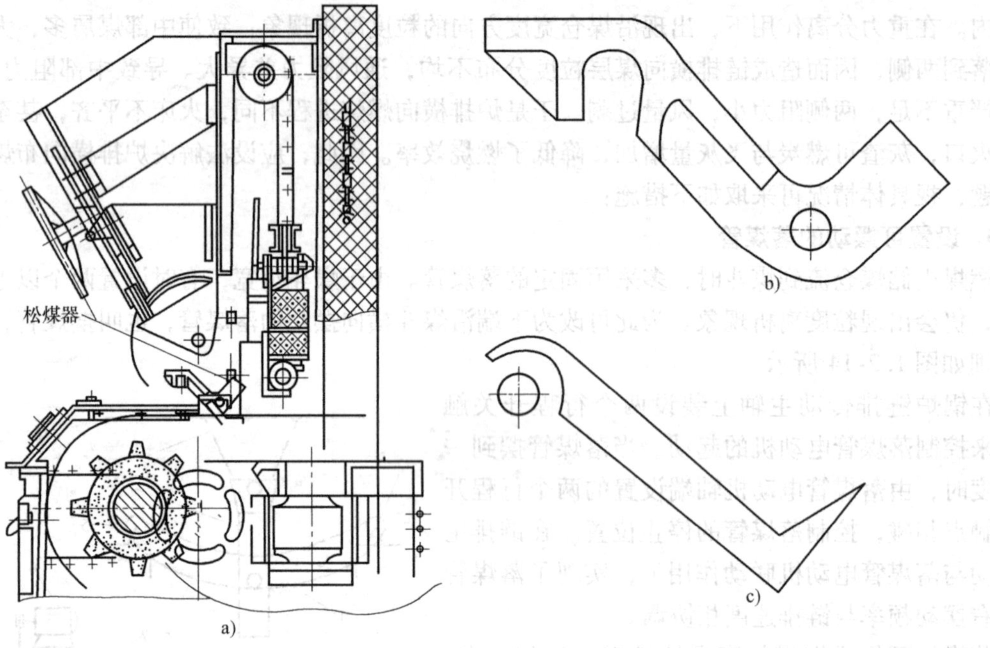

图1.2-15 炉外松煤器

a）安装位置 b）片状松煤器（1） c）片状松煤器（2）

当燃煤在炉排上向炉尾移动时，被松煤器纵向切割，使煤层像被犁过一遍一样，从而疏松煤层，改善通风性能，有利于起火，提高燃烧效率。

3. 设置炉内松煤器

燃煤经煤闸板挤压后较为密实，可根据具体情况，设置炉内松煤器，使煤层得以疏松，改善通风性能，促进完全燃烧。

炉内松煤器目前有两种结构形式。一种是密闭水冷三棱体，如图1.2-16所示。可由50mm×100mm×5mm不等边角钢制作，其底板和两侧壁板用$\delta=5$mm钢板焊接成密闭的三棱体，长度略短于炉排宽度，两端连接冷却水进出水管（$\phi=32$mm）。组装后置于链排面上某一部位。另一种炉内松煤板，也叫翻松器，是由$\delta=10$mm的钢板和循环冷却水管（$\phi=25$mm）焊接而成，如图1.2-17和图1.2-18所示。为防止钢板在高温环境下扭曲变形，可在一侧切割成条状，并有利于通风。

燃煤随炉排驮载向后移动，而松煤器处于静止位置。在炉排连续移动和后面煤层的推动下，迫使煤层爬越松煤器顶部最高点后落下，即可自行疏松。松煤器与冷却水管构成一个悬空小空间，使煤层处于充足的空气条件下，有利于强化燃烧。当煤层被迫翻越松煤器时，必然受力滚动，起到翻渣作用，使煤粒表面的灰层剥落和裂开缝隙，便于氧气扩散进入，促进煤粒内部燃尽，降低灰渣含碳量。

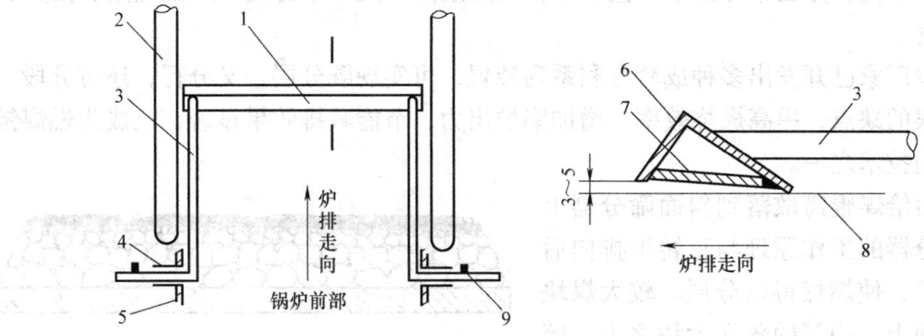

图 1.2-16　炉内松煤器安装示意图

1—松煤器　2—左右防焦箱　3—左右冷却水管　4—保护套管　5—加煤斗侧板

6—不等边角钢　7—斜板　8—炉排面　9—挡块

炉内松煤器尤其是三角棱形松煤器，能够有效地翻松煤层。可根据具体实际情况，布置在炉排前部起火点处，利于引燃着火；也可以布置在炉排中部强燃区，起到强化燃烧作用；还可以布置在炉排后部燃尽区，能有效松渣、翻渣、剥离灰层，提高燃尽率，降低灰渣含碳量，效果十分明显。

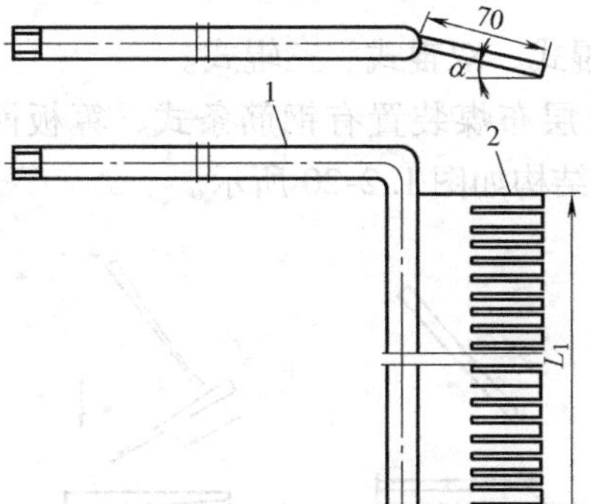

图 1.2-17　炉内松煤器

1—ϕ25mm 水煤气管

2—$\delta=10$mm 的热轧钢板

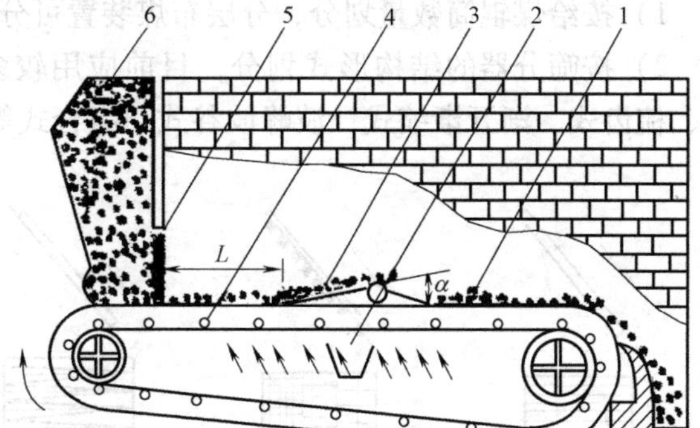

图 1.2-18　炉内松煤板安装示意图

1—煤层　2—鼓风　3—松煤器

4—炉排　5—煤闸板　6—煤斗

炉内松煤器处于高温工作环境，为延长使用寿命，必须有可靠的循环冷却水。可以串联链排轴冷却水，最好使用软化水。在运行中要注意检查，出水温度控制在60℃以下。松煤器具体安装位置，应在分段送风室两相邻风室之间，以防将煤面吹起，增加飞灰量。

（五）采用分层分行布煤技术，改善燃烧工况

1. 分层布煤原理与技术优势

针对我国工业锅炉烧原煤、散煤，且煤屑太多的实际情况，采用传统给煤斗布煤方式，存在一系列弊端：不仅漏煤、飞灰多，更主要的是燃煤大小块与煤屑混杂布煤，煤层较为密实，阻力大且通风不均匀，火床不平齐，易造成火口，导致灰渣含碳量升高，热损失加大。自20世纪90年代，分层布煤技术问世以来，在短短的十几年中得到了广泛应用、推广，并逐步发展完善。

国内不少厂家已开发出多种成套专利系列装置，可实现既分层，又分行，还可分段，克服了传统布煤的缺点，提高燃烧效率，增加锅炉出力，节能减排效果显著，已成为燃煤链条锅炉首推应用技术之一。

当燃煤由给煤辊筒散落到斜面筛分器上时，利用筛分器的工作原理与正转炉排向后移动的时间差，使燃煤得以分层。较大煤块先落到炉排面上，中等的落在大块之上，碎煤屑布在最上层。煤层松散适度，其断面呈现出大、中、小颗粒有序排列，如图1.2-19所示。

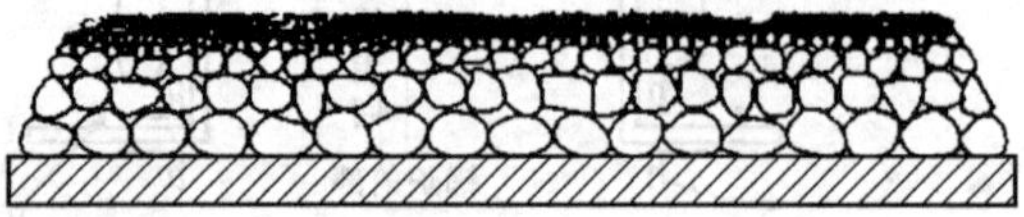

图1.2-19　分层布煤剖面示意图

由于燃煤自由散落和有序排列，使得煤层结构空隙较为均衡，减小了煤层阻力，且通风均匀，增加了单位炉排面积的通风能力，有效地改善了燃烧状况，为强化燃烧创造了条件。碎煤屑布置在煤层表面，有利于引燃着火，提高了炉床面的热强度和煤的燃烧效率。

2. 分层布煤装置系列化与组合

分层布煤技术经过广大锅炉工作者的应用实践，不断改进，日臻完善成熟。现已发展成为多种类型、不同适用范围与条件的系列化装置。

1）按给煤辊筒数量划分，分层布煤装置可分为单辊式、双辊式、三辊式。

2）按筛分器的结构形式划分，目前应用较多的分层布煤装置有钢筋条式、箅板网孔式、梳齿式、渐开渐缩式、波峰波谷式与组合式等，其结构如图1.2-20所示。

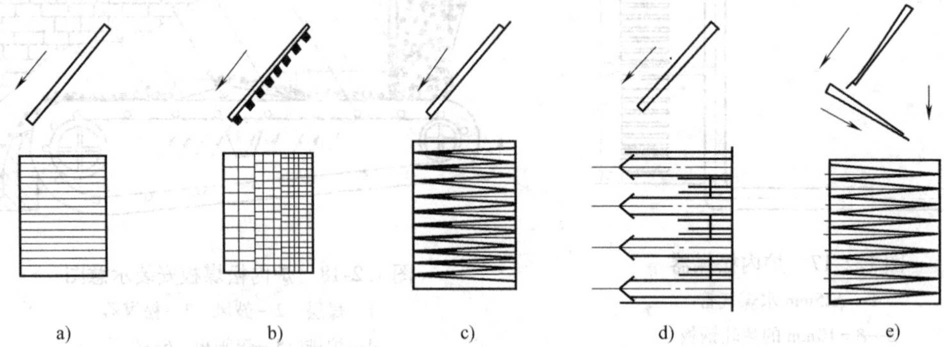

图1.2-20　筛分器结构

a）钢筋条式　b）箅板网孔式　c）梳齿式　d）波峰波谷式　e）组合式

3）按布煤的形状结构划分，分层布煤装置可分为分层式、分层分行式、分层分段式、分层分行分段式等。

4）按驱动方式划分，分层布煤装置可分为链排前轴拖动式、分体电动机拖动式、双动力拖动式。

5）按燃煤调节方式划分，分层布煤装置可分为变频调速式、煤闸板调整式、微机自控式。

6）按煤闸板数量划分，分层布煤装置可分为单闸板式、双闸板式、三闸板式等。

在现实生产中，往往根据具体实际情况，多采用上述几种筛分器有机组合，发挥其各自的功能与优势，使应用范围更加广泛。为了适应工业锅炉大型化、自动化的发展趋势，分层布煤技术已开发出多种成套系列产品。充分应用锅炉微机自动控制、自动调整负荷、自动计量煤耗、联锁保护、自动报警等技术，可获得最佳节能减排效果。

3. 分层布煤技术适用条件与范围

分层布煤技术在实际应用时，由于锅炉的型号和燃烧方式不同，燃煤质量、粒度有差异，所处地区条件有别，应择优选配适用的分层布煤装置。因为不同装置具有各自的优势和适用范围，一般可概括为以下几种：

（1）普通分层布煤装置　当燃用动力配煤或原煤时，若煤颗粒差异明显，大小块与煤屑构成比例相对稳定，可选用普通分层布煤装置。充分发挥燃煤各种粒度能达到有序排列的优势，将大块煤布于底层，减少漏煤损失，中小块布于中间，碎煤屑布于煤层表面，易于引燃着火，从而形成一个排列有序、层次分明、煤层平整、风阻均匀的煤层结构。一次风从链排下进入时，可与煤粒充分接触，风煤混合均匀，燃尽率高，降低灰渣含碳量。

普通分层布煤装置一般采用单辊式结构，如图1.2-21所示。该装置自问世以来，很多单位推广应用，并进行了改进完善工作。要使其效果好，给煤要通畅，防止下煤自溜，要选用功能最佳的筛分器。

传统的钢筋条式筛分器相对较差，应选配较为先进的梳齿式筛分器，节能效果更好。

（2）分层分行布煤装置　目前工业锅炉燃用小煤窑煤居多，且随着机械化采煤技术的发展，煤屑的比例越来越大，3mm以下者往往达到60%~70%，有时不得不燃用洗粒或洗末。由于粒度组成相近，使用普通分层布煤装置几乎无层可分，只能起到一点疏松煤层的作用，不可能取得明显的节能减排效果。在这种情况下，应选配波峰波谷式筛分器装置，将煤层结构既分层又分行。就是将有限的大颗粒燃煤仍然布置在最下层，减少漏煤损失；较大颗粒燃煤置于中间；大部分碎煤屑与末煤布置在上表面；且按炉排纵向进行分行，形似垄沟垄埂状的煤层结构，如图1.2-22所示。这样可发挥其峰谷相间的布煤技术优势，达到好的燃烧效果。

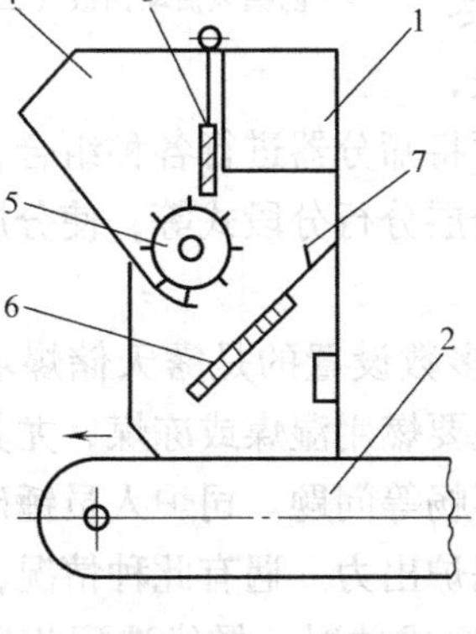

图1.2-21　单辊式分层布煤装置

1—分层给煤设备本体　2—链条炉排　3—调煤闸板
4—煤斗　5—辊筒式给煤机　6—筛分器　7—导流板

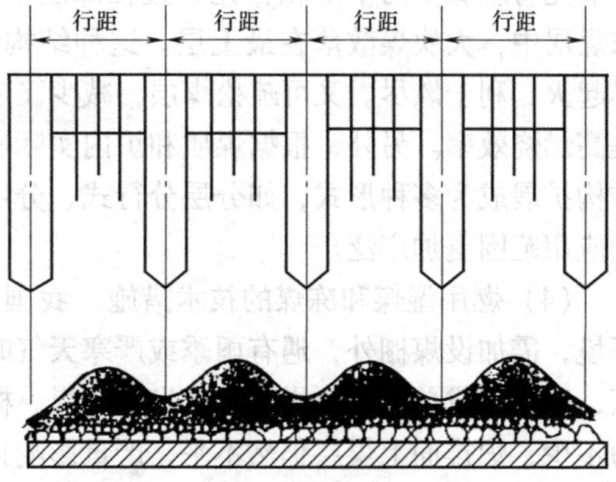

图1.2-22　分层分行布煤剖面示意图

分层分行布煤装置选配的是波峰波谷式筛分器，它除了能分层外，尚有分行的功能。其结构由具有一定宽度，且有侧向倾斜的分流面和筛条，按一定间距（行距）组成。当燃煤经过煤辊筒散落到筛分器时，除较大颗粒先落下之外，煤屑与煤面大部分由筛条的小空隙落下，自然呈现波峰波谷形状。

当分层分行煤层结构在燃烧时，波谷部位的煤层较薄，通风条件好，干燥预热进程加快，挥发分优先析出，易于引燃起火，并对波峰煤层形成双向引燃条件，促进了波峰煤的加快燃烧。

燃煤形成峰谷相间的煤层结构后，其上表面的展开长度较炉排宽度增加30%～40%，加大了煤层外表面积，有利于吸收更多的辐射热量，相当于加大了炉排面积，延长了燃煤在炉膛内的燃烧时间，利于燃尽，提高了炉膛截面的热强度，可增大锅炉出力，运行实践也证明了这一点。

由于波峰波谷燃烧气流的相互作用与炉排的不断移动，从而使波峰顶部的煤层滚落下塌，逐渐变成平整火床。此种过程起到了人工拨火作用，利于灰层的脱落或产生裂纹，使内部可燃炭与氧气充分接触，促进残炭燃尽，降低灰渣含碳量。

（3）组合式筛分器布煤装置　当煤种发生变化，难以固定，且发热量低、灰分高、挥发分低时，给合理选择筛分器、恰当布煤造成很大困难。在此种情况下，应选择组合式筛分器布煤装置，其由三辊式给煤辊筒与组合式筛分器配套而成，其结构如图1.2-23所示。

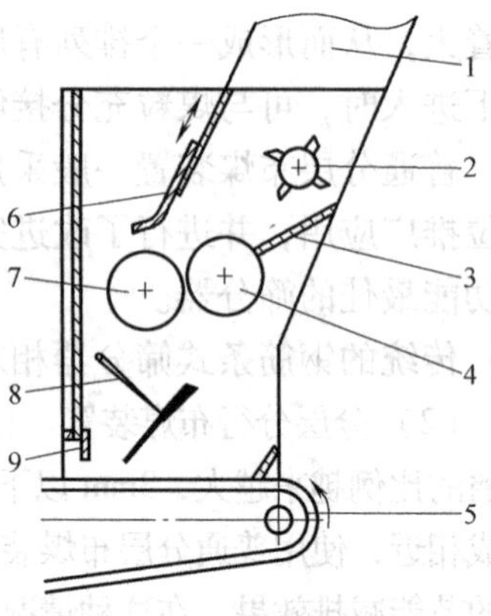

图1.2-23　三辊组合式分层布煤装置
1—下煤筒　2—湿煤搅动辊（Ⅲ辊）
3—防漏煤板　4—移煤辊（Ⅱ辊）
5—炉排　6—倾斜式煤闸板（一次煤闸）
7—拨煤辊（Ⅰ辊）　8—筛分器
9—防漏风活动挡板（二次煤闸）

组合式筛分器由两个独立的筛分器组合相配而成，可以依据实际情况加以组合。当煤种发生变化时，在运行中可随时更换，不必停炉，非常方便。

组合式筛分器布煤装置可将煤层结构进行新的排列。一般先将燃煤中的中等颗粒先布置在煤层下部，碎煤屑和末煤居中，大块煤散落在最上层。这种结构促使大块煤尽早起火，利于燃尽。又可疏松煤层，减少飞灰与漏煤损失，提高燃烧效率。另外，根据煤质和炉内实际燃烧状况，可将筛分器进行各种组合，能将煤层结构扩展成为多种形式，如分层分行式、分层分段式、分层分行分段式等，使分层布煤技术的应用范围更加广泛。

（4）燃用湿煤和冻煤的技术措施　我国工业锅炉房多数设置的是露天储煤场。除污染环境，需加设煤棚外，遇有雨季或严寒天气时，锅炉难免要燃用湿煤或冻煤，尤其是三北地区，因而造成单辊式给煤装置常发生堵煤、棚煤或下煤不畅等问题。司炉人员锤砸钎捅，费力不少，炉排面上煤层仍然不平，严重影响正常燃烧与锅炉出力。遇有此种情况，宜选用如图1.2-24所示的三辊式给煤装置，然后根据煤质与粒度组成情况，择优选配相适应的组合式筛分器。

三辊式给煤装置，可利用湿煤搅动辊，将其搅动松散，再通过移煤辊与拨煤辊，使其下煤通畅且均衡，从而达到煤层平整、有序排列，保证正常燃烧，降低灰渣含碳量。

（六）应用强化燃烧技术，促进燃煤加速燃尽

煤的燃烧速度主要与温度及配风情况有关，提高炉膛温度和火焰温度，即可加快燃烧进程。在一般情况下，配风合理，炉膛温度高于1200℃，炉内的辐射传热比对流传热强烈得多，此时炉膛内布置的水冷壁所吸收的辐射热量比对流热量要提高5倍以上；当炉膛温度在1100～1200℃时，辐射传热量与对流传热量基本持平；当炉膛温度低于1000℃时，辐射传热量明显减弱。链条锅炉燃煤燃烧速度还与煤的品种、质量有关。若煤的灰分高、挥发分低、热值不高，则起火困难，燃烧速度趋缓，难以燃尽，灰渣含碳量升高。

链条锅炉针对以上情况，采取强化燃烧措施，加快燃烧速度，提高燃烧效率。诸如合理设计和砌造炉拱、调整前后拱角度、必要时设置中拱、恰当地布置炉拱的遮盖面、在炉喉部位喷吹二次风措施等。当燃用劣质煤时，应加设卫燃带，适当减缓水冷壁吸热量，从而提高炉膛温度，加速燃烧进程。实践证明，其效果是很明显的。另外，应设法提高空气预热温度，除能降低排烟温度外，还可提高火焰温度，有利于强化燃烧。

（七）漏煤回烧与灰渣返烧

漏煤的含碳量一般较高，比原煤略低，应设法降低漏煤损失。前已述及，要加强原煤的准备与处理工作，并采取先进的布煤技术，可以减少漏煤损失，还可改进或选用鳞片式不漏煤链排结构。但还是有漏煤的，应当专门收集起来，掺混在原煤中回烧。在掺混前应适当加湿处理，以便与原煤较好混合。

灰渣的含碳量一般在15%左右。目前多数企业将灰渣经水冲后当作废物处理，造成环境污染。应通过分析化验，将有返烧价值的，掺混在原煤中返烧。有条件的企业，最好送往流化床锅炉返烧，效果更好。如无返烧价值，也应当作为一种资源进行综合利用。

飞灰的含碳量一般在30%左右，目前均作为废物处理，又无密闭设施，造成环境污染。应加设密闭设施进行回收，作为一种资源进行综合利用，例如与原煤采用适当配比制造型煤，或者加湿处理后进行回烧，有条件的企业最好送往流化床锅炉回烧。

七、炉墙与管网保温

（一）锅炉容量与表面散热损失的关系

锅炉在运行中，炉墙、锅筒、联箱、管道等的外壁温度均高于周围环境温度。通过辐射、对流方式散失热量，这就是表面散热损失q_5。其散热损失的大小主要与锅炉容量（主要指外表面积大小）、炉墙结构（主要指材质、热导率与厚度）、外表面温度与周围环境温度差值有关，如图1.2-24所示。锅炉容量小，有时不设省煤器与空气预热器，而单位容量所占有的表面积大，因而小容量锅炉表面散热损失较高。锅炉容量增加时，散热损失的绝对值并不成比例增加。容量大的锅炉，散热损失可相对降低，且比较平缓，几乎是向下倾斜的斜线。外表面温度越高，

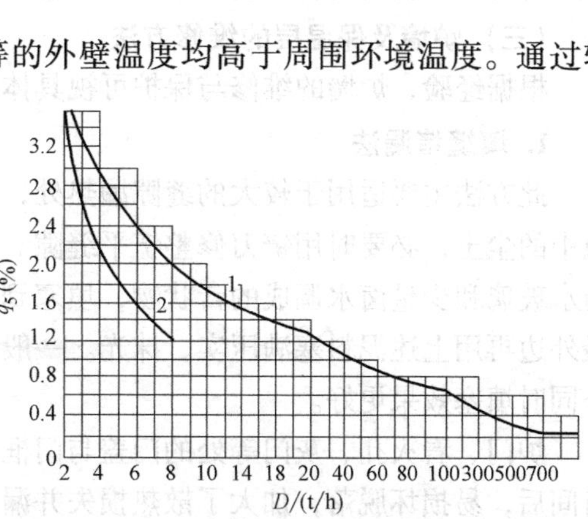

图1.2-24　锅炉容量与表面散热损失的关系
1—有尾部受热面　2—无尾部受热面

周围环境温度越低，空气流速越大，散热损失越大。另外，耐火材料质量差、施工不达标、炉墙损坏不严密，都将增加散热损失，降低锅炉热效率。GB/T 15910—2009《热力输送系统节能监测》规定了炉墙和管网的散热指标。

有时新锅炉刚投入运行，炉墙外表面温度高于设计计算值，并且随着炉役期的延续，表面散热损失会明显增大，这是因为：

1）耐火材料质量和施工工艺存在问题。耐火材料实际热导率往往大于说明书给出值，用户又无能力进行抽查检验；安装、砌炉质量不符合标准规范，未能按设计图样进行施工；耐火泥料配制不符合标准要求。因而不仅炉墙外表面温度偏高，预留膨胀缝或砖缝大，容易出现裂纹、裂缝，甚至变形，而且随着炉龄的增长，缺陷处还会逐渐扩大。

2）烘炉升温不能严格按规范进行，升温速度快，且波动大，砖体膨胀不均匀。平时运行负荷波动频繁，炉温忽高忽低，砖体耐急冷急热性能差，都会造成炉墙出现裂纹、变形、鼓突，甚至发生倒塌等。

3）对炉墙及保温层日常维护重视不够，停炉检修时往往容易忽略，对其存在的问题处理不及时。日常运行一般采用炉膛负压操作，由于冷空气的穿透和冲刷力，使原有缝隙变得越来越大，外表面温度会逐渐升高。

（二）炉墙结构及密封性

炉墙是锅炉炉膛与流通烟道的外壁，其作用是维持其内部系统的高温状态，减缓向外界散热，并使烟气按所规定的方向流通。可见炉墙是主体设备的重要组成部分，应重视其设计和施工。要求有良好的耐热、绝热、严密、耐蚀和防振等性能，并具有足够的机械强度和承受温度急剧变化的性能。此外，还要求质轻价廉，便于施工与维护，因而炉墙对主体设备性能的影响是非常大的。

炉墙按其结构不同，分为重型炉墙和轻型炉墙两种。大中型锅炉一般采用重型炉墙，它分为内外两层，内层为耐火砖，外层砌红砖，两层间留有20mm左右间隔，填充矿渣棉板或珍珠岩颗粒等保温材料。两层之间沿高度方向间隔用锁砖连接，内层留有适量膨胀缝。重型炉墙保温性能好，节省外护钢板。而小型锅炉特别是快装锅炉多采用轻型炉墙，它是由轻质耐火砖与保温材料组合而制成的。优点是质轻、施工简单，但需外护钢板。

（三）炉墙及保温层的维修方法

根据经验，炉墙的维修与保护可视具体情况采用以下方法。

1. 填缝堵漏法

此方法主要适用于较大的缝隙漏热处，提高炉体的严密性。首先用压缩空气吹扫干净缝隙中的尘土，必要时用铲刀修整铲平缝隙。然后用水泥浇注料或用细黏土粉与适量海泡石粉与水玻璃和少量卤水调成的膏状物，填塞到缝隙里边，中间塞耐火纤维棉或毡条、石棉等，最外边再用上述泥料塞满压实、抹光。一般可在正常运行时修理，如在停炉检修时处理，里外同时填塞效果更好。

炉门、看火孔、灰门等处的门盖与门框之间，均有一圈槽，镶嵌有石棉绳。当运行一段时间后，易损坏脱落，加大了散热损失并漏入炉内冷空气。在锅炉运行中可以进行更换，但要注意用石棉板或耐火砖挡好炉门洞口，防止烫伤操作人员。在门框的周边与炉墙之间常出现裂缝，用上述方法修理即可，如在停炉检修时，从内外侧同时修补更坚固一点。

2. 拆砌挖补法

此方法主要适用于砖砌炉墙局部变形、剥落、掉砖、倒塌等情况。一般出现在炉墙内侧，致使外表面温度急剧升高，散热损失加大。同时威胁到安全生产，应及时进行修理。在停炉前进行详细检查，制订稳妥方案，做好准备工作，有时需要搭好脚手架，确保安全。首先要拆除损坏部位，清理干净底部与周边，用原规格的耐火砖砌好即可。还可视具体情况，用耐火浇注料或水泥浇注料捣打，在捣打时需要支模板，并应注意捣打料不宜太软，否则会出现较大的收缩缝。

3. 表面喷涂法

表面喷涂法也叫表面喷浆法，主要适用于炉墙表面小裂纹较多、砌炉质量差、砖缝泥料不饱满或者预留膨胀缝开裂透气等，致使炉墙外表面温度较高。为了降低散热损失，增强炉体的严密性，应及时进行处理。

喷涂所用设备为工业喷浆机，室内装修用的喷浆机也可。浆料选用细黏土粉，用水调和并加适量水玻璃与卤水，稀稠度要适合喷涂；也可购耐火泥浆或耐火涂料。一般可在锅炉运行中外表面温度稍高时进行，也可在停炉检修时内外表面同时进行喷涂。温度高便于浆料与炉墙黏结、干燥。可分多次喷涂（如2～3次），一层干燥后再喷涂下一层。每层不可太厚，太厚了流失多。喷涂的总厚度应掌握在3～5mm之间，可降低炉墙外表面温度3～5℃，并增加炉体的严密性。

4. 抹灰贴附法

所谓抹灰贴附法，就是在炉墙外表面，用人工涂抹一层耐火保温泥料。该方法主要适用于炉墙相对较薄、外壁温度高、散热损失大的情况。所用材料为细黏土粉、海泡石粉（或石棉绒、蛭石粉、石膏粉等），加水调和并配入适量水玻璃、卤水，调成膏状。用人工涂抹在需要保温的炉墙外表面，有时也可在内侧贴附。均需压实、抹光，其厚度一般为15～30mm，太薄了不易粘贴，太厚了没必要，可在常温下涂抹。该方法的优点是能有效地降低炉墙外表面温度10℃左右，提高炉体的严密性。缺点是炉墙外表面保温绝热后，其内层温度相应升高，钢结构温度也要提高。如在施工时表面不好粘贴，可敷设铁丝网或在砖缝中插入钢钉。为增加外表面美观，在绝热层外面可刷涂料。

5. 表面贴毡法

该方法的特点是在炉墙内表面粘贴适当厚度的耐火纤维毡。视炉膛内的温度高低，选择纤维毡的品种与厚度。温度低时选普通耐火纤维毡，温度高时选硅酸铝耐火纤维毡。其厚度视保温要求一般为20～30mm，可用专用黏结剂在常温时粘贴。实践证明，炉墙外表面温度可降低15℃左右。

表面贴毡法主要适用于炉墙相对较薄、外表面温度太高、散热损失大且锅炉负荷变化频繁等场合。当炉墙内侧保温后，不但可明显降低表面散热损失 q_5，而且还可增加炉体的严密性，减少炉墙蓄热量，锅炉快速升温，也不会造成耐火材料裂纹或变形等问题。在炉膛侧墙内侧贴毡时应当避开膜式水冷壁，或在水冷壁管间贴附，否则会影响少量受热面。最好在卫燃带贴附，也可改换成在炉墙外侧抹灰贴附。实践证明，耐火纤维毡可承受高温气流冲刷，但不能抵抗机械外力作用。

（四）管网保温层损坏与维修方法

1. 管网输送效率与存在问题

无论是蒸汽管网还是热水管网，要求热能输送效率应在96%以上，表面散热损失小于

4%。经多年现场测试或节能监测得知，多数企业可以达到要求指标。石化、化工、发电等行业要求管网保温绝热规范、整洁，无渗漏问题，表面散热损失均在2%以下。但也有不少企业尤其是小型锅炉房达不到要求，存在问题较多，主要表现在：

1）管网保温材料性能差，施工不符合标准规范。保护层破损严重，保温结构有脱落现象，个别企业还存在裸管问题，管网散热损失远超标准规定，是一种极大的浪费。

2）影响管网输送效率的另一个重要问题，就是管道、阀门的跑、冒、滴、漏。以渗漏水为例，可用下式近似计算，其每年的热损失是惊人的。

$$\omega = 0.1d^2(\Delta p)^{1/2}$$

式中 ω——每小时渗漏水量（t/h）；

d——渗漏孔的直径（mm），若为圆孔，d取孔的直径，若为其他形状，d取当量直径$d_{\rm dl}$，$d_{\rm dl}=(4A/\pi)^{1/2}$，$A$为渗漏孔实测面积（$mm^2$）；

Δp——渗漏孔前管道流体的内外压力差（MPa），实际为管内流体的表压力。

如果管道内输送的是蒸汽或高温水，用查表法可换算为热损失。

3）对管网维护差，重视不够，存在问题不能得到及时修复。

2. 管网保温绝热层的维修方法

管网的保温结构有多种，常见的有拼砌式捆扎结构（各种预制保温瓦、保温毡等）、缠绕结构（用石棉绳或保温带等）、涂抹结构（现场配制保温料或购置保温膏等）以及岩棉保温套管等。保温结构一般分为三层，即绝热层、包扎层与表面保护层。就破损原因分析，首先损坏的是表面保护层。保护层完整无损，内里的绝热材料不可能脱落损坏。因此，选择与敷设好保护层非常重要。

敷设保护层的传统方法是采用石棉水泥人工涂抹法，可用水玻璃调和并加入适量卤水，调成膏状；比较高档次的是用镀锌钢板包扎，用自攻螺钉或卷边法咬合固定牢固；新近生产的玻璃纤维铝箔板和玻璃钢材料，用铝箔胶带或钢带捆扎牢固；还有一种防水玻璃纤维布，是在表面浸透沥青油，经压光而成。在选择保护层材质时，应根据坚固耐用、防潮、防雨性能与周围环境要求等具体情况确定。

包扎层主要用料为铁丝网并用铁丝捆扎。其作用是捆扎好绝热层，保持规整、坚固，便于整理成圆形，其外敷设保护层，达到管网整洁美观。

保温绝热层的维修方法，一般参照原结构与损坏的具体情况，择优选用。如原来是岩棉套管结构，最好仍用原规格岩棉套管修复。拆除损坏部分，用手锯把保留部分切割整齐，把钢管外壁清理干净并涂刷防锈漆，然后把所需岩棉管纵向切开，套在钢管上并切口朝下，用镀锌铁丝捆扎牢固，其外不必包扎铁丝网，但需用玻璃纤维布螺旋缠绕两层，方向相反，每圈压边30~50mm，并用镀锌铁丝捆扎，防止松散，最后包扎保护层。有时用涂抹法修复较为简单实用，所用材料易于购进，现场配制也较为方便，不受损坏形状限制，不必非得切割找齐，直接购买预制袋装保温膏更为便捷。若原保温层较薄时，还可适当加厚。当遇到不规则部位时，如阀门、法兰、弯头等，需要进行固定式保温，则可按其形状进行涂抹，非常方便，节省工时。

涂抹法所用材料与配方为：细黏土粉50kg，石棉绒50kg，海泡石粉2m^3（或蛭石粉、珍珠岩粉），用水玻璃300kg并加适量卤水调和成膏状。

（五）炉墙、管道表面散热损失节能监测

通常选用接触式表面温度计或低温红外测温仪，测定炉墙与管道外表面温度。炉墙的面积比较大，应分部位设代表性测点，除专门测试外，在炉门、看火孔300mm周围不设测点。管道应分前、中、后三段，每段选一截面，测周边上下与左右侧四点温度。环境温度距散热面1m处测取。上述温度各取算术平均值，并按常规进行计算，依据国家标准进行评价，提出改进意见与建议。

有时，为了专门寻找漏热部位或漏热点时，可用红外测温仪对炉墙或管网专项进行测定，以便有针对性地采取节能措施。

八、合理控制排污率

（一）锅炉排污率与经济运行的关系

1. 锅炉排污的原因分析

蒸汽锅炉在运行中，由于锅水的不断蒸发和浓缩，容易造成受热面结垢、结渣，致使热交换恶化，排烟温度升高，热损失加大，并影响蒸汽品质，甚至发生汽水共腾事故。过高的锅水碱度还会造成苛性腐蚀，因而必须严格控制给水水质，并合理进行排污，及时把锅筒与下集箱等处的高浓度盐水和泥渣、污垢等排出炉外，以保证锅水质量，使其维持在标准要求范围内。

2. 排污率的定义与分析

在考核期内，锅炉排出的锅水量与同期锅炉蒸发量之比的百分率，称为排污率，可用以下两种方法进行计算。

用碱度法计算排污率为

$$P_1=\frac{A_{gs}}{A_g-A_{gs}}\times 100\% \tag{1.2-7}$$

式中　P_1——按锅水碱度计算的排污率；

A_{gs}——锅水的总碱度（mmol/L）；

A_g——锅水允许的总碱度（mmol/L）。

按氯根法计算排污率为

$$P_2=\frac{\mathrm{Cl}_{gs}}{\mathrm{Cl}_g-\mathrm{Cl}_{gs}}\times 100\% \tag{1.2-8}$$

式中　P_2——按氯根计算的排污率；

Cl_{gs}——给水中氯根含量（mg/L）；

Cl_g——锅水中允许的氯根含量（mg/L）。

按碱度法和氯根法分别计算出P_1、P_2后，取其中较大数值作为锅炉的排污率。

由上两式可见，工业锅炉排污率主要与给水水质（水处理标准）和各种型号与用途的锅炉在实际运行压力下所允许的锅水碱度或氯根含量有关，如图1.2-25所示。在炉外水处理的情况下，排污率应控制在10%左右，低压锅炉锅水允许的含盐量应为2500～3500mg/L。

目前，我国中小型工业锅炉的实际排污率一般在10%～20%，有的高达20%～30%。其主要原因是水源水质差，炉外水处理不严格，排污率不考核，排污操作不当，炉内加药处

理未能坚持等。

3. 锅炉排污率与经济运行的关系

锅炉排污率高，排出炉外过多的饱和水，造成热能的损失、水资源的浪费，加大炉外水处理费用，必然降低锅炉的运行效率，同时排污水还造成环境污染。不同压力下锅炉排污率与节约燃料的关系如图 1.2-26 所示。经综合考核，目前锅炉的高排污率，至少降低锅炉热效率 1% ~3%。对于这一点，在锅炉热平衡测试或节能监测时，是在临时关闭排污条件下测取的数据，所计算的锅炉热效率，称为测试热效率，不包括排污热损失，因此不能代表锅炉的平均运行效率。

（二）排污方法的合理选择与控制

工业锅炉排污方法主要有两种，即连续排污和定期排污。

1. 连续排污法

连续排污也叫表面排污，这是大中型工业锅炉常采用的一种排污方法。在锅炉的上锅筒蒸发面以下 100 ~200mm 之间的高浓度含盐区锅水中设置排污装置。锅炉正常运行时，可连续不断地向外排出部分高浓缩的含盐锅水，并可同时把锅水表面的油脂和泡沫等污垢物排出炉外。

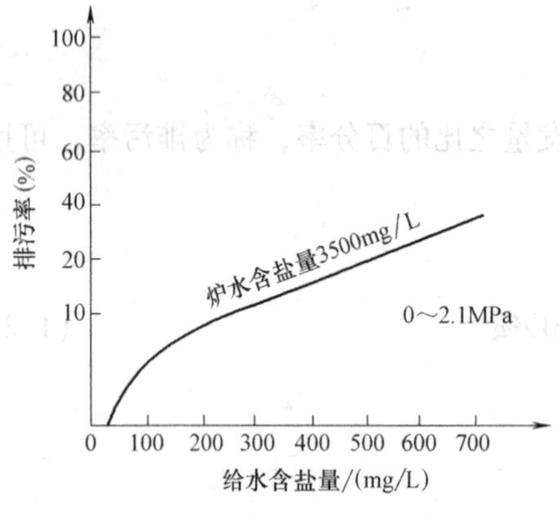

图 1.2-25　给水含盐量与排污率的关系

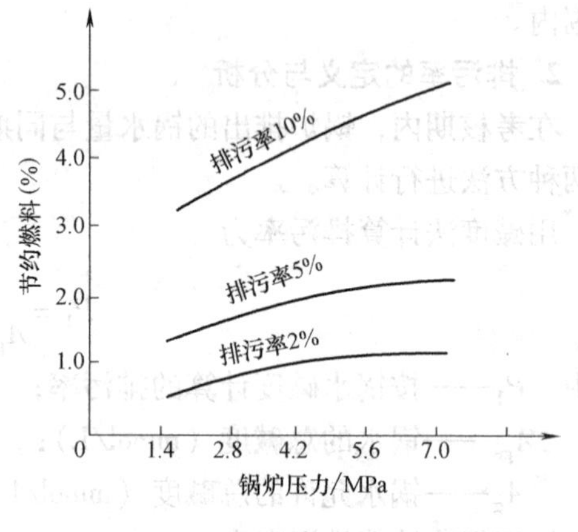

图 1.2-26　不同压力下锅炉排污率与节约燃料的关系

2. 定期排污法

定期排污也叫间歇排污。就是在上锅筒和下集箱的底部安设排污管道，并串联两只并排设置的排污阀。靠近锅炉侧的为慢开阀，较远者为快开阀。利用这两只阀门，定期进行排污。即使设置有连续排污装置，也必须进行定期排污。因为连续排污难以排掉沉积在锅筒和下集箱底部的淤垢、泥渣等。

3. 经济排污法

针对以上实际情况，有必要提出经济排污概念。所谓经济排污，就是根据水处理达到的水质标准和锅水浓缩后含盐量实际达到的范围，通过试验研究，制订一个勤排污，每次少排污、均匀排污的合理规定，以取得安全、节能减排的综合效果，如图 1.2-27 所示。

以经济排污规范来指导排污工作，需要做到以下六点：

1）工业锅炉制造厂家应配齐连续排污与定期排污装置，并设置余热回收设备。如未设

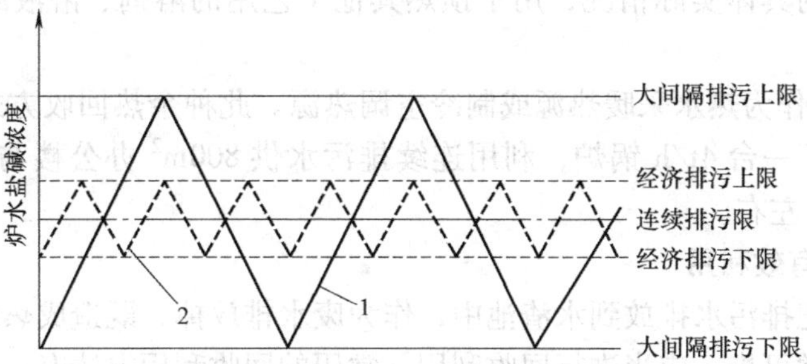

图1.2-27 经济排污示意图

1—大间隔排污曲线 2—经济排污曲线

连续排污，可根据实际情况进行改造。

2）要改变目前存在的大间隔排污方法，应依据经济排污规范的炉水含盐量允许上下限，每班排污一次，达到勤排、每次少排、均匀排污的要求，并用水位计标高法自动计算显示每次排污量。

3）应以炉外水处理与炉内加药处理相结合的方法管理好经济排污工作。严格给水处理标准与锅水浓度允许上下限规定，加强锅炉水质化验监督工作，为降低排污率提供科学依据。

4）锅炉排污是一项关系安全运行与节能减排的重要工作，要改变以往忽视考核、轻视管理、排污量宁多勿少、怕麻烦的思想。

5）锅炉每次停炉检查时，对于受热面结垢、淤渣等的黏附情况、厚度、分布部位、软硬程度等进行测量与记录，用以指导水处理和经济排污工作。

6）根据实践经验控制排污量是中小工业锅炉推行经济排污的重要方法。在运行时要注意监视水位计，观察水位计玻璃管内水的浑浊程度，有无铁锈色；取锅水样时，盛放在玻璃管内，透过灯光观察水的颜色与浑浊程度；在实施排污时，派专人观察排出炉水的浓度和颜色等，这对合理判断与控制排污量有参考价值。应该不断总结司炉工与锅管人员的实践经验，反复修订经济排污规范。

（三）排污高温水的回收利用

1. 排污水热能的利用

锅炉排污水是运行压力下的饱和水，含有相应温度下的物理显热。如果随便排放掉，必然造成热能的浪费，增加燃料消耗。一般工业锅炉排污率每提高1%，燃料消耗要增加0.2%以上，同时还要增加给水处理费用并污染环境。国家对锅炉节能减排工作很重视，已有很多厂家采用多种方法来回收利用排污水热能，取得了良好节能效果，如图1.2-27所示，可节约燃料2%～5%。

经归纳整理，回收利用排污水热能的方法有以下几种：

1）增设排污膨胀器，将连续排污水排入膨胀器内，随压力降低产生二次蒸汽（闪蒸汽），可直接用作低压用汽设备的加热源；也可经闪蒸汽回收装置，用新型"量调节多喷嘴热泵"专门设计的回收系统（沈阳鸿达节能设备技术开发有限公司生产），就近回收全部闪蒸汽，用于需要蒸汽压力较高的场合。

2）锅炉连续排污水经热交换器，预热软化水，提高软化水温度，降低除氧器的耗汽量；也可依据企业的具体实际情况，用于预热其他工艺用的溶剂、溶液或气体以及液体燃料等。

3）利用排污水作为热水采暖热源或制冷空调热源。此种余热回收方式，设备简单，效果也很好。例如某厂一台4t/h锅炉，利用连续排污水供800m^2办公楼与托儿所冬季采暖，一年可节省燃煤20t左右。

2. 排污水资源有效利用

目前多数企业把排污水排放到水渣池中，作为废水排放掉，既造成热能损失，又浪费了宝贵的水资源，非常可惜，应当进行回收利用。常用的回收利用方法有：

（1）用于水膜除尘器用水并提高烟气脱硫效率　排污水是锅炉排出的高碱度锅水，采用以上方法回收热能之后，还应当用于水膜除尘，脱除烟气中的SO_2或起中和作用，一般脱硫效率可达30%～50%。这是一项非常好的应用技术，对保护环境有利。除尘器用后，再回到水渣池，用于水冲渣，充分利用了水资源，还可提高烟气露点温度，适当降低排烟温度，减少q_2热损失，而且设备简单，投资低廉，效果很好。

（2）用于中和废酸液达标排放　酸性水或废酸排放，必然造成环境污染。污水处理，达标排放是水处理的重要指标，锅炉排污水碱度很高，pH值在12左右，可用于中和酸性废水，再补充必要药剂，便可达标排放，节省水处理费用。

3. 排污水中碱的回收利用

锅炉排污水中含有一定量的NaOH和Na_2CO_3等碱性物质。不同压力下锅炉排污水的含碱量见表1.2-3。

表1.2-3　不同压力锅炉排污水的含碱量

炉水浓度/(mmol/L)	0.5MPa		1.0MPa		1.5MPa	
	NaOH 占15%	Na_2CO_3 占85%	NaOH 占15%	Na_2CO_3 占85%	NaOH 占15%	Na_2CO_3 占85%
	kg/t排污水		kg/t排污水		kg/t排污水	
10	0.08	0.45	0.16	0.32	0.26	0.19
20	0.12	0.90	0.32	0.63	0.52	0.37

由表1.2-4可见，在锅水碱度为20mmol/L的情况下，如锅炉运行压力为0.5MPa时，排污水中的总碱量为1.02kg/t，运行压力为1.0MPa时，总碱量为0.95kg/t。因此，锅炉排污水中NaOH、Na_2CO_3等含量是比较多的，如果随排污水排放掉了，不仅在经济上造成损失，而且还污染环境。对于这些有用的物质，应当进行回收利用，设法提纯。目前虽然尚无应用实例，但经试验研究和经济效益分析，是有价值的。

九、锅炉辅机节能改造

（一）辅机耗能与锅炉经济运行的关系

锅炉辅机主要包括通风设备，给水与补水泵，热水循环泵，燃料处理与输送设备，出渣、除尘以及水处理设施等。这些设备的正常工作是锅炉安全与经济运行的重要保证。不难设想，辅机经常出事故，运行不正常，锅炉的安全与经济运行就会受到严重影响。因此，加强对辅机的合理选配与控制，并不断进行节能改造与检修维护，是非常重要的。

锅炉辅机设备如此之多，限于篇幅关系，本项目着重介绍锅炉的通风设备与给水设备及热水循环泵的节能改造。

（二）锅炉通风设备节电改造

1. 合理选配风机，防止“大马拉小车”

锅炉鼓风机的风量与风压是根据锅炉最大负荷，即最大燃料消耗量，经计算确定的。按所计算出的实际空气量，通常加10%的富裕系数，来选配风机；风压的大小是根据燃烧方式、料层与管道阻力等因素经计算确定的，并加20%的富裕系数。

同理，引风机的风量也是按最大燃料消耗量计算确定的烟气量，根据测试结果或经验，选取各部位的漏风系数，即可得出烟囱底部的最大烟气量，再加10%的富裕系数，来进行选取；关于风压的确定，以炉膛到烟囱底部的烟气流程阻力计算为准，再加20%的富裕系数，并减去烟囱吸力，最后选定引风机型号。

从理论上讲，以上有关鼓风机和引风机的选取方法并没有错，而问题在于：

1）有关锅炉供热负荷的统计并不准确，有宁大勿小的思想。因而锅炉实际运行负荷率较低，达不到锅炉额定出力，存在“大马拉小车”现象，主辅机不匹配，影响锅炉热效率。

2）企业的用热负荷并不稳定，工况时有变化。尤其是企业自备的中小型锅炉，负荷变动频繁，风机控制方法又比较落后，最大燃料消耗量与最小燃料消耗量所需风量相差太大，锅炉操作难以适应。

3）风机风量变化大，偏离了风机特性曲线效率最高区域，因而风机在低效率下运行，功率因数低，电耗升高。应根据实际情况，合理选配风机，使其在高效率区间工作，并研究风机在变工况下的合理控制技术，这是风机节电潜力所在。

2. 改进风机调节控制方法

（1）鼓、引风机联锁控制并采用导向器调节　中小型工业锅炉的鼓风机或引风机多数是利用闸板或转动挡板调节风量的，风量的减小靠增加节流阻力实现。风机压头有一部分用来克服节流阻力，致使风机在较低效率下工作，必然多消耗电能，很不经济。有少数锅炉仍把调节装置安装在风机出风口处，这是不对的，应安装在进风口处。比较经济适用的调节方法是改用导向器调节。因为导向器可以使气流在进入风机工作轮前先行转向，达到调节风量的目的，比前者优越，并可节约电能。其结构比较简单，可根据实际情况进行改进。

如前所述，鼓风机与引风机是密切相关的，为保证锅炉在微负压下稳定运行，可实施联锁控制，既满足操作方便要求，又可节约电能。

（2）更换与风量相匹配的电动机　在现实生产中，由于种种原因，存在风机容量选大，电动机功率随之加大，造成“大马拉小车”的现象，致使电耗升高。更换全套风机，一次性投资加大，很不划算，可通过更换与实际风量相匹配的电动机的方法来实现。此方法需要核算电动机所需功率，现做一简要介绍。

在风机产品目录或风机铭牌上所标出的性能参数，是在风机效率不低于90%时所对应的性能参数。为使所选电动机与实际需要功率相匹配，并在性能曲线较高效率区间工作，可用下式核算电动机轴功率：

$$P=\beta_1\frac{V_{\mathrm{m}}p_{\mathrm{Hm}}}{367000\eta\eta_{\mathrm{J}}} \tag{1.2-9}$$

式中　P——电动机轴功率（kW）；

β_1——电动机功率备用系数，对鼓风机为1.15，对引风机为1.3；

η——风机效率，一般风机可选0.6，高效风机可选0.9；

η_J——机械传动效率，对于电动机直联传动，取1.0；对于联轴器直联传动，取0.95～0.98；对于带传动，取0.9～0.95；

p_{Hm}——风机全压［kPa］；

V_m——风机风量（m^3/h），对于引风机，V_m为实际排出的总烟气量，可用下式进行计算，并折算为非标态：

$$V_m = \beta_2 V_y \frac{760}{p} \tag{1.2-10}$$

式中 β_2——风量备用系数，取1.05～1.1；

p——大气压力（kPa）；

V_y——引风机实际排出的烟气量［m^3/h（标况）］，是指烟囱底部的实际烟气量，可利用表1.2-4中所列经验公式进行概算，如资料齐全，应进行燃烧计算。表中$Q_{net,ar}$指燃料的收到基发热量，单位是kJ/m^3（或kg）。空气系数α应为烟囱底部的值。如已知炉膛烟气出口的空气系数，还必须加上该出口至烟囱底部区间的总漏风系数。明显漏风处应封堵后进行测试，然后再乘以燃料消耗量，即为每小时实际排出的烟气量。可见漏风系数越大，排出的烟气量越大，引风机消耗电能越高。

表1.2-4 理论空气量及燃烧生成量经验计算公式

燃料名称	低位发热量$Q_{net,ar}$/［kJ/m^3(或kg)］	单位理论空气消耗量L_0/［m^3/m^3(或kg)］	单位燃烧生成烟气量V_a/［m^3/m^3(或kg)］
固体燃料	2303～29310	$\frac{0.24}{1000}Q_{net,ar}+0.5$	$\frac{0.21}{1000}Q_{net,ar}+1.65+(\alpha-1)L_0$
液体燃料	3768～41870	$\frac{0.2}{1000}Q_{net,ar}+2$	$\frac{0.27}{1000}Q_{net,ar}+(\alpha-1)L_0$
高炉煤气	3770～4180	$\frac{0.19}{1000}Q_{net,ar}$	$\alpha L_0+0.97-\left(\frac{0.03}{1000}Q_{net,ar}\right)$
发生炉煤气	<5230	$\frac{0.2}{1000}Q_{net,ar}-0.01$	$\alpha L_0+0.98-\left(\frac{0.03}{1000}Q_{net,ar}\right)$
	5230～5650	$\frac{0.20}{1000}Q_{net,ar}$	$\alpha L_0+0.98-\left(\frac{0.03}{1000}Q_{net,ar}\right)$
	>5650	$\frac{0.20}{1000}Q_{net,ar}+0.03$	$\alpha L_0+0.98-\left(\frac{0.03}{1000}Q_{net,ar}\right)$
发生炉水煤气	1050～10700	$\frac{0.21}{1000}Q_{net,ar}$	$\frac{0.26}{1000}Q_{net,ar}+(\alpha-1)L_0$
混合煤气	<16250	$\frac{0.26}{1000}Q_{net,ar}$	$\alpha L_0+0.68-0.1\left(\frac{0.2380Q_{net,ar}-4000}{1000}\right)$
焦炉煤气	1590～17600	$\frac{0.26}{1000}Q_{net,ar}-0.25$	$\alpha L_0+0.68+0.06\left(\frac{0.2380Q_{net,ar}-4000}{1000}\right)$
天然气	3450～41870	$\frac{0.264}{1000}Q_{net,ar}+0.25$	$\alpha L_0+0.38+\left(\frac{0.018}{1000}Q_{net,ar}\right)$

对于鼓风机，实际供给风量可用下式进行计算：

$$L_n = B\alpha_L L_0(1+\eta_f) \quad (1.2\text{-}11)$$

式中　B——燃料消耗量 [kg（或 m^3）/h]；

α_L——炉膛空气系数；

η_f——空气管道、风室与炉膛的总漏风系数，可据实际情况确定或测试，同理，计算结果利用式（1.2-11）可折算为非标态。

p_{Hm}为风机全压，单位为 kPa，用下式计算：

$$p_{Hm} = \beta_3 K \sum \Delta H \quad (1.2\text{-}12)$$

式中　β_3——风压备用系数，可选 1.1～1.2；

$\sum \Delta H$——总阻力损失（kPa），对于鼓风机，为管道系统、风室与炉膛（如链排、料层等）总阻力损失之和，对于引风机，为炉膛至烟囱底部系统总阻力损失之和与烟囱抽力的差值，可见系统阻力损失越大，电动机功率越大，消耗电能越高；

K——气体的密度修正系数，用下式计算：

$$K = \frac{1.293}{\gamma} \times \frac{273+t}{273+t_m} \times \frac{101.325}{p}$$

式中　γ——空气或烟气在标准状态下的密度（kg/ m^3），对于空气为 1.293kg/m^3，对于烟气为 1.34kg/m^3；

t——空气或烟气的实际温度（℃）；

t_m——风机铭牌给出的介质温度（℃），对于鼓风机为 20℃，对于引风机为 200℃；

p——实际大气压力（kPa）。

通过以上计算，如果核算的电动机功率与铭牌标注的功率相差不大，就认为是基本合理的。如果核算的功率比铭牌标注的功率小得多，则应更换与实际情况相匹配的电动机，以节约电力，使设备经济运行。

3. 采用变频调速与追踪负载节电新技术

（1）变频调速技术的应用　交流感应电动机变频调速装置或变频电动机，是通过改变电源的频率，对其进行调速的。这是因为感应电动机的转速依下式确定：

$$n_r = \frac{100f(1-s)}{P} \quad (1.2\text{-}13)$$

式中　n_r——电动机转速（r/min）；

f——电源频率（Hz），一般为 50Hz；

P——电动机级数，一般为 4～8 级；

s——电动机转差率。

锅炉用鼓风机、引风机、水泵等，一般为电动机恒速运转，输出一定风量或水量。如要改变风量，以往是通过调节风机入口处的挡板或导向器的开度来实现；水泵的出水量则是通过调节泵出口管道上的调节阀开度来达到。风机的风量和水泵的出水量与其转速成正比，其消耗的功率与转速的立方成正比。因此，采用变频调速技术，改变电动机的转速来调节风量或出水量的大小，优于过去的落后控制方法，从而达到节电目的。

变频调速技术经过许多生产厂家多年的开发研究与不断改进，目前已有很大进步，技术相当成熟。通过不少企业实际应用，节电效果显著。同时，每千瓦容量的造价也有降低，显示出应用该技术的优越性。

（2）变频调速与恒速追踪负载一体化的综合节电新技术　近年来日本神王电气（北京）有限公司等生产厂家研制出变频调速与恒速追踪负载一体化的综合节电技术，开发出具有国际先进水平的自适应全自动节电装置。应用微机和内置PID闭环自动跟踪控制系统，将数字技术与通信技术相结合，把普通变频调速节电技术又推上了一个新台阶，使风机、水泵节电技术进一步完善，成为目前节电技术的首选设备。

1）用于锅炉额定出力大于供热负荷，长期处于低负荷下运行，造成辅机选配偏大，与实际负荷不匹配，存在“大马拉小车”的情况。除更换相匹配的电动机外，还可采用变频调速与恒速追踪负载综合节电技术，达到双重节电。

2）工业锅炉供热负荷波动大。由于风机、水泵是按最大供热负荷选配的，当供热负荷小时，富裕量太大，偏离了特性曲线效率最佳区间，功率因数太低，机组效率明显下降，电耗必然升高。采用变频调速与恒速跟踪负载综合节电装置后，其功能组合可根据负荷变化的实际情况自由设定，既可单一设定，也可组合设定，使功率因数保持在0.96以上，机组始终处于高效运行状态，达到节电的目的。

3）工业锅炉使用的风机、水泵负载经常发生变化，但其转速要求保持相对稳定，即输送介质压力保持一定。当电动机负载发生变化时，综合节电装置设有闭环自动跟踪控制系统，将测量参数与设定参数相比较，自动跟踪负载的变化，输入电动机负载所需要的电压，满足功率所需，而转速保持恒定，最大程度地提高功率因数在0.96以上，节电效果显著。

4）变频调速与恒速跟踪负载节电装置，均设有软起动、软停车功能，克服了以往电动机起动不平稳、噪声大、起动电流大，对设备与电网造成冲击，影响使用寿命等弊病。同时增设了全方位的保护功能，有过电流、过电压、欠相、欠电压、过热、瞬时断电等保护，及时发出报警，保证安全、静音运行。

5）工业锅炉尤其是中小型工业锅炉，控制方式单一落后，多数为手动控制，不能与计算机联网，无通信功能，无接口，需要更新换代。采用节电技术后，这些问题可得到同时解决。

（三）锅炉水泵节电改造

1. 锅炉水泵功能与节电潜力分析

锅炉给水设备有给水泵、补水泵及热水循环泵等。这些设备是满足锅炉正常供热与连续安全运行所必需的。其耗电量的大小占辅机电耗相当大的比例，存在问题与节电潜力主要表现在以下几点：

1）存在“大马拉小车”现象。如同锅炉通风设备分析的那样，锅炉额定出力大于实际供热负荷，因而负荷率低，造成水泵选配偏大，不相匹配，电耗升高。

2）多数蒸汽锅炉降压运行，很少按额定压力运行。而水泵是按锅炉额定压力选配的，且留有一定的裕量，造成水泵扬程高，电动机功率大，有浪费电的现象。

3）工业锅炉供热负荷波动大，而水泵选配大，变工况调节控制方法落后，一般采用调节阀开度来适应负荷的变化，阻力损失大，电耗升高。

4）高温热水锅炉多数按低温热水锅炉运行，且供热负荷的变化常用温度来调节，很少用循环水泵流量进行调节，造成电耗高。

5）管网布置不合理，阻力损失大，也能造成水泵电耗升高。

2. 水泵节电改造

（1）锅炉多级给水泵抽级改造　上述节电潜力分析中证明，水泵的扬程裕量较大，实际给水系统所需要的扬程小于原配套的扬程，存在浪费现象，造成电耗升高。据此可进行多级泵抽级改造，把富裕部分扬程去掉，便可节电。在改造时应经详细核算，按扬程富裕量多少，抽掉一级或几级叶轮，换上等长度的套管代替便可。抽级后的多级给水泵流量基本不变，扬程随之降低，轴功率明显减小，节电效果显著，已被很多工厂实践所证明。水泵抽级改造一般选在进口侧较好，方法简单，普通工厂可自行改造。

（2）锅炉单级给水泵切削叶轮改造　根据水泵的叶轮直径与流量、扬程和功率的比例关系呈一次方、二次方和三次方的规律，开发了切削叶轮外径节电法。如下式所示：

$$\text{流量关系}\ Q/Q' = D_2/D'_2$$

$$\text{扬程关系}\ H/H' = D_2^2/D'^2_2$$

$$\text{功率关系}\ P/P' = D_2^3/D'^3_2$$

式中，Q、H、P、D_2和Q'、H'、P'、D'_2分别为叶轮切削前后的流量、扬程、功率与叶轮外径。

该方法的要点是适量切削叶轮外径，使叶轮外径与泵壳体之间的间隙比原来适当加大。切削后水泵的转速保持不变，流量略有减小，扬程呈二次方下降，功率呈三次方降低，因而节电效果明显，已被很多工厂实践所证明。

改造前应经详细测算，按所需扬程等参数，计算出叶轮外径切削量，加以适当修正后，作为实际切削量。

3. 变频调速与恒速追踪负载综合节电新技术

1）水泵应用变频调速与风机完全相同，前面已做了详细讲解，在此不赘述。近年来不少企业的锅炉给水泵安装了变频调速器，节电效果明显。

2）锅炉给水泵、补水泵更适合应用变频调速与跟踪负载综合节电技术。因为水泵一般要求具有一定的扬程，即电动机转速应恒定。如果原安装的水泵扬程有裕量，又可按变负荷进行调节控制，应用组合设定或单一设定功能，双重节电，效果会更好。

3）热水循环泵同样可应用综合节电技术。对供热负荷的变化，以往习惯于用温度来进行调节。如果安装变频调速器，用以调节电动机转速，对水泵扬程会产生影响，不能满足供热要求。当连续、准确、自动跟踪电动机负载变化时，及时调整电动机输入电压，保证电动机在高效区间运行，功率因数在0.96以上，节电效果明显。如果循环泵扬程有裕量，再加上变负荷调节控制，节电效果会更好。

4）水泵节电改造后，仍可应用综合节电技术。因为上述水泵改造只能按实际最大供热负荷确定，当负荷变小时，水泵仍有节电潜力。

4. 风机、水泵管网改造，减小阻力损失

有些风机、水泵管网，包括风室结构和烟道等设计、安装不合理，系统阻力损失大，影响电动机电耗升高，诸如涡流损失、急转弯撞击损失、漏风损失等。要设法进行改造，减小阻力损失，便可节电。这种节电潜力普遍存在，不应忽视。只要用心分析并解决实际问题，必然会取得良好的节电效果。

单元四　锅炉停炉与保养

一、锅炉停炉

锅炉停炉分为压火停炉（热备用停炉）、正常停炉（冷备用停炉）和紧急停炉（事故停炉）三种。前两种是按企业的生产调度在中断燃烧之前缓慢地降低负荷，直至使锅炉的负荷降到零为止。后一种是锅炉在工作条件下突然发生事故，紧急中断燃烧，使锅炉的负荷急剧地降低到零。

锅炉的压火停炉应采取措施保留储存在锅内的热量，不使锅炉迅速冷却。长期停炉时，锅炉要进行冷却，但应缓慢进行，防止锅炉冷却过快。紧急停炉往往使受热面损坏，为了防止事故的扩大，应使锅炉迅速降温、降压。

锅炉停炉时的冷却时间与锅炉的大小、结构及砖墙的形式有关。一般中小型工业锅炉为24h左右，大型锅炉为36～48h。

（一）压火停炉

企业生产活动中，常会遇到短时间内不需要热负荷的情况（一般不超过12h）。为了避免时间和经济上的损失，保证在短时间里能很快带上负荷，停炉时必须维持炉中的红火和锅内的一定压力。这种热备用停炉称为压火停炉。

压火停炉的次数应尽量减少，否则将会缩短锅炉的使用寿命。

压火前，首先应减少风量和给煤量，逐渐降低负荷，同时向锅炉给水和排污，使水位高于正常水位线。在锅炉停止供汽后按时将给水由自动改为手动操作，并应停止风机，关闭主汽阀，开启过热器疏水阀和省煤器的旁路烟道，关闭省煤器的正路烟道，同时，进行压火操作。

压火分压满炉与压半炉两种。压满炉时，用湿煤将炉排上的燃煤完全压严，然后关闭风道挡板和灰门，并打开炉门，如能保证在压火期间不复燃，也可以关闭炉门。压半炉时，是将煤耙到炉排前部或后部，使其聚集在此，然后用湿煤压严，关闭风道挡板和灰门，并打开炉门，如能保证在压火期间煤不能复燃，也可关闭炉门。

压火期间司炉不得离开操作岗位，应经常检查锅炉内汽压、水位的变动情况，检查风道挡板、灰门是否关闭严密，防止压火的煤灭火或复燃。

当需要锅炉供汽扬火时，应先进行排污和进水，同时要冲洗水位表，把炉排上的煤耙平，逐渐加上新煤，恢复正常燃烧。待汽压上升后，再及时进行暖管、并炉和供汽工作。

（二）正常停炉

正常停炉就是有计划地停炉，经常是由于检修需要。正常停炉有以下几个步骤：停炉前的准备工作、锅炉灭火、降负荷、解列、冷却、放水和隔绝工作。

1. 停炉前的准备工作

停炉前应对锅炉设备的技术状况有所了解，根据锅炉的形式，参照日常的运行记录和观察，拟定检修项目（有些项目需待停炉检验后才能确定）。同时，要做好煤斗存煤的处理工作，一般检修时间在一星期以上的，必须将原煤斗中的存煤用完，以免煤在煤斗中自燃。

2. 锅炉灭火、降负荷

抛煤机锅炉抛完煤后，即可停止抛煤机运转。链条锅炉应关闭煤斗下部的弧形挡板，待余煤全部进入煤闸板后，放低煤闸板，并使其与炉排之间留有50mm左右缝隙，保证空气流通来冷却煤闸板，以避免烧坏。

当煤全部离开闸板后300～500mm时，停止炉排转动，减少鼓风和引风；保持炉膛内适当负压，以冷却炉排。如能用灰渣铺在前部炉排至煤闸板之间隔热，则效果更好。

当炉排上没有火焰时，先停鼓风机，打开各级风门，再关闭引风机，稍开炉前的炉门，以自然通风的方式使炉排上的余煤燃尽。当煤燃尽后，重新转动炉排，将灰渣放尽，并继续空转炉排，直至炉排冷却为止。

锅炉灭火后，应注意锅内水位，应使水位稍高于正常水位。

3. 解列

从锅炉减弱燃烧开始，蒸汽负荷就逐渐降低，锅炉灭火时负荷进一步会降低并逐渐至零。此时，应关闭主汽阀，开启主蒸汽管道、过热器的疏水阀和省煤器的旁路烟道。

4. 冷却、放水

锅炉解列以后应缓慢降温，不能马上以送冷风和换水的方式来进行冷却。只有停炉6小时以后，才可开启烟道挡板进行通风和换水。以后，可根据情况每隔2小时换一次水，使锅炉各部分温度均匀。锅水温度下降到70℃以下时，可把全部锅水放净。

5. 隔绝工作

锅炉冷却放水以后，应在蒸汽、给水、排污等管路中装置盲板，与其他运行锅炉的联系系统隔离，盲板应有一定的强度，使其不被其他运行锅炉的压力顶开，保障检修人员的人身安全。

（三）紧急停炉

紧急停炉一般是锅炉发生了事故或有事故险情时，为了避免事故的扩大而采取的紧急措施。紧急停炉时炉温、压力变化很大，所以必须采取一定的技术措施。

1. 紧急停炉的有关规定

1）锅炉水位降低到锅炉运行规程所规定的水位下极限以下时。

2）不断加大向锅炉给水及采取其他措施，但水位仍然下降。

3）锅炉水位已升到锅炉运行规程所规定的水位上极限以上时。

4）给水机械全部失效。

5）水位表或安全阀全部失效。

6）锅炉元件损坏，危及运行人员安全。

7）燃烧设备损坏，炉墙倒塌或锅炉构架被烧红等，严重威胁锅炉安全运行。

8）可分式省煤器没有旁路烟道，当给水不能通过省煤器时。

9）其他异常运行情况，且超过安全运行允许范围。

2. 紧急停炉的处理

由于锅炉所发生事故的性质不同，紧急停炉的方式也有差异，有的需要很快地熄火，如缺水、满水事故；有的需要很快地冷却，如超压、过热器管爆破等事故。一般紧急停炉的方法如下：

1）首先停止给煤和送风，链条炉应关上弧形挡板，抛煤机炉停止抛煤机，并减弱引风，关闭烟道挡板。

2）根据事故的性质，有的要放出炉膛内燃煤，有的并不要放掉燃煤。放出燃煤的方法是：对于手摇活络炉排，应将燃煤直接摇入灰斗。对于链条炉，炉排应走最高速度将燃煤送入灰斗。燃煤入灰斗后，可用水浇灭或用砂土、湿炉灰压在燃煤上使火熄灭，但在任何情况下都不得通过往炉膛里浇水来冷却锅炉。

3）锅炉熄火后，应关闭主汽阀使主蒸汽管与蒸汽母管隔离，同时关闭引风机。视事故的性质，必要时可开启空气阀、安全阀和过热器疏水阀，迅速排放蒸汽，降低压力。

4）开启省煤器旁路烟道，关闭正路烟道，并开大烟道挡板、灰门和炉门，促进空气流通，提高冷却速度。

5）在紧急停炉时，如无缺水和满水现象，可以采用给水、排污的方式来加速冷却和降低锅炉压力。当水温降到70℃以下时，方可把锅水放净。

6）如因锅炉缺水事故而紧急停炉时，严禁向锅炉给水，也不能开启空气阀或提升安全阀等有关加强排气的调整工作，以防止锅炉受到突然的温度或压力变化而将事故扩大。

7）判明锅炉确是发生满水事故时，应立即停止给水，关小通风及烟道挡板，减弱燃烧，并开启排污阀放水，使水位适当降低；同时，开启主蒸汽管道、过热器、蒸汽母管和分汽缸上的疏水阀，防止蒸汽大量带水和管道内发生水冲击。

8）锅炉在出现下列情况时，应马上报告领导和有关人员，然后再视损坏的部位和程度决定停炉时间。

① 铆缝、铆钉、胀接处发现渗漏时。

② 水冷壁管、对流管束、过热器管、省煤器管损坏泄漏时。

③ 锅筒或锅壳上的人孔垫、集箱上的手孔垫破损，向外跑汽、水时。

④ 在炉膛内与烟气接触的锅筒、集箱和管子上的绝热保温层脱落时。

⑤ 锅炉严重结焦而难以维持正常运行时。

⑥ 锅水与蒸汽品质严重低于标准，虽采取措施，仍无法恢复正常时。

二、锅炉设备的维护保养

锅炉设备的维护保养是锅炉安全、经济运行的重要环节。锅炉维护保养不当或措施跟不上去，势必造成锅炉运行时，达不到出力和供汽的要求，而且容易造成事故或缩短锅炉的寿命。锅炉设备的安全经济运行主要取决于司炉人员的高度责任感、严格的规章制度及锅炉设备的技术状态，后者在很大程度上依赖于维护保养。

锅炉停炉放出锅水后，锅内湿度很大，通风又不良，锅炉金属表面长期处于潮湿状态，这样在氧和二氧化碳作用下，锅炉金属被腐蚀生锈，这样的锅炉投入运行后，锈蚀处在高温锅水中继续发生强烈的电化学腐蚀，致使腐蚀加深和腐蚀面积扩大，锅炉金属壁减薄，必然使锅炉受压元件强度降低，从而威胁锅炉的安全运行和缩短锅炉的使用寿命。因此，要保证锅炉的安全经济运行，就必须做好锅炉停炉后的防腐保养工作。

常用的防腐保养方法有：热力保养、湿法保养、干法保养和充气保养等几种。热力保养适用于热备用停炉，湿法保养适用于短期（一般不超过一个月）停炉，干法和充气保养适用于长期停炉，当前以湿法保养和干法保养应用最广。

（一）锅炉停炉保养的方法

1. 热力保养

保持锅炉中有一定的压力，约0.05～0.1MPa（0.5～1.0kgf/cm^2），使锅水温度高于

100℃以上而没有含氧的条件，且锅内有压力可以阻止外界空气进入锅筒。为保持锅水的温度，可利用其他锅炉的蒸汽来加热锅水，当单台锅炉在保养期间没有蒸汽来源时，可定时在炉膛内生火维持。

此法一般适用于热备用停炉或停炉时间不超过一周的锅炉。

2. 湿法保养

湿法保养是向锅水中添加氢氧化钠（NaOH）或磷酸三钠（$Na_3PO_4 \cdot 12H_2O$），使锅炉中充满 pH 值在10以上的水，以抑制水中的溶解氧对锅炉的腐蚀。

锅炉停炉后，将锅水放尽，清除锅内的水垢和泥渣，关闭所有的阀门和门孔，与其他运行的锅炉完全隔离。然后将软化水注入锅炉至最低水位，再用专用泵将配制好的碱性防腐液注入锅炉后，将软化水注满锅炉（包括过热器和省煤器），直至锅水从空气阀中冒出，此时关闭空气阀和给水阀，再开启专用泵进行水循环，以使锅炉内各处的碱性防腐液的浓度混合均匀。在保养期间，应检查所有门孔是否有泄漏，如有泄漏应及时予以处理。还要定期取液化验，如果碱度降低，应予以补充。

当锅炉准备点火运行前，应将所有防腐液排尽，并用清水冲洗干净。

碱性防腐液的配制方法很多，国内工业锅炉通常是在每吨软化水中加入氢氧化钠（NaOH）5～6kg，或磷酸三钠（$Na_3PO_4 \cdot 12H_2O$）10～12kg，或氢氧化钠（NaOH）4～8kg加磷酸三钠（$Na_3PO_4 \cdot 12H_2O$）1～2kg。

此法适用于较长时间停用的小容量工业锅炉。在北方地区，冬季采用此法时应注意保持室温，以免冻裂设备。

3. 干法保养

锅炉停用后将锅水放尽、清除锅内的水垢和泥渣，并使受热面干燥（最好采用热风法干燥），然后在锅筒和集箱内放置干燥剂，并严密关闭锅炉汽、水系统上的所有阀门、人孔和手孔，使之与外界大气完全隔绝。干燥剂可盛于敞口容器（如搪瓷盘、木槽等）中，沿锅筒长度方向均匀排列。

锅内置放干燥剂约10天后，应打开锅筒、集箱，检查干燥剂是否失效，如已失效，则应换入有效的干燥剂，以后可每隔1～2个月检查一次。

放入的干燥剂数量，可按锅内容积计算，一般用生石灰（CaO块状）时，按2～3kg/m³计算，用工业无水氯化钙（$CaCl_2$，粒径10～15mm）时，按1～2kg/m³计算，用硅胶（放置前应先在120～140℃烘箱中干燥）时，按1～2kg/m³计算。

失效的氯化钙和硅胶取出后，可重新加热烘干后再生。

干法保养防腐效果好，适用于工业锅炉长期停炉保养。

4. 充气保养

锅炉清除水垢和泥渣后，应使受热面干燥（最好采用热风法干燥），然后使用钢瓶内的氮气或氨气，从锅炉高处充入汽、水系统，迫使密度较大的空气从系统最低处排出，并保持汽、水系统的压力为0.05MPa（0.5kgf/cm²）以上即可。由于氮气很稳定，又无腐蚀性，故可防止锅炉在停炉期间发生腐蚀。若充入氨气，既可驱除汽、水系统内的空气，又因其呈碱性反应，更有利于防止氧腐蚀。

当气压下降时，应充气。

由于气体的渗透性强（尤其是氨气，泄漏时有臭味），故采用充气保养时，应在总气阀、给水阀和排污阀处采用盲板加橡胶垫，人孔和手孔处也应换成橡胶垫圈，并拧紧螺栓封闭严密。

此法适用于工业锅炉的长期停炉保养。

（二）选择停炉保养方法的原则及注意事项

1. 按停炉时间的长短

停炉时间较短且处于随时即可投入运行的锅炉，宜采用热力保养法，停炉时间在1～3个月的，可采用湿法保养或干法保养，停炉时间较长的（如季节性使用的锅炉），宜采用干法保养或充气保养方法。

2. 按环境温度的高低

选择锅炉停炉保养方法时，应考虑到气候季节和环境温度。一般来讲，冬季不宜选用湿法保养，如采用湿法保养，必须保持锅炉房的环境温度在5℃以上。

3. 注意汽、水系统外部的防腐保养

采用湿法、干法、充气保养的锅炉，应注意汽、水系统外部的防腐保养工作：

1）在清洗水垢和泥渣的同时，应清除汽、水系统外部及烟道内的烟灰，清除炉排上的灰渣。

2）对于停炉时间较长的锅炉，汽、水系统外部（包括锅壳式锅炉的炉胆、燃烧室）应采用干法保养，并应定期检查干燥剂是否失效，如已失效，必须及时更换。

3）停炉期间应保持锅炉房干燥和做好防雨工作，对于地势较低的锅炉房，应采取措施防止地下水的浸入。

4）锅炉附属设备和各种阀门经过检修后，应刷防腐漆或涂抹润滑油脂。

（三）锅炉的一般检验

锅炉的一般检验分外部检验、内外部检验和水压试验三种。

1. 外部检验

外部检验就是锅炉在运行状态下进行检验，这种检验由锅炉检验员检验，锅炉安全监察机构监察人员以及企业主管部门的有关人员随时进行抽验。锅炉使用单位的管理人员和锅炉工结合日常管理和操作，随时进行检查并做好记录，发现危及锅炉安全运行的情况，立即采取措施，以避免事故的发生。

外部检验的主要内容见表1.2-5。

表1.2-5 外部检验的主要内容

序号	检验内容
1	检查安全附件是否齐全、灵敏、可靠，是否符合技术要求，并对安全阀重新进行定压
2	检查门孔、法兰及阀门是否漏水、漏汽、漏风等
3	检查炉墙、钢架是否良好，燃烧工况是否正常，受压元件的可见部分是否正常
4	检查辅助设备、燃烧设备、上煤及出渣设备运行状态是否正常
5	检查水处理设备的运行是否正常，水质是否符合标准规定
6	检查热工仪表是否正常
7	检查操作规程、岗位责任制、交接班等规章制度的执行情况和司炉工有无安全操作证
8	检查锅炉房及其周围的卫生环境和锅炉房内有无杂物堆放等

2. 内外部检验

内外部检验也称定期停炉内外部检验。这项工作由当地锅炉压力容器安全技术检验所担任。通过内外部检验，写出“检验报告书”，报告书要对锅炉的现状做出评价，对存在的缺陷要分析原因并提出处理意见，最后要做出结论意见。如锅炉的受压元件需进行修理的，应提出修理的原则方案，在修理后需进行复检，提出能否继续使用的结论意见。

内外部检验的重点部位见表 1.2-6。

表 1.2-6　内外部检验的重点部位

序号	检验内容
1	上次检验有缺陷部位的复验
2	锅炉受压元件的内、外表面，特别在门孔、焊缝、扳边等处应检查有无裂纹和腐蚀
3	管壁有无磨损和腐蚀，特别是处于烟气流速较高及吹灰器吹扫区域的管壁
4	锅炉的拉杆以及被拉元件的结合处有无裂纹和腐蚀
5	胀口是否严密，管端有无环形裂纹
6	受压元件有无凹陷、弯曲、鼓包和过热
7	锅筒和砖衬接触处有无腐蚀
8	受压元件或锅炉构架有无因砖墙或隔火墙损坏而发生过热
9	受压元件的水侧有无水垢、泥渣
10	进水管和排污管与锅筒的接口处有无腐蚀、裂纹，排污阀和排污管连接部分是否牢靠
11	水位表、安全阀、压力表等安全附件与锅炉本体连接的通道有无堵塞
12	应对自动控制仪表等进行全面检查，并校对准确

3. 水压试验

水压试验是锅炉检验的主要手段之一，其目的是鉴别受压元件的严密性和承压强度。水压试验前应进行内外部检验，对受压元件的强度存在怀疑时应进行强度验算，禁止用水压试验的方法来确定锅炉的工作压力。

（1）水压试验压力

水压试验压力见表 1.2-7。

表 1.2-7　水压试验压力

名称	锅筒工作压力 p/MPa	水压试验压力 p_s/ MPa
锅炉本体	<0.8	1.5p 但不小于 0.2
锅炉本体	0.8 ~ 1.6	p + 0.4
锅炉本体	>1.6	1.25p
过热器	任何压力	与锅炉本体试验压力相同
可分式省煤器	任何压力	1.25p + 0.5

（2）水压试验注意事项

1）锅炉进行水压试验时，水压应缓慢地升降。当水压上升到工作压力时，应暂停升压，检查有无漏水或异常现象，然后再升压到试验压力。锅炉应在试验压力下保持 20min，然后降到工作压力进行检查。检查期间压力保持不变。

2）水压试验应在周围气温高于5℃时进行，低于5℃时必须有防冻措施。水压试验用的水应保持高于周围露点的温度，以防锅炉表面结露，但也不宜温度过高，以防止引起汽化和过大的温差应力，一般为20~70℃。

（3）水压试验合格标准

1）在受压元件金属壁和焊缝上没有水珠和水分。

2）当降到工作压力后胀口处不滴水珠。

3）水压试验后，没有发现残余变形。

三、锅炉的报废

属于国家能源政策规定，热效率过低的旧型号锅炉，国家技术监督局有明文规定限期报废，在这里不再叙述。

在锅炉的检验中遇到蒸汽锅炉报废的含义是：凡是蒸汽锅炉由于安全上的原因，不能承受使用单位生产所需的最低工作压力的；工作压力降低到小于0.10MPa或者根本不能承受蒸汽压力的都可做报废处理。

报废锅炉时有两种情况：一种情况是由使用单位和其上级主管部门主动向锅炉安全监察机构提出蒸汽锅炉报废的申请报告，后由锅炉安全监察机构会同其主管部门和使用单位，对锅炉做复验鉴定，做出是否报废的结论；另一种情况是锅炉安全监察机构或锅炉压力容器技术检验所，在检查中发现锅炉存在严重缺陷，必须做报废处理的，由锅炉安全监察机构直接通知使用单位。

蒸汽锅炉报废鉴定是一项比较复杂的技术工作，国家尚无具体的报废标准。因此，必须根据锅炉的具体情况做出正确的判断。

一般锅炉符合下列五个条件之一者，可做报废处理：

1）锅炉受压元、部件的金属材料不符合锅炉用钢的规定。

2）锅筒的壁厚小于6mm。

3）锅炉结构普遍不合理，且无法改变的。

4）损坏严重，修理费用过高，无修理价值的。

5）锅炉陈旧，使用年限过长，且损坏严重，热效率过低的。

上述五条在处理上也不能机械地照搬，还应结合实际情况考虑其经济性和现实性。如一台锅炉材质没有变质，但损坏严重，在企业缺乏更新资金，生产又急需，且专业修理单位可以承担修理的情况下，那么进行大修也未尝不可。又如过去炼钢技术差，有的锅炉不是用锅炉钢板制作，经化学分析确定为Q235A钢板，但使用单位的水处理工作、运行维护保养工作做得很好，腐蚀也不严重，经辅助检验材质基本变化不大，那么也可以不必马上做报废处理，而可在监护下继续使用一段时间。但对于结构存在严重问题，强度不足，满足不了安全运行的锅炉则应当果断地做报废处理。

使用单位对报废的锅炉，应统一由物资、回收部门收购，交炼钢厂冶炼，使用单位不能再将其作为承压设备或转卖给其他单位。

四、锅炉管理

使用锅炉的单位及其主管部门，应当重视锅炉安全工作。指定专人负责锅炉设备的技术管理，按照相关规定的要求搞好锅炉的运行管理，建立完整的技术档案，在锅炉的运行期间所发生的问题，提出的处理情况应整理、填写存档，直至报废为止。

锅炉设备的管理工作主要包括下列几个方面：

1. 锅炉使用前的登记

锅炉使用前，使用单位应向当地锅炉压力容器安全监察机构办理登记手续，在领取“锅炉使用登记证”后，才能投入使用。

(1) 锅炉使用登记的目的

1) 促进使用锅炉的单位，建立锅炉的技术档案，为安全使用、检验、修理和改造提供重要依据。

2) 达到使用单位和检验单位掌握运行锅炉安全方面的基本情况，不断提高锅炉安全专业管理水平的目的。

3) 阻止无安全保障的锅炉投入使用，杜绝安全隐患。

4) 通过锅炉登记工作，使锅炉压力容器安全监察机构能掌握本地区各系统在用锅炉安全技术方面的基本情况，指导使用锅炉的单位搞好锅炉安全管理工作。

(2) 登记时应交验的资料　在办理锅炉登记手续时，应填写一份“锅炉登记表”和“锅炉登记卡”，并向登记机关交验下列资料：

1) 新锅炉

①《蒸汽锅炉安全技术监察规程》或《热水锅炉安全技术监察规程》规定的与安全有关的出厂技术资料。

② 安装质量检验报告。

③ 锅炉房平面图。

④ 水处理方法及应符合 GB/T 1576—2008《工业锅炉水质》的水质指标。

⑤ 锅炉安全管理的各项规章制度。

⑥ 持证司炉工人数。

2) 在用锅炉。在用锅炉或移装的旧锅炉办理登记时，如使用单位提供不出上述①、②两项资料时，允许以下列资料代替：

① 锅炉结构图（或示意图）及需核算强度的受压部件图。

② 锅炉受压元件强度及安全阀排放量的计算资料。

③ 锅炉检验报告书。

额定蒸汽压力小于 0.1MPa（$1kgf/cm^2$）的蒸汽锅炉和额定供热量小于 0.06MW（5×10^4kcal/h）的热水锅炉在登记时，只需交验制造厂质量证明书或检验报告。

锅炉经重大修理或改造后，使用单位须携带“锅炉使用登记证”和修理或改造部分的图样及施工质量检验报告等资料，到原登记发证机构办理备案或变更手续。

锅炉拆迁过户或报废时，原使用单位应向原登记发证机构交回“锅炉使用登记证”，办理注销手续。拆迁过户时，锅炉的全部安全技术资料应随锅炉转至接收单位，接收单位应重新办理锅炉登记手续；因不能保证安全运行而报废的锅炉，严禁再作为承压锅炉使用。

2. 司炉工人的培训、考核

司炉工人安全技术培训考核工作，是确保锅炉安全运行的重要措施，应按照国家质量监督检验检疫总局 2001 年 6 月 22 日公布的《锅炉司炉工人安全技术考核管理办法》严格执行。

（1）司炉工人应具备的条件

1）年满18周岁，身体健康，视力、听觉正常。遵守纪律，热爱本职工作。应具有初中以上文化程度。

2）具有蒸汽、压力、温度、水质、燃料燃烧、通风、传热等方面的基本知识，并对所操作的锅炉，应知、应会下列技能：

① 所操作锅炉的构造和性能，并能在运行中保持规定的压力、水位、温度、蒸发量和燃料消耗。

② 锅炉房内的管道系统，阀门的分布位置和在运行时阀门的开启、关闭状况，并能正确操作。

③ 锅炉生火、升压、运行、调整、压火和停炉的操作和检查。

④ 水垢、烟灰、结焦等对锅炉的危害及防治方法。

⑤ 安全阀的作用、构造，简单的工作原理及日常试验和检查。

⑥ 水位表、压力表的作用、构造、简单工作原理及检查、校对和冲洗。

⑦ 排污阀、给水设备、通风设备、水位警报器和自动控制仪表的作用、构造和简单工作原理，及操作和排除故障。

⑧ 锅炉给水、锅水标准及水处理方法。

⑨ 锅炉的维护保养基本知识。

⑩ 锅炉常见事故的类别、发生原因、预防和处理方法。

（2）司炉工人培训、考试

1）使用锅炉的单位必须对操作人员进行技术培训和考试工作。司炉工人必须经过考试合格，取得当地锅炉压力容器安全监察机构颁发的“司炉操作证”后，才准独立操作。

2）司炉工人的考试分为理论考试和实际考试两部分。应由当地锅炉压力容器安全监察机构统一组织。有条件的使用单位或其主管部门，经当地锅炉压力容器安全监察机构批准后，可自行组织考试，但试题、合格标准和考试成绩须报当地锅炉压力容器安全监察机构审核。

3）司炉工人考试前的理论和实际操作培训，应由本单位、主管单位或委托其他单位进行。培训时间，拟领取1、2、3类操作证者应不少于六个月，拟领取4类操作证者应不少于三个月。

4）对取得操作证的司炉工人，只允许操作不高于标准类别的锅炉。低类别司炉工人如需操作高类别锅炉时，应经过重新培训和考试，取得高类别的司炉操作证才允许操作。

5）对取得操作证的司炉工人，一般每四年由发证机关或其指定的单位组织进行一次复审，复审结果由负责复审的单位记入司炉操作证复审栏内。连续从事司炉工作而无事故的司炉工人经原发证机关同意后可以免于复审。

6）使用锅炉的单位应加强对司炉工人的思想教育和文化技术教育，改善司炉工人的劳动条件，保持司炉工人队伍的相对稳定，不要随意调动司炉工人的工作。

（3）司炉工的职责

1）切实执行《规程》以本单位的岗位责任制为中心的各项规章制度，精心操作，确保锅炉安全、经济运行。

2）锅炉运行中，若发现锅炉有异常现象危及安全时，应采取紧急停炉措施并及时报告单位负责人。

3）对任何有害锅炉安全运行的违章指挥，应拒绝执行。

4）司炉工人应努力学习业务知识，不断提高操作水平。

3. 水质技术管理

为了延长锅炉使用寿命，节约燃料，保证蒸汽品质，防止由于水垢、水渣、腐蚀而引起锅炉部件损坏或发生事故，使用锅炉的单位必须做好水质技术管理。

锅炉管理人员应按照 GB/T 1576—2008《工业锅炉水质》，坚持因地、因炉、因水制宜的原则，采取正确的锅内和锅外水处理。

使用锅炉的单位应根据锅炉的数量和水质管理的要求，配备专职或兼职的水质化验人员。并坚持每班化验水质，做好记录，做好水处理设备的维护保养，以确保水质符合国家标准。

化验人员应与司炉工加强联系，司炉工人也应随时掌握水质，并根据锅水变化情况，做好排污工作。

4. 锅炉房的有关管理制度

锅炉房均需有一整套的适用于本单位的规章制度。缺乏科学管理，无章可循或有章不循，必然会导致锅炉事故的发生。

锅炉房各项规章制度，应由锅炉房负责人、技术人员和有实践经验的司炉工人共同制定。规章制度要切实、易记，并应根据实际情况逐步修改，尽量完善。各项规章制度一经制定要坚决贯彻到实际中去。主管部门应经常督促、检查各项规章制度的落实情况，对执行得好的司炉工人应予表扬，违反的应批评教育，以维护规章制度的严肃性，确保锅炉安全经济运行。

规章制度一般有下列几种，供参考。

（1）岗位责任制度

1）在岗操作人员，应认真执行岗位责任制度，严格劳动纪律，不得擅自离开岗位，不得做与岗位无关的事。

2）按时对设备进行检查，发现异常情况及时处理，发现重大隐患及时向上级报告，并做好本班的运行记录。

3）遵守操作规程，根据锅炉、用户的负荷变化随时调整负荷，保证用户热能的需要和设备的安全。

4）保持设备和场地的清洁，保管好锅炉房内的工具。

5）配合进行设备事故的调查分析和设备修理后的验收工作。

（2）交接班制度

1）接班者必须提前到岗接班。

2）接班者必须对交班者的运行记录进行查阅，并对锅炉设备进行全面的检查。

3）在交班前发生事故，应先处理好事故后再进行交班，接班者应主动了解事故情况，积极协助交班者处理事故。

4）交班者在交班前应对设备进行全面检查。

5）交班者在交班前应做好场地、设备、工具的清洁整理工作。

6）交班者在交班时，必须保证锅炉水位、汽压正常。

7）交接者要将当班设备运行情况详细填写进运行日志，并要向接班者仔细交代清楚。

8）交班者未完成的工作，在交接班时要向接班者交代清楚。

9）交接班完成后，双方班长应在运行日志上签字。

（3）安全操作制度

1）严格遵守锅炉安全操作规程，密切监视水位、压力和燃烧情况，正确调整各种参数。

2）按规定做好锅炉运行的日常工作，定期冲洗水位表、压力表、排污和试验安全阀等。

3）进行巡回检查，检查锅炉人孔、手孔、受压部件以及省煤器、过热器等是否有泄漏、变形等异常现象，检查汽水管道、烟道、风道、给水泵、送风机和引风机等工作状态是否正常。

4）对锅炉发生的一切事故应及时处理并保护现场，积极参加事故分析，吸取事故教训。

5）闲人免进锅炉房，如需进入锅炉房必须履行登记手续，并由单位主管部门负责人领入。

（4）设备维护保养制度

1）操作人员应对锅炉、安全附件和辅助设备进行经常的或定期的维护保养，及时检修。

2）每班应对规定的设备油位定期加油一次，防止遗漏。

3）对仪表设备应每天进行维护保养，并定期校验，保证其灵敏、可靠。

4）锅炉未经采取措施，不得超负荷运行，锅炉必须按规定进行检修。

5）每班司炉工应对锅炉、辅助设备和场地进行一次清洁工作，做到文明生产。

（5）设备定期检修制度

锅炉设备的定期检修分大修、中修、小修三类。小修应按需要随时安排。中修每年一次，应包括清除受热面内部的水垢，炉膛、烟道及受热面外侧的烟垢、焦渣，校核安全附件，修理附属设备及电气设备，仪表的检查修理及校验。大修期限应根据检验的情况而定。有许多单位，锅炉运行了几十年，没有发生任何故障，并保持原有设备的性能，这除了运行人员严格执行操作规程和有关维护保养制度外，认真执行锅炉的周期检修，保持高标准的修理质量，是非常重要的一个因素。

锅炉的检修应进行下列工作：

1）锅炉检修前应对锅炉进行一次内外部检查，根据周期检修计划和内外部检查的情况，确定本次锅炉检修计划。

2）根据检修计划，指定专人负责，并组织力量，制订检修方案，以保证检修质量。

3）检修前，要准备好检修工具、材料和配件，对检修人员进行安全教育，学习国家或有关规定要求，研究保证检修质量标准的有效措施。

4）做好检修记录，应把每一次检修的情况（损坏情况和修理方法）记录在蒸汽锅炉技术档案内，以利于日后对锅炉设备历史情况进行考查。

5）锅炉设备检修完毕后，应做好验收工作。

单元五　火床锅炉常见事故与处理

一、锅炉事故分类

（一）锅炉事故定义

1）锅炉在运行、试运行或试压时，锅炉本体、燃烧室、主烟道或钢架、炉墙等发生损坏，称为锅炉事故。

2）锅炉在运行中，由于附属设备，如燃烧设备、给水设备、水处理设备、通风设备以及除尘、除渣设备发生故障或损坏，锅炉被迫停止运行的，称为锅炉故障。

3）锅炉停止运行后，在检修过程中，发现锅炉受压部件有裂纹、变形、渗漏、炉墙塌裂、烟道损坏、钢架变形等时，不做锅炉事故处理。但使用单位应该分析原因，做好改进工作，避免再次发生类似问题。

（二）锅炉事故分类

锅炉事故可分为三类。

1. 锅炉爆炸

锅炉在运行或测试时发生破裂，使锅内压力瞬时降至等于外界大气压力的事故，称为爆炸事故。

锅炉发生爆炸事故时，能够将锅炉或部件抛离原地，所产生的气浪冲击波将摧毁周围建筑物，造成人员伤亡。

2. 锅炉重大事故

锅炉在运行或试运行中，受压元件发生变形、爆管、鼓包、裂纹、渗漏等严重损坏，安全附件损坏、炉膛爆炸、炉墙倒塌、钢架严重变形等，造成被迫停炉修理的事故，称为重大事故。

锅炉发生重大事故后，锅炉被迫停炉大修，给用汽部门往往造成很大的损失。

3. 锅炉一般事故

锅炉在运行中，设备损坏不严重，如安全附件损坏、单侧水位表渗漏、压力表失灵、阀门渗漏、炉排卡住、炉墙裂纹、钢架变形等，称为一般事故。此类事故不必停炉大修，只降压处理后即可恢复正常运行，也可以坚持监视运行。

二、蒸汽锅炉常见事故与处理

1. 锅炉超压事故

锅炉在运行中，锅内压力超过最高许可工作压力而危及锅炉安全运行的现象，称为锅炉超压，这也是锅炉爆炸事故的直接原因。

（1）锅炉超压事故的现象

1）汽压急剧上升，超过许可工作压力，压力表指针超过“红线”，安全阀动作后压力仍在上升。

2）发出超压警报信号，超压联锁保护装置动作使锅炉停止鼓、引风机和给煤。

3）蒸汽温度升高而蒸汽流量减少。

(2) 锅炉超压事故的原因

1) 用汽单位突然停止用汽，使汽压急剧升高。

2) 锅炉工没有监视压力表，当负荷骤减时没有相应减弱燃烧。

3) 安全阀失灵，阀芯与阀座粘连，不能开启，或安全排汽能力不足。

4) 压力表管堵塞或损坏，指针指示不正确，不能反映真实压力。

5) 超压报警失灵，超压保护装置失效。

6) 降压使用的锅炉，如果安全阀口径没相应变化，则排汽能力不足，汽压得不到控制。

(3) 超压事故的处理

1) 迅速减弱燃烧，手动开启安全阀或放空阀。

2) 加大给水，加强排污，降低锅水温度，降低锅炉压力。

3) 如果安全阀失灵或全部压力表损坏，应紧急停炉，待处理好后再升压运行。

4) 锅炉发生超压时，应采取适当的降压措施，严禁降压速度过快。

5) 锅炉严重超压消除后，要停炉对锅炉进行内、外部检验，要消除因超压造成的变形、渗漏等，并检修不合格的安全附件。

2. 锅炉缺水事故

锅炉缺水是指锅炉在运行时，锅内水位低于最低安全水位而发生危及锅炉安全运行的事故。

(1) 锅炉缺水事故的现象

1) 水位低于最低安全水位线，或者看不见水位。

2) 虽有水位，但水位不波动，实际是假水位。

3) 高低水位警报器发出低水位警报信号。

4) 过热蒸汽温度急剧上升。

5) 蒸汽流量大于给水流量。但若因炉管或省煤器管破裂造成缺水时，则出现相反现象。

6) 严重时可嗅到焦味。

(2) 缺水事故的原因

1) 锅炉操作工疏忽大意，忽视对水位的监视；不能识别假水位，造成判断错误；违反劳动纪律，擅离岗位或打瞌睡。

2) 水位表安装位置不合理或运行中失灵，汽、水连通管堵塞；或冲洗水位表后，汽水旋塞未拧到正常位置，形成假水位。

3) 用汽量增加后未加强给水。

4) 给水设备发生故障，给水自动调节器失灵，或水源突然中断停止给水。

5) 给水管路设计不合理，并列运行的锅炉相互联系不够，未能及时调整给水。

6) 给水管道被污垢堵塞或破裂，给水系统的阀门损坏。

7) 排污阀泄漏或忘记关闭，炉管或省煤器管破裂。

(3) 缺水事故的处理

1) 先校对各水位表所指示的水位，正确判断是否缺水。在无法确定缺水还是满水时，可开启水位表放水旋塞，若无锅水流出，表明是缺水事故，否则便是满水事故。

2）锅炉轻微缺水时，应减少燃料和送风，减弱燃烧，并且缓慢地向锅炉进水，同时要迅速查明缺水的原因；锅炉严重缺水，以及一时无法区分缺水与满水事故时，必须紧急停炉，绝对不允许向锅炉进水。

3. 锅炉满水

锅炉满水是指锅炉运行时，锅内水位高于最高安全水位而发生危及锅炉安全运行的现象。

（1）锅炉满水事故的现象

1）水位高于最高安全水位，或者看不见水位。

2）高低水位警报器发出高水位警报信号。

3）过热蒸汽温度明显下降。

4）给水流量大于蒸汽流量。

5）严重时蒸汽大量带水，蒸汽管道内发出水击，法兰连接处向外冒汽、滴水。

（2）满水事故的原因

1）锅炉操作工疏忽大意。

2）水位表安装位置不合理或运行中失灵，汽、水连通管堵塞，形成假水位。

3）水位表的放水旋塞漏水，水位指示不正确，造成判断和操作错误。

4）给水自动调节器失灵。

5）给水阀泄漏或忘记关闭。

（3）满水事故的处理

1）先校对各水位表所指示的水位，正确判断是否满水。

2）分情况进行处理。

4. 爆管事故

爆管事故是指在锅炉运行中水冷壁管、对流管、过热器管等发生破裂的事故。

（1）爆管事故的现象

1）管子爆破时可听到明显爆破声或喷汽声。

2）炉膛由负压燃烧变为正压燃烧，并且有烟气和蒸汽从看火门、炉门等处喷出。

3）给水量不正常地大于蒸汽流量。

4）尽管加大给水量，但水位仍难以维持，且汽压降压。

5）排烟温度降低，烟囱冒白烟。

6）炉膛温度降低，甚至灭火。

7）引风机负荷加大，电流增加。

8）锅炉底部有水流出，灰渣斗内有湿灰。

（2）爆管事故的原因

1）锅炉缺水。

2）水循环不良。

3）水质不良。

4）材质不良。

5）磨损。

6）热疲劳裂纹穿透性爆管。

7）异物堵塞。

（3）爆管事故的处理

1）如果管子破裂但泄漏不严重，且能保持水位，事故不致扩大时，可以短时间降低负荷维持运行，待备用炉起动后再修炉处理。

2）如果严重爆管且水位无法维持，必须紧急停炉。但引风机不应停止，还应继续给锅炉上水，降低管壁温度，使事故不致再扩大。

3）如因锅炉缺水，管壁过热而爆管时，应紧急停炉，严禁向锅炉上水，尽快撤出炉内余火，降低炉膛温度，减少锅炉过热程度。

4）如有几台锅炉并列供汽，应将故障锅炉的主蒸汽管与蒸汽母管隔断。

5. 锅炉汽水共腾事故

（1）汽水共腾的现象

1）水位表内水位剧烈波动，甚至看不清水位。

2）过热蒸汽温度急速下降。

3）蒸汽管道内发生水冲击；法兰连接处漏汽、漏水。

4）蒸汽的湿度和含盐量迅速增加。

（2）汽水共腾的原因

1）锅水质量不合格，有油污或含盐浓度大。

2）并炉暖管时开启主汽阀过快，或者升火锅炉的汽压高于蒸汽母管内的汽压，使锅筒内蒸汽大量涌出。

3）严重超负荷运行。

4）表面排污装置损坏，定期排污间隔时间过长，排污量过少。

（3）汽水共腾的处理

1）减弱燃烧，减少锅炉蒸发量，并关小主汽阀，降低负荷。

2）完全开启上锅筒的事故放水阀和表面排污阀，并按规程要求进行锅炉下部的定期排污，自然循环锅筒锅炉每只定期排污阀的排污时间不超过0.5min，同时加强给水，保持正常水位。

3）开启过热器、蒸汽管路和分汽缸上的疏水阀门。

4）增加对锅水的分析次数，及时指导排污，降低锅水含盐量。

5）锅炉不要超负荷运行。

6. 锅炉受热面变形事故

锅炉受热面是指水冷壁管、防焦箱、对流管束、炉胆、烟火管、锅筒等。

（1）受热面变形的现象

1）水冷壁管变形时可从看火门或炉门处看到，如果缺水，则可见到变红的弯曲水冷壁管。

2）内燃炉胆可以看到向火侧凸出变形的情况，锅筒向火侧发生鼓包变形。

3）如炉管变形严重，同时发生爆管时则可听到喷汽声。较轻时，只能停炉后经检查才能发现。

（2）受热面变形的原因

1）锅炉严重缺水，受热面得不到有效冷却而过热变形。

2）设计结构不良，局部水速过低、停滞、超温变形。

3）水质不合格，水垢较厚，传热不良，过热变形。

（3）受热面变形的处理

1）受热面变形不严重时，可以待备用锅炉起动后再停炉检修。

2）如变形严重，炉胆向火侧已凸出变形，管壁已明显过烧变形，应立即停炉，以免事态扩大。

三、热水锅炉常见事故与处理

1. 热水锅炉锅水汽化事故

（1）现象

1）锅炉出口水温急剧上升，超温报警器发出报警信号。

2）锅炉和管路发出有节奏的撞击声，管道产生振动。

3）锅炉压力表指针摆动，压力升高。

4）安全阀起跳冒汽，膨胀水箱冒汽。

（2）原因

1）突然停电造成停泵，使循环中断。

2）司炉人员未经培训，不会操作热水锅炉。

3）循环回路因误关闭出口阀门、回路阀门或管路冻结等而中断。

4）热水锅炉或循环回路发生泄漏，恒压装置失效，造成水量不足，压力下降。

5）热水锅炉的出口温度计和压力表都失灵，司炉人员未及时发现。

6）锅炉结构设计不合理，局部受热面因水流停滞而汽化。

7）水管内严重积垢或存有杂物，使水循环遭到破坏。

（3）处理

1）迅速减弱燃烧，降低炉膛温度。

2）停电时，起动备用电源使循环水泵运转。

3）迅速解列系统，开启泄放阀，向锅内通入自来水冷却锅炉受热面。

4）若锅炉上的安全附件损坏，应及时进行更换。

5）当锅水温度急剧上升，出现严重汽化时，应紧急停炉。

2. 热水锅炉采暖系统水击事故

（1）现象

1）在管道内发生撞击声，同时伴随管道的强烈振动，严重时可听到散热器的爆破声。

2）压力表指针来回摆动，锅炉压力升高。

3）热水锅炉循环水泵停止运转，电动机电流为零。

（2）原因

1）管路里存有气体。

2）系统循环泵突然停止运转。

（3）处理

1）减弱燃烧，降低炉膛温度。

2）打开集气罐及管道上的放气阀。

3）打开锅炉出口处的泄放管阀门。

4）在循环水泵的压力管路和吸水管路之间连接一根带有止回阀的旁通管作为泄压管。

5）如水击严重时，应紧急停炉。

3. 常压热水锅炉的常见事故

（1）锅炉“跑水”事故

1）现象。

① 锅炉水位计中的水位逐渐升高。

② 锅炉顶部开孔处有热水溢出。

③ 系统中上部暖气不热，并伴有哗哗的流水声。

2）原因。

① 循环水泵突然停止运行。

② 回水系统的阻力调节不当。

3）处理。

① 若因停泵造成“跑水”，则应立即关闭回水阀门。

② 及时调整回水调节阀开启高度。

③ 采用合理的控制系统及理想的采暖系统。

（2）散热器破裂事故

1）现象。

① 回水管道上发出撞击声，同时伴随管道的强烈振动。

② 可听到散热器的破裂声。

③ 破裂处有带压热水喷出。

④ 循环水泵停止运转，电动机电流为零。

2）原因。

① 突然停泵。

② 没有防止水击的措施。

3）处理。

① 应立即紧急停炉。

② 将破裂的散热器与采暖系统隔断，并进行检修。

（3）循环水泵气蚀事故

1）现象。

① 循环水泵出现振动。

② 循环水泵周围发出很大的噪声。

③ 循环水泵的流量及扬程明显降低。

④ 严重时可听到泵体的断裂声。

2）原因。

① 锅炉水位线与循环水泵中心线之间距离太小。

② 循环水泵入口管段阻力太大。

3）处理。

① 轻微气蚀时，循环水泵可带“病”运行。

② 严重气蚀时，应停泵检修或更换循环水泵。

（4）停泵后系统倒空事故

1）现象。

① 系统上部出现缺水。

② 系统上部存积的空气增加，排气时间增长。

2）原因。

① 停泵后，系统水温降低，水的体积缩小。

② 系统中有泄漏处，系统水有流失。

3）处理。

① 在系统回水管路上设置高位水箱。

② 在系统回水管路上装置隔断水箱。

③ 在供水管路中采用高位补水箱或自来水补水。

单元六　锅炉运行操作规程编制

作为保证锅炉运行安全的一项根本性措施，锅炉房须制定并贯彻好《安全工作规程》《锅炉运行操作与事故处理规程》《设备检修工艺规程》三大规程。

一、安全工作规程

安全工作规程是为了保证锅炉房工作人员的人身和设备安全而制定的，安全工作规程要以《蒸汽锅炉安全技术监察规程》《热水锅炉安全技术监察规程》《电力工业锅炉监察规程》为依据来制定。其内容包括：工作场所安全要求及注意事项；锅炉设备运行和检修中的安全要求和注意事项；热力、机械和电气操作工作票制等各项安全工作管理制度。

安全规程一旦制定并得到批准，从事锅炉工作的所有职工和工作人员都必须认真遵守。对外援施工的工人和临时工在开始工作前必须向他们介绍现场的安全措施和注意事项。

二、锅炉及附属设备的操作规程

锅炉安全运行操作规程是锅炉使用单位根据锅炉所用的炉型、辅机及附属设备的结构特点，对锅炉点火、运行、停炉等全过程的一系列程序和操作方法提出的严格要求。制定、执行锅炉运行操作规程，对提高工作人员的技术水平，减少消耗，保证锅炉安全经济运行是很有必要的。

锅炉运行操作与事故处理规程一般包括以下内容：

（1）锅炉运行操作规程应附图样

1）锅炉纵剖面图。

2）锅炉水汽系统图。

3）锅炉空气、烟气系统图。

4）上煤、除渣系统图。

5）除氧系统图。

（2）锅炉、辅机及附属设备技术参数

1）概况，包括锅炉型号、制造厂家、制造厂编号、制造年月和投用年月。

2）锅炉主要技术参数。可根据锅炉设计资料及实际使用情况参考表1.2-8制作。

3）辅助设备技术参数。辅助设备的技术参数可参考表1.2-9制作。

4）安全阀技术参数。安全阀技术参数可参考表1.2-10制作。

5）锅炉燃料特性。燃料特性可参考表1.2-11制作。

表1.2-8 锅炉主要技术参数

序号	项目	数值		备注
		原设计	改造后	
1	锅炉蒸发量： (1)额定蒸发量/(t/h) (2)最大蒸发量/(t/h) (3)经济蒸发量/(t/h)			
2	蒸汽压力： (1)额定蒸汽压力/MPa (2)锅筒工作压力/MPa (3)过热器出口工作压力/MPa			
3	蒸汽温度： (1)额定蒸汽温度/℃ (2)过热器出口蒸汽温度/℃			
4	给水温度/℃			
5	省煤器出口水温度/℃			
6	热风温度/℃			
7	排烟温度/℃			
8	锅炉热效率(%)			
9	锅炉本体烟气侧阻力/Pa			
10	锅炉本体空气侧阻力/Pa			
11	锅炉受热面面积/m^2			
12	炉排有效面积/m^2			
13	炉膛容积/m^3			
14	锅炉水容积/m^3			
15	锅炉耗煤量/(kg/h)			设计煤种

注：锅炉有数台时，应逐台列出。

表1.2-9 锅炉辅助设备技术参数

序号	项目	数值		备注
		原设计	改造后	
1	引风机： (1)形式 (2)型号 (3)风量/(m^3/h) (4)风压/Pa 电动机： (1)型号 (2)功率/kW (3)电压/V (4)电流/A (5)转速/(r/min)			

（续）

序号	项　目	数值		备注
		原设计	改造后	
2	送风机： (1)形式 (2)型号 (3)风量/(m^3/h) (4)风压/Pa 电动机： (1)型号 (2)功率/kW (3)电压/V (4)电流/A (5)转速/(r/min)			
3	除尘器： (1)形式 (2)阻力/Pa (3)效率(%)			
4	水处理设备： (1)形式 (2)额定流量/(t/h) (3)工作交换流量/(mol/m^3) (4)盐耗/(g/min)			
5	给水泵： (1)型号 (2)流量/(m^3/h) (3)扬程/m (4)转速/(r/min)			

注：1. 设备特定可根据需要在规程中增补。
　　2. 锅炉有数台时应逐台列出。

表 1.2-10　锅炉安全阀技术参数

序号	项　目	数值		备注
		原设计	改造后	
1	锅筒安全阀： (1)控制安全阀开启压力/MPa (2)工作安全阀开启压力/MPa			
2	过热器安全阀开启压力/MPa			
3	省煤器安全阀开启压力/MPa			

注：锅炉有数台时应逐台列出。

表 1.2-11　锅炉燃料特性

项目	数值		备注
	原设计	改造后	
煤种 收到基碳 C_{ar}(%) 收到基氢 H_{ar}(%) 收到基氧 O_{ar}(%)			

（续）

项目	数值		备注
	原设计	改造后	
收到基硫 S_{ar}(%)			
收到基水分 W_{ar}(%)			
收到基灰分 A_{ar}(%)			
收到基低位发热量 $Q_{net,ar}$/(kJ/kg)			
干燥无灰基灰分 A_{daf}			
灰的变形温度 t_1/℃			
灰的软化温度 t_1/℃			
灰的熔化温度 t_1/℃			

注：锅炉有数台时应逐台列出。

（3）锅炉运行操作

1）锅炉点火前的检查工作。

2）锅炉点火前的准备工作。

3）锅炉点火起动步骤，主要包括锅炉点火、升压、安全阀的整定、并汽等步骤的操作程序、注意事项等。

4）锅炉的运行调节，包括水位、汽温、汽压、燃烧工况的控制指标和调节方法等。

5）停炉，包括正常停炉、暂时停炉及紧急停炉的操作方法。

6）停炉后的保养，包括短期停炉保养方法和长期停炉的保养方法。

（4）锅炉事故与处理

1）紧急停炉与正常停炉的区别与处理方法。

2）发生事故时操作人员的操作要领。

3）各种常见事故的现象、原因与处理步骤、注意事项包括：锅炉满水、锅炉缺水、汽水共腾、水冷壁爆破或损坏、省煤器损坏、过热器损坏、主汽管和给水管发生水冲击、锅筒水位计损坏、锅炉灭火、烟道再燃烧、燃烧室耐火砖及吊拱损坏、负荷剧减、厂用电中断、转动机械故障、抛煤机或炉排故障、风机故障等。

思考题与习题

1. 锅炉运行操作规程包括哪些内容？编写依据是什么？
2. 火床锅炉点火前要做哪些准备？阀门应处在什么状态？列表说明。
3. 链条炉排锅炉如何进行点火？
4. 锅炉升压需要哪些操作？应注意什么问题？
5. 水位变化反映了哪两个参数之间的什么关系？如何调整水位？
6. 假水位是如何产生的？如何判断假水位？
7. 蒸汽锅炉紧急停炉的条件有哪些？如何操作？
8. 如何判断锅炉的缺水状况？怎样“叫水”？
9. 工业锅炉经济运行包括哪些内容？如何实现锅炉的经济运行？
10. 如何降低燃煤锅炉的灰渣含碳量？灰渣含碳量与锅炉经济运行有何关系？

学习项目二

燃油燃气锅炉设备与运行

随着我国环境治理工作的不断深化，能源结构的进一步调整，洁净燃料在一次能源中的比例迅速提高，燃油燃气锅炉得到了广泛的应用。那么，燃油燃气锅炉究竟有哪些特点？其系统由哪些设备构成？如何进行设备选型？在运行上与燃煤锅炉有什么区别？这就是本项目将要介绍的内容。

学习任务一

燃油燃气锅炉设备选型

知识目标

1. 了解燃油燃气锅炉设备的构成和工作过程。
2. 熟悉燃油燃气锅炉的结构类型与性能特点及应用选型技术。
3. 了解锅炉用燃烧器的分类、结构、主要部件及作用。
4. 熟知各种类型燃烧器的工作特性及火焰尺寸。
5. 掌握燃烧器的选型原则。
6. 掌握燃烧器的功率调节方法。
7. 了解燃料供应系统组成及设备选型知识。
8. 了解燃烧器的常见故障及处理知识。

能力目标

1. 能根据具体要求进行燃油燃气锅炉房设备选型。
2. 能够独立编制燃油燃气锅炉房设备选型报告。
3. 具备燃烧器的调试能力。
4. 具备燃烧器常见故障的分析和处理能力。
5. 具有燃料供应系统设备选型与工艺流程图设计能力。
6. 具有对燃油燃气锅炉进行节能改造的能力。

任务导入

某企业办公楼建筑面积2000m^2，综合楼建筑面积1200m^2，厂房建筑面积10500m^2，厂房举架高度5.4m，生产用汽量1.5t/h，生产用汽压力0.6MPa。办公楼供暖热指标123W/m^2，生产车间供暖热指标为176W/m^2。采用天然气作为燃料。

根据以上的条件，要求学生通过教师讲解、现场参观、网上查阅资料等各种手段，获取知识信息，通过自主学习，完成燃油燃气锅炉房设备选型报告，具体内容包括：

1. 锅炉房最大热负荷计算。
2. 锅炉选型方案。
3. 燃烧器选型方案。
4. 燃气供应系统设备选型方案。
5. 锅炉房工艺流程图绘制。

6. 锅炉运行经济性分析，估算出每平方米供暖面积的成本。
7. 形成任务报告单。

任务分析

要想正确做出燃油燃气锅炉房设备选型报告，首先必须了解燃油燃气锅炉房设备组成及工作过程，熟悉设备组成系统内每一设备的类别、工作原理、性能特点及应用条件。本任务将通过燃油燃气锅炉设备组成与工作过程认知、燃油燃气锅炉炉型结构分析与应用、燃烧器认知、燃烧器主要部件及作用、燃烧器常见故障与处理、燃烧器选型、燃烧器功率调节、燃料供应系统设备选型八个单元的学习，最终完成燃油燃气锅炉房设备选型报告的编制任务。

教学重点

1. 掌握燃烧器的分类、结构、主要部件作用及应用选型知识。
2. 熟悉各类型燃烧器的工作特性及选型原则。

教学难点

燃烧器的功率调节与故障处理。

相关知识

单元一　燃油燃气锅炉设备组成与工作过程认知

一、燃油燃气锅炉设备构成

燃油燃气锅炉设备由锅炉本体和锅炉辅助设备两大部分组成。其中锅炉辅助设备包括燃烧器、燃料供应系统、通风系统、热力系统（包括给水及蒸汽系统、排污系统、热水循环系统等）和自动控制系统。与燃煤锅炉相比，其系统构成要简单得多，这主要是由燃料的特性和锅炉的特点决定的。本项目重点介绍燃油燃气锅炉结构与选型，燃烧器的分类、结构、工作原理及应用选型，燃料供应系统的组成及设备选型等内容。

二、燃油燃气锅炉的技术优势

燃油燃气锅炉与燃煤锅炉结构的主要区别是由使用燃料的不同而引起的。燃油锅炉使用液态燃料（轻油或重油），燃气锅炉使用气体燃料（天然气、煤气或液化石油气），燃油经雾化配风、燃气经配风后燃烧，均需使用燃烧器喷入锅炉炉膛，采用火室燃烧而不需要炉排设施。由于油气燃烧后均不产生炉渣，故燃气锅炉不需要除渣设备。喷入炉内的雾化油气或燃气，如果熄火或与空气混合不良，容易形成爆炸性气体，因此燃油燃气锅炉均采用自动化燃烧系统，包括火焰监测、熄火保护、防爆等安全措施。燃油燃气锅炉结构紧凑，小型锅炉的本体及其通风、给水、控制等辅助设备均设置在一个底盘上，大中型的蒸发量为100t/h的燃油燃气锅炉也能组装出厂。总体来看，环保型燃油燃气锅炉向减小体积和重量、提高效率、提高组装化程度和自动化程度的方向发展。特别是近几年，由于采用了新的燃烧技术和强化传热技术，燃油和燃气锅炉的体积比以前大为减小，锅壳式蒸汽锅炉的热效率已高达92%~95%。随着工业的发展，人们对燃油燃气锅炉的总体要求将更加严格。这种要求主要是经济性、安全性、可使用性之间的矛盾，具体表现在以下几个方面：

（1）锅炉的高效率　燃油和燃气锅炉的高效率意味着可以节约日益紧张和昂贵的能源。环保型燃油燃气锅炉的燃烧效率和大型工业锅炉已基本相当。环保型燃油燃气锅炉，特别是蒸汽锅炉，由于采用了低阻力型火管传热技术和低阻力高扩展受热面的紧凑型尾部受热面，其排烟温度基本上和大型工业锅炉相同，为130~140℃。

（2）结构简单　采用简单结构的受热面。对锅壳式锅炉，采用单波形炉胆和双波形炉胆燃烧室，强化型传热低阻力火管，以及低阻型扩展尾部受热面。除此之外还可根据具体要求配备低温过热器（≤250℃）受热面。对水管式锅炉，采用膜式壁型炉膛，紧凑的对流受热面，可配备引风装置，除此之外还可根据具体要求配备高温过热器（≥250℃）受热面。

（3）适用简易配套的辅机　给水泵、油泵、油加热器（电-蒸汽两用）、鼓风机和其他一些辅机要和锅炉本体一起装配，且要保证运输的可靠性。

（4）全智能化自动控制并配有多级保护系统　不仅配有完善的全自动燃烧控制装置，更要配有多级安全保护系统，应具有锅炉缺水、超压、熄火保护、点火程序控制及声、光、电报警等功能。

（5）配备燃烧器（送风机）和烟道消声装置　降低锅炉运行的噪声。

（6）配备其他监测和限制装置　应保证锅炉24h无人值守安全运行。

三、锅炉房燃料供应系统

（一）锅炉房燃油供应系统

1. 燃油供应系统

燃油供应系统是燃油锅炉房的组成部分。其主要流程是：燃油经铁路或公路运来后，自流或用泵卸入油库的储油罐，如果是重油，应先用蒸汽将铁路油罐车或汽车油罐中的燃油加热，以降低其黏度，重油在储油罐储存期间，加热保持一定温度，沉淀水分并分离机械杂质，沉淀后的水排出罐外，油经过泵前过滤器进入输油泵，经输油泵送至锅炉房日用油箱。

燃油供应系统主要由运输设施、卸油设施、储油罐、油泵及管路等组成，在储油罐区还有污油处理设施。

燃油的运输有铁路油罐车运输、汽车油罐车运输、油船运输和管道输送四种方式。采取哪种运输方式应根据耗油量的大小、运输距离的远近及用户所在地的具体情况确定。

卸油方式根据卸油口的位置可划分为上卸系统和下卸系统。

上卸系统适用于下部的卸油口失灵或没有下部卸油口的油罐车。上卸系统可采用泵卸或虹吸自流卸。

图2.1-1所示为虹吸自流卸油系统图。首先打开蒸汽阀门5，向上卸油鹤管2内充蒸汽，然后将阀门5关闭，上卸油鹤管2内的蒸汽冷凝，使管内造成负压，油罐车内的燃油即被大气压力压入鹤管，直到上卸油阀门6为止。由于油罐车外的油位（阀门6处）比油罐车内的油位低，打开上卸油阀门6后，即产生虹吸，开始自流卸油。下卸油管接头11用于与油罐车下卸口相连通，进行下卸。蒸汽阀门7作为下卸时反吹扫之用，即当块状油品将油罐车下卸口堵塞时，打开阀门7进行反吹扫。

图2.1-2所示为泵上卸系统图。在上卸油鹤管2上安装上卸油阀门6和上卸油管接头14。将移动卸油泵与上卸油管接头14和下卸油管接头12相连通，如同上述程序，使鹤管内造成负压，当鹤管内充油后，打开阀门9和6，起动油泵卸油。

下卸系统根据卸油动力的不同可分为泵卸油系统和自流卸油系统。

当油罐车的最低油面高于储油罐的最高油面时，可采用自流卸油系统：卸油口流出的油可流入卸油槽，通过卸油槽、集油沟、导油沟流入储油罐，这种系统称为敞开式下卸系统；油罐车的出油口也可以通过活动接头与油管连接，通过管道流入储油罐，这种系统称为封闭式下卸系统。

当不能利用位差时，可采用泵卸油系统：油罐车的出油口通过活动接头与油泵的进油口连接，通过泵将油罐车中的油送入储油罐。

对于运输重油的油罐车，为便于卸车，需要对重油进行加热，加热方式有直接加热和间接加热两种。当油罐车带有下部蒸汽加温套时，可采用间接加热，将汽源管与油罐车进汽管用橡胶软管或金属软管连接起来即可，连接接头可见动力设施燃油系统重复使用图集CR310《卸油装置》。直接加热是通过由上部人孔进入油中的蒸汽管向油中喷射蒸汽，直接加热油品。

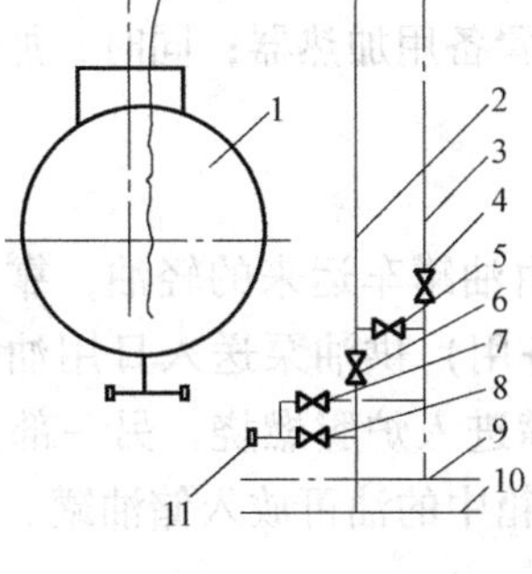

图2.1-1　虹吸自流卸油系统图

1—油罐车　2—上卸油鹤管　3—加热鹤管
4、5、7—蒸汽阀门　6—上卸油阀门　8—下卸油阀
9—蒸汽干管　10—集油管　11—下卸油管接头

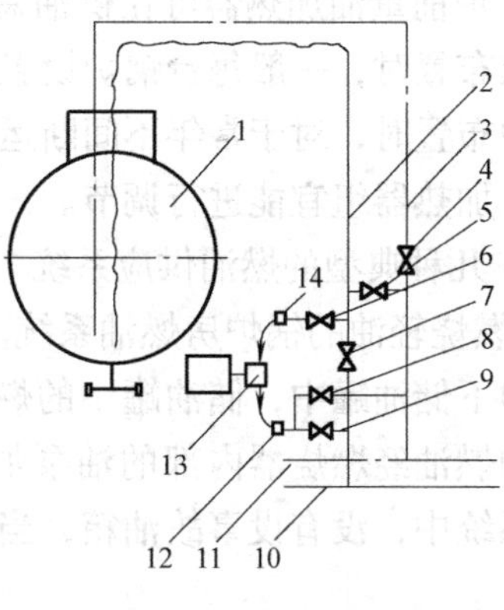

图2.1-2　泵上卸系统图

1—油罐车　2—上卸油鹤管　3—加热鹤管
4、5、8—蒸汽阀门　6、7—上卸油阀门
9—下卸油阀门　10—集油管　11—蒸汽干管
12—下卸油管接头　13—油泵　14—上卸油管接头

2. 锅炉房油管路系统

锅炉房油管路系统的主要任务是将满足锅炉要求的燃油送至锅炉燃烧器，保证燃油经济安全的燃烧。其主要流程是：先将油通过输油泵从储油罐送至日用油箱，在日用油箱加热（如果是重油）到一定温度后通过供油泵送至炉前加热器或锅炉燃烧器，燃油通过燃烧器一部分进入炉膛燃烧，另一部分返回油箱。

（1）油管路系统设计的基本原则

1）供油管道宜采用单母管；常年不间断供热时，宜采用双母管。回油管应采用单母管。采用双母管时，每一母管的流量宜按锅炉房最大计算耗油量的75%计算。

2）重油供油系统宜采用经过燃烧器的单管循环系统。

3）通过油加热器及其后管道的流速，不应小于0.7m/s。

4）燃用重油的锅炉房，当冷炉起动点火缺少蒸汽加热重油时，应采用重油电加热器或设置轻油、燃气的辅助燃料系统。当采用重油电加热器时应仅限于起动时使用，不应作为经常加热燃油的设备。

5）采用单机组配套的全自动燃油锅炉，应保持其燃烧自动控制的独立性，并按其要求配置燃油管道系统。

6）每台锅炉的供油干管上，应装设关闭阀和快速切断阀，每个燃烧器前的燃油支管上，应装设关闭阀。当设置两台或两台以上锅炉时，应在每台锅炉的回油干管上装设止回阀。

7）不带安全阀的容积式油泵，在其出口的阀门前靠近油泵处的管段上，必须装设安全阀。

8）在供油泵进口母管上，应设置油过滤器两台，其中一台备用。

9）采用机械雾化燃烧器（不包括转杯式）时，在油加热器和燃烧器之间的管路上应设置细过滤器。

10）当日用油箱设置在锅炉房内时，油箱上应有直接通向室外的通气管，通气管上设置阻火器及防雨装置。室内日用油箱应采用闭式油箱，油箱上不应采用玻璃管液位计。在锅炉房外还应设地下储油罐，日用油箱上的溢油管和放油管应接至事故油罐或地下储油罐。

11）炉前重油加热器可在供油总管上集中布置，也可在每台锅炉的供油支管上分散布置。分散布置时，一般每台锅炉设置一个加热器，除特殊情况外，一般不设备用加热器。当采取集中布置时，对于常年不间断运行的锅炉房，则应设置备用加热器；同时，加热器应设旁通管；加热器组宜能进行调节。

（2）几种典型的燃油供应系统

1）燃烧轻油的锅炉房燃油系统。如图2.1-3所示，由油罐车运来的轻油，靠自流下卸到卧式地下储油罐中，储油罐中的燃油通过两台（一台备用）供油泵送入日用油箱，日用油箱中的燃油经燃烧器内部的油泵加压后一部分通过喷嘴进入炉膛燃烧，另一部分返回油箱。该系统中，没有设事故油箱，当发生事故时，日用油箱中的油可放入储油罐。

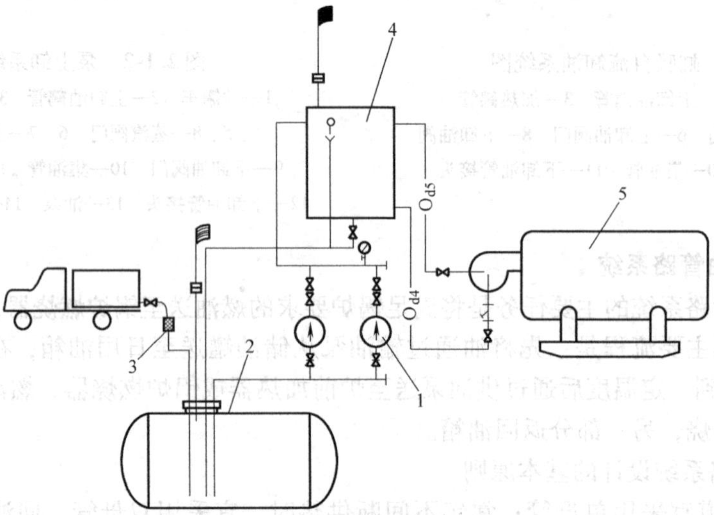

图2.1-3　燃烧轻油的锅炉房燃油系统

1—供油泵　2—卧式地下储油罐　3—卸油口（带滤网）　4—日用油箱　5—全自动锅炉

2）燃烧重油的锅炉房燃油系统。如图 2.1-4 所示，由油罐车运来的重油，靠卸油泵卸到地上储油罐中，储油罐中的燃油由输油泵送入日用油箱，在日用油箱中的燃油经加热后经燃烧器内部的油泵加压后一部分通过喷嘴进入炉膛燃烧，另一部分返回油箱。该系统中，在日用油箱中设置了蒸汽加热装置和电加热装置，在锅炉冷炉点火起动时，由于缺乏汽源，此时靠电加热装置进行加热日用油箱中的燃油，等锅炉点火成功并产生蒸汽后，改为蒸汽加热。为保证油箱中的油温恒定，在蒸汽进口管上安装了自动调节阀，可根据油温调节蒸汽量。在日用油箱上安装了直接通向室外的通气管，通气管上装有阻火器。

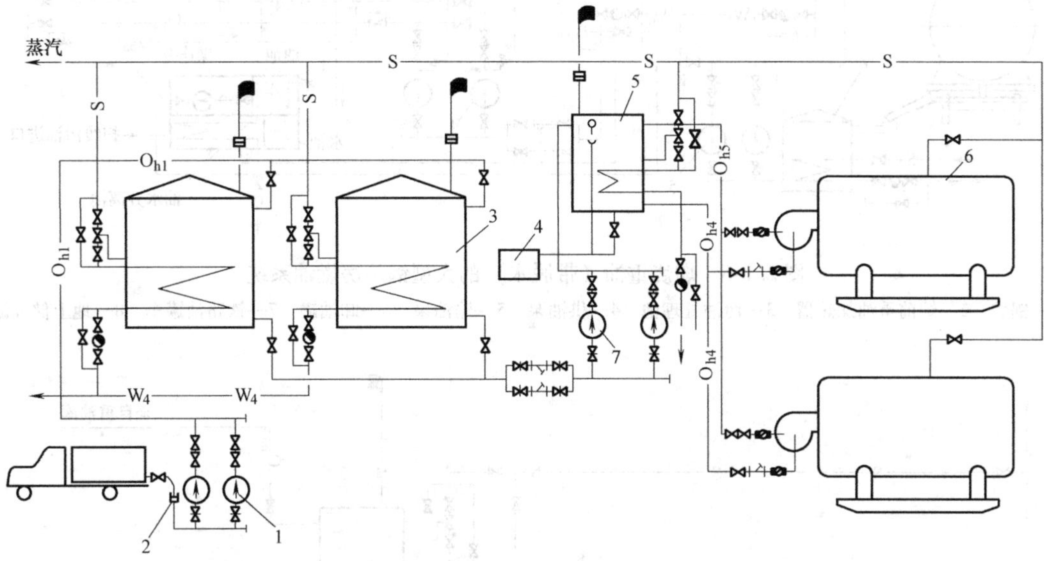

图 2.1-4　燃烧重油的锅炉房燃油系统

1—卸油泵　2—快速接头　3—地上储油罐　4—事故油箱　5—日用油箱　6—全自动锅炉　7—供油泵

该系统没有炉前重油二次加热装置，适用于黏度不太高的重油。

3）燃烧重油的大型锅炉房燃油系统。如图 2.1-5 所示，由铁路油罐车运来的重油，靠自流下卸到卸油罐中，经由输油泵送到地上储油罐中储存脱水，储油罐中的燃油由供油泵送到炉前加热器，经加热后的燃油通过喷嘴一部分进入炉膛燃烧，另一部分返回储油罐。

该系统中，卸油罐和储油罐中设置了蒸汽加热装置，在炉前设置了重油二次加热装置，为保证出口油温的恒定，在蒸汽进口管上安装了自动调节阀。

该系统中，采用双母管供油，单母管回油。在回油母管上设置了自动调压阀，在每个燃烧器的回油支管上还安装了辅助调节阀及止回阀，在每个锅炉燃油加热器的进口支管上安装了快速切断电磁阀，电磁阀前还设有手动关闭阀。

该系统设置了污油处理池，储油罐沉淀分离出来的水（可能带油）及扫线时排出的污油进入污油池进行分离，分离后的重油返回储油罐，污水排掉。

4）带有轻油点火系统的锅炉房燃油系统如图 2.1-6 所示，当锅炉以重油为燃料，在锅炉冷炉点火起动又没有加热重油所需的热源时，需设计轻油点火系统，用轻油作为起动点火用的辅助燃料。轻油的凝固点和黏度较低，不需预热即可供给燃烧器雾化燃烧。

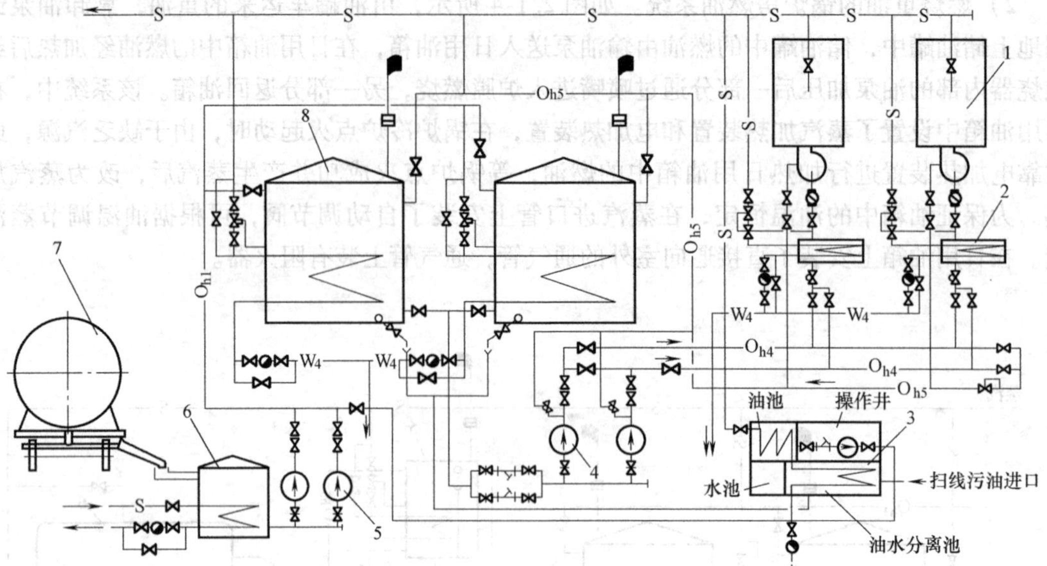

图 2.1-5 燃烧重油（带脱水）的大型锅炉房燃油系统

1—锅炉 2—炉前重油加热器 3—污油处理池 4—供油泵 5—输油泵 6—卸油罐 7—铁路油罐车 8—地上储油罐

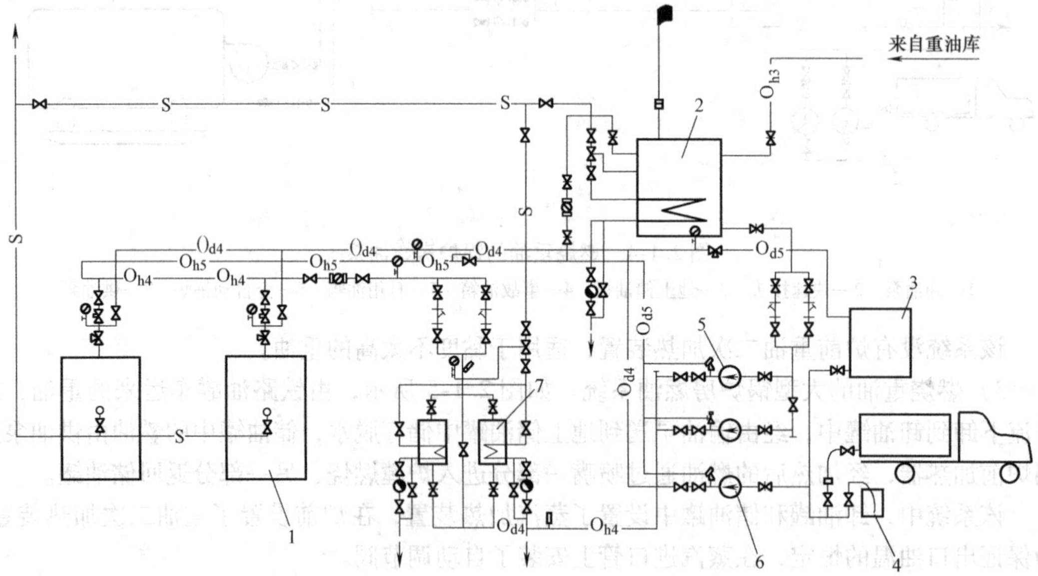

图 2.1-6 带有轻油点火系统的锅炉房燃油系统

1—锅炉 2—日用油箱 3—轻油罐 4—轻油桶 5—供油泵 6—轻油泵 7—炉前重油加热器

该系统设置轻油罐一个，其容量应根据点火间隔时间和频繁程度来决定。当点火频繁时（例如锅炉一班运行，每天都需冷炉点火），轻油罐的容量一般可按 7 天的用量计算；当点火间隔时间较长时，轻油罐的容量应不小于一次起动点火的用量，即从轻油点燃开始，到锅炉送汽将重油加热到雾化所需要的温度和重油系统投入运行将重油点燃为止所需要的轻油量。

轻油可用油桶或汽车油罐车运来并用轻油泵卸入轻油罐。

轻油泵主要用来给锅炉供油和从油桶、油罐车上卸油。轻油泵与重油供应泵一起布置在供油泵房内或布置在锅炉房的其他辅助间内。

该系统中，在循环回油管路上安装了回油自动调节阀（也可用手动针形阀），以调节供给锅炉的油量和油压。在每台锅炉的喷油嘴前（喷油嘴不带回油）还安装了针形阀（如果喷油嘴带回油，则针形阀应安装在喷油嘴后），作为辅助调节之用。

（二）锅炉房燃气供应系统

图2.1-7所示为WNQ4-0.7型燃气锅炉供气系统，该锅炉采用涡流式燃烧器，要求燃气进气压力为10～15kPa，炉前燃气管道及其附属设备，由锅炉厂配套供应。每台锅炉配有一台自力式调压器，由外网或锅炉房供气干管来的燃气，先经过调压器调压，再通过两只串联的电磁阀（又称主气阀）和一只流量调节阀，进入燃烧器。在两只串联的电磁阀之间设有放散管和放散电磁阀，当主电磁阀关闭时，放散电磁阀自动开启，避免漏气进入炉膛。主电磁阀和锅炉高低水位保护装置、蒸汽超压装置、火焰监测装置以及鼓风机等联锁，当锅炉在运行中发生事故时，主电磁阀自动关闭切断供气。运行时燃气流量可根据锅炉负荷变化情况由调节阀进行调节，燃气调节阀和空气调节阀通过压力比例调节器的作用实现燃气-空气比例调节。

此外，在两电磁阀之前的燃气管上，引出点火管道，点火管道上有关闭阀和两只串联安装的电磁阀。点火电磁阀由点火或熄火信号控制。本燃气系统的起动和停止为自动控制和程序控制，当开始点火时，首先打开风机预吹扫一段时间（一般几十秒），然后打开点火电磁阀，点火后再打开主电磁阀，同时火焰监测装置投入，锅炉投入正常运行。当停炉或事故停炉时，先关闭主气阀，然后吹扫一段时间。

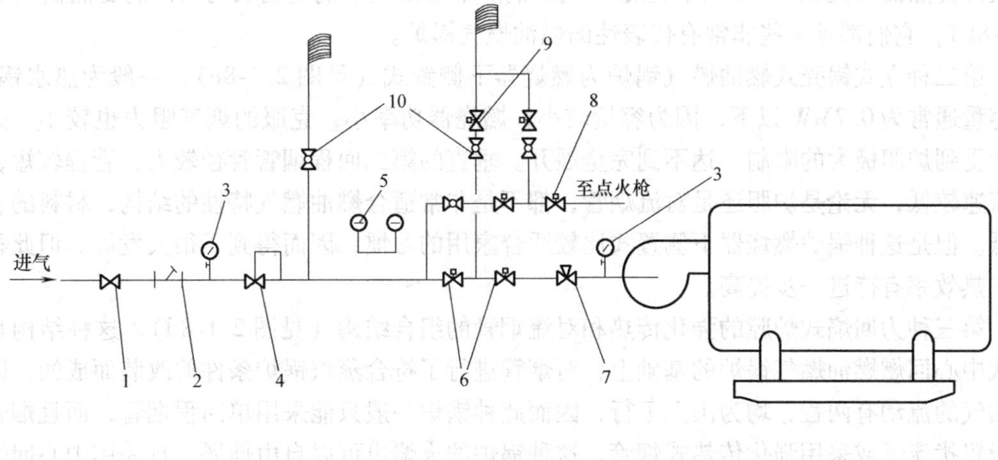

图2.1-7　WNQ4-0.7型燃气锅炉供气系统

1—总关闭阀　2—气体过滤器　3—压力表　4—自力式压力调节阀　5—压力上下限开关　6—安全切断电磁阀　7—流量调节阀　8—点火电磁阀　9—放空电磁阀　10—放空旋塞阀

单元二　燃油燃气锅炉炉型结构分析与应用

中小型燃油燃气锅炉向快装化、自动化、轻型化方向发展，大型燃油燃气锅炉向组装化方向发展。目前使用的燃油燃气锅炉，有中小容量的卧式内燃火管锅炉、小型立式锅炉以及较大容量的水管锅炉。

一、锅壳式（火管式）燃油燃气锅炉

锅壳式燃油燃气锅炉是环保锅炉的主要形式，锅壳式可分为立式和卧式两种类型。其中立式锅炉容量较小，卧式锅炉一般具有较大的容量。

1. 立式锅壳式燃油燃气锅炉

现代中小型燃油燃气锅炉趋向于快装化、轻型化、自动化。立式锅炉由于结构简单、安装操作方便、占地面积小，应用极广。新型的立式锅炉效率可达85%～90%，一般为蒸汽锅炉。立式锅壳式燃油燃气锅炉容量一般在1.0t/h以下，蒸汽压力一般在1.0MPa以下。用于热水供应系统的锅炉容量可达1.4MW。

比较常用的形式有燃烧器顶置式和两回程套筒式无管锅炉（见图2.1-8a、b）。这种锅炉较有特色，主要依靠炉膛的高温辐射传热和强烈旋转气流的对流传热来加热工质，锅炉本体为套筒式，在0.5t/h以下时，炉膛采用平直炉胆；0.5t/h以上时，炉膛采用波形与平直组合炉胆。采用旋转火焰沿炉胆下行，高温烟气冲刷焊在锅筒筒体外侧的扩展对流受热面，进行均匀的对流传热，这种扩展肋片均匀地焊在锅筒四周整个长度上，充分利用了烟气余热，而且对流受热面烟风阻力不大，通常可将排烟温度降到合理的程度。该锅炉占地面积小，操作维护方便，对水质的适应能力强，没有水管锅炉爆管的危险。这种锅炉适宜制成蒸汽和热水锅炉，也可制成汽水两用锅炉。锅炉的炉胆形状和火焰形状相匹配，可得到完全展开式火焰，结构简单流畅。此类锅炉在结构上有很多变种，无论是烟气从侧面进入锅筒外侧的展开受热面（见图2.1-8a），还是烟气从锅炉下部沿整个锅筒周长均匀冲刷受热面（见图2.1-8b），它们都是一些非常有代表性的燃油燃气锅炉。

第二种立式锅壳式燃油燃气锅炉为燃烧器下侧置式（见图2.1-8c），一般为热水锅炉，其容量通常为0.7MW以下，因为容量较小，燃烧器功率小，克服的烟气阻力也较小，火焰形状受到炉胆极大的限制，达不到完全展开。垂直的第二回程烟管管径较大，管程较短，烟气流速较低，无论是炉胆还是对流烟管，都不是非常适合燃油燃气特性的结构，材料的利用率低。但是这种锅炉燃烧器下侧置式比较适合家用的习惯，因而得到了很大发展。但此种锅炉的热效率有待进一步提高。

第三种为回焰式炉膛的强化传热和对流烟管的组合结构（见图2.1-8d）。这种结构是在卧式中心回燃燃油燃气锅炉的基础上，对烟管进行了符合蒸汽锅炉条件的改装而成的，因为其烟气的流动有两程，均为由上下行，因而此种锅炉一般只能采用单回程烟管，而且烟管必须设置扰流子或采用强化传热式烟管。这种锅炉的火焰也可以自由伸展，且采用中心回焰燃烧，炉膛综合辐射对流传热比较强，排烟温度高低也比较合理，其缺点是对燃烧器所克服的背压有一定的要求。

另外，还有一些小型立式锅炉制成板式受热面，或采用铸铁片式锅炉。这两种锅炉在小型家用采暖炉的应用上有很大发展，特别是铸铁片式采暖炉，耐蚀、造价低、使用寿命长，很受用户欢迎。图2.1-8e表示了具有悠久历史的板式受热面锅炉，这种锅炉在对流受热面的布置上有较大的裕度，比较适合燃用气体燃料。

从理论上讲，小型立式锅炉要想达到较高的热效率，必须具有特殊设计的燃烧器，以强

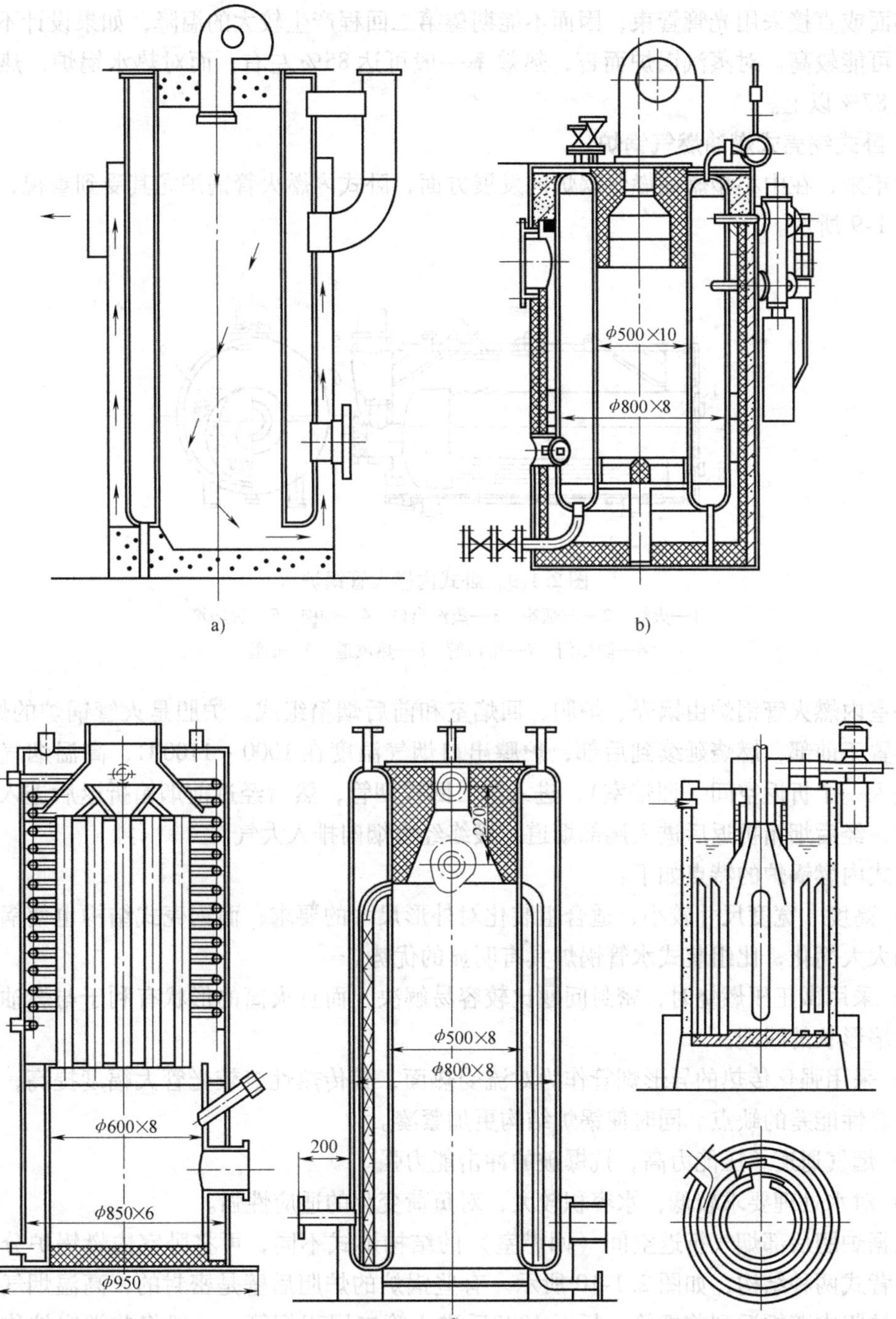

图 2.1-8　立式锅壳式锅炉形式

a）两回程套筒式无管锅炉　b）套管无管锅炉（均匀式）　c）燃烧器下侧置式

d）中心回焰式结构　e）板式受热面锅炉

化炉膛内和温度的四次方成正比的辐射传热和增强部分对流传热，采用较大的辐射传热面积，这样才能最大程度地降低炉膛出口的温度。对流受热面一般只能采用烟气阻力较低的异形受热面或直接采用光管管束，因而不能期望第二回程产生较大的温降，如果设计不当，排烟温度可能较高。对蒸汽锅炉而言，热效率一般可达85%左右，而对热水锅炉，热效率一般可达87%以上。

2. 卧式锅壳式燃油燃气锅炉

近年来，在中小型燃油燃气锅炉的发展方面，卧式内燃火管锅炉尤其受到重视，其结构如图2.1-9所示。

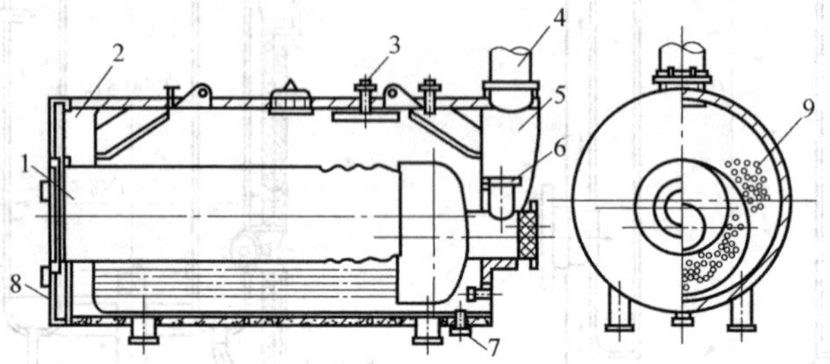

图2.1-9　卧式内燃火管锅炉

1—火筒　2—前烟箱　3—蒸汽出口　4—烟囱　5—后烟箱

6—防爆门　7—排污管　8—热风道　9—烟管

卧室内燃火管锅炉由锅壳、炉胆、回焰室和前后烟箱组成。炉胆是火管锅炉的燃烧室，燃烧器置于前部，燃烧延续到后部，炉膛出口烟气温度在1000～1100℃，高温烟气离开炉膛后进入一个折返空间（回焰室），进入第二回程烟管，然后经过前烟箱折返后进入第三回程烟管，经后烟箱折返后进入尾部烟道，最终经由烟囱排入大气。

卧式内燃锅炉的特点如下：

1）高度、宽度尺寸较小，适合组装化对外形尺寸的要求，而锅壳式结构也使锅炉的维护结构大大简化，比组装式水管锅炉具有明显的优势。

2）采用微正压燃烧时，密封问题比较容易解决，而且火筒的形状有利于与燃油燃气锅炉内火焰形状的匹配。

3）采用强化传热的异形烟管作为对流受热面，其传热性能较光管大幅度提高，克服了烟管传热性能差的缺点。同时使锅炉结构更加紧凑。

4）烟气通道承压能力高，抗爆破的冲击能力强。

5）对水处理要求较低，水容积较大，对负荷变化的适应性强。

根据炉胆后部烟气折返空间（回燃室）的结构形式不同，可将卧室内燃锅炉分为干背式和湿背式两种结构，如图2.1-10所示。有些锅炉的炉胆后壁是密封的，高温烟气碰到后壁后沿炉胆内壁折返到前烟箱，折返180°后进入第二回程烟管，一般将此类锅炉称为中心回燃式燃油燃气锅炉，是湿背式锅炉的一种。

干背式锅炉的烟气折返空间（回焰室）是由耐火材料围成的，其特点是结构简单，炉胆和烟管检查和维修方便。但炉胆后部回焰室耐火材料抗高温和烟气冲击能力较差，每隔一段时间需要更换，后管板受到高温烟气直接冲刷，内外温差大，容易破坏。锅炉容量越大，这一情况越严重。但随着锅炉容量的减小，炉胆的相对面积增加，炉膛出口烟温大为降低，可明显改善烟气对后烟箱盖的冲刷和破坏程度。经过计算认为，1.0t/h 以下的锅炉可采用干背式结构，而这一结构显然不适合大容量锅炉。

湿背式锅炉的折返空间是由金属焊接而成的，并且浸在锅水中能够及时得到冷却。其特点是该锅炉结构避免了干背式结构后烟箱盖受高温烟气直接冲刷容易损坏，不得不经常停炉维修的缺点，从而延长了锅炉的正常使用寿命，大大降低了维修费用。另外，经过炉胆和第一回程烟管的传热，至前烟箱时烟温已较低，使得前烟箱门的制造简单。但这一结构的回燃室结构较复杂，装配困难，制造成本较高，由于其密封性好，耐压能力强，因此更适合于微正压燃烧，所以得到了广泛的应用，是目前卧式锅壳式锅炉的首选结构。

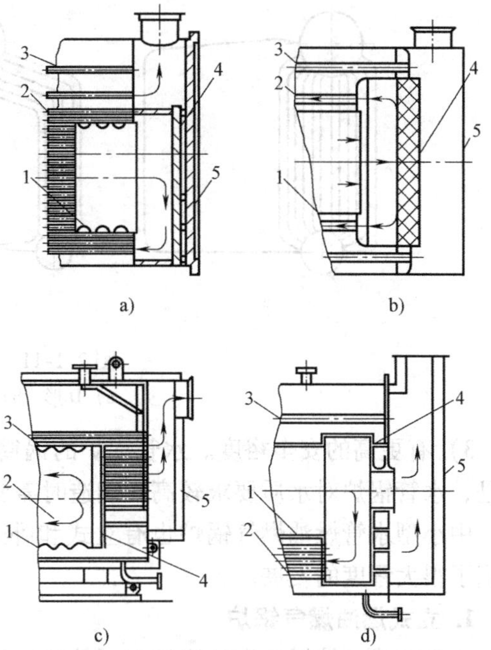

图 2.1-10　卧式内燃锅壳锅炉转弯烟室结构

a）干背　b）半干背　c）中心回焰湿背

d）三回程带回燃室湿背

1—炉胆　2—第二回程　3—第三回程　4—“背”

5—后烟箱

应用：卧式内燃锅壳式燃油燃气锅炉容量一般在 1t/h 以上，其最大容量可达到 25t/h，工作压力可以达到 2.5MPa，容量小（≤10MW）的锅炉采用单炉胆布置，容量大（>10MW）的锅炉采用双炉胆布置，一般卧式锅壳式燃油燃气锅炉的热效率在 87% 左右，排烟温度一般为 250℃；环保型燃油燃气锅炉的排烟温度基本上和大容量的工业锅炉相同，可低至 130～140℃，其热效率可达 93% 左右。

二、水管结构燃油燃气锅炉

在中小型锅炉范围内，水管锅炉比锅壳式锅炉在如下几个方面具有明显优势：

当锅炉容量≥30t/h 和工作压力较高时，因火管锅炉的容量和参数受到限制，而只能采用水管锅炉，水管锅炉的各项指标均优于火管锅炉。在中小容量范围内，水管锅炉的形式主要有 D 形、A 形、O 形三种形式，如图 2.1-11 所示。

水管燃油燃气锅炉特点如下：

1）能适应锅炉参数（工质温度和压力）提高的要求。从工业生产的角度讲，更高的蒸汽温度和压力可降低工业生产机械的重量和尺寸，提高生产率。而以炉胆和锅壳为主要受压元件的锅壳式锅炉，当用于高温和高压条件下就会显著增加受压元件壁厚，不仅增加了锅炉的钢耗，而且给受压元件的布置和制造带来很多困难。

2）各种受热面的布置比较灵活。不仅能方便地设置尾部受热面，还可以根据工业生产的需要设置蒸汽过热器。

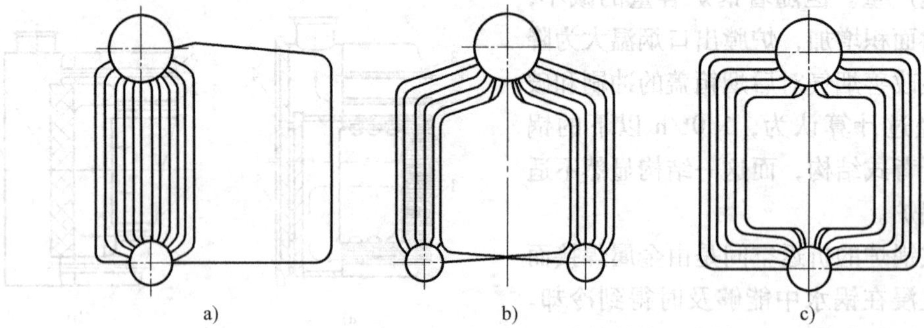

图 2. 1-11　水管锅炉形式
a）D 形　b）A 形　c）O 形

3）有更高的安全裕度。水管锅炉的锅筒不承受直接的辐射和火焰冲击，安全性较高。但是，水管锅炉对水质要求较高，制造时需要更大型、更先进的焊接和加工设备。

中小型水管燃油燃气锅炉也有立式和卧式两种。在 2t/h 以下的范围内，立式水管锅炉得到了很大程度的发展。

1. 立式燃油燃气锅炉

小型立式水管燃油燃气锅炉在国外已经获得广泛的应用，形成了较有影响且比较固定的几种结构形式。立式水管燃油燃气锅炉占地面积小，结构紧凑、独特，制造比较精巧，但立式水管锅炉对水质的要求比较高，对自动控制和辅助设施的要求同样比较高。

立式水管锅炉的结构比较紧凑，炉体为燃烧器顶置式，上下矩形集箱之间焊有两圈水管，燃料在炉膛内燃烧后经侧面出口进入两圈水管之间进行横向冲刷后至烟囱，这样锅炉效率大大提高，排烟温度降低。虽然大致结构相同，但还有一些类似的立式直流锅炉在此基础上做了很多改进。目前，这种锅炉自动控制程度高，一般容量特别小的锅炉只有一圈水管，燃料在炉膛内燃烧后经侧面出口进入两圈水管之间进行横向冲刷后至烟囱，具有较高的热效率。

图 2. 1-12 给出了三种比较常用的立式水管锅炉的示意图，其中图 2. 1-12a 和图 2. 1-12b 的差别主要是烟气横向冲刷烟管的方式不同。图 2. 1-12c 和图 2. 1-12a、b 的差别主要在于烟管周向节距不同，图 2. 1-12c 采用了烟管和扁钢焊接而成的膜式水冷壁。

小型立式锅炉的燃烧器一般布置在炉顶，中心是一个炉胆，烟气在炉底折返后再向上流动，冲刷翅片管，水在由炉胆和翅片管形成的夹套中被加热，在上部分离出蒸汽，因此又称为贯流式锅炉。

特点：结构简单，安装方便；水容量小，升温升压快，自动化程度高；顶置下旋式燃烧器，燃烧安全，火焰充满炉膛，传热均匀、充分，锅炉热效率高；全焊接结构，对水质要求较高。

应用：立式燃油燃气锅炉容量一般在 1. 0t/h 以下，工作压力在 1. 0MPa 以下，用于热水供应的锅炉容量最大可达 1. 4MW。主要应用在用汽量少、压力低、空间小的场合。

2. 卧式水管燃油燃气锅炉

考虑到紧凑和运输的方便，中小型水管燃油燃气锅炉以卧式居多，比较常见的有 D 形、A 形、O 形，如图 2. 1-11 所示。其共同特点是：燃烧器水平安装，操作和检修比较方便，

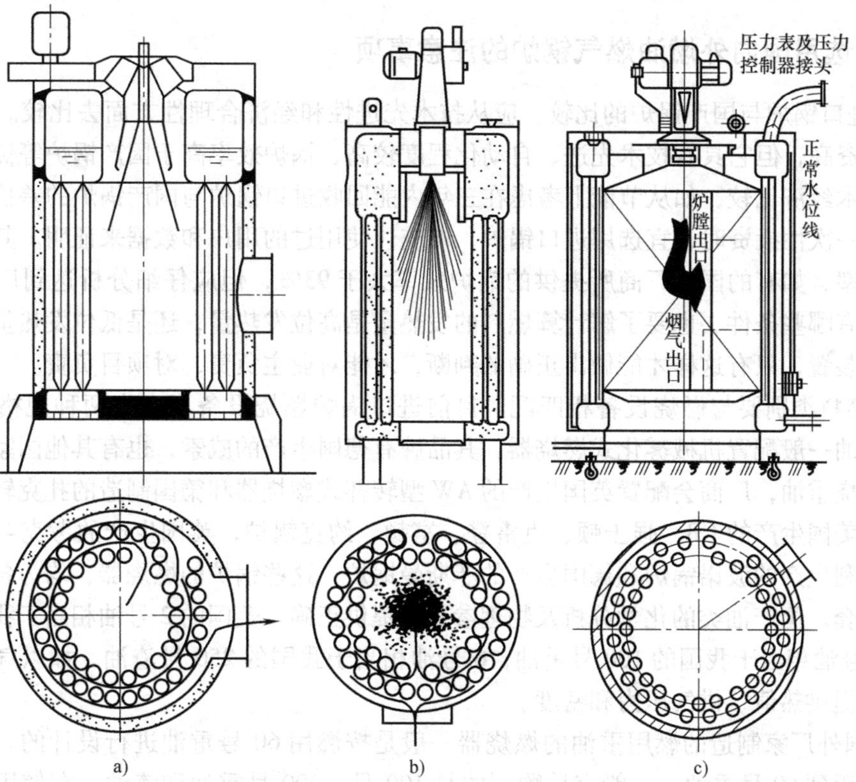

图 2.1-12　立式水管锅炉示意图

a）不对称烟气对流冲刷　b）对称式烟气对流冲刷　c）不对称膜式壁烟气冲刷

宽、高尺寸较小，受热面的布置沿长度方向有很大的裕度，利于快装，可组装生产。但是随着自动控制技术的发展，锅壳式锅炉的运行控制水平日益提高，安全性增强，锅壳式锅炉也正在向更大的容量发展。而且有的锅壳式锅炉上也可以布置过热器，再加上烟管的强化传热技术的发展，一般来说容量在 10t/h 以下，与锅壳式锅炉相比，水管锅炉无明显优势。但是，当锅炉容量大于 10t/h 或 15t/h 以上时，水管锅炉的优势是很突出的。

D 形、A 形和 O 形燃油燃气锅炉中，D 形用得最多。经过了长期的使用考验，从 D 形变化出来的炉形也较多，而且 D 形在布置过热器和省煤器方面更加灵活。

三、燃油燃气锅炉选用原则

1）应自动化运行，安全有保障，有可靠的自控和保护装置。

2）选择品牌知名度高、信誉好、售后服务好的锅炉供货商。

3）锅炉性能需与用户用汽用热特性相一致，适应性要好，用户负荷有较大变动时，敏感性要高，追踪性要快，压力要稳定；水容积要大，能经受起外界负荷的变化。

4）视锅炉布置位置及要求，确定是选用立式锅炉还是卧式锅炉。

5）在方案比较中，宜提出三种类型锅炉，从价格、热效率、耗电量、耗油（气）量、供热介质品质等方面进行综合比较后再做出选择。

6）要求热用户提供负荷曲线，以便核实所选用锅炉的出力和性能。

四、选用国内外燃油燃气锅炉的注意事项

1）进口锅炉与国产锅炉的比较。应从技术先进性和经济合理性方面去比较。进口锅炉一次性投资高，但它具有技术先进、自动化程度较高、锅炉效率高于国产锅炉等优点。通过正确的技术经济比较，如从节能上考虑在三年内能回收进口锅炉与国产锅炉的差价，而业主又能承受一次性投资时，宜选用进口锅炉，但应让使用过的用户和数据来证明。其中一条便是它的效率，如有的国外厂商所提供的锅炉效率大于93%，但应仔细分析达到厂商所提供的热效率有哪些条件，也要了解计算燃料的发热量是高位发热量，还是低位发热量，或有否其他节能装置，只有这样才能做出正确的判断，才能对业主负责，对项目负责。

2）燃料类别要与燃烧设备相匹配。目前进口锅炉燃烧设备至少有两种规格供用户匹配，烧轻油一般配置机械雾化式燃烧器，其品牌有德国生产的威索，也有其他国家生产的燃烧器。如烧重油，厂商会配置英国生产的AW型转杯式燃烧器和德国制造的扎克转杯式燃烧器等。但美国生产的CB、强士顿、克雷登、富顿、约克锅炉，英国生产的考克兰小容量锅炉，意大利生产的波诺锅炉和德国生产的菲斯曼锅炉，这些锅炉的燃烧器，均为各锅炉厂自行生产配套。国产油类的化学分析及物理参数要提供正确，美国的2号油相当于我国的0号轻油，4号油相当于我国的100号重油，6号油相当于我国的250号渣油。如以气体作为燃料时，应提供热值、供气压力和密度。

3）国外厂家制造的燃用重油的燃烧器一般是按燃用60号重油进行设计的。而国内用户则很少用到60号重油，一般容易购到的是100号、200号重油和渣油，在使用高黏度重油时，燃油加热系统是否能与国内重油加热油温相匹配，使入炉燃油的黏度达到20～50mm^2/s，这些必须由制造厂家承诺。因雾化细度与入炉燃油的黏度是密切相关的，雾化质量会直接影响q_3、q_4的数值。

4）关于防爆门的设置。燃油燃气锅炉因操作不当或自动控制失灵均可能引发炉膛爆炸事故，在国内外也是常见的事故。进口锅炉虽均装置有可靠的点火程序控制及熄火自动保护装置，但在某一环节出现故障时，也可能会导致炉膛爆炸，波及烟道系统。1996年上海市曾连续发生三起燃油燃气锅炉炉膛爆炸事故，波及烟道，为此原劳动部下文要求在距锅炉烟气出口5m内烟道上装置防爆门。目前大部分进口锅炉已装了防爆门，为此未装防爆门的进口锅炉，应向供货厂商提出安装防爆门的要求，以保障安全运行。

5）关于进口锅炉结构的特点。进口锅炉结构的特点是管板与锅壳、炉胆采用角焊连接，这种结构形式在国外非常普遍，可以节约材料，耗工时少，降低成本。除有特殊要求外，一般均按本国的规范、标准进行制造。如美国制造符合ASME规范，德国制造符合TRD规范，英国制造符合BS2790规范。他们由本国的材料、质量、制造工艺水平、检测检验手段、生产与使用管理水平等诸多因素所决定，是一个安全综合性指标。对国外这样的结构，如果要选择管板与锅壳、炉胆的焊接为扳边对接焊时，其费用要增加，德国制造的标准牌康多系列锅炉以结构水准较高、制造精良而著称，锅炉蒸发量大于2t/h时采用对接焊。

我国原劳动部颁发的《蒸汽锅炉安全技术监察规程》中，对进口锅炉本体结构做出了明确规定。当选用进口锅炉，应要求各国锅炉进入中华人民共和国时，其结构必须符合我国

现行规程的规定。

6）应注意进口锅炉各管接口的规格及其连接方式是否符合我国现行有关规程、规范的要求。如对卧式锅壳锅炉的排污管规格，按我国现行规范规定，不应小于DN40。

7）要求厂商提供锅炉尾部排烟温度及微正压的压力参数和排放锅炉烟气污染物中二氧化硫（SO_2）、氮氧化物（NO_x）的含量。前者与烟道阻力有关，如果水平烟道长达数十米或上百米再接至高层附壁烟囱时，则应对烟道阻力进行核算，以便向厂商提出锅炉尾部排烟背压的具体要求。一般排烟温度高于锅炉饱和蒸汽温度40~50℃。后者要满足环保部门制定的新排放标准中二氧化硫（SO_2）和氮氧化物（NO_x）的最高允许排放量要求。

8）应注意进口锅炉的本体尺寸及单台重量是否符合我国运输方面的有关规定。从上海市已进口的200多台火管锅炉看，其单台最大蒸发量为30t/h。按锅炉结构，单火筒的火管锅炉最大蒸发量为23.5t/h，双火筒的火管锅炉最大蒸发量为30t/h。但此种锅炉锅壳直径将达4.5m以上，锅壳壁厚也达到30mm左右，运输重量约为60t，如运入我国内地，汽车拖载路经的某些桥梁难以承载，如上海杨浦大桥限制通行车辆的总重量小于55t。

9）在选择大容量的锅壳锅炉，多台较小容量火管锅炉或整装和组装水管锅炉时，应进行技术经济、运输等综合比较。水管锅炉效率高，维修较容易，但安装时间较长。从国外使用情况与国内选用锅炉情况看，国外使用的燃油燃气火管锅炉单台容量在10t/h以下的蒸发量范围内（相当于<600锅炉马力）。该容量与其他容量锅炉相比有其较明显的优点。

据调查，国内三星级以上的宾馆所使用的蒸汽锅炉，其单台蒸发量大多在4~10t/h，锅炉台数2~3台，在一般情况下，与国外相似。但也有选择大容量的，其单台蒸发量为15~30t/h，已用于上海8万人体育场和上海急救医疗中心以及某机场。

设计人员在选择锅炉容量时，应从技术、经济及便于管理、方便运输和少占场地等因素做综合考虑。

10）随锅炉配套供应各类辅机、自控装置、安全保护装置、阀门等品牌、规格和数量应有详细的清单与说明。

11）注意锅炉是否符合国际产品质量管理通用标准（ISO 9000系列）。

12）需提供如下详细的技术文件及图样：

① 锅炉总图、外形尺寸。

② 锅炉底座尺寸、载荷分布图。

③ 锅炉配管图、锅炉进出口接管及连接方式、方位、公称直径。

④ 锅炉汽水系统图。

⑤ 锅炉燃烧系统图。

⑥ 锅炉电气自控原理图。

⑦ 有关文件说明，尤其是锅炉热态运行测试报告。

13）热水锅炉按其运行工况，分有压和常压两类。有压热水锅炉的结构与蒸汽锅炉结构相类似，一般均可自动化运行，故对燃烧系统的熄火保护装置、自动点火程序装置、温度、压力、水位等控制，应确保其灵敏度和可靠性，热水锅炉和蒸汽锅炉均应有整套控制系统和安全联锁保护装置。

14）注意有否配套的热交换器可选择，达到多用途使用。

15）提供无锈垢的清洁生活用热水，炉内或热交换器内有否防电化腐蚀及防垢装置。需了解所选用锅炉有否配套的水处理装置，否则应按需要另行设置。

16）进口的国外锅炉必须取得中华人民共和国劳动部颁发的进口锅炉压力容器安全质量许可证书。

单元三 燃烧器认知

燃烧器是锅炉上的主要设备，作为锅炉运行和管理人员，必须了解它的结构，熟悉其工作特性和调节方式。本单元将介绍适合于锅炉用的自动化燃油和燃气燃烧器的总体结构、主要部件、工作特性和功率调节方式等。所述燃油燃气燃烧器以整体式为主，燃油燃烧器以机械式压力雾化为主。

一、燃烧器的分类

（1）按结构分类 分为整体式燃烧器和分体式燃烧器。

（2）按燃料种类分类 分为燃油燃烧器和燃气燃烧器。

（3）按雾化方式分类 分为机械雾化、转杯雾化和介质雾化。

（4）按调节方式分类 分为一段火、两段火、三段火、滑动两级和比例调节。

（5）按燃油的黏度分类 轻油燃烧器、重油燃烧器和渣油燃烧器。

二、燃烧器的结构及工作原理

1. 整体式燃烧器的结构

所谓整体式（单体式、一体式）燃烧器，是指燃料喷流混合组件、风机及调风装置、点火及火焰检测装置、功率调节装置、燃烧控制器等组合成一体的燃烧装置，其输出功率在30～10000多kW之间。

（1）轻油燃烧器 图2.1-13所示为轻油燃烧器立体剖视图。燃烧所需空气由离心风机送入，在风机吸入口装有由伺服电动机驱动的可调风门（旋转翻板），伺服电动机由控制器调控。燃料油被吸入油泵经加压后通过压力油管和电磁阀送至雾化喷嘴，喷出后形成雾锥，在火焰管内与早期空气混合后被点火器点燃，在管外开始燃烧形成火焰。风机和油泵是用同一电动机驱动的，但油泵可通过离合器分开。

点火变压器产生的高压电传至设在油喷嘴附近的点火电极，放电并形成火花。将油雾点燃后，关断点火变压器。火焰检测器用来感知火焰是否存在，并将信号送至控制器。控制器用于控制点火顺序，调节输出功率和安全运行，电动机、伺服电动机、点火变压器、油泵及电磁阀等均受它控制，它还能接收锅炉房自控系统的指令进行工作。

配风稳焰盘与火焰管组成一个燃料与助燃空气的混合装置（燃烧头），使得燃料稳定和完全燃烧，它的配置对火焰的外形等有影响。

（2）重油燃烧器 图2.1-14所示为重油燃烧器立体剖视图。其结构基本上与轻油燃烧器相同，不同之处在于：①设置油预热器，将油加热至一定温度，降低黏度，有利于提高雾化质量。②可调风门设在风机下游的压力侧，由伺服电动机通过杆件组传动。③用一个可改变喷油量的回油式喷嘴（通过设在回油管上的调节阀，该阀由伺服电动机控制）。④伺服电

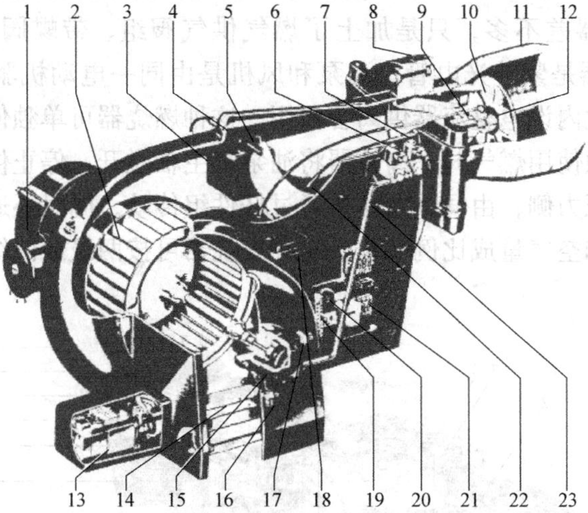

图 2.1-13　轻油燃烧器立体剖视图

1—电动机　2—风机叶轮　3—控制器　4—观火孔　5—火焰检测器　6—喷嘴 1 电磁阀　7—电磁阀　8—摆动法兰　9—点火电极　10—配风稳焰盘　11—火焰管　12—喷嘴　13—伺服电动机　14—调风板　15—油泵　16—回油口　17—进油口　18—点火变压器　19—接线端子　20—工作开关　21—电动机保护装置　22—点火电缆　23—压力油管

动机按一定比例通过杆件和偏心曲线形弹簧板条来调节供油量和风量，可按两段滑动和比例调节方式运行。

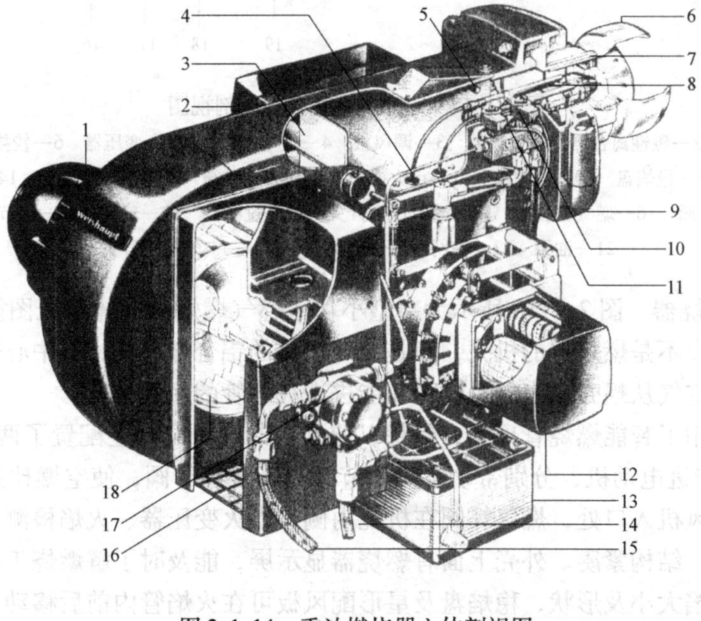

图 2.1-14　重油燃烧器立体剖视图

1—燃烧器电动机　2—整体式开关设备　3—调风板　4—点火变压器　5—火焰感受器　6—燃烧头　7—回油式喷嘴　8—点火电极　9—铰接法兰　10—回油控制电磁阀　11—供油控制电磁阀　12—伺服电动机　13—油预热器　14—回油管　15—吸油管　16—护网　17—油泵　18—风机叶轮

（3）双燃料燃烧器　图 2. 1-15 所示为轻油、燃气双燃料燃烧器立体剖视图，其外形和结构与上述两种燃烧器差不多，只是加上了燃气供气阀组、带蝶阀的引入管和燃气喷管（或喷口）。火焰检测器是紫外光电管。油泵和风机是由同一电动机驱动的，泵轴与主轴之间有磁性离合器，为此内设电整流器供离合器用。这种燃烧器可单独使用轻油或燃气，也可同时烧两种燃料。单独使用燃气时，离合器将油泵与主轴脱开，停止供油。与前相同，调节风门布置在风机下游压力侧，由伺服电动机通过杆件组传动，同时还通过拉杆和摇臂来转动燃气蝶阀，使燃气量和空气量成比例变化。这种燃烧器可按两级或两级滑动方式运行。

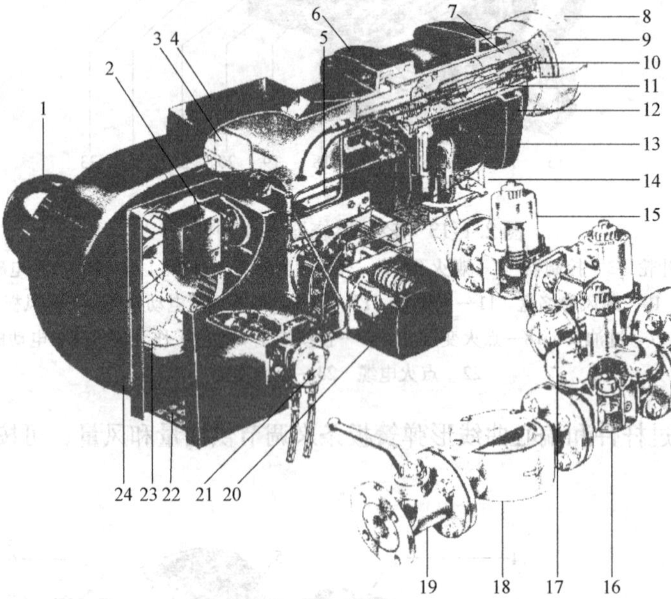

图 2. 1-15　双燃料燃烧器立体剖视图

1—燃烧器电动机　2—磁性离合器用电整流器　3—调风板　4—接电盒　5—点火变压器　6—铰接法兰　7—混合室　8—燃烧头　9—稳焰盘　10—油喷嘴　11—点火电极　12—油电磁阀　13—紫外光电管　14—燃气蝶阀　15—燃气电磁阀　16—燃气调压器　17—燃气压力开关　18—过滤器　19—球阀　20—调节伺服电动机　21—油泵　22—护网　23—风机叶轮　24—空气压力开关

（4）燃气燃烧器　图 2. 1-16 所示为新型小功率燃气燃烧器立体剖视图。所用风机也属于离心式，但外壳不是燃烧器的机壳，而是专门压铸的铝合金外壳，其中心轴线与火焰管的轴线相互垂直，空气从蜗壳出来后经转弯才能进入火焰管的后延伸段。

燃烧器上使用了智能燃烧管理器，代替以前的控制器，同时还配置了两个使蝶阀转动、精度为 1/10°的步进电动机，分别带动空气调节阀和燃气调节阀，使空燃比达到更高的调节精度。调风板在风机入口处，燃气蝶阀在机壳内侧。点火变压器、火焰检测器和空气压力开关均设在机壳内，结构紧凑。外壳上面有燃烧器显示屏，能及时了解燃烧工况。

为了调节火焰大小及形状，稳焰盘及星形配风板可在火焰管内前后移动，有调节螺钉和定位指示。

2. 分体式燃烧器的结构

所谓分体式燃烧器，主要是指风机分设的燃烧器，大功率燃烧器均属分体式。除此之

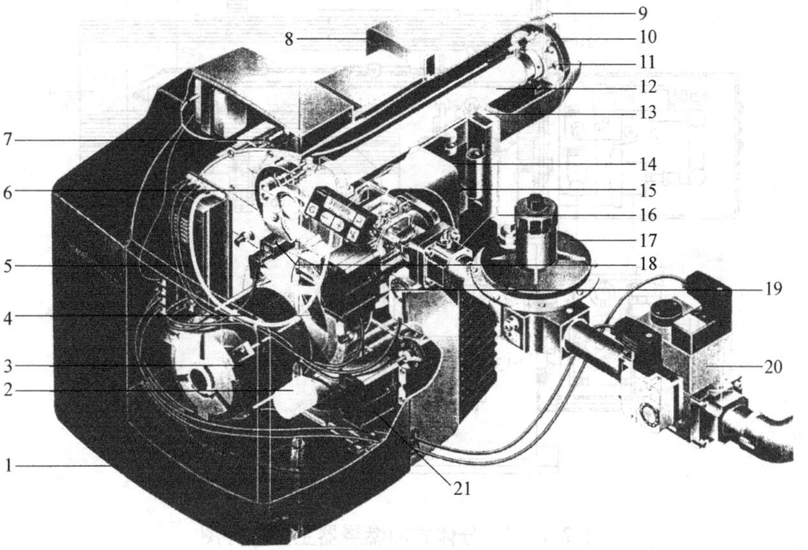

图 2.1-16 燃气燃烧器立体剖视图

1—壳盖 2—电动机电容器 3—燃烧器电动机 4—燃气蝶阀步进电动机 5—连接插座的燃烧管理器 6—稳焰盘的调节螺钉 7—锁紧螺柱 8—燃烧器法兰 9—火焰管 10—稳焰盘 11—星形配风板 12—混合管 13—法兰垫片 14—显示器 15—燃气蝶阀 16—连接法兰 17—燃气调压器 18—火焰监测器 19—空气压力开关 20—双电磁阀组合 21—风门步进电动机

外，油泵和控制器通常也是分设的。

（1）油燃烧器 图 2.1-17 所示为分体式油燃烧器主要部件图。燃油从外设供油泵打入进油管口，经喷枪送达喷嘴（回流式），喷出后形成雾锥，在火焰管内与早期空气混合后被点火电极的火花点燃，在稳焰盘后管口处形成火焰。由外设风机加压送入的空气经风道进入设在燃烧器下方的空气入口，再经调风板送达火焰管的前段。风量由伺服电动机经凸轮、弹簧板条及引出臂等驱动的调风板按燃料的供入量进行调节。

（2）燃气燃烧器 图 2.1-18 所示为分体式燃气燃烧器的俯视和上部中线剖视图，它是全自动无级调节式燃气燃烧器。燃气进入后经燃气调节阀 16，流至中心燃气管 9，再经多个喷管喷入（经多孔稳焰盘）燃烧室内燃烧。点火燃烧器设在中心管内，点火用燃气在中心管端部被电火花点燃，在中心部位形成点火小火焰，然后再点燃主火。

燃烧用空气从外设风机压送入下部风箱，然后往上折向环形通道，流过装在中心燃气管上的斜叶片，最后以斜流形式吹出，与由燃气喷管喷出的燃气多股射流在稳焰盘前部分混合，至燃烧室内与燃气混合燃烧。风量由伺服电动机驱动的比例调节机构改变风门叶片角度加以控制。该调节机构（通过调节杆上下滑动）在改变风量的同时，由燃气调节阀开度的大小按比例地使燃气流量变化。多孔稳焰盘的作用是改变风压、分配风量和稳定火焰。

（3）双燃料燃烧器 图 2.1-19 所示为转杯式油雾化、环向周边供气的双燃料燃烧器立体剖视图。电动机通过传动带驱动空心轴旋转，与装在轴上的风机叶轮和轴端转杯同时旋转。叶轮旋转吸入一次空气，增压后送至杯口处周围的环形风口喷出，与沿转杯周边被甩出的油膜相遇而使其雾化。由外置风机通过管道送来的二次空气进入装有导向叶片的环形风

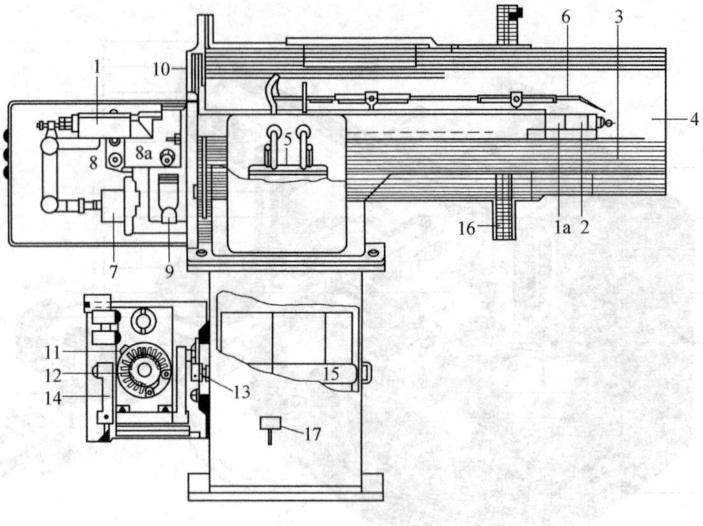

图 2.1-17　分体式油燃烧器主要部件图

1＋1a—喷嘴支杆（喷枪）　2—喷嘴　3—稳焰配风盘　4—火焰管　5—点火变压器　6—点火电极　7—行程磁铁　8＋8a—进、回油管　9—电缆接插口　10—观火孔　11—调节凸轮　12—弹簧钢条　13—调风板轴　14—引出臂　15—调风板　16—连接法兰　17—空气压力开关（监控）

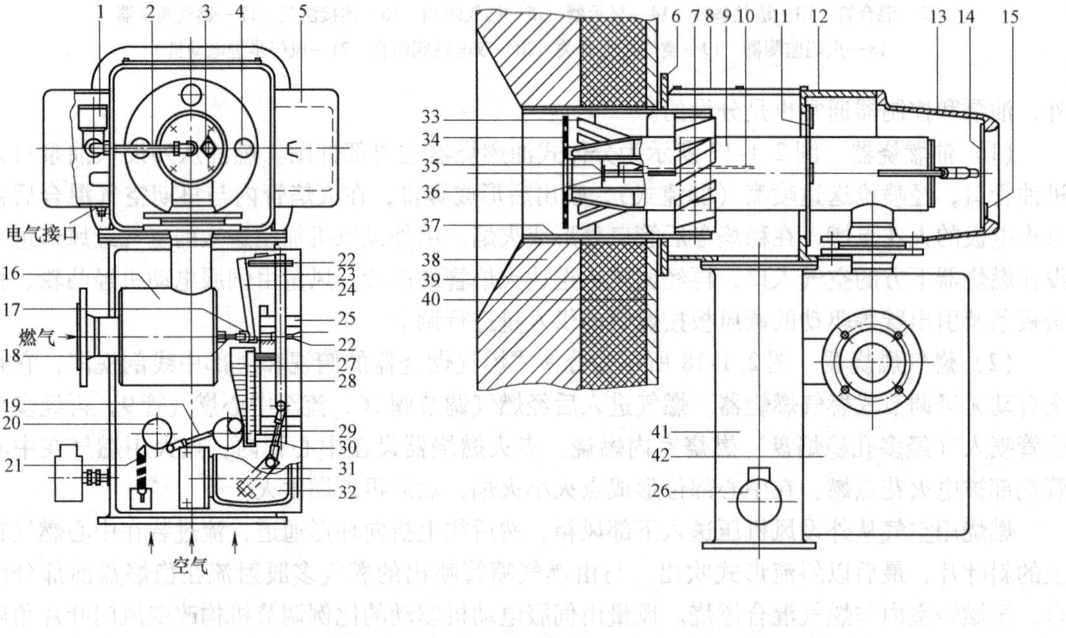

图 2.1-18　分体式燃气燃烧器剖视图

1—点火气阀　2—点火燃气管　3—紫外火焰检测器　4—视孔玻璃　5—点火变压器　6—石棉密封垫　7—斜叶片　8—顶盖和密封　9—中心燃气管　10—点火电缆　11—法兰　12—外壳　13—防护玻璃　14—观察窗　15—公司标牌　16—燃气调节器　17—滚轮　18—栓杆（燃气调节阀）　19—风门拉杆　20—风门转板轴　21—拉簧　22—销钉　23—柱轨　24—调节轨　25—轴承座　26—空气压力开关　27—螺纹销　28—曲线弹簧板条　29—滚动轴承　30—操纵杆　31—杠杆　32—伺服电动机　33—燃气喷嘴　34—多孔稳焰板　35—点火器　36—点火电极　37—火焰管　38—耐火衬　39—绝热耐火砖　40—面板　41—风箱　42—遮板

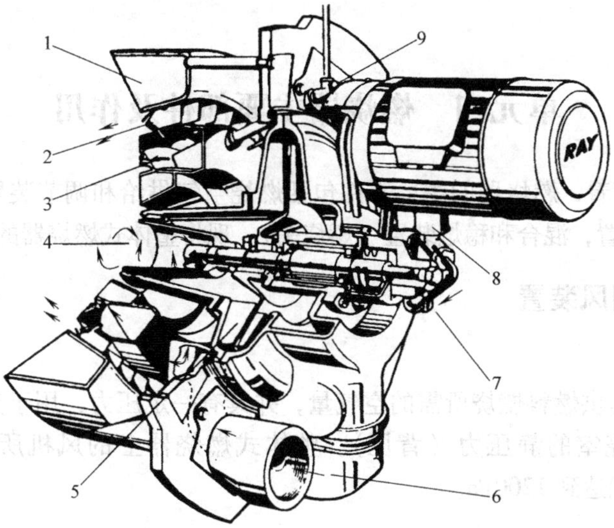

图 2.1-19　转杯式油雾化、环向周边供气的双燃料燃烧器立体剖视图
1—耐火衬砖　2—空气导流片　3—燃气分配环腔　4—油雾化转杯　5—一次风风机
6—燃气入口　7—燃油入口　8—燃油电磁阀　9—电火花或油气点火火焰检测器

口，从此喷出后与燃料混合，进入炉膛助燃。

燃油经电磁阀和油管供入空心轴，流至雾化转杯内。稳压后的燃气送至入口，然后到环形配气腔，最后从环壁上开的孔口喷出与空气混合。

燃烧器的上部装有电点火及火焰检测器。外设伺服电动机通过组合机构带动燃油和燃气调节阀，以及二次空气调节风门之一，风门之二则由氧控制单元实施调节，确保排烟中一定的含氧量（即一定的过量空气系数），达到有效燃烧。

三、对燃烧器的基本要求

1）要有高的燃烧效率。对于燃油燃烧器在一定的调节范围内，应能很好地雾化燃料油；对于燃气燃烧器，在额定供气压力下，应能通过额定燃气量并将其充分燃烧，以满足锅炉额定热负荷的需要。

2）合理配风，保证燃料稳定完全燃烧。从火炬根部供给燃烧所需要的空气，要使其与油雾迅速均匀混合，保证完全燃烧，烟气中生成的有害物质（CO、NO_x）少。

3）燃烧所产生的火焰与炉膛结构形状相适应，火焰充满度好，火焰温度与黑度都应符合锅炉的要求，不应使火焰冲刷炉墙、炉底和延伸到对流受热面。

4）调节幅度大，能适应调节锅炉负荷的需要，即在锅炉最低负荷至最高负荷时，燃烧器都能稳定工作，不发生回火或脱火。

5）燃油雾化所需的能量少。

6）调风装置的阻力小。

7）点火、着火、调节等操作方便，安全可靠，运行噪声小。

8）结构简单、紧凑、轻巧，运行可靠，易于调节和修理，并易于实现燃烧过程的自动控制。

单元四　燃烧器主要部件及作用

从燃料燃烧角度看，燃烧器的主要部件包括燃烧空气供给和调节装置，燃料供应和喷流（燃油时含调节）装置，混合和稳焰装置（燃烧头）。现将整体式燃烧器的主要部件分述如下。

一、风机及调风装置

1. 风机

风机的作用是提供燃料燃烧所需的空气量，并具有一定压力，用于克服气流摩擦和局部阻挡的阻力以及燃烧室的静压力（背压）。整体式燃烧器上的风机所提供的压力通常为400～500Pa，也可能达到1200Pa。

2. 调风装置

燃烧器在使用过程中的热功率是变化的，这意味着所烧的燃料量要发生变化，随之燃烧所需的空气量也要做相应的改变，调风装置的功能就是实现送风量的变化，保持燃烧一定的过量空气系数，满足正常燃烧的要求。

根据流体力学的原理，在空气通道中设置能转动的叶片，改变其转角就可使空气通过量发生变化，达到调风的目的。整体式燃烧器上常用单叶片或多叶片（叶栅）调风器，如图2.1-20所示。当叶片平面与空气流方向一致时，通过空气量最大；与空气流方向垂直时，则通道被关闭，停止送风。功率不大的燃烧器常采用单叶片式调风器，大功率和分体式燃烧器常采用叶栅式调风器。

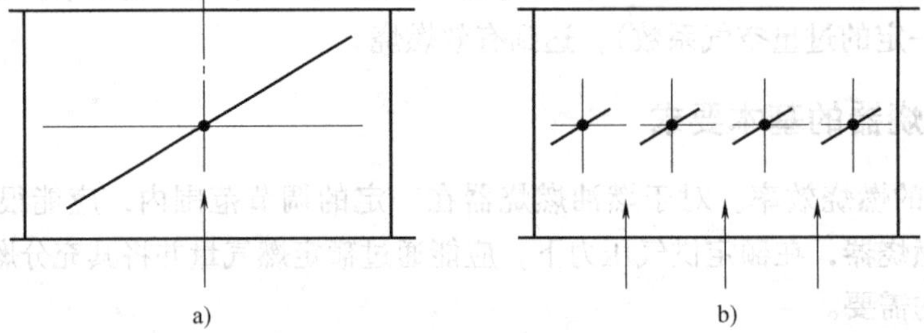

图2.1-20　调风器

a）单叶片　b）多叶片（叶栅）

另外一种调风方式是用两个带缺口开孔的圆筒相互套在一起，转动外筒使缺口开孔全部对齐为全开，遮挡住缺口开孔则为关闭，外圈上有扳手和螺钉。一般为手动调节，转动外圈将缺口开度调到某一处，然后用螺钉固定住。一段火的小功率燃烧器常采用此类调风器。自动化程度高的燃烧器有时也用这种调风器。

单叶片式调风器可装在风机进口的吸入侧，也可设在风机出口的压力侧（见图2.1-14，图2.1-15），多叶片式调风器则多数装在燃烧器风箱的下部，与风道连接，在风机的后方压力侧。

调风器的驱动方式常采用伺服电动机，直接带动叶片轴，或通过管件组和偏心凸轮带动。在油燃烧器上，有时也采用液压传动。

二、燃料喷流系统

1. 燃油喷流系统

整体式油燃烧器上燃油喷流系统包括：油泵（其中含油过滤器、齿轮泵、压力调节器，有时还附有电磁阀）、油路电磁阀、压力调节器、流量调节器和油喷嘴等。系统所含部件视燃烧器的种类及运行方式（功率调节方式）有所不同，各生产厂商的燃烧器在配置方面也有差异。

对于分体式燃烧器来说，供油泵设在燃烧器与油箱之间，其构造也不相同，现仅就整体式油燃烧器的喷流系统的部件做简要介绍。

（1）油泵　图 2.1-21 所示为一种常用的燃烧器油泵的剖视图。它由过滤器、齿轮泵和压力调节器（连同关断阀）三个主要部件组成。燃烧器上的油泵装在机壳外面，与风机的电动机为同轴，通过离合器连接，可分可合。

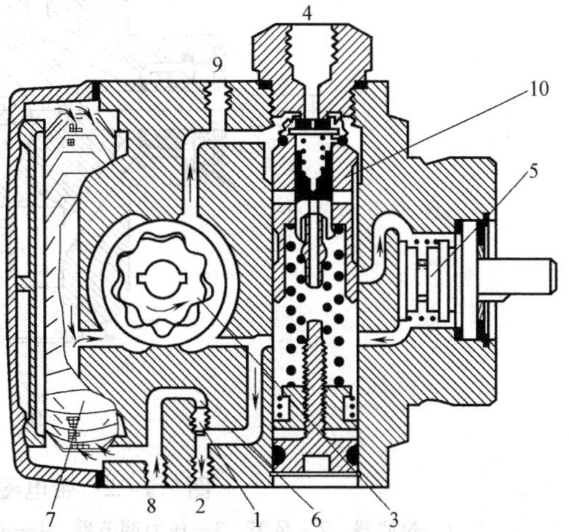

图 2.1-21　燃烧器油泵

1—卸油旁通塞　2—回油接口　3—齿轮组　4—接油喷嘴　5—轴封　6—旁通管　7—油过滤器　8—吸油接口　9—压力表接口　10—压力调节器（连同关断阀）

齿轮泵属内齿式，由内环齿轮和外环齿轮配合在一起，齿形为外摆线或渐伸线。外环齿轮的齿数比内环齿轮的齿数要多一个。工作时，其中一个环状齿轮能在泵体内浮动，中间一个主动齿轮与泵体成偏心位置。主动齿轮带动外环齿轮一起转动，利用两齿间空隙的变化来吸压燃油。这种单级泵前形成的真空一般不超过 3.5kPa。

燃油从吸入口进入泵体，先经过油过滤器，然后进入齿轮泵，升压后的油一部分经关断阀出口至油喷嘴，另一部分油经调压器回流。调压器的功能是调定和保持喷射油压的稳定，可调压力范围为 0.5 ~ 2.0MPa，特殊的可达 4MPa。泵的入口压力通常为 0.1 ~ 0.2MPa。

图 2.1-22 表示了另一种带电磁调压器的燃烧器油泵，其起动压力可以调节。它能在低压下起动，减少喷油量，从而降低了冲击和起动时烟尘的生成。正常情况下起动压力为 0.8MPa，工作压力是 1.2MPa，两者的可调范围是 0.4 ~ 1.2MPa。这种泵适用于带回流喷嘴的两段火运行方式油燃烧器。

（2）电磁阀　一般情况下，装在油燃烧器上的电磁阀的主要作用是开闭燃油通路，使之供油或停油。常用的电磁阀为二通阀，常闭式（即不通电时关闭），直接用 220V、50Hz 的交流电操纵。图 2.1-23 所示为一种常用的油路电磁阀剖视图。线圈通电，衔铁克服弹簧

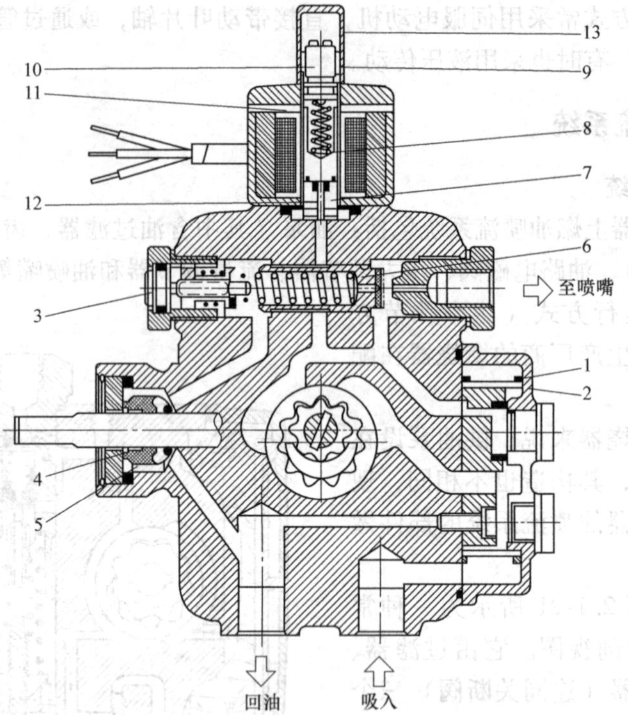

图 2.1-22　带电磁调压器的燃烧器油泵

1—过滤器　2—泵盖　3—压力调节器　4—滑环密封　5—密封室　6—阀活塞　7—磁极铁心

8—衔铁　9—磁铁套管　10—起动压力调节螺钉　11—弹簧　12—阀针　13—护帽

的压力而向上，带动阀盘上升，开启油通路，使其向喷嘴供油。有的场合用常开式电磁阀，即通电时关闭油路。

（3）油喷嘴　整体式油燃烧器上油的雾化方式大多是机械式压力雾化，本单元主要介绍两种燃烧器上常用的油喷嘴。

图 2.1-24 所示为简单压力雾化油喷嘴的立体剖视照片，从中可以看到过滤网、进油孔、切向槽、涡流室和喷油孔。在燃烧器中，油喷嘴装在有固定点火电极的支杆（油枪）端部，可卸下清洗或更换。喷嘴的喷油量、喷雾角度和输油比都标记在六角头上。

图 2.1-25 表示了燃烧器上常用的回流式油喷嘴剖视图，图 2.1-26 是一种带闭锁针的回流式油喷嘴外形照片。闭锁针的作用是：使油枪停用时充满油，便于起

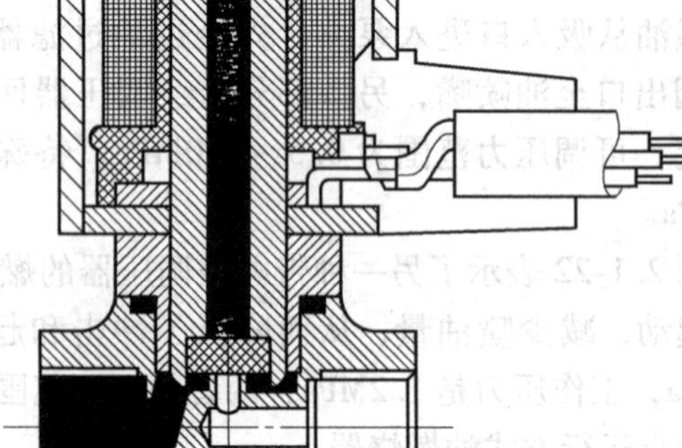

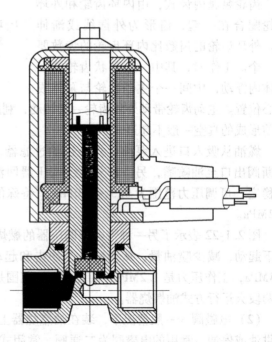

图 2.1-23　油路电磁阀剖视图

图 2.1-24　简单压力雾化油喷嘴立体剖视照片

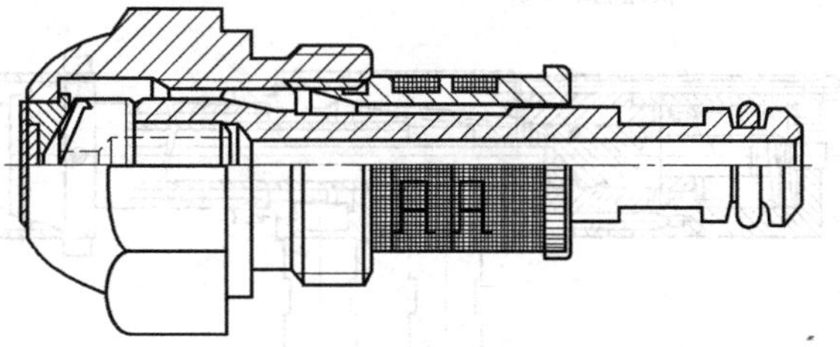

图 2.1-25　回流式油喷嘴剖视图

动时及时喷油；另一方面，可防止因余油蒸发的油蒸气进入炉膛而可能发生的危险。

使用回流式油喷嘴时，其喷油量的大小是由回油管上的调节阀调节的，回油量多则喷油量少，或者相反。

带闭锁针的回流式喷嘴连接在支杆上的情况，移动控制顶杆，可使闭锁针向左或向右移动，打开或关闭喷嘴。图 2.1-27、图 2.1-28 更加清楚地表示了控制顶杆被推动的机构。起动和工作时，进油压力克服弹簧压力将驱动活塞向左推动，带动顶杆左移，打开喷嘴闭锁针，燃油从喷口喷出雾化。停止工作时，油压消失，活塞在弹簧作用下向右移，关闭喷嘴。

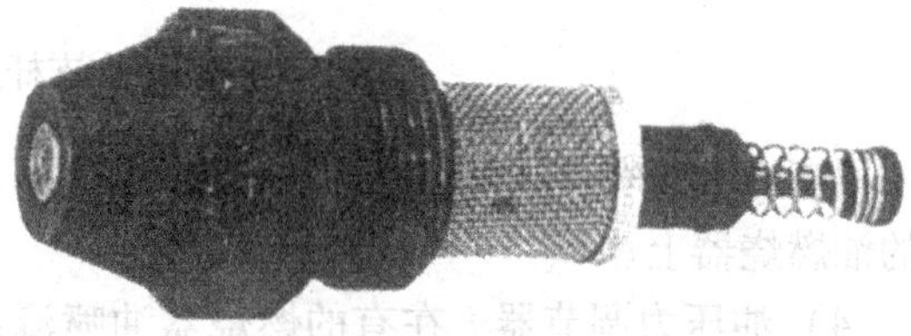

图 2.1-26　带闭锁针的回流式油喷嘴外形照片

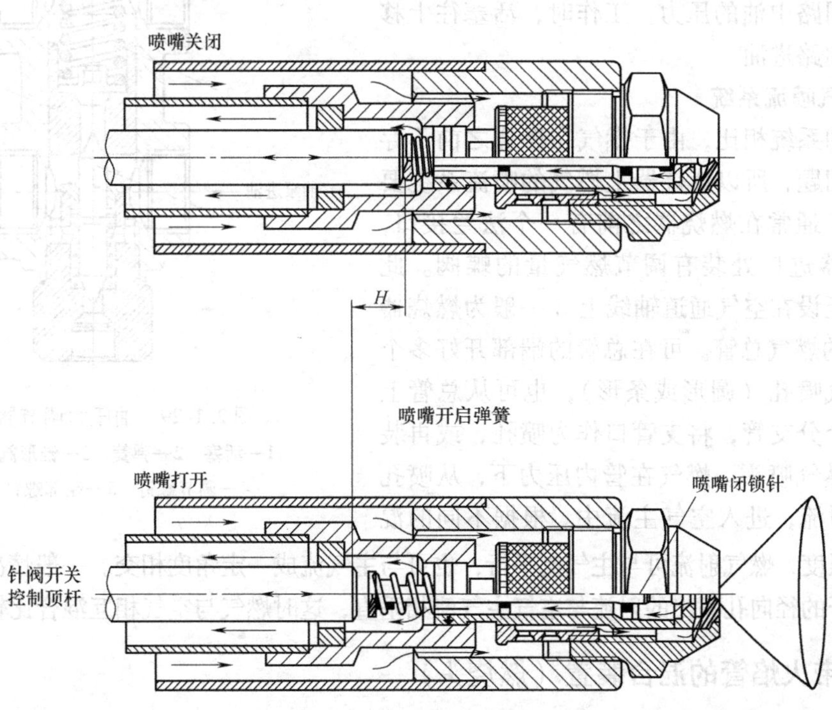

图 2.1-27　回流式有喷嘴开闭情况

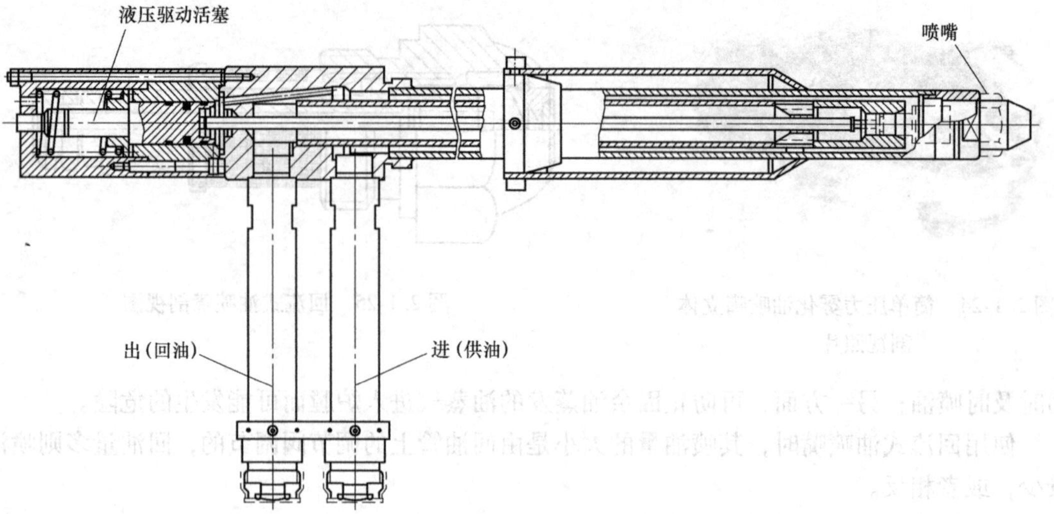

图 2.1-28　装在支杆上的回流式油喷嘴

回流式油喷嘴主要用在两段火调节和比例调节的油燃烧器上。

(4) 油压力调节器　在有的燃烧器油喷流系统中配有油压力调节器，装在油泵出口与回流管之间，以维持喷嘴回流中一定的油压。图 2.1-29 所示为一种油压力调节器的剖视图。可通过调节螺钉调定回路中油的压力。工作时，活塞往上移动，打开油路进油。

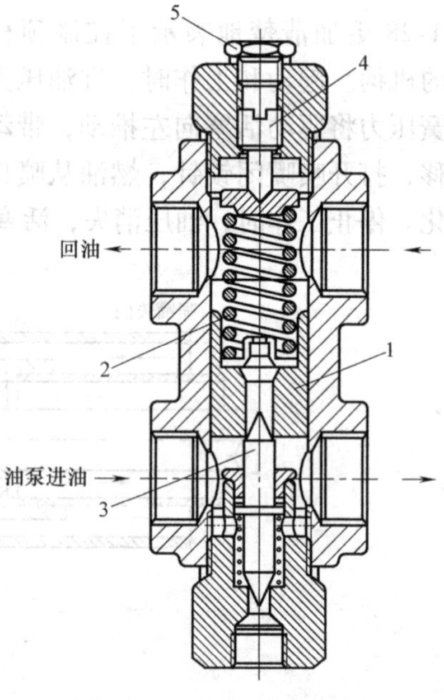

图 2.1-29　油压力调节器

1—活塞　2—弹簧　3—锥形阀芯

4—调节螺钉　5—端部螺钉

2. 燃气喷流系统

与燃油系统相比，由于燃气在燃烧之前不存在雾化的问题，所以燃烧器上燃气的喷流系统要简单得多。通常在燃烧器之前有一个法兰接口，有的燃烧器进口处装有调节燃气量的蝶阀。此后，连接至设在空气通道轴线上（一般为燃烧器中心线）的燃气总管。可在总管的端部开好多个径向的燃气喷孔（圆形或条形），也可从总管上接出好几个分支管，将支管口作为喷孔，或再装上多孔的燃气喷头。燃气在管内压力下，从喷孔出来形成射流，进入空气主流中。根据不同的混合及燃烧强度，燃气射流可与主气流平行，也可与主气流成一定角度相交。一般情况下，从燃气总管上开的径向孔喷出的射流与空气主气流相垂直，这时燃气与空气相互混合比较强烈。

三、带火焰管的混合装置（燃烧头）

在本单元所述的燃烧器中，无论是油雾还是燃气燃烧器，并非与燃烧所需空气混合好以后再燃烧的，也不能说混合与燃烧是同时进行的，但至少这种现象占主要地位，这样才能见到燃烧所形成的火焰。使气态或雾滴状可燃物与空气合理有效地分布和逐步混合，点燃后有火焰在管口外稳定燃烧。在火焰边界内的整个空间中，都存在着可燃物与空气的混合及燃烧过程。把这样的燃烧方式归为部分预混燃烧，也有一定道理。目前，都称这种带燃烧管的混合装置为燃烧头，它是燃烧器的关键部件。

（1）油燃烧器燃烧头　压力雾化时油从喷嘴喷出后形成具有一定角度的油雾锥（燃烧器上装备的油喷嘴，其雾化角通常有45°和60°两种）。为了保证油雾锥的良好燃烧，需合理组织空气流动（送风和配风），其原则是早期强烈混合，形成一个回流区，以便加强后期混合。在喷油燃烧头的设计和结构配置中，均能体现上述原则。

图2.1-30所示为喷油燃烧头的结构示意及点火电极的位置，火焰管、油喷嘴与配风稳焰盘三者的合理配置能达到良好的燃烧效果。图2.1-31所示为油燃烧器两种配风稳焰盘的几何形状。

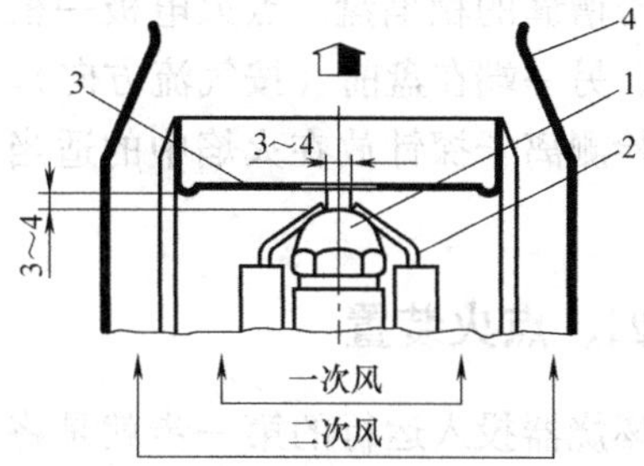

图2.1-30　喷油燃烧头
1—油喷嘴　2—点火电极　3—配风稳焰盘
4—火焰管

配风稳焰盘设在燃烧器风机出口圆形风道后的燃烧头中，起挡风和配风作用，在燃烧时盘后形成烟气回流区，能起稳定火焰的作用。盘上有中心孔和径向斜缝，一次风经中心孔吹向火焰的根部；通过径向斜缝的一次风形成旋流强化混合，并冷却稳焰盘。由盘周边环形通道送入二次风，主要用来控制燃烧。有的燃烧器上配风稳焰盘可在锥形通道中前后移动，改变一次风和二次风的比例，用来调节火焰。

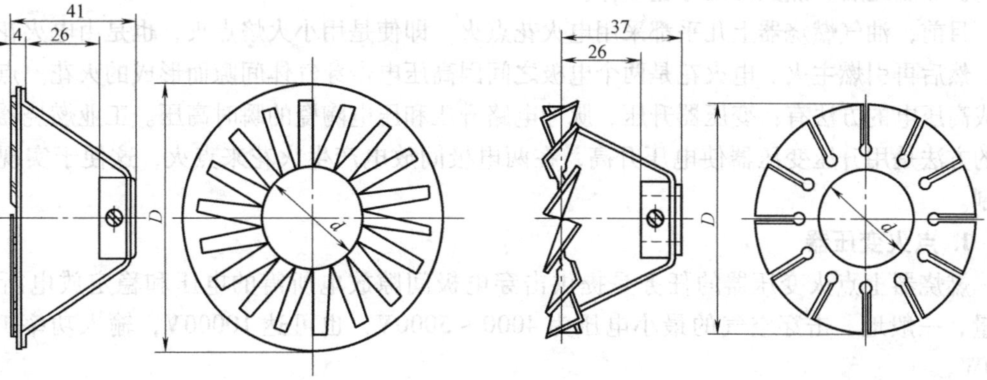

图2.1-31　配风稳焰盘

（2）气燃烧器燃烧头　与油燃烧器一样，在火焰管内空气是顺着管轴线方向流动的。在靠近出口处也同样设置配风稳焰盘，但盘上开孔形式不一样，有圆孔或斜缝，或两种开孔形式兼有。在稳焰盘后方，自然也形成了回流区，其作用是同样的。燃烧头的喷口可以是直圆筒形，或渐缩形，或先扩张后变直管再缩口的形式。

燃气是靠喷孔内外的压力差通过圆形孔或条形孔喷入空气主流中。如前所述，燃气喷流方向可以与主流平行、垂直或成一定夹角。喷孔的数量及位置按设计而定。斜支管的个数和角度也是预先设计好的。此外，燃气可在稳焰盘前喷出，或在稳焰盘后喷出。凡上述各种形式喷流，不同火焰管口及稳焰盘的形式均由设计者根据不同燃气种类和所要求的火焰尺寸形状来确定其配置。所以说，燃气燃烧器中燃烧头的式样很多，但其基本原理是相同的。为了提高燃气与空气的混合强度，空气可以以旋流的方式出稳焰盘，这时在盘上开有斜槽。一般来说，大型燃烧器中的空气流都是旋转的。

图 2.1-32 所示为一种燃气燃烧头的简图。喷出的燃气一部分是平行流，一部分为交叉流，在交叉流后设置一个带圆孔的配风盘，平行流后装一个带槽缝的稳焰盘。点火电极一根接地，另一端在盘前（按气流方向）。火焰检测离子探针放在火焰中的适当位置。

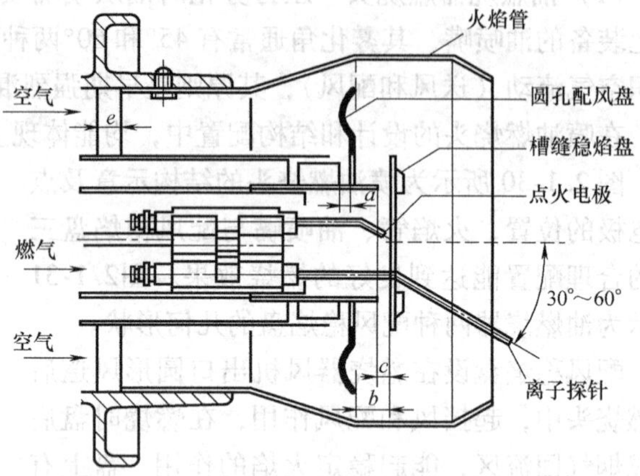

图 2.1-32 燃气燃烧头

四、点火装置

燃烧器投入运行的第一步就是将可燃混合物点燃形成火焰，然后进入正常燃烧。点火就是在燃料-空气混合物中导入一温度高并具有一定能量的热源，先将局部混合物点燃，然后再传播扩散并持续燃烧，此高温热源就是点火源。作为点火源，可以是炽热线圈、高压放电的火花，也可以是小的点火火焰。在燃烧器上，可燃混合物被点燃之后，点火源便停止工作。

目前，油气燃烧器上几乎都采用电火花点火，即使是用小火焰点火，也是由电火花点着的，然后再引燃主火。电火花是两个电极之间因高压电击穿气体间隙而形成的火花。点火时生成高压电的方法有：变压器升压、脉冲电路升压和压电陶瓷的瞬时高压。工业燃烧器上常用的方法是用升压变压器使电压升高，在两电极间放电产生火花来点火，这便于实现自动控制。

1. 点火变压器

燃烧器上点火变压器的任务是提供击穿电极间隙放电所需的电压和稳定放电所需的能量，一般地，击穿空气的最小电压为 4000～5000V，也可达 10000V，输入功率 100～200W。

众所周知，一般的升压变压器由绕组及铁心组成，采用市电时输入端为 220V，经过升压二次绕组的输出电压可达 5000～10000V。高压输出可以是单头输出，另一端接地（见图 2.1-33a）或二次绕组中间抽头接地，线圈两端间电压 10000V（见图 2.1-33b），接地端最高电势为输出电压的 50%。燃烧器上常采用前一种变压器。点火变压器有间歇放电和连续放电两种，间歇式应用较多，而在油燃烧器上则仅配置连续放电变压器。

2. 点火电极

点火电极由陶瓷绝缘管、带接线端的钢引线以及用特殊钢（康塔尔铁铬铝电阻合金）制成的电极尖针组成，不同的电极形式如图 2.1-34 所示。点火状况受电极间距、电极形式、

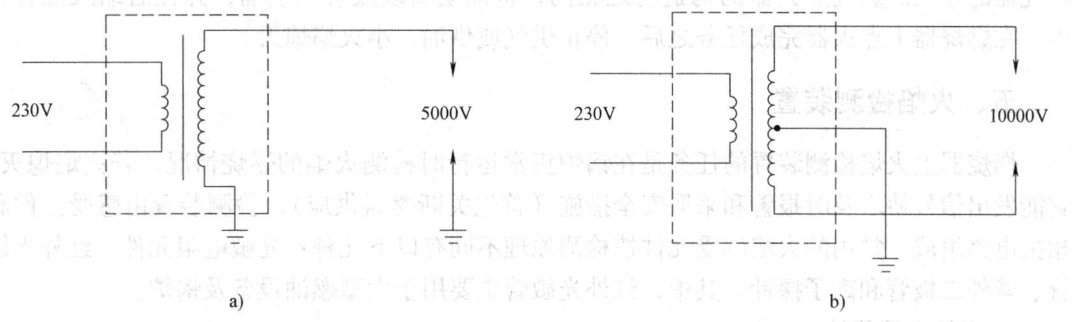

图 2.1-33　点火变压器绕组

a）输出绕组一端接地　b）输出绕组中间接地

空间布置及燃烧器喷口内气流的影响。试验表明，随着气流速度的增大，击穿产生火花所需的电压也要增高，引发后的点火火花会被流动气体吹散。直接点火时，要减小负荷，降低气流速度，在着火后再转至大火（即低负荷起动）。

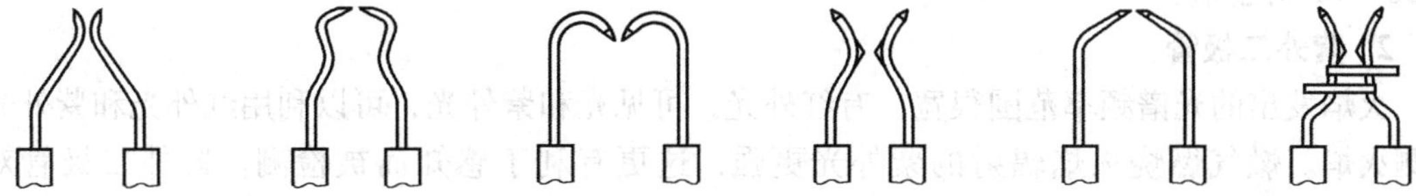

图 2.1-34　点火电极的形式

作为高温源，点火电弧可达 1000℃以上甚至 2000℃的高温。电极间距可按试验数据确定，一般在 2.4～9.5mm 之间，典型的是 2.5mm。电极布置方式可参见喷油、喷气燃烧头图示，即图 2.1-30 和图 2.1-32。油燃烧器及有的燃气燃烧器上采用两根电极的形式，一些燃气燃烧器上则往往使用单电极，稳焰盘等作为另一极。点火源应放置在混合物能被点燃的地点（该处混合物在可燃范围内）。

点火变压器与电极之间用高压绝缘电缆连接，尽可能短，由接线端引出。要避免高温，防止陶瓷管被污染而出现点火故障。装高压电缆时要注意防漏电，使点火能量减小。

3. 点火燃烧器

大功率燃烧器（属分体式）上要用点火燃烧器的小火焰引燃主火。燃气燃烧器上用燃气点火器，重油燃烧器上常用轻油点火器或燃气点火器。图 2.1-35 所示为轻油点火器，它用于转杯式重油

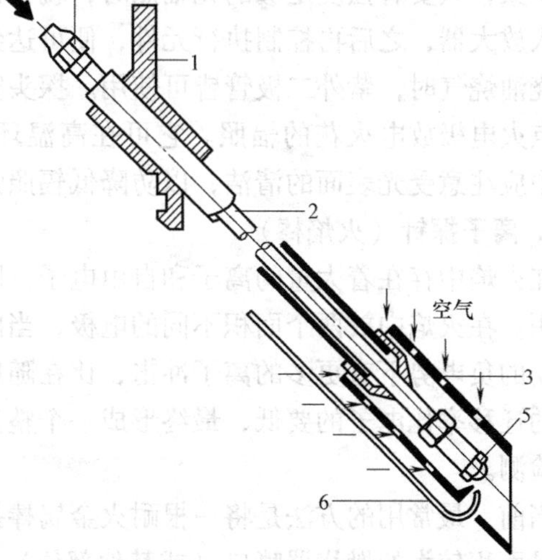

图 2.1-35　轻油点火器

1—控制器外壳　2—进油管　3—混合管　4—油管接头

5—喷嘴（3gal/h，30°）　6—点火电极

燃烧器的点火。燃气点火器的构造与之相同，将油喷嘴改成燃气喷嘴，并往后缩入混合管内。在燃烧器上点火器完成任务之后，停止供气或供油，小火焰熄灭。

五、火焰检测装置

燃烧器上火焰检测装置的任务是在锅炉正常运行时检测火焰的燃烧情况。若火焰熄灭，它能发出信号使之及时报警和采取安全措施（首先关断燃料供应）。检测装置由感受元件和相关电路组成。常用的火焰感受元件按检测原理不同有以下几种：光敏电阻元件、红外光敏管、紫外二极管和离子探针。其中，红外光敏管主要用于大型燃油设备及锅炉。

1. 光敏电阻元件

光敏电阻是用硫化镉（CdS）制成的半导体片状材料，受光照后其电阻值迅速下降，为无光照时电阻值的1/100以下。利用这一特点，通过放大电路和继电器的转换变成一开关信号，用它对火焰实施检测。这种装置比较简单，常用于油火焰的检测。

由于光敏电阻对光波的敏感范围很宽，因此使用时一定要防止其他光源（如日光、照灯、其他火焰）干扰。同时，也要注意其电阻值随温度上升而增大的现象，最高使用温度在80~90℃之间。

2. 紫外二极管

火焰发出的光谱频率范围很宽，有红外光、可见光和紫外光，可以利用红外光和紫外光检测火焰。燃气燃烧火焰辐射的紫外光更强，这更有利于感知而被检测。紫外二极管对190~290nm波长的紫外光非常敏感，对长波波段则不敏感，便于识别火焰的存在，不容易错误判别。

紫外二极管是充气电子管，内设两个对称布置的电极，封装在紫外透光玻璃管中，电极表面经特殊处理，外形照片如图2.1-36所示。当电极上施加220V或500V交流电压，且受紫外光照射时，电子从阴极发射出来，加速而使气体离子化，继续产生电子，形成雪崩式的放电现象，只要有强度足够的光辐照时，就会持续放电，两极间的电流可达100μA。将该电流送入放大器，之后再控制执行元件，便可达到检测火焰的目的。

烧油烧气时，紫外二极管皆可使用。探头安装时要对准火焰根部紫外光强的区域，还要避免点火电极放电火花的辐照。它可在高温环境下使用（不超过100℃），但要注意冷却。使用中应注意受光表面的清洁，以防降低辐照强度而影响其正常工作。

3. 离子探针（火焰棒）

在火焰中存在着大量的离子和自由电子，因此火焰具有导电性。与此同时，火焰还有整流作用。在火焰中放两个面积不同的电极，当向两极上施加一交流电压时，面积大的一极在半周期的负电势下有更多的离子冲击，比在随后的负电势下冲击小电极的离子更多，结果是离子的迁移率比电子的要低，最终形成一个整流电流。利用上述特性，可对火焰的存在与否进行检测。

当前，最常用的方法是将一根耐火金属棒插入火焰作为一极（阳极），称为火焰棒，另一极是面积较大的燃烧器喷口（或其他部位），作为另一极（阴极），这就组成了两个面积不同的电极，对火焰实施检测。此整流电流经直流放大器放大后触发继电器，通过控制回路开启燃料供应通路。火焰熄灭时，整流电流消失，关断燃料供应，确保燃烧安全。火焰检测原理如图2.1-37所示。离子探针适用于检测燃气火焰。

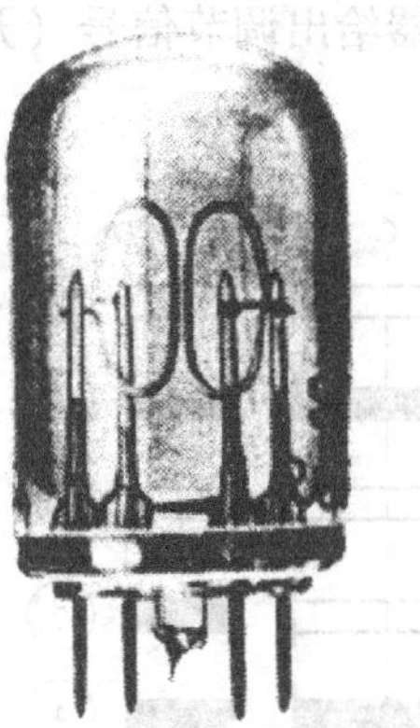

图 2.1-36　紫外二极管外形照片

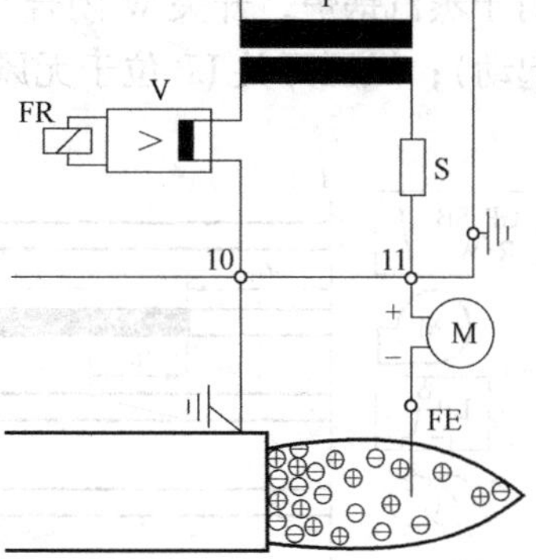

图 2.1-37　离子探针火焰检测原理

T—火焰检测器的变压器　S—保护电阻（检测回路短路时，限于 0.5μA）FE—探针　FR—火焰继电器　M—直流微安计

在实际使用中，检测器的整流电流与下列因素有关：电势差、极面积比、燃气热值、空燃比。电极相对面积比大时，产生的电流也大，一般取 4∶1；如果太小，则电流可能消失。试验表明，在空燃比处于微过量时（刚过化学计量比），整流电流最大。作为装置，应在调整和使用过程中测量整流电流，其值通常为 6～10μA。

为了使检测装置可靠地工作，要注意以下几点：①火焰一定要附着在燃烧器的管口上；②电极棒置于火焰中反应强烈（离子化程度强烈）的地方；③传感电极固定处应良好绝缘，保证不漏电；④保持电极棒的清洁，无积炭；⑤避开点火火花。

六、燃烧控制器

燃烧控制器是全自动整体式燃烧器的一个重要部件，靠它来控制燃烧器的起动、停火和功率调节等。而燃烧器的控制又是通过程序控制器来完成的。程序控制器按时序的产生方式不同可分为电子式和机械式两类，电子式程控器由可编程序控制器、单片机或集成电路构成，机械式程控器则由同步电动机和凸轮开关构成。按使用的燃料不同，程控器有燃油型、燃气型和油气双燃料型。目前，在整体式燃烧器上较为广泛使用的是机械式程序控制器。

程序控制器由三部分组成：第一部分是由同步电动机和有十多个凸轮控制微动开关组成的时序电路；第二部分是由主继电器和闭锁继电器组成的控制电路；第三部分是由火焰检测装置组成的熄火保护电路。时序电路的作用是产生时序，用以控制风机、点火变压器、主阀以及风门、燃油燃气阀等。控制电路的作用是保证正常情况下的可靠工作以及故障情况下的闭锁保护。熄火保护电路的作用是监视燃烧情况，火焰熄灭时要及时关断燃料供应并停炉报警。

整体式燃烧器上配置的控制器的品牌和型号很多，但其工作原理是基本相同的。下面简要介绍两段火运行燃气燃烧器上用的控制器的时序及接线原理。

描述燃烧器上控制器工作过程的时序如图 2.1-38 所示。图 2.1-39 所示为燃烧器控制器的接线原理图。当下列条件具备时燃烧器才能开始起动过程：燃气压力在正常范围内（GP

开关闭合)；过热保护未工作（SB 开关闭合)；温度低于上限值（对于热水锅炉)，压力低于上限值（对于蒸汽锅炉，开关 W 闭合)；温度和压力调节器给出调节信号（开关 R 闭合，要求燃烧器起动)；风压开关 LP 位于无风压位置。

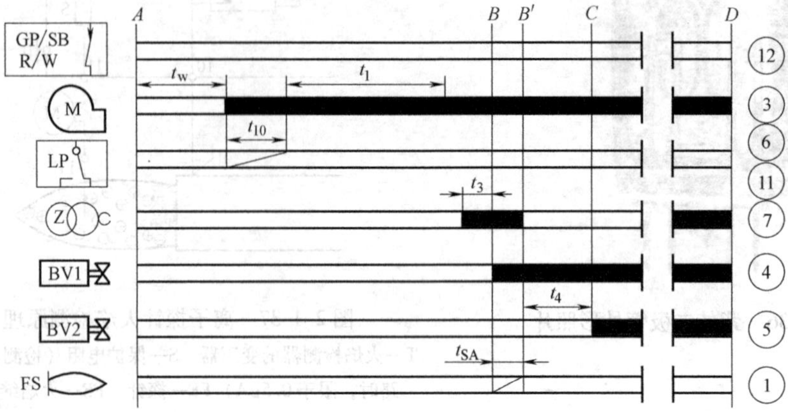

图 2.1-38　燃烧器控制器的控制时序

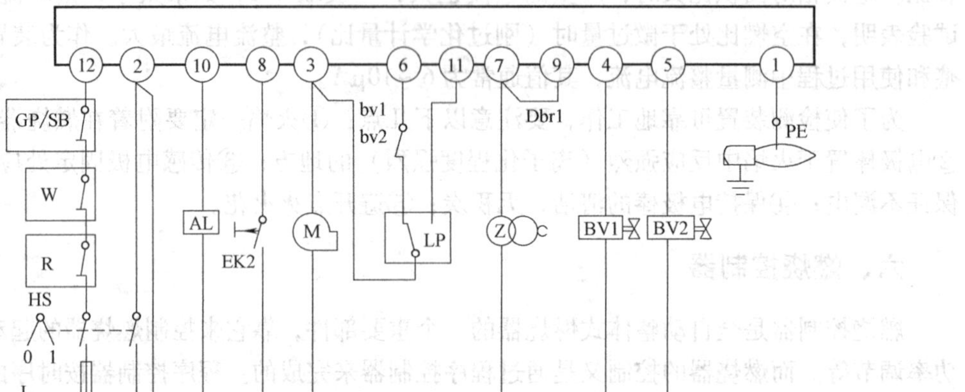

图 2.1-39　燃烧器控制器的接线原理图

现叙述燃烧器的起动过程。从 A 时刻开始在 t_w 时间内，燃烧器控制器检查以上条件是否全部具备，并将风门打开到预定位置（此时控制器 12 端将有信号输入)；t_w 时间段结束后，控制器首先由 3 端输出信号起动风机 M，风机起动后的 t_{10} 时间段内，风压应能达到预定数值，即风压开关 LP 应转换（控制器 6 端有信号输入)；否则表明鼓风系统工作不正常，控制器将中止燃烧器起动过程并由控制器 10 端给出故障报警信号。

当风压开关转换后（给出鼓风系统工作正常信号)，开始 t_1 时间段的预吹扫，对燃烧室和二级换热器进行吹扫。吹扫时间结束后，控制器 7 端输出信号，点火变压器 Z 通电打火。在经 t_3 时间段的预点火后，控制器 4 端输出信号，一级燃气电磁阀 bv1 被打开，点燃小火。在 bv1 打开后的 t_{SA} 时间段内，火焰检测器应能检测到足够强的火焰信号，经 1 端输入控制器；否则在 t_{SA} 时间段结束时控制器将中止燃烧器的起动过程，表明点火失败，并给出故障信号。火焰信号应始终存在，直至燃烧器熄火。

在 t_{SA} 时间段结束后，经 t_4 时间间隔，控制器 5 端输出信号，打开二级燃气电磁阀，大火燃烧。至此，燃烧器的起动过程结束，综上所述，在 $A \sim B$ 时间段内为点火前的准备工作，在 $B \sim B'$ 时间段内是建立火焰信号。

单元五　燃烧器常见故障与处理

一、燃油燃烧器常见故障及处理方法

燃油燃烧器常见的故障及其产生原因和处理方法见表 2. 1-1。

表 2. 1-1　燃油燃烧器常见的故障及其产生原因和处理方法

常见故障	产 生 原 因	处 理 方 法
燃烧器不起动	无供电	闭合所有开关,检查熔丝
	极限控制器 TL 打开	调整或更新
	控制盒锁定	重新起动
	电动机保护断开、锁定	重置热继电器
	泵卡住损坏	更换
	电连接错误	检查连接
	控制盒损坏	更换
	电动机电容损坏	更换
	电动机损坏	更换
起动后锁定	光敏管短路	更换光敏管
	光线和模拟火焰出现	消除光源或更换控制盒
	缺相	连接后复位
预吹扫后锁定,火焰不出现	油箱中无油或油箱中有水	提高油位或将水抽干
	燃烧头和空气控制阀调节不当	调整
	一级电磁阀或安全电磁阀没有打开	检查电路或更换电磁阀
	一级喷嘴堵塞,脏或损坏	清洗或更换
	点火电极未调整或较脏	调整或清理
	电极绝缘破坏而接地	更换
	高压电缆损坏或接地	更换或调整
	点火变压器损坏	更换
	电磁阀或变压器接线错误	检查改正
	控制盒损坏	更换
	油泵不动	重新起动并见前述原因
	联轴器损坏	更换
	进回油管接反	正确连接
	泵过滤器堵塞	清洗
	电动机反转	更换连接

（续）

常见故障	产生原因	处理方法
点火成功后5s内锁定	光敏管或控制器损坏	更换
	光敏管脏	清洗
	一级液压缸打不开	更换液压缸
点火脉动或不稳	燃烧头位置不对	调整
	电极脏或位置不对	清洗或调整
	风门设置不对，一级风太大	调整
	一级喷嘴不适于锅炉或燃烧器	更换
	一级喷嘴损坏	更换
	泵压不合适	调整至1.0～1.4MPa
二级火不起动	控制装置TR未闭合	调整或更换
	控制盒损坏	更换
	二级电磁阀线圈损坏或电磁阀堵塞	清理或更换
第二个喷嘴喷油但风门不能达到大火位置	泵压力低	调大
	二级液压缸损坏	更换
燃烧器大小火切换阶段停机，燃烧器重复起动周期	喷嘴脏	清洗或更换
	光敏管脏	清理
	风量过大	调小
燃料供应不正常	油泵及供油系统是否有问题	从离燃烧器较近的油管检查到燃烧器
泵有噪声，转动不正常	进油管有气，油泵进油压力过高	检查连接并紧固
	油管径太小	更换大管径
	进油过滤器堵塞	清洗
	进油阀关闭	打开
	油管与燃烧器液位差过大	采用循环回路供油
泵长时间中断后不起动	回油管未浸入油中	将进油管插入深处
	供油系统进气	紧固接头
冒黑烟或白烟	油喷嘴磨损或滤网堵塞	更换或清洗
	泵压调节有误	重新调整
	配风稳焰盘脏、松动或磨损	清洗、紧固或更换
	油中掺水，但不多	改善油质
	风量太大	调小风门
燃烧头脏（可能积炭）	油喷嘴或过滤器脏	清洗或更换
	喷嘴喷油量或角度不合适	调整喷嘴或更换
	油喷嘴松动	拧紧
	配风稳焰盘上有杂物	清扫
	燃烧头位置不当或风量不足	调节位置或风门
	燃烧头长度不够	按锅炉调长引风管

二、燃气燃烧器常见故障及处理方法

燃气燃烧器常见故障及其产生原因和处理方法见表2.1-2。

表2.1-2　燃气燃烧器常见故障及其产生原因和处理方法

常见故障	产生原因	处理方法
燃烧器不起动	没有电	闭合所有开关,检查连接
	限制器或安全装置打开	调整或更换
	控制盒锁定或损坏	重置或更换控制盒
	控制盒熔丝熔断	更换
	没有燃气供应	打开阀组前手动阀
	主燃气压力不足	联系供气单位提高压力
	最低燃气压力开关没闭合	调整或更换
	电动机远程控制开关损坏	更换
	电动机损坏	更换
	电动机保护断开(缺相)	将所掉相接上,重置热继电器
	伺服电动机触点没校准	调节凸轮或更换伺服电动机
	空气压力开关在运行位置	调整或更换
燃烧器起动后马上锁定	出现模拟火焰,空气压力不足,空气压力开关不工作	更换控制盒
	空气压力开关调整不适当	调整或更换
	压力开关测压点管道堵塞	清洗
	燃烧头调整错误	重新调整
	燃烧室背压过高	将空气压力开关接到入风口
	火焰检测电路故障	更换控制盒
	VS和VR燃气阀门没接上或线圈断开	检查连线或更换线圈
在燃烧器预吹扫和安全时间之后,燃烧器进入锁定状态,无火焰	电磁阀VR只允许少量燃气通过	增加燃气通过量
	电磁阀VR或VS不能打开	更换线圈或整流器面板
	燃气压力过低	增加控制器处的压力
	点火电极调整不正确	调整
	电极由于绝缘破坏而接地	更换
	高压电缆破坏	更换
	点火变压器损坏	更换
	阀或点火变压器接线错误	检查
	控制盒损坏	更换
	阀组下行管道中旋塞关闭	打开
	管道中有空气	排除空气
火焰出现后燃烧器马上锁定	电磁阀VR只允许少量燃气通过	增加燃气通过量
	离子探针调整不正确	重新调整

（续）

常见故障	产生原因	处理方法
火焰出现后燃烧器马上锁定	离子探针接线故障	重新接线
	离子探针接地	缩短或更换电缆
	燃烧器接地不紧	检查接地
	控制盒损坏	更换
点火脉动	燃烧头调整不当	调整
	点火电极调整错误	调整
	风门调整不当，风量过大	调整
	点火阶段输出功率过高	减小输出功率
燃烧器重复起动而不锁定	主燃气压力接近于燃气压力开关最低限定值，阀门开启跟随着压力不断降低，从而引起压力开关自身的暂时开启，阀门立即关闭，燃烧器停机。压力又升高，压力开关再次关闭，重复点火周期。该过程无休止地进行	减小燃气压力开关的工作压力，更换燃气过滤器
燃烧器没有过渡到第二级	远程控制装置 TR 不闭合	调整或更换
	控制盒损坏	更换
	伺服电动机故障	更换或修理
燃烧器从一级到二级或从二级到一级过渡时锁定	空气量过大或燃气量过小	调整燃气和空气量
运行中，燃烧器停机并且锁定	离子探针或电缆接地	更换磨损部件
	空气压力开关故障	修理或更换
燃烧器停机，而风门开启	伺服电动机故障	修理或更换

单元六　燃烧器选型

一、燃烧器的工作特性

这里讲的燃烧器工作特性，主要是指燃烧器的允许运行范围，在此范围内的火焰稳定，烟气中一氧化碳及氮氧化物的含量均在规定界限值以下，并应能顺利点火起动。所有燃烧器的运行范围是在以输出热功率为横坐标，炉膛（燃烧室）内的静压力（背压）为纵坐标的平面上标出的，以线条为界。

图 2.1-40 所示为一家公司生产的轻油燃烧器的工作特性，图 2.1-41 是该公司燃气燃烧器的工作特性。不同厂家、不同型号、不同燃料和不同运行方式的燃烧器均有各自的工作特性范围。这些工作特性范围，都是用各型标准燃烧器在试验台上按统一的标准测试后绘制出来的（如欧洲标准）。

从曲线的外形上看，对燃油和燃气来讲是相似的，所抗背压的大小及范围也是一样的。所不同的是，燃气燃烧器的允许最大功率有所提高，最小功率也稍有降低，即其在低压下的

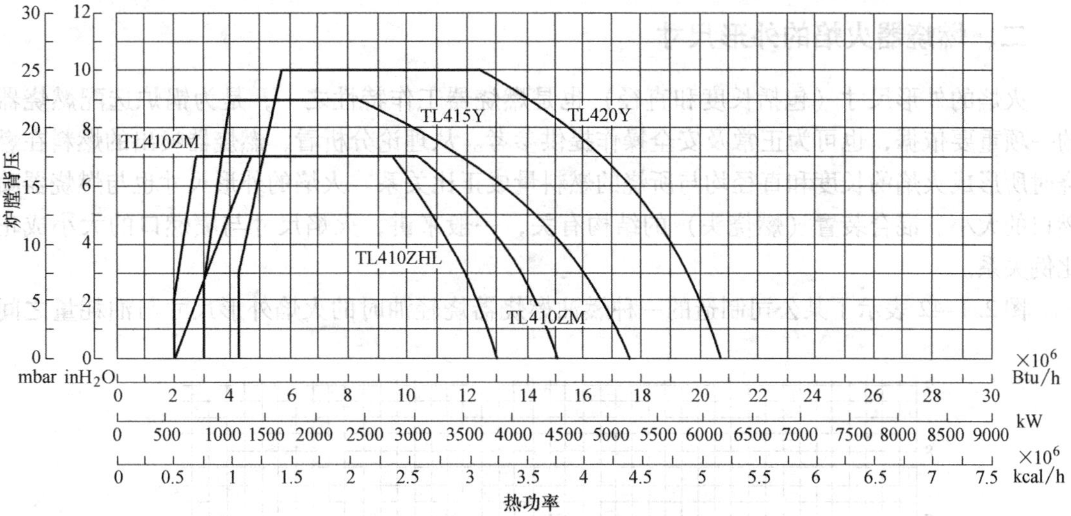

图 2.1-40　轻油燃烧器的工作特性

注：1）$1bar = 10^5 Pa$。

2）$1inH_2O = 249.082Pa$。

3）$1kcal = 4.1868kJ$。

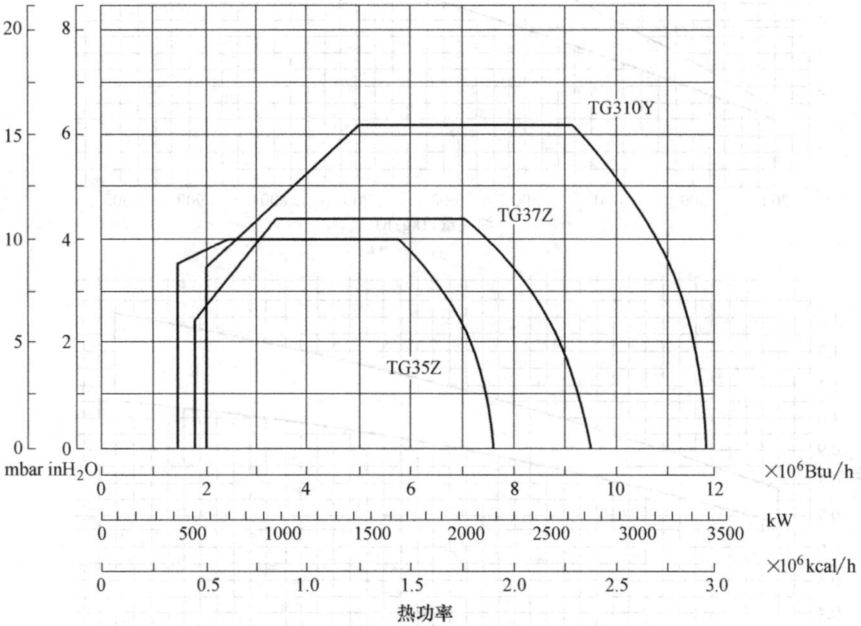

图 2.1-41　燃气燃烧器的工作特性

功率变化范围扩大了。一般来讲，输出功率低时能抗较高的背压（曲线左部），而功率大的时候，其所抗背压会迅速下降（曲线右部），中间有一部分所抗背压保持为某一定值，当然这一范围越宽就越理想。

总之，燃烧器在运行时其工况不管怎么变化，运行工作点应落在曲线所包围的范围内，这样才能使燃料稳定安全地燃烧。在选配燃烧器时，一定要根据锅炉的工作背压（炉膛压力）和运行中可能出现的负荷变化情况认真分析，确保运行的可靠性和烟气的达标排放。

二、燃烧器火焰的外形尺寸

火焰的外形尺寸（包括长度和直径）也是燃烧器工作特性之一，是为锅炉选配燃烧器的一项重要依据，也可为正常及安全操作提供参考。从理论分析看，燃烧器喷出的燃料在燃烧时所形成火焰的长度和直径均与所烧的燃料量成正比关系。火焰的外形尺寸也与燃烧器喷燃口的大小、混合装置（燃烧头）的结构有关，一般来讲，火焰尺寸与喷燃口的大小成正比例关系。

图 2. 1-42 表示了某公司制造的一种燃油燃烧器烧轻油时的火焰外形尺寸与油耗量之间

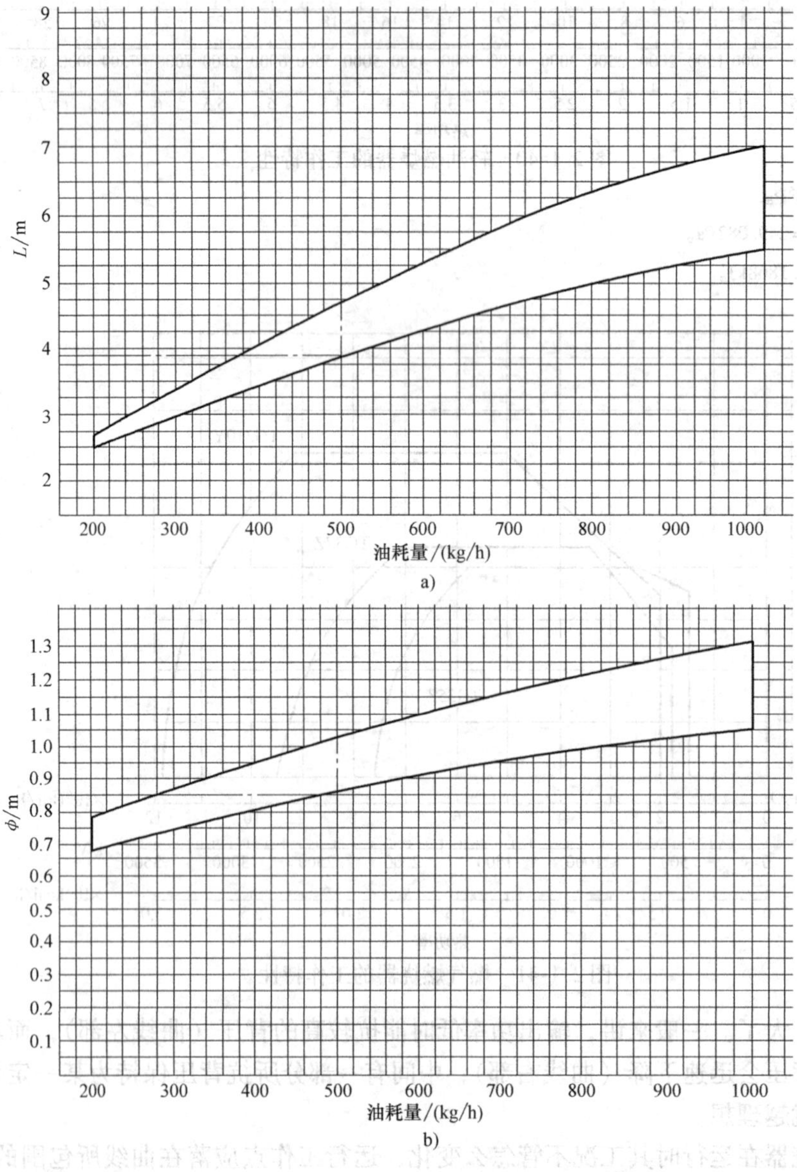

图 2. 1-42　燃油燃烧器烧轻油时的火焰外形尺寸与油耗量之间的关系曲线

a）火焰长度 L　b）火焰直径 ϕ

的关系曲线。由于火焰尺寸的随机波动变化，所以并非为单一曲线，而是给出火焰长度和直径的波动范围。图 2. 1-42 的横坐标代表喷油量（kg/h），也可以折算成燃烧器的输出热功率，单位为 kW。这种燃烧器的功率范围是 2370 ~ 12000kW。

由于各制造商在设计燃烧器的喷火孔直径时，对不同燃料所选的单位面积热强度（kW/cm^2）是基本一样的，所以同类燃烧器工作时的火焰外形尺寸在同一热功率下相差不多。因此，喷火孔面积相同时，其他各种燃烧器的火焰尺寸都可以供运行时参考。

三、燃烧器的选型原则

燃油燃气锅炉燃烧器的选用应根据锅炉本体的结构特点和性能要求，结合用户使用条件，做出正确的比较，一般可按下列几条原则进行选择：

1）根据用户使用燃料的类别选用。燃料类别：液体燃料有煤油、柴油、重油、渣油和废油；气体燃料有城市煤气、天然气、液化石油气和沼气。使用的燃料应有必要的分析资料：

① 煤油、柴油应有发热量和密度。

② 重油、渣油和废油应有黏度、发热量、水分、闪点、机械杂质、灰分、凝固点和密度。

③ 燃气应有发热量、供气压力和密度。

2）根据锅炉性能及炉膛结构来选择燃油燃烧器中喷油嘴雾化方式或燃气燃烧器的类型。

3）燃烧器输出功率应与锅炉额定出力相匹配，选择好火焰的形状，如长度和直径，使之与炉膛结构相适应。从火炬根部供给燃料燃烧所需要的空气，能使油雾或燃气与空气迅速均匀混合，保证燃烧完全。

根据锅炉改造确定的额定出力和锅炉效率，计算出燃料消耗量，然后按所选单个燃烧器的功率确定燃烧器的配置数量。增加燃烧器的数量，有利于雾化质量，保证风油混合；但数量过多，又不便于运行维护，也会给燃烧器布置带来困难。

4）燃烧器调节幅度要大，能适应锅炉负荷变化的需要，保证在不同工况下完全稳定地燃烧。

5）燃油雾化消耗的能量要少，调风装置阻力要小。

6）烟气排放和噪声的影响必须符合环保标准的要求，主要是 SO_2、CO 和 NO_x 的排放量必须低于国家标准的规定，应选用低 NO_x 和低噪声的燃烧器。

7）燃烧器组装方式的选择。燃烧器组装方式有整体式和分体式两种。整体式即燃烧器本体、燃烧器风机和燃烧系统（包括油泵、电磁阀、伺服电动机等）合为一体；分体式即燃烧器本体（包括燃烧头、燃油或燃气系统）、燃烧器风机和燃烧器控制系统（包括控制盒、风机热继电器、交流接触器等）三部分各为独立系统。应根据锅炉的具体情况和用户要求选择。

8）应选用结构简单，运行可靠，便于调节控制和修理，易于实现燃烧过程自动控制的燃烧器。

9）应对燃烧器品牌、性能、价格、使用寿命及售后服务进行综合比较。

10）燃烧器的风压除要考虑克服锅炉本体的阻力外，还应考虑到烟气系统的阻力。

单元七　燃烧器功率调节

燃料通过燃烧器燃烧产生的热量应与锅炉的热负荷相互良好匹配，在保证供热量的情况下（蒸汽产率或热水通量及温升）维持较高的燃料利用率。由于锅炉热负荷是随热用户的耗热量而变化的，所以锅炉上燃烧器的热功率也要做相应的改变，随时进行调节。蒸汽锅炉的负荷变化反映在蒸汽压力的变化上，热水锅炉或油介质锅炉负荷的变化则反映在出水或出油的温度变化上。燃烧器的输出功率是根据锅炉输出介质（蒸汽或热水、热油）的工作参数（压力或温度）的变化信号进行调节的，亦即按需热量的多少来调节燃烧器的燃料供入量。同时，还要相应地调节燃烧所需空气量，以保持合理的过量空气系数，达到高效燃烧。

一、燃烧器功率调节的方式

根据燃烧器输出功率的大小和不同的使用要求，燃烧器的功率调节方式有：一段火、两段火（对燃油或加三段火）、滑动（平滑过渡）两段和比例调节四种方式，调节过程线如图2.1-43所示。图中T水平表示满功率（通常为额定功率），A水平表示点火时的小功率，P表示调节低限，则P、T之间是燃烧器的功率调节范围。横坐标为时间，纵坐标为负荷。

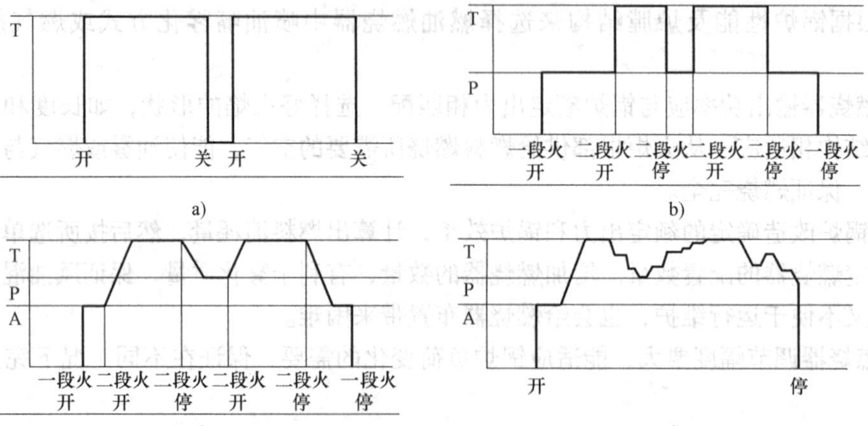

图2.1-43　燃烧器功率调节过程线

a）一段火　b）两段火　c）滑动（平滑过渡）两段　d）比例调节

（1）一段火方式　一段火运行的燃烧器只有开（T）和关两种工况，输出功率为满或零。锅炉蒸汽压力或热水（油）温度未达到设定值就起动燃烧器，当达到设定的压力或温度时燃烧器就停止工作。功率小的燃烧器以及负荷变化较小的情况下常采用这种调节方式。

（2）两段火方式　两段火方式有停、一段火、二段火三种工况。锅炉要求的蒸汽压力分为p_1和p_2（$p_2>p_1$）或温度分为t_1和t_2（$t_2>t_1$）两个控制点。在运行时有两种情况：

第一种情况是调节负荷按钮置于二段火。当锅炉实际蒸汽压力低于p_2或实际出水温度低于t_2时，燃烧器起动，点燃一段火后随即转入二段火运行；当运行压力或温度达到p_2或t_2之后，又转入一段火工作。若运行压力或温度仍继续上升，则燃烧器关闭停火；若运行压力或温度降到低于p_1或t_1，则重新转入二段火运行，直到压力或温度升到p_2或t_2。

第二种情况是调节器负荷按钮置于一段火。当锅炉蒸汽压力低于 p_1 或出口热水温度低于 t_1 时，燃烧器起动，点燃一段火后随即转入二段火运行，当压力或温度达到 p_1 或 t_1 时转入一段火运行；若运行压力或温度继续上升，则燃烧器灭火停止运行，待压力或温度低于 p_1 或 t_1 后再重新起动。

三段火则有停、一段、二段、三段四个工况，三个控制点，过程类似于两段火运行方式。油燃烧器有这种运行调节方式。

滑动两段火工况和控制点的个数与两段火相同，其不同点在于：由一段火转入二段火或相反（由二段火转到一段火）的过程中输出功率的上升或下降不是突然变化（见图 2.1-43 上变化线），而是有一段渐变的时间，故也称渐进两段火。

上述两段火运行方式的燃烧器输出功率的调节范围在 P 和 T 之间，被调功率的变化线表示在图 2.1-43b、c 上。

(3) 比例调节（或无级调节）方式　比例调节是一种连续调节方式。与滑动两段方式不同之处在于控制信号不只是两个控制点，而是一个连续变化量。燃烧器的功率变化也不只有三个工况，而是接近于连续变化（见图 2.1-43d 的上部）。燃烧工况的变化是随锅炉运行实际蒸汽压力 p（或出水温度 t）与设定值 p_0（或 t_0）的差 $\Delta p = p - p_0$（或 $\Delta t = t - t_0$）的变化而变化的。当 Δp 或 Δt 为正值时，燃烧器功率下降，而差值越大，功率下降得越快；反之，当 Δp 或 Δt 为负值时，则燃烧器功率增大，差值越大，功率上升得越快。

二、燃油燃烧器和燃气燃烧器的功率调节

1. 燃油燃烧器的功率调节

燃油燃烧器的功率调节是靠改变其喷油量来实现的。已知油喷嘴的喷油量与喷嘴前的压力有关（流量与压力的 1/2 次方成正比），且油的雾化质量与油压关系密切，因此在保证油雾化质量的前提下可改变油压来使喷油量变化。在一定油压下，喷油量与喷雾口的面积成比例关系，改变喷雾口的大小也可改变喷油量，由此来调节燃烧器的功率。

燃油燃烧器输出功率的调节方式有：一段火、两段火、三段火和比例调节等，现用油回路图叙述如下。

(1) 一段火运行　这种方式常用于功率不大的燃烧器。图 2.1-44 所示为一段火燃烧器的油回路。其构成是油喷嘴 G、开关电磁阀 VP 和组合过滤器 F 及调压器 R 的油泵 P。电磁阀为常闭式，通电时打开油通路，使油喷出雾化。喷油压力调好后不变，运行时只是开闭电磁阀，按一段火方式运行。当喷油量大于 30kg/h，且一个炉膛多于一台燃烧器时，要串接一个电磁阀起安全作用，并装有压力监控器。

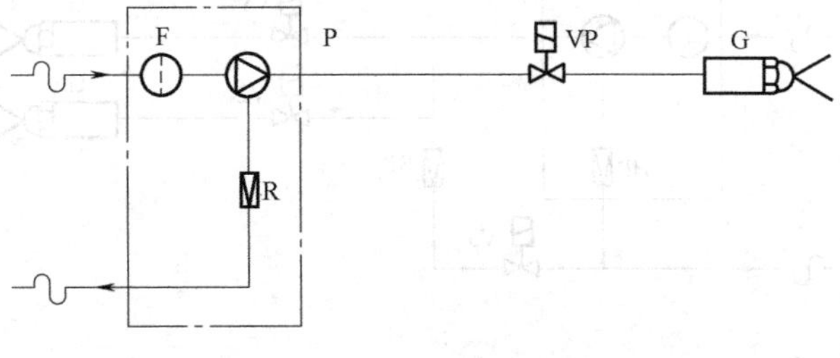

图 2.1-44　一段火燃烧器的油回路

（2）两段火运行　两段火燃烧器可用两个喷嘴（油压不变），也可以用一个喷嘴（改变油压）。一台燃烧器中装两个油喷嘴的油回路如图 2.1-45a 所示，组合泵内设调压器 R。第一段火运行时，打开电磁阀 V1，第二段火运行时再打开电磁阀 V2。燃烧器在运行 V1 时是常开的。各个喷嘴所负担的功率比例，在选择喷嘴流量时确定，可以各占 50%，也可以选一段为 40%，二段为 60%，或者相反。

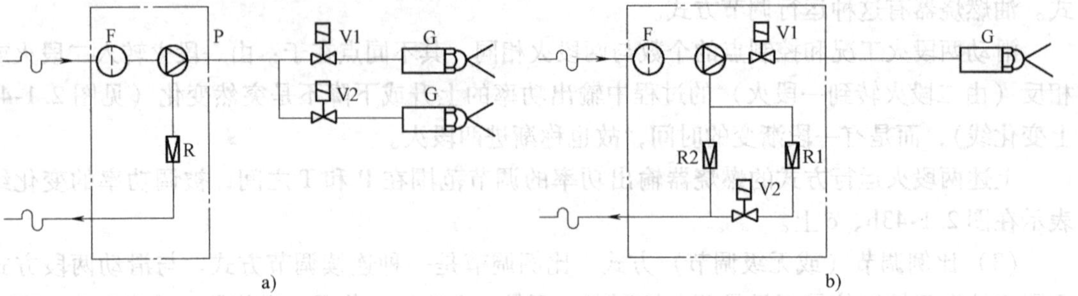

图 2.1-45　两段火燃烧器的油回路

一台燃烧器中只有一个油喷嘴的油回路如图 2.1-45b 所示，油泵内组合有两个调压器 R1 和 R2，还有第二个常开电磁阀 V2。第一段火燃烧时，打开电磁阀 V1，燃油压力通过调压器 R1 调节为低压，喷油量小。第二段火工作时，通电关断电磁阀 V2，通过调压器 R2 升高油压，喷油量随之增大。最高压力与最低压力之比要选配好，一般差值在 1.0～2.0MPa 之间，一段火的油流量不超过二段火流量的 70%。

还有用一个油喷嘴在燃烧器上实现两段火运行的（滑动两段），以改变回油量的方法进行调节，油回路与比例调节情况下的相同（见图 2.1-47）。

（3）三段火运行　这种燃烧器上有三个油喷嘴（油压不变），每个喷嘴之前有各自的开关电磁阀；也有装两个喷嘴的，取两种压力得到三个喷油量，它与比例调节式燃烧器相比，造价低，系统简单，还可降低噪声和减轻燃烧头的污染。

图 2.1-46 示出了两个油喷嘴三段火燃烧器的油回路。第一段火燃烧时，电磁阀 V1、V2 打开，油在低压力下喷出（约 1.0MPa）。此时油压由调压器 BP 调节（设在泵外）。第二段火燃烧时，V1、V2、V3 三个电磁阀均打开，油以较低压力供入两个喷嘴。当第三段火运行时，电磁阀 V1、V2 保持开的状态，但以较高压力（约 2MPa）供入两个喷嘴，此时油压由泵内的调压器 HP 调节。若选两个相同的喷嘴，其压力比为 1∶2，第一段火与第二段火的功率分别为额定功率的 1/3 和 2/3。

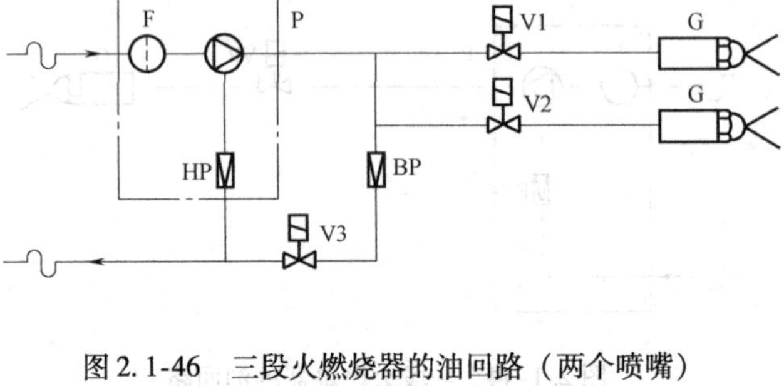

图 2.1-46　三段火燃烧器的油回路（两个喷嘴）

（4）比例调节运行　为了使燃烧的燃料量与热需求量相匹配，最好采用油量的比例调节。多段和比例（无级）调节可提高非额定负荷下的锅炉热效率。按这种调节方式运行的燃烧器，基本上都是大中型燃烧器。在热负荷高且变化频繁的情况下，使用比例调节式燃烧器更为合理。

以比例调节方式运行的燃烧器上，通常装有一个回流式油喷嘴，在油泵供油量不变的条件下，靠改变回油量来调节燃烧器的喷油量，通过控制系统达到按锅炉热负荷变化来实施燃烧的供油。

图 2.1-47 所示为单个回流式油喷嘴比例调节式燃烧器的油回路（油喷嘴的构造可参见前面的有关图示）。在锅炉预吹扫时，电磁阀尚未通电，常闭电磁阀 5 关闭，常开电磁阀 5a 开启。这时，在喷嘴后的弹簧压力作用下，油孔被阀针封闭，不能喷油，油经电磁阀回流到泵的入口。预吹扫结束后，电磁阀通电，电磁阀 5 开启，电磁阀 5a 关闭。于是在喷嘴内建立油压，达到 1.0MPa 时推动活塞向后移动，打开阀针，油从喷口喷出雾化，点燃后形成火焰。在喷嘴的回流油路上设有油量调节阀，它由伺服电动机带动，按指令开大或关小，改变供油量。与此同时，伺服电动机通过凸轮和拉杆机构调节风门，改变风量，使之与喷油量相配合，保持一定的比例关系。

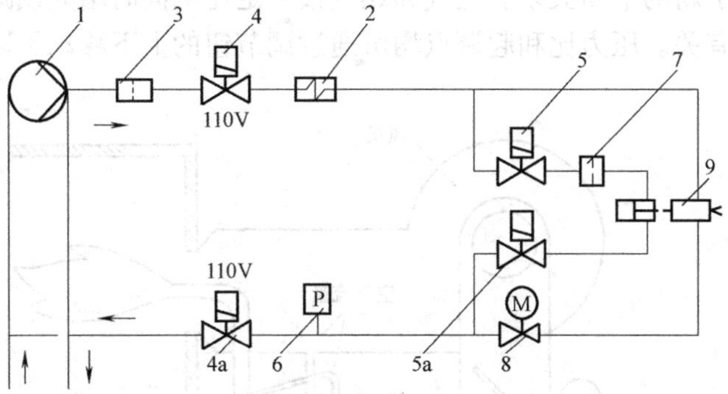

图 2.1-47　比例调节式燃烧器的油回路

1—燃烧器油泵　2—预热器　3—除污器　4、4a—常闭电磁阀（串联）
5—操纵电磁阀（常闭）　5a—操纵电磁阀（常开）　6—油压监控器　7—节流孔板
8—油量调节器　9—喷嘴组合头（带前后移动关闭装置）

滑动两段调节式燃烧器与比例调节式燃烧器的结构完全相同，只是后者多加一套与锅炉联系的传感器和比例调节器，并加配一个检查伺服电动机位置的电位计。

2. 燃气燃烧器的功率调节

燃气燃烧器的功率调节是靠改变供给燃烧器的燃气量来实现的，而燃气流量则可通过蝶阀中阀板的旋转角度或截止阀中阀瓣（阀盘）的升降改变阀口面积加以调节。驱动方式可用电磁铁或伺服电动机。

（1）一段火运行　开关供气阀组中的单级电磁阀或通过组合阀中的单磁铁调节阀的开和关两个位置实施一段火运行。这种方式通常用于额定功率小的燃烧器上。

（2）两段火运行　利用供气阀组中双级多功能组合阀或单级多功能组合阀与蝶阀相配合来实行滑动两段调节。对燃气燃烧器来讲，阀组中调节阀的结构性质及调节过程均属滑动渐进方式。

(3) 比例调节运行　利用供气阀组中的单级或双级多功能组合阀配合蝶阀实施比例调节。燃气和空气之间的比例关系（空燃比），是通过由伺服电动机驱动的联动机构按一定关系分别开大或关小燃气蝶阀和风量调节板来保持的（详见调风部分）。

在电子比例调节时，利用电动调节阀来调节燃气流量；或在燃烧智能管理器操纵下由伺服电动机带动燃气蝶阀来改变燃气流量，使之随时与锅炉热负荷相适应；或者在供气阀组中装用无级滑动多功能组合阀，或空燃比调节器（AGP）来实现滑动两段和比例调节，同时还可以控制空气供给量，以维持合适的过量空气系数。

现介绍一种空燃比例调节器。图 2. 1-48 所示为 Landis&Gyr 公司的 SKP-70 空燃比例调节器的工作原理。它由组合在一起的两个部分构成，即右半部分的气动式比例调节机构，和左半部的液压传动燃气调节阀（SKP 阀）。燃气压力（p_G）、空气压力（p_A）和炉膛压力（p_C）均通过测压管进入比例调节机构，在锅炉某一负荷下保持一平衡状态，溢流针阀为一定开度。当需要增大负荷时，锅炉控制系统发出指令，将空气调节阀开大增加空气流量，导致空气压力 p_A 上升，原来的平衡关系被破坏，比例调节机构开始工作，最终使溢流针阀关小。此时，油循环回路的阻力增加，油泵的扬程提高，活塞上下的压力差 Δp 升高，活塞下降，燃气阀开大增加流量，满足锅炉负荷上升的要求。在较大燃气量和与之相应的空气量时，控制机构建立了新的平衡关系。空气和燃气按一定比例同时增大或减小，这种比例关系与空燃比的压力比有关。压力比和起调点均可通过调节钮的上下移动予以改变。

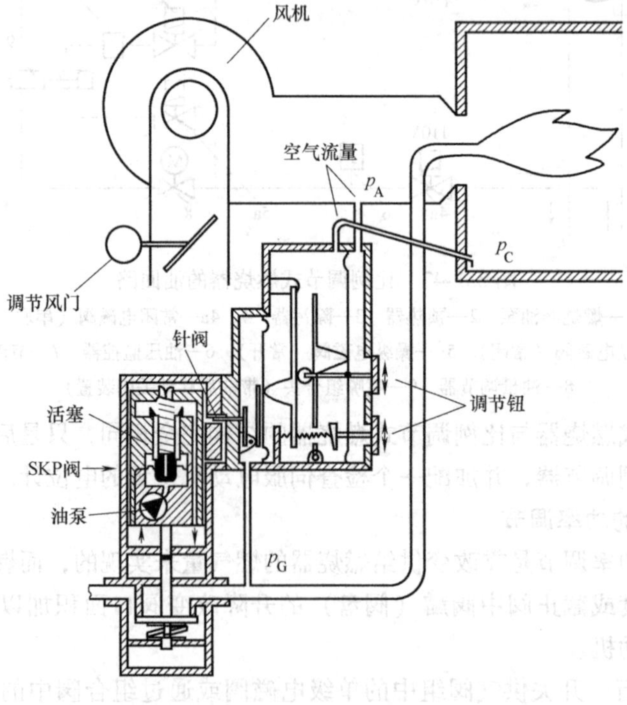

图 2. 1-48　SKP-70 空燃比例调节的工作原理

若要调整燃烧器的输出功率，只需调节空气的流量（即改变空气的压力）就可达到，这时燃烧控制器在接收指令后调整风门开度，使风压变化。再通过比例控制器使燃气量做相应的变化，从而改变功率。

单元八　燃料供应系统设备选型

为了保证燃油燃气锅炉的正常稳定运行，必定要设置适应产热规模并符合要求的燃料供应系统。该系统及其设备的运行管理也是锅炉运行管理的一个重要方面。燃油燃气是易燃易爆物质，应特别注意运行中的安全问题。

燃油的输配方式有：管道、铁路槽车、汽车槽车和专用船舶。中小型锅炉输配燃油的工具主要是汽车槽车（油罐车），而对较大型或设在工厂的锅炉燃油则可由铁路槽车运送。除了管道可连续输送外，其他方式均属定期或不定期的运送。燃油的间断运送与锅炉运行连续性之间的不平衡由设置储存设备来协调，所以后者在燃油锅炉整个系统中是必不可少的。

燃油系统一般由卸油设施、储油罐、油泵站、管道和一些辅助设施组成。对于耗油量大的用户来讲，上述设施和设备集中布置在一起，总称为油库。对于城市中的中小型燃油锅炉，通常仅设储油罐，而无专门的卸油设施和泵站。

一、锅炉房燃油系统设备组成与选型

（一）锅炉房耗油量计算

（1）单台锅炉计算耗油量

$$B = K\frac{D(h_{q} - h_{gs})}{\eta Q_{net,p,ar}} \tag{2.1-1}$$

式中　B——锅炉计算燃油耗量（kg/h）；

D——锅炉蒸发量（kg/h）；

h_q——蒸汽比焓（kJ/kg）；

h_{gs}——给水比焓（kJ/kg）；

η——锅炉热效率；

$Q_{net,p,ar}$——燃料的收到基低位发热量（kJ/kg）；

K——富裕系数，一般取 $K=1.2\sim1.3$。

（2）每只燃烧器计算燃油耗量

$$G_{rs} = \frac{B}{n} \tag{2.1-2}$$

式中　G_{rs}——每只燃烧器的计算燃料消耗量（kg/h）；

n——单台锅炉燃烧器的数量。

（3）锅炉房计算燃油耗量

$$\sum B = B_1 + B_2 + \cdots + B_n \tag{2.1-3}$$

式中　B_1——第 1 台锅炉计算燃油耗量（kg/h）；

B_2——第 2 台锅炉计算燃油耗量（kg/h）；

B_n——第 n 台锅炉计算燃油耗量（kg/h）。

（二）燃油系统辅助设施选择

1. 储油罐

锅炉房储油罐的总容量应根据油的运输方式和供油周期等因素确定，对于火车和船舶运输一般不小于20~30天的锅炉房最大消耗量，对于汽车运输一般不小于5~10天的锅炉房最大消耗量，对于油管输送不小于3~5天的锅炉房最大消耗量。

如工厂设有总油库时，锅炉房燃用的重油或柴油应由总油库统一安排。

重油储油罐不应少于2个，为便于输送，对于黏度较大的重油可在重油罐内加热，加热温度不应超过90℃。

2. 卸油罐

卸油罐也称零位油罐，其容积与输油泵的排量有关，按下式计算：

$$V_0 = V_z - Qt \tag{2.1-4}$$

式中　V_0——卸油罐的容积（m^3）；

V_z——全部卸车车位上的油罐车的总容积（m^3）；

Q——用于自卸油罐中输出油品的油泵的总排油量（m^3/h）；

t——全部卸车车位上的油罐车卸空时间（h）。

卸油罐是卸油的过渡容器，太大不经济，太小操作稍有不慎就会造成油品溢出事故。在实际工作中，应根据油罐车的总容积及建设地段的地质水文条件，同时结合输油泵的选择来确定。

3. 日用油箱

当储油罐距离锅炉房较远或直接通过储油罐向锅炉供油不合适时，可在锅炉房设置日用油箱和供油泵房。储油罐和日用油箱之间采用管道输送。燃油自油库储油罐输入日用油箱，从日用油箱直接供给锅炉燃烧。

日用油箱的总容量一般应不大于锅炉房一昼夜的需用量。

当日用油箱设置在锅炉房内时，其容量对于重油不超过5m^3，对于柴油不超过1m^3。同时油箱上还应有直接通向室外的通气管，通气管上设置阻火器及防雨装置。室内日用油箱应采用闭式油箱，油箱上不应采用玻璃管液位计。在锅炉房外还应设地下事故油罐（也可用地下储油罐替代），日用油箱事故放油阀应设置在便于操作的地点。

由于日用油箱的储存周期很短，来不及进行沉淀脱水作业，因此，重油应在油库的储油罐内沉淀脱水，然后输入日用油箱。日用油箱一般不设置脱水设施。

除脱水设施外，日用油箱的其他附件与储油罐相同。

4. 炉前重油加热器

重油在油罐中加热的最高温度不超过90℃，为了满足锅炉喷油嘴雾化的要求，重油在进入喷油嘴之前需进一步降低黏度，为此，必须经过二次加热。

炉前重油加热器的选择步骤是：首先根据通过燃油加热器的流量和温升计算所需传热量，根据传热量、传热温差计算出所需加热器的面积，根据计算出的传热面积选择合适的加热器。

（1）加热器热负荷计算　加热器热负荷按下式计算：

$$Q = q_m c_y (t''_y - t'_y)/3600 \tag{2.1-5}$$

式中　Q——重油加热器热负荷（即加热重油所需功率，kW）；

q_m——通过加热器的燃油质量流量（kg/h）；

c_y——油品在平均温度 $(t''_y + t'_y)/2$ 时的比热容［kJ/(kg·℃)］；

t_y''——加热器出口油温，根据燃料类型及燃烧器要求确定（℃）；

t_y'——加热器进口油温（℃）。

（2）加热器传热面积计算　加热器传热面积按下式计算：

$$A = Q/(K\Delta t) \tag{2.1-6}$$

式中　A——加热器的传热面积（m^2）；

Q——加热器的热负荷（kW）；

K——传热系数［$kW/(m^2 \cdot ℃)$］，可根据加热器生产厂提供的有关资料选取，如没有资料，对于套管式燃油加热器，加热介质为蒸汽时，可取 $K = 0.37 \sim 0.42 kW/(m^2 \cdot ℃)$；

Δt——热源和被加热燃油之间的平均温差（℃），按下式计算：

$$\Delta t = (\Delta t_m - \Delta t_n) \Big/ \left(\ln \frac{\Delta t_m}{\Delta t_n}\right) \tag{2.1-7}$$

式中　Δt_m——大温差（℃）；

Δt_n——小温差（℃）。

（3）蒸汽消耗量的计算　燃油加热器加热重油消耗蒸汽量，按下式计算：

$$G = 3.6 \times 10^3 Q/(h'' - h') \tag{2.1-8}$$

式中　G——蒸汽消耗量（kg/h）；

Q——加热重油所需功率（kW）；

h''——加热器入口处的蒸汽比焓（kJ/kg）；

h'——冷凝水的比焓（kJ/kg）。

5. 燃油过滤器

由于燃油杂质较多，一般在供输油泵前母管上和燃烧器进口管路上安装油过滤器。油过滤器选用得是否合理直接关系到锅炉的正常运行。过滤器的选择原则如下：

1）过滤精度应满足所选油泵、油喷嘴的要求。

2）过滤能力应比实际容量大，泵前过滤器的过滤能力应为泵容量的 2 倍以上。

3）滤芯应有足够的强度，不会因油的压力而破坏。

4）在一定的工作温度下，有足够的耐久性。

5）结构简单，易清洗和更换滤芯。

6）在供油泵进口母管上的油过滤器应设置两台，其中一台备用。

7）采用机械雾化燃烧器（不包括转杯式）时，在油加热器和燃烧器之间的管路上应设置细过滤器。

一般情况下，泵前常采用网状过滤器，燃烧器前宜采用片状过滤器，视油中杂质和燃烧器的使用效果也可选用细燃油过滤器。油过滤器滤网规格选用见表 2.1-3。

表 2.1-3　油过滤器滤网规格选用

使用条件		滤网规格/(目/cm)	滤网流通面积与进口管截面面积的比值
泵前	螺旋泵、齿轮泵	16～22	8～10
	离心泵、蒸汽往复泵	8～12	8～10
炉前	机械雾化喷嘴	≥20	2

6. 卸油泵

当不能利用位差卸油时，需要设置卸油泵，将油罐车的燃油送入储油罐。

卸油泵的总排油量按下式计算：

$$Q=\frac{nV}{t} \tag{2.1-9}$$

式中 Q——卸油泵的总排油量（m^3/h）；

V——单个油罐车的容积（m^3）；

n——卸车车位数；

t——纯泵卸时间（h）。

纯泵卸时间 t 与罐车进厂停留时间有关，一般停留时间为4～8h，即在4～8h内应卸完全部卸车车位上的油罐车。在整个卸车时间内，辅助作业时间一般为0.5～1h，加热时间一般为1.5～3h，纯泵卸时间 $t=2\sim4h$。

7. 输油泵

为把燃油从卸油罐输送到储油罐或从储油罐输送到日用油箱，需设输油泵，输油泵通常采用螺杆泵或齿轮泵，也可以选用蒸汽往复泵、离心泵。油泵不宜少于两台，其中一台备用，油泵的布置应考虑到泵的吸程。

用于从储油罐往日用油箱输送燃油的输油泵，容量不应小于锅炉房小时最大计算耗油量的110%。

用于从卸油罐向储油罐输送燃油的输油泵，其容量根据式（2.1-4）确定。

在输油泵进口母管上应设置油过滤器两台，其中一台备用，油过滤器的滤网网孔宜为8～12目/cm，滤网流通面积宜为其进口截面的8～10倍。

8. 输油设备（油泵）

在燃油锅炉房供油系统中，按泵的用途可分：卸油泵、输油泵和供油泵。卸油泵的功能是将燃油泵入储油罐，再由输油泵把油料从储油罐送入日用油箱，而直接或间接供应锅炉燃烧器燃油的泵通称供油泵。按泵的工作原理可分：动力式泵和容积式泵。离心泵属于动力式泵，而往复式泵、齿轮泵和螺杆泵则归为容积式泵。这几种泵均可用于压送油料，泵型的选择主要取决于油品的性质和供油参数。当输送的油品黏度小，压头较低且流量较大时，一般采用离心泵；当油品黏度大，压头较高且流量较小时，常采用往复泵；如流量均匀且不含固体颗粒时，可采用齿轮泵和螺杆泵。

（1）离心泵　离心油泵结构和原理与离心水泵基本相同，有单级和多级，卧式和立式之分。与水泵类似，油泵的叶轮也由电动机直接驱动。当输送黏性油品时，泵的流量减小，扬程（或压头）降低，轴功率增大，效率降低。当燃油黏度大于$20mm^2/s$（3°E）时，泵的特性曲线需进行换算。

离心泵的特点是：压力稳定，调节性能好，易损零件少，对杂质不敏感，维护简单。但离心泵一般无自吸能力，输送流量小和压力较高的多级泵的效率低，故不宜在低负荷下运行。

（2）往复泵　常用往复泵的形式是活塞式，即依靠活塞在气缸中的往复运动来吸排液体，并使其压力升高。按动力来源可分蒸汽往复式油泵和电动往复式油泵两类，输送重油的使用蒸汽往复泵较多。按气缸布置形式不同有立式泵和卧式泵之分。

图 2. 1-49 所示为单缸双作用油泵的原理图。当活塞向左移动时，左腔容积逐渐变小，到压力升高到一定程度时压出阀被顶开，油往外输出；与此同时，右腔容积逐渐变大，到一定程度时吸入阀打开，将油吸入气缸。此过程一直进行到活塞移动至左端死点，然后活塞从左向右移动。这时，左腔为吸油，而右腔则为排油。此过程往复循环，不断地吸排油料。

往复式油泵的特点是：有可靠的自吸能力，对输送油的黏度适应性大；出口油压脉动大，且排出量与压力无关；只要材料强度允许，可产生任意高的压力。

（3）齿轮泵　齿轮泵有外齿泵和内齿泵之分。燃油燃烧器上常用内齿泵，而输送燃油的泵则多为外齿泵。齿轮泵（见图 2. 1-50）是由一对相互啮合的齿轮、泵体和侧盖组成的，两个齿轮分别固定在各自的轴上，其中一个为主动轴轮，另一个是从动轴轮。当主动轮旋转带着从动轮跟着旋转时，油受齿轮的拨动，从吸入管分两路沿着齿槽与泵体内壁围成的空间 *K* 流到压出管；当两齿啮合时齿槽内的油就被排挤出去。齿轮啮合处把吸入的低压区 *D* 与压出的高压区 *G* 隔开，使油不致倒流，起密封作用。齿轮顶部与泵体间的空隙很小，能够阻止油的倒流。

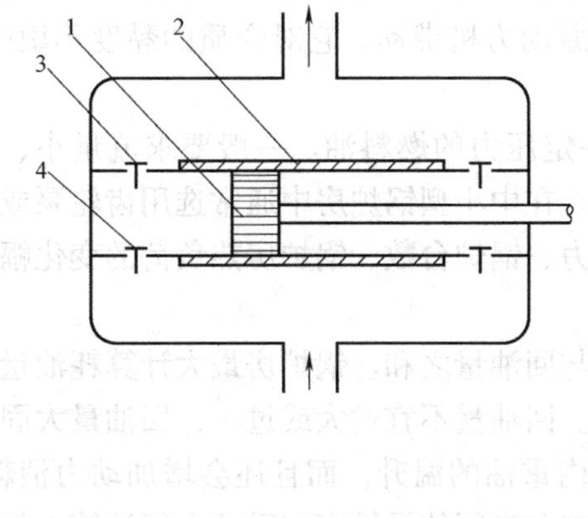

图 2. 1-49　单缸双作用油泵的原理图

1—活塞　2—泵缸　3—压出阀　4—吸入阀

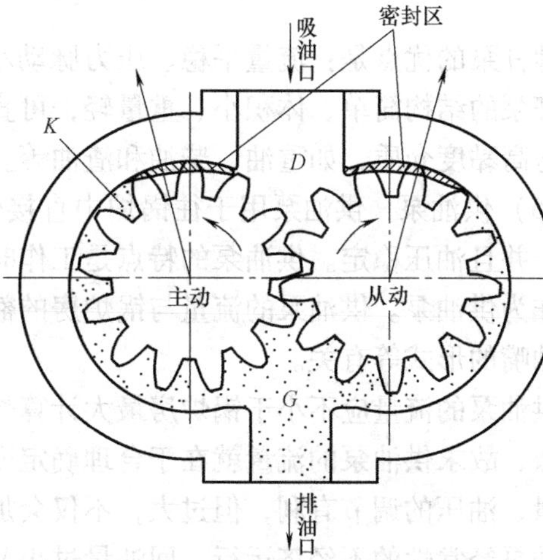

图 2. 1-50　外齿式齿轮泵

齿轮泵的主要特点是：结构简单，体积小，自吸性能好，工作可靠，维修方便；但流量和压力有脉动，且噪声较大。泵的排量不变，安装使用时应在进出口油管间连接一旁通阀，以调节外需流量；或在齿轮泵出口管道上设置安全阀。在起泵和停泵时，只需简单地开闭进口阀门便可投入运行。

（4）螺杆泵　螺杆泵的种类较多，如单螺杆泵、双螺杆泵、三螺杆泵和五螺杆泵；按密封形式不同又可分为密封式和非密封式。

现以三螺杆泵为例（见图 2. 1-51）来说明其工作原理。三螺杆泵主要由一根主动螺杆、两根从动螺杆和泵套组成，主动螺杆螺纹为凸形双头，从动螺杆为凹形双头，两者螺纹方向相反。这种容积式转子泵依靠螺杆相互啮合形成空间的容积变化来输送油料。当螺杆转动时，相互啮合形成封闭线，连续地从吸油腔一端轴向移动至排油腔一端，使吸油腔的容积增大，形成真空，油被吸入，然后进入螺杆的啮合空间。当啮合空间达到最大时，构成一密封腔（两条密封线之间）。腔内的油随着螺杆旋转而做轴向移动，当密封腔移动到排油腔一端时，密封腔内的油被密封线压到排油腔内排出。它的排油压力取决于与之连接的系统的总阻力。为了防止压力超过允许值而损坏泵，必须佩戴安全阀或其他过压保护装置。

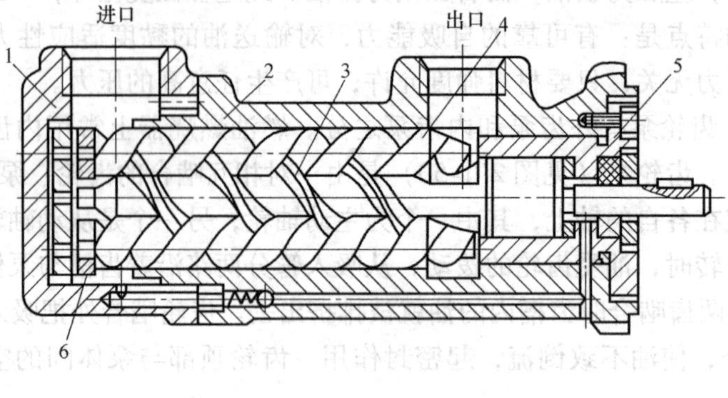

图 2.1-51　三螺杆泵结构图

1—后盖　2—壳体　3—主杆　4—从杆　5—前盖　6—推力块

螺杆泵的优点是：流量平稳、压力脉动小、噪声低、有自吸能力、寿命长、工作可靠。三螺杆泵的结构简单、体积小、重量轻，可直接由原动力机带动。它对介质的黏度不敏感，可输送高黏度介质，如重油、柴油和渣油等。

（5）供油泵　供油泵用于往锅炉中直接供应一定压力的燃料油。一般要求流量小、压力高，并且油压稳定。供油泵的特点是工作时间长。在中小型锅炉房中通常选用齿轮泵或螺杆泵作为供油泵。供油泵的流量与锅炉房的额定出力、锅炉台数、锅炉房热负荷的变化幅度及喷油嘴的形式等有关。

供油泵的流量应不小于锅炉房最大计算耗油量与回油量之和。锅炉房最大计算耗油量为已知数，故求供油泵的流量就在于合理确定回油量。回油量不宜过大或过小，回油量大固然对油量、油压的调节有利，但过大，不仅会加速罐内重油的温升，而且还会增加动力消耗，造成油泵经常性的不经济运行。回油量过小又会影响调节阀的灵敏度和重油在回油管中的流速，流速过低，重油中的沥青胶质和碳化物容易析出并沉积于管壁，使管道的流通截面面积逐渐缩小，日久甚至堵塞管道。因此，在确定回油量时，应力求使供油泵的动力消耗最省和保证重油系统的安全运行，并要做到：在锅炉热负荷变化时回油量应处于主调节阀的节流范围以内，同时应使重油在回油管中的流速不要过低，选取适当的回油管直径，尽量控制重油的流速在 1m/s 以上，最低不宜低于 0.7m/s。为保证在锅炉热负荷变化时油泵和回油管路的安全运行和节省动力消耗，除利用回油调节阀调节供油量和回油量外，还可选用小流量多台泵并联工作，以适应锅炉房热负荷变化时流量调节的需要。特别是在锅炉房额定出力较大，热负荷变化幅度也大的情况下，选用小流量泵并联工作尤有必要。

对于带回油的喷油嘴的回油，可根据喷油嘴的额定回油量确定，并合理地选用调节阀和回油管直径。喷油嘴的额定回油量，由锅炉制造厂提出，一般为喷油嘴额定出力的 15% ~50%。

9. 油罐附件

为了保证油罐的安全运行和正常操作，在油罐上需要设置通气管、人孔、透光孔、液位计、加热器等附件。现就主要部件做简要介绍。

（1）通气管及阻火器　为了避免油罐在充注和卸出时造成过高或过低的油面上部气体压力，必须设置通气管与外界大气相通。同时，为了防止意外情况下火焰经过通气管进入油罐点燃油蒸气而造成火灾事故，一般要在通气管上安装阻火器。阻火器内装有多层金属片组成的阻火芯，它可以吸收热量，使火焰熄灭。

（2）呼吸阀　在轻油罐上要装呼吸阀，当油罐内负压超过允许值时吸入空气，正压超值时排放出多余气体。正常情况下，使油罐内部空间与外部隔绝，以减少油品损失。

（3）液位计　液位计是用来测定罐内油面高度的指示器或传感器。常用的液位计有机械式、浮子式和电子式等几种。机械式液位计结构比较简单，但使用不够理想。浮子式液位计可粗略地指示油面高度，结构简单，使用较为普遍。电子式液位计可以远传液位指示，其运行效果好，但价格较高。

（4）空气泡沫发生器　在立式油罐的上层板圈上安装空气泡沫发生器。油液起火时，空气泡沫液在压力作用下，冲开器中的玻璃片，沿着泡沫管经喷射装置喷到油罐，覆盖着火液面，以隔绝空气，达到熄灭火焰的目的。正常状态下，玻璃片是用于防止油蒸气泄漏的。

二、锅炉房燃气系统设备组成与选型

（一）锅炉房燃气耗量计算

（1）单台锅炉计算耗气量

$$B = K\frac{D(h_q - h_{gs})}{\eta Q_{net,p,ar}} \tag{2.1-10}$$

式中　B——锅炉计算燃气耗量（kg/h）；

D——锅炉蒸发量（kg/h）；

h_q——蒸汽比焓（kJ/kg）；

h_{gs}——给水比焓（kJ/kg）；

η——锅炉热效率；

$Q_{net,p,ar}$——燃料的收到基低位发热量（kJ/kg）；

K——富裕系数，一般取 $K=1.2\sim1.3$。

（2）每只燃烧器计算燃气耗量

$$G_{rs} = \frac{B}{n} \tag{2.1-11}$$

式中　G_{rs}——每只燃烧器的计算燃料消耗量（kg/h）；

n——单台锅炉燃烧器的数量。

（3）锅炉房计算燃气耗量

$$\sum B = B_1 + B_2 + \cdots + B_n \tag{2.1-12}$$

式中　B_1——第一台锅炉计算燃气耗量（kg/h）；

B_2——第二台锅炉计算燃气耗量（kg/h）；

B_n——第 n 台锅炉计算燃气耗量（kg/h）。

（二）燃气管道供气系统

燃气锅炉房供气管道系统的设计是否合理，不仅与锅炉安全可靠运行关系极大，而且对供气系统的投资和运行的经济性也有很大影响。因此，在设计时，必须给予足够的重视。

锅炉房供气系统，一般由供气管道进口装置、锅炉房内配管系统以及吹扫放散管道等组成。

1. 供气管道系统设计的基本要求

（1）供气管道进口装置设计要求

1）由调压站至锅炉房的燃气管道（锅炉房引入管），除生产上有特殊要求时需考虑采用双管供气外，一般均采用单管供气。当采用双管供气时，每条管道的通过能力按锅炉房总耗气量的70%计算。

2）当调压装置进气压力在0.3MPa以上，而调压比又较大时，可能产生很大的噪声，为避免噪声沿管道传送到锅炉房，调压装置后宜有10～15m的一段管道采取埋地敷设，如图2.1-52所示。

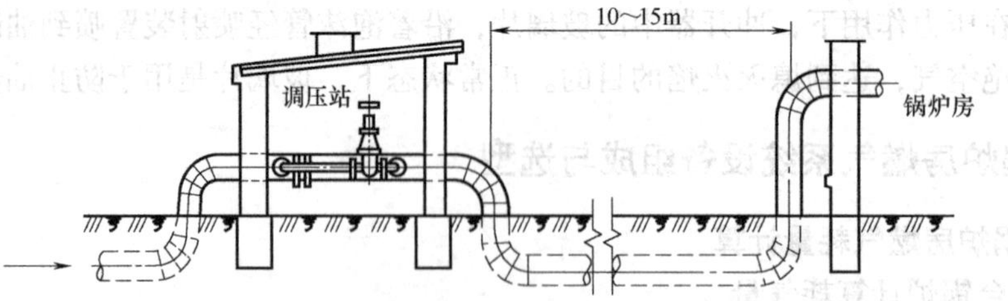

图2.1-52　调压站至锅炉房间的管道敷设

3）由锅炉房外部引入的燃气总管，在进口处应装设总关闭阀，按燃气流动方向，阀前应装放散管，并在放散管上装设取样口，阀后应装吹扫管接头。

4）引入管与锅炉间供气干管的连接，可采用端部连接（见图2.1-53）或中间连接（见图2.1-54）。当锅炉房内锅炉台数为四台以上时，为使各锅炉供气压力相近，最好采用在干管中间接入的方式。

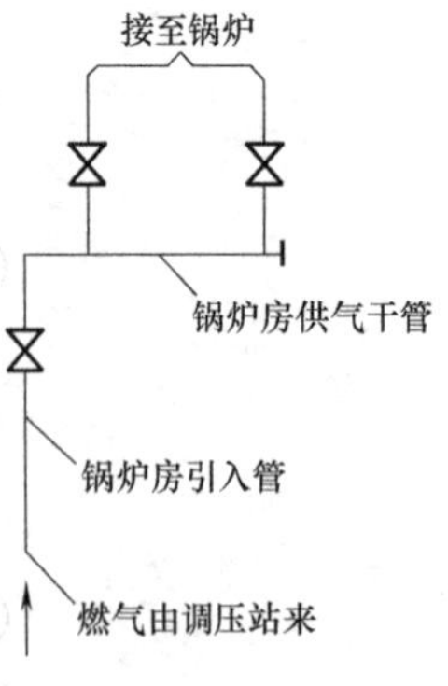

图2.1-53　锅炉房引入管与供气干管端部连接

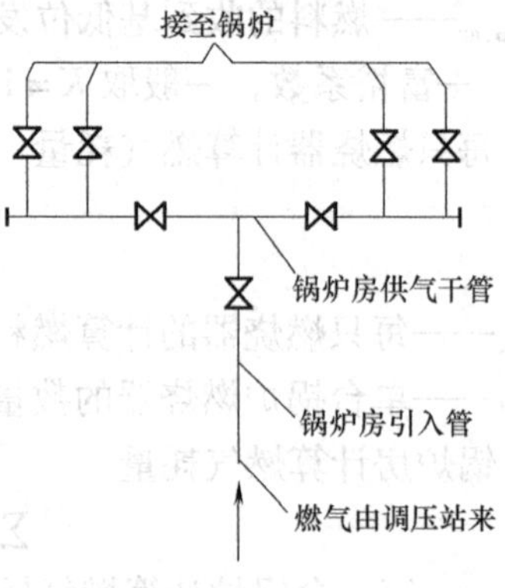

图2.1-54　锅炉房引入管与供气干管中间连接

（2）锅炉房内燃气配管系统设计要求

1）为保证锅炉安全可靠地运行，要求供气管路和管路上安装的附件连接要严密可靠，能承受最高使用压力。在设计配管系统时应考虑便于管路的检修和维护。

2）管道及附件不得装设在高温或有危险的地方。

3）配管系统使用的阀门应选用明杆阀或阀杆带有刻度的阀门，以使操作人员能识别阀门的开关状态。

4）当锅炉房安装的锅炉台数较多时，供气干管可按需要用阀门分隔成数段，每段供应2～3台锅炉。

5）在通向每台锅炉的支管上，应装有关闭阀和快速切断阀（可根据情况采用电磁阀或手动阀）、流量调节阀和压力表，如图2.1-55所示。

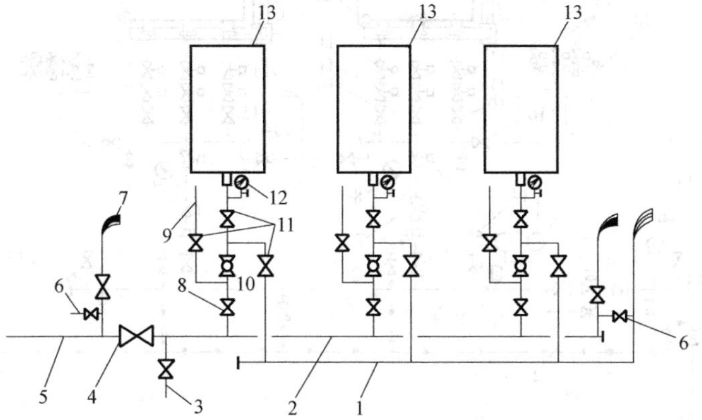

图2.1-55　一般手动控制燃气供应系统

1—放散母管　2—供气干管　3—吹扫入口　4—燃气入口总切断阀　5—燃气引入管　6—取样口
7—放散管　8—关闭阀　9—点火管　10—调节阀　11—切断阀　12—压力表　13—锅炉

6）在支管至燃烧器前的配管上应装关闭阀，阀后串联两只切断阀（手动阀或电磁阀），并应在两阀之间设置放散管（放散阀可采用手动阀或电磁阀）。靠近燃烧器的一只安全切断电磁阀的安装位置，至燃烧器的间距尽量缩短，以减少管段内燃气渗入炉膛的数量，如图2.1-56所示。

（3）吹扫放散管道系统设计　燃气管道在停止运行进行检修时，为检修工作安全，需要把管道内的燃气吹扫干净；系统在较长时间停止工作后再投入运行前，为防止燃气空气混合物进入炉膛引起爆炸，也需进行吹扫，将可燃气混合气体排入大气。因此，在锅炉房供气系统设计中，应设置吹扫和放散管道。

设计吹扫放散系统应注意下列要求：

1）吹扫方案应根据用户的实际情况确定，可以考虑设置专用的惰性气体吹扫管道，用氮气、二氧化碳或蒸汽进行吹扫；也可不设专用吹扫管道而在燃气管道上设置吹扫点，在系统投入运行前用燃气进行吹扫，停运检修时用压缩空气进行吹扫。吹扫点（或吹扫管接点）应设置在下列部位：

① 锅炉房进气管总关闭阀后面（顺气流方向）。

② 在燃气管道系统以阀门隔开的管段上需要考虑分段吹扫的适当地点。

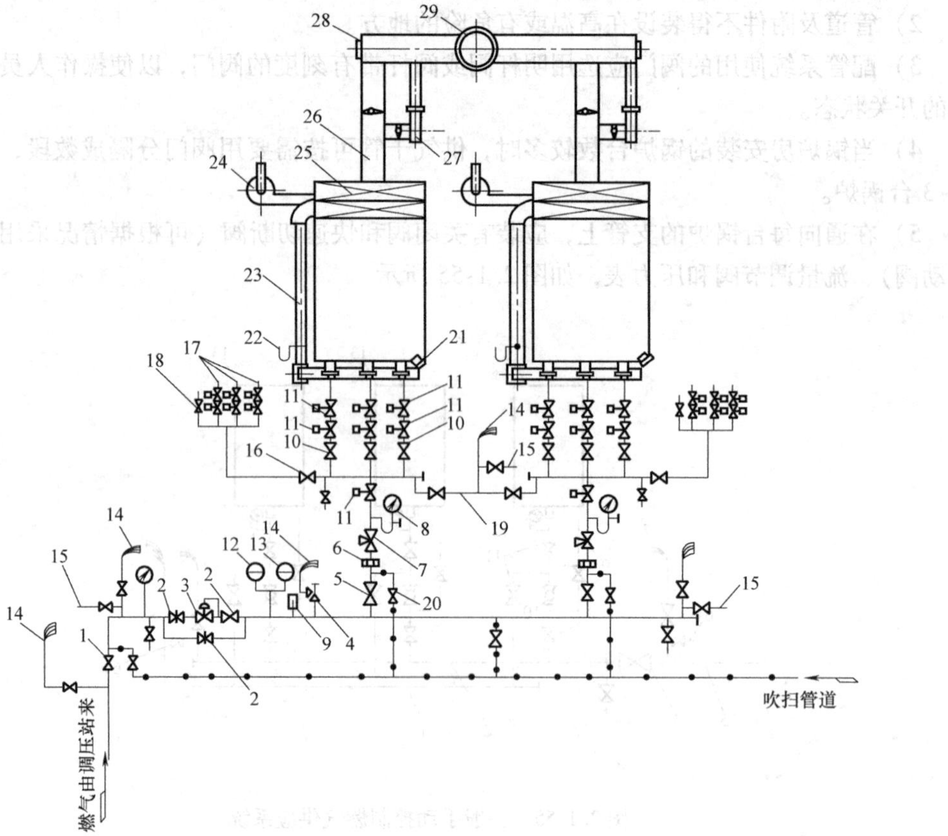

图 2.1-56　强制鼓风燃烧供气系统

1—总关闭阀　2—手动闸阀　3—压力调节器　4—安全阀　5—手动切断阀　6—流量孔板　7—流量调节阀　8—压力表　9—温度计　10—手动阀　11—安全切断电磁阀　12—压力上限开关　13—压力下限开关　14—放散管　15—取样管　16—手动阀门　17—自动点火电磁阀　18—手动点火阀　19—放散管　20—吹扫阀　21—火焰监测装置　22—风压计　23—风管　24—鼓风机　25—空气预热器　26—烟道　27—风机　28—防爆门　29—烟囱

2）燃气系统在下列部位应设置放散管道：

① 锅炉房进气管总切断阀的前面（顺气流方向）。

② 燃气干管的末端，管道、设备的最高点。

③ 燃烧器前两切断阀之间的管段。

④ 系统中其他需要考虑放散的适当地点。

放散管可根据具体布置情况分别引至室外或集中引至室外。放散管出口应安装在适当的位置，使放散出去的气体不致被吸入室内或通风装置内。放散管出口应高出屋脊 2m 以上。

3）放散管的管径根据吹扫管段的容积和吹扫时间确定，一般按吹扫时间为 15 ~ 30min，排气量为吹扫段容积的 10 ~ 20 倍作为放散管管径的计算依据。表 2.1-4 和表 2.1-5 列举了锅炉房内燃气管道系统和厂区燃气管道系统的放散管直径参考数据。

表 2.1-4　锅炉房燃气系统放散管直径参考数据　　（单位：mm）

燃气管道直径	25 ~ 50	65 ~ 80	100	125 ~ 150	200 ~ 250	300 ~ 350
放散管直径	25	32	40	50	65	80

表 2.1-5　厂区燃气系统放散管直径参考数据

距离/m	燃气管道直径/mm				距离/m	燃气管道直径/mm			
	50 ~ 100	125 ~ 250	300 ~ 350	400 ~ 500		50 ~ 100	125 ~ 250	300 ~ 350	400 ~ 500
20	40	50	80	100	300	65	150	250	250
50	40	65	100	100	400	65	200	300	300
100	40	80	150	150	500	80	200	300	300
200	50	125	200	200	1000	100	200	300	300

2. 锅炉常用燃气供应系统

（1）一般手动控制燃气系统　以前使用的一些小型燃气锅炉，锅炉都由人工控制，燃烧系统比较简单，一般是：燃气管道由外网或调压站进入锅炉房后，在管道入口处装一个总切断阀，顺气流方向在总切断阀前设放散管，阀后设吹扫点。由干管至每台锅炉引出支管上，安装一个关闭阀，阀后串联安装切断阀和调节阀，切断阀和调节阀之间设有放散管。在切断阀前引出一点火管路供点火使用。调节阀后安装压力表。阀门选用截止阀或球阀，手动控制。系统一般都不设吹扫管路。放散管根据布置情况单独引出或集中引出屋面。其供气系统流程如图 2.1-55 所示。

（2）强制鼓风供气系统　随着燃气锅炉技术的发展，供气系统的设计也在不断改进，近几年出现的一些燃气锅炉，自动控制和自动保护程度较高，实行程序控制，要求供气系统配备相应的自控装置和报警设施。因此，供气系统的设计也在向自控方向发展，在我国新设计的一些燃气锅炉房中，供气系统已在不同程度上采用了一些自动切断、自动调节和自动报警装置。

图 2.1-56 所示为强制鼓风供气系统，该系统装有自力式压力调节阀和流量调节阀，能保持进气压力和燃气流量的稳定。在燃烧器前的配管系统上装有安全切断电磁阀，电磁阀与风机、锅炉熄火保护装置、燃气和空气压力监测装置等联锁动作，当鼓风机、引风机发生故障（停电或机械故障），燃气压力或空气压力出现异常，炉膛熄火等情况发生时，能迅速切断气源。

强制鼓风供气系统能在较低压力下工作，由于装有机械鼓风设备，调节方便，可在较大范围内改变负荷而燃烧相当稳定。因此，这种系统在大中型采暖和生产的燃气锅炉房中经常被采用。

（3）WNQ4-0.7 型燃气锅炉供气系统　图 2.1-57 所示为 WNQ4-0.7 型燃气锅炉供气系统，该锅炉采用涡流式燃烧器，要求燃气进气压力为 10 ~ 15kPa，炉前燃气管道及其附属设备，由锅炉厂配套供应。每台锅炉配有一台自力式调压器，由外网或锅炉房供气干管来的燃气，先经过调压器调压，再通过两只串联的电磁阀（又称主气阀）和一只流量调节阀，然后进入燃烧器。在两只串联的电磁阀之间设有放散管和放散电磁阀，当主电磁阀关闭时，放散电磁阀自动开启，避免漏气进入炉膛。主电磁阀和锅炉高低水位保护装置、蒸汽超压装置、火焰监测装置以及鼓风机等联锁，当锅炉在运行中发生事故时，主电磁阀自动关闭切断供气。运行时燃气流量可根据锅炉负荷变化情况由调节阀进行调节，燃气调节阀和空气调节

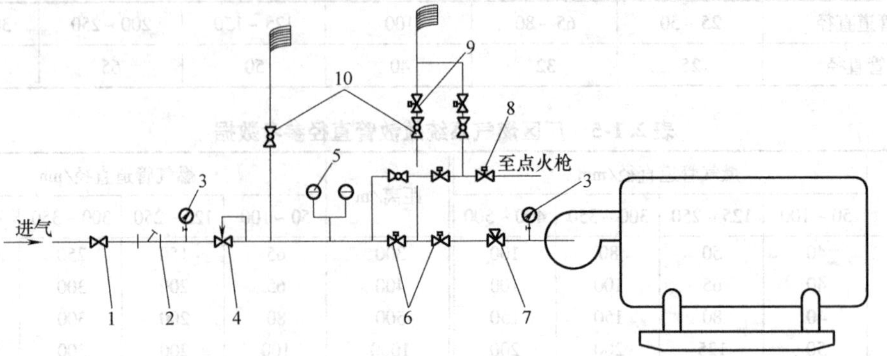

图 2.1-57　WNQ4-0.7 型燃气锅炉供气系统

1—总关闭阀　2—气体过滤器　3—压力表　4—自力式压力调节阀　5—压力上下限开关　6—安全切断电磁阀　7—流量调节阀　8—点火电磁阀　9—放空电磁阀　10—放空旋塞阀

阀通过压力比例调节器的作用实现燃气-空气比例调节。

此外，在两电磁阀之前的燃气管上，引出点火管道，点火管道上有关闭阀和两只串联安装的电磁阀。点火电磁阀由点火或熄火信号控制。本燃气系统的起动和停止为自动控制和程序控制，当开始点火时，首先打开风机预吹扫一段时间（一般几十秒），然后，打开点火电磁阀，点火后再打开主电磁阀，同时火焰监测装置投入，锅炉投入正常运行；当停炉或事故停炉时，先关闭主气阀，然后吹扫一段时间。

在供气系统中，为了保证燃烧器所需的压力，应设置燃气高低压报警及必要的联锁。

（三）燃气管道供气压力确定

1. 城市燃气管道压力分类

城市燃气管道按其所输送的燃气压力不同，分为以下五类：

低压管道（$p<0.005\text{MPa}$）；

次中压管道 A：（$0.005\text{MPa}<p<0.2\text{MPa}$）；

中压管道 B：（$0.2\text{MPa}<p<0.4\text{MPa}$）；

次高压管道 A：（$0.4\text{MPa}<p<0.8\text{MPa}$）；

高压管道 B：（$0.8\text{MPa}<p<1.6\text{MPa}$）。

在燃气锅炉房供气系统中，从安全角度考虑，宜采用次中压、低压供气系统；不宜采用高压供气系统。

2. 供气压力的确定

燃气锅炉房供气压力主要是根据锅炉类型及其燃烧器对燃气压力的要求来确定的。当锅炉类型及燃烧器的形式已确定时，供气压力可按下式确定：

$$p=p_r+\Delta p$$

式中　p——锅炉房燃气进口压力（Pa）；

p_r——燃烧器前所需要的燃气压力（各种锅炉所需要的燃气压力，见锅炉厂家资料，Pa）；

Δp——管道阻力损失（Pa）。

（四）燃气调压系统

为了保证燃气锅炉能安全稳定地燃烧，对于供给燃烧器的气体燃料，应根据燃烧设备的设计要求保持一定的压力。在一般情况下，从气源经城市煤气管网供给用户的燃气，如果直接供锅炉使用，往往压力偏高或压力波动太大，不能保证稳定燃烧。当压力偏高时，会引起脱火和发出很大的噪声；当压力波动太大时，可能引起回火或脱火，甚至引起锅炉爆炸事故。因此，对于供给锅炉使用的燃气，必须经过调压。

调压站是燃气供应系统进行降压和稳压的设施。站内除布置主体设备调压器之外，往往还有燃气净化设备和其他辅助设施。为了使调压后的气压不再受外部因素的干扰，锅炉房宜设置专用的调压站，如果用户除锅炉房之外还有其他燃气设备，需要考虑统一建调压站时，将供锅炉房用的调压系统和供其他用气设备的调压系统分开，以确保锅炉用气压力稳定。

调压站设计应根据气源（或城市煤气管网）供气和用气设备的具体情况，确定站房的位置和形式；选择系统的工艺流程和设备，并进行合理布置。

1. 调压系统分类

（1）几种调压系统　调压系统按调压器的数量和布置形式不同，可分为单路调压系统和多路调压系统。按燃气在系统内的降压过程（次数）不同，可分为一级调压系统和二级调压系统。

1）单路调压系统。单路调压系统是指只安装一台调压器或串联安装两台调压器的单管路系统（见图2.1-58）。

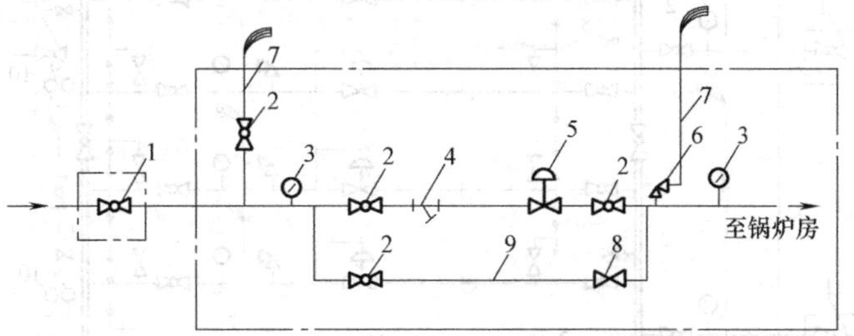

图2.1-58　单路一级调压系统

1—气源总切断阀　2—切断阀　3—压力表　4—过滤器　5—调压器

6—安全阀　7—放散管　8—调节阀　9—旁通管

2）多路调压系统。多路调压系统是指并联安装几台调压器、燃气在经过各台并联的调压器之后又汇合在一起向外输送的多管路系统（见图2.1-59、图2.1-60）。

3）二级调压系统。每种调压器都只能适用一定的压力范围，只有当调压器前的进气压力和其后的供气压力之差在该范围以内时，才能保证调压器工作的灵敏度和稳定性。压差过大或过小都将使灵敏度和稳定性降低，压差过大还易使阀芯损坏。因此，当调压站进气压力和所要求的调压后的供气压力相差很大时，可考虑采用二级调压系统。二级调压就是在系统中串联安装两台适当的调压器，经过两次降压达到调压要求。一般当调压系统进出口压差不超过1.0MPa，调压比不超过20，采用一级调压系统（见图2.1-59、图2.1-60）。当系统进出口压差超过1.0MPa，调压比大于20，采用二级调压系统（见图2.1-61）。此外，当调压系统要供给两种气压不同的燃烧器时，也可采用部分二级调压系统，将经过一级调压器后的一部分燃气直接送至要求较高气压的燃烧器使用，另一部分燃气再经过第二级调压器降压后送至要求气压较低的燃烧器使用。

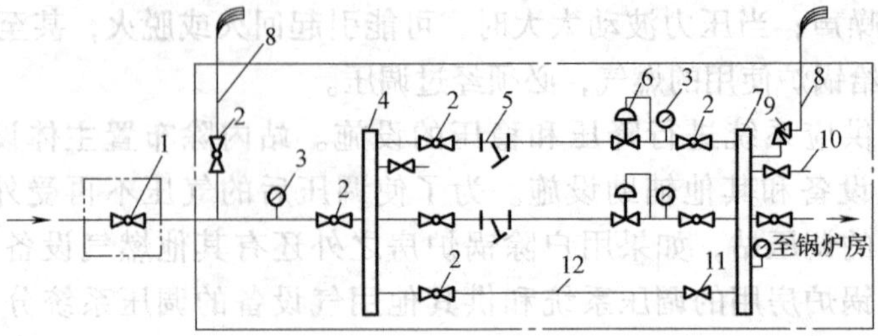

图 2.1-59　多路一级调压系统

1—气源总切断阀　2—切断阀　3—压力表　4—分气缸　5—过滤器　6—调压器　7—集气缸　8—放散管　9—安全阀　10—排污管　11—调节阀　12—旁通管

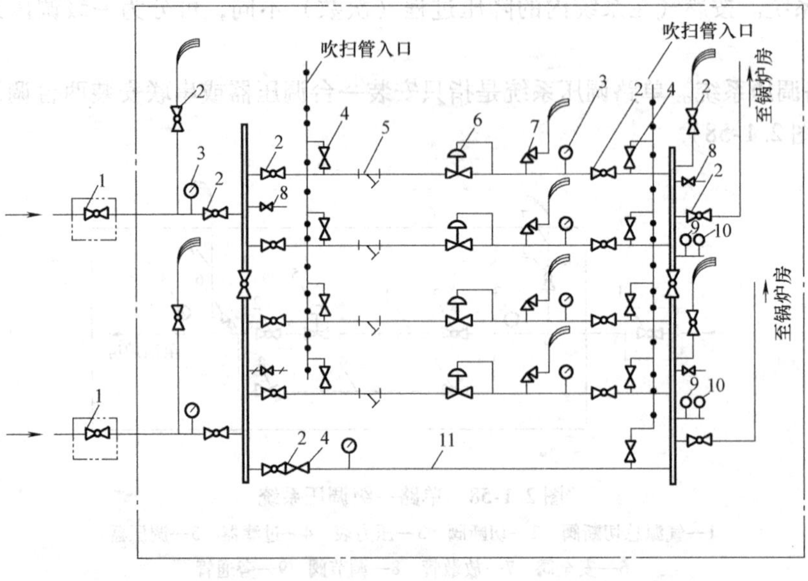

图 2.1-60　双气源多路一级调压系统

1—气源总切断阀　2—切断阀　3—压力表　4—截止阀　5—过滤器　6—调压器　7—安全阀　8—排污管　9—压力控制器（下限开关）　10—压力控制器（上限开关）　11—旁通管

4）带辅助调压器和带监视调压器的系统。调压系统除上述几种基本类型外，还有带辅助调压器的系统（见图 2.1-62）和带监视调压器的系统（见图 2.1-63），这两种方式在国外调压站设计中采用较多，国内很少使用，简单介绍如下：

① 带辅助调压器的调压系统。这种系统的特点是：在经常工作的调压器（称主调压器）旁并联安装一台小调压器（称辅助调压器）。当系统处于很低的负荷下运行，主调压器不能正常工作时，关闭主调压器，开启辅助调压器，以保证系统调压稳定。这种系统适用于高低

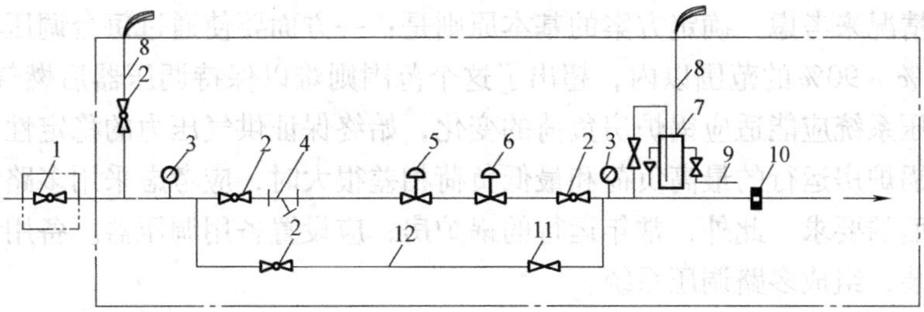

图 2. 1-61　单路二级调压系统

1—气源总切断阀　2—切断阀　3—压力表　4—过滤器　5—一级调压器　6—二级调压器
7—安全水封　8—放散管　9—自来水管　10—流量孔板　11—调节阀　12—旁通管

负荷相差很大的调压系统。辅助调压器的流通能力一般按主调压器流通能力的25%～30%来选择。

使用带辅助调压器的系统，应选用间接作用式调压器。辅助调压器的安装方式如图2. 1-62所示。

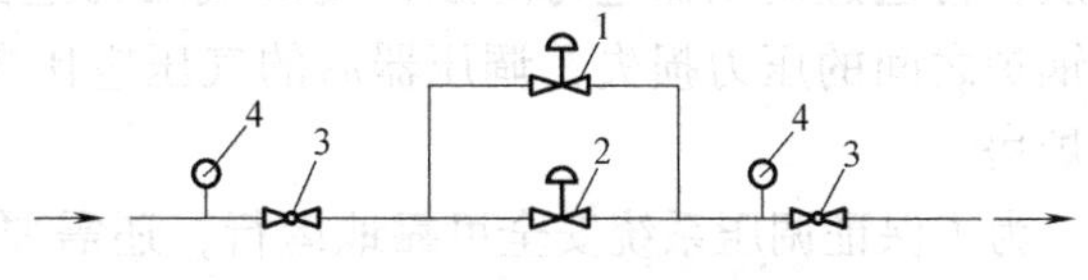

图 2. 1-62　带辅助调压器的系统

1—辅助调压器　2—主调压器　3—切断阀　4—压力表

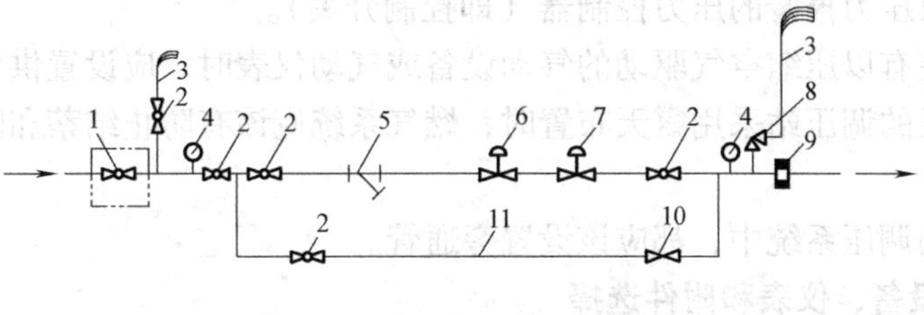

图 2. 1-63　带监视调压器的调压系统

1—气源总切断阀　2—切断阀　3—放散管　4—压力表　5—过滤器　6—正常工作调压器（或监视调压器）
7—监视调压器（或正常工作调压器）　8—安全阀　9—流量孔板　10—调节阀　11—旁通管

② 带监视调压器的调压系统。监视调压器是一种和正常工作调压器串联安装的备用调压器，在正常运行情况下，它完全开启；当正常工作调压器失灵时，它投入运行，代替正常调压器进行调压，保持系统工作正常（此时将正常调压器开启）。

监视调压器可以安装在正常工作调压器的前面（进气侧）或后面（出气侧）。当安装在正常调压器之后时，其公称通径至少应和主调压器一样大小（因为在正常调压器工作时，气流是在降压膨胀后通过监视调压器）。当安装在正常调压器之前时，其大小可和正常调压器一样，或稍小一些。

带监视调压器的调压系统和一般的二级调压系统的区别是：在二级调压系统中串联的两台调压器同时工作，而各自处于不同的进出口压力状态，分两次降压达到调压要求。而在带监视调压器的调压系统中，串联的两台调压器是一台工作，另一台备用。当每台调压器投入运行时，都应一次独立地完成调压任务，达到调压要求。

采用监视调压器作为备用，比设置并联的备用调压支路简单。

（2）调压系统方案确定原则　调压系统采用何种方式要根据调压器的容量和锅炉房运行负荷的变化情况来考虑。确定方案的基本原则是：一方面要使通过每台调压器的流量在其铭牌出力的10%～90%的范围以内，超出了这个范围则难以保持调压器后燃气压力的稳定。另一方面，调压系统应能适应锅炉房负荷的变化，始终保证供气压力的稳定性。因此，当锅炉台数较多或锅炉房运行的最高负荷和最低负荷相差很大时，应考虑采用多路调压系统，以满足上述两方面的要求。此外，常年运行的锅炉房，应设置备用调压器。备用调压器和运行调压器并联安装，组成多路调压系统。

2. 调压系统工艺流程和附件配置

各种类型的调压系统，按其工艺流程来说基本上是相同的。一般由气源或城市燃气管网来的燃气先经过一个设置在站外的气源总切断阀（一般都安装在阀门井内），然后进入调压站。在调压站内燃气先经过油水分离器、过滤器清除其中所携带的水分、油分和杂质，再通过调压器进行降压，使燃气压力达到燃烧设备所要求的数值（考虑到调压站和锅炉之间的压力损失，调压器后的气压应比燃烧设备要求的压力适当提高），然后送到锅炉房。

为了保证调压系统安全可靠地运行，还需要设置下列辅助配件：在系统的入口段（调压器前）设置放散管、压力表；在每个调压支路的前后安装切断阀；每台调压器的后面应安装压力表；在调压器后的输气管上或多路并联调压支路的集气联箱上应安装安全阀，或设置安全水封；在管道和设备的最低点应设置排污放水点。此外，有的调压系统还设置有吹扫管路和供高低极限压力报警的压力控制器（即控制开关）。

当调压站安装有以压缩空气驱动的气动设备或气动仪表时，应设置供应压缩空气的设备和管道。寒冷地区的调压站采用露天布置时，燃气系统应该有防止结萘和防止产生水化物的措施。

在所有形式的调压系统中，都应该设置旁通管。

3. 调压系统设备、仪表和附件选择

（1）净化设备的配置　调压系统的净化设备，是指油水分离器和燃气过滤器。这些设备在系统中是否应该设置，可根据调压站进口处的燃气清洁程度和调压系统的设备、仪表以及燃烧器对燃气洁净程度的要求等具体情况来确定。

一般来说，当调压站输入的燃气中含有较多的油分或水分时，在调压系统的入口（过滤器前）应设置油水分离器，对燃气进行脱油、脱水，以防止管道和设备的锈蚀，避免水分对着火的不良影响。但对于由城市煤气管网供给用户燃气，在气源或配气站一般都已经过脱油、脱水处理。因此，在用户的调压系统中除特殊情况外，一般不必设置油水分离器。调压系统在调压器之前，一般都应设置过滤器，以清除燃气中的固体杂质。

在大的工厂或企业中，如果在燃气进入本区域的入口处已设置有集中的净化站，则锅炉房用的调压系统可不必再安装过滤器。但是，如果净化站离调压装置的距离在1000m以上，或者在厂区内利用原有旧管道输送燃气时，则调压器之前仍应装设过滤器。

（2）调压器的选择　燃气系统使用的调压器（即压力调节器），按其驱动方式分为自力式调压器和间接作用式气动薄膜调压器两类，其中每类又分气开式和气闭式两种。在中、小型工业锅炉房的调压站中，一般都采用结构简单的自力式调压器。但当燃气中含硫化氢较多时，不宜选用自力式调压器，因为硫化氢和调压器的薄膜直接接触时，会导致薄膜老化。这时，应采用以压缩空气驱动的间接作用式调压器。

气开式或气闭式的选择，主要是从使用安全的角度来考虑。一般希望在系统停止运行或控制气源发生故障时，调压器处于关闭状态，因此，调压站一般选用气开式调压器。

调压器及其台数的选择，应根据使用条件和具体情况，结合调压系统的布置方案一起考虑，应能符合下列要求：

1）承压能力。调压器应能承受调压器前可能出现的最高气压。有良好的灵敏度，能满足用气设备的调压要求。调压器的压力差，应根据调压器前燃气管道的最高压力与调压器后燃气管道需要的压力之差确定。

2）调压器的计算流量。调压器的计算流量应按该调压器所承担的管网小时最大输送量的1.2倍确定。

调压器的选型计算可按下列步骤进行：

① 根据系统（或调压器所在的支路）的设计流量和进气压力，算出所需要的调压器流通能力 C_j：

a. 当 $p_2/p_1>0.5$ 时，按下式计算 C_j

$$C_j=\frac{Q}{5140Z\sqrt{\dfrac{(p_1-p_2)p_1}{\rho_0(273+t)}}}=\frac{Q}{5140Z\sqrt{\dfrac{\Delta p p_1}{\rho_0 T}}}$$

b. 当 $p_2/p_1\leqslant 0.5$ 时，按下式计算 C_j

$$C_j=\frac{Q}{2800p_1\sqrt{\dfrac{1}{\rho_0(273+t)}}}=\frac{Q}{2800p_1\sqrt{\dfrac{1}{\rho_0 T}}}$$

式中　C_j——调压器计算流通能力（m^3/h）；

p_1——调压器前燃气绝对压力（MPa）；

p_2——调压器后燃气绝对压力（MPa）；

Δp——调压器前后燃气压力差（MPa）；

Q——通过调压器的燃气流量（标态）（m^3/h）；

ρ_0——标准状况下的燃气密度（kg/m^3）；

t——调压器前燃气温度（℃）；

T——调压器前燃气热力学温度（K）；

Z——压缩系数，当 $\frac{p_1-p_2}{p_1}\leqslant 0.08$ 时，取 $Z=1$，当 $\frac{p_1-p_2}{p_1}>0.08$ 时，$Z=1-0.46\frac{p_1-p_2}{p_1}$。

② 根据计算值 C_j，选择其铭牌流通能力 C 和计算值 C_j 比较接近的调压器作为选用调压器。一般当系统的负荷变化不大时，调压器在正常工作情况下的开度在50%左右，这时，计算值 C_j 与选用调压器的 C 值的比为 $\frac{C_j}{C}=0.35\sim0.75$。

在实际生产过程中，通过调压器的流量和调压器前的燃气压力 p_1，往往都有变动，因此，在计算中应根据系统（对于多路调压系统则按调压器所在的支路）的最大流量和最小流量、阀前的最高压力和最低压力 4 个变量算出 4 个 C_j。然后，根据其中最大计算值 C_{max} 和最小计算值 C_{min} 的范围来选择调压器，使选定调压器的 C 值符合下列要求：

a. 当调压器在最大开度时，应符合下式要求：

$$\frac{C_{max}}{C}<0.9$$

b. 当调压器在最小开度时，应符合下式要求：

$$\frac{C_{min}}{C}>0.1$$

3）调压器类型。压力调节器（简称调压器）的作用是当管网中压力变化及耗气量变化时，能使其出口压力保持恒定。调压器后压力的恒定是通过改变流经调节阀的气体流量来实现的。调压器中的调节阀由阀座、阀瓣（或阀芯）和阀杆等组成。按照推动阀瓣移动的作用力来源不同，调压器有直接作用式和间接作用式两类，现就各自的工作原理分述如下：

① 直接作用式调压器。图 2.1-64 所示为直接作用式调压器的结构，它主要由阀体、阀瓣、阀座（阀口）、双层皮膜和调节弹簧组成，内设过滤器。在正常状态下，阀瓣通过阀杆承受弹簧往下作用的力及本身的重力。这两个力与工作皮膜下方气体的气压往上作用的力相平衡，阀口处于某一开度，维持一定流量。当用气量增大时，气压下降，该压力通过传导孔传到工作皮膜的下方，在弹簧压力的作用下阀杆带动阀瓣向下移动某一距离，使阀门开度增大，提高流入气量，压力恢复到原设定值。阀后压力的高低可通过压紧或松开弹簧加以调定。

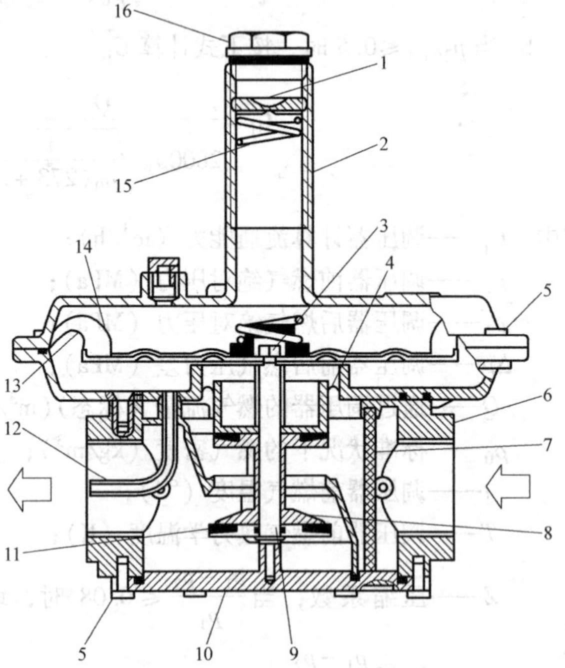

图 2.1-64　直接作用式调压器的结构

1—调节螺钉　2—上体　3—固定螺母　4—隔离皮膜　5—紧固螺钉　6—阀体　7—过滤器　8—阀瓣　9—阀杆　10—底盖　11—密封橡胶片　12—导压孔　13—工作皮膜　14—安全皮膜　15—调节弹簧　16—顶盖

② 间接作用式调节器。由指挥器控制的一种间接作用式调压器工作原理如图 2.1-65 所示，该系统由主阀、指挥器及供气阀组组成。当无驱动压力时，阀瓣处于关闭状态。通气孔 A、B 和气室 C 通气后能够保证移动部件的平衡，不受进口压力的影响。因此，阀瓣的位置完全取决于薄膜上下气室 D 和 E 之间的压力差、弹簧的负载和阀杆及阀瓣的质量。供入气室 E 的气体由高压气体经供气阀减压（相应设定的出口压力）传送到指挥器阀块 9，通过阻尼孔 F 进入气室 E，作为推动力。

此力是弹簧10的弹力与出口气体压力对薄膜11的作用力进行比较而确定的信号。

正常运行期间，如流量增大造成进口压力下降，平衡被破坏，指挥器移动部件12往上移动，阻尼孔F打开，使新的气体进入气室E，压力升高，从而将主阀瓣提起增大开度直至恢复到调压器的压力设定值。相反，进口压力升高时，阻尼孔F关小，指挥器供气量减小，而阻尼孔G仍向下游供气，使气室E内气压下降，在弹簧作用下关小主阀，恢复设定值。

带指挥器的间接作用式调压器的灵敏度比直接作用式调压器的要高，通气量也较大，常用于城市区域调压站。

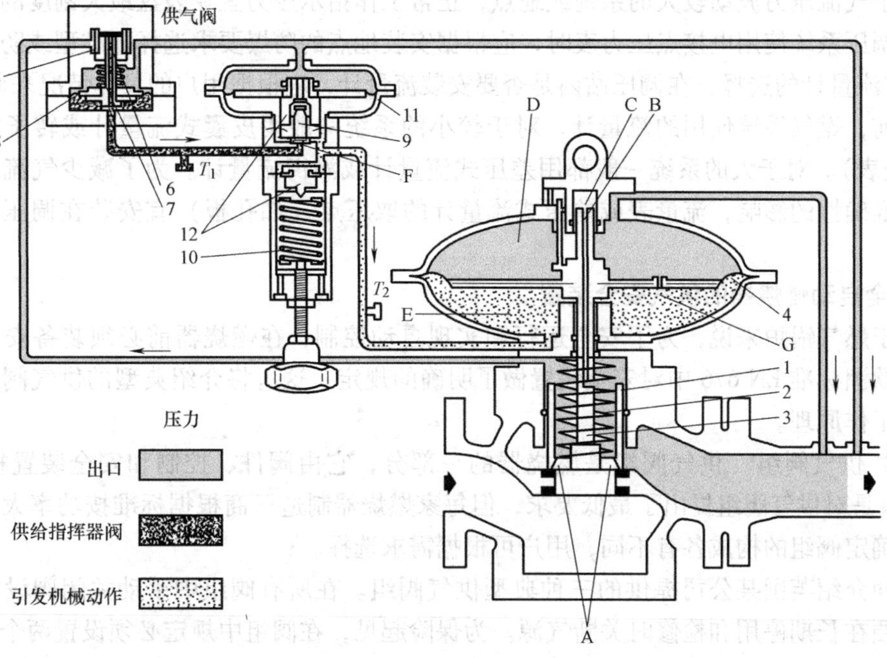

图2.1-65　间接作用式调压器工作原理

1—阀瓣　2—主阀弹簧　3—阀杆　4—主阀薄膜　5—内装式过滤器　6—供气阀　7—弹簧　8—薄膜　9—指挥器阀块　10—指挥器弹簧　11—指挥器薄膜　12—指挥器移动部件　A—阀块通气孔　B—高压通气孔　C—气室　D—主阀上气室　E—主阀下气室　F—指挥器阻尼孔　G—主阀内阻尼孔

(3) 阀门和仪表选择

1) 阀门的选择。调压系统阀件较多，用途不一。设计时选型和配置是否合适，不仅影响设计的经济指标，而且对调压站的安全运行和维护管理都有很重要的关系。阀件选用应注意下列几点：

① 对于要求关闭迅速的切断阀，如气源总切断阀、调压器前后的切断阀等宜选用旋塞阀、球阀或明杆闸阀。对于调节流量的阀门，如旁通管上的手动调节阀宜选用截止阀。

② 所选用的阀门都应能承受使用条件下的最高压力，应有足够的强度和良好的严密性。在阀门的连接方式中，螺纹连接容易漏气，因此，除公称直径很小的阀门外，调压系统一般均应选用法兰连接的阀门。

③ 当燃气中含有硫化氢时，燃气系统不应选用有铜质部件的阀门。因铜很易受硫化氢腐蚀。

④ 当调压系统使用电磁阀时，应根据使用要求确定常开式或常闭式，根据安装地点的

要求确定采用标准型或防爆型。

⑤ 在自动控制的调压系统中，宜配置必要的手动阀门，以便在自控失灵时作为备用。

2）压力表的选择。在调压系统中，为了监视气流压力和设备的工作状态（如调压器），以及为了掌握过滤器等设备的清扫时间，在有关的管段或容器上安装压力表，压力表的选择应根据安装地点的气流压力来决定。一般压力表当工作时的指示压力在其表盘最大刻度的2/3处时（弹簧压力表在最大刻度的2/3~3/4处时），测量值比较准确，超出了这个范围则准确度降低。因此，在选择压力表时，应考虑正常工作状态时指示压力在表盘的上述范围之内。对于气流压力波动较大的系统或地点，正常工作指示压力宜在表盘最大刻度的1/2处。

当调压系统使用电接点压力表时，应根据安装地点的防爆要求选择标准型或防爆型。

3）流量计的选择。在调压站内是否要安装流量计，应根据用户的具体情况来确定。

目前，燃气系统使用的流量计，对于较小的系统一般用皮囊式流量计或转子式流量计（即罗茨表）。对于大的系统一般都用差压式流量计或涡街流量计。为了减少气流压力波动对测量准确性的影响，流量表或差压式流量计的取压点（如孔板）宜安装在调压器之后的低压侧。

4. 全自动燃烧器的供气安全装置

对于燃气锅炉来说，为了安全运行和实现自动控制，在燃烧器前必须装备安全供气装置。在欧洲标准EN 676中对安全装置做了明确的规定，这里将介绍典型的供气阀组和有关装置的工作原理。

（1）供气阀组　供气阀组是燃烧器的一部分，它由阀件、控制和安全装置构成。EN 676中只是对供气阀组提出了最低要求，但每家燃烧器制造厂商根据标准按功率大小及调节方式等确定阀组的构成各有不同，用户可根据需求选择。

下面介绍英国某公司提供的三种典型供气阀组。在所有阀组中手动关闭阀设在阀组之前，以便在长期停用和检修时关断气源。为保险起见，在阀组中规定必须设置两个串联的自动切断阀。要设置稳压调压器，使燃烧器前的供气压力只能在规定范围内波动，确保热功率不超过设定值的±5%。为了防止机械杂质被带入调压器和安全切断阀，而导致故障或关闭不严，在前面应设过滤拦截装置。通常过滤器设在手动关闭阀和调压器之间。阀组系统中还设有过低压力及过高压力开关，当燃气压力降至或超过某一安全运行的规定值时，能使切断阀自动地关闭气路。

1）两段调节阀组。图2.1-66所示为两段调节供气阀组的一种形式，其中高/低切断阀除了具备切断气源的功能外，还能改变燃气流量，使火焰可大可小，实施两段调节。测压点是供调试时测量观察燃气压力用的。接管口径为DN40、DN50、DN60，燃烧器的热功率为600~3000kW。

2）比例调节阀组。图2.1-67表示了燃烧器比例连续调节时所用的阀组系统的一种。与上述系统不同的是将带有稳压装置的空燃比调节组合阀代替两段调节切断阀，未设主调压器。阀组口径和供气流量范围同上。

3）带电子比例调节和检漏装置的阀组。图2.1-68所示为带比例调节的大功率燃烧器的供气阀组系统。该系统供较大热功率的燃气燃烧器使用，可另设点火燃烧器。由于采用了电子比例调节系统。功率调节（燃气量调节）是靠伺服电动机带动的调节阀进行的。另外，按EN 676有关规定，当燃烧器的热功率大于1200kW时，要安装安全切断阀的检漏装置，用来检验切断阀的气密性，确保安全用气。所供燃烧器的热功率是5000～10000kW，接管口径DN80、DN100。

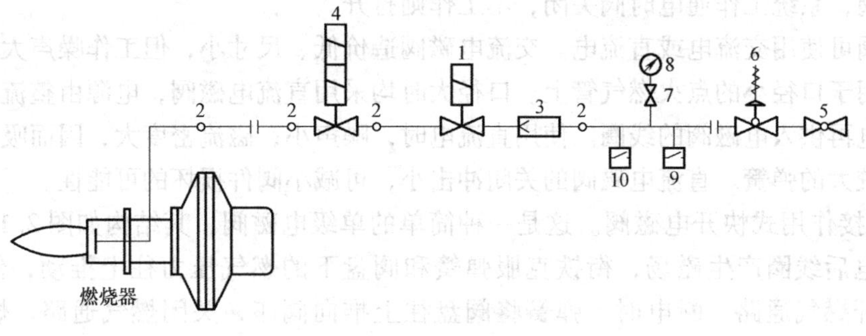

图2.1-66　两段调节供气阀组

1—安全切断阀　2—测压点　3—过滤器　4—高/低切断阀　5—手动关闭阀　6—主调压器　7—压力表旋塞
8—压力表　9—压力开关（低压）　10—压力开关（高压）

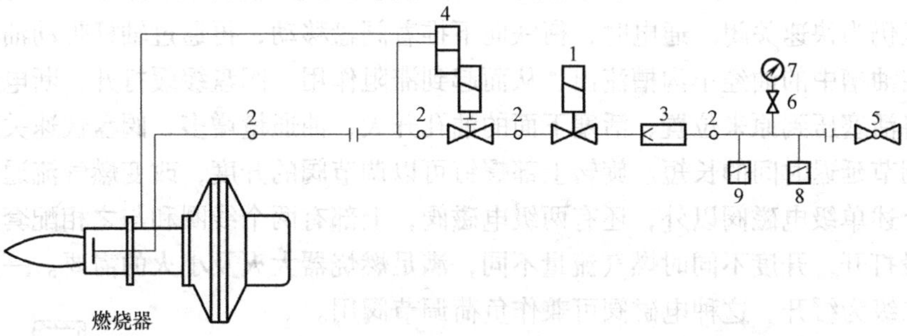

图2.1-67　比例调节供气阀组

1—安全切断阀　2—测压点　3—过滤器　4—空气/燃气比例调节器　5—手动关闭阀　6—压力表旋塞
7—压力表　8—压力开关（低压）　9—压力开关（高压）

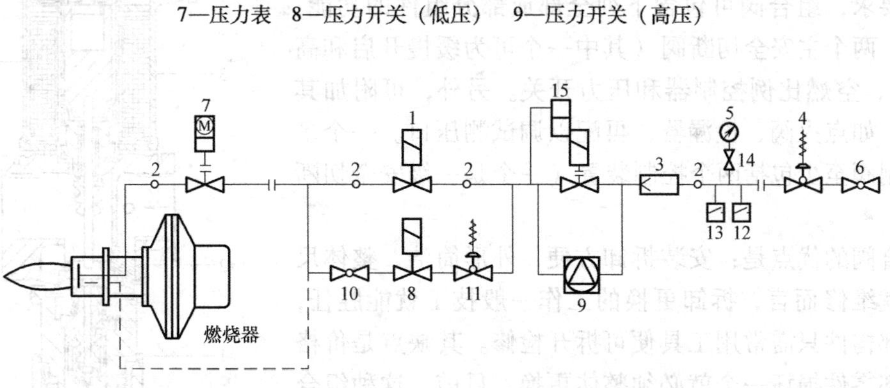

图2.1-68　带电子比例调节和检漏装置的供气阀组

1—安全切断阀　2—测压点　3—过滤器　4—主调压器　5—压力表　6—手动关闭阀　7—电动燃气调节阀
8—点火阀　9—检漏装置　10—点火关闭阀　11—点火调压器　12—压力开关（高压）
13—压力开关（低压）　14—压力表测点　15—内装稳压器的安全切断阀

（2）安全切断阀　供气阀组中应设两个串接的自动安全切断阀，通常用的是电磁阀。运行时两个阀都打开，停炉时全部关闭。在运行过程中，若出现故障（如燃气压力过高或过低、熄火等情况）时，切断阀应自动关闭，停止供气。

电磁阀有常开式和常闭式两种，燃气阀均为常闭式，通电时阀打开；一些放气管上用常开式电磁阀，系统工作通电时阀关闭，不工作则打开。

电磁阀可使用交流电或直流电。交流电磁阀造价低、尺寸小，但工作噪声大，且时有蜂鸣声，常用于口径小的点火燃气管上。口径大时均采用直流电磁阀，电源由整流器将交流电变成直流电再供入电磁阀的线圈。使用直流电时，噪声小，磁流密度大，因而吸推力大，能抵抗负载较大的弹簧。直流电磁阀的关闭冲击小，可减小阀件损坏的可能性。

1）直接作用式快开电磁阀。这是一种简单的单级电磁阀，其结构如图 2. 1-69 上半部所示。通电后线圈产生磁场，衔铁克服弹簧和阀盘下的燃气压力往上推动，使阀盘离开阀座，打开燃气通路。断电时，弹簧将阀盘往上推向阀座，关闭燃气通路。燃气压力向上作用于阀盘，可增大关闭力。快开电磁阀开启时生成冲击气流，对点火和邻近设备会产生不良影响。

2）直接作用式缓开电磁阀。在快开电磁阀的上方或下方装一个液体阻尼器即变为缓开电磁阀，图 2. 1-69 所示为下装式。阻尼器的作用就是延缓阀盘的开启时间，达到缓慢供气的目的，但仍为快速关闭。通电时，衔铁向下推着阀盘移动，再通过轴杆带动油槽中的活塞向下。封在油槽中的油经小沟槽流出，从而起到滞阻作用，阀盘缓缓打开。断电时，活塞上方的弹簧将活塞压到原来位置，活塞下面的油孔开大，油通量增多，阀盘快速关闭。阻尼调节圈用来调节延迟时间的长短。旋转上部螺钉可以调节阀的开度，改变燃气流通量。

除了上述单级电磁阀以外，还有两级电磁阀，上部有两个线圈和与之相配套的衔铁。阀盘可分两段打开，开度不同时燃气流量不同，满足燃烧器大火及小火的需要。一般第一级为快开，第二级为缓开。这种电磁阀可兼作负荷调节阀用。

（3）组合阀（多功能控制阀） 多功能控制阀是将单个控制阀组合在一个阀体内的一种自动安全控制装置。按照基本要求，组合阀可包含下列全部或部分组件的功能：调压器、两个主安全切断阀（其中一个可为缓慢开启和高低两位）、空燃比例控制器和压力开关。另外，可附加其他组件，如点火阀、检漏器，再配以调试测压口。一个多功能控制阀至少包括两个控制装置（一个是一级安全切断阀）。

组合阀的优点是：安装拆卸方便，外形简洁，整体尺寸小。就维修而言，拆卸更换的工作一般技工就能胜任，阀的内部构件只需常用工具便可拆开检修。其缺点是价格高，内部零件损坏一个就必须整体更换。目前，这种组合阀在燃气锅炉上已被广泛应用。

1）单段火组合阀。图 2. 1-70 所示为开闭式组合阀的工作原理剖视图。该阀体内设有：过滤器、调压器、压力开关和两个安全切断阀，第二个气阀为缓开式。两个阀均为双座式，适于大气量使用。第一个阀的下部薄膜、传压管和双座阀盘构成一个调压器。组合阀的工作过程如下：

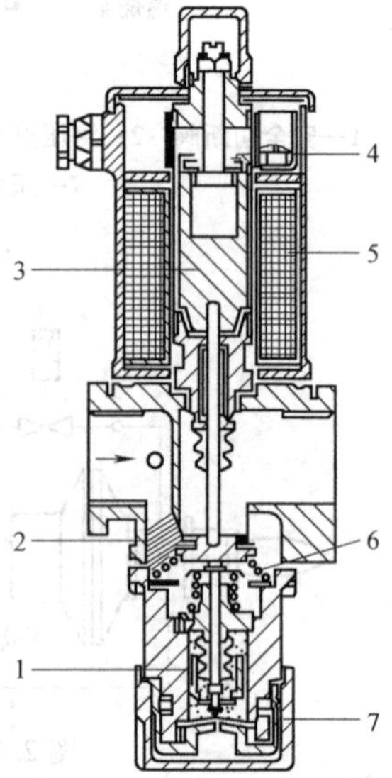

图 2. 1-69 直接作用式缓开电磁阀

1—阻尼活塞 2—过滤网 3—衔铁 4—整流器 5—线圈 6—关闭弹簧 7—阻尼调节圈

当第一个电磁阀通电时，衔铁克服弹簧压力而往上提升，燃气流经过滤器和双座阀孔进入 B 腔。这时双座阀置于拉力弹簧作用下，弹簧的拉力可由上部螺钉调节。阀盘上升直到上升力与通过导压管施加于薄膜上方形成向下的燃气压力，平衡为止。燃气再由 B 腔经过第二个安全阀进入 C 腔。此阀为一般的电磁阀装上一个液压阻尼器，成为缓开式安全阀。阀盘起始快速开一点点，然后缓慢开启。最大开启度可作一定调节，从而改变燃气流通量。起始开度和缓开时间也均在一定范围内可调。在较大口径的阀体上，在第二个阀旁可连接点火电磁开闭阀，以扩展其功能。

2）两段火组合阀。这种组合阀与上一种阀相类似，只是第二个阀为两段开启可变流量，从而实现大火焰和小火焰两种运行方式。图 2.1-71 所示为两段开启式组合阀的工作原理剖视图。第二个主气阀也为双座阀，它由两个单独的电磁线圈操纵，小火时，第二个电磁线圈通电，部分开启阀盘；当第三个电磁线圈通电时，阀盘开大，燃气流量增多而形成大火焰。开启时，两段均为缓慢方式。要停火时，阀盘快速关闭。大火及小火时的阀盘开启度，可分别通过各自的止位螺钉来调节，起始快速开度也是可调的。

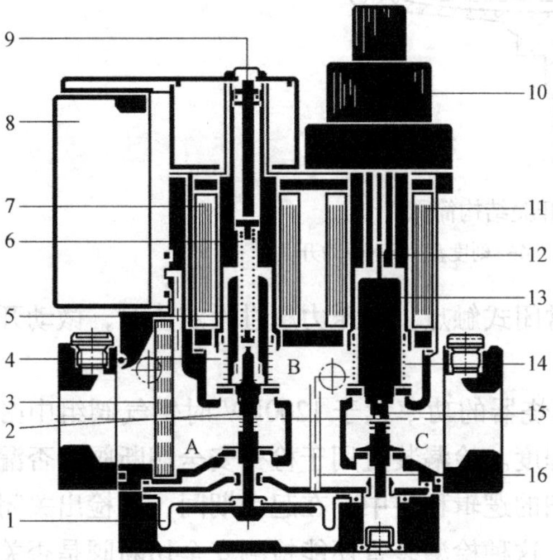

图 2.1-70　开闭式组合阀的工作原理剖视图
1—薄膜　2—双座阀　3—细过滤器　4—关闭弹簧　5—衔铁　6—拉力弹簧　7—第一电磁阀　8—燃气压力开关　9—调压器调节螺钉　10—液压阻尼器　11—第二电磁阀　12—流量调节器　13—第二衔铁　14—关闭弹簧　15—双座阀　16—传压管

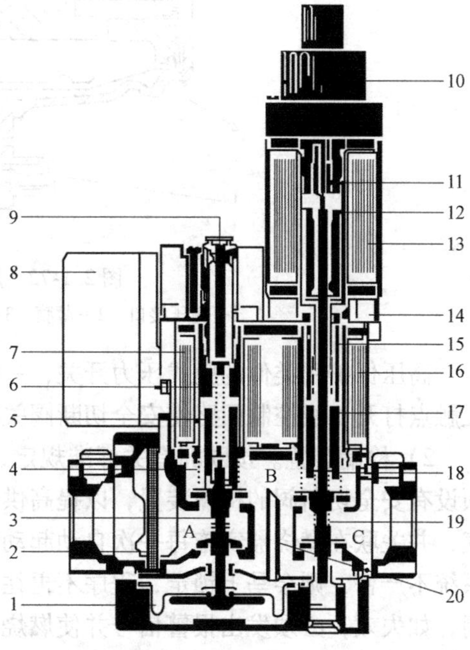

图 2.1-71　两段开启式组合阀的工作原理剖视图
1—薄膜　2—细过滤器　3—双座阀　4—关闭弹簧　5—衔铁　6—拉力弹簧　7—第一电磁阀　8—燃气压力开关　9—调压器调节螺钉　10—液压阻尼器　11—高火止位螺钉　12—第三衔铁　13—第三电磁阀　14—第二阀的调整轮　15—低火止位螺钉　16—第二电磁阀　17—第二衔铁　18—关闭弹簧　19—双座阀　20—传压管

（4）压力保护和气密性检测　为了提高燃气燃烧器运行的安全可靠度，除了上述双重切断阀外，通常还需装设压力保护装置和气密性检测装置（检漏装置）。

1）压力开关。欧洲关于全自动鼓风式燃气燃烧器的标准中规定，当燃气压力低于规定值时必须设置低限压力开关，即燃气压力超出低限时，通过压力开关和控制回路迅速关闭安全切断阀，停止供气。标准中还规定，当供气阀组中不设调压器时，按下述情况设置高限压力开关：热负荷大于额定负荷的1.15倍时；燃气喷头中的压力大于规定值的1.3倍时（即热负荷不得超过15%，燃烧喷头中气体压力不得超过30%）。

图2.1-72所示为常用的膜式压力开关结构简图（低压保护），内设微动开关。膜下空间与燃气管相接，由薄膜感受压力变化。通气时，气体压力往上作用与设定的弹簧压力相平衡（通过支杆），微动开关维持闭合状态。当失压或压力降至设定值以下时，弹簧力将薄膜推下，微动开关上的控制杆落下，触点断开，最终使燃气安全切断阀关闭。拧动调节螺钉，改变弹簧压力来改变设定断开压力，压力值在刻度盘上表示，也可通过测压孔测量校核。

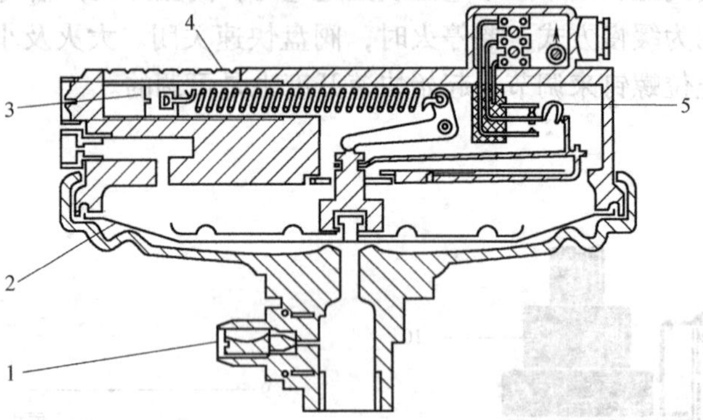

图2.1-72　膜式压力开关结构简图

1—测压接口　2—薄膜　3—调节螺钉　4—刻度盘　5—微动开关

高压保护用类似的膜式压力开关，一般选用常闭式触点。当压力超过设定值时，微动开关触点打开，经控制回路使安全切断阀关闭。

2）检漏装置。按欧洲有关标准规定，燃气燃烧器的功率大于1200kW时供气阀组中必须设有安全切断阀的检漏装置，以提高供气安全程度。检漏装置用于检查安全切断阀是否漏气，并关联在燃烧器实施每一次自动起动和预吹扫的逻辑程序中。在起动期间，若检出关闭系统不严密，则会马上锁定，程序不再往下进行。这种检漏装置还能检测安全切断阀是否关闭，如失效，必须发出报警信号并使燃烧器停火。

安装在燃烧器前的压力检漏装置所用的方法有三种：利用部分真空，利用外界的惰性气体以及利用管路中的燃气加压检测。每一种方法都是用压力监测器直接检验安全切断阀之间封闭空间的气压密封程度，检测装置直接连接至阀间管段的空间上。

目前在欧洲应用的检漏装置有好几种，现将两种典型检漏装置的工作原理介绍如下。

① VPS504检漏装置。该装置是一个整体结构，其中包括电磁阀、隔膜泵、压力开关和程序控制器。一般通过连接器装到组合阀上。VPS504检漏系统如图2.1-73所示。检测过程如下：静止状态时，阀门V_1及V_2关闭。燃烧器起动时，如锅炉调控器允许，则检漏程序开始运行，泵开始工作，将阀门V_1前的燃气打入V_1和V_2之间的空间，待测段有压。直至压力超过进口压力20mbar（约200mm水柱）为止，停泵开始检测压力。如测压段达不到上述压力或到设定压力后下降，说明阀门不严密，则进入锁定状态，燃烧器不能起动。如无上

述问题，则认为阀门严密无泄漏，燃烧器可以开始工作。

② W-DK3/01 检漏装置。这种检漏装置由四个主要部件组成，即程序控制器、压力开关、泄气电磁阀（常开）和泄漏指示器（见图2.1-74）。燃烧器每次起动前对阀组中的电磁阀检漏，过程如下：测试阶段1，在预吹扫阶段所有三个电磁阀均关闭，如果有一个电磁阀泄漏，压力开关可检测出压力升高；测试阶段2，如第一个电磁阀无泄漏，它会暂时开启，使电磁阀1、2之间充气，泄气阀仍关闭，看压力能否维持。压力不降，证明无泄漏，程序继续进行，起动燃烧器。反之，则不能起动。

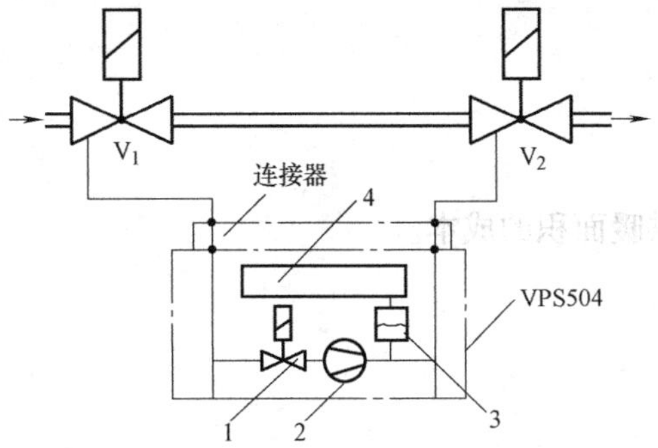

图 2.1-73　VPS504 阀门检漏系统

1—电磁阀　2—隔膜泵　3—压力开关　4—程序控制器

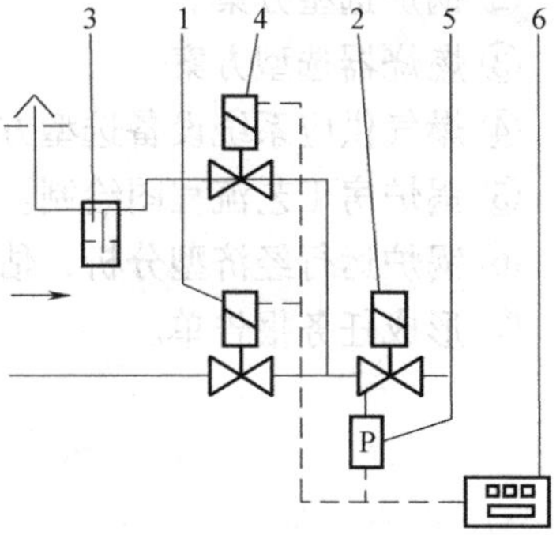

图 2.1-74　W-DK3/01 检漏装置

1—电磁阀 1　2—电磁阀 2　3—泄漏指示器　4—泄漏电磁阀　5—压力开关　6—程序控制器

思考题与习题

1. 燃油燃气锅炉与燃煤锅炉比有哪些优点？

2. 燃油供应系统由哪些设备组成？组成系统每个设备的作用是什么？

3. 燃气供应系统由哪些设备组成？组成系统每个设备的作用是什么？

4. 从结构上看，燃油燃气锅炉有哪几种类型？每种类型锅炉的特点及应用范围是什么？影响锅炉选型因素有哪些？

5. 燃烧器共分哪几类？燃油燃烧器和燃气燃烧器在构成上有什么区别？

6. 燃烧器有几种功率调节方式？燃油燃烧器和燃气燃烧器是怎样实现功率调节的？

7. 燃烧器的主要部件有哪些？各起什么作用？

8. 燃烧器的选型原则是什么？如何实现锅炉与负荷的匹配？

9. 锅炉选型案例：

1）某小区居民楼的地下室，准备建一个大众浴池，以方便小区内居民洗澡。浴池内计划装设 20 个淋浴喷头和一个蒸汽浴房，由于小区处于城市禁煤区，而且又设在地下室，因此，只能安装燃油锅炉为浴池提供热源。请根据上述情况，为浴池选择一台燃油锅炉。

2）地处哈尔滨中央大街附近的某住宅小区，建筑面积 20 万 m^2，锅炉房设在小区内商服的顶层，请为该小区选择供暖用锅炉。

3）某卷烟厂动力车间，根据所在区域环境改造的需要，要将原 3 台 10t/h 燃煤蒸汽锅炉更换成相同容量的燃气蒸汽锅炉，生产所用蒸汽参数为 16kgf/cm^2 的饱和蒸汽，但要求蒸汽湿度严格控制在3%以内，请为锅炉房确定锅炉的结构形式。

10. 某办公楼建筑面积2000m^2，综合楼建筑面积1200m^2，厂房建筑面积10500m^2，厂房举架高度5.4m，生产用汽量1.5t/h，生产用汽压力0.6MPa。办公楼供暖指标123W/m^2，生产车间供暖热指标为176W/m^2。采用天然气作为燃料。

根据以上的条件，要求学生通过教师讲解、现场参观、网上查阅资料等各种手段，获取知识信息，通过自主学习，完成燃油燃气锅炉房设备选型报告，具体内容包括：

① 锅炉房最大热负荷计算。

② 锅炉选型方案。

③ 燃烧器选型方案。

④ 燃气供应系统设备选型方案。

⑤ 锅炉房工艺流程图绘制。

⑥ 锅炉运行经济型分析，估算出每平方米供暖面积的成本。

⑦ 形成任务报告单。

学习任务二
燃油燃气锅炉设备运行

知识目标

1. 掌握燃油燃气锅炉点火方法及注意事项。
2. 掌握燃烧器功率调整及自动控制知识。
3. 掌握燃烧器的空气量调节知识。
4. 了解燃料供应系统维护保养知识。
5. 掌握燃油燃气锅炉烟气余热回收技术。

能力目标

1. 具备编制燃油燃气锅炉设备运行操作规程的能力。
2. 掌握燃烧器及燃料供应系统设备的运行操作、参数设置调节和保养技术。
3. 具备锅炉机组常见故障的分析处理能力。
4. 利用行业最新技术，对锅炉及供热系统实施局部节能改造。

任务导入

某企业办公楼建筑面积2000m^2，综合楼建筑面积1200m^2，厂房建筑面积10500m^2，厂房举架高度5.4m，生产用汽量1.5t/h，生产用汽压力588.4kPa。办公楼供暖热指标123W/m^2，生产车间供暖热指标为176W/m^2。采用天然气作为燃料。

在学习任务一中，已经完成了该燃气锅炉房设备的选型任务，任务二的学习任务是为该锅炉房的设备编写运行操作规程，规程包括如下内容：

1. 工程概况。
2. 编写依据。
3. 设备技术参数及燃料特性。
4. 锅炉运行操作规程。

(1) 燃油燃气锅炉点火前的检查和准备

(2) 燃油燃气锅炉的点火、升压与并炉操作

(3) 燃烧器的功率调节与自动控制

(4) 燃烧器的常见故障及处理

(5) 烟气余热深度利用

5. 形成任务报告单。

任务分析

要想正确编写出燃油燃气锅炉运行操作规程，首先必须了解燃油燃气锅炉运行操作规程编写依据、内容与具体要求。熟悉燃油燃气锅炉从点火起动、功率调整、自动控制、故障处理到维护保养等每一环节的操作技术。本任务将通过燃油燃气锅炉点火起动与停炉操作、燃油燃气锅炉燃烧调整与自动控制、燃油燃气锅炉维护保养与事故处理、燃油燃气锅炉烟气余热回收技术四个单元的学习，最终完成燃油燃气锅炉运行操作规程的编写。

教学重点

1. 燃烧器功率调整及自动控制技术。
2. 燃料供应系统调整与维护。

教学难点

燃油燃气锅炉故障分析与处理。

相关知识

单元一　燃油燃气锅炉点火起动与停炉操作

锅炉运行中的操作是一项要求具备高度责任心和较高技术能力的重要工作。锅炉运行的任务就是在保证运行安全的基础上，提高锅炉运行的经济性。锅炉的起动和停炉是炉温大幅度变化的过程，也是锅炉运行参数连续变化的不稳定过程，操作不当将损坏设备，容易造成事故。锅炉运行中情况复杂，汽温、汽压、水位等运行参数经常变化，需要操作人员严密监测，及时发现，并不断地进行调整，保证燃烧和运行参数的稳定。

锅炉运行发生事故，不仅会造成巨大的经济损失，还可能伤及人身。预防锅炉发生事故，是锅炉运行人员的责任。当发生事故时，应采取正确的处理措施，才能避免事故进一步扩大。因此，运行操作人员必须了解锅炉可能发生事故的征兆、现象、原因及处理方法，才能做到及时发现，准确判断，正确处理各类事故。

本单元将讨论燃油燃气锅炉的起动及停炉，运行中的调整方法和锅炉事故的预防及处理等内容。

一、锅炉运行前的检查与准备

（一）锅炉及燃烧器检查

新装、迁装和大修后的锅炉在投入运行之前均须进行全面检查，确认锅炉各部件符合运行要求后方可投入使用。运行前检查是为了保证锅炉安全运行，以避免带缺陷运行和事故的发生。

（1）锅炉内部检查　在人孔和手孔尚未关闭时检查锅筒、炉胆、火管、管板、封头及拉撑等受压元件是否正常，这些部件内部是否有严重腐蚀或损坏。检查锅炉内部装置，如汽水分离器、连续排污管和定期排污管、进水管及隔板等是否齐全完好。锅筒内壁与水位计、压力表等管子连接处有无污垢堵塞。水垢泥渣是否清除干净，有无工具及其他物件遗留在锅内，必要时可用通球法检查炉管是否畅通。

（2）锅炉外部检查　检查炉膛内有无结焦、积灰及杂物。风道及烟道内的积灰要清除干净，且没有工具及其他杂物遗留在内；调节门、闸板是否完整严密，开关灵活，启闭指示准确。检查防爆门安装的正确性和关闭严密程度。安全阀、水位计、压力表、温度计应齐全并符合规程要求。还要检查锅炉周围的安全通道是否畅通。

对于燃油锅炉，应检查炉膛有无积油，若有积油，必须清除干净。

（3）燃烧器检查　检查燃烧器安装是否正确合理，是否便于检修，供油供气管路是否畅通、严密，过滤器是否清洁无污。压力仪表指示是否正确，电动机转向应符合指示方向，风门及传动装置活动是否灵活，负荷调节装置动作是否灵活。点火电极、火焰检测装置是否清洁，位置是否准确，油喷嘴与配风稳焰盘的相对位置是否正确，点火电极间以及电极与喷嘴的距离是否合适，以及配风稳焰盘与燃气喷口之间的距离、点火电极的间隙或电极与稳焰盘之间的距离是否符合要求。另外要检查离子探针是否稳固在主燃烧区内，是否有对地短路，气压保护开关设定是否正确；调风板和燃气蝶阀固定及关闭情况。同时还应检查供电电压是否符合要求，接地是否良好，风压保护开关设定是否正确。

（二）锅炉承压检查

锅炉承压部件的检查主要是靠水压试验。运行六年或停炉一年以上的锅炉，新装、迁装、大量换管、焊补锅筒或其他受热面的锅炉应进行水压试验。

（1）水压试验方法　水压试验的压力以锅筒的工作压力 p 为基准，应符合表 2.2-1 的规定。

表 2.2-1　水压试验压力

名称	锅筒（锅壳）工作压力 p	试验压力 p_s
锅炉本体	<0.8MPa	1.5p 且不小于 0.2MPa
锅炉本体	0.8～1.6MPa	1p +0.4MPa
锅炉本体	>1.6MPa	1.25p
过热器	任何压力	与锅炉本体试验压力相同
省煤器	任何压力	1.25p +0.5MPa

水压试验用水应保持高于周围空气的露点温度，以防锅炉表面结露，但也不宜过高，以防引起汽化和过大的温差应力，一般为 20～70℃。试验环境温度不应低于 5℃，当低于 5℃时应采取防冻措施。

锅炉充水时开放空阀，排除空气，充满后关闭。初步检查无漏水现象时，再缓慢升压，升压速率每分钟不应超过 0.5MPa；当水压上升到工作压力时，应暂停升压，检查有无漏水或异常现象，然后再升到试验压力，升压速率每分钟不应超过 0.2MPa，并防止超压。锅炉应在试验压力下保持 20min，保压期间应满足：

1）对于不能进行内部检查的锅炉，保压期间不允许有压力下降现象。

2）对于其他锅炉，保压期间的压降值 $\Delta p \leqslant 0.1$MPa（锅壳压力 0.8MPa $\leqslant p \leqslant$ 1.6MPa）和 $\Delta p \leqslant 0.05$MPa（$p <$ 0.8MPa）。

满足上述要求后，缓慢降压至工作压力，在此压力下检查所有参加水压试验的承压部件表面、焊缝、胀口等处是否有渗漏和变形，以及管道、阀门、仪表等连接部位是否有渗漏。如有泄漏、渗水、变形等现象，应予消除。

（2）水压试验的合格判定　试验结果应符合下列情况：

1）在受压元件金属壁和焊缝上没有水珠和水雾。

2）当降到工作压力后，胀口处不滴水珠。

3）无明显残余变形。

（三）锅炉附属设备及管道的检查

（1）泵的检查　循环水泵、补水泵、给水泵试运转无漏水、噪声过大及异常升温等现象，保持轴承箱内油位正常，冷却水管畅通。

循环油泵试运转，检查燃烧器前油压是否达到0.1～0.2MPa，检查油箱输油泵是否正常。

（2）汽水管道的检查　汽水管道、阀门都应连接齐全，管道支架应完好。锅筒及各连接管道上的所有阀门（安全阀、调节阀、切断阀等）安装是否正确和牢固。主蒸汽管、给水管道及排污管等法兰连接处应无堵板；锅筒、阀门、管道等的保温情况良好，标识明确；各阀门的开关及传动装置是否灵活，开度指示与实际开度是否相符。

（3）转动机械检查及联锁试验　转动机械应试运转，以验证其工作的可靠性。试运转中要注意转动方向，在转动时无异声、摩擦和撞击；轴承无漏油、甩油现象，其温度不应超过规定值。

锅炉的联锁试验是当某转动机械发生故障或误操作时，按特定的程序自动使其他有关转动机械停止或切断燃料供应，以达到保护设备的作用。

（4）燃料系统检查　燃油燃气锅炉的燃料通过管道输送至燃烧器，在锅炉起动前应对燃料供应系统做全面的检查。

燃油管路系统的主要流程是：先将油通过输油泵从储油罐送至日用油箱，在日用油箱加热（若是重油）到一定温度后通过供油泵送至炉前加热器或锅炉燃烧器，一部分燃油通过燃烧器进入炉膛燃烧，另一部分返回油箱。检查输油管道是否通畅，有无杂物堵塞或泄漏；输油泵或供油泵运转是否良好；燃用重油时，当采用齿轮泵、螺杆泵和离心泵等由电动机带动的泵作为备用泵时，必须是热备用，否则会因泵壳内重油黏度过高造成备用泵起动时引起电动机过载或油泵损坏，因此应检查油泵的热备用系统是否运转正常；检查日用油箱中的蒸汽加热装置或电加热装置以及炉前重油加热器等各系统能否良好工作；检查输油泵前母管上和燃烧器进口管路上的油过滤器有无堵塞现象。

燃气管路系统的主要流程是：通过调压站的燃气经过锅炉房外部的燃气总管进入锅炉房，输入锅炉燃气干管，并由燃气支管送至锅炉燃烧器。对燃气系统的检查，要求供气管路和管路上安装的附件连接严密可靠，能承受最高使用压力。因此主要检查易泄漏的部分，如阀门、法兰连接等处的严密性。对于新安装或检修后的供气管路系统，应按规定进行强度试验和严密性试验。

燃油燃气压力表和连接压力表的管段应畅通，连接处无泄漏。

燃油燃气供应系统上的各种阀门是保证锅炉安全正常运行的重要部件，必须严格检查。检查各种电动或手动的切断阀、调节阀、快速切断电磁阀、排空阀和流量计以及燃气系统调压站的调压阀、安全阀和燃油系统的止回阀、其他附件等是否正常。各种阀门开关或传动装置应灵活；切断阀应保证其关闭的严密性；流量调节阀和其他阀门的开度指示和其实际开度应符合。检查后除排空阀应在全开位置外，其他各阀门均应关闭，尤其是燃烧器进口处切断阀应关闭严密。

（5）电气及控制系统的检查　检查供电电源是否符合额定电压，合上电源，进配电箱的电压是否符合规定。检查各项电接头是否牢固，用电设备接地情况是否完好。

检查控制系统中各传感器和执行机构是否就位，传感器是否完好，执行机构的连杆、调节阀等是否能操作顺畅。有条件的，应做控制系统的模拟试验，观察其动作是否正常，各类参数是否符合要求。

二、锅炉点火起动

（一）燃料管道和锅炉的吹扫

在锅炉点火之前，应吹净燃料系统中的空气和锅炉及烟道内的可燃气体，以防发生爆炸事故。

（1）燃气系统吹扫　燃气管道的吹扫介质可用燃气本身或其他惰性气体，如氮气、二氧化碳、水蒸气等。如调压站设在锅炉房内，一般将调压站的燃气管道和锅炉房的供气管道一并进行吹扫。总管道吹扫时，应关闭炉前干、支管的阀门，吹扫时间通常不少于5min，在出口处（放散管上的取样接头）取气样分析，氧的体积分数小于1%为合格。总管吹扫结束后，先关闭总管上的放散阀，再开启各燃气干、支管上的阀门及放散阀，严密关闭燃烧器前的切断阀，然后对干、支管进行吹扫，时间不少于15s，取样分析判定合格。

对于新安装和大修后的管道，应先用压缩空气进行吹扫，清除管内的积水、泥沙、焊渣等。管内吹扫流速为30～50m/s，压力不宜超过0.2～0.3MPa。连续吹扫30min左右，直到吹出气体干净为止。吹扫完后，再用燃气将管内的空气置换出去。如以惰性气体吹扫系统，合格后再由燃气置换惰性气体，直到燃气充满合格为止。

燃气系统的吹扫工作和充气结束后，关闭所有放散阀，使燃气压力保持在正常工作的范围内。有条件时，可用测气仪检查锅炉周围和锅炉房内的通风不良处有无燃气泄漏。

（2）燃油系统吹扫　燃油系统的吹扫就是把燃油从管道中扫出。对于燃重油的锅炉，停炉时管内燃油停止流动，蒸汽伴热保温未停，由于油温可能升高而加速沥青胶质和碳化物的析出，沉积在管壁上以至结焦，严重时会堵塞油管，因此，对于长时间停止运行的管道或检修时的管道，必须将燃油扫出。燃油管道用的吹扫介质一般采用蒸汽，也可使用压缩空气。吹扫出来的油品可扫入污油池、储油罐或临时设的油筒中，尽量避免进入日用油箱。

（3）锅炉和烟道的吹扫　锅炉和烟道吹扫时，应先开引风机，当其运转正常后再开启鼓风机，逐渐打开所有风道、烟道挡板。在保持炉内负压50～100Pa的条件下，连续吹扫5min以上。吹扫结束后，各燃烧器处于部分开启状态，并将负压调整至30Pa左右，然后可以开始点炉。

对于全自动燃烧器，按自动控制程序进行吹扫。

（二）点炉

1. 燃油燃气锅炉点火前的检查

1）检查油泵及过滤器是否正常进油，燃气炉检查燃气压力是否正常，不宜过高或过低，打开油或气的供给阀门。

2）烟道上的阀门必须全部开启（挡风板或节流阀），否则吹扫清洗受影响，造成事故隐患。

3）检查控制柜上的各个旋钮均应处在正常位置。例如，油、气燃料选择，应放在所燃燃料上；手动/自动上水旋钮，应放在自动位置；大火/小火位置旋钮，放在小火位置上；燃烧器旋钮放在相关的位置上。

4）炉膛内若有遗留的积油或杂物，应予清理干净。

5）检查锅炉点火程序控制和灭火保护装置，均应灵活可靠。锅炉上的防爆门应灵活、严密。

6）其他检查项目与火床锅炉相同。

以上工作全部完成后方能进行点火起动。

2. 锅炉点火程序

（1）自动点火程序的燃油燃气锅炉

1）程序控制有关要求。根据《蒸汽锅炉安全技术监察规程》规定，燃油燃气锅炉必须装设可靠的点火程序控制和熄火保护装置，且对点火程序中点火前的总通风量和时间提出了原则要求。

燃油燃气锅炉自动点火程序均以程序控制器为操作指挥中心，程序控制器是全自动运行的“心脏”，程序控制系统充分考虑到各种必要的联锁，避免错误的操作和设备故障造成的事故，体现良好的安全性。

程序控制系统内的核心是控制器，控制器大致有三种：

① 机械程序控制器。

② 电子式程序控制器。

③ 实时控制微机程序控制器。

无论采用哪种控制器，其主要步骤大致有五个程序：即炉膛自动吹扫程序、自动点火程序、熄火保护程序、安全联锁保护程序、燃烧负荷调解程序。燃气锅炉还有检漏控制程序。

2）燃油燃气锅炉启动程序。

① 程序控制。

a. 起动：

前吹扫—打火—点小火—点大火—火焰监测。

b. 正常工作：

火焰监测—低负荷运行—压力、温度监测—大、小火转换—起、停转换—自动负荷调整。

c. 正常停止：

切断燃料—后吹扫—程序恢复到零位。

② 燃油锅炉的起动。

a. 开动燃烧器电动机，开始清扫吹风，油泵起动（20s）。

b. 清扫过程中，对油压进行检测，若有压力，则继电器常开触点接通，电磁阀有泄漏，不能开机，共7s。

c. 伺服电动机关闭到点火位置。

d. 电打火开始，提前4s。

e. 电路接通，电磁阀打开，点着燃油（在25s内必须点燃，否则马上关闭燃烧器，以防可能产生爆炸的后果，司炉人员必须牢记这一点），对油压仍进行检测，电眼监视火焰形成，鼓风门至小火位置。

f. 点火变压器断电。

g. 燃油电磁阀第二供油阶段（即点着大火或是针阀后退、大量供油）开始，风门自动跟踪，电眼仍进行监测，正常后运行指示灯亮。

③ 燃气锅炉的起动。

a. 开动燃烧器电动机，开始清扫吹风（煤气阀门已接通）。

b. 伺服电动机打开风挡，最大风量吹扫20s。

c. 同时进行鼓风风压检测，风压太低时，风压继电器常开触点接不通，则会报警停炉。

d. 对阀门进行泄漏检测。

关机时，程序规定为先关1号电磁阀，再晚3～4s关闭2号电磁阀。在重新起炉时，如果电磁阀中间管内仍然是空的，无压力，则证明1号电磁阀不漏气。

在吹风过程中，1号电磁阀打开2s马上关闭，则中间段管道内充气，这时再检测，应有压力，且测试一段时间内无压力降，则证明2号阀及管路均不漏气，这时电磁阀全部检查完毕（即在吹风过程中能听到1号阀响一次，用手摸时感觉到又一次动作）。

e. 伺服电动机关闭风挡到点火位置（17s），即凸轮退回。

f. 预点火时间4s开始（提前4s开始电打火）。

g. 点火电磁阀打开，先是1号电磁阀打开，然后点火，小电磁阀打开（可听到动静），然后是点火“扑”的声音。

h. 电眼进行点火检测，发光二极管应闪动。

i. 然后2号电磁阀打开，点着小火，听到“通”的一声响。

j. 接着电眼对小火检测，同时电打火停止，点火小电磁阀关闭。正常后，运行指示灯接通，点火过程完成。

若是阀门检漏有泄漏，则继电器将燃烧器断电，关闭燃烧器，停止前吹扫并进行泄漏报警。

若是火焰检测发现没点着火，马上断掉燃烧器及电磁阀，防止事故发生。

以上讲的是启动程序，燃油燃气锅炉如果出现事故，大多发生在锅炉起动阶段，这时任何一个环节出现故障都应该及时停炉，确保安全。

3）燃油燃气锅炉司炉操作

① 先检查电源、水箱、供油箱或燃气源等是否正常。

② 打开燃油或燃气供应阀。

③ 打开电源总开关及水泵、油泵电源开关。

④ 打开燃油加热开关，待燃油温度升高至要求的数值。

⑤ 控制选择开关位置，打至大火位置。

⑥ 打开（或按下）燃烧器开关到“ON”位置，燃烧器即按点火程序自动运行。先点火，后燃烧。

注意：如果检查各项均正常而锅炉仍不能点火，点火失败信号灯即会自动亮。此时可按下程序控制系统的还原键，锅炉即可再次起动（一般有延时，要等4～5min才能按下）；如见水位信号灯亮，可再按一次水位控制器顶部复位钮，使水位起动进水至正常水位，燃烧器便可起动。如上述两种情况下，经两次重复按还原键后仍未能正常点火，则应关掉锅炉的电源，油、气开关进行检查维修。

（2）手动点火程序的燃油锅炉

1）程序要求。

① 吹扫期。首先风机进入运行状态，开始向炉膛中吹扫，时间约3～5min，以清除炉膛中未燃尽的可燃性气体，防止点火时产生爆燃。同时监测各项联锁是否完好。

② 引火期。向炉膛投入引火物，打开主油阀，向炉膛喷入燃料，着火燃烧逐步建立正

常燃烧的火焰，这时的火焰不受监视保护，称“盲喷”，属程序设立的单独周期。

③ 主燃烧器发火期。燃烧器如能正常发火，则开始进行调节，控制发火燃烧情况。如情况正常，燃烧将由小火转为大火。这时，燃烧受压力控制调节，组件根据锅炉内蒸汽压力的变化进行控制调节，进入正常运行。

④ 正常燃烧阶段。压力已接近工作压力，控制开关可放在大火位置，燃烧火焰大小受负荷控制。

⑤ 停火后吹扫期。当正常停炉信号或保护动作发生时，进入停炉后吹扫程序。此时，首先关闭燃料电磁阀，切断燃油供应，风机延迟大约 5 ~ 10min 后关闭，其作用是停止向炉膛供应燃料后继续向炉膛鼓风，继续清除未燃尽的可燃气体，以免高温自燃及为下次点火起动做好安全清扫。

2）手动点火方法与顺序。

① 点火方法。将引燃物（破布、棉纱等）用石棉绳扎紧在点火棒顶端，再浸上轻质油点燃后插入炉内。先加热油嘴，然后将点火棒移到油嘴前下方约 200mm 处，再喷油点火。严禁先喷油后插火把，以免造成燃油在炉膛内爆燃。油阀应先小开，着火后迅速开大，避免突然喷火。若喷油后不能立即着火，应迅速关闭油阀停止供油，并查明原因妥善处理。然后通风 5 ~ 10min，将炉内可燃油排除后，再行点火。着火后应立即调整配风，维持炉膛负压 10 ~ 30Pa。

② 点火顺序。上下有两个油嘴时，应先点燃下面的一个。油嘴呈三角形布置时，也应先点燃下面的一个。有多个油嘴时，应先点燃中间的一个。

3）手动点火注意事项。

① 点火之前应首先进行通风，并保持炉膛负压 50 ~ 100Pa，机械通风 5min，自然通风约 8 ~ 10min。

② 若燃油采用蒸汽雾化，则点火之前必须将蒸汽管内的冷凝水放干净。为防止炉前燃料油凝结，在送风之前应用蒸汽吹扫管道和油嘴。然后关闭蒸汽阀，检查各油嘴、油阀，均应严密，防止来油时漏入炉膛。燃料油加热后，经炉前回油管送入回油罐进行循环，使炉前的油压和油温达到点火的要求。同时应注意监视油罐的油温，以防回油过多，油位升高过快，发生溢罐事故。

③若一次点火不成功，或发生断火需再次点火时，同样需要先通风，后点火。

当燃用重油时，应先将油箱内的重油加热到 65 ~ 85℃，经过油加热器使油温升高后（油温应根据油的黏度确定），方能进行点火操作。此外，对燃烧器的各重要部件也要加热，当温度不够时燃烧器不能起动，只有当油嘴座加热到最低起动温度时，温度控制器内的温控触点闭合，燃烧器方能起动。

注意：若主燃烧器一次点火失败，应立即关闭其燃气手动阀门，开大引风机调节挡板吹扫锅炉、烟道 5min。若再次点不着火，除切断气源加强通风吹扫以外，应分析原因，不允许再盲目进行点火。有多只燃烧器的锅炉点火时，必须以明火分别点燃每只燃烧器，绝对禁止用炽热炉膛或已点燃的燃烧器来点燃其他燃烧器。多只燃烧器的点燃次序，一般先点燃炉墙中间的燃烧器，或者先点燃对称布置（如四角布置）的两只燃烧器，以保证锅炉沿炉膛宽度受热均匀；同时考虑锅炉负荷和气温的需要。点火后的燃烧器火焰应保持稳定性，若在点火时发现已点燃的燃烧器火焰出现异常，应立即进行调整；若发现个别燃烧器火焰熄灭，应立即关闭其进气阀门。

在锅炉的起动、正常运行和停炉的整个过程中，不论锅炉负荷多少，入炉风量均不得低于全负荷运行时体积风量的25%，以防止可燃气体在锅炉内聚集。

燃气锅炉的点火过程中最易发生爆炸事故，其原因主要是违反操作规程而引起的。因此，燃气锅炉的点火必须严格按照操作程序进行，切不可疏忽大意。

锅炉点火后，应随时注意锅炉水位，因为水受热后膨胀而使水位线上升，如超过最高水位线，则可通过排污来维持正常水位。当锅炉放气阀门冒出蒸汽时，应立即关闭。

三、燃油燃气锅炉的升压与并炉

燃油燃气锅炉的升压与并炉与火床锅炉相同，可参照项目一中的学习任务二。

四、燃油燃气锅炉停炉操作

燃油燃气锅炉停炉分以下几个过程：

1. 停油、停气

在正常停炉时要逐个间断关闭喷嘴，停油、停气以缓慢降低负荷，避免急剧降温。在停止喷油后，应立即关闭油泵或开启回油阀，以免油压升高。然后停止送风，约3～5min后将炉膛内油气全部逸出，再停引风机。如无引风机的锅炉，在停油熄火后，送风机应延续5～10min时间的强吹风。最后关闭炉门和烟道、风道挡板，防止大量冷空气进入炉膛。

2. 吹扫

油嘴停止喷油后，应立即用蒸汽吹扫油管道，将存油放回油罐，避免进入炉膛。禁止向无火焰的热炉膛内吹扫存油。每次停炉之后，都应将油嘴拆下用轻油彻底清洗干净。

3. 冷却时间

停炉后的冷却时间，应根据锅炉结构确定。在正常停炉后应紧闭炉门和烟道挡板，约4～6h后逐步打开烟道挡板通风，并进行少量换水。若必须加速冷却，可起动引风机和及时增加放水与进水次数，加强换水。停炉8～24h后，当锅水温度降至70℃以下时，方可全部放出锅水。

4. 检查

在刚停炉的6～12h内，应设专人监视各段烟道温度。如发现温度不正常升高或有再燃烧的可能时，应立即采取有效措施，例如用蒸汽喷入烟道降温等。此时严禁起动引风机，防止二次燃烧。

燃油燃气锅炉停炉操作步骤：

1）逐渐降低锅炉的负荷，直至燃烧器处于低火状态，将控制选择开关调至手动。

2）关闭燃烧器开关，然后风机停止转动。

3）关闭电源开关。

4）关闭燃油供应阀或燃气供应阀（防止电磁阀泄漏把油、气漏进炉膛）。

5）若炉内压力下降至接近于零，应打开测试阀，让空气进入锅炉内，以防止锅炉内形成负压。

6）水泵电源开关应常开，以便随时自动补充锅炉内的水量，不致造成缺水事故。

对于自动控制程度较高的锅炉，正常停炉的操作更简单：先按停炉按钮，锅炉即被切断燃料而终止燃烧，吹扫一段时间后。此时水泵仍在继续运转供水，当锅炉水位至正常水位时，水泵即可自动停止工作，此后再将总电源切断。必须注意的是，除事故停炉和紧急停炉外，一般不应采取先切断总电源的方法进行停炉。

停炉后应及时对锅炉及其附属设备进行一次全面检查，若发现设备有缺陷，应做好记录，并抓紧利用停炉期间修复。

紧急停炉时，立即停止向燃烧室供油供气，停用燃烧器。关闭锅炉主汽阀，如果汽压升高，应适当开启排气阀。除了发生严重缺水和满水事故外，一般应继续向锅炉进水，并注意保持水位正常。打开通风门和炉门进行通风，使锅炉尽快冷却。紧急停炉的操作与注意事项可参照火床锅炉。

单元二　燃油燃气锅炉燃烧调整与自动控制

一、燃油燃气锅炉的燃烧调整

燃油燃气锅炉上配用的燃烧器在出厂之前已通过检查和性能试验，且已调整至某一规定功率。一般来说，所选配的燃烧器是能满足锅炉负荷及其变化要求的。在有条件及必要时，最好针对所用的锅炉及其使用情况对燃烧器做适配性的调整。

从能量供应和燃烧情况来看，燃烧器调整的目标主要是满足锅炉额定出力的要求和功率变动范围内的配风要求。

（一）输出功率的调整（燃料量调整）

锅炉制造厂商已按所提供锅炉的额定出力选配了合适的燃烧器，但要保证在使用条件下的额定出力，还须对燃烧器的输出功率进行调整。由于锅炉输出介质的热量都是由经过燃烧器喷燃的燃料的化学能转变传输而来的，所以调整燃烧器的输出功率就是调整输入燃烧器的燃料量。

在调整燃烧器的实际输出功率时，应该知道燃料的成分（由成分可计算或估算其发热量）和小时耗量，因此要对燃料进行分析和设置计量仪表。

满足锅炉额定出力所需的燃料量可按下式计算：

$$B=\frac{Q}{\eta Q_{\mathrm{net,p,ar}}}\times 3600(\mathrm{kg/h}\text{ 或标态下 }\mathrm{m^3/h}) \tag{2.2-1}$$

式中　Q——锅炉额定出力（kW），若是蒸汽锅炉，按蒸发量和蒸汽的热焓确定，若是热水锅炉，按循环水量及进出口温差算得；

$Q_{\mathrm{net,p,ar}}$——燃料的低位发热量（kJ/kg 或标态下 $\mathrm{kJ/m^3}$），一般轻柴油约 42900kJ/kg，天然气标态下约 $36000\mathrm{kJ/m^3}$；

η——锅炉热效率，对燃油燃气锅炉一般可取 0.9 左右。

在功率调整时，如测得油、气的小时耗量，再得知燃料的低位发热量，便可算出燃料燃烧后供锅炉利用的热量，即锅炉的实际输出功率，它应稍微大于额定功率。

1. 燃油燃烧器的功率调整

燃油燃气锅炉点火成功，转入正常运行后即可进行负荷调整。此时，要观察炉内的燃烧情况。如出现油气的雾化不好，火焰跳动，火焰撞到炉胆上以及排烟温度过高或过低等现象，应及时对油压、油温、气量、风量、风压、汽压进行调整，以确保锅炉安全经济运行。

简单压力雾化油喷嘴的调节范围通常只有10%～20%，可以采用改变油压的方法进行调节，旋动油泵上的调压螺钉便可改变喷油压力，使喷油量发生变化。对于回流式喷嘴来说，其喷油量调节范围较大，可达40%～100%，调节回油阀的开度就可改变喷油量（油压不变，改变回油量）。同时，也可适当调节油泵供油压力来改变总油量。

对于装有一个、两个、三个油喷嘴的一段火、两段火、三段火燃油燃烧器来说，因油喷嘴的型号已配好，总的喷油量和每段火燃烧时的喷油量，只是通过调节喷油压力使每段的喷油量达到预定的要求。

对于回油式单喷嘴比例调节的燃油燃烧器来说，要调整好对应于额定出力的输出功率和点火时的功率（喷油量），然后再在两个点之间选几处配合调整风量时一起调试。

燃油的计量最好是通过系统中装设的流量表进行。若无计量仪表，则可按油喷嘴的特性曲线由压力查出喷油量（kg/h）。

2. 燃气燃烧器功率的调整

燃气燃烧器所消耗的燃气量均与喷孔前的燃气压力有关，通常只要改变燃气压力就可使燃气耗量发生变化。在燃烧器前的供气阀组中设有燃气压力调节器，调整最大输出功率时，将燃气蝶阀设在全开位置，再调节压力调节器的出口压力，使燃气流量达到计算的预定值即可。在调定了电磁阀前燃气压力（即调压器的出口压力）的情况下，还可以调节该阀的开度来控制燃气量。

燃气的计量可通过用户的流量仪表实施，功率调整时可从该仪表读得当地当时条件下的燃气流量。由于燃气的热值（发热量）均以标准状态下的体积表示，而仪表上读出的燃气流量是该处温度和压力下的数值（有的仪表示值已修正至标态），因此要把表上读值进行修正，折算到标态下的燃气流量。

对于两段火和比例调节式运行的燃气燃烧器，除了调整最大输出功率之外，还要调整点火功率（如为火花直接点火），它可与最小输出功率一致。这些功率下的燃气流量是靠调节燃气蝶阀的开度或组合阀中电磁阀的开度来实现的（比如两段式开启电磁阀）。

对于一段火方式工作的燃烧器，若额定功率小于或等于120kW时，则不必调点火功率；对于其他运行方式的燃烧器，点火功率与最小功率重合时就不必分别调了。

以上讲的燃烧器功率调整只是一般原则，具体的调整方法及步骤应视燃烧器的构造和所配附件的形式而定。

（二）燃烧空气量的调整（风量调整）

燃烧器中的助燃空气量（送风量）的调整至关重要，因为它涉及火焰的稳定和安全燃烧，并直接影响到锅炉的经济与环保运行。对于这一点，管理人员应特别注意。

前面已经讲过，在锅炉运行中助燃空气量的多少，可用过量空气系数来表示。在调整时，有时也可用仪表进行测量供风量。燃烧运行时对烟气取样分析，根据分析结果可近似地算得燃烧室内的过量空气系数，对燃烧情况做出分析判断。所以，在调整燃烧器输出功率的同时，要对送风量进行仔细的调节，以求达到最佳状况。另外还已知，进入油气燃烧器的风量一般都是通过转动翻板式的调风装置加以调节变化的，其转动角度为0°～90°。下面简要介绍风量调整的基本方法。

1. 燃油燃烧器风量的调整

一段火轻油燃烧器的调风器分设固定风门（在进风口外侧）和活动风门（在进风口内侧）。固定风门由人工调节开度，调好后用螺钉固定；活动风门由与供油系统联动的液压缸活塞驱动，只有全开和全闭两个位置。有的燃烧器上，风门在调试好之后就不动了，运行或停火时始终维持该开度。

两段火轻油燃烧器的风门由与供油系统联动的液压缸活塞驱动，液压缸的两个调节螺母用来调整小火和大火的风门位置，调好后用锁紧螺母固定，开度大小可在刻度盘上指示出来。风门驱动液压缸外观图如图 2. 2-1 所示。

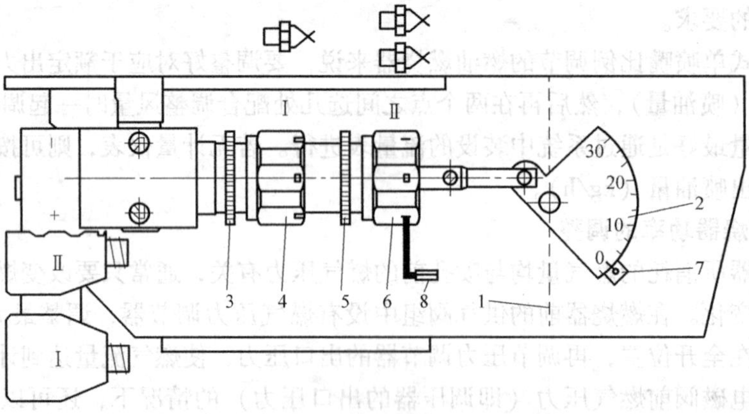

图 2. 2-1　燃油两段火风门驱动液压缸

1—风门关闭位置　2—风门开度刻度盘　3—小火风门锁紧螺母　4—小火风门位置调节螺母　5—大火风门锁紧螺母　6—大火风门位置调节螺母　7—刻度盘转角指针　8—扳手

这种燃烧器也可由伺服电动机来驱动调节风门，可调整为风门关闭、一段火和二段火三个开度（见图 2. 2-2），开度角可通过拨动凸轮组中相应的调节环加以设定。

滑动式两段火和比例调节式轻油燃烧器以及重油燃烧器的风门调节都是由伺服电动机驱动的，而且通过联动机构实施风量与燃料量按比例改变。图 2. 2-3 所示为油燃烧器调风装置的一种机构形式。燃烧器起动时，凸轮机构在伺服电动机的驱动下顺时针方向转至大火位置，通过联动机构上的弹簧钢片和拉杆带动风门为预吹扫做准备。在预吹扫期末，伺服电动机凸轮盘顶开油量调节阀，使一小部分油入喷嘴，同时将风门相应地打开至一定开度，使风量与油量达到一定比例关系。可以通过偏心弹簧钢片（径向偏心距可调）来顶动油量调节器，使喷油量发生变化，从而改变燃烧器的输出热功率。在调整时，一般是先固定燃料调节阀，然后再去找各输出功率（喷油量）下相应的风门开度，要同时进行烟气的取样分析，以达到合适的空燃比（即一定的过量空气系数）。

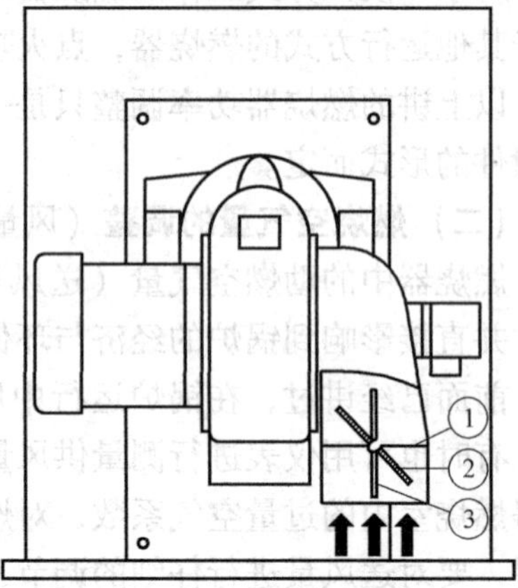

图 2. 2-2　两段火燃烧器上的风门位置

1—关闭位置　2—一段火位置　3—二段火位置

对于比例调节式油燃烧器，风门是由伺服电动机通过可调偏心弹簧钢片和杠杆来调节其开度的（见图 2. 2-3），功率和风量调整是同时进行的。先调最小和最大功率两个点，然后再调几个中间点，调风就是改变弹簧钢片不同点的偏心度，使风门得到与供油量相应的不同开度。

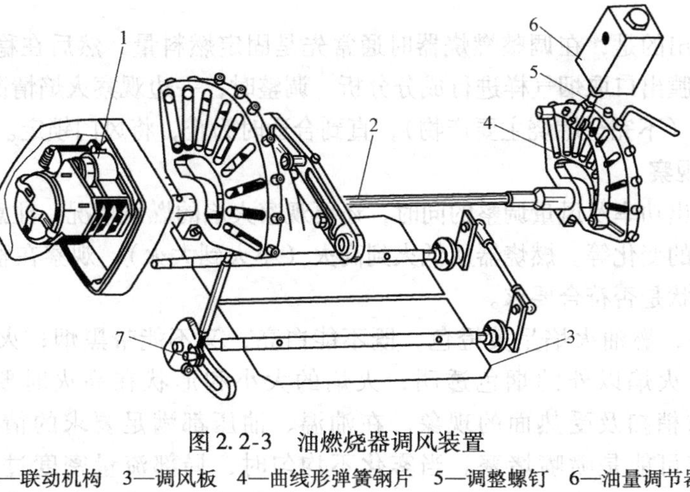

图 2.2-3 油燃烧器调风装置

1—伺服电动机 2—联动机构 3—调风板 4—曲线形弹簧钢片 5—调整螺钉 6—油量调节器 7—滑动螺钉

2. 燃气燃烧器风量的调整

对于一段火运行的燃烧器，只调规定输出功率下的风门或进风口开度，调好后固定锁紧。

对于两段火运行的燃烧器，通常采用伺服电动机驱动风门，在伺服调节器上拨动调节环来设定风门的开度，也有在弧形刻度盘上设置的。

两段火燃烧器上，只用伺服电动机来带动（直接或通过连杆及偏心钢带）调风板，使风量配合燃料量进行变化。通常调风板位置也是设关闭、一段火和二段火三个状态（见图 2.2-2）。在燃烧器的调试时，按伺服电动机带的凸轮编号分别调定上述三个状态的角度位置。经凸轮控制微动开关接通电磁调节阀，使燃气通道开度与调风板开度相适应，达到空气量与燃气量的匹配。

滑动两级和比例调节式燃气燃烧器上，由伺服电动机带动的联动机构分别使风门和燃气蝶阀按锅炉负荷变化打开或关小。机械式联动机构如图 2.2-4 所示。调节连杆机构和偏心弹簧钢条，可以改变空燃比的比例关系，使之保持适宜的燃烧过量空气系数。使用 SKP 比例

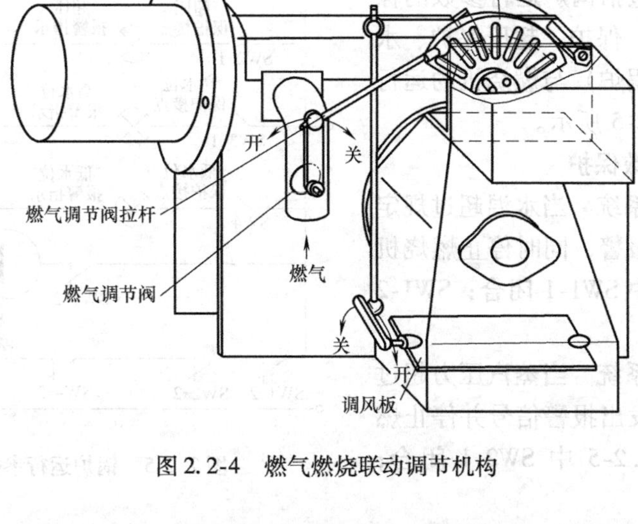

图 2.2-4 燃气燃烧联动调节机构

调节器时没有连杆机构，风量是由控制器再通过伺服电动机带动风门来调节的，随后同时改变燃气耗量。

最后需要指出的是，在调整燃烧器时通常先是固定燃料量，然后在稳定情况下调整风量，并及时在炉膛出口取烟气样进行成分分析。调整时，一边观察火焰情况，一边测烟气中的一氧化碳含量（不完全燃烧主要产物），直到合适时为止，将风门锁定。

（三）火焰观察

在燃烧器输出功率及风量调整的同时，还要观察火焰的燃烧情况，注意火焰的颜色、火焰状态以及烟色的变化等。燃烧器从低火到高火（小火到大火），观察在整个过程中火焰的颜色、大小和形状是否符合要求。

一般情况下，燃油火焰呈黄橙色，既不能白亮，又不能带黑烟；火焰轮廓清晰，外周无雪片火星，火焰以外的烟色透明；火焰的大小和形状在高火时要基本充满炉膛，但不出现火焰末梢扫及受热面的现象。在油温、油压都满足要求的情况下，如火焰中夹带火星，则有可能是喷嘴堵塞。当雾化不均匀时，局部流量密度过大，或存在粗颗粒油滴，火焰根部可以看到几道黑条，大油滴燃烧时火焰外围有雪片状火星。这时应调整雾化条件。若火焰外有未完全燃烧的炭黑和可燃气体，则在火焰四周及尾部有火焰回卷和黑烟，烟气混浊。这时应调节风量，检查配风稳焰盘的位置，有时要卸下喷嘴打焦。

燃气燃烧器正常工作时，火焰呈蓝色有点偏黄，轮廓清晰，火焰稳定，没有偏移。若出现麦黄色、浑浊或是灰蒙蒙的火焰，则表明风量过小或混合不良；若冒黑烟，说明有不完全燃烧而析出的炭黑，此时应采取调节风量及燃气量、调节配风稳焰盘位置等措施，使燃烧条件得到改善，恢复正常燃烧。

为了保证油气燃料的完全燃烧和减少有害气体及烟尘的排放，一定在改变燃料量的同时相应地改变助燃空气量，使过量空气系数保持为一适宜的数值。自动控制的燃烧器上，都能配合燃烧器功率的调节，相应地自动调节助燃空气量。

二、燃油燃气锅炉的自动控制

（一）自动保护系统

自动保护系统包括锅炉运行参数的保护，如过热（超温）保护、超压保护、水位保护（只对蒸汽锅炉）与燃烧机的运行参数保护，如图 2.2-5 所示。

1. 锅炉运行参数保护

（1）过热保护系统　当水温超过规定值或汽化时能发出报警，同时停止燃烧机的运行（图 2.2-5 中 SW1-1 闭合；SW1-2 断开）。

（2）超压保护系统　当蒸汽压力超过设定的最高压力时发出报警信号并停止燃烧机的运行（图 2.2-5 中 SW2-1 闭合；

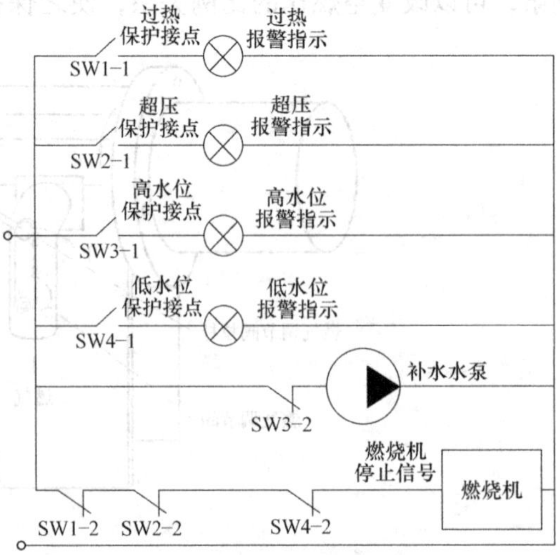

图 2.2-5　锅炉运行参数保证

SW2-2 断开）。

（3）水位保护系统　当达到最低水位时保护系统将发出报警信号，并停止燃烧机的运行；当达到最高水位时保护系统将发出报警信号，并停止补水水泵运行（图 2.2-5 中 SW3-1 闭合；SW3-2 断开）。

（4）循环水泵联锁保护　通过流量开关检测循环流量，当流量低于开关设定值时，将切断燃烧机电源，达到保护的目的。

2. 燃烧机运行参数保护

1）燃料压力保护。为保证燃料的正常燃烧，一定的压力是必需的。如果压力过低，则燃油的喷射与雾化都会受到影响，燃气燃烧机的负荷也会降低，致使点火困难，甚至点不着火。因此当燃气或燃油压力过低或过高时都将产生联锁保护，禁止燃烧机运行。

2）雾化压力保护。为保证燃油的良好雾化，进而保证燃烧质量，维持一个适当的雾化压力是必需的。当雾化压力低时，会造成雾化效果差。因此要对最低的雾化压力加以控制和保护。

3）油温保护。对于烧重油的燃烧机，一定的油温是必需的。如果温度过低，将影响油的流动与雾化，造成点火困难，炉膛积油，产生爆燃。因此当油温过低时，油温控制器将切断燃烧机控制回路，使燃烧机停止运行，待油温恢复后继续工作。如果油温过高，油温控制器也将停止燃烧机的运行，待事故排除后，经人工复位重新工作。

4）熄火保护。燃烧机在燃烧过程中，由于种种原因有可能造成熄火，此时应及时切断燃料供应，以免燃料进入炉膛造成爆炸的危险。当燃烧机熄火时，火焰检测装置及时检测到熄火信号，立即关闭燃料电磁阀。

5）燃气电磁阀气密性保护。燃气电磁阀气密性保护主要用于防止由于燃气电磁阀关闭不严造成燃气泄漏，在点火时发生爆燃。气密性保护装置只能用于双电磁阀组。

（二）锅炉自动控制系统

锅炉自动控制系统主要包括水温自动控制（对于热水锅炉）、蒸汽压力自动控制（对于蒸汽锅炉）、给水自动控制（对于蒸汽锅炉）和燃烧机自动控制。

1. 水温自动控制系统

一般情况下，在热水锅炉上均装有调节器，根据锅炉的出水温度对锅炉的负荷进行调节。有些调节器功能简单，有些复杂。为了和系统其他参数（如循环泵、生活热水温度等）结合对锅炉负荷进行调节，也可外加调节器。

在控制过程中，锅炉调节器或系统调节器接收由传感器测量的被调参数值（如温度），与设定的值进行比较，根据偏差输出控制信号给燃烧机控制器，由燃烧机控制器对燃烧机的负荷进行调节。

（1）位式调节　位式调节是最简单，也是最常用的调节方式，可利用压力式温度控制器。它包括双位调节（即开关式调节）和三位调节（即关闭、低负荷、高负荷调节）。位式调节是一种断续式的调节方式，如图 2.2-6 所示。

在图 2.2-6a 中，当温度达到 90℃时，温度调节器发出信号，由燃烧器控制器关闭燃烧机；当温度下降到 85℃时，温度调节器发出信号，由燃烧器控制器起动燃烧机，并在满负荷下运行。这种调节方式简单，配一段火燃烧器，但负荷波动较大。

在图 2.2-6b 中，当温度上升到 88℃时，温度调节器发出信号，将燃烧机负荷减小到

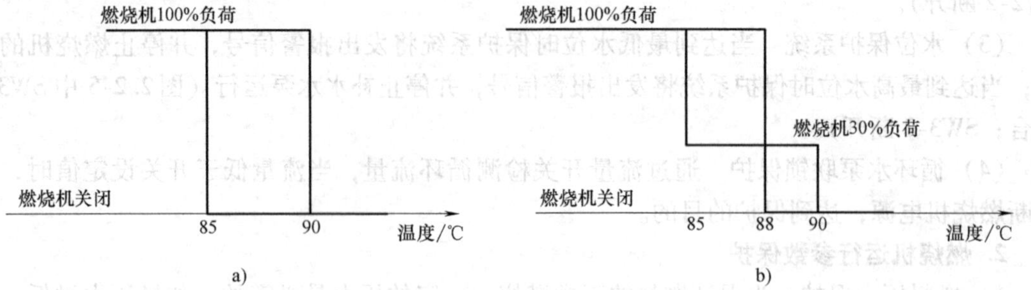

图 2.2-6 位式调节
a）双位调节 b）三位调节

30%；当温度继续上升到给定的90℃时，将燃烧机关闭；当温度下降到88℃时，燃烧机投入30%的负荷；当温度继续下降到85℃时，燃烧器满负荷运行。这种调节方式减小了温度的波动范围，需配两段火燃烧器。

（2）比例调节 比例调节是指燃烧机负荷随水温偏差值成比例变化的调节方式，是一种连续式调节方式，如图2.2-7所示。

所谓水温偏差值，是指水温与水温设定值之差。如设定的最小偏差为2℃，则当温度差值小于2℃时，燃烧机将关闭；大于2℃时，燃烧机控制器将根据温度差值的大小调整燃烧机负荷，差值越大，负荷越大。

图2.2-7中输入范围与输出范围的比称为比例带（比例度）。比例带越大，比例调节作用越小，即单位温度差引起的负荷变化小；反之则比例作用大。如比例调节的比例带过小，则体现为负荷变化对温差过于敏感，系统温度波动范围将增大。

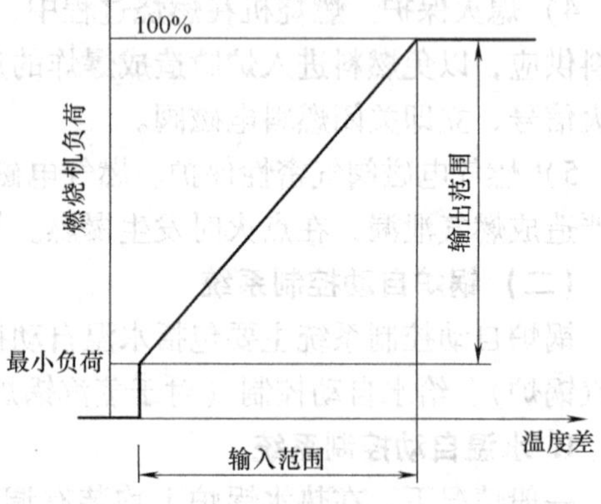

图 2.2-7 比例调节

这种调节方式须配比例调节式燃烧机，其调试过程较复杂。

（3）锅炉温度调节系统 对于中小型燃油、燃气热水锅炉，温度调节系统比较简单。主要有两种系统结构形式：①水温给定值固定不变的定值调节系统；②以水温为被调节参数，以室外温度修正水温给定值的随动调节系统。对于前者，系统结构简单，调整方便，可以实现锅炉的位式调节或比例调节，但由于水温给定值固定不变，因此，节能效果没有第二种调节系统显著。对于第二种调节系统，在结构及调整方面较第一种系统复杂一些，但是由于可以根据室外温度的变化随时对锅炉出水温度的给定值进行调整，因此可以收到较好的节能效果。

1）锅炉水温定值调节系统。定值调节系统如图2.2-8所示。

温度传感器检测锅炉出水温度 t_s，并传输给调节器，调节器根据锅炉出水温度以及设置在调节器中的锅炉出水温度给定值 t_0，得出两者之差，即 $\Delta t = t_0 - t_s$，并输出相应信号给燃烧机控制器，对燃烧机负荷进行调节。在该系统中如果使用的是两段火或一段火燃烧机，则相应地应使用位式调节器，输出开关信号；如使用的是比例式燃烧机，则相应地应使用比例调节器，输出比例信号。

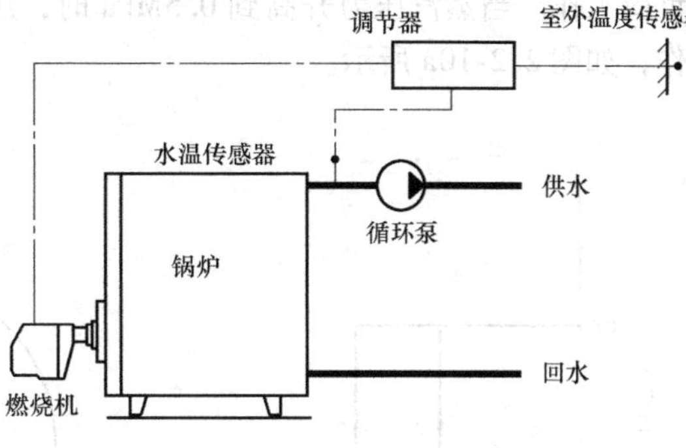

图 2.2-8 定值调节系统

2）锅炉水温随动调节系统。在锅炉水温随动调节系统中，水温给定值是随室外温度变化而变化的。室温给定值与室外温度的关系曲线称为供热曲线，如图 2.2-9 所示。从图 2.2-9 中可以看出，随着室外温度的降低，锅炉水温给定值是在不断增加的。如当室外温度达到 -10℃时，水温给定值将上调到 80℃。当室外温度升高到 5℃时，水温给定值将下调到 50℃。

对于不同的采暖系统（如散热器采暖、低温地板辐射采暖等）、不同的采暖对象（如一般住宅、医院等），供热曲线的设置可以是不同的。可以通过调整供热曲线的斜率及起始点来设置供热曲线。供热曲线一旦设置好后，在今后的运行过程中一般不再改变。

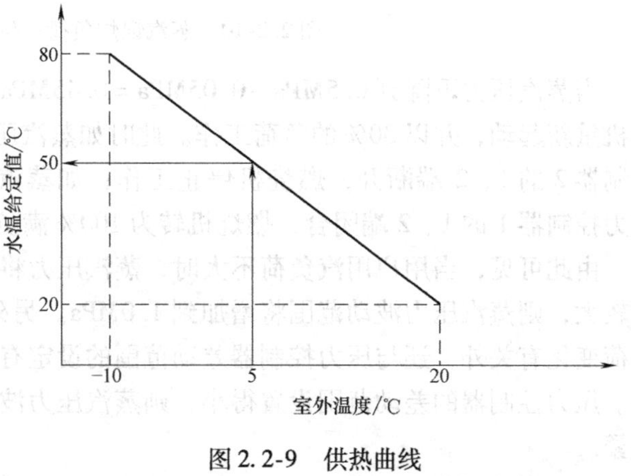

图 2.2-9 供热曲线

该系统的工作原理是：室外温度传感器检测到当前的室外温度，并传输给调节器。在调节器中，根据已设置好的供热曲线计算出锅炉出水温度的给定值。同时，锅炉水温传感器检测水温并传输给调节器，在调节器中与计算得到的水温给定值进行比较，根据偏差值及调节器使用的调节规律输出用于控制燃烧机的信号。

2. 蒸汽压力自动控制系统

如同热水锅炉通过水温来调节锅炉负荷，蒸汽锅炉通过蒸汽压力对锅炉负荷进行调节。比较简单的方式是使用压力控制器对锅炉进行位式调节（可以双位调节，也可以三位调节）。或者使用压力变送器检测蒸汽压力，通过比例调节器对锅炉负荷进行比例调节。

后者系统较复杂，且应配备比例调节燃烧机。

图 2.2-10 所示为蒸汽锅炉负荷三位调节系统原理。锅炉配备二段火燃烧器。

在该系统中，由两台压力控制器调节蒸汽锅炉负荷，如蒸汽锅炉要求输送蒸汽压力为 0.5MPa，则将压力控制器 2 的控制压力设定在 0.5MPa，差动范围调为 0.05MPa，将压力控制器 1 的控制压力设定在 0.5MPa - 0.05MPa = 0.45MPa，差动范围为 0.05MPa，如图 2.2-10b所示。

如此，当蒸汽压力低于 0.45MPa 时，压力控制器 1 和 2 的 1、2 端分别闭合，燃烧机以 100% 满负荷工作，当蒸汽压力达到 0.45MPa 时，压力控制器 1 的 1、2 端断开，燃烧机转为

30%负荷工作。当蒸汽压力升高到0.5MPa时，压力控制器2的1、2端也断开，燃烧机停止工作，如图2.2-10a所示。

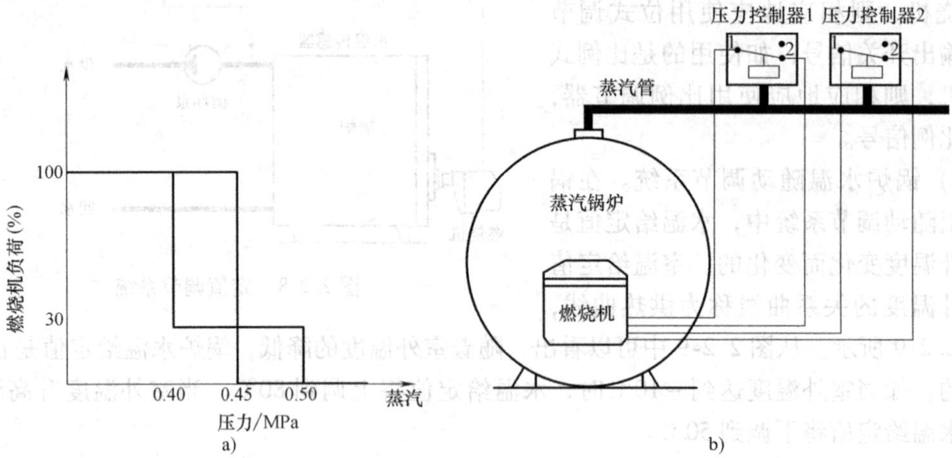

图2.2-10 蒸汽锅炉负荷三位调节系统原理

当蒸汽压力下降到0.5MPa-0.05MPa=0.45MPa时，压力控制器2的1、2端闭合，燃烧机重新起动，并以30%的负荷工作。此时如蒸汽压力开始上升，则达到0.5MPa时，压力控制器2的1、2端断开，燃烧机停止工作；如蒸汽压力继续下降，当降低到0.4MPa时，压力控制器1的1、2端闭合，燃烧机转为100%满负荷工作，如图2.2-10a所示。

由此可见，当用户用汽负荷不大时，蒸汽压力将在0.5MPa范围内波动；如果用户用汽量较大，则蒸汽压力波动范围将增加到1.0MPa。另外，蒸汽压力波动范围的大小除与用户负荷变化有关外，还与压力控制器差动范围的设定有关，与燃烧机一、二段火的负荷划分有关。压力控制器的差动范围设置得小，则蒸汽压力波动范围就小，但燃烧机的启停会相对较频繁。

3. 液位自动控制系统

对于给水水箱液位的控制比较简单，一般采用双位调节即可。如供水系统有足够的压力用于补水，则可使用浮球阀进行液位控制。如水箱通过水泵进行补水，则应使用液位开关，使液位变化与补水水泵联动，如图2.2-11所示。

当水箱水位下降到低限（相当于K2位置）时，开关K2在磁性浮子的作用下闭合，调节器发出信号起动补水水泵，向水箱中补水；当水箱水位上升到高限（相当于K1位置）时，开关K1闭合，调节器发出信号断开补水水泵电源，停止补水。开关K1与K2的位置差决定了水箱水位波动范围的大小，位置差越大，波动范围越大。

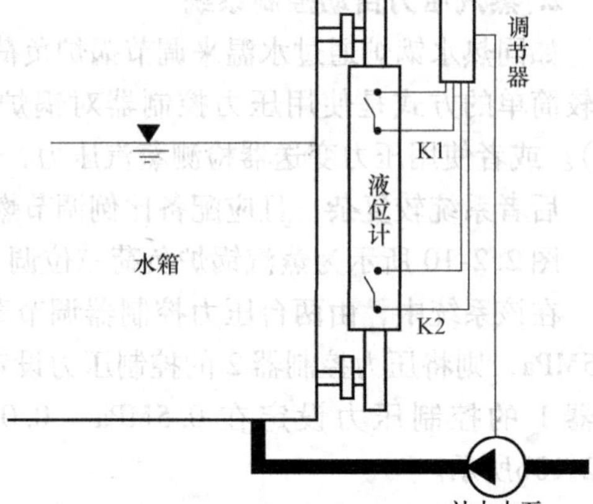

图2.2-11 水箱水位控制

对于蒸汽锅炉液位的控制相对比较复杂，特别是对于大功率蒸汽锅炉。由于蒸汽锅炉水中气泡的原因，使得蒸汽锅炉会出现虚假液位。因此，简单地依靠锅炉液位信号进行补水的控制，对于小功率蒸汽锅炉是可以的，但对于大功率蒸汽锅炉将会产生错误。蒸汽锅炉液位控制系统形式有：

1）以锅炉液位信号作为被调参数的单冲量液位控制系统（见图 2. 2-12a）。

2）以锅炉液位信号作为被调参数，蒸汽流量信号作为前馈信号的双冲量液位控制系统（见图 2. 2-12b）。

3）以锅炉液位信号作为被调参数、蒸汽流量信号作为前馈信号、补水流量信号作为反馈信号的三冲量液位控制系统（见图 2. 2-12c）。

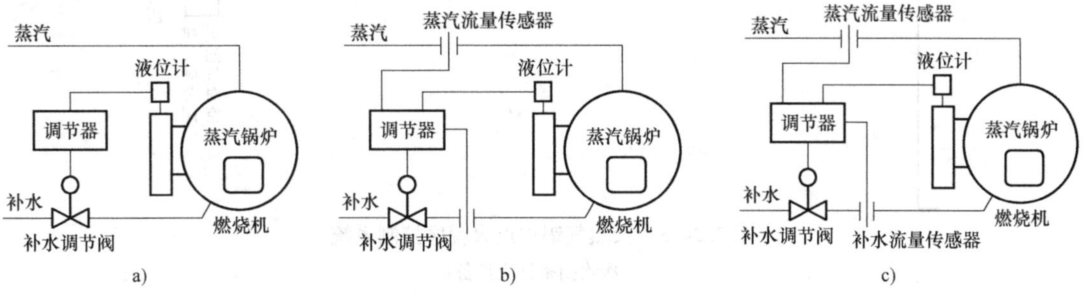

图 2. 2-12　蒸汽锅炉液位控制系统
a）单冲量液位控制　b）双冲量液位控制　c）三冲量液位控制

4. 燃烧机自动控制系统

燃烧机自动控制系统主要实现以下功能：燃烧机点火程序控制、燃烧机负荷的调节、保证燃料与空气的比值、检测火焰状况、检测燃料压力、检测鼓风压力等。同时，燃烧机自动控制系统受控于锅炉控制器。由锅炉控制器发出指令，指挥燃烧机控制器何时点火；何时转换负荷以及何时熄火。而燃烧机的点火过程、负荷调节过程、熄火过程均由燃烧机控制器负责。

（1）程序控制系统　采用程序控制系统就可以将复杂的热力生产过程划分为若干个局部的可控系统，配以适当的程控装置，通过它的逻辑控制电路发出操作命令，使局部可控系统中的有关被控对象按照启停和运行规律自动地完成操作任务。

采用程序控制后，运行人员只需要通过一个或几个操作指令，即可完成一个系统、一台辅机，甚至锅炉的启停或事故处理。

天然气锅炉点火程序控制系统如图 2. 2-13 所示。

（2）集控控制系统　来自传感器、变送器的过程参数送入控制器；控制器通过高速数据公路将过程信息送往 CRT 操作站，使运行人员了解每个控制回路的工作情况，并能够通过键盘来改变每个控制回路的给定值和控制方式。

对于不直接参与控制的过程参数，可以通过高速数据公路送到 CRT 操作站，进行显示、报警和记录。

1）数据采集、显示和打印功能。锅炉正常运行时必须对锅筒水位、锅筒压力等主要运行参数和给水阀门，送、引风挡板开度，链条速度等执行机构进行监视。这些层数一般通过变送器和执行器转变为 6 ~ 10mA 或 4 ~ 20mA 直流电流信号，然后经采样电阻转变为 0 ~ 5V 或 1 ~ 5V 直流电压送到微机的模拟量输入通道。为充分利用微机运算功能，可将非线性变量线性化，

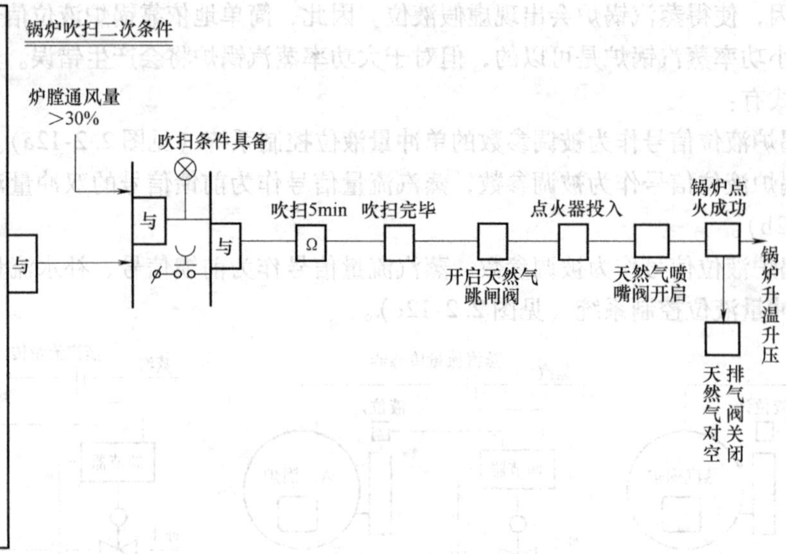

图 2. 2-13　天然气锅炉点火程序控制系统

一次吹扫条件应具备：

①天然气跳闸阀关闭；②天然气喷嘴阀关闭；③无跳闸因素；④最少一台送风机运行；⑤最少一台引风机运行；⑥火焰检测器无火焰；⑦锅筒水位正常；⑧无手动按钮紧急停炉要求；⑨无自然通风要求；⑩控制电源正常

注：锅炉吹扫应符合一次条件

将蒸汽流量的差压信号经过开方得到线性化的流量刻度，对蒸汽流量进行数据校正后显示瞬间值，对给水流量和蒸汽流量进行数据显示等。最后用打印机定时制表打印。

2）控制功能。工业锅炉在运行时的控制，对饱和蒸汽锅炉有给水自动调节和燃烧自动调节两部分，即对锅筒水位、锅炉出口汽压、炉膛负压和燃烧经济性四个参数实现自动调节。

对过热蒸汽锅炉，还应增设锅炉出口过热蒸汽温度自动调节装置。

对锅炉的辅助系统，应增设除氧器水位、压力的自动调节，减温减压器的压力、温度自动调节等控制装置。

3）其他功能。

① 报警功能。当参数（如锅筒水位、汽压）越限时，应发出声光报警，报警的上、下限可以在线设定。

② 自动保护功能。锅炉运行中主要自动保护项目有灭火自动保护，高、低水位自动保护，超温超压自动保护（连续保护、限值保护和紧急保护等）。

③ 无扰动切换。从手动工况到自动工况的切换，或从自动到手动工况的切换应当是无扰动的，也就是在手动工况时，自动阀位指令必须跟踪手动阀位指令或实际阀位开度。在自动工况时，手动阀位指令必须跟踪自动阀位指令，同时只有在被调参数与给定值的偏差等于零时，才能从手动切换到自动。

④ 在线显示和改变参数功能。在线显示和改变各调节系统的给定值、整定参数、风煤比，在线显示被调参数与给定值的偏差值，并调节输出值，积分调节具有抗积分饱和能力，微机控制输出信号上、下限可以在线限幅。

⑤ 微机的硬件有自诊断功能。软件设计应有较强的抗干扰能力，软硬件都应具有自起

动能力。当程序进入死循环时，还应发出声光报警，提醒运行人员及时将系统切换到手动工况，避免造成生产事故。

单元三　燃油燃气锅炉维护保养与事故处理

一、燃烧器和燃料供应设备的维护保养

（一）燃烧器的维护保养

锅炉在运行一段时间之后，因设备振动或其他原因而使燃烧器各部件之间可能发生相对位移，故应做定期检查。如配风稳焰盘与火焰管的位置，点火电极与喷燃口的间距和两电极的相对位置；连杆机构相对位置的变化等。在检查时，首先要查看各部位的螺栓有无松动，点火电极的绝缘套是否完好，一旦发现异常应调整到位或遇损更换。

（1）燃油燃烧器的维护保养　燃油燃烧器在维护保养之前应切断电源和供油阀门，并将存油放尽。维护保养的内容如下：

1）卸下光电火焰探测器（俗称电眼），用干布擦拭干净。

2）在断开高压变压器电缆和油管之后，卸下燃烧头，拆下调风稳焰盘及支架，用毛刷将灰及积炭刷干净。

3）卸下油喷嘴，检查过滤器清洁程度，清洗后再用；如有必要可以更新。

4）关闭泵前进油和回油阀，卸下油泵盖板取出油过滤器，清洗后再用或更换。

5）检查并擦净点火电极，调整间距。

6）打开机盖之后，用刷子清扫蜗壳和风道内以及叶轮和调风板上的积尘；如需要，还应清洗吸声材料上的灰尘。

7）检查电路中各连接点是否牢固，触点元件是否完好。

（2）燃气燃烧器的维护保养　与燃油燃烧器相比，这类燃烧器的维护保养比较简单，一般主要是保持清洁。同样，在维护保养之前要切断电源和气源。其维护保养的内容有：

1）卸下光电火焰检测器（有的燃烧器用），并用干布擦拭干净。

2）在断开高压变压器电缆之后卸下燃烧头，拆下调风稳焰盘及支架，用毛刷清除积炭和灰尘。

3）拆下点火电极和离子探针，清扫干净后按规定位置就位，并固定好。

其他内容与燃油燃烧器相同。

（二）燃油供应设备的维护保养

燃油锅炉的主要供油设备有油罐、油箱、油加热器、油过滤器、输油泵等，加强对它们的维护，必然有利于燃油锅炉的安全可靠和经济运行。

（1）油箱的维护　对油箱的维护分为外部维护和内部维护。外部维护主要是检查箱壁是否渗漏、阀门是否完好灵活、油位显示是否正确、周围消防设施是否齐全。内部维护是经常检查油位、油温、加热器是否正常，蒸汽加热器出口疏水器能否正常工作。对油箱的维护和检修过程中，一定要注意防火安全。

（2）油过滤器的维护　油过滤器分为网状和片状两种，底部有泄污管阀，上有排气阀，内部有过滤网或过滤片，进出口均有压力表。随着油质的流动，油品中的杂质被过滤下来，

逐渐增大过滤阻力，过滤器前后出现压差，达到规定值时应进行清洗。

过滤器的清洗方法有：

1）拆洗即打开法兰盖，取出滤材，把它放在高温水中用毛刷刷洗，合格后再装入过滤器中。安装滤材时应注意与器壁吻合密实，不使油流短路。

2）冲洗时关闭过滤器前后阀门，将过滤器上的放气阀拆下，并安装一个三通，上口安装阀门，水平口接短管与蒸汽管相连，将过滤器下的排污口打开，用蒸汽进行吹洗，反复多次，清除油污杂质。吹洗合格后，再复位原装的排气阀。

（3）油加热器的维护　油加热器用于加热油使其黏度降低，有蒸汽加热器和电加热器。外部维护主要是使外壁保温层、阀门及温度计完好。加热器内部应保证汽、油完全封闭隔开。在使用时应注意用电安全，遵守用电操作规程，随时检查油品的加热温度。

（4）油泵的维护　常用的油泵有齿轮泵及螺杆泵。油泵的维护应明白其故障和维修技术。常见故障及原因有：

1）油泵不运转。首先检查有无油，阀门是否关闭，系统是否有空气，过滤器和油喷嘴是否干净，油压及真空度是否正常等，排除异常现象。如检查后仍不运转，则应检查电动机及联轴器的情况。

2）油泵不吸油。整个系统的可靠性与油泵的吸油能力、油箱与油泵的相对高度关系密切。如油泵不吸油，首先在泵的进口处装上真空表，若显示为零则应检查：泵轴是否转动，转动方向是否正确。

3）油泵压力无法调节。油压无法调节的原因可能有：油泵与联轴器失效；油压表失效或安装不正确；油压调节阀失效或堵塞；油中有空气，使油压表指示不稳；排油量小于喷嘴的油流量；齿轮磨损，不能产生足够的压力；燃油太稀，黏度降低，喷嘴流量降低。

4）油压不稳。油压不稳定会导致流量及雾化方式的变化，结果使燃烧效果不佳。产生的原因可能有：管路中有空气；油泵真空度高；油泵调节阀太脏；联轴器不良等。

5）油泵无输出。这时应打开吸油管路上的阀门进行排气；检查油压及真空度，检查联轴器、油泵转动方向及安装方式。如仍不出油，还应检查吸油管与回油管位置是否正确，电磁阀是否正常，油喷嘴是否堵塞，吸油管有否泄漏，阀门方向是否正确。

6）油泵过热。油泵过热可能是联轴器安装不合适，使油泵负载过大而发热。在单管系统中，大油泵小流量时会使泵升温。油泵过热还可能是由于油黏度大或油污堵塞、齿轮泵内齿轮的摩擦力过大而引起的。应拆开油泵用柴油清洗齿轮。清洗完毕，组装时要注意密封圈压实和螺栓的紧固。

7）油泵噪声大。油泵起动后产生噪声且越来越大，很可能是吸油管上的阀门没有打开，使得真空度增大，油气分离，空气进入油泵。吸油管前油流不畅或漏气，也会使油泵产生噪声。

（三）燃气供应设备的维护保养

以天然气和人工燃气为燃料的锅炉房，主要的燃气供应设备是压力调节装置，其中包括调压器和过滤器以及计量仪表。

（1）燃气调压器的维护保养　燃气调压器的作用是将较高的燃气压力降至并稳定在较低的压力水平，该压力不随流量的变化而改变。其主要维护内容有：经常检查前后压力表的指示是否正确；清除调压器上的灰尘及污垢；适当向阀杆加润滑油，保持移动灵活；注意周围的防火安全；经常检查设备接口处是否有漏气。

（2）燃气过滤器的维护保养　与其他过滤器一样，其作用是阻截灰尘、杂质及油污，防止其进入调压器中，污垢沉积在阀口和阀芯上，影响关闭的严密性。过滤器的维护内容有：经常检查前后压力或压差；定期清洗滤材和排放凝结水；经常检查其气密性。

除上述外，也要对调压装置上的阀门进行经常性的检查与维护保养。

二、燃油燃气锅炉事故处理

1. 炉膛和烟道的爆炸事故

（1）现象

1）炉膛内压力（负压变正压）急剧升高。

2）防爆门、炉门、看火孔、检查孔等处喷出烟火。

3）发出沉闷或震耳的响声。

（2）原因

1）锅炉点火前，没有将炉膛内残余可燃气体排除，盲目点火所致。

2）锅炉运行期间突然熄火，没能及时中断燃料的供给。

3）当给油泵发生故障而使锅炉给油中断时，未能及时将锅炉进油总阀关严，当给油泵恢复正常时，会使大量燃油进入炉内。

4）当电路突然断电，引风机、送风机和给油泵同时停转，未立即将电源开关拉开，当送电正常后燃油大量进入炉内。

（3）处理

1）应立即停炉，同时切断电源、油源或气源，防止事故扩大。

2）调节锅炉水位至正常。

3）对发生炉膛及烟道爆炸的锅炉进行检查。

4）司炉人员必须严格按照操作规程进行操作。

2. 二次燃烧事故

（1）现象

1）排烟温度急剧上升，烟囱冒浓烟，甚至出现火烟。

2）炉膛负压发生剧烈变化，出现正压。

3）严重时烟道外壳呈暗红色。

4）有空气预热器时，热风温度急剧上升，风压不稳。

5）有时尾部防爆门动作。

（2）原因

1）油喷燃器雾化不良，油未完全燃烧而带入锅炉尾部。

2）燃烧调整不当，配风不足或配风不合理。

3）起、停炉过程中炉膛温度较低，燃料未在炉膛内燃尽。

4）停炉或锅炉灭火时，油枪阀门未关紧。

5）燃烧室负压过大，使油来不及燃尽便带入锅炉尾部。

6）长期不停炉清扫尾部烟道，存积一定量油垢或炭黑。

7）烟道或空气预热器漏风。

（3）处理

1）应立即停油（气）、停风、停炉。

2）关闭烟道、风道挡板及各处门孔，严禁起动送风机、引风机。

3）立即投入蒸汽灭火装置、二氧化碳或其他灭火装置，但不能用水灭火。

4）加强锅炉进水和放水，或开启省煤器再循环管的阀门，以保护省煤器不被烧损。

5）当排烟温度接近喷入的蒸汽温度，或低于150℃并稳定1h以上时，可打开检查孔进行检查，经检查确无火源后，方可起动引风机通风降温。

6）当烟道内温度下降到50℃以下时，方可进入烟道内检查尾部受热面，同时应彻底清除烟道内油垢。如未烧损，可重新点火起动；如有烧损，则应更换、修理烧损部件。

3. 锅炉熄火事故

（1）现象

1）炉膛负压突然增大。

2）炉膛内变暗，由看火孔看不到火焰。

3）汽压、汽温下降。

（2）原因

1）油中带水过多。

2）机械杂质或结焦，造成油嘴堵塞。

3）油泵断电或油泵故障造成来油中断。

4）油泵入口油温超高产生汽化，致使油泵抽空，中断供油。

5）过滤网或油管堵塞，阀芯脱落堵塞油路，致使油压下降。

6）油缸油位太低，使油泵压不上油。

7）油管破裂严重漏油，回油阀错误操作或突然开大，致使油压骤降。

8）不同油品混合储存，在缸内发生化学作用，易造成沉淀凝结，堵塞油路。

9）配风不当，风量过大将火吹熄。

10）油温过低、黏度大，使油泵进油中断。

11）水冷壁管爆破。

（3）处理方法

1）关闭锅炉总油阀及各运行喷嘴的进、回油阀。

2）保持锅炉正常水位。

3）查明原因和消除故障后重新点火。

4. 锅炉着火事故

（1）现象

1）锅炉房内有火光，锅炉燃烧不正常。

2）严重时可听到爆炸声。

3）有火从锅炉房喷出。

（2）原因

1）日用油箱设计、安装不合理。

2）未及时关闭从储油罐向日用油箱供油的油泵，导致燃油溢泄。

3）油品质量不合格，闪点低，易闪火。

4）日用油箱、供气管道有破裂处，造成燃油、燃气泄漏。

（3）处理方法

1）切断燃料供应管路。

2）全力灭火。

3）严重时应紧急停炉。

单元四　燃油燃气锅炉烟气余热回收技术

在燃油燃气锅炉的热损失中，排烟的热损失占很大的份额，其中包括干烟气的显热和水蒸气的潜热。因此，回收排烟的部分热能可提高锅炉的整体热效率，达到节能目的。

基于上述情况，近年来在欧美国家出现了冷凝式燃油燃气锅炉，节省了大量优质燃料。在现有的锅炉后方加装冷凝式烟气热能回收装置，可以达到同样的节能效果。

一、回收换热器的形式与结构

在燃油燃气锅炉上的热能回收换热器可以做成直接接触式，也可以是间壁式的。

烧天然气的锅炉上适宜装用直接接触式的换热器。在这种换热器中用水逆向喷入烟气流中，水滴与烟气充分混合和接触，传热效果好，能使烟气大幅度降温，回收大量排烟余热。在需用热水的场合，可采取这种形式的换热-冷凝装置。

常规的锅炉上，大多使用间壁式换热器，而且多属管式结构。通常，蒸汽锅炉的排烟温度约为260℃，热水锅炉约为200℃。烧天然气时的烟气露点在60℃左右，烧轻质油时烟气露点略低于50℃。如果用间壁式换热器，可将烟气温度降至稍低于其露点温度（传热表面的温度更低，易于结露），则烟气的大部分显热和部分潜热可以得到回收，这样就提高了锅炉的总体热效率。现以天然气为例加以说明。图2.2-14所示为不同过量空气条件下，以高热值为基准的排烟热损失与排烟温度的关系曲线。在过量空气为0时，烟气露点约为60℃。高于此温度时，随温度的上升热损失的增长非常缓慢（右边斜直线）；若烟气在露点以下继续降温，则一部分水蒸气冷凝释放潜热，排烟热损失迅速下降，直至15℃时几乎为零。由于天然气的高低热值之间约差10%，则以低热值为基准的热效率将超过100%，最高可达约110%。

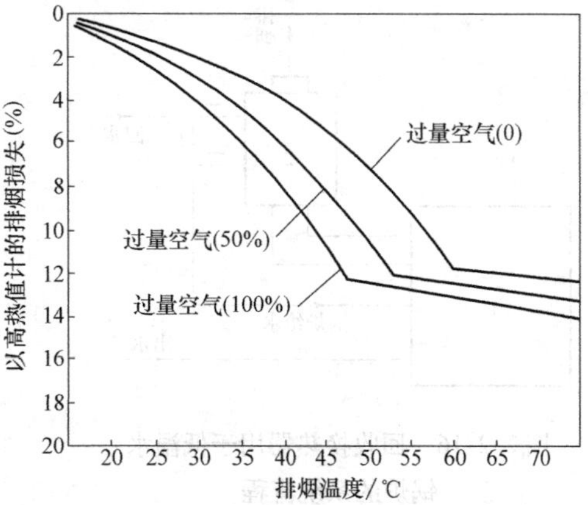

图2.2-14　天然气冷凝换热器中排烟热损失与温度的关系

间壁式回收换热器有烟管型和水管型两种。

在烟管型换热器中，烟气在管束的管内流动，阻力较小。水在管外流动，可以是顺管子与烟气逆向而流，也可以在管长方向加一些隔板（当管束较长时），使水流方向来回改变与管轴成一定角度，提高传热效率。这种换热器可以垂直布置或倾斜布置，要使管内形成的冷凝液膜依靠重力不断往下移动。由于烟气在管内流动，换热器只需要烟管采用耐蚀材料，因而造价较低。水容量大，也是其优点。一般来说，供热锅炉宜采用这种形式的回收换热器。

水管型回收换热器与传统烧煤锅炉上用的省煤器类似，烟气在管外垂直冲刷水管束，降温后排入烟囱。水管束为水平布置，构成几个回程，水沿管程来回流动，升温后进入锅炉。供热锅炉用水管型热能回收装置的构造如图 2. 2-15 所示。由于弱腐蚀性冷凝液的存在，下部列管和与烟气接触的壁面均应采用耐蚀材料，所以制造成本较高。能耐高压是其一优点。为了强化传热，管外表面可肋化处理。与烟管型相比，其水容量小，升温较快。图示换热装置有多种规格，适用于锅炉负荷 130 ~ 5630kW。

二、回收换热器的应用

1. 烟管型回收换热器用于热水锅炉

热水锅炉可分为高温热水与低温热水两类。为了有效利用冷凝部分的潜热，低温热水锅炉较为合适。图 2. 2-16 表示了回收换热器用于低温水锅炉的系统流程。烟气从锅炉出来后，经保温烟道从下部进入换热器，降温并冷凝部分水蒸气后排至锅炉房外。供暖系统回水由上部进入换热器，在其中吸收热量被加热到一定温度后再进入锅炉，在锅炉中加热至供暖温度后送入系统。

对于高温回水系统通常为二次水循环，设有加热站。回收换热器装在二次水系统中，即回水经换热器之后再进入加热站，然后再流向供暖系统。

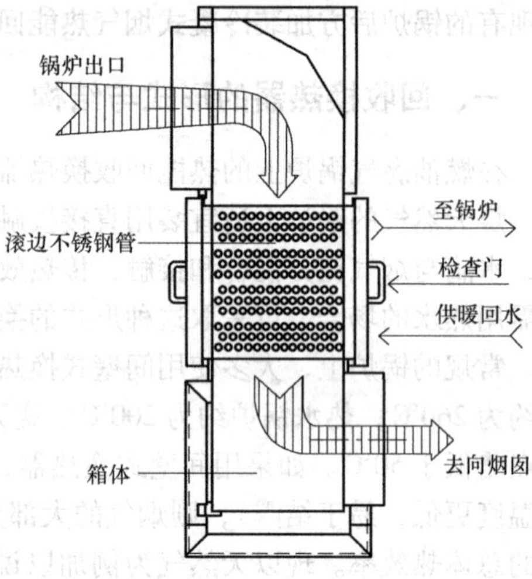

图 2. 2-15　供热锅炉用水管型热能回收装置的构造

2. 烟管型回收换热器用于蒸汽锅炉

图 2. 2-17 给出了蒸汽锅炉系统中采用回收换热器的一种方案。由于蒸汽锅炉凝结水回水的温度较高，不宜直接引入回收换热器，而是将软化补给水引进热回收装置。如系统的凝结水不回收，则与低温热水锅炉系统相同，回水即为锅炉给水。

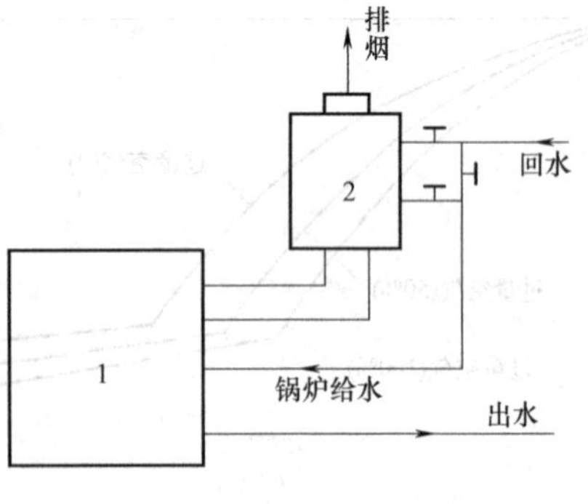

图 2. 2-16　回收换热器用于低温水锅炉的系统流程

1—供热锅炉　2—冷凝热回收装置

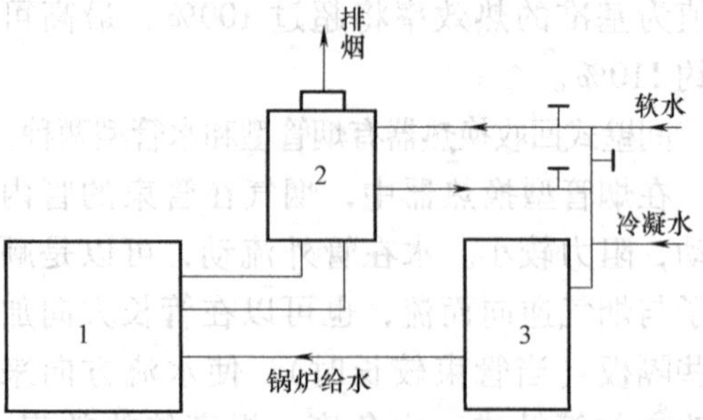

图 2. 2-17　蒸汽锅炉系统中采用回收换热器的一种方案

1—锅炉　2—冷凝热回收装置　3—给水除氧器

3. 水管型回收换热器用于供暖和热水供应

图 2. 2-18 所示为带回收换热器的热水锅炉供房间采暖及生活热水的系统图。该锅炉用

于加热建筑物供暖循环热水和加热生活卫生用热水，分冬季和夏季两个工作状况，夏季不供暖只供生活热水，而冬季则既供暖又供热水。在此系统中，锅炉和回收传热装置是常年工作的，只不过其输出功率要随两种负荷的波动而变化。在冬季，供热水泵（在散热器前）工作，将来自锅炉的高温水打入供暖系统，低温回水经回收换热器初步加热后经混合器回到锅炉中，升温后重新进入供暖系统。这时，从锅炉出来的高温热水经混合器上部由泵打入生活热水加热装置中，降温后经混合器下部回到锅炉，不经过回收换热器。在夏季，供热水泵停止运行，锅炉出来的高温水经生活热水加热装置，在其中放热降温后流经回收换热器，再由混合器下部返回至锅炉。

冷凝式热能回收装置排出的冷凝水呈微弱酸性，其 pH 值一般为 4～5，在排入下水道之前应加中和剂（碱性溶液）适当提高 pH 值。不得直接排入下水道或水体。

燃油燃气锅炉在加设热能回收装置后，总体热效率可提高 4%～7%，甚至接近 10%，可见其节能效果是很明显的，值得推广应用。

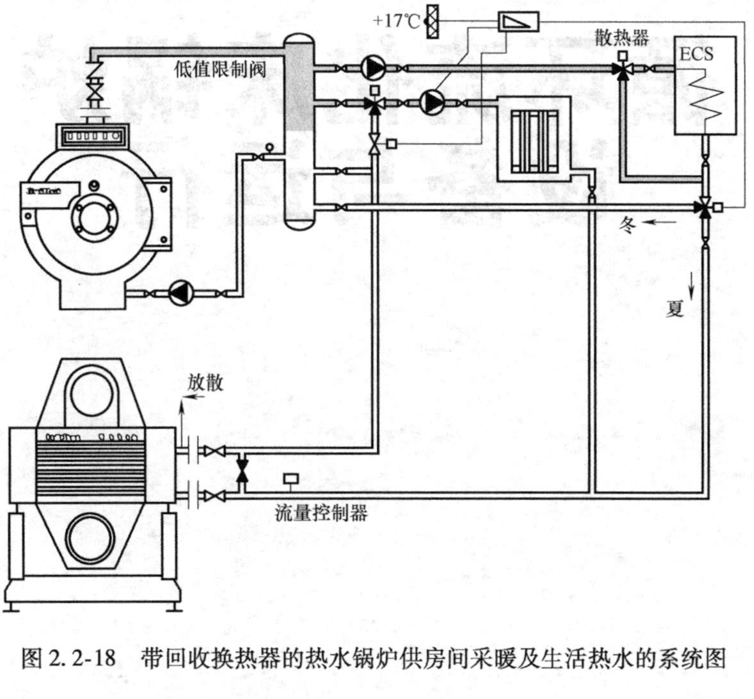

图 2. 2-18　带回收换热器的热水锅炉供房间采暖及生活热水的系统图

思考题与习题

1. 燃烧器及燃料供应系统在点火前应做哪些方面的检查？
2. 描述燃油燃烧器的点火程序。
3. 燃油燃烧器有几种功率调节方法？如何调节？
4. 如何根据火焰的颜色来判断燃烧情况？
5. 燃油燃气锅炉的自动控制包括哪些内容？如何实现水位的控制？
6. 燃油燃气锅炉如何进行空气量调整？
7. 如何实现出水温度的自动控制？
8. 烟气的热量包括哪两部分？烟气中水蒸气的份额对潜热的回收有何影响？

学习项目三

循环流化床锅炉设备与运行

学习任务一

循环流化床锅炉设备选型

知识目标

1. 掌握循环流化床锅炉设备构成与工作过程。
2. 熟悉循环流化床锅炉的典型结构与应用技术。
3. 掌握循环流化床锅炉燃烧系统设备组成及应用选型知识。
4. 掌握循环流化床锅炉辅助设备结构性能及应用选型。

能力目标

1. 能对典型流化床锅炉结构进行分析和评价。
2. 根据具体条件进行循环流化床锅炉设备选型。
3. 能够编写设备选型报告。

任务导入

某企业动力车间新安装一台循环流化床锅炉，型号为 HG75-3.82/350，燃料为烟煤。要求学生通过教师讲解、现场参观、网上查阅资料等各种手段，获取知识信息，通过自主学习，完成循环流化床锅炉设备选型报告，具体内容包括：

1. 锅炉本体选型方案。
2. 锅炉辅助设备选型方案。
3. 锅炉房工艺流程图绘制。
4. 锅炉运行经济性分析，估算出每吨蒸汽的成本。
5. 形成任务报告单。

任务分析

要想正确做出循环流化床锅炉设备选型，首先必须了解循环流化床锅炉设备组成及工作过程，熟悉设备组成系统内每一设备的类别、工作原理、性能特点及应用条件。本任务将通过循环流化床锅炉设备组成和工作过程认知、循环流化床锅炉典型结构分析与应用、循环流化床锅炉燃烧系统组成及设备认知、循环流化床锅炉运行常见问题分析四个单元的学习，最终完成循环流化床锅炉设备选型报告的编制任务。

教学重点

循环流化床锅炉系统组成设备的分类、特点、工作原理与应用选型。

教学难点

循环流化床锅炉燃烧系统设备性能特点及应用选型。

相关知识

单元一　循环流化床锅炉设备组成和工作过程认知

一、循环流化床燃烧技术及原理

循环流化床燃烧是在鼓泡流化床燃烧的基础上发展起来的，二者可统称为流化床燃烧。

燃料的两种经典燃烧方式是固定床燃烧（又称层燃，包括固定炉排、链条炉排等）和悬浮燃烧（例如煤粉燃烧）。固定床燃烧是将燃料均匀布在炉排上，空气以较低的速度自下而上通过燃料层使其燃烧。悬浮燃烧则是先将燃料（如煤）磨成细粉，然后用空气通过燃烧器送入炉膛，在炉膛空间作悬浮状燃烧。流化床燃烧是介于两者之间的一种燃烧方式。在流化床燃烧中，燃料被破碎到一定粒度，燃烧所需的空气从布置在炉膛底部的布风板下送入，燃料既不固定在炉排上燃烧，也不是在炉膛空间内随气流悬浮燃烧，而是在流化床内进行一种剧烈的、杂乱无章的、类似于流体沸腾运动状态的燃烧。

如图 3.1-1 所示，当风速较低时，燃料层固定不动，表现层燃的特点。当风速增加到一定值（所谓最小流化速度或初始流化速度）时，布风板上的燃料颗粒将被气流“托起”，从而使整个燃料层具有类似流体沸腾的特性。此时，除了非常细而轻的颗粒床会均匀膨胀外，一般还会出现气体的鼓泡这样明显的不稳定性，形成鼓泡流化床燃烧（又称沸腾燃烧）。当风速继续增加，超过多数颗粒的终端速度时，大量未燃尽的燃料颗粒和灰颗粒将被气流带出流化床层和炉膛。为将这些燃料颗粒燃尽，可将它们从燃烧产物的气流中分离出来，送回并混入流化床继续燃烧，进而建立起大量灰颗粒的稳定循环，这就形成了循环流化床燃烧。如果空气流速继续增加，将有越来越多的燃料颗粒被气流带出，而气流与燃料颗粒之间的相对速度则越来越小，以致难以保持稳定的燃烧。当气流速度超过所有颗粒的终端速度时，就成了气力输送。但若燃料颗粒足够细，则可用空气通过专门的管道和燃烧装置送入炉膛使其燃烧，这就是燃料颗粒的悬浮燃烧。

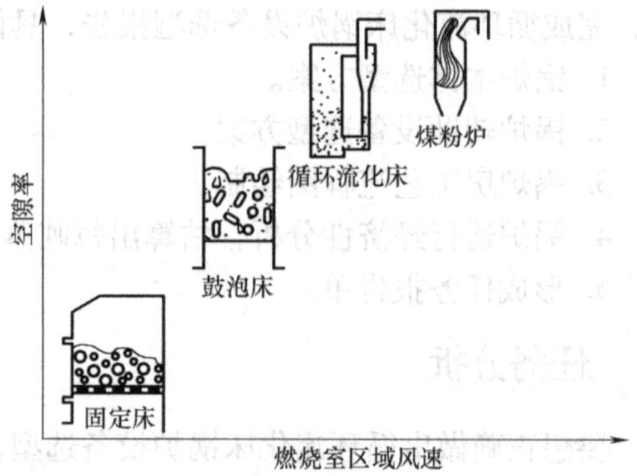

图 3.1-1　燃烧方式与风速的关系

图 3.1-2 所示为鼓泡流化床燃烧系统。鼓泡流化床燃烧的主要缺点是：①由于细燃料颗粒在上部炉膛内未经燃尽即被带出，在燃烧宽筛分燃料时燃烧效率不高，脱硫反应的钙利用率低；②床内颗粒的水平方向湍动相对较慢，对入炉燃料的播散不利，影响床内燃料的均匀分布和燃烧效果，也迫使大功率燃烧系统的给煤点布置过多，不利于设备的大型化；③床内

埋管受热面磨损速度过快。

为了解决上述问题，20世纪60年代，国外在总结和研究鼓泡流化床锅炉的基础上，开发、研制出循环流化床锅炉。如前所述，流化床燃烧的基本原理是床料在流化状态下进行燃烧：一般粗颗粒在炉膛下部，细颗粒在炉膛上部。循环流化床锅炉与鼓泡流化床锅炉两者结构上最明显的区别在于循环流化床锅炉在炉膛上部的出口安装了循环灰分离器（多为旋风分离器），将烟气中的高温细固体颗粒分离收集起来送回炉膛。一次未燃尽而飞出炉膛的同时，脱硫剂也可在炉内实现多次循环，脱硫效率得到提高。循环流化床锅炉的“循环”一词因高温物料在炉内的循环而得名。

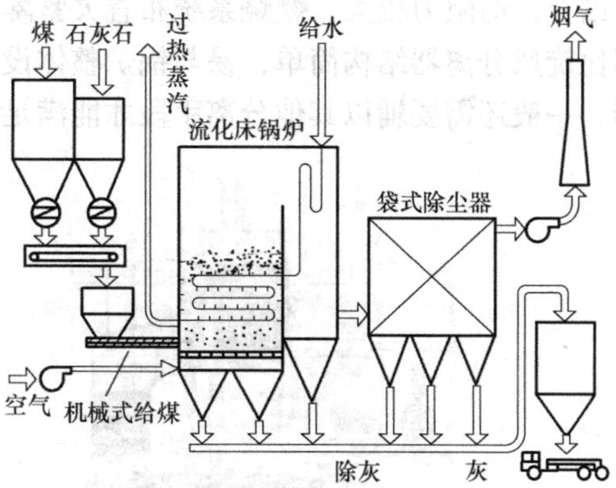

图3.1-2 鼓泡流化床燃烧系统

通常，将鼓泡流化床锅炉（又称沸腾炉）称为第一代流化床锅炉，循环流化床锅炉称为第二代流化床锅炉。

二、循环流化床锅炉系统及组成

循环流化床锅炉系统通常由流化床燃烧室（炉膛）、循环灰分离器、飞灰回送装置、尾部受热面和辅助设备等组成。一些循环流化床锅炉还有外置流化床换热器。图3.1-3为带有外置流化床热交换器的循环流化床锅炉系统示意图。

1. 燃烧室（炉膛）

流化床燃烧室（炉膛）由膜式水冷壁构成，底部为布风板，以二次风入口为界分为两个区：二次风入口以下的锥形段为大颗粒还原气氛燃烧区，二次风以上为小颗粒氧化气氛燃烧区。燃料的燃烧过程、脱硫过程等主要在炉膛内进行。由于炉膛内布置有受热面，大约50%燃料释放热量的传递过程在炉膛内完成。顺便指出，流化床燃烧室也可以在加压状态下工作（一般将燃烧空气加压至0.6~1.6MPa），此时称为增压循环流化床（PCFB）燃烧。

2. 循环灰分离器

循环灰分离器是循环流化床锅炉系统的关键部件之一。循环灰分离器的形式决定了燃烧系统和锅炉整体布置的形式和紧凑性，其性能对燃烧室的空气动力特性、传热特性、飞灰循环、燃烧效率、锅炉出力和蒸汽参数、锅炉的负荷调节范围和起动所需时间、散热损失以及脱硫剂的脱硫效率和利用率，乃至循环流化床锅炉系统的维修费用等均有重要影响。

循环灰分离器的种类很多，新的形式还在不断出现，但总体上可分为高温旋风分离器和惯性分离器两大类。

高温旋风分离器的工作原理是利用旋转的含灰气流所产生的离心力将灰颗粒从气流中分离出来。根据壳体结构材料不同，高温旋风分离器又可分为绝热式和水（汽）冷却式两种形式，前者内部设有防磨层和绝热层，后者壳体由水（汽）冷膜式壁构成，作为锅炉汽水回路的一部分。惯性分离器的工作原理则是通过急速改变气流方向，使气流中的颗粒由于惯性效应而与气流轨迹脱离。

高温旋风分离器结构简单，分离效率高，对于 30 ~ 50μm 粒径的细颗粒分离效率可达 99% 以上，但阻力较大，燃烧系统布置欠紧凑，广泛应用于大型循环流化床锅炉上。惯性分离器比旋风分离器结构简单，易与锅炉整体设计相匹配，阻力小，但分离效率远低于旋风分离器，一般还需要辅以其他分离手段才能满足循环流化床锅炉对物料分离的要求。

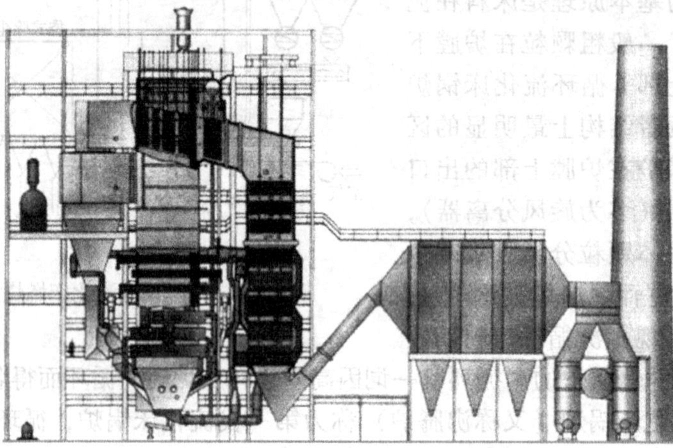

a)

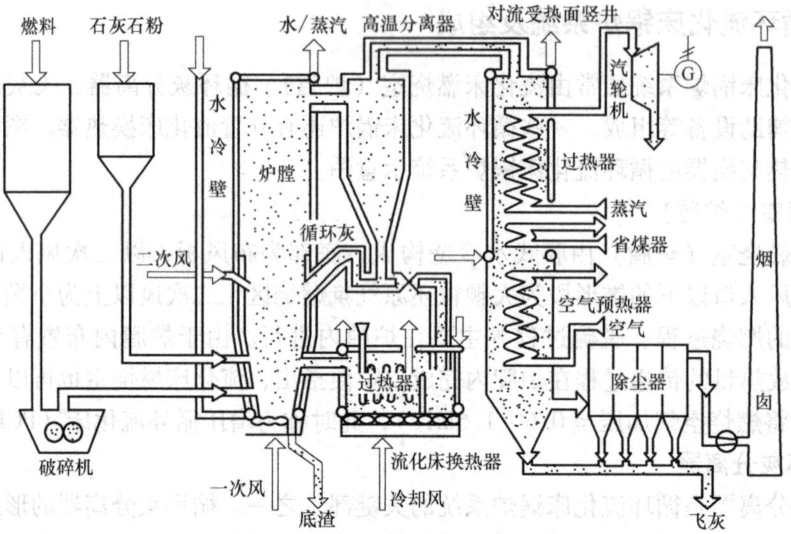

b)

图 3.1-3　循环流化床锅炉系统
a）结构示意图　b）系统示意图

3. 飞灰回送装置

飞灰回送装置主要指送灰器（又称回料阀、返料阀），是循环流化床锅炉系统的重要部件，它的正常运行对燃烧过程的可控性以及锅炉的负荷调节性能起决定性作用。

飞灰回送装置的功能是将循环灰分离器收集下来的飞灰送回流化床循环燃烧。由于分离器内的压力低于燃烧室内的压力，循环灰是从低压区回送到高压区，飞灰回送装置还必须起到“止回阀”的作用。如果高压区气体反窜进入分离器，将破坏分离工况，降低分离效率，影响灰粒循环，以致循环流化床锅炉不能正常运行。

由于循环灰回路温度高，工作条件苛刻，循环流化床锅炉系统的飞灰回送装置一般采用非机械式的。设计中采用的飞灰回送装置有两种类型。一种是自动调节型送灰器，如流化密封送灰器（又称U形阀）；另一种是阀型送灰器，如L形阀、V形阀、J形阀等。自动调节型送灰器能随锅炉负荷的变化自动改变送灰量，而无须调整送灰风量；阀型送灰器要改变送灰量，则必须调整送灰风量，也就是说，随锅炉负荷的变化必须调整送灰风量。

4. 外置流化床换热器（外置冷灰床）

外置流化床换热器是布置在循环流化床灰循环回路上的一种热交换器，又称外置冷灰床，简称外置床。外置床的功能是将部分或全部循环灰（取决于锅炉的运行工况和蒸汽参数）载有的一部分热量传递给一组或数组受热面，同时兼有循环灰回送功能。外置床通常由一个灰分配室和一个或若干个布置有浸埋受热面管束的床室组成。这些管束按灰的温度不同可以是过热器、再热器或蒸发受热面。

外置流化床换热器采用低速鼓泡流化床运行方式，传热系数高。由于循环灰平均粒径较小（一般100~150μm），流化速度0.3~0.5m/s即可保证正常流化，灰粒对受热面管束的磨损很小，管束的使用寿命较长。

采用外置流化床换热器的主要优点是：①解决了大型循环流化床锅炉燃烧室四周表面积相对不足，难以布置所需受热面的矛盾；②具有调节燃烧室温度和过热器/再热器蒸汽温度的功能；③扩大了循环流化床锅炉的负荷调节范围和对燃料的适应性。

单元二　循环流化床锅炉典型结构分析与应用

一、循环流化床锅炉的特点

1. 循环流化床锅炉的工作条件

循环流化床锅炉工作的基本特点是低温的动力控制燃烧，高速度、高浓度、高通量的固体物料流态化循环过程以及高强度的热量、质量和动量传递过程。

循环流化床锅炉的工作条件可归纳为表3.1-1。

表3.1-1　循环流化床锅炉的工作条件

项目	数值	项目	数值
床层温度/℃	850~950	脱硫剂粒度/mm	1左右
流化速度/(m/s)	4~6	床层压降/kPa	11~12
床料粒度/μm	100~700	炉内颗粒浓度/(kg/m³)	150~600(炉膛底部)
床料密度/(kg/m³)	1800~2600	Ca、S摩尔比	1.5~4
燃料粒度/mm	0~13	壁面传热系数/[W/(m²·K)]	100~250

2. 循环流化床锅炉的优点

如前所述，循环流化床锅炉采用飞灰循环燃烧，克服了鼓泡流化床燃烧效率不高的缺点。人们普遍认为，流化床燃烧将是电站锅炉、工业锅炉和工业窑炉的一种很有前途和极具竞争力的燃烧方式。循环流化床锅炉具有一般常规锅炉所不具备的优点。主要体现在以下几点：

(1) 燃料适应性好　由于飞灰再循环量的大小可改变床内的吸热份额，循环流化床锅炉对燃料的适应性特别好。只要燃料的热值大于把燃料本身和燃烧所需的空气加热到稳定燃烧温度所需的热量，这种燃料就能在循环流化床锅炉内稳定燃烧，不需使用辅助燃料助燃，就能达到高的燃烧效率（此时床内不布置受热面）。循环流化床锅炉几乎可以烧各种煤（如泥煤、褐煤、烟煤、贫煤、无烟煤、洗煤厂煤泥），以及洗矸、煤矸石、焦炭、油页岩、垃圾等，且燃烧效率很高，这对于充分利用劣质燃料具有重大意义。

(2) 燃料预处理系统简单　由于循环流化床锅炉的燃料粒度一般为0~13mm，与煤粉锅炉相比，燃料的制备破碎系统大为简化。此外，循环流化床锅炉能直接燃用高水分煤（水分可达到30%以上），当燃用高水分燃料时，也不需要专门的处理系统。

(3) 燃烧效率高　常规工业锅炉和流化床锅炉的燃烧效率为85%~95%。循环流化床锅炉由于采用飞灰再循环燃烧，锅炉燃烧效率可达95%~99%。

(4) 负荷调节范围宽　煤粉锅炉负荷调节范围通常在70%~110%，而循环流化床锅炉负荷调节范围比煤粉锅炉宽得多，一般为30%~110%，负荷调节速率可达（5%~10%）B-MCR/min（MCR，Maximum Continuous Rating，即锅炉最大连续蒸发量）。有的循环流化床锅炉即使在20%负荷情况下，也能保持燃烧稳定，甚至可以压火备用。因此，循环流化床锅炉特别适用于电网的调峰机组或热负荷变化大的热电联产机组和供热工业锅炉。

(5) 燃烧污染物排放量低　向循环流化床锅炉内加入脱硫剂（如石灰石、白云石），可以脱去燃料燃烧过程中生成的二氧化硫（SO_2）。根据燃料中的含硫量确定加入的脱硫剂量。

当钙硫摩尔比为2~2.5时，循环流化床锅炉的脱硫效率可达90%，而鼓泡流化床锅炉要达到同样的脱硫效率，钙硫摩尔比需在3~5之间。因此，循环流化床锅炉还可以大大提高钙的利用率。由于循环流化床锅炉采用分级燃烧，燃烧温度一般控制在850~950℃范围之内，氮氧化物（热反应型NO_x）的生成量显著减少，其排放浓度为$(100\sim200)\times10^{-6}$，而常规流化床燃烧和煤粉燃烧的$NO_x$排放浓度分别为$(300\sim400)\times10^{-6}$和$(500\sim600)\times10^{-6}$。循环流化床锅炉的其他污染物如一氧化碳（CO）、氯化氢（HCl）、氟化氢（HF）等的排放也很低。

(6) 燃烧热强度大　由于飞灰再循环燃烧，循环流化床锅炉克服了常规流化床锅炉床内释热份额大，悬浮段释热份额小的缺点，燃烧热强度比常规锅炉高得多：截面热负荷可达3.5~4.5MW/m²，接近或高于煤粉锅炉，是鼓泡流化床锅炉的2~4倍，链条炉的2~6倍；炉膛容积热负荷为1.5~2MW/m³，是煤粉锅炉的8~10倍。燃烧热强度大的好处是可以使设备紧凑，减低金属消耗。

(7) 炉内传热能力强　循环流化床锅炉炉内传热主要是上升的烟气和流动的物料与受热面的对流传热和辐射传热。由表3.1.1可见，炉膛内气固两相混合物对水冷壁的传热系数比煤粉锅炉炉膛的辐射传热系数大得多。因此，与煤粉锅炉相比，可大幅度节省受热面金属耗量。

(8) 易于实现灰渣综合利用　循环流化床燃烧过程属于低温燃烧，同时炉内良好的燃尽条件使得锅炉的灰渣含碳量低，属于低温烧透，灰渣不会软化和黏结，活性较好。另外，炉内加入石灰石后，灰渣成分也有变化，含有一定的$CaSO_4$和未反应的CaO。循环流化床锅炉灰渣可用作制造水泥的掺和料或做建筑材料，易于实现灰渣综合利用。同时，低温烧透还有利于灰渣中稀有金属的提取。

（9）床内可不布置埋管受热面　循环流化床锅炉由于飞灰再循环和床料平均粒径较小，床内上下部燃料燃烧释热较均匀，床内不布置埋管受热面而采用膜式水冷壁和其他附加受热面，因而不存在鼓泡流化床锅炉的埋管受热面易磨损的问题。另外，由于床内无埋管受热面，起动、停炉以及处理结焦的时间短，即使长时间压火之后也可直接起动。

表 3.1-2 给出的是循环流化床锅炉与煤粉锅炉技术经济及性能的综合比较。

表 3.1-2　循环流化床锅炉与煤粉锅炉技术经济及性能的综合比较

项目	循环流化床锅炉	煤粉锅炉
燃料适应性	好	不好
低负荷稳燃能力	好	不好
可靠性	若选型得当，与煤粉锅炉相当	好
氮氧化物排放控制	基本无投资运行费用	投资和运行费用较高
脱硫投资	初投资低，为煤粉锅炉的 1/4	较大
不带脱硫锅炉岛投资	锅炉较贵，无制粉系统，比煤粉锅炉高 7%	锅炉较便宜，有制粉系统
不带脱硫运行费用	可烧差煤，价格较低	要烧好煤，价格较高
不带脱硫维护成本	若选型得当，费用较低	较低
不带脱硫自用电率	烧好煤时与煤粉锅炉相当，烧差煤时较高	要烧好煤，较低
带脱硫锅炉岛投资	比煤粉锅炉低约 12%	较高
带脱硫自用电率	烧好煤时比煤粉锅炉低，烧差煤时与之相当	较高
脱硫运行费用	较低，为煤粉锅炉的 10%	较高
灰渣综合利用	可以	可以

3. 循环流化床锅炉的缺点

虽然循环流化床锅炉具备常规锅炉和鼓泡流化床锅炉所没有的诸多优点，但是也存在如下主要的缺点：

1）烟风系统阻力较高，风机电耗大。循环流化床锅炉布风板的存在和飞灰再循环燃烧，使得送风系统的阻力远大于煤粉锅炉的送风阻力，而烟气系统中又增加了循环灰分离器的阻力。

2）锅炉受热面部件的磨损比较严重。由于循环流化床锅炉内的高颗粒浓度和高风速，锅炉部件的磨损是比较严重的。虽然采取了许多防磨措施，但是实际运行中循环流化床锅炉受热面的磨损速度仍比常规锅炉大得多。

3）实现自动化的难度较大。因为循环流化床锅炉风烟系统和灰渣系统远比常规锅炉复杂，不同炉型的燃烧调整方式也有所不同，控制点较多，所以采用计算机自动控制要比常规锅炉难得多。

此外，应该指出的是，为使设计和运行达到优化的目的，循环流化床锅炉的许多问题尚有待于解决。例如，需要研制效率高、阻力低、体积小、磨损轻和制造运行方便的循环灰分离器，床内固体颗粒的浓度和运行风速的确定、炉内受热面布置和温度的控制、低污染燃烧和炉内传热机理等都需要从理论和实验两方面做深入研究。

二、循环流化床锅炉的主要形式

由于循环流化床锅炉还处于发展阶段，结构形式繁多。目前，世界上较有代表性的循环流化床锅炉炉型为：德国 Lurgi 型、芬兰 Pyroflow 型、美国 FW 型、德国 Circofluid 型和内循环（IR）型，分别如图 3.1-4 所示。现将上述五种炉型的特点分别简要介绍如下：

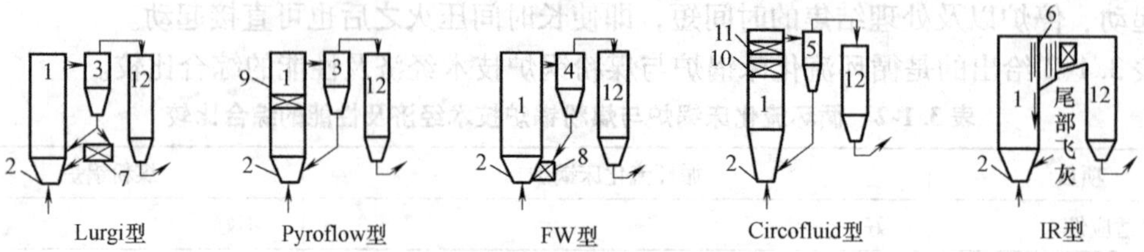

图 3.1-4　循环流化床锅炉的主要形式

1—燃烧室（炉膛）　2—布风装置　3—高温绝热旋风分离器　4—水（汽）冷却式高温旋风分离器　5—中温旋风分离器　6—炉内循环灰分离装置（U 型槽分离器或百叶窗式分离器）　7—外置流化床换热器　8—整体式再循环换热器（INTREX）　9—屏式过热器　10—过热器　11—高温省煤器　12—尾部烟道

（1）Lurgi 型　炉膛布置膜式水冷壁受热面，采用工作温度与炉膛燃烧温度（870℃左右）相近的高温旋风分离器。其主要技术特点是在循环灰回路上设置有外置流化床换热器（见图 3.1-5）。此种炉型最早由德国鲁奇（Lurgi）公司推出。

（2）Pyroflow 型　采用绝热高温旋风分离器，膜式水冷壁炉膛内布置管屏或分隔墙受热面。由于无外置换热器，固体物料循环回路中的吸热靠膜式水冷壁和分隔墙受热面来保证。这种形式的循环流化床锅炉由芬兰奥斯龙（Ahlstrom）公司生产，并被定名为 Pyroflow 循环流化床锅炉。

（3）FW 型　其特点是采用气冷式高温旋风分离器和整体式再循环换热器 INTREX（INTREX，Integrated Recycle Heat Exchanger）。INTREX 实际上是一个利用非机械方式使固体转向的外置鼓泡流化床。这种形式的循环流化床锅炉因由美国福斯特·惠勒（Foster Wheeler，FW）公司制造而得名。

（4）Circofluid 型　炉膛运行气速相对较低。炉膛上部布置过热器和高温省煤器，炉膛烟气出口温度约为 450℃，因而采用体积较小，耐温及防磨要求较低的中温旋风分离器。此种炉型由德国巴布科克（Babcock）公司研制成功。

（5）内循环（IR）型　在炉膛出口处布置一级 U 形分离元件，分离下来的烟灰沿炉膛后墙向下流动，形成内循环（Internal Recirculation），故称内循环（IR）型。这种形式的循环流化床锅炉结构简单，外形与常规煤粉锅炉相似，比较适合于现有煤粉锅炉的改造。

图 3.1-5 是美国巴布科克·威尔科克斯公司（B&W，Babcock&Wilcox，简称巴威公司）的一种内循环型循环流化床锅炉。

三、循环流化床锅炉的发展概况

（一）循环流化床的发展概况

流化床的概念最早出现在化工领域。20 世纪 20 年代初，德国的温克勒发明了世界上第一台流化床并成功运行。他将燃烧产生的烟气引入一装有焦炭颗粒的炉室底部，然后观察到了固体颗粒在上升气流的作用下整个颗粒系统类似沸腾液体的现象。此后，美国、德国、法国、芬兰和英国等开始研究开发及应用流化床技术。尤其是在石油催化裂化过程中的应用，更加快了流化床技术的发展。至20世纪40年代，流化床技术的工业应用更加广泛，涉及石油、化工、冶炼、粮食加工、医药等领域。

循环流化床真正成为具有工业应用价值的新技术是在20世纪五六十年代。20世纪50年代，美国凯洛格（M. W. Kellogg）公司开发并在南非的萨尔伯格建造运行了Sasol费—托反应器；20世纪60年代末，德国鲁奇公司研制并投运了Lurgi/VAW氢氧化铝焙烧反应器；1970年，鲁奇公司将循环流化床技术应用于燃煤锅炉并取得成功。从此，循环流化床技术正式进入工业应用阶段。1971年，Reh提出了一个循环流化床的流态图，并描述了循环流态化的基本特征；1976年，耶路沙米（Yerushalmi）等首次提出了快速流态化的概念，从而引起了人们对循环流化床技术研究的重视，并从20世纪80年代开始形成了一个循环流化床基础研究的高潮。

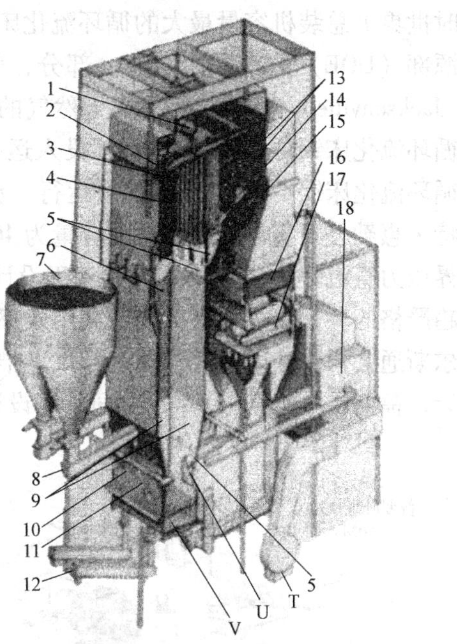

图3.1-5　巴威（B&W）公司的内循环型循环流化床锅炉

1—锅筒　2—炉内槽形分离器　3、5、9—水冷耐火层　4—蒸发屏　6—分隔板　7—煤仓　8—重力给煤机　10—二次风喷嘴　11—给煤槽　12—冷渣器　13—过热器　14—外槽形分离器　15—飞灰斗　16—省煤器　17—多管旋风分离器　18—管式空气预热器

我国对循环流化床技术的研究始于20世纪50年代末的中科院化学冶金研究所。此后，特别是20世纪80年代以来，国内各主要高等学校和研究机构也相继开始循环流化床的研究开发工作。目前，循环流化床技术已被广泛应用于石油、化工、冶金、能源、动力、环保等工业领域中。

（二）国外循环流化床锅炉的发展概况

经过近20年的迅猛发展，国外循环流化床锅炉的技术已趋于成熟，并形成了不同的流派和形式。大型化是当前循环流化床锅炉的主要发展方向。国外循环流化床锅炉的技术由于起步较早，资金投入大等原因，无论是锅炉本身的大型化，还是各种配套技术和设备，都已经能适应用户的不同要求。循环流化床锅炉的蒸发量已由最初的每小时几十吨发展到现在的每小时几百吨乃至上千吨，并已从工业锅炉扩展到电站锅炉，具有广阔的应用前景。尤其是美国的福斯特·惠勒公司、芬兰的奥斯龙公司（1995年被福斯特·惠勒公司兼并）、德国的鲁奇公司、美国巴布科克公司以及奥地利的AEE、法国的阿尔斯通（Alsthom）和ABB-CE等公司在循环流化床锅炉技术的研究与开发中都有突出的成就，并形成了自己的特色，已能够提供功率100MW以上的全套大型商品化循环流化床锅炉发电设备。截至20世纪末，容量最大的循环流化床锅炉是1996年4月投入商业运行的法国南部普罗旺斯（Provence）加登（Gardanne）电站配250MW_e（下标“e”表示电功率）机组的700t/h亚临界压力循环流化床锅炉（见图3.1-6），波兰的图罗（Turow）电站将原煤粉锅炉改造成循环流化床锅炉，设计建成3台235MW_e带旋风分离器的循环流化床锅炉和3台260MW_e紧凑型循环流化床锅炉。其中3台235MW_e循环流化床锅炉已投入商业运行。整个改造于2004年完成，成为当时世界上总装机容量最大的循环流化床电站（见图3.1-7）。进入21世纪以来，作为美国能源部（DOE）洁净煤计划的一部分，美国JEA电力公司将位于佛罗里达州的杰克逊维利（Jacksonville）电站2台燃油/天然气的300MW_e循环流化床锅炉改造成为燃用石油焦/煤的循环流化床锅炉，并于2002年投入运行。意大利撒丁岛（Sardinia）ENEL公司的340MW_e循环流化床锅炉于2005年投入运行。波兰PKE电力公司于2002年12月30日与美国福斯特·惠勒公司签订了订购一台容量为460MW_e的循环流化床锅炉的合同。该台锅炉采用超临界压力直流锅炉，2003年开始工程设计，于2006年投入商业运行（见图3.1-8）。为满足日趋严格的环保法规并提高能源利用效率，循环流化床锅炉正向新的目标发展。目前，法国阿尔斯通公司为法国电力公司（EDF）推出了600MW_e级的超临界参数循环流化床电站锅炉设计，福斯特·惠勒（FW）公司计划设计发电功率为800MW_e的循环流化床电站锅炉。

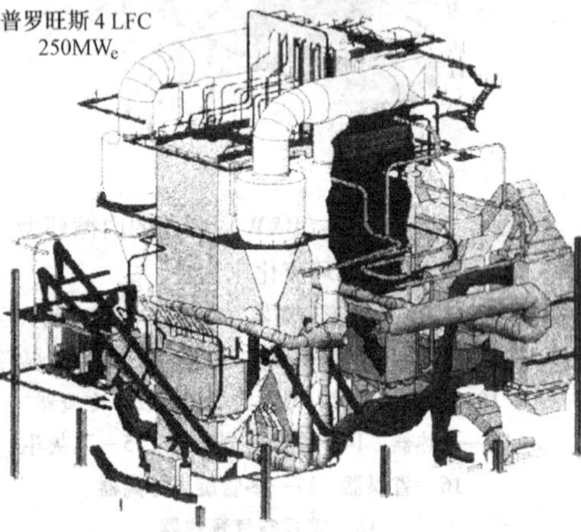

a）

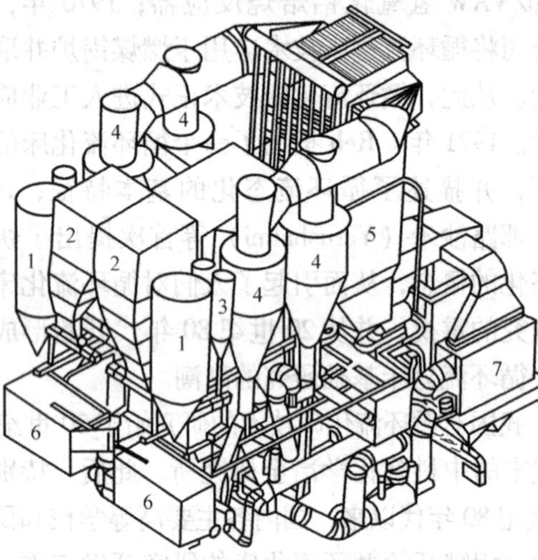

b）

图3.1-6　普罗旺斯加登电站250MW_e循环流化床锅炉

a）外形简图　b）结构示意图

1—煤仓　2—燃烧室（炉膛）　3—石灰石仓　4—旋风分离器　5—尾部烟道　6—外置流化床换热器　7—除尘器

图3.1-7　波兰图罗电站

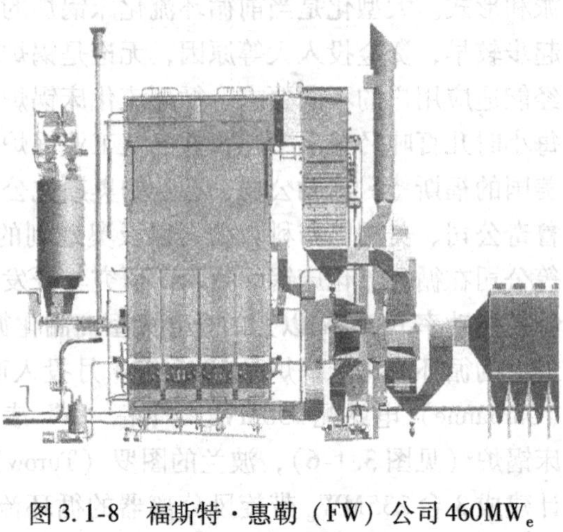

图3.1-8　福斯特·惠勒（FW）公司460MW_e超临界参数循环流化床锅炉

(三) 国内循环流化床锅炉的发展概况

我国循环流化床燃烧技术的发展相对较晚，但是进步很快。从20世纪80年代起，许多科研机构和高等院校先后研究开发了一些各具特色的循环流化床锅炉，并从实验室研究走向了工业应用。中国科学院工程热物理研究所、清华大学、浙江大学、西安交通大学等与锅炉制造厂合作研究和开发出多种技术的中压至次高压的循环流化床锅炉。1987年9月，中科院工程热物理研究所与开封锅炉厂联合开发的10t/h循环流化床锅炉投入试运行，1988年4月通过鉴定并获得国家专利；1989年11月，该所与济南锅炉厂联合开发的第一台35t/h的循环流化床锅炉在山东明水电站投入运行；1990年，该所与杭州锅炉厂合作开发了75t/h循环流化床锅炉并投入运行，这台锅炉的特点是采用了包括一级百叶窗分离和二级旋风分离的两级分离装置。清华大学于1989年与福斯特·惠勒公司和日本石川岛播磨重工业公司联合开发、由江西锅炉厂制造生产了20t/h循环流化床锅炉；同年，还由四川锅炉厂制造出4台35t/h的示范循环流化床锅炉，75t/h循环流化床锅炉已在运行。清华大学循环流化床锅炉技术的特点是采用两级分离——柱板惯性分离器加S形平面流分离器。浙江大学与杭州锅炉厂共同设计了35t/h烟煤型循环流化床锅炉，35t/h煤矸石、石煤型循环流化床锅炉和75t/h循环流化床锅炉，其中矸石型35t/h循环流化床锅炉已建成投运。1987年，东南大学与无锡锅炉厂合作，共同开发出针对无烟煤、贫煤等低活性难燃煤种的35t/h中温分离底饲回燃飞灰循环流化床锅炉，先后在河南焦作演马电厂、北京王平村煤矸石电厂等投运。1993年，西安交通大学和哈尔滨锅炉厂共同开发的35t/h循环流化床锅炉在陕西白水兴能公司电厂投运，该锅炉采用了大型锅炉的设计思想。开发循环流化床锅炉的主要机构还有哈尔滨工业大学、东北电力大学、华中科技大学和西安热工研究院有限公司等。

由于国家大力推广和发展循环流化床锅炉技术，我国循环流化床锅炉技术研究和开发虽然起步较晚，但其商业应用已很普及，现已投运或在建的循环流化床锅炉达千台之多。循环流化床锅炉的数量和总容量位居世界之冠。主要生产厂家有哈尔滨锅炉厂有限责任公司（HG）、上海锅炉厂有限公司（SG）、东方锅炉股份有限公司（DG）、无锡华光锅炉股份有限公司（UG）、济南锅炉（集团）有限公司（YG）、武汉锅炉股份有限公司（WG）和杭州锅炉集团有限公司（NG）等。

目前，国产220t/h及以下容量的循环流化床锅炉已在国内获得广泛的工业推广应用，实现了商品化；我国自主开发的410t/h高压循环流化床锅炉和一批通过引进吸收和消化国外技术与自主开发相结合的440~465t/h超高压一次再热循环流化床锅炉已开始投入商业运行。其中，440t/h循环流化床锅炉已达148台。数量更多的135MW_e级超高压再热循环流化床锅炉正在建造中。另外，国家还将100MW循环流化床锅炉的辅机国产化，引进了300MW循环流化床锅炉设备和技术并直接参与设计与开发，尽快形成300MW循环流化床锅炉机组装备能力，作为当前循环流化床技术开发的目标。我国于2003年4月与法国GEC阿尔斯通公司签订了引进200~350MW_e级循环流化床锅炉制造技术和电站设计技术。2005年，完成了拥有自主知识产权的200MW_e级循环流化床锅炉技术开发并相继建立了示范工程。2006年2月，首台引进法国阿尔斯通公司的300MW_e（1025t/h）循环流化床锅炉（配套国产汽轮发电动机组）在四川白马循环流化床锅炉示范电厂实现满负荷运行（见图3.1-9）。2006年

5月，安装在内蒙古华电乌达热电公司的由无锡华光锅炉股份有限公司生产的480t/h超高压再热循环流化床锅炉（采用中科院工程热物理研究所的洁净煤燃烧技术）通过专家鉴定，是国内首台具有自主知识产权的国产化大容量、高参数循环流化床锅炉；同年6月，哈尔滨锅炉厂有限责任公司生产的引进法国阿尔斯通公司技术，参考普罗旺斯加登电站250MW_e炉型设计的300MW（1025t/h）循环流化床锅炉在云南开远电厂通过168h的运行考核（见图3.1-10）；同年7月，西安热工研究院研发设计的国产首台210MW循环流化床锅炉机组，在江西分宜第二发电厂有限公司顺利通过96h试运行（见图3.1-11）；同年10月，我国首次在热电厂中安装的秦皇岛热电厂三期扩建两台300MW循环流化床锅炉供热机组（采用引进法国阿尔斯通公司技术的国产1025t/h循环流化床锅炉）投运。近年来，循环流化床锅炉技术还在国内外的垃圾焚烧、生物质燃料利用和烟气脱硫等方面得到大量应用，并呈现出大型化、超临界、进一步降低污染物排放（深度脱硫、深度脱除NO_x和CO_2零排放）以及能源综合利用的三大发展趋势。由于我国能源与环境的关系具有初级能源以煤为主，原煤入选率低（大多数煤炭未洗选，高灰分和高硫分的煤直接利用），单位产值能耗高，能源利用率低的主要特点，大力发展高效、清洁的循环流化床锅炉，具有重要而深远的战略意义。可以预见，未来的几年将是循环流化床燃烧技术飞速发展的重要时期。

图3.1-9　白马电厂300MW_e循环流化床锅炉

图3.1-10　哈尔滨锅炉厂有限责任公司300MW循环流化床锅炉
（主蒸汽流量1025t/h；主蒸汽压力17.5MPa；再热蒸汽流量846t/h；主蒸汽和再热蒸汽出口温度540℃；给水温度281℃）

图3.1-11　江西分宜第二发电厂210MW循环流化床锅炉

单元三 循环流化床锅炉燃烧系统组成及设备认知

循环流化床锅炉主要由燃烧系统和汽水系统所组成。燃料在锅炉的燃烧系统中完成燃烧过程，并通过燃烧将化学能转变为烟气的热能，以加热工质；汽水系统的功能是通过受热面吸收烟气的热量，完成工质由水转变为饱和蒸汽，再转变为过热蒸汽的过程。本知识点讨论循环流化床锅炉的燃烧系统及设备。

一、燃烧系统概述

（一）循环流化床锅炉燃烧系统总体布置

循环流化床锅炉的燃烧系统及设备主要包括：燃烧室（炉膛）、布风装置、物料循环系统、给料系统、烟风系统、除渣除灰系统、点火起动装置等。其中，炉膛、循环灰分离器和飞灰回送装置（有时包括外置流化床换热器）构成物料循环回路。通常也将给料系统、烟风系统、除渣除灰系统合并称为辅助系统。

循环流化床锅炉与煤粉锅炉的主要区别就在于燃烧系统及设备。

（二）基于燃烧系统的循环流化床锅炉分类

对于不同循环流化床锅炉，燃烧系统的主要区别在于循环灰分离器的位置、形式和是否布置外置流化床换热器等方面。

在大型循环流化床锅炉中，循环灰分离器的位置对整个循环流化床锅炉的结构布置和运行特性有直接影响。按分离器工作温度的不同，循环流化床锅炉可大致分成高温分离型循环流化床锅炉、中温分离型循环流化床锅炉和组合分离型循环流化床锅炉。高温分离型循环流化床锅炉目前应用最为广泛，其分离器的工作温度与燃烧室基本相同，约为850～900℃。典型代表是美国福斯特·惠勒公司和法国阿尔斯通公司制造的Lurgi型循环流化床锅炉。中温分离型循环流化床锅炉由于将分离器置于高温过热器，甚至是部分省煤器之后，分离器内的烟气温度只有400℃左右，分离器的体积可以大幅度减小。比较典型的有Circofluid型循环流化床锅炉等。组合分离型循环流化床锅炉现在已得到一定的发展，比较典型的有巴威（B&W）公司的循环流化床锅炉，它接近于煤粉锅炉的“Π”形布置，特别适合于旧煤粉锅炉的改造。

按分离器形式不同，循环流化床锅炉可分为炉外分离和炉内分离两种类型。

虽然外置流化床换热器不是循环流化床锅炉的必备部件，但布置与不布置外置流化床换热器是目前循环流化床锅炉发展中的两大流派。因此，在实际中也可按有无外置流化床换热器对循环流化床锅炉进行分类。

二、燃烧室

（一）燃烧室（炉膛）结构

循环流化床锅炉燃烧室（炉膛）的结构及特性取决于其流态化状态。循环流化床锅炉的流化速度一般在4～6m/s之间。采用较低流化速度的，其炉膛底部为密相区，上部则是固体颗粒浓度相对较稀的稀相区；采用较高流化速度的，其特点是固体颗粒分布在炉膛的整个高度上，炉膛底部颗粒浓度不存在明显的浓相。无论何种情况，为控制循环流化床锅炉燃烧污染物的排放，除将整个炉膛内温度控制在850～950℃以利于脱硫剂的脱硫反应之外，还往往采用分级燃烧方式，即将占全部燃烧空气比例50%～70%的一次风，由一次风室通过布风板从炉膛底部进入炉膛，在炉膛下部使燃料最初的燃烧阶段处于还原性气氛，以控制NO_x的生成，其余的燃烧空气则以二次风形式分级在上部位置送入炉膛，保证燃料的完全燃烧。

1. 炉膛结构形式

与其他形式的锅炉相比，循环流化床锅炉炉膛有明显差别，目前采用的炉膛结构形式主要有圆形炉膛、下圆上方形炉膛、立式方形（长方形或正方形）炉膛等。

圆形炉膛或下圆上方形结构的炉膛，圆形部分一般不设水冷壁受热面，完全由耐火砖砌成。因此，炉膛内衬耐热且能防止炉内（或密相区内水冷壁受热面）磨损，如图3.1-12所示。虽然这种结构对防磨和压火保温可起到一定作用，但是锅炉起动时间仍比燃烧室全部由水冷壁结构组成的锅炉起动时间长。另外，这种结构由于上部炉膛被悬吊在钢架上，下部为支承方式，其上下接合处不易密封，加之耐火材料对温升速度要求严格，完全由耐火砖砌成的炉膛目前已不多见。

立式方形炉膛是目前最常见的炉膛结构形式，其横截面形状通常为矩形，炉膛四周由膜式水冷壁围成。这种结构的炉膛常常与一次风室、布风装置连成一体悬吊在钢架上，可上下自由膨胀。立式方形炉膛的优点是密封好，水冷壁布置方便，锅炉体积相对较小，锅炉起动速度快，起动时间一般仅是燃烧室由耐火砖砌筑的锅炉的1/4～1/3。另外，工艺制造简单。其缺点是水冷壁磨损较大。为了减轻水冷壁受热面的磨损，在炉膛下部密相区水冷壁内侧均衬有耐磨耐火材料，一般厚度小于50mm，高度在2～4m范围内，如图3.1-13所示。立式方形炉膛已在大型循环流化床锅炉中普遍采用。

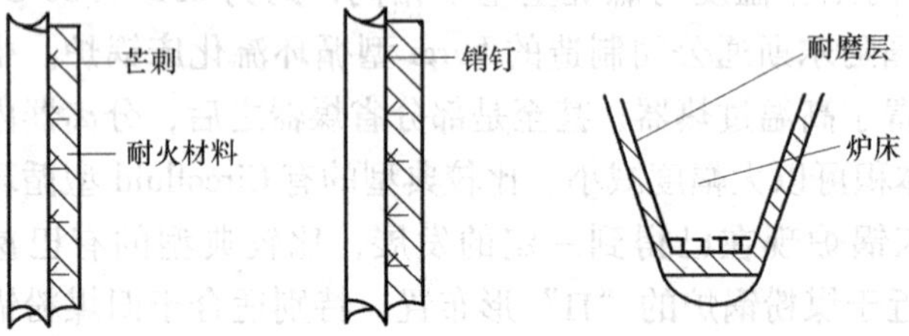

图3.1-12 水冷壁内衬防磨简图

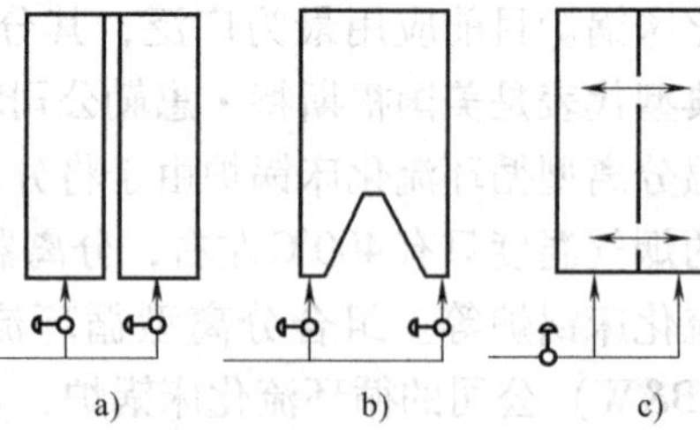

图3.1-13 大型循环流化床锅炉的炉膛结构
a）双炉膛 b）分叉腿形单炉膛
c）带开孔的分隔屏

随着锅炉容量的增加，立式方形炉膛的高度和长宽比将增加，而截面积和体积比将会减小；同时，由于大容量循环流化床锅炉要求给煤分布均匀，要考虑给煤点的位置；另外，从经济性的角度考虑，炉膛高度的增加受到限制。因此，对大容量的循环流化床锅炉，必须设法维持炉膛结构尺寸在合理的比例之内，从而出现了多种炉膛结构方案。譬如，图3.1-13a为采用具有共同尾部烟道的双炉膛结构。图3.1-13b为采用分叉腿形的单炉膛结构。在炉膛中间布置翼墙受热面，或在物料循环系统布置流化床换热器。除了在其中布置过热器、再热器外，有的还布置一部分蒸发受热面，以解决在炉膛内蒸发受热面布置不下的问题；或在单一炉膛内采用全高度带有开孔的双面曝光膜式壁分隔屏，如图3.1-13c所示。

2. 炉膛结构尺寸

炉膛的结构尺寸包括长、宽、高以及截面收缩状况。

循环流化床炉膛的截面热负荷通常为3～5MW/m²，相应的流化速度为4～6m/s。根据选定的截面热负荷和流化速度可以确定炉膛横截面面积。如前所述，当炉膛横截面面积确定后，炉膛的截面形状可以有多种形式。对于目前普遍采用的四周为膜式水冷壁的立式方形炉膛，其矩形截面长宽比的确定主要考虑以下因素：①炉膛内受热面、尾部受热面、分离器等布置得相互协调；②二次风在炉膛内有足够的穿透能力，炉膛过深会使二次风在炉内穿透能力变弱，造成挥发分在炉膛内扩散不均匀；③固体颗粒（包括燃料、石灰石和循环灰）的供给以及在横向的扩散等。

循环流化床锅炉炉膛高度是循环流化床设计的一个关键参数。炉膛高度的确定应综合考虑以下方面的要求：①保证燃料的完全燃烧，对分离器不能收集的细颗粒在炉膛内一次通过时能够燃尽；②能布置全部或大部分蒸发受热面；③使返料立管能有足够的高度，从而有足够的静压头维持物料正常循环流动；④保证脱硫所需的最短气体停留时间；⑤应与循环流化床锅炉尾部烟道或对流段所需高度相一致；⑥锅炉采用自然循环时，应保证锅炉在设计压力下有足够的水循环动力。作为一般考虑，细颗粒的燃尽时间需要3～5s；若流化速度为5m/s，则燃烧室高度不低于15m。

3. 炉膛下部区域的设计要求

循环流化床锅炉燃烧所需的空气按一、二次风分级送入时，一般床层就被人为地分成两个区域：下部密相区和上部稀相区，二次风口的位置也就决定了密相区的高度。一次风通过布风板送入炉膛，作为流化介质并提供密相区燃烧所需要的空气。二次风可以单层或多层送入，送入口应在炉膛扩口处附近，以保证上部的燃烧份额。在二次风口以下的床层，如果截面面积保持与上部区域相同，则流化风速会下降，特别是在低负荷时会产生床层流化不良等现象，所以循环流化床锅炉的二次风口以下区域大多采用较小的横截面面积，并采取向上渐扩的结构，如图3.1-14所示。二次风口位置一般离布风板1.5～3m。

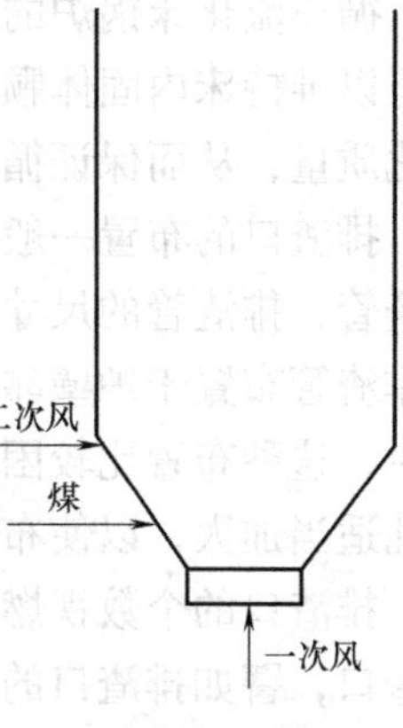

图3.1-14　不等截面炉膛形状

炉膛截面的收缩可以有两种方式：一种是下部区域采用较小的截面，在二次风口送入位置采用渐扩的锥形扩口，扩口的角度小于45°；另一种是在炉膛布风板上就呈锥形扩口状，这有助于在布风板附近提高流化风速，减少床内分层和大颗粒沉底，有利于燃烧和降低上部截面烟速，减小受热面磨损，增加物料在炉内的停留时间，提高燃烧效率。

（二）燃烧室（炉膛）开口

在循环流化床锅炉的炉膛内，为送入锅炉燃烧需要的燃料、空气、脱硫剂、循环物料以及排出烟气、灰渣等，除一、二次风口外，还需要设置给煤口、脱硫剂进口、循环物料进口、炉膛烟气出口、排渣口和各种观察孔、人孔、测试孔等。另外，为监测锅炉安全经济运行，还要安装必要的温度、压力测点。炉膛内各种开孔的数量、大小和位置应该合理选择和布置，尽量减少对水冷壁的破坏，保持炉膛严密不漏风。同时，对所有孔口处都应采取措施进行特殊的防磨处理。

1. 给煤口

燃料通过给煤口进入循环流化床内。给煤口处的压力应高于炉膛压力，以防止高温烟气从炉内通过给煤口倒流。通常采用密封风对给煤口和上部的给料装置进行密封。给煤点的位置一般布置在敷设有耐火材料的炉膛下部还原区，并且尽可能地远离二次风入口点，以使煤中的细颗粒在被高速气流夹带前有尽可能长的停留时间。有些循环流化床锅炉，煤先被送入返料装置预热，然后与循环物料一起进入炉内，这种给煤方式对于高水分和强黏结性的燃料比较适合。

因为循环流化床锅炉床内的横向混合远比鼓泡流化床强烈，所以其给煤点的数量比鼓泡流化床锅炉要少，一般认为一个给煤点可以兼顾 9～27m^2 的床面积。如果燃料的挥发分含量高，反应活性高，则可以取低值，反之取高值。

2. 石灰石给料口

由于石灰石脱硫时的反应速度比煤燃烧速度低得多，而且石灰石给料量少，粒度又较小，对其给料点的位置及数量要求可低于给煤点，既可以采用给料机或气力输送装置将石灰石单独送入床内，也可以将其通过循环物料口或给煤口给入。目前，国内中小容量循环流化床锅炉普遍采用气力输送装置在给煤点附近将石灰石送入，大型锅炉采用单独的石灰石给料装置。

3. 排渣口

循环流化床锅炉的排渣口设置在床的底部，通过排渣管排出床层最底部的大渣。排放大渣可以维持床内固体颗粒的存料量以及颗粒尺寸，不致使过大的颗粒聚集于床层底部而影响流化质量，从而保证循环流化床锅炉的安全运行。

排渣口的布置一般有两种方式：一种是布置在布风板上，即去掉一定数量的风帽代之以排渣管，排渣管的尺寸应足够大，以使大颗粒物料能顺利地通过排渣管排出；第二种方式是将排渣管布置于炉壁靠近布风板处，这样，就无须在布风板上开孔布置排渣管，但在床面较大时，这种布置比较困难。目前多数采用第一种布置方式，并特别注意将排渣管周围的风帽开孔适当加大，以使布风均匀。

排渣口的个数视燃料颗粒尺寸而定。当燃料颗粒尺寸较小且比较均匀时，可采用较少的排渣口，譬如排渣口的个数可以等于给煤点数，因为此时沉底的大颗粒较少或近乎等于零；相反，如果燃用的燃料颗粒尺寸较大，此时应增加排渣口，并在布风板截面上均匀布置，以使可能沉底的大颗粒能及时从床层中排出。

4. 循环物料进口

为增加未燃尽炭和未反应脱硫剂在炉内的停留时间，循环物料进口（又称返料口）布置在二次风口以下的密相区内。由于这一区域的固体颗粒浓度比较高，设计时必须考虑返料系统与炉膛循环物料进口点处的压力平衡关系。循环物料进口的数量对炉内颗粒横向分布有重要影响，通常一个送灰器有一个返料口。为加强返料的均匀性，防止密集物料可能带来的磨损以及局部床温偏低，可以采用双腿送灰器，以增加循环物料进口。

5. 炉膛出口

炉膛出口对炉内气固两相流体的流体动力特性有很大影响。采用特殊的炉膛出口结构可使炉膛顶部形成气垫，床内固体颗粒的内循环增加，炉膛内固体颗粒浓度会呈倒 C 形分布。循环流化床锅炉以采用具有气垫的直角转弯炉膛出口为最佳，也可采用直角转弯形式的炉膛出口，因为这类炉膛出口的转弯结构可以增加对固体颗粒的分离，从而增加床内固体颗粒的浓度，延长颗粒在床内的停留时间。

6. 其他开孔

除上述开口外，循环流化床锅炉中的观察孔、炉门、人孔、测试孔等其他开孔可根据需要而设定。但应该提出的是，由于循环流化床锅炉内受热面采用膜式水冷壁结构，设置这些开孔时必须穿过水冷壁，需要水冷壁“让管”。在“让管”时，必须注意向炉膛外“让管”，而炉膛内不能有任何突出的受热面，否则会引起严重的磨损问题。

三、布风装置

（一）布风装置本体结构

布风装置是流化床锅炉实现流态化燃烧的关键部件。目前流化床锅炉采用的布风装置主要有两种形式：风帽式和密孔板式。风帽式布风装置由一次风室、布风板、风帽（喷管）和隔热层组成。密孔板式布风装置包括风室和密孔板。我国流化床锅炉中使用最广泛的是风帽式布风装置。典型的风帽式布风装置结构如图 3.1-15 所示。

如图 3.1-15 所示，由风机送来的空气从位于布风板下部的风道进入一次风室，再通过风帽底部的通道从风帽上部径向分布的小孔流出。由于经过二次导向与分流，小孔的总通流面积又远小于布风板面积，从风帽小孔中喷出的气流具有较高的速度和动能。气流进入床层底部吹动颗粒，并在风帽周围和风帽头顶部产生强烈扰动的气垫层，从而强化了气固之间的混合，产生小而少的气泡，使床层建立起良好的流态化状态。

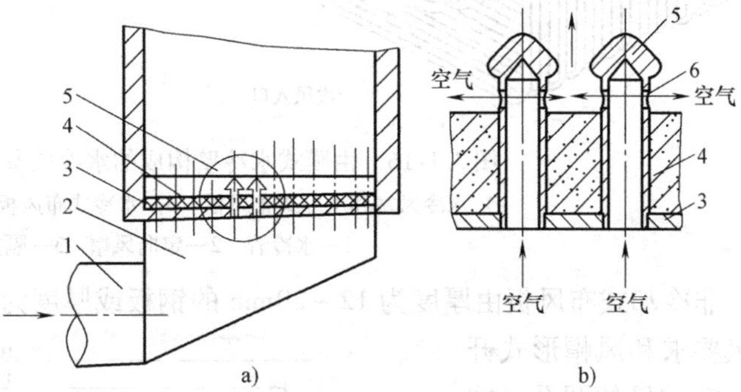

图 3.1-15 典型风帽式布风装置结构

a）布风板结构 b）风帽结构

1—风道 2—风室 3—花板

4—隔热层 5—风帽 6—风帽出风口

风帽式布风装置的优点是布风均匀。当负荷变化时，流化质量稳定。但风帽帽顶容易烧坏，磨损也较严重。

为保证流化床的正常工作，对布风装置的要求是：①能均匀、密集地分配气流，避免布风板上面局部形成死区；②风帽小孔出口气流具有较大动能，使布风板上的物料与空气产生强烈扰动和混合；③空气通过布风板的阻力损失不能太大，以尽可能降低风机的能耗；④具有足够的强度和刚度，能支承本身和床料的重量，锅炉压火时能防止布风板受热变形，风帽不烧损，检修清理方便；⑤结构要合理，能防止锅炉运行或压火时床料由床内漏入风室。

1. 布风板

流化床锅炉炉膛下部密相区底部的炉箅称为布风板。布风板是布风装置的重要部件，其主要功能是：①支撑风帽和床料；②对气流产生一定的阻力，使流化空气在炉膛横截面上均匀分布，维持流化床层的稳定；③通过安装在它上面的排渣管及时排出沉积在炉膛底部的大颗粒和炉渣，维持正常流态化。

按冷却条件的不同，布风板一般有水冷式和非冷却式两种。

由于大型循环流化床锅炉一般采用热风点火，要求启停时间短、变负荷快，采用水冷式布风板有利于消除热负荷快速变化对流化床锅炉造成的热膨胀不均匀等不利影响。另外，采用床下点火时必须使用水冷风室和水冷式布风板。水冷式布风板常采用膜式水冷壁管拉稀延伸形式，在管与管之间的鳍片上开孔，布置风帽，如图 3. 1-16 所示。

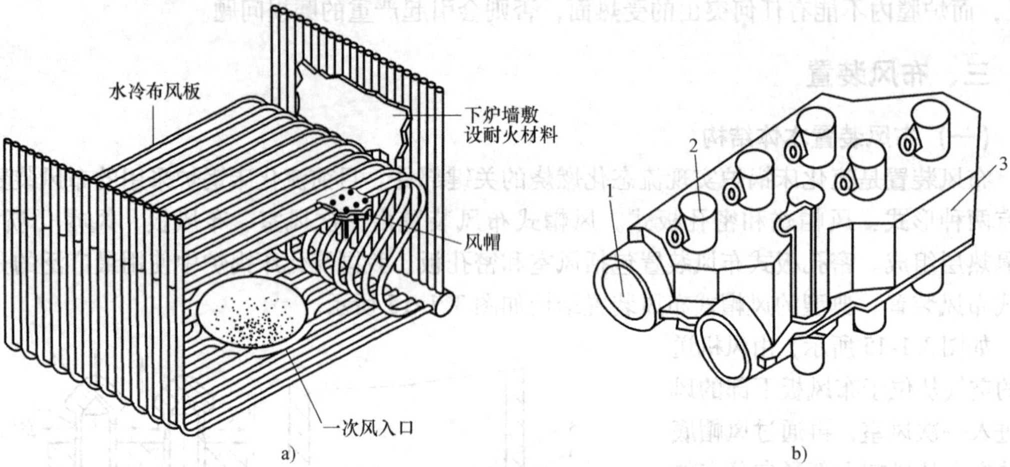

图 3. 1-16　由膜式水冷壁构成的水冷风室和水冷式布风板

a）水冷风室和水冷式布风板　b）水冷式布风板上的单口定向风帽

1—水冷管　2—定向风帽　3—隔热层

非冷却式布风板由厚度为 12 ~ 20mm 的钢板或厚度为 30 ~ 40mm 的铸铁板制成，板上按布风要求和风帽形式开有一定数量的圆孔。非冷却式布风板通常称为花板，或就简称作布风板。布风板的截面形状及其大小取决于流化床锅炉炉膛底部的截面形状，目前用得最广泛的是矩形布风板。布风板上的开孔也就是风帽的排列以均匀分布为原则，通常按等边三角形排列，节距的大小与风帽帽沿尺寸、风帽的个数及小孔出口流速等相互匹配。

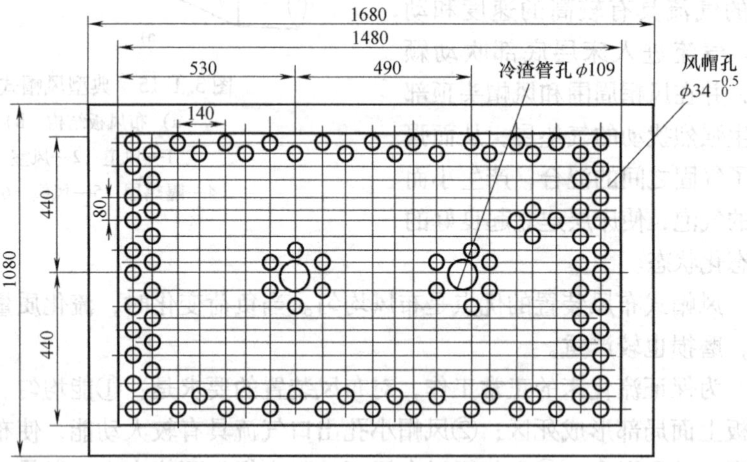

图 3. 1-17　非冷却式布风板结构

图 3. 1-17 是非冷却式布风板的典型结构。为便于固定和支承，布风板每边需留出 50 ~ 100mm 的安装尺寸。当采用多块钢板拼装时，必须用焊接或螺栓将钢板连成整体，以免受热变形不一致，发生扭曲，使布风板漏风和隔热层产生裂缝。为及时排除床料中沉积下来的大颗粒和炉渣，要求在布风板上开设若干个大孔作为排渣口（冷渣管孔），以便安装排渣管，如国产 75t/h 循环流化床锅炉通常布置 3 个左右的排渣口。排渣管常用 ϕ108mm 的金属

管，以便能够顺利将大渣排出。另外，为弥补由于安装排渣管损失的风帽开孔，排渣管周围的风帽应适当加大开孔，或者布置特殊风帽。

2. 风帽

风帽是流化床锅炉实现均匀布风以维持炉内合理的气固两相流动的关键部件，直接关系到锅炉的经济运行。图 3.1-18 所示为部分循环流化床锅炉的风帽。

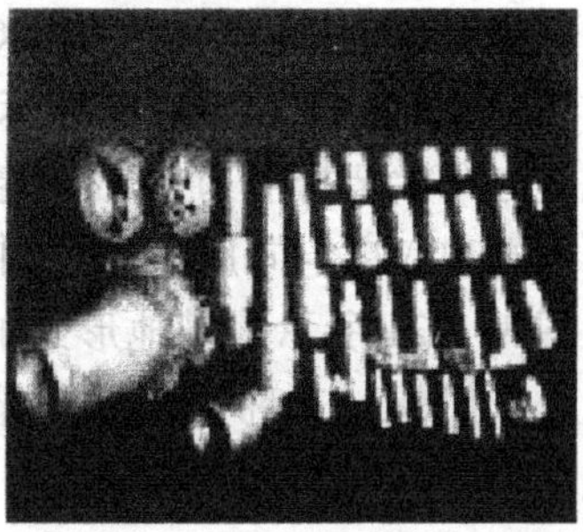

图 3.1-18　部分循环流化床锅炉的风帽

图 3.1-19 所示为一种带有小孔的风帽。早期的鼓泡流化床锅炉，多采用大直径风帽，这类风帽往往造成流化质量不良，飞灰带出量很大。经过多年实践，目前的循环流化床锅炉趋向于采用小直径大孔径风帽，帽头直径约为 40～50mm。由于风帽的帽头直接浸埋在高温床料中，正常运行时风帽中有空气流通，可以得到冷却，但在压火时因没有空气通过，容易烧损。风帽应采用耐热铸铁制造，如高硅耐热球墨铸铁 RQTSi5.5，也可用一般耐热铸铁 RTSi5.5。当采用热风点火时，由于点火期间流过高温烟气，常用耐热不锈钢来制作，但普通耐热不锈钢风帽抗磨损性能较差。

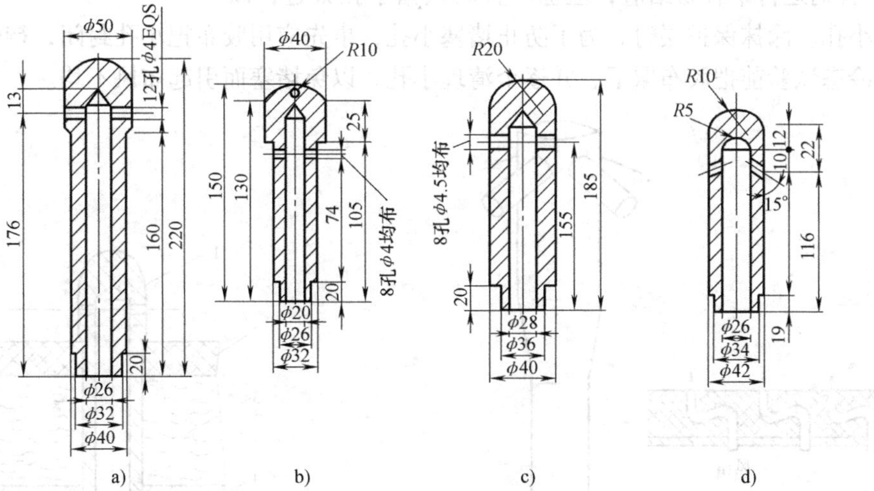

图 3.1-19　带有小孔的风帽

a)、b）有帽头的风帽　c)、d）无帽头的风帽

随着循环流化床锅炉的发展，出现了多种结构形式的风帽，主要有小孔径风帽、大孔径风帽及定向风帽等。图 3.1-19 所示为目前广泛应用的几种风帽，其中图 3.1-19a、b 为带有帽头的风帽，这种风帽阻力大，长时间连续运行后，一些大块杂物容易卡在帽沿底下，不易清除，冷渣也不易排掉，积累到一定程度，需要停炉进行清理，但气流的分布均匀性好；图 3.1-19c、d 为无帽头的风帽，这种风帽阻力较小，制造简单，但气流分配性略差。每个风帽的四周侧向开 6～12 个孔，小孔直径一般采用 4～6mm，可以一排或双排均匀布置，小孔中心线呈水平，如图 3.1-19a～c 所示；或向下倾斜 15°，以利于风帽间细颗粒的扰动和减少细颗粒通过风帽小孔漏入风室，如图 3.1-19d 所示。

循环流化床锅炉运行中在炉膛底部往往会有一些大的渣块，为使这些渣块有控制地排出床外，许多循环流化床锅炉采用了定向风帽。定向风帽的特点是布风均匀；采用大开孔喷口可以防止堵塞；喷口布置不是垂直向上，而是朝着一定的水平方向，喷口定向射流有足够的动量，能有效地将沉积在床层底部的大颗粒灰渣及杂物沿规定方向吹至排渣口排出。定向风帽有两种形式，即单口定向风帽和双口定向风帽，分别如图 3.1-16b 和图 3.1-20 所示。图 3.1-21 所示为其他形式的风帽，其中，图 3.1-21a 所示为 S 形风帽，又称“猪尾”形风帽；图 3.1-21b 所示为 T 形风帽。

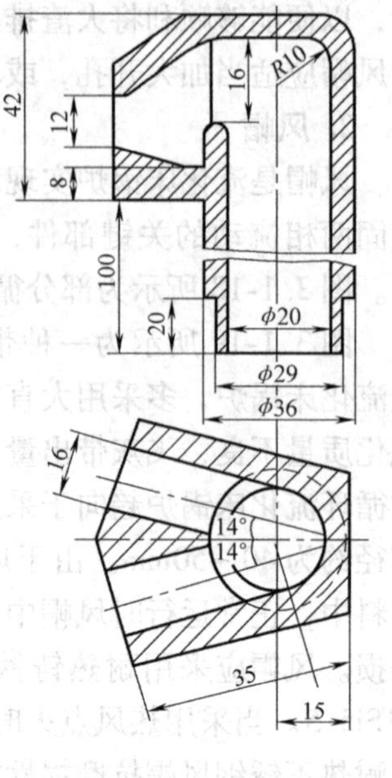

图 3.1-20　双口定向风帽

（二）隔热层

为避免布风板受热而挠曲变形，在布风板上必须有一定厚度的隔热层，即耐火保护层，如图 3.1-22 所示。保护层厚度根据风帽高度而定，一般为 100～150mm。风帽插入布风板以后，布风板自下而上涂上密封层、绝热层和耐火层，直到距风帽小孔中心线以下 15～20mm 处。这一距离不宜超过 20mm，否则运行中容易结渣，但也不宜离风帽小孔太近，以免堵塞小孔。涂抹保护层时，为了防止堵塞小孔，事先应用胶布把小孔封闭，待保护层干燥以后做冷态试验前把胶布取下，并逐个清理小孔，以免堵塞而引起布风不均。

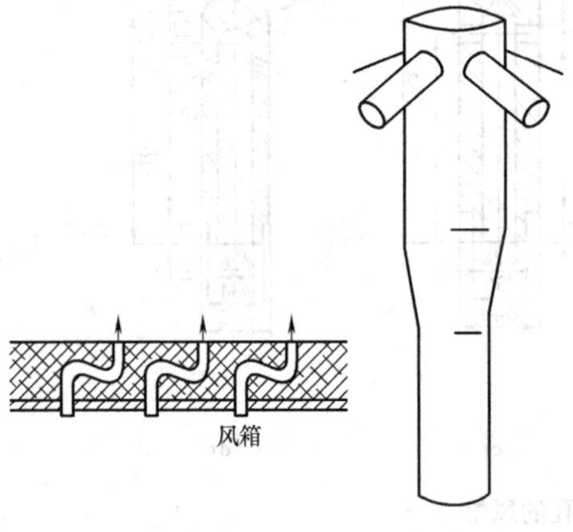

a)　　b)

图 3.1-21　S 形和 T 形风帽

a）S 形（“猪尾”形）　b）T 形

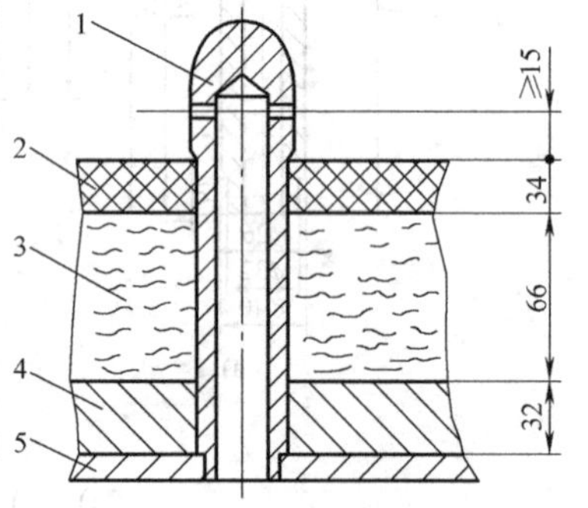

图 3.1-22　隔热层结构

1—风帽　2—耐火层　3—绝热层

4—密封层　5—花板

（三）一次风室与风道

一次风室连接在布风板下部，其功能是使从风道进入的空气降低速度，动压转化为静压；同时，在一定的布风板压降下，布风板上的气流可以分布得更均匀。因此，一次风室可以起到稳压和均流的作用。

一次风室的布置应当满足：①具有一定的强度、刚度及严密性，在运行条件下不变形，不漏风；②具有一定的容积使之具有稳压作用，并能消除进口风速对气流速度分布均匀性的不良影响（一般要求风室内平均气流速度小于1.5m/s）；③具有一定的导流作用，尽可能地避免形成死角与涡流区；④结构简单，便于维护检修，且风室应设有检修门和放渣门。风室支吊在布风板上，风室钢板的厚度一般为4mm。另外，若风室过大，须在布风板上设计支撑框架，以免引起布风板变形。

图3.1-23所示为几种常见的风室布置方式。其中，图3.1-23a~c气流均是从底部进入风室，风室呈倒锥体形，具有布风容易均匀的优点，但其既要求较高的高度，又要求适合于圆形的布风板。在流化床锅炉中常见的是图3.1-23d~f三种形式。图3.1-23d、e所示风室结构上较为简单，图3.1-23f所示风室增加了气流的导向板，使气流的分布更易于均匀；但也由于导向板的存在，排渣管必须穿板引出，结构上稍显复杂。

图3.1-23e所示为循环流化床锅炉最常用的等压风室，其结构特点是具有倾斜的底面，这样能使风室的静压沿深度保持不变，有利于提高布风的均匀性。倾斜底面距布风板的最短距离称为稳压段，其高度一般不小于500mm，底边倾角一般为8°~15°，风室的水平截面积与布风板的有效截面积相等。为了使风室具有更好的均压效果，风室内气流的上升速度不超过1.5m/s，进入风室的气流速度低于10m/s。

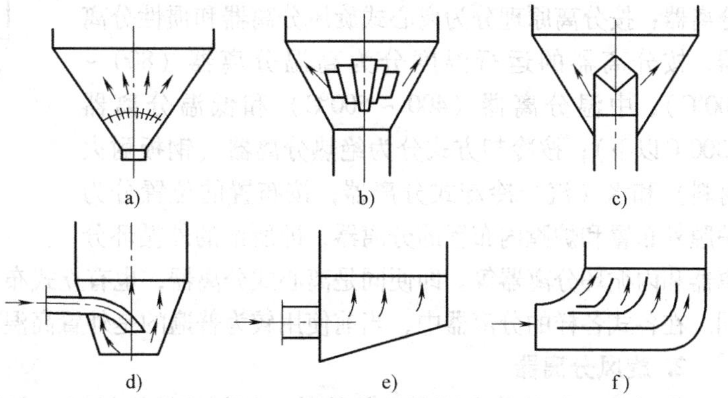

图3.1-23　风室结构

目前循环流化床锅炉中普遍应用等压水冷风室，如图3.1-16所示。布风板上的水冷壁延伸管向下弯曲90°构成等压风室后墙水冷壁，前墙水冷壁向下延伸构成水冷风室前墙，然后弯曲形成等压风室倾斜底板的水冷管，在水冷管之间焊接鳍片密封。炉膛两侧墙水冷壁延伸至布风板以下，构成水冷等压风室的两侧墙水冷壁。水冷等压风室的水冷壁管子以及与等压风室相连的热风管道钢板的内侧都焊有销钉，并敷设一定厚度的隔热耐火层。

风道是连接风机与风室所必需的部件。气流通过风道时，必然因与风道壁面的摩擦、气流的转向及风道的截面变化等带来一系列的压降。这个压降与布风板的压降不同，后者是为维持稳定的流化床层所必需的，而风道压降则只是一种损失。因此，在风道的布置中，应尽可能地减少压力损失，减少风机的电耗。

四、物料循环系统

（一）循环灰分离器

1. 循环灰分离器的种类

物料循环系统为循环流化床锅炉所独有，主要由循环灰分离器和飞灰回送装置等组成（见图3.1-24），其作用是将大量高温固体物料从烟气中分离下来并返送回炉膛内，以维持炉内的快速流态化状态，使燃料和脱硫剂能够多次循环燃烧和反应。循环灰分离器是循环流化床锅炉的最重要的标志性设备之一。从某种意义上讲，没有循环灰分离器就没有循环流化床锅炉，循环流化床燃烧技术的发展也取决于气固分离技术的发展，分离器设计上的差异标志着不同的循环流化床技术流派。

循环灰分离器必须满足下列要求：①能够在高温下正常工作；②能够满足极高浓度载粒气流的分离；③具有低阻特性；④具有较高的分离效率；⑤与锅炉整体上适应，使锅炉结构紧凑。

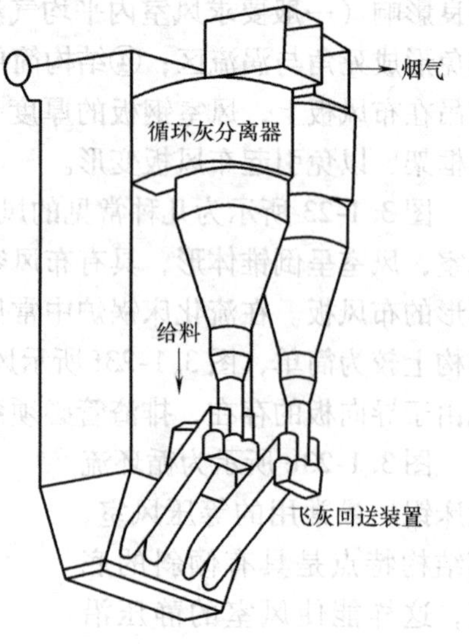

图 3.1-24　物料循环系统

鉴于循环灰分离器对循环流化床锅炉的重要性，各国制造厂家和研究机构均十分重视并开发出不同形式的分离器：按分离原理分为离心式旋风分离器和惯性分离器；按分离器的运行温度分为高温分离器（800～900℃）、中温分离器（400～500℃）和低温分离器（300℃以下）；按冷却方式分为绝热分离器（钢板耐火材料）和水（汽）冷却式分离器；按布置的位置分为炉膛外布置和炉膛内布置的分离器，即所谓的外循环分离器和内循环分离器等。即便同是离心式分离器，也有立式布置和卧式布置、圆形和方形的不同。在各式各样的分离器中，当前使用较为普遍的是外置高温旋风分离器和内置惯性分离器。

2. 旋风分离器

旋风分离器的分离原理比较简单。烟气携带物料以一定的速度（一般大于20m/s）沿切线方向进入分离器，在内部做旋转运动，固体颗粒在离心力和重力的作用下被分离下来，落入料仓或立管，经飞灰回送装置返回炉膛，分离出颗粒后的烟气由分离器上部进入尾部烟道。旋风分离器布置在炉膛外部，属外循环分离器。

旋风分离器一般由进气管、筒体、排气管、圆锥管等几部分构成。其结构尺寸包括：筒体直径、进口高度、进口宽度、排气管直径、排气管插入深度、筒体高度、总高度、排料口直径等，一般用筒体直径表示其相对大小。表 3.1-3 给出了目前工业循环流化床锅炉旋风分离器的主要结构尺寸与特性参数。

表 3.1-3　工业循环流化床锅炉旋风分离器的典型数据

热功率/MW	67	75	109	124	124	207	211	230	234	327	394	396	422
分离器数量(个)	2	2	2	2	1	2	2	2	2	2	3	2	4
筒体直径 D_0/m	3	4.1	3.9	4.1	7.2	7.0	6.7	6.8	6.7	7.0	5.9	7.3	7.1
850℃下单台气体流量 $Q/(\times10^6 m^3/h)$	0.175	0.19	0.285	0.325	0.54	0.55	0.55	0.6	0.61	0.85	0.68	1.03	0.55
入口气速 u_g/(m/s)	43	25	41	43	23	25	27	29	30	38	43	43	24

旋风分离器进气管常采用切向进口。由于普通切向进口（平顶盖）结构布置方便，循

环流化床锅炉大多采用这种方式。另外，蜗壳式切向进口可以减小分离器的阻力，提高处理的烟气流量，应用也较多。排气管布置则有上排气与下排气两种，如图 3.1-25 所示。

旋风分离器的优点是分离效率高，特别是对细小颗粒的分离效率远远高于惯性分离器；其缺点是体积比较大，使得锅炉厂房占地面积较大。另外，大容量的锅炉因受分离器直径和占地面积的限制，往往需要布置多台分离器。譬如，220t/h 锅炉布置两台直径为 6～7m 的旋风分离器，400t/h 锅炉布置三台直径更大的旋风分离器。因此，旋风分离器的布置对于循环流化床锅炉的大型化显得非常重要。

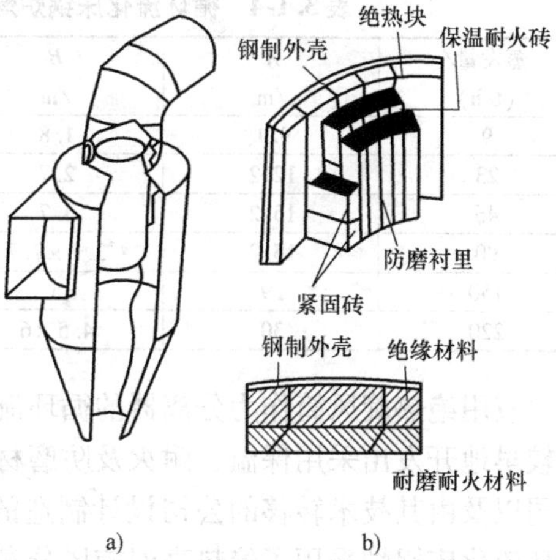

图 3.1-25　不同排气方式的分离器布置
a）上排气分离器　b）下排气分离器

根据分离器的工作条件，旋风分离器可分为高温、中温和低温三种。

（1）高温旋风分离器　高温旋风分离器通过一段烟道与炉膛连接，其布置根据锅炉结构及分离器数量的不同而有所变化，大多布置于炉膛后部，也有的布置在炉膛前墙或两侧墙，并多采用上排气形式。

高温旋风分离器的结构形式主要有两种，一种是由钢板和耐火材料构成不冷却的绝热旋风筒，另一种是由膜式壁构成通过水（或蒸汽）冷却的水（汽）冷却式旋风筒。

1）高温绝热旋风分离器。高温绝热旋风分离器的筒体结构如图 3.1-26 所示。高温旋风分离器内烟气和物料温度高（850℃左右），甚至有颗粒在分离器内继续燃烧，同时物料在分离器内高速旋转，故绝热分离器内衬有较厚（80mm 以上）的高温耐火材料，外设保温层隔热。

表 3.1-4 列出了 220t/h 及以下容量循环流化床锅炉燃烧室和高温绝热旋风分离器的主要尺寸以及两者的匹配情况，表中尺寸说明如图 3.1-27 所示。

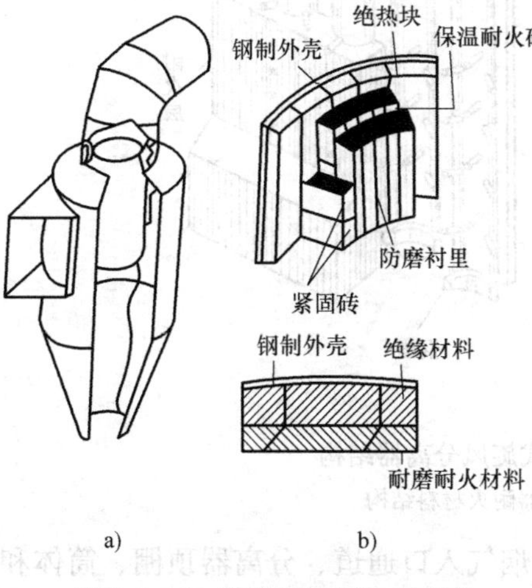

图 3.1-26　高温绝热旋风分离器
a）旋风筒　b）筒壁结构

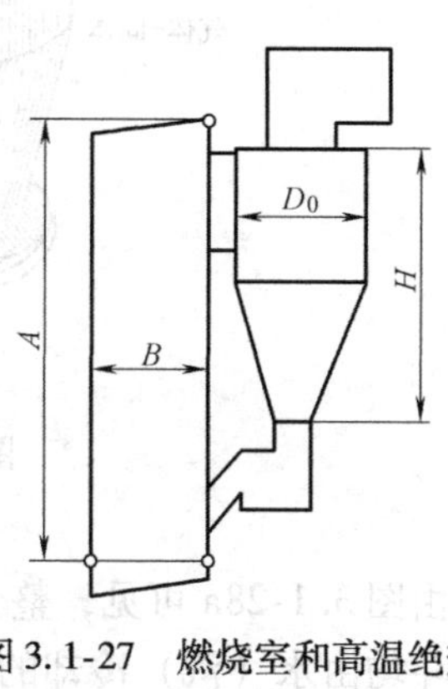

图 3.1-27　燃烧室和高温绝热旋风分离器主要尺寸

表 3.1-4　循环流化床锅炉燃烧室和高温绝热旋风分离器的主要尺寸

蒸发量/(t/h)	A/m	B/m	D_0/m	H/m	分离器数量(个)
9	9.1	1.8	3	4.6	1
23	12.2	2.7	3.7	6.1	1
46	15.2	3.7	4.6	7.6	1
90	15.2	3.7×7.7	4.6	7.6	2
150	29	5	7.5	16	1
220	30	4.5×6	6	12	2

应用绝热旋风筒作为分离器的循环流化床锅炉称为第一代循环流化床锅炉。德国鲁奇公司较早地开发出采用保温、耐火及防磨材料砌成筒身的该型分离器，并为鲁奇公司、奥斯龙公司以及由其技术转移的公司设计制造的循环流化床锅炉所采用。据统计，目前有 78% 的循环流化床锅炉采用了绝热高温旋风分离器。但这种分离器也存在一些问题，主要是旋风筒体积庞大，钢材耗量较高，密封和膨胀系统复杂，耐火材料用量较大，分离器热惯性大，起动时间较长。另外，在燃用挥发分较低或活性较差的强黏性煤种时，旋风筒内的燃烧将导致分离后的物料温度上升，从而引起旋风筒内或立管及飞灰回送装置内的超温结焦。

2）水（汽）冷却式旋风分离器。为保持绝热式旋风筒的优点，同时有效地克服其缺陷，福斯特·惠勒公司开发了水（汽）冷却式旋风分离器，其结构如图 3.1-28 所示。该型分离器外壳由水冷壁或蒸汽管弯制焊接而成，取消了绝热旋风筒的高温绝热层，受热面管子内侧布满销钉并涂一层较薄的高温耐磨浇注料。壳外侧覆盖一定厚度的保温层，内侧只敷设一薄层防磨材料。

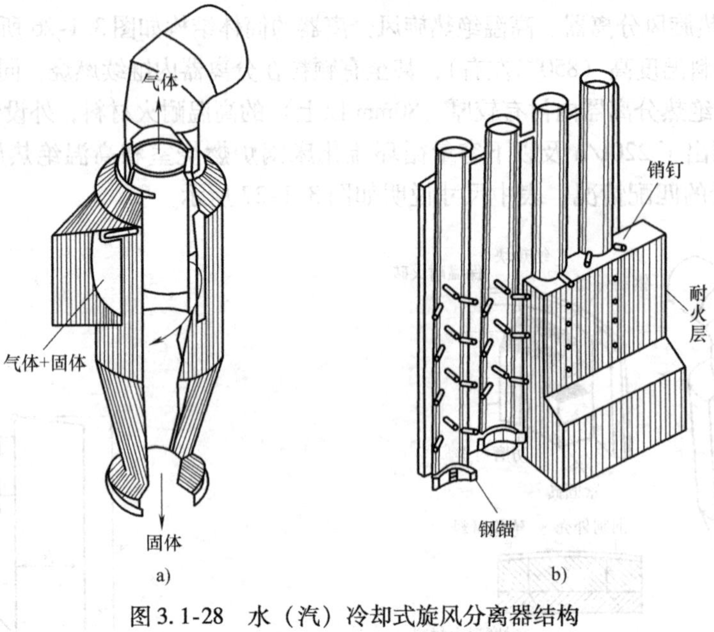

图 3.1-28　水（汽）冷却式旋风分离器结构

a）分离器本体　b）分离器耐火材料结构

由图 3.1-28a 可见，整个分离器的外壳，包括烟气入口通道、分离器顶棚、筒体和倒锥形料斗均由水（汽）冷却的膜式壁构成，水（汽）流过分离器膜式壁受热面时可以是串联布置，也可以为并联布置。实际上，水（汽）冷却式分离器已成为锅炉的一个压力部件，是锅炉炉膛受热面的延伸，因而可以采取顶部吊挂的设计，使其在受热膨胀时和炉膛一起向下膨胀，从而大大地减小了它与炉膛和尾部受热面热膨胀的差别，使炉膛与分离器、分离器与尾部受热面接口处的机械设计得以简化。

由于与锅炉的水（汽）系统构成了一个整体，冷却型分离器有许多优点。例如，在燃烧难燃燃料，如无烟煤、煤矸石、石油焦及垃圾制成的燃料时，燃烧可能会在分离器中发生，此时水（汽）分离器的膜式壁受热面可吸收燃烧释出的部分热量，从而防止分离器内因 CO 和残炭后燃造成温度升高而引起的结渣；可以节省大量保温和耐火材料，缩短锅炉的启停时间等。另外，由于有水（汽）冷却，分离器的外壳可采用与炉膛相同的保温材料，使其外壁温度维持在 54℃左右的正常值（非冷却的钢板耐火材料分离器的外壁温度可高达110℃），较低的分离器外壁温度可以改善锅炉运行的经济性和安全性；但缺点是容易造成飞灰可燃物升高，制造工艺复杂，初投资比较高。

要注意的是，由于采用水冷却的分离器，将锅炉水循环系统和分离器的膜式壁相连，形成一个自然循环的水冷分离器，与蒸汽冷却式分离器相比，水冷却式分离器不利于达到最佳的自然水循环工况。因此，设计采用自然循环方式的水冷分离器时，必须重视水循环的安全性，对于高压锅炉尤为重要。

3）方形高温旋风分离器（离心式紧凑型分离器）。正如前述，循环流化床锅炉大多采用圆形的高温绝热旋风筒分离器。用钢板耐火材料制作的旋风筒，不但造成分离器的体积和重量过大，而且存在着耐火材料的热膨胀、磨损和内部结渣的可能性。水（汽）冷却式旋风筒虽然可以避免钢板耐火材料旋风筒的缺陷，但结构相对较复杂，制造成本较高。为克服这类旋风筒分离器的不足，又保持其分离效率高的优点，福斯特·惠勒公司开发出一种水冷方形离心分离器的专利技术，其最大的结构特点是外形为非圆形，如正方形、长方形或多边形，一般采用方形。方形离心分离器由膜式壁构成，与锅炉炉膛共用，实际上成为炉膛受热面的组成部分，在炉膛和分离器之间不存在热膨胀的问题，它使整个锅炉的布置显得非常紧凑，如图 3. 1-29 所示。因此，方形分离器又称紧凑型分离器。图 3. 1-30 所示为带方形分离器的循环流化床锅炉的布置及流程，图 3. 1-31 所示为带圆形旋风筒分离器与方形分离器的循环流化床锅炉布置及尺寸比较。由图可见，方形分离器使得循环流化床锅炉的布置大为紧凑。由于方形高温旋风分离器（离心式紧凑型分离器）的优越性，方形分离器在循环流化床锅炉中具有良好的应用发展前景，福斯特·惠勒公司和奥斯龙公司合并后即将方形分离器循环流化床锅炉作为大型化方向进行重点发展。另外，由于方形分离器循环流化床锅炉结构形状上的特点，它还特别适合用于将老的煤粉炉改装成更高效、低污染物排放的循环流化床锅炉，例如波兰图罗电站的 200MW$_e$ 煤粉炉改造为260MW$_e$ 紧凑型循环流化床锅炉。

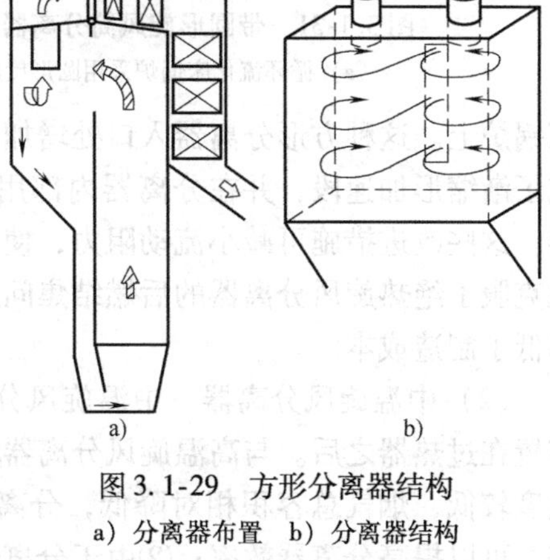

图 3. 1-29　方形分离器结构
a）分离器布置　b）分离器结构

清华大学在福斯特·惠勒公司方形离心分离器的基础上，发展了改进型的带加速段的方形分离器，即“水冷异形分离器”，1995 年获得专利，并成功应用于 75t/h 完善化循环流化

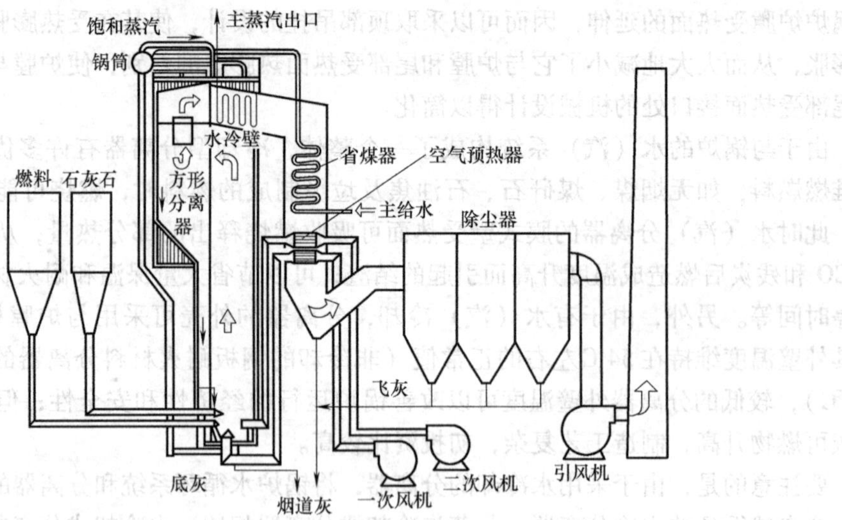

图 3.1-30　带方形分离器的循环流化床锅炉布置及流程

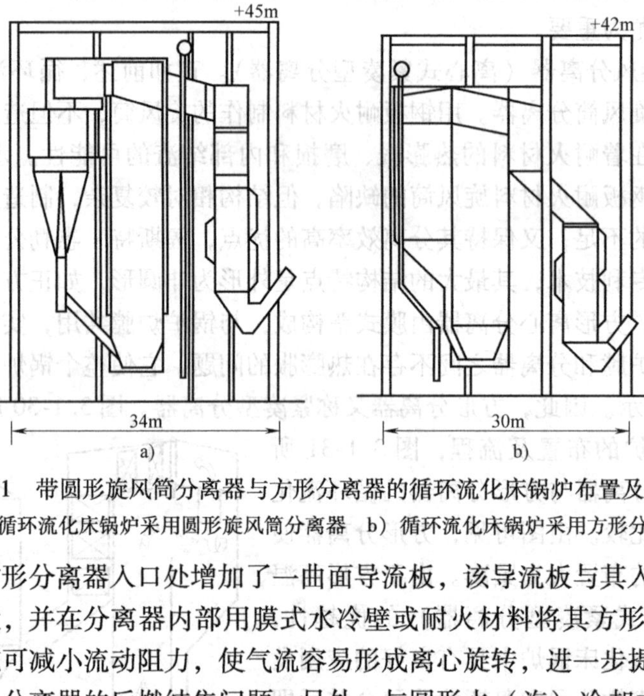

a)　　b)

图 3.1-31　带圆形旋风筒分离器与方形分离器的循环流化床锅炉布置及尺寸比较

a）循环流化床锅炉采用圆形旋风筒分离器　b）循环流化床锅炉采用方形分离器

床锅炉上。这种方形分离器入口处增加了一曲面导流板，该导流板与其入口处的一直壁面形成了渐缩形加速段，并在分离器内部用膜式水冷壁或耐火材料将其方形拐角处填充成圆弧形。这些改进措施可减小流动阻力，使气流容易形成离心旋转，进一步提高分离效率，有效地克服了绝热旋风分离器的后燃结焦问题；另外，与圆形水（汽）冷却式旋风分离器相比，降低了制造成本。

（2）中温旋风分离器　中温旋风分离器入口烟气温度较低，一般为 400～500℃，通常布置在过热器之后。与高温旋风分离器相比，中温旋风分离器有如下优点：①由于入口烟气温度较低，烟气总容积相对降低，分离器尺寸可以减小，加之烟气黏度降低，利于颗粒分离，可以提高分离器效率；②由于分离器温度降低，可以采用较薄的保温层，从而缩短锅炉的启停时间，另外，在保温相同的条件下，散热损失减小；③分离器内不会发生燃烧，也不会造成超温结焦；④对保温材料的耐高温要求降低，可以降低成本；⑤分离下来的物料温度较低，这对控制床层温度，防止床内发生结渣以及调整负荷有利。但是，由于中温分离器与高温分离器不同，后者布置在过热器前，而前者布置在过热器后，过热器处的烟气含物料量较大，固体颗粒也较粗，增加了过热器的磨损，严重影响锅炉的安全运行。因此，中温分离器一般应用于低倍率循环流化床锅炉上，并且对分离器前受热面采取有效的防磨措施，以提高其使用寿命。

目前应用较多的中温旋风分离器是一种下排气的分离器。采用下排气分离器是为了克服常规上排气旋风分离器结构与尾部烟道的协调布置问题。下排气分离器可以缩小锅炉的外部尺寸，简化烟道布置，从而降低锅炉造价。

（3）低温旋风分离器　低温分离器的工作温度一般小于300℃，通常布置在省煤器或空气预热器之后。实际上，采用低温分离器的锅炉是飞灰回燃型鼓泡流化床锅炉，并不是真正意义上的循环流化床锅炉，故此处不做详细讨论。

3. 惯性分离器

惯性分离器是利用某种特殊的通道使介质流动的路线突然改变，固体颗粒依靠自身惯性脱离气流轨迹从而实现气固分离。这种特殊的通道可以通过布设撞击元件来实现（如U形槽分离器、百叶窗式分离器），也可以专门设计成形（如S形分离器）。惯性分离器通常布置在炉膛内部，属于内循环分离器。

（1）U形槽分离器（异形槽钢分离器）　U形槽分离器（异形槽钢分离器）在炉膛顶部采用错列垂直（或倾斜）布置，如图3.1-32所示，槽钢的两边不是直角边，而是向内倾斜。如图3.1-33所示，当物料随烟气上升时进入分离器，由于烟气和物料的密度差别很大，惯性不同，一部分物料进入异形槽钢内，实现与烟气的分离，另一部分细小颗粒随烟气从第一排异形槽钢缝隙处继续上升，进入第二排槽钢中再分离。因为分离器是垂直（或倾斜）布置，大多数的颗粒沿异形槽钢返回炉内循环，反复燃烧。该分离器结构简单，容易布置，同时由于炉内分离，不需要回送装置，运行中不需要操作。但异形槽钢分离器直接布置在炉膛内，环境温度高，物料冲刷磨损严重，为避免分离器烧坏变形和减小磨损，必须采用优质耐热钢材制造，成本很高。另外，该分离器效率不高，目前仅应用于小容量循环流化床锅炉上。

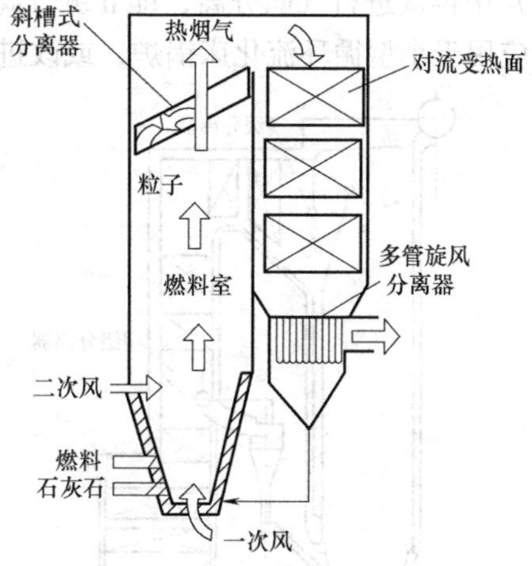

图3.1-32　U形槽分离器布置

（2）百叶窗式分离器　百叶窗式分离器是由一系列的平行叶片（叶栅）按一定的倾角组装而成的，其叶片分为平板形和波纹形。波纹形叶片效率高于平板形，因此目前采用百叶窗分离器的循环流化床锅炉均采用波纹形叶片。图3.1-34所示为带百叶窗式分离器的循环流化床锅炉。百叶窗分离器的分离原理是：从入口进入的含尘气流依次流过叶栅，当气流绕流过叶片时，尘粒因惯性的作用撞在叶栅表面并反弹而与气流脱离，从而实现气固分离。分离出颗粒的气体从另一侧离开百叶窗分离器，被分离出的颗粒浓集并落到叶栅的尾部，如图3.1-35所示。由于百叶窗分离器布置于炉膛出口，温度在850℃左右，因此属于高温分离，另外为降低物料对叶片的磨损，分离器叶片一般由碳化硅或其他高温耐火材料制成。

百叶窗式分离器结构简单，布置方便，与锅炉匹配性好，热惯性小，流动阻力一般也不

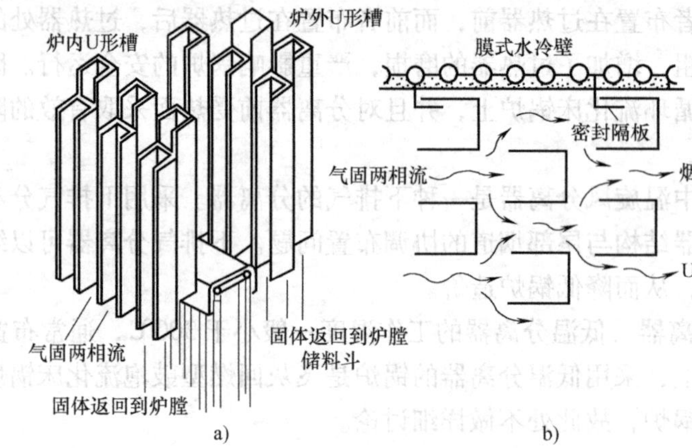

图 3.1-33　U 形槽分离器示意图

a）分离器结构　b）分离过程

高，但分离效果欠佳，特别是对惯性小、跟踪性强的细微颗粒捕集效果更差。因此，单独利用百叶窗式分离器几乎不可能满足循环流化床锅炉的运行要求。为了提高分离效率，百叶窗式分离器一般与其他形式的高效率分离装置组合使用，具体做法是，在分离器尾部抽引部分烟气（约占总烟气量的5% ~7%），夹带着分离下的尘颗粒进入高效率分离器（如旋风分离器）中再次进行气固分离，即Ⅱ级分离（见图 3.1-34）。目前惯性分离器主要作为预分离装置应用于小型循环流化床锅炉，或改进型鼓泡流化床锅炉上。

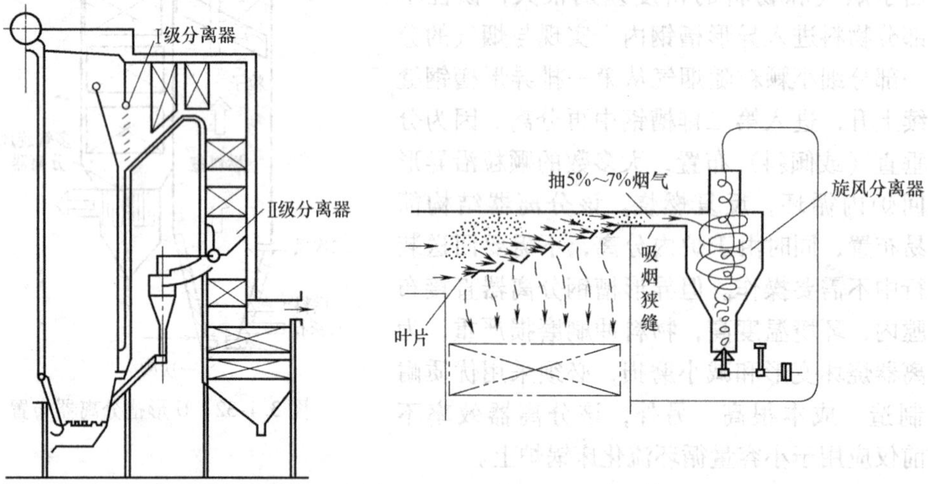

图 3.1-34　带百叶窗式分离器的循环流化床锅炉

a）分离器的布置　b）水平入口的分离器

4. 组合式分离器

虽然高温旋风分离器分离效率较高（可达 99.99%），但体积庞大，结构相对复杂，制造安装困难，运行费用高；而惯性分离器虽然结构简单、易布置，但分离效率太低。因此，许多学者提出了多级分离方案或组合式分离器方案，可用惯性分离器和旋风分离器组合，也可以用多级惯性分离器组合。

显然，组合式分离器不是一个单独的分离装置，它常由二级甚至三级分离器串联（有时还有并联）布置而成。布置方式可以是两级旋风分离器串联或两级惯性分离器串联，也可是先惯性分离器，再旋风分离器。精心设计的组合式分离器能达到令人满意的分离效率。美国巴威（B&W）公司在大型循环流化床锅炉中有采用两级槽形分离器加尾部多管旋风分离器的设计，如图 3. 1-36 所示。

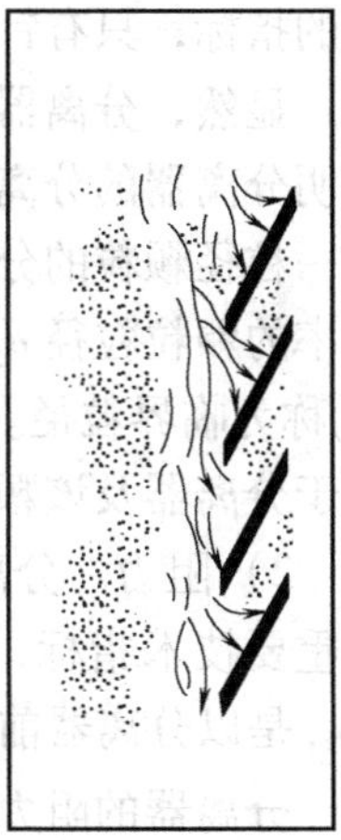

图 3. 1-35　百叶窗式分离器流谱

应该指出，循环流化床锅炉一般不采用两级旋风分离器串联的方式，因为这种方式的压力损失太大。相对于采用高温旋风分离器方案，目前倾向于采用惯性分离器作为初级分离，旋风（或多管旋风）分离器作为二次分离的组合式分离器。

5. 循环灰分离器的选型、主要性能指标及其影响因素

（1）选型　循环灰分离器是循环流化床锅炉的关键部件。不同类型的循环流化床锅炉，多是以采用的分离装置不同为特征的。因此，循环灰分离器的选型与设计是循环流化床锅炉设计的一个重要组成部分。原则上，分离器的选型应进行综合经济技术比较，得出最佳方案。可以根据分离器的运行条件，特别是循环倍率和系统能耗的要求来确定所选用的分离器的类型。通常，对于较低的循环倍率，采用合适的惯性分离器就可以满足对分离效率的要求，这时，可以获得较低的压力损失或系统能耗，具有结构简单、投资和运行维护费用低等好处。对于较高的循环倍率或较小的颗粒粒度，则往往需采用合适的旋风分离器或多级惯性分离器方能满足循环倍率对分离效率的较高要求，这时不得不以增加分离器的阻力或系统能耗等为代价。大型循环流化床锅炉，因结构布置困难，可以选用多个旋风分离器并联的方式。

（2）主要性能指标　评价分离器的性能指标有分离效率、阻力、烟气处理量和经济性（投资和运行费用）等。其中，分离器的分离效率和阻力两项指标最为重要。

1）分离效率。分离器的分离效率是指含灰烟气在通过分离器时，捕集下来的物料量 G_c（kg/h）占进入分离器的物料量 g_i（kg/h）的百分比，即

$$\eta = \frac{G_c}{g_i} \times 100\% \tag{3.1-1}$$

若循环流化床锅炉中的物料循环倍率 R 确定，并已知燃料性质、飞灰份额和飞灰中碳的质量分数，则分离效率就可按下式计算：

$$\eta = \frac{R}{R + A_{ar} a_{fh} / (1 - C_{fh})} \tag{3.1-2}$$

式中　A_{ar}——燃料灰分（%）；

a_{fh}——飞灰份额（%）；

C_{fh}——飞灰中碳的质量分数（%）。

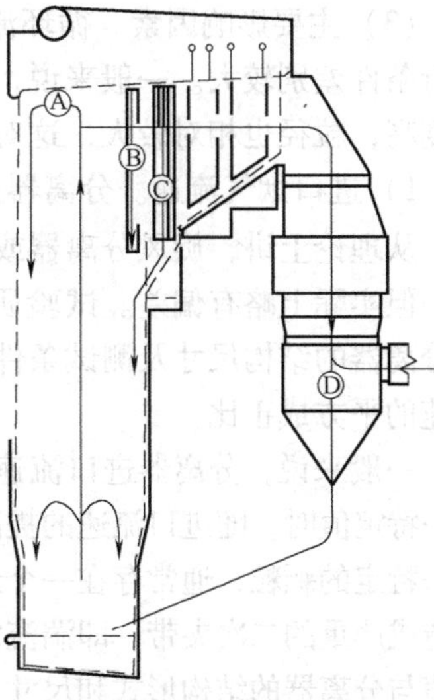

图 3. 1-36　美国巴威（B&W）公司循环流化床锅炉分离系统

Ⓐ—炉顶撞击返回　Ⓑ—炉内 U 形槽分离器　Ⓒ—水平烟道 U 形槽分离器　Ⓓ—多管旋风分离器

分离效率反映的是分离器分离气流中固体颗粒的能力，它除了与分离器结构尺寸有关外，还取决于固体颗粒的性质、气体的性质和运行条件等因素。因此，分离效率不宜简单地用作比较分离器自身性

能的指标，只有针对具体的处理对象和运行条件才有意义。

显然，分离器的分离效率与颗粒的粒径有关，粒径越大，分离效率就越高。为了进一步表明分离器的分离性能，还经常采用分级分离效率的概念。分离分级效率 η_i 是指分离器对某一粒径颗粒的分离效率。研究表明，在工程应用范围内，η_i 可以表示成对应于50%分离效率的颗粒粒径 d_{50} 和对应于99%分离效率的颗粒粒径 d_{99} 的函数。其中，d_{50} 称为切割粒径，d_{99} 称为临界粒径。分离分级效率由于是对某一粒径而言的，与进口物料的粗细无关，只取决于分离器及该颗粒的自身性质，所以更适合用来描述分离器的性能。

2）阻力。分离器的阻力表示气流通过分离器时的压力损失，是评价分离器性能的另一项重要技术指标，也是衡量分离器的能耗和运行费用的重要依据。通常，分离器的阻力 Δp_{SP} 是以分离器前后管道中气流的平均全压差来表示的。

分离器的阻力不仅取决于其自身的结构尺寸，还与运行条件等有关。为方便起见，常引入阻力系数 ξ，分离器阻力表示为

$$\Delta p_{SP} = \xi \rho_g u_{SP}^2 / 2 \tag{3.1-3}$$

式中 Δp_{SP}——分离器的阻力（Pa）；

ρ_g——气体密度（kg/m^3）；

u_{SP}——分离器进口气流速度（m/s）。

由式（3.1-3）可见，阻力与速度的平方成正比。阻力系数与分离器的结构尺寸有关，结构一定，则阻力系数为一常数。通常，分离器分离效率的提高是以阻力增加为代价的。但可以通过优化分离器的结构尺寸，保证其具有较高的分离效率而同时阻力较低，即以最小的能量消耗，达到最佳的分离效果。

（3）主要影响因素　循环流化床锅炉循环灰分离器与传统除尘技术中的除尘器相比，运行条件差别较大。一般来说，循环流化床锅炉分离器所处理的烟气流量大，温度高，颗粒浓度高，粒径也相对较大，这对分离器的分离性能产生了很大的影响。

1）进口烟气流速。分离器进口烟气流速 u_{SP} 对分离器的分离效率和阻力都有很大影响。

从理论上讲，旋风分离器或惯性分离器的阻力都是与入口气体流量或流速的平方成正比的，但实际上略有偏差。试验研究表明，阻力与流量或流速大约成1.5～2.0次方的关系，与分离器的结构尺寸及测试条件等有关。通常，在没有确切试验数据的情况下，认为阻力与流速的平方成正比。

一般来说，分离器进口流速越高，分离效率越高，阻力也就越大。但当流速过高，超过某一特定值时，随进口流速的提高，分离效率反而下降。就旋风分离器和惯性分离器而言，对某一特定的颗粒，通常存在一个最佳的进口流速。超过这一流速，气流的湍动程度增大很多，会造成严重的二次夹带，即湍流的影响大于分离作用，致使分离效率降低。研究表明，这一最佳值与分离器的结构形式和尺寸、气固两相的特性等有关。一般取进口风速为18～35m/s。

2）温度。循环流化床锅炉中分离器一般都在较高的温度下运行，温度对分离器的性能有重要影响。这种影响是通过温度对烟气密度和烟气黏度的影响来实现的。

由于气体温度升高，黏度增加，使得颗粒更难以从气流中分离出来，分离效率随黏度的增加而降低。有数据表明，某旋风分离器当温度为20℃时，对于粒径为10μm的颗粒分离效率为84%，而在500℃时分离效率仅为78%。虽然气体密度对分离效率也有影响，但通常烟气密度与颗粒密度相比，烟气密度值较小，其影响可以忽略，除非压力或烟气密度很高，

才加以考虑。

温度对阻力有较大的影响。由于气体的密度与温度成反比，由式（3.1-3）可知，分离器的阻力与气体密度 ρ_g 成正比，亦即与气体温度成反比，温度升高，阻力下降；而气体黏度对阻力的影响通常可以忽略。

3）进口颗粒浓度。气流流过分离器时所产生的阻力主要包括：气流的收缩与膨胀、器壁的摩擦、旋涡的形成以及旋转动能转化为压力能等引起的能量消耗。不同结构形式的分离器，上述各项对阻力的贡献有所不同。在较低的颗粒浓度下，随着浓度的增加，通常阻力是降低的；而当颗粒浓度超过某一特定值（临界浓度）时，随着浓度的增加，阻力却增加。颗粒浓度对旋风分离器阻力的影响十分复杂，是多种因素综合作用的结果，其临界浓度的数值与分离器的结构形式、尺寸以及运行条件等有关。

颗粒浓度对分离效率的影响也存在类似的规律：即存在一临界浓度值，低于该值时，随着浓度的增加，分离效率增加；高于临界值后，分离效率将随着浓度的增加而降低。该临界值也与旋风分离器的结构形式、尺寸以及运行条件等有关。

需要说明的是，尽管低于临界值时分离器的分离效率会随进口颗粒浓度的增加而增加，但增长速度却远不及浓度的增加。因此，出口颗粒浓度总是随进口颗粒浓度的增加而增大。

4）颗粒粒径分布和密度。颗粒的粒径分布是影响分离器分离效率的最重要的因素之一。对于旋风分离器和惯性分离器，颗粒所受到的分离作用力与阻力之比随颗粒粒径的增加而增大。因此，大颗粒比小颗粒更容易从气流中分离。同样，随颗粒密度的增加，分离效率提高。特别是当粒径较小时，密度的变化对分离效率的影响大；而当粒径较大时，密度变化对分离效率的影响变小。

颗粒粒径对分离器的阻力影响很小，可以忽略。

5）旋风分离器结构参数。通常，旋风分离器进口宽度和进口形式、排气管插入深度和直径、筒体直径等对分离器性能影响很大。实际上，由于旋风分离器各部分参数是相互关联的，应该综合考虑它们对分离器性能的影响。

在风速一定时，随着分离器进口高宽比的增加，分离效率会略有增加，而压力损失也会增加，通常取分离器进口宽度为分离器直径 D_o 与排气管直径 D_e 之差的一半，即 $(D_o - D_e)/2$，高宽比 $a/b = 2 \sim 3$。高温旋风分离器进口形式有切向式和蜗壳式两种。切向式进口简单，而蜗壳式进口虽然结构稍显复杂，但可使气固混合物平滑进入分离器，减小气固混合物对筒体内气流的撞击和干扰，因此分离效率较高，而阻力损失相对较小，是一种比较理想的进口形式。

由于旋转气流和颗粒在排气管与壁面之间运动，因此排气管插入深度直接影响旋风分离器性能。随着插入深度的增加，分离效率提高，当排气管插入深度大约是进气管高度的40%～50%时，分离效率最高，随后分离效率随着排气管插入深度的增加而降低。排气管插入过深会缩短排气管与锥体底部的距离，增加二次夹带机会；插入过浅，会造成正常旋流核心的弯曲，甚至破坏，使其处于不稳定状态，同时也容易造成气体短路而降低分离效率。

排气管插入深度对压力损失也有影响。插入深度过长、过短，压力损失都增加；而当排气管插入深度为进气管高度的40%～50%时，压力损失最小，此时分离效率也最高。

在一定范围内，排气管直径越小，旋风分离器效率越高，但压力损失也越大。一般取 $D_e/D_o = 0.3 \sim 0.5$。

圆筒体直径对分离效率有很大影响。筒体直径越小，离心力越大，分离效率越高。筒体直径一般应根据所处理的烟气流量而定。在循环流化床锅炉中，由于烟气量很大，筒体直径通常很大（有的甚至达到9m）。筒体直径增大，要保证足够高的分离效率，进口流速要相应提高。但由于阻力正比于流速的平方，要控制阻力，进口流速也不能太高，圆筒体直径的增加又受到限制。这时可考虑几个分离器并联，以满足对分离效率和阻力的设计要求。并联时，每一分离器的直径减小，分离效率提高，但应当保证气流在并联的各分离器中的均匀分布，否则会使总分离效率降低。

(二) 飞灰回送装置

飞灰回送装置的功能是将循环灰分离器分离下来的高温固体颗粒连续稳定地回送至压力较高的炉膛内，并使反窜到分离器的气体量为最小。循环流化床锅炉运行时，大量固体颗粒在炉膛、分离器和回送装置以及外置式换热器等组成的物料循环回路中循环。一般循环流化床锅炉的循环倍率为5~20，也就是说有5~20倍给煤量的返料灰需要经过回送装置返回炉膛再燃烧。同时，运行中返料量的大小依靠飞灰回送装置进行调节，而返料量的大小直接影响到锅炉的燃烧效率、床温以及锅炉负荷。因此，飞灰回送装置是关系到锅炉燃烧效率和运行调节的一个重要部件，其工作的可靠性直接影响锅炉的安全经济运行。

飞灰回送装置应当满足以下基本要求：

1）物料流动稳定。由于循环的固体物料温度较高，飞灰回送装置中又有空气，在设计时应保证物料在回送装置中流动通畅，不结焦。

2）气体不反窜。由于分离器内的压力低于炉膛内的压力，回送装置将返料灰从低压区送至高压区，必须有足够的压力来克服负压差，同时要求既能封住气体而又能将固体颗粒送回床层。事实上，对于旋风分离器，如果有气体从回送装置反窜进入，将大大降低分离效率，从而影响物料循环和整个循环流化床锅炉的运行。

3）物料流量可控。循环流化床锅炉的负荷调节很大程度上依赖于循环物料量的变化，这就要求回送装置能够稳定地开启或关闭固体颗粒的循环，同时能够调节或自动平衡固体物料流量，从而适应锅炉运行工况变化的要求。

飞灰回送装置一般由立管（料腿）和送灰器（回料阀）两部分组成。

1. 立管（料腿）

通常将物料循环系统中的分离器与送灰器之间的回料管称为回料立管，简称立管，又称为料腿。立管的主要作用是：①输送物料，与送灰器配合连续不断地将物料由低压区向高压区（炉膛处）输送；②系统密封，产生一定的压头，防止回料风或炉膛烟气从分离器下部反窜，因此它在循环系统中起着压力平衡的重要作用。由于循环流化床锅炉中分离装置多采用旋风分离方式，即使少量的气体从立管中漏入分离器，也会对分离器内的流场造成不良影响，降低分离效率，因此在循环流化床锅炉中立管一般采用移动床。

2. 送灰器（回料阀）

飞灰回送装置中的送灰器（也称为回料阀、返料阀）分机械式和非机械式两大类。

机械式送灰器靠机械构件动作来达到控制和调节固体颗粒流量的作用，如球阀、蝶阀、闸阀等。实际上，由于循环流化床锅炉中高温分离的物料温度一般在800~850℃，机械阀需在高温下工作，机械装置在高温状态下会产生膨胀，加上阀内的流动介质是固体颗粒，固体颗粒易卡涩，运动时也会产生比较严重的磨损，循环流化床锅炉中很少采用机械式送灰器。目前仅有Lurgi型锅炉的飞灰回送装置中采用机械式送灰器。

非机械式送灰器采用气体推动固体颗粒运动，无须任何机械转动部件，所以其结构简单、操作灵活、运行可靠，在循环流化床锅炉中获得广泛应用。非机械式送灰器依其工作特点可以分为阀型送灰器（可控式送灰器）和自动调节型（通流型送灰器）两大类。

（1）阀型送灰器（可控式送灰器）

阀型送灰器主要形式包括L形阀、V形阀、J形阀、H形阀和换向密封阀等，如图3.1-37所示。这种送灰器不但能将颗粒输送到炉膛，可以开启和关闭固体颗粒流动，而且能控制和调节固体颗粒的流量，属于可控式送灰器。但是，在循环流化床锅炉实际运行中如果操作不当，可能导致立管内物料流动不稳定、吹空，以至通过立管大量窜烟气，使分离器无法工作。阀型送灰器要改变送灰量，则必须调整送灰风量，也就是说，送灰风量必须随锅炉负荷的变化进行调整。

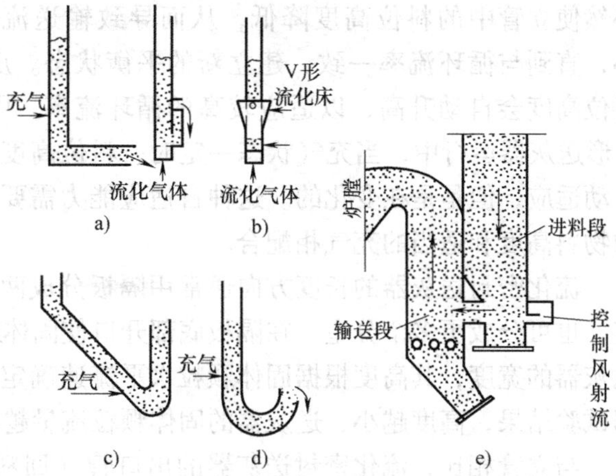

图3.1-37　阀型送灰器示意图

a）L形阀　b）V形阀　c）换向密封阀　d）J形阀　e）H形阀

（2）自动调节型送灰器（通流型送灰器）　自动调节型送灰器主要有流化密封送灰器（又称U形阀）、密闭输送阀、N形阀等，如图3.1-38所示。这种送灰器通过阀体和立管自身的压力平衡来自动地平衡固体颗粒的流量，对固体颗粒流量的调节作用很小。但该类型送灰器的密封和稳定性很好，可以有效地防止气体反窜。自动调节型送灰器能随锅炉负荷的变化自动改变送灰量，而无须调整送灰风量。目前循环流化床锅炉中普遍采用的是流化密封送灰器，其布置如图3.1-39所示。

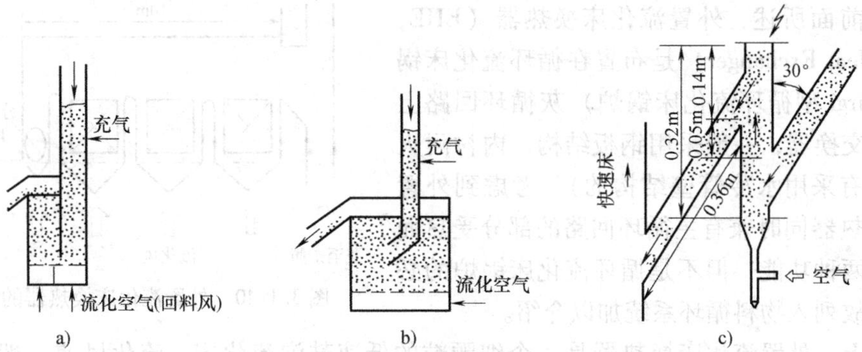

图3.1-38　自动调节型送灰器

a）流化密封送灰器　b）密封输送阀　c）N形阀

流化密封送灰器（U形阀）由一个带回料管的鼓泡流化床和分离器立管组成，两者之间有一个隔板，采用空气进行流化，送灰器的结构如图3.1-39所示。送灰器内的压力略高于炉膛，以防止炉膛内的空气进入立管。在立管内可以充气，以利于固体颗粒的流动。特别是在立管与流化床的连通部分布置水平喷管，更有利于物料的流动。但过多的充气可能会使气流反窜，破坏循环流化床的正常运行。

流化密封送灰器立管中固体颗粒的料位高度能够自动调节，从而使其压力与送灰器的压降及驱动固体颗粒流动所需的压头相平衡。譬如，当由于某种原因使物料循环流率下降，则进入立管中的物料量减少，若飞灰回送装置仍以原来的流率输送物料，则必然使立管中的料位高度降低，从而导致输送流率减小，直到与循环流率一致，建立新的平衡状态。反之，料位高度会自动升高，以适应较高的循环流率。因而，U形送灰器运行中，当充气状态一定时，料位高度可以自动适应，但是是在变化的。这种自适应能力需要适当的物料高度和适当的充气相配合。

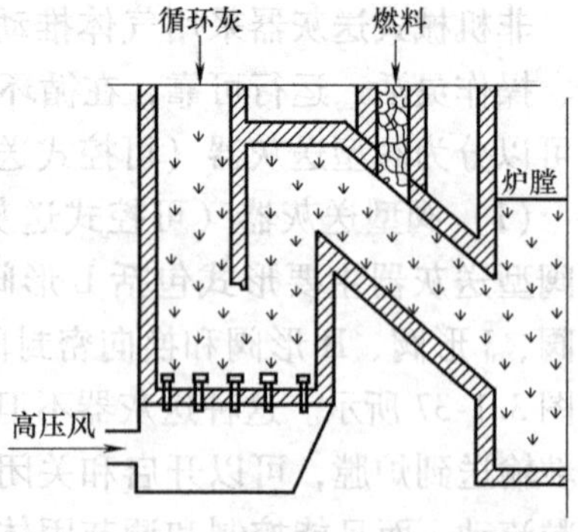

图 3.1-39　流化密封送灰器的布置

流化密封送灰器的长度方向通常用隔板分成两个分室，也可分成更多个分室，在隔板底部开口使固体颗粒能在各分室中流动。开口可覆盖整个送灰器的宽度，其高度根据固体颗粒水平流速确定（一般流速选择为0.05～0.25m/s）。根据试验结果，高度越小，送灰器的固体颗粒流量越小，但流动的可控性和稳定性越好。

与立管相比，流化密封送灰器的出口管（回料管或返料管）中固体颗粒流速更高，但固体颗粒浓度会更低，所以其截面至少应等于立管的截面尺寸，并且其倾斜角至少应超过堆积角（一般大于55°）。如果循环物料量很大，为了减少炉膛内固体颗粒入口处的浓度，应该采用分叉回料管形式。

为了防止送灰器的布风板因受热而挠曲变形，应在布风板上敷设耐火层和隔热层，厚度一般为50～80mm。另外，在送灰器的四周和顶部内侧也要敷设耐火层和隔热层，其厚度应根据所输送物料的温度和耐火隔热材料的性质确定。整个送灰器用钢板密封，以保证送灰器有足够的刚度和密封性能。在送灰器顶部还应开一个检修孔，以便在停运时捡出送灰器中的小渣块。

（三）外置流化床换热器（外置冷灰床）

正如前面所述，外置流化床换热器（EHE，External Heat Exchanger）是布置在循环流化床锅炉（如Lurgi型循环流化床锅炉）灰循环回路上的一种热交换器，一般采用钢板结构，内衬耐火材料（也有采用水冷管壁结构的）。考虑到外置流化床换热器同时兼有主循环回路的部分受热面和送灰器两种功能，但不是循环流化床锅炉的必备部分，故列入物料循环系统加以介绍。

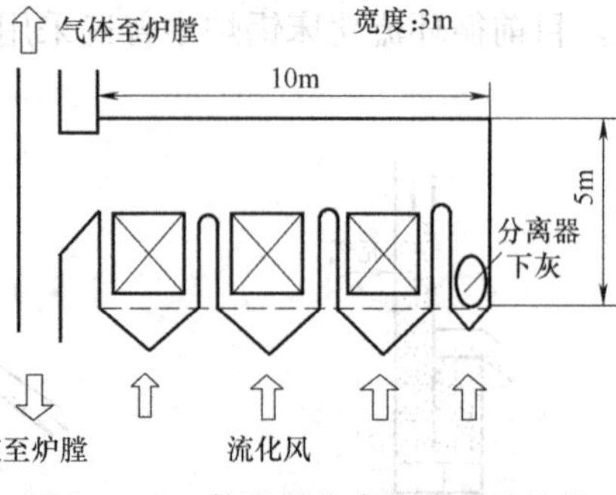

图 3.1-40　外置流化床换热器的结构

实际上，外置流化床换热器是一个细颗粒的低速鼓泡流化床，流化风速一般为0.3～0.5m/s（最高在1.0m/s左右），流化床内的固体颗粒直径为0.1～0.5mm。只要布置适当，受热面的磨损并不是很严重。通常在外置流化床换热器内按温度分布布置不同形式的受热面管束，各受热面之间可以用隔墙隔开，如图3.1-40所示。图中，流化床换热器内从右至左依次布置的是过热器、再热器和蒸发受热面。外置流化床换热器主要靠调节进入换热器的固体颗粒流量和直接返回炉膛的固体物料流量的比例来调节流化床床温。这虽然在结构上增加了复杂性，但床温调节比较灵活，而且将燃烧与传热分离，可以使两者均达到最佳状态。根据报道，如果将过热器或再热器布置在流化床换热器中，则汽温调节灵活，甚至无须喷水减温调节汽温。

外置流化床换热器内的传热系数可按常规鼓泡流化床传热系数的计算方法确定。在外置流化床换热器的设计中，因为需布置受热面，所以其床层面积一般比仅作返料用的飞灰回送装置大。虽然流化风速不高，但总风量比较大，所以在外置流化床换热器上部总是布置有空气旁通管道，将流化空气直接引入炉膛的稀相区。一方面保持外置流化床换热器的压力稳定，使床内流动不产生脉动；另一方面使这股热空气作为二次风或三次风使用，以提高锅炉的整体效率。

福斯特·惠勒公司开发出一种所谓整体式再循环外置流化床换热器（INTREX），当其与炉膛连为一体时，有“下流式”和“溢流式”两种布置方式。图3.1-41所示为“溢流式”。与上述形式的外置流化床换热器相比，INTREX在结构上有了很大的改进。图3.1-42为典型的INTREX布置方式，INTREX的运行方式如图3.1-43所示。

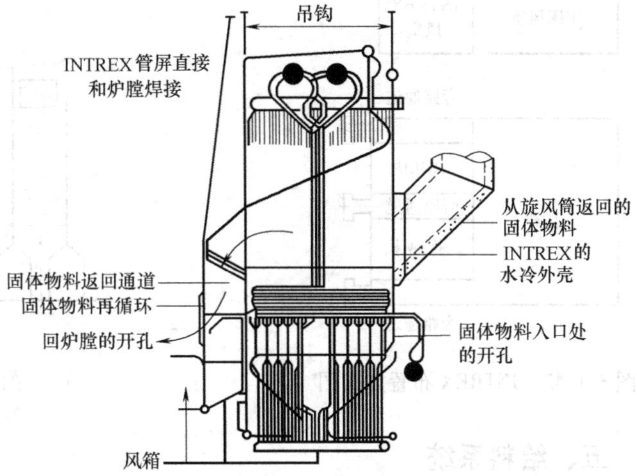

图3.1-41　整体式再循环流化床换热器（INTREX）的结构（“溢流式”）

换热床有三条旁路流化通道。两个流化床换热器中分别布置过热器和再热器的埋管受热面。旁路通道各有位置较高的溢流口。两个换热床有位置略低的溢流口，旁路通道与换热床之间的隔墙上都有连通窗口。旁路通道、换热床下均设有布风板、风帽，下面的风室则是分开的，可分别根据物料堆积、压实或流化的要求调节流化风量。INTREX中采用较复杂结构的目的是：①起动时分离出的物料不受到冷却，直接送回主床（燃烧室），升温快，起动速度快；②起动时保护换热床中的过热器、再热器等受热面；③起动后可灵活地调节进入换热床中的固体物料量及从旁路通道直接进入主床的物料量，以调节主床温度。

图3.1-43是INTREX运行原理示意图。锅炉冷态起动时，为保护过热器等还无足够蒸汽流过的受热面，从分离器来的高温物料不进入有埋管受热面的鼓泡床（此时该鼓泡床不运行），而是通过旁路通道直接进入溢流口回到炉膛。此时，由于换热床不通风流化，床内物料将沉积、压实并堵死隔墙上的连通口，即床内物料是不流动的。在正常运行时，旁路通道和有埋管受热面的鼓泡床均进行流态化运行，通过控制不同室的流化床的高度，可使全部或部分高温固体物料进入有埋管受热面的鼓泡床进行传热，然后再溢流进入返回通道回到炉膛。长期运行表明，INTREX设计简单，结构紧凑，检查维修方便；由于采用浅床和低速流化，运行耗电少，埋管受热面传热效率高，金属消耗量少；由于直接与炉膛相连而没有膨胀节，运行十分安全可靠；固体热床料为均匀的细颗粒，流化速度低，对埋管受热面不会有磨损；高温过热器埋管受热面不在烟气的腐蚀温度范围内，埋管受热面不会被腐蚀；另外，由于只需调节各鼓泡床室的流化风速即可调节换热器的不同运行方式，调节控制方便。INTREX是大型带再热器的FW型循环流化床锅炉的优点之一。

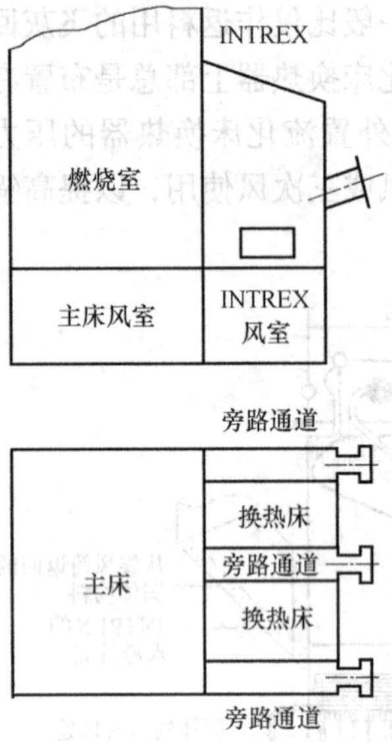

图 3.1-42　INTREX 布置方式图

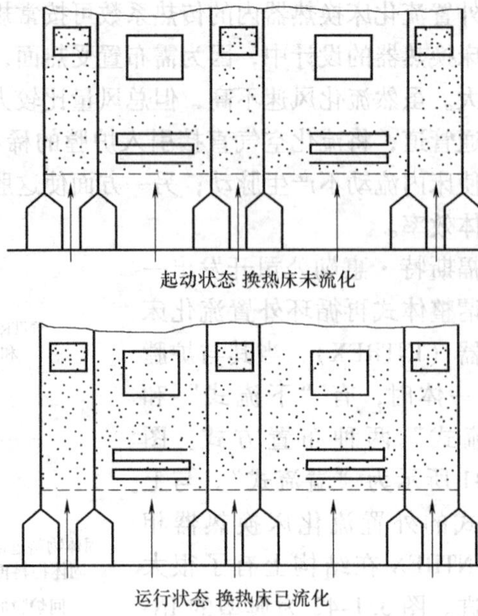

图 3.1-43　INTREX 的运行方式

五、给料系统

（一）煤制备系统及主要设备

1. 煤制备系统概述

循环流化床锅炉的给料系统包括煤制备系统、给煤系统和石灰石（脱硫剂）输送系统。其中，煤制备系统的工作状况关系到炉内的燃烧。燃煤颗粒尺寸大小及其粒径的组成，对流化床锅炉的燃烧、传热、负荷调节特性等都有十分重要的影响。循环流化床锅炉正常燃烧时，入炉煤中大于1mm 的煤粒一般在炉膛下部燃烧，小于1mm 的颗粒在炉膛上部燃烧，带出炉膛的细小颗粒经分离器收集后送回炉膛中循环燃烧。分离器不能捕捉的极细颗粒一次通过燃烧室，若颗粒在炉膛内的停留时间小于燃尽时间，将使飞灰含碳量增加，燃烧效率降低。循环流化床锅炉燃煤经制备后，如果粗颗粒含量过高，将造成燃烧室下部燃烧份额和燃烧温度增加，燃烧室上部燃烧份额和燃烧温度降低；如果细颗粒偏多，不仅会增加厂用电耗，而且使燃烧工况偏离设计值，甚至在分离器内的燃烧份额过大，引起分离器内结渣。

国外对循环流化床锅炉燃煤粒径的要求经历了由细变粗的认识过程。譬如，德国鲁奇公司最初要求循环流化床锅炉的入炉粒径小于0.9mm，但在270t/h 流化床锅炉投运时，大量细粉进入高温旋风分离器内燃烧，造成分离器内结渣并使飞灰可燃物增加。为使锅炉正常运行，遂对入炉煤粒径要求从小于0.9mm 增大到小于6mm。国内则相反，对循环流化床锅炉燃煤粒径的要求的认识是由粗变细。由于早期的循环流化床锅炉大多采用简单机械破碎设备来制备入炉煤，入炉煤的粒径要求在0～25mm，实际运行中往往在0～50mm 的范围内，导致受热面及炉墙严重磨损，锅炉出力达不到设计要求。新投运及改造后的循环流化床锅炉，入炉煤粒径普遍限制在0～13mm 范围内，锅炉的负荷特性大为改善。

燃煤的粒径范围及粒径配比是根据不同的炉型和不同的煤种而确定的，同时还与运行操作系统条件有关。一般来说，高循环倍率的流化床锅炉，燃料粒径较细；低循环倍率的流化床锅炉，粒径较粗；挥发分低的煤种，粒径一般要求较细；高挥发分易燃的煤种，颗粒粒径可粗一些。欧洲大型循环流化床锅炉的燃煤颗粒配比大体为：0.1mm 以下的份额小于10%；1.0mm 以下的份额小于60%；4.0mm 以下的份额小于95%；10mm 以上的份额为0。

在实际操作中，欧美国家循环流化床锅炉，以及国内中、低循环倍率的循环流化床锅炉，大致上按下式制备入炉煤颗粒：

$$V_{daf} + a = 85\% \sim 90\% \tag{3.1-4}$$

式中　V_{daf}——干燥无灰基挥发分含量（%）；

a——入炉煤颗粒中小于1mm 的份额（%）。

如前所述，循环流化床锅炉的燃煤粒径一般在 0～13mm 之间（R_{90}要求大于90%），要比煤粉锅炉要求的粒径大得多。因此，循环流化床锅炉的煤制备系统远比煤粉锅炉的制粉系统简单。目前国内循环流化床锅炉的煤制备系统大多采用破碎设备加上振动筛。

图 3.1-44 所示为循环流化床锅炉煤制备系统流程。该系统采用锤击式破碎机破碎原煤，然后经机械振动筛分。一级碎煤机将原煤破碎至 35mm 以下，经过振动筛，将大于 13mm 的大颗粒送入二级碎煤机继续破碎，二级碎煤机出口的燃煤全部进入锅炉的入炉煤煤仓。在原煤水分较低（$M_{ar} < 8\%$）、当地气候条件干燥、原煤本身较碎并经严格筛分的情况下，该方案制备的燃料基本能满足流化床锅炉的要求。如果原煤水分较大、当地雨水较多，则须采用带热风或热烟气干燥和输送装置的燃料制备系统。

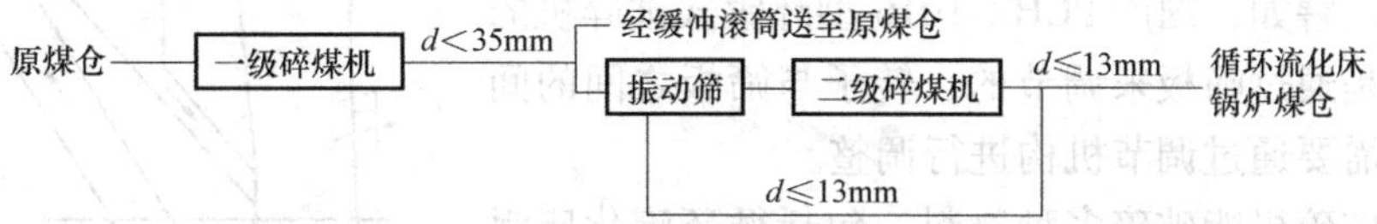

图 3.1-44　某台 220t/h 循环流化床锅炉煤制备系统流程

2. 煤制备系统的主要设备

循环流化床锅炉的制煤设备应能满足出力、粒径和筛分要求，同时应安全可靠、维护简单、环保性能良好。目前采用较多的破碎设备是钢棒滚筒磨和锤击式破碎机。

（1）钢棒滚筒磨　循环流化床锅炉燃料制备系统采用的钢棒滚筒磨，机型主要是中心进料、周边排料型，其外形结构如图 3.1-45 所示。

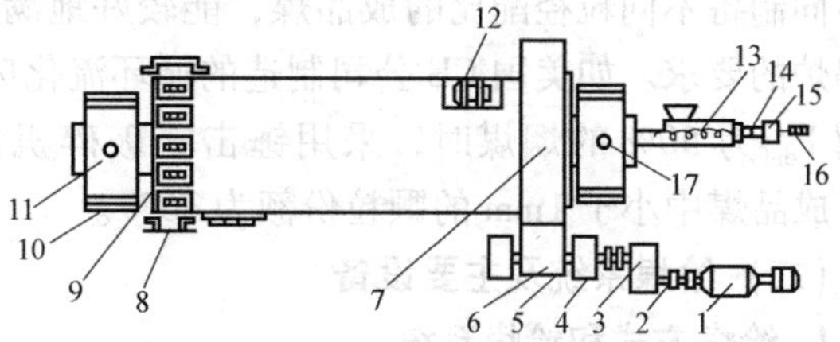

图 3.1-45　钢棒滚筒磨外形结构

1、16—电动机　2、4—弹性联轴器　3—减速机　5—小齿轮座　6—小齿轮　7—大齿轮　8—出料罩　9—排料窗　10—轴承座　11—轴承　12—出料箅板　13——螺旋给煤机　14—联轴器　15—减速器　17—油孔

钢棒滚筒磨在工作时，筒体回转带动研磨体（钢棒）随筒体升高，达到一定高度后，钢棒靠本身自重下落，滚压、碾磨、破碎物料。由于棒与棒之间接触时是线接触，首先受到钢棒冲击和研磨的是那些大颗粒物料，而小颗粒夹杂在大颗粒之间，受到的粉碎作用较小，从而使钢棒滚筒磨磨碎产品的粒径较为均匀，通过磨的极细颗粒较少。

周边排料型钢棒滚筒磨出料的料面较浅，出料的速度快，比中心排料型钢棒滚筒磨提高出力20%～40%，滚筒磨采用橡胶衬板可使回转体质量减轻，电耗降低，并能根据需要改变出料窗箅板孔径控制出料粒径。另外，钢棒滚筒磨还具有噪声小、粉尘少、结构简单、便于制造等特点。

(2) 锤击式破碎机　锤击式破碎机一般包括壳体、碾磨板、转子、杂物排出口、粗颗粒进口和细颗粒出口等，如图 3.1-46 所示。转子由轴、锤击臂和锤头三部分组成。在细颗粒出口还设有分离器，将不合格的粗颗粒分离下来，回送后重新碾磨。分离器有离心式、可调挡板式等形式。

锤击式破碎机的形式有多种，转子的圆周速度有高低之分，煤的进、出口可以径向布置，也可以切向布置。由于循环流化床锅炉相对煤粉锅炉而言燃煤粒径要求较粗，适用于循环流化床锅炉的锤击式破碎机的圆周速度一般较低。图 3.1-46 为巴布科克（Babcock）公司生产的 GS 型锤击式破碎机，采用切向进口，并装有可调叶片式分离器，以调整出口颗粒粒径，转子的圆周速度为 50m/s。

锤击式破碎机的研磨室内，破碎煤粒的力来自于三个方面，一是转子锤头对煤粒的撞击；二是煤粒受离心力作用与碾磨板之间的撞击；三是煤粒之间的相互碰撞、摩擦。较细的煤粒受到气流的携带离开研磨室，不合格的煤粒经过分离器被分离下来，回到研磨室重新破碎。

锤击式破碎机的出料粒径也可通过更换不同规格的筛板来控制。譬如，国产 PCHZ-1016 型环锤式破碎机的出料粒径就是通过筛板来调节的。转子与筛板之间的间隙也可根据需要通过调节机构进行调整。

锤击式破碎机能破碎多种物料，包括循环流化床锅炉燃烧需要的原煤和石灰石。另外，可根据煤中挥发分的不同制备不同粒径配比的成品煤，能较好地满足流化床锅炉的要求。如美国 CE 公司制造的循环流化床锅炉，燃用 V_{daf} 为 50% 的烟煤时，采用锤击式破碎机制备燃料，成品煤中小于 1mm 的颗粒份额为 36%。

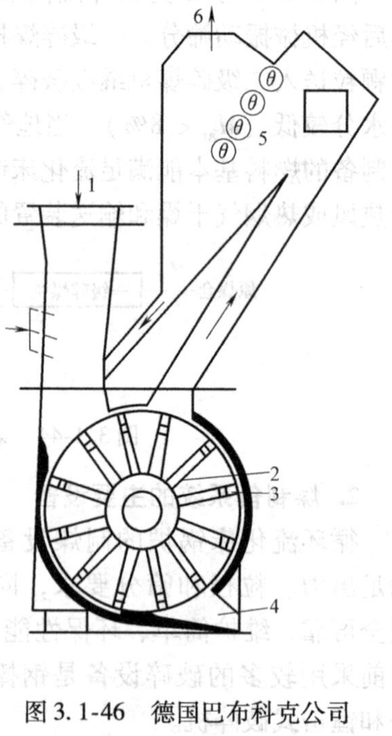

图 3.1-46　德国巴布科克公司的 GS 型锤击式破碎机

1—粗煤进口　2—转子　3—碾磨板　4—杂物排出口　5—可调叶片分离器　6—细煤出口

(二) 给煤系统及主要设备

1. 给煤方式和给煤系统

(1) 给煤方式　循环流化床锅炉的给煤方式，按给煤位置分为床上给煤和床下给煤；按给煤点处的压力分为正压给煤和负压给煤。

床下给煤是指利用喷管将较细的物料穿过布风板向上喷洒的给煤方式，目前只在小型锅炉上采用；将煤送入布风板上方的给煤方式称为床上给煤。床上给煤点可以根据需要布置在循环流化床的不同高度上。

采用正压给煤还是负压给煤，由炉内气固两相流的动力特性决定。对于炉内呈湍流床和快速床的中高物料循环倍率的循环流化床锅炉而言，炉内基本处于正压状态，负压点很高或不存在，因此只能采用正压给煤；负压给煤一般使用在物料循环倍率比较低、有比较明显的料层界面、负压点相对较低的锅炉上。

对于负压给煤方式，因为给煤口处于负压，煤靠自身重力流入炉内，所以结构简单，对给煤粒径、水分的要求均较宽。但这种给煤方式一般给煤点位置都比较高，细小颗粒往往未燃尽就被烟气吹走而落不到床内。另外，给煤只是靠重力散落，不易做到在炉内均匀分布，给煤局部集中可能导致挥发分集中释放，造成挥发分的裂解，产生黑烟和局部温度过高、结焦等问题。正压给煤可以避免负压给煤的不足，由于燃煤从炉膛下部密相区送入，能立即与温度很高的物料掺混燃烧。为使给煤顺利进入炉内并在炉内均匀分布，正压给煤都布置有播煤风，锅炉运行中应注意播煤风的使用和调整，当负荷、煤质以及燃料颗粒、水分有较大变化时，均应及时调整播煤风。

给煤点的位置和数量，对锅炉运行的影响不可忽视。尽管循环流化床锅炉物料的横向掺混较好，但仍不如纵向混合强烈。如果给煤点太少或布置不当，必然造成给煤在炉内分布不均，影响炉内温度均匀分布和燃烧效率，严重时会导致炉内局部结焦。对于容量为220t/h以上的锅炉更应注重给煤点的布置和设计，同时考虑给煤口、回料口和排渣口的布置。

（2）给煤系统　循环流化床锅炉的给煤系统一般应包括原煤斗、筛分设备、破碎机、给煤机、炉前给煤机（或送灰器）和输送设备等。下面所指的给煤系统实际上是给煤点处的炉前给煤系统。锅炉容量较小时，由于给煤点较少，给煤点可以单独设置在前墙、后墙或侧墙上。在后墙给煤时，一般都是采用送灰器给煤方式。容量稍大些的锅炉，在采用送灰器给煤时，为增加给煤的均匀性，常采用分叉回送装置。它实际上是将流化密封送灰器的回料管一分为二（见图3.1-47），等于增加了给煤点。而对于125MW或更大容量机组的循环流化床锅炉，为使燃料在燃烧室内能充分混合，增加给煤点，可以将成品煤仓布置在炉前，采用前墙给煤子系统和送灰器给煤子系统联合的给煤系统，如图3.1-48所示。在前墙给煤子系统中，传动带给煤机4将煤送入双向螺旋给料机5，螺旋给料机5再将煤输送至两个前墙给煤点；在送灰器子系统中，传动带给煤机1将煤送至沿锅炉侧墙布置的链式输送机2，链式输送机2再将煤送到布置在后墙的链式输送机3，然后送到旋风分离器下端的飞灰回送装置中。该系统的常规运行方式是：将60%的燃料送到送灰器子系统中，40%的燃料送到前墙给煤子系统，这两个子系统都有输送100%燃料的能力。

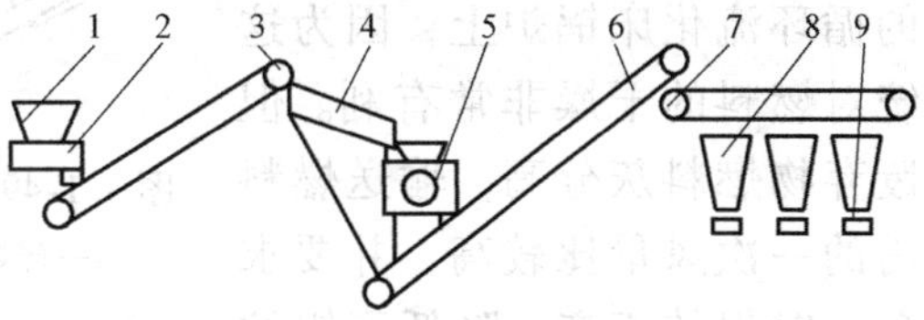

图3.1-47　循环流化床锅炉给煤系统原则性布置简图

1—原煤斗　2—给煤机　3—一段带式输送机　4—筛分设备　5—破碎机　6—二段带式输送机　7—三段带式输送机　8—炉前（成品）煤仓　9—炉前给煤机

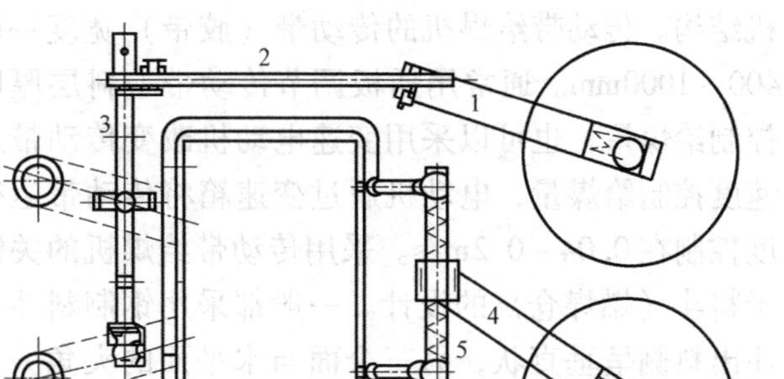

图3.1-48　前墙给煤和送灰器给煤联合的给煤系统

1、4—传动带给煤机　2、3—链式输送机　5—螺旋给料机

另一种给煤系统是直吹式系统。图3.1-49所示为某台125MW机组的煤/石灰石直吹式给料系统，其特点是将煤和石灰石（脱硫剂）的破碎、干燥和输送过程结合在一起。该系

统由两台出力为50%的碎煤机组成，每台碎煤机带两条输送管道。碎煤机1由传动带给煤机2给煤，石灰石通过螺旋给料机3送入，一部分热二次风通过增压风机4送入碎煤机内，将煤/石灰石混合物送入燃烧室。

与传统的给煤系统相比，直吹式给料系统的优点是减少了给煤设备部件，给煤设备和给煤点的布置具有灵活性；具有干燥燃料的能力；可省去独立的石灰石输送系统。但缺点是系统维护的要求比较严格，投资和运行的费用较高，能耗较大。

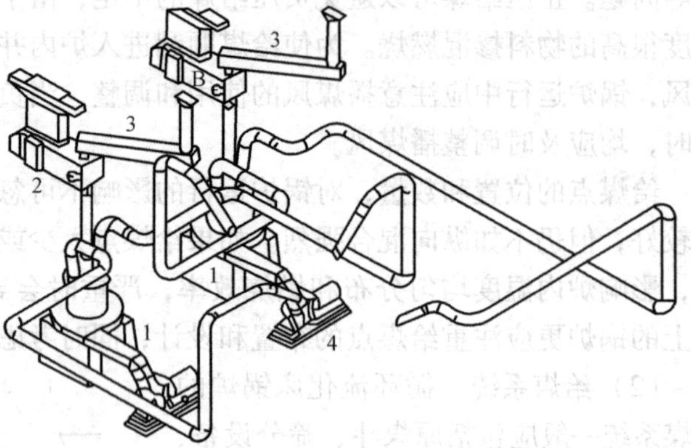

图3.1-49　某台125MW机组的煤/石灰石直吹式给料系统

1—碎煤机　2—传动带给煤机　3—螺旋给料机　4—风机

直吹式给料系统常用于燃用废弃物的循环流化床锅炉上，因为这种系统对燃料的干燥非常有利。但由于废弃物燃料灰分高，输送燃料时所需的一次风量比较高，并要求在低负荷时保持不变，降低了锅炉效率。虽然采用多台小容量碎煤机时能满足调节出力的要求，但使系统更加复杂。

2. 给煤设备

给煤设备通常包括传动带（皮带）给煤机、圆盘给煤机、刮板给煤机和螺旋给料机及气力输送设备等，其功能是将经破碎后合格的煤和石灰石送入炉膛。

（1）传动带给煤机　图3.1-50所示为传动带给煤机结构。传动带给煤机的传动带（胶带）宽度一般为400～1000mm。通常用插板调节传动带上料层厚度来控制给煤量，也可以采用变速电动机改变传动带运行速度控制给煤量，电动机通过变速箱将传动带运行速度控制在0.04～0.2m/s。采用传动带给煤机的关键在于料斗（燃煤仓）的设计。一般都采用钢制料斗，料斗出料侧呈垂直状，另三个面与水平面的夹角α和β应较大，一般取$\alpha>80°$，$\beta>70°$，防止煤粒在料斗中黏结，保证即使含水高达9%时，也能自动连续进料，无须人工捣料。但由于料斗下口较大，传动带机上单位面积所承受的压力也较大，在料斗部位传动带的托辊（起支承和带动传动带的作用）数量应增多，相邻两托辊中心距尽可能缩短，这样就使料斗内物料的重量由载重托辊承受。为了防止传动带滚筒打滑，在前滚筒后面可加装一个反滚筒，以压紧传动带。

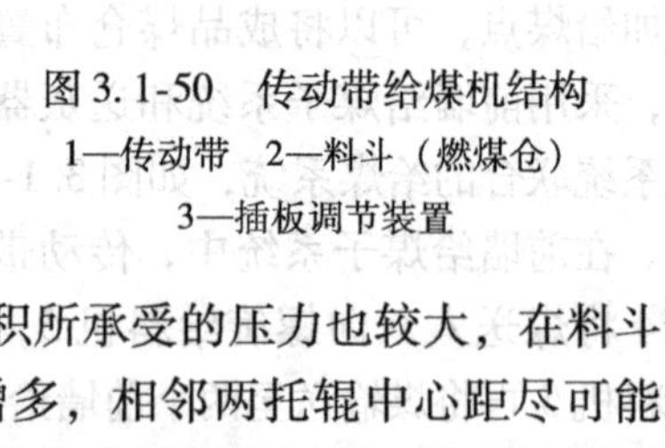

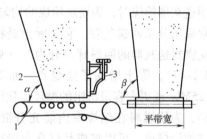

图3.1-50　传动带给煤机结构

1—传动带　2—料斗（燃煤仓）

3—插板调节装置

传动带给煤机结构简单，给料比较均匀且易于控制；而缺点是当锅炉出现正压操作或不正常运行时，给料口往往有火焰喷出，以致烧坏传动带。传动带给煤机通常只适用于负压给煤的情况。

（2）圆盘给煤机　圆盘给煤机由转子、转盘、刮板和料斗组成，结构如图3.1-51所示。圆盘通常为钢制，上加一层防磨板，如铸钢板、辉绿岩板等；或在圆盘上加焊钢筋，保存一层物料，防磨效果好，既便于检修，又大大延长使用寿命。圆盘转动靠下部锥齿轮的带动，电动机功率一般为4.2～10kW，圆盘转速可在19～36r/min。给煤量可通过变速电动机调节转速或者调节刮板高度来实现。由于圆盘直径较大（有的可达2m以上），料斗也可较大。料斗形状可以是倒圆锥形，也可以是上大下小的方形，还可以将料斗放大，以减小物料对圆盘单位面积上的压力和保证下料均匀，上述形状分别如图3.1-52a、b和c所示。

图3.1-51　圆盘给煤机结构

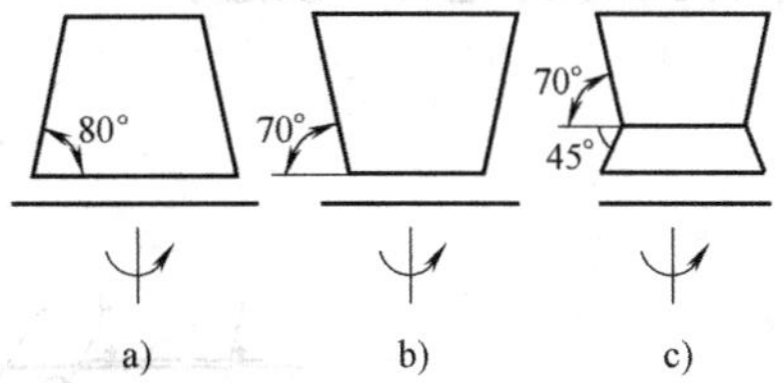

图3.1-52　圆盘给煤机料斗形状

圆盘给煤机对含水量在10%以下的煤能正常连续下料，而且调节方便，管理简单，维修量也不大。但是，圆盘给煤机在供料的均匀性和供料面的宽度以及动力消耗等方面不如传动带给煤机好，传动装置和设备的制造安装也较复杂，投资较多。

（3）螺旋给料机　正如前述，传动带给煤机通常只能用于负压给料，但从改善燃烧性能考虑，往往希望燃料能在床层正压区给入。常用的正压区机械式给料设备是螺旋给料机（俗称绞笼），如图3.1-53a所示。螺旋给料机可以采用电磁调速改变螺旋杆的转速来改变给煤量，调节非常方便；但由于螺旋杆端部受热以及颗粒与螺旋杆叶片之间存在较大的相对运动速度，螺旋杆容易变形，螺旋杆和叶片容易发生磨损。

图3.1-53b显示的是一种与星形给料机结合的螺旋给料机。由于前者采用旋转刮板结构，比较容易通过电磁调速电动机改变给煤量。这种给料机较为适合易发生"搭桥"现象的物料输送和给料。

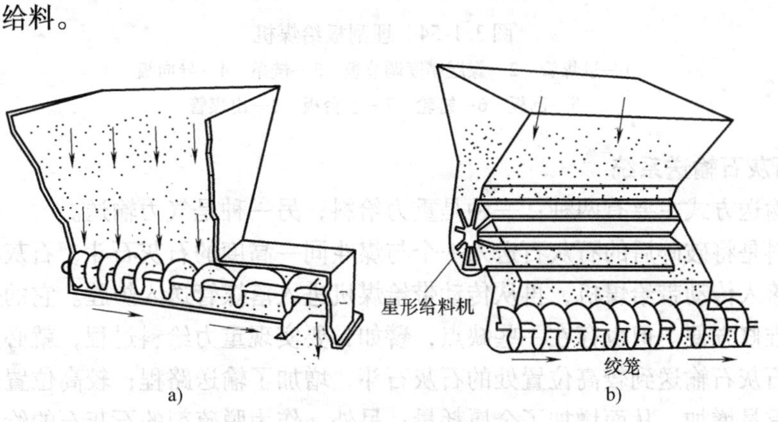

图3.1-53　螺旋给料机结构示意图

a）不带星形给料装置　b）带星形给料装置

（4）埋刮板给煤机　埋刮板给煤机是一种常见的给煤设备，如图3.1-54所示。它的刮板和链条都埋伸到积存的物料中，利用物料的内摩擦力和侧压力进行输送，具有布置灵活、运行稳定、不易卡塞、密封性好、调节性能强等优点，而且它一般不受长度的限制，还可加装计量装置。若采用特殊工艺，可以使刮板带有一定的弯曲弧度。目前，这种给煤设备为很多循环流化床锅炉所采用，尤其是当较大容量的锅炉部分给煤点设计在锅炉两侧或后墙，而给煤设备又比较长（>20m）时，采用埋刮板给煤机比较合适。但是，一般的埋刮板输送设备并不完全适合循环流化床锅炉对给煤机械的要求，因为常规埋刮板给煤机体积多较庞大，刮板设计也不能完全满足 0～10mm 范围的细小颗粒的输送要求，部分埋刮板给煤机密封性也比较差。与煤粉锅炉相比，用于循环流化床锅炉的埋刮板给煤机必须经过特殊改造。

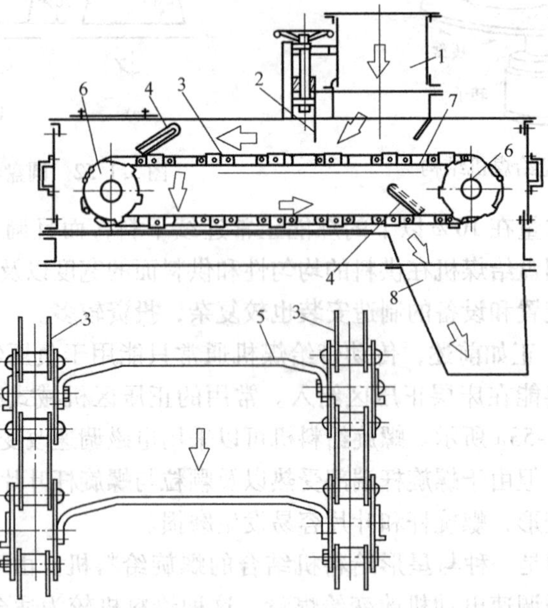

图 3.1-54　埋刮板给煤机

1—进煤管　2—煤层厚度调节板　3—链条　4—导向板
5—刮板　6—链轮　7—上台板　8—出煤管

（三）石灰石输送系统

石灰石输送方式主要有两种：一种是重力给料，另一种是气力输送。

重力给料是将破碎后的石灰石送入一个与煤斗同一高度的石灰石斗，石灰石与煤同时从各自的斗中落入传动带给煤机，再从传动带给煤机进入落煤管送入炉膛。它的优点是系统简单，运行和维修方便。但也存在一些缺点，譬如，要实现重力给料过程，就必须将在较低位置处破碎的石灰石输送到较高位置处的石灰石斗，增加了输送路程；较高位置的石灰石斗使钢架的支承重量增加，从而增加了金属耗量；另外，作为脱硫剂的石灰石的给料量应该根据 SO_2 的排放值进行控制和调节，但在重力给料中煤与石灰石是同时落入传动带给煤机的，煤与石灰石的输入量不能分开控制，所以客观上重力给料无法根据 SO_2 的排放值调节石灰石给料量，达到保证排放和经济运行的目的；再者，石灰石与煤一起进入落煤管，由于煤对含水量的要求不太高（一般要求煤的收到基水分 $M_{ar}<12\%$），而石灰石对含水量的要求较高

（一般不得高于3%），一旦水分相对较高的煤与石灰石在落煤管中混合，就可能造成石灰石潮湿黏结，引起落煤管不畅，并可能影响床内的石灰石焙烧和脱硫效果。因此石灰石通常采用气力输送方式。

与重力给料相比，气力输送的系统和设备比较复杂，但它克服了重力给料存在的问题。譬如，它无须将煤斗置于较高的位置，炉膛给料口的位置有较大的选择余地；更重要的是，它将石灰石给料系统和给煤系统完全分开，可自由地根据 SO_2 的排放值调节石灰石给料量，从而达到保证排放和经济运行的目的。

图3.1-55是典型的石灰石气力输送系统。破碎后的石灰石进入石灰石斗，经料斗隔离阀进入变速重力传动带给煤机，再经过回转阀进入气力输送管路送往炉膛。石灰石风机出口装有止回阀，以防止因风机意外停机而造成石灰石回流进入风机。并且，在风机出口止回阀的管道上设有横向连接风道，以保证在一台风机停运时整个石灰石给料系统能正常运转。

石灰石输送采用单独的石灰石风机，是因为石灰石气力输送要求的风机压头很高，约4000kPa，远高于一次风机的压头。风机进口装有滤网，运行中要保持滤网的清洁。如果滤网堵塞，会造成输送管路的压力下降而导致管路堵塞。

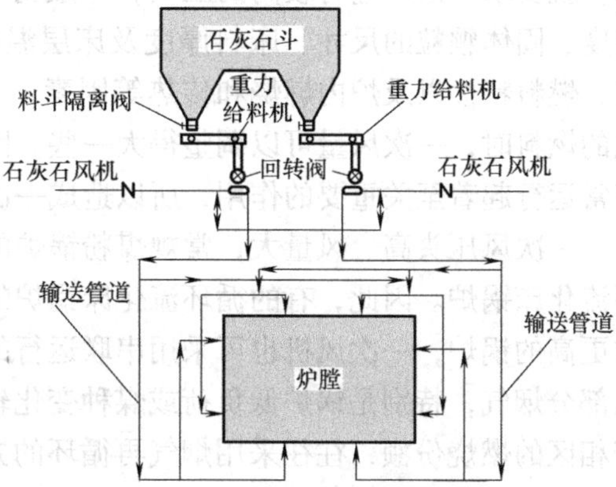

图3.1-55　典型的石灰石气力输送系统

石灰石进入炉膛有三种方式：有独立的石灰石喷入口；在二次风喷口内装有同心圆的石灰石喷管；将石灰石输入循环灰入口管道，与循环物料一起进入炉膛。

在设置石灰石给料系统时，应注意结合锅炉容量、煤质含硫量及脱硫效率要求进行合理布置，并相应做好辅助设备和管件的优化配置。此外，在设计和施工过程中，还应注意以下问题：①应具有良好的密封性能，防止物料外漏；②要配置较为精确的计量和灵活的调节装置，可根据烟气中的 SO_2 排放值适时地调节石灰石加入量；③应考虑有效的防磨措施，同时采取措施防止石灰石颗粒磨损炉内受热面；④要选择合适的输送速度，并进行阻力计算和风机压头的核算。

六、烟风系统

（一）烟风系统概述

烟风系统是循环流化床锅炉的风（冷风和热风）系统和烟气系统的统称。

与煤粉炉和链条炉相比，循环流化床锅炉为了增加物料流化和物料循环，使得其风系统比较复杂，尤其是容量较大、燃用煤种范围较宽的循环流化床锅炉采用的风机更多，譬如一次风机、二次风机、引风机、冷渣风机、回料风机、煤和石灰石输送（给料）风机、外置流化床换热器流化风机、烟气回送风机等，风系统就显得更为复杂。

循环流化床锅炉烟气系统相对简单，与常规煤粉锅炉相比较，只是在风机的选型上有所区别，有烟气回送系统的锅炉增加了烟气再循环风机。这里主要介绍循环流化床锅炉的风系统。

（二）风系统的组成及其作用

从风系统中不同用风的作用来看，循环流化床锅炉的风系统主要由燃烧用风和输送用风两部分组成。前者包括一次风、二次风、播煤风（也称三次风），后者包括回料风、石灰石输送风和冷却风等。

1. 燃烧用风

（1）一次风　正如所知，煤粉炉中一次风是指携带煤粉进入炉膛的空气，其主要作用是输送煤粉（形成风粉混合物）和提供煤粉着火所需要的氧气，它可以是热空气，也可以是经煤（细）粉分离器分离出来的乏气（干燥剂）；而循环流化床锅炉的一次风是经空气预热器加热过的热空气，主要作用是流化炉内物料，同时提供炉膛下部密相区燃料燃烧所需要的氧量。一次风由一次风机供给，经布风板下一次风室通过布风板和风帽进入炉膛。

由于布风板、风帽及炉内物料（或床料）阻力很大，并要使物料达到一定的流态化状态，就要求一次风应有较高的压头，一般为 10～20kPa。一次风压头大小主要与床料成分、密度、固体颗粒的尺寸、床料厚度及床层温度等因素有关；一次风量的大小取决于流化速度、燃料特性以及炉内燃烧和传热等因素，一般占总风量的 40%～70%。当燃用挥发分较低的燃料时，一次风量可以调整得大一些。因为一次风压和风量的调整对循环流化床锅炉的正常运行起着至关重要的作用，所以造成一次风机的选型比较困难。

一次风压头高、风量大，常规煤粉锅炉的送风机难以满足其要求，特别是较大容量的循环流化床锅炉。因此，有的循环流化床锅炉的一次风由两台或两台以上风机供给，对压头要求更高的锅炉，一次风机也可采用串联运行的方式提高压头。通常一次风为空气，但有时掺入部分烟气，特别是锅炉低负荷或煤种变化较大时，为了满足物料流化的需要，控制燃料在密相区的燃烧份额，往往采用烟气再循环的方式。

（2）二次风　与煤粉炉相比，循环流化床锅炉的二次风的作用稍有差别。它除了补充炉内燃料燃烧所需要的氧气并加强物料的掺混外，还能适当调整炉内温度场的分布，起到防止局部烟气温度过高、降低 NO_x 排放量的作用。因此，二次风常采用分级布置的方法。最常见的是分二级从炉膛不同高度给入，有的也分三级送入炉膛。根据炉型不同，二次风口的布置，有的位于侧墙，有的位于四周炉墙，还有的四角布置，但无论怎样布置和给入，绝大多数布置于给煤口和回料口以上的某一高度。运行中通过调整一次风、二次风配比和各级二次风比来控制炉内燃烧和传热。

二次风一般由二次风机供给，有的锅炉一、二次风机共用。由于二次风口一般处在正压区，二次风压头也高于煤粉炉的送风机压头，若一、二次风共用一台风机，其风机压头按一次风需要选择。

（3）播煤风　播煤风（也称作三次风）的概念来源于抛煤机锅炉。循环流化床锅炉播煤风的作用与抛煤机锅炉的播煤风一样，是使给煤能比较均匀地播撒入炉膛，让炉内温度场分布更为均匀，提高燃烧效率。同时，播煤风还起着给煤口处的密封作用。

播煤风一般由二次风机供给，运行中应根据燃煤颗粒、水分及煤量大小来适当调节，以保证煤在床内播撒均匀，避免因风量太小使煤堆积在给煤口，造成床内因局部温度过高而结焦，或因煤颗粒烧不透就被排出而降低燃烧效率。

2. 输送用风

（1）回料风　如前所述，对于非机械型送灰器，回料风（送灰风）作为输送动力将物料回送炉内。根据送灰器种类的不同，回料风的压头和风量大小及调节方法也不尽相同。对于自动调节型送灰器，当调整正常后，一般不做大的调节；对于L形阀往往根据炉内的工况需要调节回料风，从而调节回料量。回料风占总风量的比例很小，但对压头要求很高。因此，对于中小容量锅炉，回料风一般由一次风机供给，较大容量的锅炉因回料量很大（有时多达1000t/h左右），为使送灰器运行稳定，常设计回料风机独立供风。对于送灰器和回料风，应经常监视，防止因风量调整不当造成送灰器内结焦而影响锅炉的正常运行。

（2）石灰石输送风和冷却风　当采用石灰石作为脱硫剂并采用气力输送方式时，循环流化床锅炉应有石灰石输送风，即专门用来输送石灰石脱硫粉剂的空气。循环流化床锅炉通常在炉旁设有石灰石粉仓，虽然石灰石粉粒径一般小于1～2mm，但因其密度较大，普通的风机无法将石灰石粉从锅炉房外输送入石灰石粉仓内，用气力输送时须单独设立石灰石输送风机，此时应注意风机的选型。

冷却风是专供循环流化床锅炉风冷式冷渣器冷却炉渣的冷空气。风冷式冷渣器实际上是采用鼓泡流化床原理，用冷风与炉渣进行热量交换以冷却炉渣。因此，冷却风应有足够的压头克服冷渣器内和炉膛内的阻力。冷却风常由一次风机的出口引一路冷风供给，大容量锅炉常单独布置冷渣器冷却风机。

（三）风系统的布置

循环流化床锅炉的特点之一是风系统复杂，风机种类多，投资高，运行电耗高。每种风机作用不同，而且锅炉工况变化时，各部分风的调节趋势和调整幅度又不尽相同，且往往相互影响，给运行人员的操作带来困难。因此，在风系统设计时必须进行技术经济比较和系统优化，尽可能地减少风机和简化系统，但常常受到运行技术的限制。

1. 中小容量锅炉的风系统

中小容量循环流化床锅炉，风量相对较小，风机选型方便。对于系统技术要求不太高，尤其是国产75t/h容量以下的锅炉，基本未采用石灰石脱硫和连续排渣、冷渣技术，所以风系统设计比较简单，主要有以下两种方式：

1）采用送风机，提供一次风、二次风、播煤风和回料风。根据锅炉容量的不同，一般布置两台送风机并联运行，由送风机供给锅炉所需的一次风、二次风、播煤风及回料风。该方式的优点是风机数量少，系统简单，投资小，但运行操作比较复杂，调整每一风门将影响其他风的变化。开大或关小风机挡板，各路风都随之增大或减小，如果风机设计不当，常常出现“抢风”现象。由于一次风、二次风压头要求相差较大，由一台风机供给一、二次风往往很难完全达到设计上的要求。

2）采用一次风机提供一次风、回料风，二次风机提供二次风、播煤风。这种方式是将一、二次风分别由各自的风机提供，比较好地解决了上述矛盾，但风系统较方式1）复杂些。两者综合比较，方式2）优于方式1）。

2. 较大容量锅炉的风系统

对于容量为130t/h及以上的锅炉，由于总风量较大，而大风量、高压头风机的选型比较困难，常采用风机串联的方式提高风压。较大容量锅炉均采用石灰石脱硫和连续排渣，有的还设计有烟气再循环和飞灰运送系统；风系统更加复杂，风机类型和数量大大增加，投资相对较大。以下只介绍两种比较简单的风系统布置方式。

（1）布置一次风机、二次风机、风冷式冷渣器风机、给料风机、石灰石输送风机　一次风机提供一次风、副床或外置流化床换热器流化一次风、回料风；二次风机提供二次风、播煤风、煤制备系统用风；冷渣器风机提供冷却风；给料风机提供给料风；石灰石输送风机提供石灰石输送风。

（2）布置送风机、加压风机、给料风机、石灰石输送风机、飞灰运送风机　送风机提供二次风、播煤风，经过加压风机后提供一次风、冷渣风；回料风机提供回料风；石灰石输送风机提供石灰石输送风、给料风；飞灰运送风机提供飞灰返送风。

两种布置方式的共同特点是采用分别供风的形式，低压风由二次风机供给，高压用风基本由一次风机供给，特殊用风独自设置风机。当然在具体系统设计时也应考虑互为备用。这两种布置方式，对于运行操作和调整比较方便。方式（2）中，高压风由容量较大的送风机提供风源，再由送风机出口串联的加压风机增压后供出，以满足一次风和冷渣器用风（或回料风）的需要。

图 3. 1-56 所示为某台 220t/h 循环流化床锅炉的烟风系统，其中风系统按方式（2）布置，主要风机及其参数和数量列于表 3. 1-5。

表 3. 1-5　某台 220t/h 循环流化床锅炉的风机配置

名称	风机参数（标准状态下）	数量（台）
送风机	$246554m^3/h$　14. 9kPa	1
加压一次风机	$102730m^3/h$　12. 24kPa	1
冷渣风机	$14794m^3/h$　29. 4kPa	1
回料风机	$3944m^3/h$　68. 3kPa	1
石灰石输送风机	$822m^3/h$　68. 6kPa	2
引风机	$216334m^3/h$　6. 642kPa	2

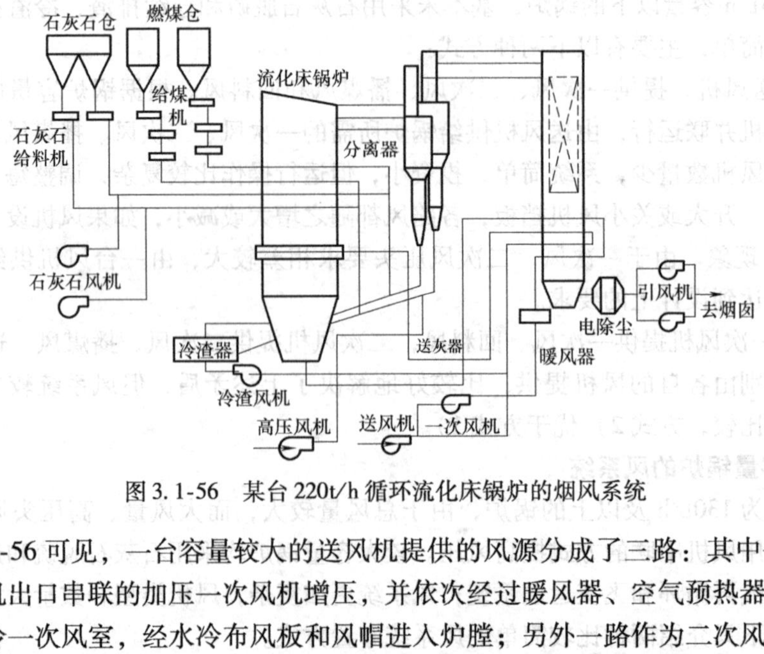

图 3. 1-56　某台 220t/h 循环流化床锅炉的烟风系统

由图 3. 1-56 可见，一台容量较大的送风机提供的风源分成了三路：其中一路作为一次风，经送风机出口串联的加压一次风机增压，并依次经过暖风器、空气预热器加热后送往炉膛下部的水冷一次风室，经水冷布风板和风帽进入炉膛；另外一路作为二次风，经空气预热器加热后在炉膛的不同高度进入燃烧室，以利于燃料燃尽并实现分级燃烧；第三路作为冷渣器流化风，经冷渣风机增压后供给冷渣器，冷渣器流化风将大渣冷却到一定温度后携带部分细颗粒送回炉膛。回料风由一台高压风机单独供给，用于使飞灰回送装置中的物料流化流动，并返回炉膛。石灰石输送风由两台输送风机单独供给，用于输送石灰石进入炉内进行脱硫。燃料燃烧后的烟气由两台并联运行的风机经烟囱排向大气。

3. 风机的选型

在锅炉风机的选型中，应已知不同条件下的流量和压头（至少应已知所需的最大流量和最大压头）、被输送空气的温度和密度，以及工作条件下的大气压力。根据所选的流量和全压，在制造厂家提供的风机性能参数表中查找合适的型号、转速和电动机功率，或通过风机选择曲线图确定所选风机的机号，并按所需功率选用电动机，实际上，循环流化床锅炉往往对风机有特殊要求，选型时应做综合分析和考虑。

譬如，为保证在高料层高度下能较好地流化，所选用的一次风机就必须有足够的压头，以满足其料层流化的要求，从而使得在同一携带率时能将足够多的细颗粒带至炉膛上部区域飞出炉膛出口进入循环灰分离器。但不同形式的循环流化床锅炉，由于流化速度和携带量不同，对风机的要求又各不相同。一次风机的参数选择要充分考虑床料（包括煤中的灰分、石灰石，外加床料）的密度和当地海拔的修正要求。

再如，循环流化床锅炉与鼓泡流化床锅炉相比，对引风机的性能有特殊的要求。在选用引风机时，应考虑锅炉分离器、尾部受热面管束和烟道的阻力，特别要考虑所配的尾部除尘器的阻力。如果所配的除尘器阻力大，选择引风机的全压就要相应增加，并要考虑所在地区的海拔。

由于循环流化床流化速度比较高，飞灰颗粒直径比较大，若尾部除尘器的除尘效果欠佳，引风机可能会存在一定的磨损。为保证锅炉的稳定运行并满足烟尘排放指标，应选用高效除尘器和低转速引风机。

七、除渣除灰系统

（一）除渣系统

在循环流化床锅炉燃烧过程中，床料（或物料）一部分飞出炉膛参与循环或进入尾部烟道，一部分在炉内循环。为保证锅炉正常运行，沉积于炉床底部较大粒径的炉渣需要排除，或者炉内料层较厚时也需要从炉床底部排出一定量的炉渣。循环流化床没有溢流口，主要以底渣形式从炉膛底部的出渣口排出。

炉渣的输送方式和输送设备的选择主要取决于灰渣的温度。对于温度较高的灰渣（800～1000℃），一般采用冷风输送方式，即在输渣过程中炉渣经冷风冷却后被送入渣仓内再装车运出。这种除渣方式的缺点是冷却灰渣需要大量的冷风，管道磨损严重，而且灰渣需要在渣仓储存冷却一定时间才可运出利用，适用于渣量不大、未设冷渣器的小型循环流化床锅炉。对于中等容量以上的循环流化床锅炉，一般布置有冷渣器，通常冷渣器将灰渣冷却至200℃以下，然后采用埋刮板输送机将灰渣输送至渣仓内；如果炉渣温度低于100℃，也可采用链带输送机械输送，较低温度的灰渣也可采用气力输送方式。气力输送方式系统简单，投资小，易操作，但管道磨损较大。目前最常用的输渣方式是采用埋刮板输送机输送和气力输送。

如果采用炉内石灰石脱硫技术，循环流化床锅炉的灰渣排放量比煤粉炉高出20%～50%。由于属低温燃烧，灰渣的活性好，炉渣含碳量很低（一般为1%～2%），排出的灰渣中还含有大量的生石灰和硫酸钙。循环流化床锅炉灰渣除可直接用于填埋、铺路外，还可以进行综合利用。譬如，炉渣可以用于制砖，作为水泥混合材料、混凝土骨料等。

（二）冷渣器

循环流化床锅炉炉渣在排出之前的温度与床温比较接近，排渣温度略低于床温，此时炉渣具有大量的物理显热，对灰分高于30%的中低热值燃料，如果灰渣不经冷却，灰渣物理热损失可达2%以上；另外，一般的灰处理设备可承受的温度上限大多在150～300℃之间，炽热灰渣的处理和运输十分麻烦，不利于机械化操作，故灰渣冷却是必需的；再者，炉渣中也有很多未完全反应的燃料和脱硫剂颗粒，为进一步提高燃烧和脱硫效率，有必要使这部分细颗粒返回炉膛。因此，在将炉渣排至灰处理系统之前，需要安全可靠地将高温炉渣冷却至一定的允许温度之内（100℃左右），并尽可能地回收高温灰渣的物理热，以改善锅炉的热效率。炉渣的冷却通过冷渣器来完成。冷渣器是循环流化床锅炉除渣系统中的重要部件。实际上，冷渣器的不正常工作常常是导致被迫减负荷甚至停炉的主要原因之一。

冷渣器种类繁杂。按炉渣运动方式的不同，冷渣器可分为流化床式、移动床式、混合床式及螺旋给料机式等；按冷却介质的不同，冷渣器又可分为水冷式、风冷式和风水共冷式三种；按热交换方式的不同，冷渣器有间接式和接触式两种，前者指高温物料与冷却介质在不同流道中流动，通过间接方式进行传热，而后者则指两者直接混合进行传热，一般用于空气作为冷却介质的场合。

间接式冷渣器的具体结构大致有以下几种：

（1）管式冷渣器　其中最简单的是单管式冷渣器，高温渣在管内流动，水在管外逆向流动，二者通过管壁交换热量。

（2）流化床省煤器　在流化床内布置许多埋管，流化了的灰渣料层与水通过壁面交换热量。由于流化床具有优良的传热特性，效果较好。

（3）螺旋给料机式（绞笼式）冷渣器　热灰渣沿绞笼流道前进，水在绞笼外的水冷套内逆向流动（当然，也可在绞笼螺片或主轴的水夹套内流动）。由于单轴绞笼所能提供的传热面积有限，为强化冷却效果，还可采用双联绞笼，使在同样出渣流量下水冷面积增加约一倍。

接触式灰渣冷却装置的特点是灰渣与冷却介质直接接触，为不破坏炉渣的物理化学性质，同时也为不产生污水，冷却介质通常为空气。这种系统主要有以下几种形式：

（1）流化床冷渣器　即通过流化床埋管间的传热使灰渣冷却。

（2）气力输送式冷渣器　高温灰渣借助于冷渣系统尾部的送风机与冷风一起吸入输渣管，在管内气固两相混合传热，达到冷渣的目的。

（3）移动床冷渣器　其结构多样化，不仅有密相移动床，也有稀相气流床。

（4）混合床冷渣器（流化-移动叠置床冷渣器）　它结合了流化床和移动床的优点，实行多层次的逆流冷却。冷却风分若干层进入冷却床，并使上部床层流化，而下部床层处于移动床工况。热渣首先进入流化床，利用其传热好的特点迅速冷却至300℃左右，然后进入移动床，利用其逆流传热特性进一步冷却。由于移动床压力损失小，送入移动床的冷风经初步加热后仍可作为上部流化床的流化介质。

1. 水冷螺旋给料机式冷渣器

水冷螺旋给料机式冷渣器，简称水冷螺旋冷渣器，俗称水冷绞笼，属于间接式冷渣器。

图 3.1-57 所示为采用水冷螺旋冷渣器的除渣系统。

水冷螺旋冷渣器是使用最普遍的冷渣器之一。其结构与螺旋给料机所不同的是螺旋叶片轴为空心轴，内部通有冷却水，外壳也是双层结构，中间有水通过。炉渣进入螺旋冷渣器后，一边被旋转搅拌输送，一边被轴内和外壳夹层内流动的冷却水冷却。为增加螺旋冷渣器的冷却面积，防止叶片过热变形，有的螺旋冷渣器的叶片制成空心状，与空心轴连为一体充满冷却水；还有的冷渣器采用双螺旋轴或多螺旋轴结构。图 3.1-58 为双螺旋轴水冷绞笼，该水冷绞笼主要由旋转接头、料槽、机座、机盖、螺旋叶片轴、密封与传动装置等组成。

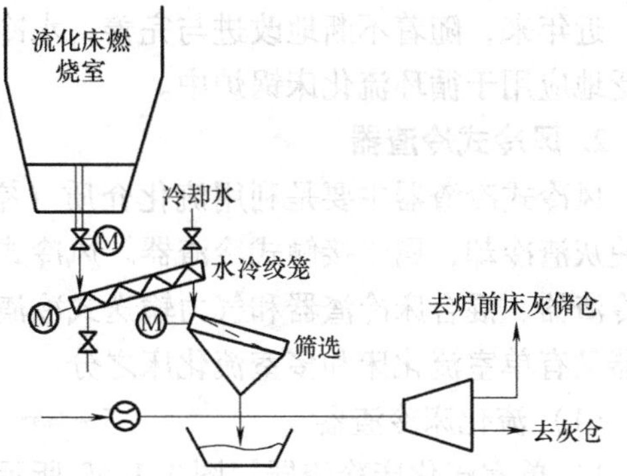

图 3.1-57　采用水冷螺旋冷渣器的除渣系统

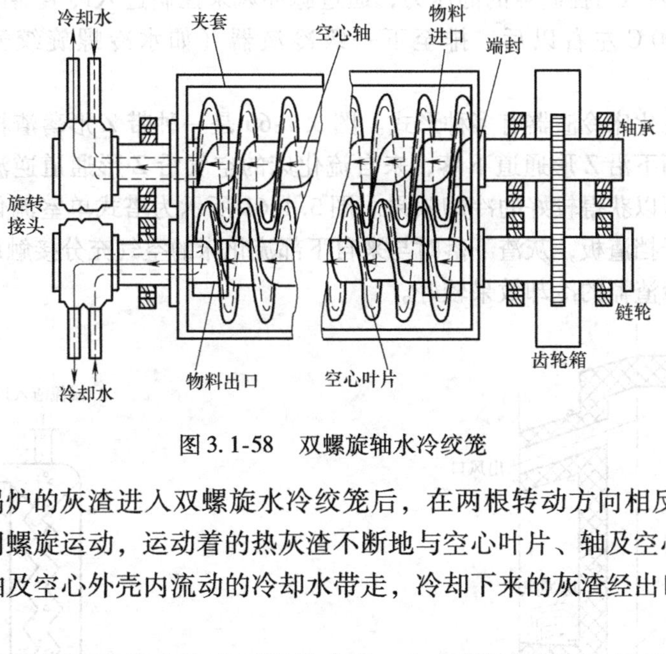

图 3.1-58　双螺旋轴水冷绞笼

循环流化床锅炉的灰渣进入双螺旋水冷绞笼后，在两根转动方向相反的螺旋叶片作用下，做复杂的空间螺旋运动，运动着的热灰渣不断地与空心叶片、轴及空心外壳接触，其热量由空心叶片、轴及空心外壳内流动的冷却水带走，冷却下来的灰渣经出口排掉，完成整个输送与冷却过程。

水冷螺旋冷渣器的除渣能力取决于设计参数，如绞笼（叶片）外径、轴径以及转速。显然，冷却效果与转速有关。同一几何尺寸下，转速越高则灰渣停留时间越短，除渣温度越高，一般推荐绞笼转速为 20～60r/min。

水冷螺旋冷渣器具有体积小、占地面积小、容易布置、冷却效率较高等优点，而且这种装置由于不送风，灰渣再燃的可能性很小。但与接触式灰渣冷却装置，譬如流化床冷渣器或移动床冷渣器相比，其传热系数较小，因此需要的体积较大。在运行中也出现了一些问题，如绞笼进口处叶片和外壁的磨损，导致水夹套磨穿漏水，增加了灰处理的困难。为了防止漏水，水冷螺旋冷渣器安装时往往进口向下倾斜。另外，还存在轴和叶片受热变形扭曲、堵渣、电动机过载等问题。其他的缺点还有：①对金属材料要求高，制造工艺比较复杂，设备的初投资较大；

②由于很难选择性排渣，使石灰石利用率和燃料的燃烧效率降低，增加了运行成本；③由于螺旋冷渣器较长，运行中被金属条或其他硬物卡死时易造成断轴等机械故障。

近年来，随着不断地改进与完善，水冷螺旋冷渣器作为单级或第二级冷渣器，目前已被广泛地应用于循环流化床锅炉中。

2. 风冷式冷渣器

风冷式冷渣器主要是利用流化介质（空气或烟气）与灰渣逆向流动完成热量交换，从而使灰渣冷却，属于接触式冷渣器。风冷式冷渣器种类很多，但主要是流化床冷渣器、移动床冷渣器、混合床冷渣器和气力输送式冷渣器四种。其中，根据系统布置的不同，流化床冷渣器又有单室流化床和多室流化床之分。

（1）流化床冷渣器

1）单室流化床冷渣器。图 3.1-59 所示为风冷式单室流化床冷渣器。在紧靠燃烧室下部设置两个或多个单室流化床冷渣器。通过定向风帽（导向喷管）将炉底的高温热渣送入冷渣器中。冷却介质由冷风和再循环烟气组成，加入烟气的目的是防止残炭在冷渣器内继续燃烧。冷渣器内的流化速度为 1 ~ 3m/s。冷风量根据燃料灰分确定，约占燃烧总风量的 1% ~ 7%。根据锅炉炉内压力控制点的静压力，通过脉冲风来控制进入冷渣器的灰渣量。炉渣经冷渣器冷却到 300℃左右以后，排至下一级冷渣器（如水冷螺旋绞笼等），继续冷却到60 ~ 80℃。

风冷式单室流化床冷渣器有多种形式。图 3.1-60 是一种带 Z 形落渣槽的单室流化床冷渣器。灰渣自上而下沿 Z 形通道下落，来自流化床的空气沿 Z 形通道逆流而上，气固之间产生接触传热，可以获得较好的冷却效果。图 3.1-61 所示为塔式单室流化床冷渣器。流化床上方布置有若干挡渣板，灰渣下落时与来自下部流化床的空气充分接触后，再进入流化床继续冷却。这种冷渣器的冷却效果较好。

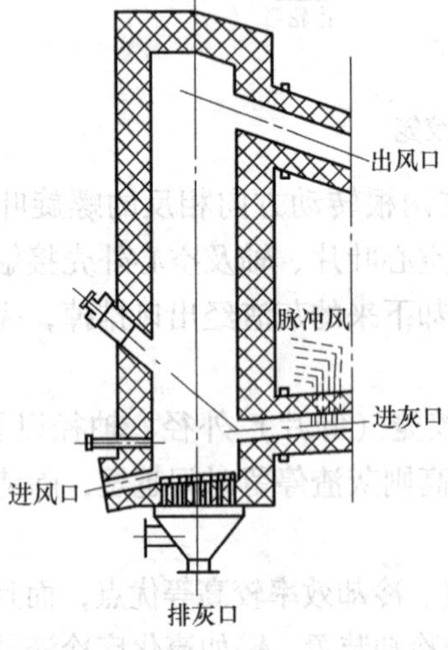

图 3.1-59　风冷式单室流化床冷渣器

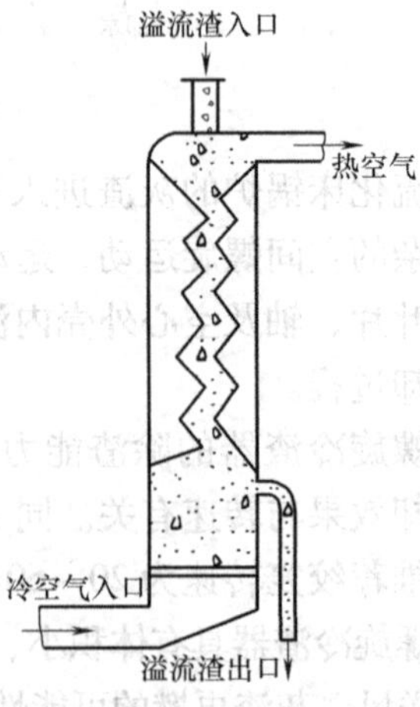

图 3.1-60　带 Z 形落渣槽的单室流化床冷渣器

2）多室选择性排灰流化床冷渣器。所谓选择性排灰，就是将炉渣进行风力筛选，粗颗粒冷却后排放掉，而细颗粒则被送回炉内作为循环物料。采用选择性排灰的流化床冷渣器的典型代表是福斯特·惠勒公司的多室选择性排灰流化床冷渣器，其系统如图 3.1-62 所示，

图 3. 1-63 是该冷渣器的结构图。

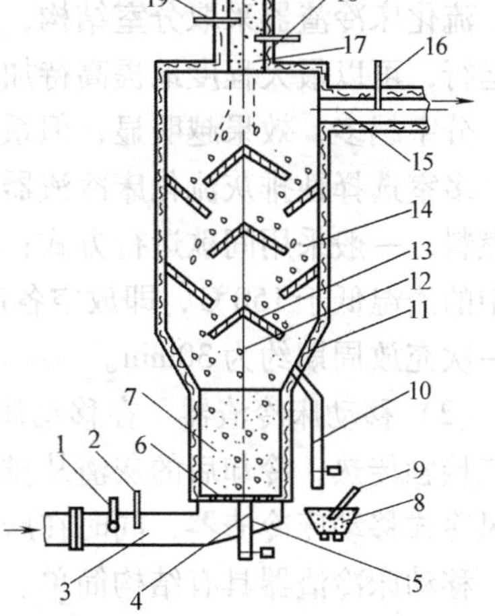

图 3. 1-61　塔式单室流化床冷渣器

1—笛形测速管　2、12—温度测点　3—进风管　4—冷渣管　5—风室　6—布风板　7—流化床　8—渣车　9—出口渣温测点　10—溢流管　11—保温层　13、18—挡渣板　14—自由空间　15—出风管　16—出口风温测点　17—进渣管　19—入口渣温测点

该种冷渣器的作用主要有：①选择性地排除炉膛内的粗床料，以控制床层的固体床料量，并避免炉膛密相区床层流化质量的恶化；②将进入冷渣器的细颗粒进行分离，并重新送回炉膛，维持炉内循环物料量；③将粗床料冷却到排渣设备允许的温度；④用冷空气回收床料中的物理热，并将其作为二次风送回炉膛。

选择性排灰流化床冷渣器通常被分隔成若干个分室，每一个分室都是一个鼓泡流化床。第一室为选择性排灰室（筛选室），其余则为冷渣室（冷却室）。从炉膛下部排出的炉渣经输送短管进入冷渣器的第一室进行选择性排灰。来自飞灰回送装置送风机的高压空气被注入输送短管，以帮助灰渣送入冷渣器。冷风作为各个分室的流化介质，而且每个冷却床独立配风。为提供足够高的流化速度来输送细料，对筛选室内的空气流速采取单独控制，以确保细颗粒能随流化空气（作为二次风）重新送回炉膛。冷渣室内的空气流速根据物料冷却程度的要求，以及维持良好混合的最佳流化速度的需要而定。筛选室和冷渣室都有单独的排气管道，以便将在冷渣器被加热的流化空气作为二次风送入炉膛。送入口位置一般设在二次风口高度上，因为此处炉膛风压低，可以节省冷渣器的风机压头。在冷渣器内，各分室间的物料流通是通过分室隔墙正部的开口进行的。为防止大渣沉积和结焦，流化床冷渣器采用布风板上的定向风帽来引导颗粒的横向运动。在定向喷射的气流作用下，灰渣经分室隔墙下部的通道边运动边被冷却，当炉渣被冷却到所需要的温度时，则从最后一个冷却室的排渣孔排至灰处理系统。定向风帽的布置应尽可能延长灰渣的横向运动型位移量。在排渣管上

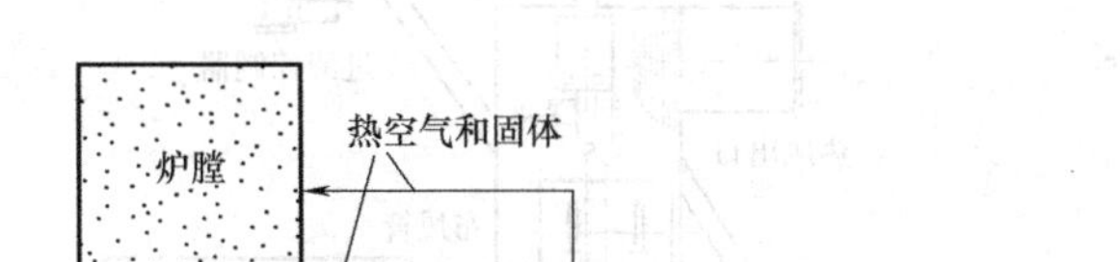

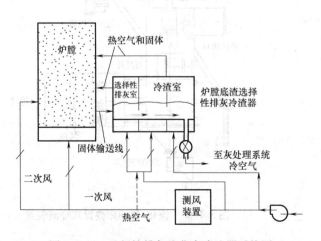

图 3. 1-62　选择性排灰流化床冷渣器系统图

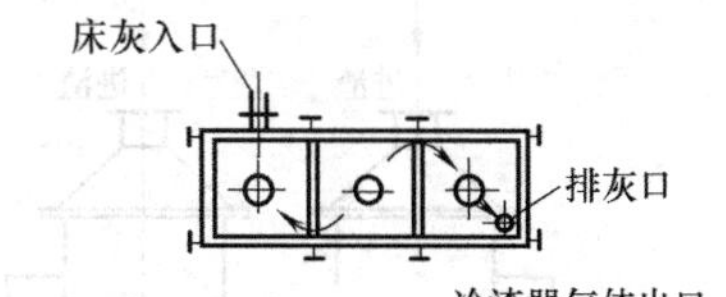

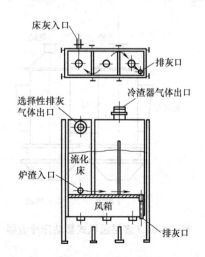

图 3. 1-63　选择性排灰流化床冷渣器结构图

布置有旋转阀来控制排渣量，以确保炉膛床层压差的稳定。

流化床冷渣器采取分室结构，形成逆流换热器布置的形式，各分室以逐渐降低的温度工况运行，可以最大程度地提高待加热空气的温度，使冷却用空气量减少，有利于提高冷却效果。分室越多，效果越明显，但系统的复杂性随之增加，通常以3~4个分室为宜。

多室选择性排灰流化床冷渣器可以有间歇和连续两种运行方式。对可能有大块灰渣残存的燃料，一般采用间歇运行方式；反之，则采取连续运行方式。采用间歇运行时，如果筛选室中的渣温低于150℃，即放空各床。渣温监控和放渣采用程控，充放时间与煤种有关，通常一次充放周期约为30min。

（2）移动床冷渣器　在移动床冷渣器中，灰渣靠重力自上而下运动，灰渣与受热面或空气接触传热，冷却后的灰渣从排渣口排出。仅利用空气作为冷却介质的移动床冷渣器，称为风冷式移动床冷渣器，同时在床内布置受热面的称为风水共冷式移动床冷渣器。

移动床冷渣器具有结构简单、运行可靠、操作简便等优点，其特色是可以产生比较大的逆流传热温差。从理论上说，用风冷时，冷风可以被加热至很高温度，流程阻力小，磨损轻微，经合理配风后能大大改善冷渣效果。但是，因为其传热系数较小，加之不可避免的传热死角，故要求冷却空间的体积较大，造价也相对较高，可以作为小容量或低灰分流化床锅炉的冷渣装置。

移动床冷渣器的结构多样，不仅有密相移动床，也有稀相移动床。由此，开发了各种分段式移动床冷渣器。图3.1-64所示为东南大学研制的多层送风式移动床冷渣器。

（3）混合床冷渣器　混合床冷渣器实际是一种流化-移动床叠置式冷渣装置，如图3.1-65所示。它自上而下由进渣控制器、流化床、移动床、锥斗和出渣控制器组成。在流化床的悬浮段热风出口处布置有内置式撞击分离器。热渣经过进渣控制器后进入流化床，初步冷却至300℃，然后下落至移动床继续冷却。来自风箱的冷风进入三层风管内，并分别送入下部移动床和上部流化床。冷渣经叶轮式出渣机排入输送机械，热风经内置分离器净化后可作为二次风。

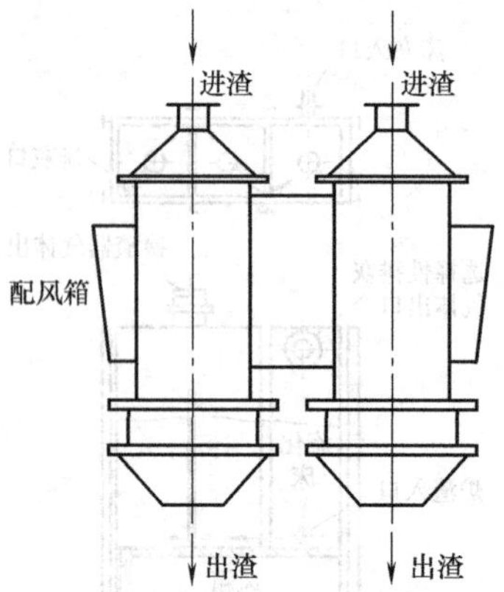

图3.1-64　多层送风式移动床冷渣器

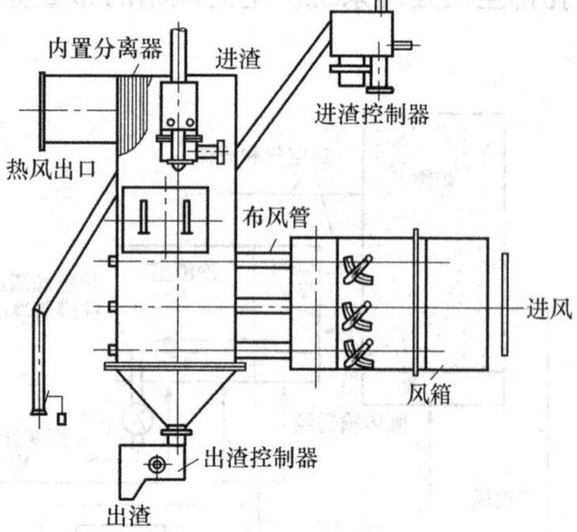

图3.1-65　流化-移动床叠置式冷渣装置

这种装置的特点是：①流化-移动床叠置，由于利用了流化床传热系数大和移动床的逆流传热特性，流化床内温度分布很均匀，能有效防止红渣的出现，与移动床结合后，可以在较小的风渣比下充分冷渣，并将风温提高至300℃以上，冷渣器兼具有流化床和移动床的优点；②进出渣控制机构能方便地根据炉膛内的存料量调节锅炉放渣量；③布置紧凑，由于充分利用了流化床的悬浮空间，整个装置空间高度可控制在3m以下，能适应各种循环流化床锅炉；④进出渣控制装置可处理40mm以下的渣粒，而移动床内流道宽，渣流顺畅，无堵塞搭桥现象。

运行结果表明，利用该装置可以将灰渣冷却至输送机械可接受的温度，其实用风渣比为1.85 ~ 2.5m^3/kg，热风温度高于280℃，可以作为二次风送入炉膛。

（4）气力输送式冷渣器　图3.1-66所示为浙江大学研制的一种气力输送式冷渣器。灰渣出炉后，利用鼓风机进口真空将灰渣与冷却空气抽入到输渣冷却管，渣被风带到水封重力沉降室或旋风分离器分离出来，而热风则通过鼓风机送入炉膛。该装置输渣管内的风速一般为12 ~ 20m/s，输送浓度为0.2kg/kg（渣/气）左右，即气固比约为4.5 ~ 5.0，输渣管长度根据冷渣量确定，一般在7m以上。运行数据表明，该装置能将800℃左右的热渣冷却至120 ~ 140℃，风可被加热至120℃左右，实测的压力损失不超过500Pa。

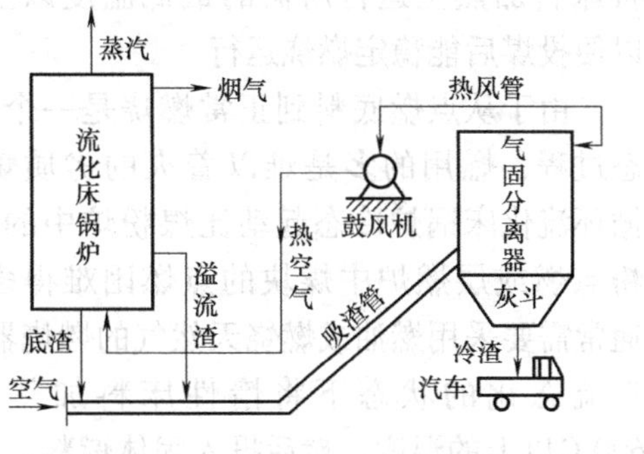

图3.1-66　气力输送式冷渣器

3. 风水共冷式流化床冷渣器

对于高灰分的燃料或大容量的流化床锅炉而言，由于单纯的风冷式流化床冷渣器往往难以满足灰渣的冷却要求，除采用两级冷渣器串联布置外，还可采用风水共冷式流化床冷渣器，即在风冷式流化床冷渣器中布置埋管受热面，用以加热低温给水（替代部分省煤器）或凝结水（替代部分回热加热器）。通过利用床层与埋管受热面间强烈的热交换作用，大大提高冷却效果，并最大程度地减小冷渣器的尺寸。

风水共冷式流化床冷渣器的冷却效果好，但系统却较风冷式流化床冷渣器复杂。另外，对于风水共冷式冷渣器，由于灰渣粒度较大，流化速度较高，必须采取严格的防磨措施，以防止埋管受热面的磨损。

（三）除灰系统

细灰是烟气通过锅炉尾部、烟道及除尘器时从烟气中分离、沉积在灰斗的粉末状物质。虽然循环流化床锅炉除灰系统与煤粉炉没有大的差别，多采用静电除尘器和浓相正压输灰或负压除灰系统，但是应当特别注意循环流化床锅炉飞灰、烟气与煤粉炉的差异。譬如，循环流化床锅炉由于炉内脱硫等因素使其烟尘比电阻较高，而且除尘器入口含尘浓度大，飞灰颗粒粗等，这些都将影响静电除尘器的除尘效率和飞灰输送。因此，对于循环流化床锅炉，不宜采用常规煤粉炉的电除尘器，必须特殊设计和试验。此外，输灰也应考虑灰量的变化以及飞灰颗粒的影响。

为了便于调节床温，有时会将静电除尘器灰斗收集的部分飞灰由仓泵经双通阀门送入再循环灰斗，再由螺旋输送机或其他形式的输灰机械排出，并由高压风送入燃烧室。这个系统称为冷灰再循环系统。除尘器冷灰再循环有以下三个优点：①提高炭粒的燃尽率；②提高石灰石的利用率；③调节床温，使其保持在最佳的脱硫温度。但冷灰再循环系统使整个锅炉的系统变得更为复杂，控制点增多，对自动化水平要求较高。

八、起动燃烧器

（一）起动燃烧器的功能与布置

循环流化床锅炉的冷态点火起动就是将床料加热至运行所需的最低温度以上，以便投煤后能稳定燃烧运行。

由于从点燃底料到正常燃烧是一个动态过程，燃用的多是难以着火的劣质煤，循环流化床锅炉冷态起动比煤粉炉中的煤粉点燃或层燃炉中煤块的点燃困难得多，通常需要采用燃油或燃烧天然气的燃烧器，在流态化的状态下将惰性床料加热到600℃以上的温度，然后投入固体燃料，使燃料着火燃烧。这种用于锅炉点火和起动主燃烧室的燃烧器称为起动燃烧器。起动燃烧器投运后，随着固体燃料的不断给入，床温不断升高，相应地减少起动燃烧器的热量输出，直至最后停止起动燃烧器的运行，并将床温稳定在 850～950℃ 的范围内，即完成锅炉的点火起动过程。

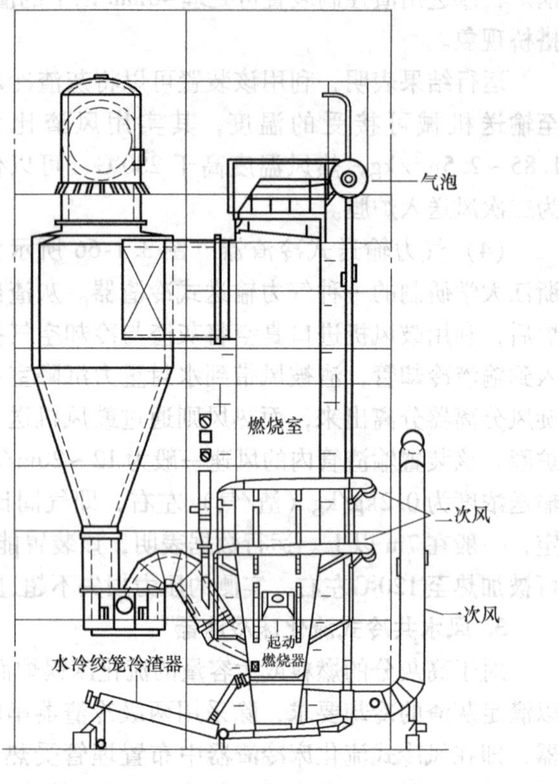

图 3.1-67　起动燃烧器床上布置

循环流化床锅炉燃油或燃烧天然气的冷态起动燃烧器有两种不同的布置方式，即床上布置、床内布置和床下布置。其中，床内布置指布置在布风板上，床下布置多指一次风道内布置。图 3.1-67 所示为采用床上布置时起动燃烧器的位置，起动燃烧器布置在炉膛下部流化床层上面的两侧墙上。图 3.1-68 所示为奥斯龙公司在美国纽克拉（Nucla）电站 110MW 循环流化床锅炉上采用的起动燃烧器床下布置（布置在一次风道内，又称风道燃烧器）方式。

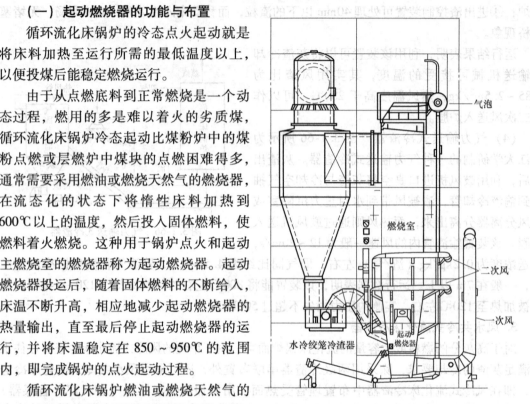

（二）起动燃烧器的结构

1. 床上和床内布置的起动燃烧器

图 3.1-67 所示的起动燃烧器为一种燃油燃烧器（俗称油枪），图 3.1-69 是它的结构简图。

由图 3.1-69 可见，燃烧器略向下倾斜安装，目的是使火焰能与流化床层接触，更好地加热床料。图 3.1-70 所示为布置在布风板上燃烧气体燃料的起动燃烧器。燃烧器喷管置于布风板的风帽中间，在起动时从风帽小孔流出的空气不但为床料提供流化风，也提供天然气燃烧所需的氧气，使天然气的燃烧过程在流化床内进行，以加热床料。

2. 床下布置的起动燃烧器

图 3.1-71 所示为福斯特·惠勒公司的布置在一次风道内的起动燃烧器外形示意图。在

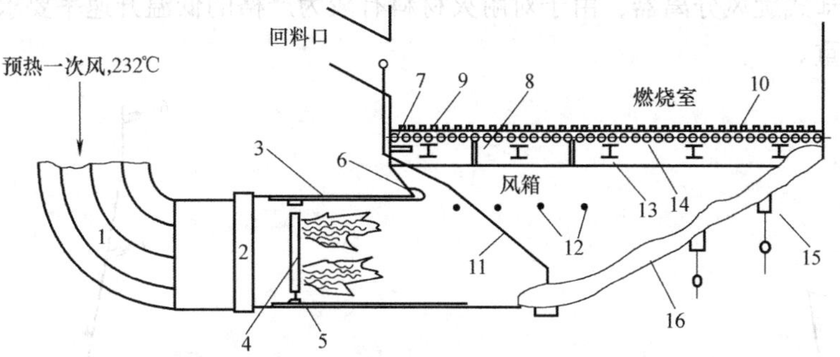

图 3. 1-68　起动燃烧器的床下布置

1—一次风道　2—膨胀节　3—绝热层　4—起动燃烧器　5—起动燃烧器调整装置　6—风箱折焰角　7—裂缝位置　8—膨胀槽　9—风帽　10—布风板绝热保护层　11—回漏床料返送管　12—起吊位置　13—支撑结构　14—水冷布风板　15—回漏床料收集装置　16—回漏床料

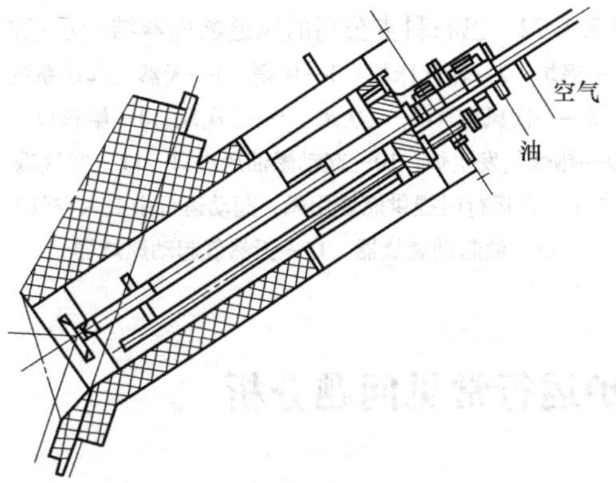

图 3. 1-69　向下倾斜安装的燃油起动燃烧器

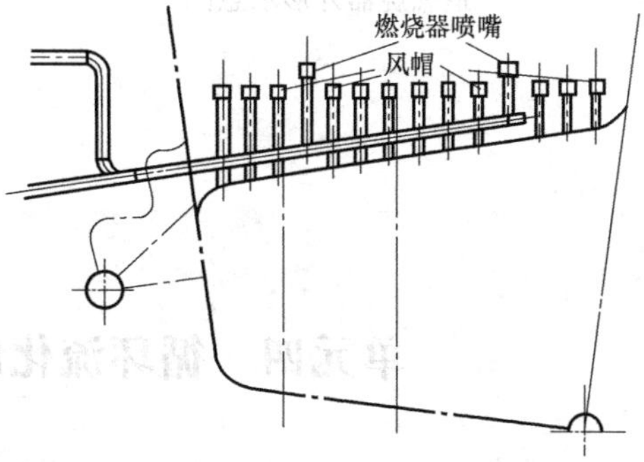

图 3. 1-70　布风板上的燃烧气体燃料的起动燃烧器

循环流化床锅炉冷态起动时，风道燃烧器先将一次风加热至 700 ~ 800℃ 的高温，高温一次风进入水冷风箱，再通过布风板将惰性床料流化，并在流态化的条件下对床料进行均匀的加热。与起动燃烧器床上或床内的布置方式相比，由于风道燃烧器采用将一次风加热到高温来预热床料的起动方式，热风加热使床内温度分布十分均匀；再加上床内强烈的湍流混合和传热过程，对床料的加热十分迅速，炉膛散热损失也很小，可大大缩短起动时间，节省起动用燃料。据估算，一台 300MW 的循环流化床锅炉，每冷态起动一次，风道燃烧器起动要比床上布置燃烧器节省起动燃料 60%。因此，布置在一次风管道内的起动燃烧器现在普遍得到应用。

图 3. 1-72 为巴布科克公司设计的一次风道内起动燃烧器的结构示意图。它与一次风从风箱底部进入的风道燃烧器不同，其一次风从风箱的侧面（根据布置方便可从炉膛的前墙或后墙）进入风箱，起动燃烧器系统由油/气燃烧器和热烟气发生炉构成，布置在一次风道内的热烟气发生炉，其顶端为一油/气燃烧器，燃烧器可设计成切向进风或轴向进风。燃烧器产生的火焰在热烟气发生炉中燃烧并燃尽。在热烟气发生炉的尾端可加入部分冷空气，以控制进入一次风箱的高温热烟气的温度。在正常运行时，一次风旁路热烟气直接进入风箱。

起动燃烧器床下布置的主要优点是可以提高床温加热速率，但也有局限性。譬如，如果采用高温非冷却式旋风分离器，由于对耐火材料有较为严格的低温升速率要求，采用床下布置方式就应慎重。

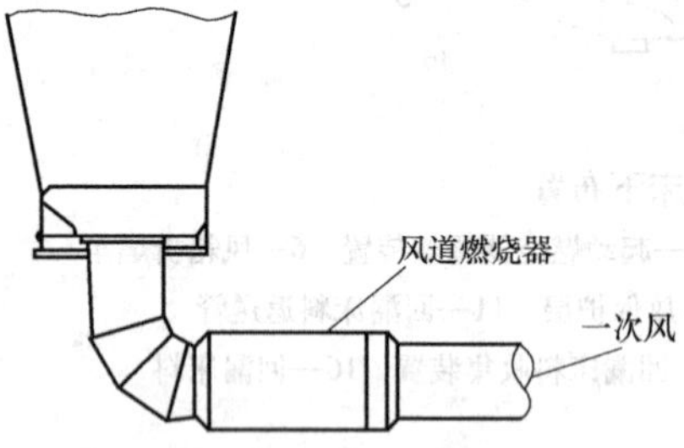

图 3.1-71　福斯特·惠勒公司的风道燃烧器外形示意图

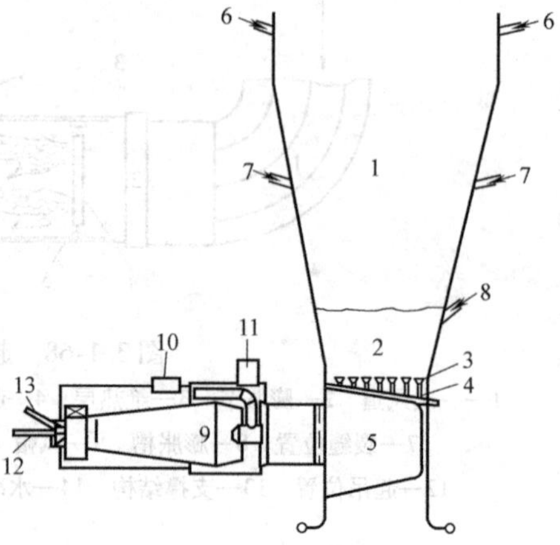

图 3.1-72　巴布科克公司的风道燃烧器结构示意图
1—锅炉　2—流化床层　3—风帽　4—天然气起动系统　5——次风室　6—三次风　7—二次风　8—给料口　9—热烟气发生炉　10—起动燃油风进口　11—空气进口（正常运行时提供燃烧用风，起动运行中混入空气）　12—油起动燃烧器　13—天然气起动燃烧器

单元四　循环流化床锅炉运行常见问题分析

一、出力不足

目前，循环流化床锅炉运行中最根本的问题是出力不足，即锅炉额定蒸发量达不到设计值。造成这一问题的原因是多方面的，主要有以下几点：

1. 循环灰分离器效率低

循环灰分离器实际运行的效率达不到设计要求是造成锅炉出力不足的重要原因。由于锅炉设计时采用的分离器效率往往是套用小型冷态模化试验数据而定的，而热态全尺寸设备的实际运行条件与小尺寸冷态模化试验条件有一定差异，例如温度、物料特性（尺寸）、装置结构、二次风夹带、负荷变化等影响，使分离器实际效率显著低于设计值，导致小颗粒物料飞灰增大和循环物料量的不足，从而造成悬浮段载热质数量（细灰量）及其传热量的不足，炉膛上、下部温差过大，锅炉出力达不到额定值。顺便指出，循环灰分离器效率低还会造成飞灰可燃物含量增加，降低锅炉燃烧效率。

2. 燃烧份额分配不合理

目前投入运行的部分循环流化床锅炉达不到额定负荷的一个主要原因，就是锅炉设计时燃烧份额分配不合理，或者是设计合理但运行中由于燃烧调整不当而导致燃料燃烧份额未达到设计要求。这是因为循环流化床锅炉各部位的燃烧份额如果分配不合理，就必然造成炉内一些部位的温度过高，为避免结焦，往往需要减少给煤量或增大一次风；而另一些部位的温度又太低，受热面吸收不到所需的热量。这些都将导致锅炉负荷降低，出力不足。

3. 燃料颗粒粒径分布与锅炉不适应

循环流化床锅炉对燃料颗粒的粒径分布有较特殊的要求，入炉煤中所含较大颗粒只占很少一部分，而较细颗粒的份额所占的比例却较大，也就是要求有合适的燃料颗粒粒径分布或筛分特性。如果循环流化床锅炉由于燃料制备系统选择不合理，未按燃料的破碎特性选择合适的工艺系统和破碎机，或者燃料制备系统虽然设计合理，适合设计煤种，但实际运行时由于煤种的变化而影响燃料颗粒粒径分布，造成锅炉出力下降。

4. 锅炉受热面布置不合理

循环流化床锅炉稀相区受热面与密相区受热面布置不恰当或有矛盾，特别是在烧劣质煤时，如果密相区内受热面布置不足，锅炉负荷高时则床温超温，这无形中限制了锅炉负荷的提高。

5. 锅炉配套辅机设计不合理

循环流化床锅炉能否正常运行，不仅取决于锅炉本体自身，而且与辅机和配套设备是否适应循环流化床锅炉的特点有很大关系。特别是风机，如果其流量、压头选择不当，将影响锅炉出力。因此，为使循环流化床锅炉能够满负荷运行，必须将锅炉本体、锅炉辅机和外围系统以及热控系统等作为一个整体来统一考虑，使各部分能协调和优化，需要设计、制造、和使用单位的共同努力。

二、床层结焦

在循环流化床锅炉实际运行中，如果炉内温度超过灰渣的熔化温度，就会导致结焦，破坏正常的流化燃烧状况，影响锅炉正常运行。对于大多数循环流化床锅炉和鼓泡床锅炉，结焦现象主要发生在炉床部位。结焦要及时发现、及时处理，不可待焦块扩大或全床结焦时再采取措施，否则，不但清焦困难，而且易损坏设备。

结焦主要有以下几种原因：①操作不当，造成床温超温而产生结焦；②运行中一次风量保持太小，低于最小流化风量，使物料不能很好流化而堆积，整个炉膛的温度场发生改变，稀相区燃烧份额下降，锅炉出力降低，这时盲目加大给煤量，必然造成炉床超温而结焦；③燃料制备系统的选择不当，造成燃料颗粒粒径分布不合理，粗颗粒份额较大，导致密相床超温而结焦；④煤种变化太大。正如所知，对循环流化床锅炉的运行来说，燃煤中灰分高是有利的，即使分离器效率略低，也能保持循环物料量的平衡；煤的挥发分低是不利条件，因为炉膛下部密相区容易产生过多热量。解决的办法是将一部分煤磨细些，使之在稀相区燃烧。由于燃料制备系统通常是根据某一设计煤种来选取的，虽然有一定的煤种适应性，但如果煤种的变化范围过大，其中若有不适合于所选定的燃料制备系统的煤种，而这种煤恰恰挥发分含量低，运行人员又没有及时发现，时间一长就会结焦。

锅炉运行中的一些现象可以作为判断是否结焦的参考。例如，风室静压波动很大，有明亮的火焰从床下窜上来，密相区各点温差变大等，出现这些现象很可能是由于发生了结焦。

在运行中，如果进行合理的风煤配比，将床温控制在允许范围内，就可以防止结焦的发生。

循环流化床锅炉在点火过程中也可能出现低温结焦和高温结焦，造成点火困难或使点火失败。低温结焦，是指在点火过程中，整个流化床温度还很低（400～500℃），如果点火过程中风量较小，布风板均匀性差，流化效果不好，但是局部达到着火温度，且此时的风量却足以使之迅速燃烧，致使该处物料温度超过灰熔点，发现、处理不及时就会结焦。这类焦块的特点是熔化的灰渣与未熔化的灰渣相互黏结。当发现结焦时，应立即用专用工具推出，然后重新起动。由于结焦时整个床层的温度还很低，故称为低温结焦。高温结焦，是指在点火后期料层已全部流化，床温已达到着火温度时，由于此时料层中可燃成分很高，床料燃烧异常猛烈，温度急剧上升，火焰呈刺眼的白色。如果温度超过灰熔点时，就有可能发生结焦。高温结焦的特点是面积大，甚至波及整个床，且焦块由熔化的灰渣组成，质坚、块硬。这种结焦一经发现要立即处理，否则会扩大事态。

对于这两种结焦，只要认真做好冷态试验，点火时控制好温升及临界流化风量并按程序进行操作，就可以避免。

三、循环灰系统故障

1. 结焦

结焦是循环灰系统的常见故障，其根本原因是物料温度过高，超过了灰渣的变形温度而黏结成块，结焦后形成的大渣块能堵塞物料流通回路，引起运行事故，结焦部位可发生在分离器内、立管内和送灰器（回料阀）内。结焦的原因主要是：

（1）燃烧室超温　由于高温循环灰分离器运行时温度与燃烧室温度相近，特别是当炉内燃烧工况不佳时，大量细炭粒在燃烧室上部燃烧，并在高温下（有时达900℃）进入分离器，部分炭粒继续燃烧，甚至会高于燃烧室温度。因此，如果燃烧室运行时超温，进入送灰器的循环灰温度很高，这时操作稍有不当，如循环灰量过大或输送不够通畅，就很可能在送灰器中引起结焦。

（2）循环灰系统漏风　在正常工况下，由于旋风分离器筒内烟气含氧量少，循环灰以一定速度移动，停留时间较短，尚不足以引起循环灰燃烧；反之，若有漏风，则易引起循环灰中碳的燃烧而造成结焦；如果送灰器漏风，也同样会造成局部超温而结焦。

（3）循环灰中含碳量过高　如锅炉点火起动时燃烧不良，或运行中风量与燃料颗粒的筛分特性匹配不佳，或燃用煤矸石、无烟煤等难燃煤时，因其挥发分少、细粉量多、着火温度高、燃烧速度慢等原因，都可导致过多未燃尽燃料细颗粒进入旋风分离器而使循环灰中含碳量增加。由上述分析可知，灰中含碳量高将会增大高温结焦的可能性。

（4）运行或操作中出现问题　例如，飞灰回送通路塌落或有异物大块堵塞，或送灰风量太小，物料无法通畅回送，积聚起来可能导致结焦；另外，在料层过厚或下灰口过低时，也很容易出现超温结焦现象。

防止结焦的措施主要有：①使用的燃料及其颗粒筛分特性应尽量与设计一致。若煤种变化后灰熔点降低，则应相应调整燃烧室运行温度，及时调整制煤设备，以达到粗细颗粒的合理配比；②燃用煤矸石、无烟煤时尽早按一、二次风比例投入二次风，以强化煤在燃烧室中的燃烧，减少在循环灰系统中的后燃；③运行中应密切监视高温旋风分离器温度，发现分离器超温，应及时调节风煤比控制燃烧室温度，如不能纠正，则立即停炉查明原因；④检查循环灰系统的密封是否良好，发现漏风及时解决；⑤检查循环灰系统是否畅通，有异物及时排除；⑥保证适当的送灰风量。风帽堵塞、送灰器风室中有落灰等，均会引起送灰风量减小，发现此类问题要及时解决。

2. 分离器分离效率下降

高温旋风分离器结构简单，分离效率高，是循环流化床锅炉应用最广泛的一种气固分离装置。影响高温分离器分离效率的因素很多，如形状、结构、进口风速、烟温、颗粒浓度与粒径等。已建成的循环流化床锅炉分离器结构参数已定，且一般经过优化设计，故结构参数的影响不再讨论。运行中分离器效率如有明显下降，则可考虑以下原因：①分离器内壁严重磨损、塌落，从而改变了其基本形状；②分离器有密封不严导致空气漏入，产生二次携带；③床层流化速度低，循环灰量少且细，分离效率下降。

需强调指出的是，漏风对分离效率有着极其重要的影响。由于在正常状态下分离器旋风筒内静压分布特点为外周高中心低，锥体下端和灰出口处甚至可能为负压，分离器筒体尤其是排灰口处若密封不佳，有空气漏入，就会增大向上流动的气速，并将筒壁上已分离出的灰粒夹带走，严重影响分离效率。

防止分离器分离效率下降的措施主要是：①当发现分离器分离效率明显降低时，应先检查是否漏风、窜气，如有，则应及时解决；②检查分离器内壁磨损情况，若磨损严重，则须进行修补；③检查流化风量和燃煤的筛分特性，应使流化风量与燃煤的筛分特性相适应，以保证合理的循环物料量。

3. 烟气返窜

正如所知，送灰器的主要功能是将循环灰由压力较低的分离器灰出口输送到压力较高的燃烧室。同时，还应具有“止回阀”的功能，即防止燃烧室烟气返窜进入循环灰分离器。而一旦出现烟气从燃烧室经送灰器“短路”进入分离器的现象，则说明循环灰系统的正常循环被破坏，锅炉无法正常运行。

送灰器出现烟气返窜的原因主要有：①送灰器立管料柱太低，被回料风吹透，不足以形成料封；②回料风调节不当，使立管料柱流化；③送灰器流通截面较大，循环灰量过少；④飞灰循环装置结构尺寸不合理，如立管截面较大等。

要防止烟气返窜，首先在设计时应保证一定的立管高度，根据循环灰量适当选取送灰器的流通截面；其次在运行中应注意对送灰器的操作。例如，对小容量锅炉，因立管较短，锅炉点火前应关闭回料风，在送灰器和立管内充填细循环灰，形成料封；点火投煤稳燃后，待分离器下部已积累一定量的循环灰后，再缓慢开启回料风，注意立管内料柱不能流化；正常运行后回料风一般无须调整；在压火后热起动时，应先检查立管和送灰器内物料是否足以形成料封。对大容量锅炉，立管一般有足够高度，但应注意回料风量的调节。发现烟气返窜可关闭回料风，待送灰器内积存一定循环灰后再小心开启回料风，并调整到适当大小。总之，送灰器操作的关键是保证立管的密封，保证立管内有足够的料柱能够维持正常循环。

4. 送灰器堵塞

送灰器是循环流化床锅炉的关键部件之一。送灰器堵塞会造成炉内循环物料量不足，汽温、汽压急剧降低，床温难以控制，危及正常运行。

一般送灰器堵塞有两种原因：一是由于流化风和回料风量不足，造成循环物料大量堆积而堵塞。特别是L形回料阀，由于它的立管垂直段较长，储存量较大，如果流化风量不足，不能使物料很好地进行流化很快就会堵塞，因此，对L形回料阀的监控系统要求较高。回料风量不足的原因主要有：送灰器下部风室落入冷灰使流通面积减小；风帽小孔被灰渣堵塞，造成通风不良；风压不够等。发现送灰器堵塞要及时处理，否则堵塞时间一长，物料中的可燃物质还可能造成超温、结焦，扩大事态，增加处理难度。处理时，要先关闭流化风，利用下面的排灰管放掉冷灰，然后再采用间断送风的形式投入送灰器。二是送灰器内循环灰结焦造成堵塞。关于结焦已在前面做过分析，此处不再赘述。为避免此类事故的发生，应对送灰阀进行经常性检查，监视其中的物料温度；特别是采用高温分离器的循环灰系统，应选择合适的流化风量和回料风量，并防止送灰器漏风。

四、布风装置及受热面磨损

1. 布风装置的磨损

循环流化床锅炉布风装置的磨损主要有两种情况。第一种情况是风帽的磨损，其中风帽磨损最严重的区域在循环物料回料口附近，究其原因是较高颗粒浓度的循环物料以较大的平行于布风板的速度分量对风帽的冲刷。图 3. 1-73所示为国外某台 420t/h 循环流化床锅炉发生风帽磨损的区域（图中还同时给出了炉膛水冷壁管发生磨损的区域）。另一种情况是风帽小孔的扩大。这种现象也发生在鼓泡流化床锅炉中。显然，这种磨损将改变布风特性，同时还造成固体物料漏至风室（即所谓 sifting 现象）。发生这种磨损的原因目前尚未查明，只能从设计上加以改进。例如，国外采用所谓“猪尾”形风帽代替多孔形风帽，如图 3. 1-74 所示；采用定向风帽设计，在排列上采取间隔排列方式，隔一排布置风帽，避免风口直吹前排风帽，以降低冲击磨损等。

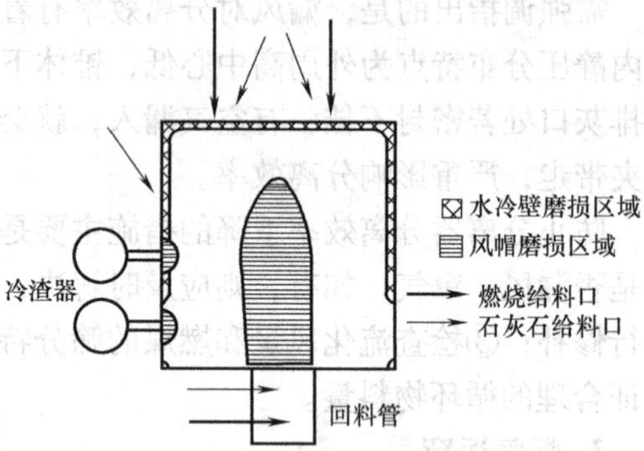

图 3. 1-73 风帽磨损区域平面图

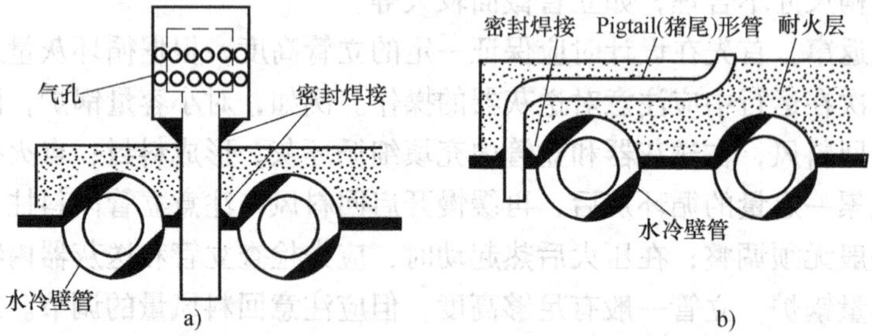

图 3. 1-74 采用“猪尾”（Pigtail）形风帽设计代替多孔形风帽设计
a）多孔形风帽设计 b）“猪尾”形风帽设计

2. 受热面的磨损

循环流化床锅炉内的受热面包括炉膛水冷壁管、炉内受热面和尾部对流烟道受热面等。

（1）炉膛水冷壁管的磨损 水冷壁管的磨损是循环流化床锅炉中与材料有关的最严重的问题，可分为四种情形，即炉膛下部耐火防磨层与膜式水冷壁交界处以上一段管壁的磨损；炉膛四个角落区域的管壁磨损；一般水冷壁管的磨损；不规则区域（包括穿墙管、炉墙开孔处的弯管、管壁上的焊缝等）管壁的磨损。

（2）炉内受热面的磨损 主要指循环流化床锅炉布置的屏式翼形管、屏式过热器、水平过热器管屏等炉内受热面受到的磨损。部分循环流化床锅炉，特别是国内设计的循环流化床锅炉，二次风以下的密相区运行在鼓泡流化床区域，而且在密相区内还布置有埋管受热面，这部分受热面易受磨损破坏。

（3）对流烟道受热面的磨损　国外一些循环流化床锅炉的运行经验表明，在良好的设计和运行管理条件下，锅炉对流烟道受热面的磨损一般不会成为严重的问题。就国内已经投运的一些循环流化床锅炉而言，对流烟道受热面的磨损仍是一个较为严重的问题。磨损发生的主要部位出现在省煤器两端和空气预热器进口处。

上述受热面中除尾部对流烟道受热面的磨损与常规煤粉燃烧锅炉相似外，其他受热面的磨损过程是十分复杂的。造成循环流化床锅炉受热面磨损的原因主要有：①烟气中颗粒对受热面产生的撞击，这类似于煤粉锅炉尾部受热面的冲刷磨损；②受热面表面受运动速度相对较慢的颗粒的冲刷；③随气泡快速运动的颗粒对受热面的冲刷，以及气泡破裂后颗粒被喷溅到受热面表面从而对受热面产生磨损；④炉内局部射流卷吸的床料对相邻受热面形成直接的冲刷，这些射流包括给料（燃料和脱硫剂）口射流、固体物料再循环口射流、布风板风帽的空气射流、二次风空气射流以及管道泄漏而造成的射流等；⑤伴随着炉内和炉外固体物料整体流动形式所造成的受热面的磨损；⑥由于几何形状不规则造成的磨损。譬如，若床内垂直布置有一根带有焊缝的传热管，会因在焊缝附近产生局部的涡流从而使焊缝以上的受热面产生磨损。

3. 受热面的防磨

循环流化床锅炉内受热面的防磨措施除煤粉锅炉所采用的常规方法以外，主要还有选择合适的防磨材料（如碳钢和合金钢、耐火材料等），采用金属表面热喷涂技术和其他表面处理防磨技术，在密相区埋管受热面加防磨构件（如防磨鳍片），对流受热面管束尽量采用顺列布置或在管束前加假管、提高循环灰分离器的分离效率等。

实际上，对易发生磨损的局部区域在设计上采用一些巧妙而又特殊的处理也能取得良好的防磨效果。譬如，为解决好炉膛下部耐火防磨层与膜式水冷壁交界处以上一段管壁的防磨问题，通常采用所谓的粒子软着陆技术或让管防磨设计。前者指耐火防磨层与膜式水冷壁交界面设计成图 3. 1-75 的形式。这样，在交界面处的台阶上能自然堆积图中所示的灰层，粒子在此实现“软着陆”后反弹力小，不能打到水冷壁上，从而使交界面处水冷壁管的磨损得以减轻；后者是从设计上使管子让开，消除了炉膛下部耐火防磨层与膜式水冷壁交界处阻碍粒子向下流动的台阶，从而使粒子磨损管子的机会大大减少。图 3. 1-76a、b 分别是两种让管防磨设计的示意图。

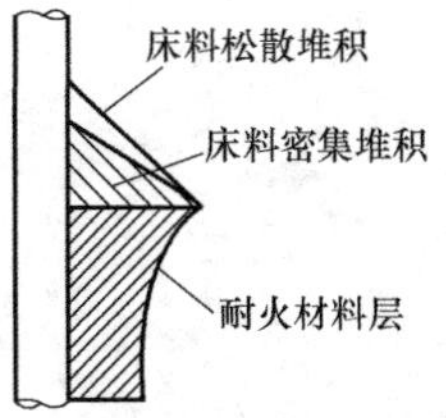

图 3. 1-75　粒子软着陆设计

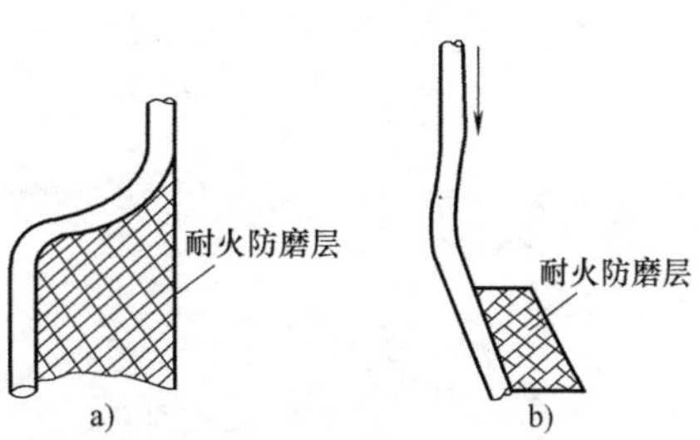

图 3. 1-76　耐火防磨层与膜式水冷壁交界处的让管防磨设计的示意图

思考题与习题

1. 循环流化床锅炉由哪些设备组成？各部分的作用是什么？

2. 什么叫循环倍率？影响循环倍率的因素有哪些？

3. 循环流化床锅炉有哪些优点？有什么缺点？

4. 我国的循环流化床锅炉技术是什么年代开发的？在我国循环流化床锅炉有几个学派？其代表作品是什么？我国生产循环流化床锅炉的代表性企业有哪些？

5. 循环流化床锅炉的燃烧系统由哪些设备组成？每个设备的作用是什么？

6. 物料循环系统由哪几部分组成？影响循环灰分离器的因素有哪些？对循环灰分离器有哪些具体要求？

7. 循环灰分离器有几种形式？每种形式各有什么特点？应用在什么场合？

8. 飞灰回送装置有几种形式？对飞灰回送装置的基本要求是什么？

9. 简述循环流化床锅炉风系统的组成及作用。

10. 简述中小型流化床锅炉风系统的配置原则。

11. 起动燃烧器有几种形式？各有什么特点？

学习任务二

循环流化床锅炉设备运行

知识目标

1. 掌握循环流化床锅炉冷态试验知识。
2. 掌握循环流化床锅炉点火技术与方法。
3. 掌握循环流化床锅炉运行调节知识。
4. 掌握循环流化床锅炉常见问题处理知识。

能力目标

1. 掌握循环流化床锅炉的点火程序与方法。
2. 能对循环流化床锅炉实施运行调节。
3. 能够正确操作不同结构、不同燃料特性的循环流化床运行。
4. 具有循环流化床锅炉常见事故处理能力。
5. 具有循环流化床锅炉机组运行操作规程编写能力。

任务导入

某企业动力车间新安装一台循环流化床锅炉，型号为 HG75-3.82/350。要求学生通过走访用户和自主学习，完成新安装锅炉的设备选型和运行操作规程编制任务。

在本项目学习任务一中，学生已经完成了该循环流化床锅炉设备的选型任务，本次学习任务是为该锅炉房的设备编写运行操作过程，规程包括如下内容：

1. 工程概况。
2. 编写依据。
3. 设备技术参数和燃料特性。
4. 锅炉运行操作规程。

（1）循环流化床锅炉的点火起动与停炉操作

（2）循环流化床锅炉的运行调整

（3）循环流化床锅炉常见事故及处理

5. 形成任务报告单。

任务分析

要想正确编写出循环流化床锅炉运行操作规程，首先必须了解循环流化床锅炉运行操作规程的编写依据、内容与具体要求。熟悉循环流化床锅炉从冷态试验、点火起动、运行调整、停炉保养到事故处理等每一环节的操作技术。本任务要求学生通过学习循环流化床锅炉点火起动与停炉操作、循环流化床锅炉运行调整、循环流化床锅炉常见事故处理与预防三个单元，最终完成循环流化床锅炉运行操作规程的编写。

教学重点

1. 循环流化床锅炉点火操作技术。
2. 循环流化床锅炉运行调整技术。

教学难点

循环流化床锅炉点火操作。

相关知识

单元一　循环流化床锅炉点火起动与停炉操作

由于循环流化床锅炉特有的气固两相流体动力特性，燃烧系统较煤粉锅炉和鼓泡流化床锅炉复杂，循环流化床锅炉的运行也较为复杂。譬如，循环流化床锅炉有一些与其他炉型不同的冷态试验项目，包括布风特性、流化特性、物料循环特性等；循环流化床锅炉的燃烧调整和负荷控制与煤粉锅炉等区别很大，尤其是飞灰循环系统的运行与锅炉燃烧温度、负荷之间的关系，以及对循环流化床锅炉运行的影响等。正如所知，循环流化床锅炉与其他类型锅炉的区别主要是燃烧系统，所以本任务介绍的运行只涉及循环流化床锅炉的燃烧系统。

一、循环流化床锅炉的冷态试验

（一）冷态试验内容

循环流化床锅炉冷态试验是指锅炉设备在安装完毕点火起动前，以及在大、小修或布风板、风帽、送风机等换型或检修后点火起动前，在常温下对燃烧系统，包括送风系统、布风装置、料层和物料循环装置等进行的性能测试，其目的是保证锅炉顺利点火和为热态运行确定合理的运行参数。

循环流化床锅炉冷态试验的内容主要有：

1）考查各送风机性能，主要是考查风量、风压是否满足锅炉设计运行要求。

2）检查引、送风机系统（风机、风门、管道等）的严密性。

3）测定布风板布风均匀性和布风板阻力、料层阻力，检查床内各处流化质量。

4）测定布风板阻力、料层阻力随风量变化的阻力特性曲线，确定冷态临界风量，用以估算热态运行时的最小风量。

5）检查物料循环系统的性能和可靠性。

6）为保证锅炉正常运行所需的其他试验（如给煤量的测定、煤和物料的筛分试验等）。

为保证冷态试验的顺利进行，在试验前必须做好充分的准备，具备试验所必需的条件。这些条件主要包括：①各种测试表计，如风量表、差压计、风室静压表等齐全并完好；②足够试验用的炉床底料，底料一般用燃料的冷灰渣料，最好是循环流化床锅炉排出的冷渣，粒度要求比正常运行时燃料的粒度要求要细一些，如果将试验底料作为今后点火起动的床料（譬如床上点火），还应掺加一定量的易燃烟煤末和脱硫剂石灰石，掺入的燃煤一般不超过床孰料总量的10%；③燃烧室布风板上的风帽安装牢固、高低一致，风帽小孔无堵塞，绝热和保温材料的性能达到设计要求；④风室内无杂物，排渣管和放灰管畅通、开闭灵活；等等。总之，要求循环流化床锅炉燃烧设备处于能正常运行的状态。

（二）布风系统冷态特性试验

1. 布风板阻力特性试验

布风板阻力是指无料层时燃烧空气通过布风板的压力损失。要使空气按设计要求通过布风板形成稳定的流化床层，要求布风板具有一定的阻力。但布风板阻力过大，会增加送风机功耗。

试验时，首先关闭所有炉门，并将所有排渣管、放灰管封闭严密；起动引风机、送风机后，逐渐开大风门，平滑地改变送风量，同时调整引风，使炉膛负压表示数为零压。此时，对应于每个送风量，从风室静压计上读出的风室压力即为布风板阻力。每次读数时，记录当时的风量和风室静压值。一般送风量每次增加额定值的5%~7.5%记录一次，一直做到最大风量，即上行试验。然后从最大风量逐渐减少，并记录相应的风量和风室静压数值，直到风门全部关闭为止，即下行试验。通过整理上行和下行的两次试验数据，可以得到布风板阻力特性。布风板阻力-风量关系曲线如图3.2-1所示。

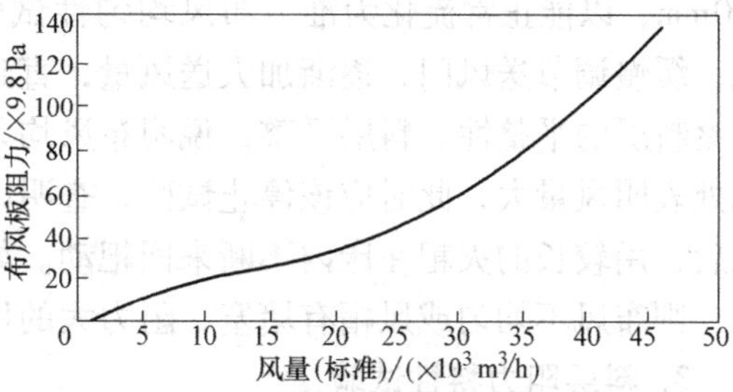

图3.2-1 布风板阻力特性

布风板阻力通常由风室进口端的局部阻力、风帽通道阻力及风帽小孔的局部阻力组成。在一般情况下，三者之中以风帽小孔的局部阻力为最大，而其他两项的阻力之和仅占布风板阻力的几十分之一，可以忽略不计。因而在缺乏试验数据或没有布风板阻力特性曲线的情况下，布风板阻力也可近似按下式计算，即

$$\Delta p_{\mathrm{d}} = \xi \frac{\rho_{\mathrm{g}} u_{\mathrm{or}}^{2}}{2} = \xi \frac{\rho_{\mathrm{g}} u_{0}^{2}}{2\eta^{2}} \tag{3.2-1}$$

$$u_{\mathrm{or}} = \frac{\text{风量}}{\text{风帽小孔总面积}} = \frac{Q}{\sum A}$$

$$\eta = \frac{\sum A}{A_{\mathrm{b}}}$$

式中 Δp_{d}——布风板阻力（Pa）；

ξ——布风板阻力系数；

ρ_{g}——流体密度（kg/m^3）；

u_{or}——按风帽小孔总面积计算的风帽小孔速度（m/s）；

η——布风板的开孔率；

A_{b}——布风板的有效面积（m^2）；

u_0——空塔气流速度（m/s）。

试验表明，对石煤流化床有帽头侧水平孔的大风帽布风板，可取 $\xi=2.0$；对无帽头的小孔下倾15°的小风帽（帽身直径40mm，帽间距70mm）布风板，实测得 $\xi=1.84$。一般冷态下风帽小孔风速取25～35m/s。由于在热态运行时气体体积膨胀，风帽小孔风速增大，但气体密度变小，两者影响总的结果使布风板阻力 Δp_d 的热态值大于冷态值。因此，在热态运行时必须考虑气体温度对风帽小孔风速和气体密度影响而引起的布风板阻力修正。

2. 布风均匀性试验

布风板的布风均匀性对料层阻力特性以及运行中的流化质量有直接影响。布风均匀是流化床锅炉顺利点火、低负荷时稳定燃烧、防止颗粒分层和床层结焦的必要条件。因此，在布风板阻力特性测定后，测试料层阻力之前，应进行布风均匀性试验。

试验时先在布风板上平整地铺上颗粒粒径为3mm以下的灰渣层，铺料厚度约300～500mm，以能正常流化为准。布风均匀性试验方法有两种，一种是开启引风机，一次送风机，缓慢调节送风门，逐渐加大送风量，直到整个料层处于流化状态，然后突然停止送风，观察料层的平整性。料层平整，说明布风均匀。如果料层表面高低不平，高处表明风量小，低处表明风量大，此时应该停止试验，查明原因及时予以消除。另一种方法是当料层流化起来后，用较长的火耙在床内不断来回耙动。如手感阻力较小且均匀，说明料层流化良好；反之，则布风不均匀或风帽有堵塞，阻力大的地方可能存在"死区"。

3. 料层阻力特性试验

料层阻力是指燃烧空气通过布风板上的料层时的压力损失。对于颗粒堆积密度一定、厚度一定的料层，其床层阻力是一定的。正如所知，当料层厚度固定后，料层温度对料层阻力影响不大，因而可以利用流化床层的这些特性来判断料层的厚度和所要配备的风机压头大小，即送风机压头＝风道阻力＋布风板阻力＋料层阻力。

在布风均匀性试验后，一般要对三个以上不同料层厚度 H_0（通常选取200mm、300mm、400mm、500mm、600mm五个厚度）做料层阻力试验。试验从高料层做到低料层，也可以反方向进行。试验用的床料必须干燥，否则会带来很大的试验误差。床料铺好后，将表面平整并量出基准厚度，关好炉门，开始试验。料层阻力特性试验的步骤与方法与布风板阻力特性一样，将风门逐渐加大至全开，又反行至全关。每改变一次风量就测取一组数据，最后将上行和下行数据整理，按下式求出料层阻力，即

$$\Delta p_b = p_s - \Delta p_d \qquad (3.2\text{-}2)$$

式中　Δp_b——料层阻力；

p_s——风室静压；

Δp_d——对应于相同风量下的布风板阻力。

根据前述的布风板阻力特性试验与料层阻力，就可以得到不同料层厚度下的料层阻力-风量关系曲线，如图3.2-2所示。

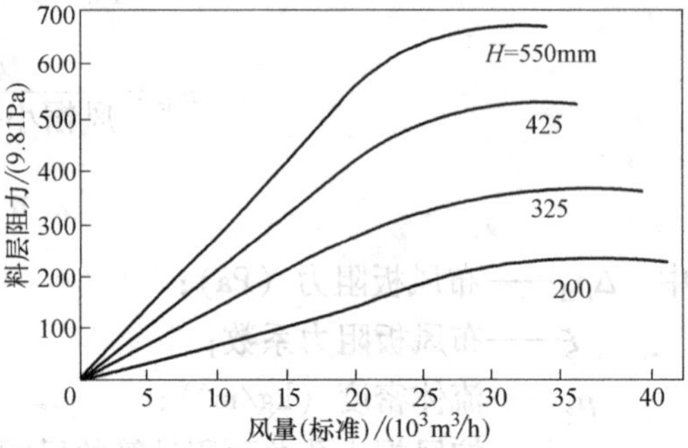

图3.2-2　循环流化床锅炉料层阻力-风量关系曲线

试验研究表明，流化床料层阻力同单位面积布风板上的床料重量与气体浮力之差成比例。即有

$$\Delta p_b = nH(\rho_p - \rho_g)(1-\bar{\varepsilon})g \tag{3.2-3}$$

式中　ρ_g——流体密度（kg/m^3）；

ρ_p——颗粒密度（kg/m^3）；

H——床层高度（m）；

$\bar{\varepsilon}$——床层截面平均空隙率（%）；

g——重力加速度，$g=9.81$，m/s^2；

n——压降减少系数，$n<1$。

各种物料的 n 值见表3.2-1。一般情况下，n 值在0.5～0.82，且冷态和热态的数据较为接近。

因为 $\rho_p \gg \rho_g$，在计算时可忽略 ρ_g 的影响，于是有 $\Delta p_b = nH\rho_p(1-\bar{\varepsilon})g$。在料层阻力试验中，$H=H_0$，可近似认为 $\bar{\varepsilon}=0$。这样，式（3.2-3）进一步简化为

$$\Delta p_b = nH_0\rho_p g \tag{3.2-4}$$

式中　H_0——静止料层厚度（m）。

当静止料层厚度大于300mm后，上式的计算结果与试验数据很吻合。式（3.2-4）表明，料层阻力与静止料层厚度成正比，料层越厚，阻力越大。为简化计算，也可以用表3.2-2中料层阻力的近似值，通过式（3.2-4）来估算静止料层厚度。

表3.2-1　各种物料的 n 值

物料	石煤	煤矸石	无烟煤	烟煤	烟煤矸石	造气炉渣	油页岩	褐煤
压力减小系数 n	0.76～0.82	0.9～1.0	0.8	0.77	0.82	0.8	0.7	0.5～0.6

表3.2-2　料层阻力近似值

物料	每100mm厚度的静止料层相应阻力/Pa	物料	每100mm厚度的静止料层相应阻力/Pa
褐煤灰渣	500～600	无烟煤灰渣	850～900
烟煤灰渣	700～750	煤矸石灰渣	1000～1100

（三）临界流化风量测定

正如前面所述，床层从固定床状态转变为流态化状态时的空气流速称为临界流化速度（或临界流化风速）u_{mf}，即所谓的最小流化速度。对应于临界流化速度按布风板通风面积计算的空气流量称为临界流化风量 Q_{mf}。临界流化速度和临界流化风量是循环流化床锅炉运行中的重要参数。通过确定临界流化风量，可以据此估算热态运行时的最低风量，即循环流化床锅炉低负荷运行时的风量下限，因为低于该风量就可能引起结焦。临界流化速度或临界流化风量一般与床料的颗粒度、密度及料层堆积空隙率等有关，至今尚未从理论上找到可靠的计算方法，虽然可以借助于经验公式进行近似计算，但更为直观可靠的方法是通过试验来确定。事实上，对于型号不同或型号相同而物料物理性质不同的工业燃煤流化床锅炉，其临界流化速度和临界流化风量也是有差别的。

由于循环流化床锅炉一般使用宽筛分燃料，床层从固定床转变到流化床没有明显的“解锁”现象，即压力回落过程，可以利用料层阻力特性的试验结果来确定临界流化风量。应当指出，当床截面和物料颗粒特性一定时，临界流化速度与料层厚度无关，即不同料层厚

度下测出的临界流化速度 u_{mf} 应基本相同，试验中如有明显偏差，则需找出原因并解决，以保证测定的准确性。正如前述，燃煤工业流化床锅炉正常运行的流化速度均是大于 u_{mf} 的。一般来说，循环流化床锅炉的冷态空截面气流速度不能低于0.7m/s。

（四）物料循环系统性能试验

循环流化床锅炉的物料循环系统已在学习任务一中述及。该系统主要由循环灰分离器、立管（料腿）、送灰器和下灰管组成，其性能对循环流化床锅炉的效率、负荷调节性能及正常运行有着十分重要的影响。因此，必须通过试验检查物料循环系统的效果和可靠性。

试验方法是，先在燃烧室布风板上铺上厚度为300～500mm的床料，床料粒径为0～3mm，其中粒径为500μm～1mm的要占50%以上，若粒径过大，床料颗粒在冷态下不易被吹起，会影响试验效果；起动送风机，并将送风机的风量开到最大，运行10～20min后停止送风，此时绝大部分物料将扬析，飞出炉膛的物料经分离器分离后，立管中存有一定高度的物料；然后起动送灰器，调节送灰器布风管送风量，通过观察口观察送灰器出料是否畅通。依次开通检查左右送灰器后，再调节送灰器布风管的风压和风量，如发现回料不畅或有堵塞情况，则应查明原因，消除故障；然后，再次起动送灰器继续观察回料情况，直到整个物料循环系统物料回送畅通、可靠为止。

对于不同容量和结构的循环流化床锅炉，回料形式可能有所不同。采用自平衡返料方式时，冷态试验只要观察物料通过送灰器能自行通畅地返回到燃烧室即可；对采用自平衡阀返料的，要注意自平衡阀送风的地点和风量，有必要在自平衡阀送风管上安装转子流量计，通过冷态试验确定最佳送风量，并就地监测送风量。必要时可在锅炉试运行阶段对送风位置再做适当调整，以后在运行初始即开启送灰器，保持确定风量不再变动，这样热态运行时可尽量减少烟气回窜，防止在送灰器内结焦。

（五）给煤量的测定

循环流化床锅炉要求给煤机的最小出力应能满足点火的需要。另外，给煤口配有播煤风，一方面可使煤迅速地分布到床层上，另一方面还可防止在该区域形成过度还原性气氛。因此，给煤机单台运行时的最小出力应接近于最低流化条件下床温稳定时所需燃煤量。为测定给煤量，需要对给煤机进行标定，即通过试验测定给煤机电动机转速与给煤量的关系曲线。

对于目前应用较多的螺旋给煤机，由于配有无级调速电动机，控制性较好，可利用称重的方法来进行标定。具体做法是：将煤斗内装满煤以后，起动螺旋给煤机，用一定容积的容器收集煤量，最后称重，同时记下对应于该重量的给煤机电动机转速（r/min）。一般为200～1200r/min，每增加200r/min测定一次。据此，通过换算可以做出给煤机电动机转速（r/min）-给煤量（t/h）的关系曲线。使用称重法测定给煤量时，应考虑煤的密度、水分变化带来的误差并进行修正。

二、循环流化床锅炉的点火起动

（一）点火起动

循环流化床锅炉的点火，是指通过外部热源使最初加入床层上的物料温度提高并保持在投煤运行所需的最低水平以上，从而实现投煤后的正常稳定运行。点火是锅炉运行的一个重要环节。

流化床锅炉的点火方式一般分为四种：

1）由固定床到移动床再到流化床的手动点火方式。多为小型流化床锅炉所采用。这种方法为手动操作，较为简单，无需其他的辅助措施。同时，引燃物较广，木柴、木炭、油或其他可燃的物质，均可用作点火引燃物，这些物品来源广，易获得。同时，手动点火方式较直观，易于实现控制，引燃物消耗较少，点火成本低。为此，有的容量稍大的循环流化床锅炉，如35t/h、75t/h循环流化床锅炉都由燃油点火改为手动固定床点火。

2）由固定床到流化床的手动点火方式。这种点火方式是采用床料翻滚技术进行加热，当底料达到500℃以上时，直接加风使床料流化。这种方式的优点是操作更简便，操作人员少，不易产生局部高温结焦现象。但是，由于在底料翻滚加热过程中，需要快速地频繁启停一次风机，极易造成风机电动机和电器设施损坏。所以一般不宜采用，但在司炉人员不足的特殊情况下，可偶尔使用，一般正常点火升炉采用的单位不多。该方法适用底料颗粒较粗的点火操作。

3）采用流态化燃油自动点火方式。这种方式，是在床上、床下或床上床下均设置有油喷燃器，使床内底料在流化状态下，利用燃油来加热。当底料温度达到新煤着火温度以后，再投入燃煤，逐步退出燃油装置。这种点火方式一般在大型流化床锅炉中设计采用，因为锅炉容量大，床层截面大，投煤和捅火很难达到整个床面，不适宜采用手动点火方式。这种点火方式的优点是：在整个点火加热过程中，床料一直处于流化状态，不易形成局部高温结焦现象。但是，由于在床料加热过程中，床层有大量的空气流过，会带走大量的热量，使燃油消耗量较大，点火成本较高。

4）分床点火方式。分床点火适用于大型流化床锅炉床面，设计成点火分床和工作分床点火操作。其工作过程是利用床料的翻滚加热技术将点火分床底料加热到800℃以上，再利用床料转移技术，将点火分床的高温底料，通过设置在点火分床与工作分床之间隔墙上的窗口（或阀），逐步转移到工作分床，最终建立起整个燃烧室热态流化床。

下面分别介绍这四种点火方式的操作方法。

1. 由固定床到流化床的手动点火操作

流化床锅炉的点火操作，是一项技术性较强的司炉工作，也是整个锅炉运行操作的关键。尤其是电站锅炉，系统调度的计划性和时间性要求相当高，一旦锅炉点火失败，将延迟机组并网时间，造成电网频率、电压不稳，严重时还将影响用户供电。如果形成高温结焦，不但会造成一定的经济损失，同时清炉打焦将是一件十分繁重的劳动。因此，司炉不但要熟练地掌握升炉点火技术，提高点火的成功率，同时在点火过程中，处理、判断、指挥应果断，应掌握好一个原则，“宁可熄火，决不超温”。因为熄火，可以重来，无须清炉，只影响几分钟；而结焦超温，则必须打焦清炉，尤其是高温焦，严重时，需要耗上几小时乃至十几小时。实际上，司炉只要掌握了较全面的专业理论知识，又积累了一定的实践经验，升炉点火完全可以做到百分之百的成功，万无一失。其操作过程如下：

（1）点火前的检查　点火前，燃烧设备应正常完好，这是点火操作的前提条件，关键是：①风帽小眼应畅通；②测温元件应灵敏可靠；③风道、风室不得有大量的积渣；④循环流化床锅炉的循环燃烧系统应完好、畅通，尤其是分离器耐火内衬不能有严重损坏，运行中不能有砖、料剥落的现象发生；⑤返料器内应无异物。

（2）点火前的准备　点火前的准备分为两种：①物质准备；②技术措施准备。技术措施准备是手动点火的关键。点火操作，也可以看成是一场攻坚战，只有知己知彼，才能百战百胜。物质准备，是升炉底料、引燃物、引火烟煤、加热底料用的木炭或木柴。物质准备中，底料的准备最重要，对升炉的成功、顺利影响也最大。底料的厚度一般为200～300mm。底料颗粒不宜过粗，筛分应宽，0～8mm中5～8mm的粗颗粒，不宜超过1/3。颗粒过粗，临界流化风量较高，则点火操作难度较大。颗粒也不宜过细，1mm以下的细颗粒不宜超过1/3，尤其是循环流化床锅炉，流化床风速较高，若颗粒过小，则密度小，不压风，易产生将细颗粒全部带入分离器的现象，点火时也难控制。

技术措施准备，应掌握布风板的特性，升炉底料的特性，风机及调节风门的特性，应做好冷态试验。如布风板阻力较高，临界风量较高，则应选择颗粒较小、密度较小的升炉底料，尽量降低临界风量。如果没有底料选择，就应考虑多准备加热底料的木柴、木炭，使底料加热温度较高，尽量提高底料的温度来降低底料的密度，降低临界风量。同时，在点火的前期操作中，尽量以较高的风量，使底料由固定床尽快转入流化床。由于底料温度较高，在前期加风的过程中，不会造成底料吹熄的现象。再如风门关闭不严时，一次风可以蒙塑料布，引风可以打开烟道门，用烟道门的开度大小来调整炉膛负压。在技术措施准备中，除了要掌握好设备和物料的性能外，还应考虑好在升炉过程中，遇上超温、熄火的偶发情况时，应采取什么样的措施来挽救，并尽量使底料温度在整个点火操作中能平稳地加热升高，并自如地控制其升降。如有的在点火操作中，为了做到底料加热均匀，不发生局部高温结焦，在由固定床到移动床的点火阶段，使用长铁钩在整个床面上用力拌和底料。这种操作实在太费劲，搞不好还适得其反。最好是在炉门处准备好足够的引火烟煤和素炉灰，点火时，底料尽量减薄，降低料层阻力和临界风量，同时便于底料加热升温，这样可以一边点火升温，一边往炉内添加底料，用素炉灰底料来控制底料的温升速度，使整个点火升温既平稳，又轻松。当温度升高时，投底料，温度降低时，投引火烟煤，这样点火的温度完全在司炉的控制之中，不可能超温，也不怕熄火。

（3）点火操作　由固定床过渡到流化床的手动点火操作过程一般分为三个阶段，即炭火制备阶段、底料加热升温阶段和正常运行前的调整控制阶段。

1）第一阶段的操作有：

① 打开炉门，向炉内投入升炉底料，然后关闭炉门，开启引、送风机，一边将底料吹干、吹平整并将底料中的颗粒拌和均匀，同时对锅炉进行升炉前的通风。

② 停下送、引风机，在底料上铺设木柴或木炭，用引燃物、油类或木屑将木柴或木炭引燃。在燃烧木柴、木炭的过程中，最好不要起动引风机，只开启调节风门，以免抽力过大，造成不必要的热量损失，有利于对炉墙及底料的预热。

③ 当木柴燃尽全部形成炭火以后，以及木炭已经燃透时，将未燃烧的木柴、木炭用铁钩耙出炉外，将炭火耙平，尽量均匀地覆盖在整个床面上。调整好热电偶的测温位置，关闭风门，起动引风机，维持炉膛微负压，同时往炭火表面上撒上一薄层引火烟煤。点火升炉操作进入底料升温的第二阶段。

2）第二阶段的操作有：

① 起动一次风机，微开风门，使床内底料有少量气流通过，但不宜过大，以免底料过早沸起，将炭火盖灭。最好是用塑料布蒙风机，这样有利于对风量的调节和控制。开始往炉内送风时，一定要做到使底料均匀地膨胀，看不出底料的大面积跳跃状态。

② 由于炉内开始供给空气，炭火燃烧加剧，将逐步引燃引火烟煤和加热底料。这时应注意保护炭火层的稳定，如果出现局部温度过高的白亮直线火苗，可用长铁钩将该处底料松动，消除直线火苗。但不可用力在整个床面上大幅度搅拌，以免破坏炭火层和延长升炉时间。如果床面上产生飘浮不定的蓝色火苗或浓烟，说明底料在升温，引火烟煤开始着火。

③ 随着底料温度的升高，底料颜色由暗转红，可逐渐加大送风量和添加引火煤，使底料逐渐由固定床转变为移动床，再由移动床转变为流化床。如果发现火色由红转暗，或温度显示仪表温度上升的速度转慢时，应及时减小送风量，使温度回升。如果底料温度上升较快，火色发亮时，应及时大幅加风，尽快降低温度，防止局部高温结焦，用流化风速将高温底料吹散，防止互相黏结。

④ 当底料温度达到600℃以上，底料已经开始流化，火色也已为橘红色时，开始向炉内给煤，但量不宜过大，主要以手工投煤来控制温度，同时可往炉内添加底料，在尚未达到临界风量之前，应注意用铁钩适当耙动床底尚未完全流化的粗颗粒，随着温度升高，逐渐加大送风，使底料完全流化。这时应注意控制炉温上升速度，养厚底料，调整好给煤量，逐步停止手动投煤。

⑤ 当底料已经达到预定的厚度300mm左右，且炉温已经稳定在800℃左右，床内又没有沉积的粗颗粒和焦块时，且底料全部流化，即可关闭炉门，转入表盘控制，点火升炉操作进入流化床运行调整控制的第三阶段。

3）第三阶段的关键是要控制好给煤量和逐步加大送风，使风量达到冷态临界风量，使送风量稳定，依靠给煤量来控制炉温。如果升炉较快，时间短，没有升炉投料养料控制炉温的过程，关闭炉门后，在加风超过临界风量时，由于炉内未燃完的炭火以及过多的投煤，或机械给煤量过大时，将会使炉温有一个大幅上升的过程，这时，可采取短期大量增加送风，控制住炉温的上升势头，一旦数字表温度上升速度减缓时，就应及时将风量降到稍高于临界风量上运行。给煤量也可以采取断续停止给煤的方式来控制，尽量使炉温、一次风、给煤量处于稳定状态。对于沸腾炉，如果放渣顺利，无大焦块，其点火升炉即可宣告成功，转入升压操作。

对于循环流化床锅炉，还应做好循环燃烧系统设备的投入，其步骤如下：

1）当循环流化床锅炉燃烧室炉温稳定在900℃左右时，即可将返料器的放灰门打开，开启流化风，将分离器分离的冷循环灰排出炉外。当见到红灰排出时，即可停止排灰，向流化床密相区返料，注意炉温的变化。如果炉温下降，可适当关小返料器流化风，减小返料量，或打开放灰门继续向炉外排灰。待炉温回升时，再逐步打开返料风。当返料风开完，或返料已经正常，且炉温也已稳定时，可起动二次风机，向燃烧室投入二次风。

2）锅炉刚起动，炉内燃烧尚不十分稳定，炉墙温度也较低，在投入二次风时，应注意二次风量不宜过大，流化床燃烧温度尽量稳定在900℃以上，不宜过低。起动二次风机后，应注意炉温变化，如果温度下降过低，应及时停止输送二次风。一般炉温不宜低于800℃。

3）在升炉过程中，当投入二次风、投入返料器，造成炉温急剧下降，低于800℃时，应及时、果断地采取热状态压炉措施，用闷火的办法提升底料温度，一般闷火时间为15min左右，同时打开炉门，查看底料火色，如底料转红，可投入少许烟煤，关闭炉门直接起动。如果底料无红色，温度较低，可添加木柴、木炭，重新加热底料，重复上述点火操作程序。但在重新起动时，应注意用长铁钩检查靠近风帽下层的底料是否在闷火时有局部超温结焦的现象。循环流化床锅炉的点火操作，只有当返料器、二次风已经投入，且整个循环燃烧系统已经趋于稳定且排渣排灰正常时，才算点火升炉成功，升炉操作进入升压阶段。

2. 由固定床直接到流化床的点火操作

由固定床直接到流化床的点火操作，其特点是利用底料的翻滚加热技术来达到加热底料的目的。其升炉过程较简便，需要投入的人力较少，不易产生底料加热过程中的局部高温结焦现象，适用于中小型流化床锅炉的手动点火升炉操作。其操作方法如下：

（1）制备炭火　当升炉前的检查准备工作就绪以后，即可往流化床内投入升炉底料，升炉底料可分两次以上投入加热。例如，升炉底料为300mm厚，一次可投入100~150mm，尽量均匀覆盖整个流化床布风板。但无须将底料流化吹平，以免在底料流化的过程中形成底料颗粒的粗细分层，不利于对底料中粗颗粒的加热。投入底料后，即可在底料上铺木柴或木炭，并引燃木柴和木炭，制备炭火，同时加热底料和炉墙。在制备炭火的过程中，打开引风门，自然通风，但不宜起动风机，以免造成大量的热量被引风抽走，不利于底料的加热。当木柴已经燃透，全部形成炭火，或木炭已经全部着火，形成红炭火时，在炭火上投入少量引火烟煤，即可采用底料翻滚加热技术。

（2）底料翻滚加热　关闭炉门，微开一次风机风门，风机进口无须蒙塑料布，起动一次风机，用流化风速将底料快速流化翻滚，使炭火、烟煤及底料混合均匀。立即停下一次风机，打开炉门，查看底料是否流化吹平以及底料的加热情况。这一过程与固定床到移动床再到流化床的点火操作完全相反，前一种点火方法在底料加热时，不允许底料过早流化将炭火盖灭。而后一种方法则要求用流化风速将底料吹起，与炭火混合。前一种点火方法，在底料加热过程中，使底料的加热由表面（与炭火接触的表层）逐步扩展到底层。而后一种是利用流化翻滚技术，使底料的表层和底层同时加热。如果第二种点火方法底料太厚，炭火层过薄，当底料翻起来后，很容易造成流化床下部低温底料将炭火盖灭。因此，最好采取分几次制备炭火、加热底料的操作方法。

（3）第二次底料翻滚加热　当底料经过第一次翻滚加热以后，停止风机打开炉门，再往炉内投入底料，同时在底料上再铺上木柴、木炭引燃制备炭火和继续加热底料和炉墙，重复前面的操作过程，进行第二次底料的流化翻滚加热。一直到底料温度达到600℃以上，即底料已呈橘红色，且整个床面火色基本均匀为止。

（4）直接流化起动　关闭炉门，关闭送、引风机风门，起动引、送风机，调整风门，将风量风速调整到临界流化风量，使底料直接由固定床转为流化床，并维持炉膛微负压。起动给煤机，向炉内给煤，注意给煤量不宜过大。根据炉内温度的变化来调整一次风量和给煤量。当起动一次风机以后，随着风量的逐步增加，底料将逐步由固定状态转为流化状态，底料温度也随着逐步升高，这时，应调整好风煤配比，稳定好流化床的燃烧，将床内燃烧温度控制在900℃左右。

起动风机后，一般会出现以下两种情况：

1）在底料翻滚加热时，炭火不足，底料加热不够，当转入流化状态时，流化空气瞬间带走大量的热量，使底料温度由一次风机刚起动时的逐步上升很快转为下降，新煤由于得不到足够的热量加热，而无法正常着火燃烧。如果炉温下降速度较快，低于800℃时，应果断地停止给煤，停止送、引风机，压火停炉。并打开炉门，检查炉内底料火色，如果底料逐步转红，可适当往炉内投入少量引火烟煤，重新起动风机，维持炉内微负压，当炉温上升以后，再根据底料温度的上升速度，逐步增加一次风量，且不可增加过快，不要使底料过早流化，尽量利用一次风和风门关闭不严的漏风，使底料由固定床转为移动床，再由移动床转为流化床。只有当床温升到600℃以上时，才可往炉内给煤。如果燃用无烟煤，则应使炉温升到800℃以上，且底料已完全流化，才能向炉内给煤，并调整好风煤比，尽量控制在稍高于冷态临界流化风量下燃烧运行。如果压火停炉后，底料温度没有回升的迹象，且用铁钩检查，也无局部高温结焦的现象，则可向炉内投入木炭或木柴重新加热底料。

2）由于底料在翻滚加热时，炭火较足，同时投入了过量的引火烟煤，在起动风机后，炭火和引火煤迅速燃烧放出大量的热量，底料温度将会快速上升。这时，应果断地停止向炉内给煤，并迅速增加一次风量，依靠短时大量供给低温空气以降低炉内底料温度，避免发生超温结焦事故。一旦炉温稳定，或开始下降时，应及时投入给煤，并迅速减小一次风量，尽量控制锅炉在稍高于冷态临界风量下运行。待炉温稳定以后，再投入细灰循环燃烧系统和二次风，其操作方法与第一种点火方法一样。

此种点火方法，在底料翻滚加热过程中，应注意既要使底料有足够的炭火，底料加热温度较高，又不至于炭火及引火煤过量，以致当起动风机升温时，过量的炭火及引火烟煤短时间剧烈燃烧放热，造成底料温度无法控制而超温。再就是在底料加热时，尽量分为多次制备炭火。避免在短时间内连续翻滚底料，使风机电动机在短时间内连续遭受巨大的起动电流的冲击，致使电动机损坏。

3. 底料流态化燃烧加热点火操作

此种点火操作方法，是在底料处于流化状态下，起动燃油喷燃装置对底料加热的一种升炉方法，一般在大型流化床锅炉上采用。根据喷燃装置的设置位置，又分为床上加热，床下加热，或床上、床下混合加热等方式。但其点火升炉的原理及操作基本相同。

1）点火前的准备。

① 起动引、送风机，对炉内进行通风和置换。通风时间不少于5min，其目的是通过通风将炉膛及烟道内的废气，尤其是CO等可燃气体排出炉外，置换成新鲜空气，以免在投入喷燃器时发生可燃气体爆炸。同时，又检查和调试了送、引风机及风门装置。

② 起动油泵，检查油箱油位及油压。

③ 试验喷燃器点火装置，检查其是否能自动点火，或油枪点火。检查喷燃器或油枪能否顺利投入和退出。

④ 向炉内投入升炉底料。

2）起动引、送风机，调整风门开度，使底料在冷态临界流化风量下呈流化状态，维持炉内微负压。

3）投入喷燃器，调节火炬，尽量能均匀覆盖整个床面，利用燃油温度来加热底料。注意监视喷燃器的燃烧及油压。如果喷燃器点火失败，不能立即重复点火，以免发生燃油爆燃事故。这时，应在引、送风机运行的状态下，间隔至少5min，才允许重新点火。对于采用床下点火的，应控制燃烧的温度不超过900℃，以免烧坏风帽。

4）当底料温度升至600℃以上时，才能投入给煤。燃用无烟煤时，炉温应达到800℃以上，才宜投入给煤。

5）当新煤着火以后，随着炉温的升高，逐步退出喷燃器，完全由给煤来维持燃烧温度。如果退出喷燃器后，炉温下降应重新投入喷燃器，提升床温，并注意减小给煤量。同时，应注意检查底料的流化风量是否正常。如果底料颗粒过粗，密度较大，流化风量过低，靠近风帽处的粗颗粒流化质量欠佳，给煤后，粗颗粒沉于床层底部，沸不起来，未能正常燃烧，只有一部分细颗粒沸在床层上部燃烧，这样，虽然给煤量较大，但实际参加燃烧的燃料量不大，燃烧放出的热量不多，当退出喷燃器后，床温将逐步下降。这时，应注意适当增加一次风量，改善流化质量，使粗颗粒燃料也能沸起，参加正常燃烧。当燃烧温度已经能控制在900℃左右，喷燃器已全部退出时，即可投入循环燃烧系统和二次风。

6）由于锅炉刚点火升炉，炉墙温度不高，在升炉过程中，对炉墙的加热，需要吸收大量的热量。这时，底料也不厚，升炉时一般只有300mm左右，床层蓄热量较小，在投入循环灰时，大量的冷灰涌入床内，会吸收大量的热量，使炉温降低。这时，应根据炉温降低情况，来调整返料量。当炉温低于800℃时，应停止返料，可向炉外排放，待炉温回升时，再投入。当炉温低于700℃时，可重新投入喷燃器，提升床温。

7）投入二次风时，同样应注意炉温的变化，如果炉温下降较快，应及时停止二次风。待炉温回升以后再重新投入。

8）在投入脱硫剂时，也应注意床温的变化。因为脱硫剂在炉内只发生化学反应，以控制SO_2的生成，其本身并不燃烧放热，相反还要吸收大量的热量，在投入时，应逐步增加，以免引起床温大幅度波动。

9）当炉内燃烧已经正常，循环灰、二次风、脱硫剂都已投入，床温已经稳定在900℃左右，且排渣、排灰畅通时，即可将燃烧的调节控制由手动控制转为自动控制，点火阶段结束，锅炉进入升压阶段。

4. 分床点火方式及其操作

对于大型流化床锅炉，由于床层面积较大，一般采用分床点火方式，即将整个流化床面分隔成点火分床和工作分床，在点火分床与工作分床之间的隔墙下部，设置有床料流通窗口，通过床料的翻滚和转移技术，将点火分床的高温床料逐步由隔墙窗口流入工作分床。其操作步骤如下：

1）点火前的检查和准备与流态化点火方法一样，不同的只是点火分床的底料较厚，一般在400～600mm，而工作分床的底料较薄，一般在200mm左右。以将隔墙下的流通窗口密封为原则，同时，工作分床的底料可掺入一定量的引火烟煤，但其可燃物的含量不得超过5%。

2）点火时，用点火分床点火，点火分床的一次风调节门开启，而工作分床的一次风调节风门呈关闭状态。

3）让点火分床的底料通风流化，并投入喷燃装置，加热底料，其他工作分床的床内不供给一次风，底料呈静止状态，这时虽然点火分床的底料呈流化状态，但工作分床没有供风，静止的底料将窗口堵塞，点火分床的底料不能流入到工作分床。

4）待点火分床的底料温度加热到正常温度，并投入给煤，退出喷燃器能正常工作后，再打开工作分床的调节风门，使工作分床的底料流化，这时窗口由于底料的松动而被打开，点火分床的高温底料流入工作分床与低温底料混合，并加热。

5）由于点火分床的料层厚、风压高，而工作分床的料层薄、风压低，点火分床的床料是依靠两分床的压差转移到工作分床的。为了确保点火分床的燃烧正常，避免底料在短时间内大量涌入工作分床，造成点火分床的风煤比失调，应随着床料的转移，逐步减小点火分床的流化风量和给煤量，维持点火分床的正常燃烧和流化。同时，对工作分床的流化风量，应尽量采取断续送风的措施。即当打开工作分床的送风门时，床料流化，点火分床的床料流入工作分床；当关闭工作分床的送风门时，床料静止，窗口关闭，停止点火分床的床料进入。这样，既可防止点火分床的床料在短时间内大量涌入工作分床，而使点火分床失去稳定，又能使工作分床的床料，在不断地翻滚流化中，与进入分床的高温炉料均匀混合加热，还可以减少工作分床在流化中被流化风带走的热量。

6）在断续的翻滚流化加热中，当工作分床与点火分床的床料达到一致时，即可建立起工作分床的正常流化质量。当床料温度达到600℃以上时，可正常给煤，调整好燃烧，投入正常运行。如果设置有两个以上工作分床，按上述操作，使工作分床和点火分床的床料，逐步转移到其他工作分床，最终建立起整体一致的床层工况。

7）当建立起稳定一致的床层流化燃烧工况以后，再依次投入各分床的细灰循环燃烧系统和二次风及脱硫剂系统。

8）当各系统工况均已稳定后，再将燃烧调整由手动控制转入自动控制。

除了上述点火方法以外，还有少数利用热烟点火和邻炉高温底料点火的。热烟点火是将热烟发生炉的高温烟气通过热烟输送装置引导到点火炉的风道，经过风室、风帽与床料混合流化加热。邻炉高温底料点火是将正在运行中的流化床底料，放一部分投入到点火炉作为升炉底料；或在两炉之间设计一床料转移通道。如同分床点火原理一样，将运行炉内的床料，转移一部分到点火炉作为升炉底料点火升炉。这样，可省去点火加热底料的时间。以上两种点火方式的原理及操作过程，基本和前面所述一样，在此不再重述。

（二）点火升炉的注意事项

流化床锅炉的点火操作不仅技术性较强，而且是锅炉能否投入正常运行的关键。同时，整个点火操作过程，需要众多人员一起协作才能完成，并不是取决于某一个人的行为。即使个人技术再强，一旦配合协调不一致，也会导致点火失败。为此，应在整个点火升炉过程中，注意做好如下几点：

（1）技术过硬　负责点火升炉工作的，应该由技术过硬的主司炉担任，或者由一名技术过硬、具有一定丰富经验的司炉负责监护指导，确保点火升炉成功。尤其是按照电网调度指令，担负并网发电责任的电站锅炉，更应如此。

（2）统一指挥　点火操作的各项工作，都是围绕锅炉的燃烧状况来展开的，因此，负责点火升炉的炉前指挥是关键，一切操作，都必须听从他的调度，其他任何人不得随意指挥。有关的操作人员，也不得随意接受炉前指挥以外的其他人员的指令。就是其他人员有正确的意见，也必须通过炉前指挥来实施。否则，整个操作就会打乱仗，导致升炉失败。

（3）训练有素　点火升炉的现场，机械转动声响较嘈杂，一般通过声响语言很难达到传递指令的效果，有时甚至无法听见。容量稍大的锅炉，一般都有几个操作层面，炉前、控制室、风机房往往不在一个操作层，中间还需要一个甚至几个人来传递指令信号。并且，每个人对同一个指令的理解程度也很难一致。如锅炉点火初期的低温阶段，对一次风的调节非常敏感。如指令要求增加一点一次风，这一点的量究竟有多大，是很难有一个准确界定的。因此，对点火过程的关键操作，应事前做到训练有素，使相互之间的配合尽量做到协调一致。如采用从固定床到移动床再到流化床的手动点火操作，负责一次风机调节风量的操作人员和炉前指挥，在做点火前的冷态试验时，应进行多次现场演练，确保调节一次风量时，底料从固定床到移动床再到流化床能缓慢平稳。避免开大风门或揭塑料布时，因动作幅度过大，开风过猛，底料瞬间从固定床直接转为流化床，底部冷料突然翻起盖灭炭火，延长点火时间。或因炭火来势过猛，一次风量加风速度过慢，形成高温结焦，造成点火失败。再如手势指令的训练，如拳回四指，伸起拇指摆动，表示增大风量，摆一下，表示增加一次；拳起四指，伸起小指摆动表示减小风量，摆一次表示减小一次；一手拳起四指，伸直食指，在胸前食指与另一只手的掌心垂直相交，表示停止操作。对于一个单位，至少在一次操作过程中，应使用一种统一的手语，而且在场的有关操作人员都应该统一训练。

（4）操作得当　所有的司炉，都应熟练地掌握司炉的基本功，如投煤、拨火、调风。不论锅炉容量大小，自动化程度的高低，这些手动基本操作在点火升炉过程中都少不了。如果基本功扎实，操作得当，不但能操作到位，保证点火操作的成功率，同时也在点火操作中，能做到轻松自如和省力。如点火时投引火烟煤，应做到少而勤、散而匀、快而准。即一次投煤量应少，多投次数；煤应投得散，在床面上各点分布应均匀；投煤应动作快，投得准确，投到底料温度较高的地点，以利引燃。对于拨火操作，床面较大，底料加热很难均匀一致，对于局部温度较高的地点，应用长铁钩松动该处的床料，加强通风、散热，以免黏结。如铁钩过长，质量大，必须利用炉门砖作为杠杆支点，以省力，否则很难钩到离炉门较远的床面。即使钩到，操作起来也十分费力。对于调风，用手直接揭塑料布，或调风门调节杆时，调节幅度不宜过大。指令下得慢，说明底料温度不高，风量不宜大，动作幅度应更小；如指令下得快而急，说明火势来得快，温度较高，动作幅度也宜大，动作也应快，使一次风量增加较快。采用远距离电动调节风门开度时，应采用点动，使风量平稳增加或减小。

（5）判断准确　炉前指挥对炉内的床料加热燃烧状况，应能判断准确。有丰富经验的司炉，一般都能根据火色来判断燃烧的温度。在点火初期，床料尚处在固定床或移动床阶段，热电偶还不能准确地反映底料的温度。有的司炉在点火制备炭火层和底料未流化之前，或关闭炉门以前，热电偶呈退出状态，完全依靠观察火色来指挥点火升炉。只有关闭了炉门，转到表盘操作时，才投入热电偶，依靠仪表显示来监控调整。因此，能否准确判断，及时指挥，是点火升炉的关键。一般底料温度在500℃以前呈暗色，但可以根据投入的烟煤着火情况来判断底料温度，如果投入烟煤后，床面形成浓烟，说明床温在200~300℃之间，当床面出现蓝色漂浮不定的火苗时，说明床温在300~400℃之间。当床料出现暗红色时，床温已达400~500℃，当床料呈桃红色时，床温已达500~600℃，挥发分较高的烟煤已能着火燃烧。表盘可以起动给煤机适当给煤，减少炉前投煤量。当床料为橘红色时，床温已达700℃以上。当床料为红色且耀眼时，床温已达到950℃以上。当床料火色发亮发白时，床温达1000℃以上。当火色由红转暗，并发灰时，床温已经较低。当低温移动床阶段床料下面冒出直线火苗，说明该处下部床料温度较高，一定有黏结的小焦块，应伴以铁钩松动，以防结成大焦块。如果出现床面温度不均匀，部分床料较红，而其他床面床料为暗色，且静止不动时，应投烟煤至红料处，稳定该处温度，并辅以铁钩松动，将红料往温度低处赶，温度低的床料往温度高的床料处赶。让床温逐步扩展，直至整个床面。但应注意不能操之过急，大幅度扰动，以免破坏温度较高床面的稳定燃烧，适得其反。

（6）处理果断　当情况危险时，不能犹豫，如床温快速上升时，应谨防超温结焦，果断指挥大幅度增加一次风量，及时停止给煤，宁可熄火重来，也不能出现超温结焦。当炉温下降幅度较大时，应及时停炉压火，这样可以利用炉墙的温度来加热底料，闷一段时间，待床料温度回升时，又可重新起动，缩短升炉时间。但注意用铁钩检查下部底料在闷炉时，是否产生局部高温焦块，如有，应及时清除干净。

单元二　循环流化床锅炉运行调整

一、循环流化床锅炉的运行调节与控制

循环流化床锅炉从点火转入正常给煤后，运行操作人员就要根据负荷要求和煤质情况调整燃烧工况，以保证锅炉安全经济运行。

由于循环流化床燃烧方式中物料循环系统的性能与受热面的传热和燃料燃烧密切相关，所以循环流化床锅炉的燃烧调整运行与其他锅炉完全不同。

根据循环流化床锅炉工作过程的要求，在设计和运行时要着重考虑两个问题：一是热量平衡，二是物料平衡。这两个问题决定了燃烧份额的分配，从而决定了循环流化床锅炉燃烧室的各部分热量产生和吸收的平衡温度水平。

正如前述，循环流化床锅炉燃烧室大体上可分为两个区域：一个是下部密相区，另一个是上部稀相区，稀相区的空隙率远大于密相区。煤燃烧过程释放的热量也分成两部分：燃料全部进入下部密相区，首先是挥发分析出并立即着火燃烧；随后固定碳逐步燃烧，即粗颗粒炭燃烧发生在密相区内，而细颗粒焦炭会有一部分被夹带到稀相区进一步完成燃烧过程。由于空气是从炉膛不同部位（高度）分段送入的，一次风量从床底部风室由风帽进入密相区，只要在保证料层流化质量的前提下，控制一次风占总量的比例，就可以使密相区处于还原性气氛，炭颗粒不完全燃烧形成 CO，CO 在炉膛上部与二次风混合进一步燃烧变成 CO_2，这样可以改变密相区的燃烧份额，使炉膛上部也保持较高的温度水平，从而有利于细炭颗粒的燃尽。显然，燃烧份额的分配主要取决于煤的筛分性质，挥发分的高低和一、二次风的配比。煤越细，挥发分越高，一次风比例越小，则稀相区的燃烧份额越大，密相区的燃烧份额相应越小。对于给定的燃料，为了满负荷稳定运行，一般希望 0～1mm 粒径煤颗粒的份额达到 40% 以上；挥发分越低的煤，0～1mm 粒径的煤颗粒所占比例应越大。在燃料的筛分性质和煤质确定的条件下，一次风量对锅炉的运行调整有很大的影响。

密相区的热量平衡关系是：

煤燃烧所释放的热量 = 一次风加热形成热烟气带走的热量 + 四周水冷壁吸收的热量 + 循环灰带走的热量

计算表明，这三部分热量中，一次风加热形成热烟气带走的热量最大，四周水冷壁吸收的热量最小，循环灰带走的热量居中。对带埋管的低携带率循环流化床，埋管吸热量与一次风加热形成热烟气带走的热量相当。当密相区的燃烧份额确定以后，对于给定的床温，一次风所能带走的热量及密相区四周水冷壁受热面所能带走的热量也就确定了，为达到该床温，所需要的热量平衡就是循环灰带走的热量。循环灰带走的热量是由循环灰量及返回密相床的循环灰温度所决定的。循环灰量越大，循环灰温越低，即与密相床的温差越大，循环灰能带走的热量也就越大。因此，运行中还需考虑循环物料的平衡问题。物料循环系统的主要作用是将粒径较细的颗粒捕集并送回到炉膛，使密相区的燃烧份额得到有效的控制，同时提高主回路中受热面的传热系数。显然，物料循环的质量和数量与主回路中的流动、燃烧和传热都

有直接关系。通常，循环灰量是由锅炉设计采用的物料携带率决定的，而后者又是由煤的筛分特性、石灰石破碎程度与添加量、炉膛的设计风速以及循环灰分离器类型等所决定的。循环灰温则受锅炉结构的制约，如采用中温旋风分离器，回灰温度在400~500℃之间，而采用高温旋风分离器，回灰不加冷却，则循环灰的温度与床温相当。

循环流化床锅炉运行的负荷调节，以床温为主参数进行，负荷调节手段主要是改变投煤量和相应的风量。运行时应根据煤种、脱硫需要确定适合的运行温度。为使锅炉能稳定满足负荷要求运行，必须调整燃烧份额，使炉膛上部保持较高温度和一定的循环量。负荷变化时通常仅改变风量和风比以及给煤量。

循环流化床锅炉变负荷过程中床温的正常范围是760~1000℃，视锅炉设计和煤种而异。当达到预期的蒸汽流量时，则应将床温调整到额定运行温度。在所有情况下，都应确保送风量与投煤量的合理匹配，以保证炉内氧浓度处于适当水平。

循环流化床锅炉燃烧系统运行中，送风量和一、二次风配比以及料层高度与料层温度等是重要的运行调节参数。下面分别加以讨论。

（一）锅炉运行负荷调节与控制

1. 床温的调节与控制

流化床锅炉的燃烧比层烧炉和煤粉炉要复杂，影响的因素也较多，尤其是循环流化床锅炉，除了燃烧室的流态化燃烧过程外，还有细灰的循环燃烧过程，因此，流化床锅炉的燃烧，较其他炉型难控制。一般循环流化床锅炉的燃烧是通过对流化床密相区温度的控制来实现的。

（1）床温的控制　正常运行时，流化床温度一般控制在850~950℃之间，最高不超过1000℃，最低不低于800℃。流化床锅炉一般设置有沸下、沸中、沸上、炉膛出口及返料器等多个炉温测点，主要监控温度是沸下，即流化床密相区的燃烧温度。

一般煤中灰分的变形温度在1200℃左右，为了防止燃烧超温结焦，床温一般不超过1000℃，根据有关实验数据，燃烧脱硫的最佳温度在900℃左右，同时，该炉温下燃烧产生的NO_x气体也最少，因此，床温一般控制在850~950℃之间。为了防止高温分离器金属材料的变形损坏，炉膛出口温度也不宜超过900℃。

（2）影响床温的因素　影响床温的因素主要有给煤量、一次风量、二次风量、料层厚度、循环灰浓度、脱硫剂的给料量、给水流量及蒸汽流量等。锅炉正常运行时，供汽量稳定，如果风量不变，给煤量减少，炉温降低。给煤量不变，风量增加，炉温也下降。当给煤量及风量稳定，冷料增多，料层增厚时，炉温下降，循环灰浓度增大，返料量增大，从流化床带出的热量增多，炉温下降。供给的脱硫剂量增大，吸热量增大，炉温下降。蒸发量增大，给水量加大，传热量大，炉温下降。

（3）风煤比的调节　对流化床温度的控制，主要通过调节风煤比来实现。当风与煤的配比适当时，可获得较稳定的燃烧温度。当风量不变、炉温下降，说明给煤量偏小，或是煤质变差，可燃物含量减少，这时应加大给煤量，直至炉温回升和稳定在控制范围。如果供汽负荷增加，蒸汽流量增大，吸热量增多时，应达到稳定的热平衡关系，增大放热量，加强燃烧，这时在加大给煤量时，应同时加大送风量，使风和煤的配比，达到新的平衡。相反，当供汽负荷减小时，吸热量少，放热量大于吸热量，床层有多余的热量，炉温会升高，这时应适当减小给煤量，同时减小送风量，减弱燃烧，降低炉温。

(4) 床温的调节方法

1) 前期调节法。即是在炉温可能下降，如蒸汽流量、给水流量增加，但炉温尚未显示下降时，提前加大给煤量和送风量，使风和煤达到新的配比关系，加强燃烧，建立新的热平衡关系，使炉温相对稳定。这种调节方法需要打提前量。如生产车间增加用汽量，蒸汽流量最先反映出锅炉运行工况的变化，司炉可根据蒸汽流量的变化，预见燃烧工况的必然变化，进行提前调节。又如燃烧的变化，当给煤量较少，参加燃烧的可燃物相应减少，而可燃物中，挥发物的燃烧，比固定碳的燃烧反应要快得多。而挥发物主要集中于流化床上部燃烧反应。那么布置在流化床上部的温度测点应最早反映出床内燃烧工况的变化。一般使用烟煤的流化床锅炉，沸上温度应比沸下较早反映出炉温的变化。这样，在正常运行时的炉温调节控制中，选择一个较灵敏、最早反映炉温变化的温度监控仪表来作为调节的参照表，提前调节风和煤的配比，使燃烧相对稳定，炉温的波动幅度较小。

2) 短期大量追加给煤调节法。该方法多使用于锅炉发生断煤故障，以及在升炉点火过程对给煤量不掌握的情况下。当锅炉正常运行中突然发生断煤故障时，为了避免发生床温大幅度的下降，在不掌握断煤量的情况下，在短期内将给煤量从断煤前的给煤量加大一倍甚至几倍，然后又恢复到断煤前的给煤量。时间一次为几秒钟，可反复几次追加，直到床温回升时为止。如果床温回升到原来的正常温度，仍继续上升，说明追煤过量，这时可采取相反的方法，短期内大幅减少给煤量，使床温逐渐趋于稳定。

在对给煤量心中没有底时，该方法可防止因给煤过多，一旦恢复正常燃烧时控制不住炉温，而导致超温结焦。

3) 折中调节法。此方法适用于床温不稳时，尽快找到最佳给煤量，以稳定床温。当床温下降时，假定将给煤机转速从床温下降前的100r/min，加大到140r/min；此时，因加煤量过大，床温会逐渐回升，当床温回升超过下降时的温度值时，可将转速从140r/min减小到120r/min；当床温回升减煤后又再次下降时，说明给煤量仍过小，此时可再将转速从120r/min增至130r/min。如温度再次回升时，又可将转速减至125r/min。如此取140与100，120与130的平均值，即中间值选择调整，使给煤量逐步与最佳风煤配比值重合，使床温趋于稳定，燃烧稳定。

(5) 床温的自动控制　对于小型工业流化床锅炉，大部分对床温采用手动控制，容量稍大的电站流化床锅炉才设计有床温与给煤的串级调节系统。即给煤调节器根据热电偶测定的床温变化信号来调节给煤量，从而达到对床温的自动控制。对于大容量的电站循环流化床锅炉，床温的控制除了与给煤量串级外，还有与一次风、二次风、播煤风、床底灰冷却器流化风组成互为函数关系的自动控制系统。

2. 风量的调节与控制

流化床锅炉在正常运行时，运行风量的控制一般为每吨蒸汽1000m^3/h，如果供热负荷稳定，风量一般较稳定，很少调节，一般都是通过对给煤量、床料厚度和循环灰浓度的调节来控制床温和燃烧。对风量的调节，一般用于点火升炉，变负荷运行及异常情况。如点火时，需要调节风量建立正常的流化工况；当增加供汽负荷时，需要加强燃烧，建立新的风煤配比关系，增加风量；当因断煤床温大幅度降低时，为了减少一次风从床内带出的热量，稳定床温，需要大幅度减少风量等。风量是流化床锅炉正常运行的一个关键参数，运行中应严密监控和调整，以确保锅炉安全稳定运行。

(1) 一次风的调节与控制　流化床锅炉的一次风的作用，主要是建立密相区的正常流化质量和供给较大颗粒燃料的燃烧空气量。同时一次风的调节使用，还影响着密相区、稀相区的燃烧份额比率，以及循环灰浓度等。

锅炉正常运行时，风量应稳定在正常的流化风量，对于不同厚度的床料，流化风量值也不一样，一般在升炉前冷态试验确定，锅炉运行时以冷态试验时的数值对照调整。由于冷态时的床料密度大，需要的流化风量也较大，热态时可以适当进行修正。修正办法是在冷态试验时的临界风量和最大运行风量之间选择最佳值。在负荷不变的情况下，稳定床料厚度，调小一次风量。如果给煤量不变，床温升高，说明原来的一次风量过大，在减小的一次风量下运行，要稳定床温不变，则可以减少给煤量，取得较经济的运行效果。如床料厚度不变，增大一次风量，床温相应升高，而给煤量不增加，则说明原来运行风量过低，密相区呈贫氧运行。这时，虽然不增加给煤量，仍可提高床温，增加传热，提高蒸发量，多带负荷，提高锅炉的热效率。

运行中，一次风量不能过大。如运行风量过大，虽然能保证一定的床料流化质量，但过量的空气会增加锅炉排烟热损失，降低锅炉热效率。同时，流化风量过大，风量过高，会增大流化床密相区细颗粒的带出率，改变循环流化床锅炉密相区和稀相区之间的燃烧份额比率。对于沸腾炉，过大的流化风速，会增大飞灰量和飞灰含碳量，对运行极为不利。

一次风量在锅炉异常情况下，也不能低于冷态临界风量，如点火初期的低风量、薄料层运行阶段。尤其是对于燃料粒度较粗的锅炉，由于风量太低，很容易形成给煤口粗颗粒堆积，导致局部流化质量不良而发生结焦停炉事故。对于燃用无烟煤的锅炉，由于升炉初期运行风量过低，颗粒又较粗，流化质量较差，新煤着火温度又较低，很容易形成大量追煤后因局部堆积而超温结焦。在故障情况下，一次风量的调节，也应注意流化风量不宜低于临界风量。锅炉正常运行时，静止床料较厚，其临界流化风量也较高，在发生断煤床温大幅度降低的故障处理时，流化风量一定要高于对应床料厚度的临界风量，不能按升炉时底料厚度的临界风量来操作。在减风提升床温时，应注意最低运行风量应高于事故时床料厚度的临界风量。尤其是在低温压火闷炉后的再起动，由于闷炉时间过短，床料平均温度尚很低。再起动时，一次风量因温度上升慢，加风也较慢，底部床料长时间处在未流化状态下闷烧，很容易在底部结有一层高温焦。遇有这种情况时，闷炉后，应打开炉门检查底料温度，床温不回升或回升不够，不要随意再起动。如床料过厚，应适当放薄后再起动，起动时，由于床料减薄，流化风量较低，有利于低温、低流化风量再起动，使锅炉尽快恢复正常运行。

(2) 二次风的调节与控制　沸腾炉在设计有飞灰燃尽装置，如细灰回燃、副床燃烧室等，一般也采用二次风。但由于沸腾炉的细灰量相应较少，只是整个燃料份额的15%左右，所以沸腾炉的二次风量也较少，只是总风量的10%～15%。循环流化床锅炉二次风量的比率较大，一般为40%～60%。而且，对二次风的调节，影响到锅炉的燃烧效率和设计出力。

循环流化床锅炉的二次风是从流化床密相区的出口处送入的，主要满足燃料的完全燃烧所需要的空气量。循环流化床锅炉一般设计为流化床密相区的贫氧燃烧，即CO含量较大。而在稀相区为富氧燃烧区，炉膛出口烟道烟气中氧含量的高低，表明二次风的调节是否合理。一般烟气中的氧含量为6%～10%（体积分数）较为合适，二次风量较低，氧含量较低；二次风量高，氧含量较高。同时，二次风又是床上部细颗粒燃料燃烧的空气量。如果二次风量不足，床层上部的燃烧温度较低；二次风量适当，床上细颗粒燃烧较正常，温度也较高。这样，炉膛出口及分离器的温度都较高，床层上部燃烧增强，传热加强，蒸发也加快，对汽温、汽压也相应有较大影响。因此，没有设置烟气分析仪的小型循环流化床锅炉，可以通过观察床层上部炉温的变化、返料温度的变化以及过热汽温、汽压的变化来调节二次风量，判断二次风量调节的合理程度。

在变负荷运行中，当增加供汽量、增加一次风加大给煤强化燃烧时，应按比例增加二次风量，以建立新的一次风和二次风的燃烧比率关系。当降负荷时，减小一次风量，同样应注意按比例减小二次风量。在故障情况下，可以完全停止二次风的供给。如床温大幅度下降，在减小一次风量时，应相应减小二次风量，当一次风量减到最低运行风量，床温低于800℃时，二次风量可以完全关闭，减少空气从床内带走大量热量，以利于床温的回升。当床温回升达到800℃以上时，方可起动二次风机，恢复二次风的输送。

(3) 播煤风、返料流化风、冷渣器流化风的调节　锅炉正常运行时，播煤风、返料风、流化风等约占燃烧总风量的5%左右。虽然对燃烧的影响不是很大，但如果调节控制得当，对燃烧有利，同时，也有利于运行故障的处理。

播煤风是在投入燃料、石灰石脱硫剂时，起风力播散作用的。燃料、石灰石脱硫剂投入时，播煤风也相应投入。大型循环流化床锅炉的播煤风，一般都设计有单独的控制回路。正常运行时，一般不调节，在异常时，如床温降低、断煤等，应注意停止播煤风。恢复正常时，再重新投入播煤风。

返料风是循环灰的输送动力。小型工业循环流化床锅炉的返料风由一次风分出。大型锅炉，一般都设计有单独的风机和控制回路。在锅炉点火时，当流化床建立了正常的流化燃烧工况时，即可投入返料风向床层返料。一般返料风的压力，不能大于分离器立管料腿的压力，否则，易在分离器形成返料风向分离器返窜，影响分离效果。在投入返料风时应注意查看返料情况，不宜开得过大。正常运行时，一般不作调节。但在异常情况下，如床温大幅降低时，应及时关闭返料风，停止返料，以提升床温。因为不少锅炉运行时，一般返料温度比床温低，同时，循环灰的温度也随着床温的降低而降低。当床温大幅度降低时，如不及时停止返料，循环灰进入流化床密相区将吸收热量，使床温更低。所以，一般当床温降低到800℃以下时，应及时关闭返料风，停止返料。当床温回升时，一般在900℃左右，再投入返料风进行返料。

大容量的循环流化床锅炉一般都设计使用冷渣器，冷渣器的流化风及其携带的细灰颗粒，回收到燃烧室密相区的上部。在投入冷渣器运行时，同时投入了流化风。在锅炉异常运行时，同样应注意及时停止冷渣器流化风的输送。

(4) 风量的自动控制　一般小型流化床锅炉风量的调整多根据风量表、风压表以及风机电流表手动控制。大型循环流化床锅炉，一般设计为床温-风量自动控制系统，根据床温的变化来调节风量及一、二次风的比例。

3. 床料厚度、循环灰浓度的调节与控制

锅炉正常运行时，床料的厚度及灰浓度，对燃烧及传热产生较大影响，是一个应当严格控制，且调整较多的参数。床料变厚，传热量增大，传热增强，蒸发量加大。但同时因床料增厚，冷渣量变大，冷渣吸热量也相应增大，会影响床温和燃烧。床料在运行中，随着燃烧反应的不断进行，以及供热负荷的变化，应做相应的调节。循环灰浓度大，稀相区燃烧增强，传热量增大，锅炉出力也相应增大。但随着灰浓度的增大，说明掺入循环的冷灰（即不可燃的细灰）量增大，其要吸收的热量也增大。过量的循环灰，会影响床温，影响燃烧。随着循环燃烧过程的进行和锅炉供热负荷的变化，对循环灰浓度也应进行相应的调整。

（1）料层厚度的调节与控制　沸腾炉由于床面较大，流化风速较低，所以，其料层厚度控制也较低。一般沸腾炉正常运行时，床料厚度按风室静压控制在4000～6000Pa之间。床料过厚，阻力增大，流化风量降低，沸腾质量将会变得恶劣。同时，冷渣量大，吸热量增多，床温降低。这时要想恢复正常燃烧，必须加大一次风量，改善流化质量，同时应加大给煤量，满足冷渣吸热的需要。这将增加燃料消耗，降低锅炉热效率，还会增加风机电耗，提高运行费用，因此最好是采取排放冷渣，减小通风阻力，使风量自行恢复，达到改善流化质量的目的。同时减少了冷灰量，减少吸热量，床温在不增加给煤的情况下得以提升，从而获得较经济的调节效果。

但床料不宜过薄，床料薄，蓄热量小，埋管浸泡面积小，传热量少，蒸发量小，使锅炉出力降低，带不起负荷。同时，床料薄，蓄热量小，经受不起异常情况的冲击。如煤质变化，给煤量过大等，很容易使床料超温结焦。再则，床料薄，床层密度小，当流化风量过大时，也易形成局部穿孔，破坏流化质量的事故。所以，当沸腾炉在正常运行，供热负荷稳定时，一般稳定流化风量和给煤量，通过定期或连续排放冷渣和溢流渣的办法，来调整燃烧和传热。

循环流化床锅炉由于床层面积小，流化风速高，其床料厚度视锅炉容量大小及一次风压头的高低，一般可控制在6000～14000Pa。床料的形成，一是依靠点火升炉时预先在炉内投入一定厚度的底料；二是在正常运行时，由燃料和脱硫剂的灰分共同组成床料。

运行中，床料的变化主要取决于燃料的特性。煤质好，发热量高，灰分小，燃烧后形成的灰渣也就少；煤质差，发热量低，灰多，燃烧后形成的灰渣也就多。如果煤的颗粒度小，成粉状，再加上灰的碎裂性好，煤在燃烧的过程中不断热碎形成细灰，增加了分离器的工作难度，细灰易随烟气带走，床料也很难形成。一般燃用较好的无烟煤灰渣少，燃用含有大量煤矸石的劣质烟煤灰渣特别多。流化床锅炉一般2～3h排放一次冷渣较为正常。如果燃用颗粒较细的燃料时，床料很难形成，不但长时间不需要排渣，甚至床料还会减薄，使流化床密相区的颗粒变粗，流化质量变劣，如不及时补充床料，将会导致分层、穿孔和局部高温结焦事故。

床料厚度的调节，主要依据燃烧工况的变化，即床温的变化和蒸汽负荷的变化来调节。当负荷不变时，床料增厚，床温下降，可适当放渣，减少冷渣的吸热量来提升床温。当蒸汽负荷增大时，吸热量增大，床温下降，这时应加大给煤量，同时应加大送风量，建立新的风煤配比关系。由于燃料量的增加，灰量增加，床料量增加，一、二次风量增加，流化风也加大，床料厚度增大。这时，由于埋管浸泡面积增大，传热量加大，满足了增负荷的要求。当负荷减小时，可减小流化风量，减小给煤量，降低床料厚度，减弱传热来适应减负荷的变化。

沸腾炉一般通过排放流化床底部冷渣和沸腾界面的溢流渣来调整料层厚度。由于排放溢流渣的方式，不但要带走大量的物理热，同时对溢流渣的可燃物含量很难控制，而且还要增加大量的漏风，所以有的沸腾炉设计中已完全取消了溢流口。对于溢流渣量的调整，可以在溢流口下沿摆放砖块来改变溢流口的高度，从而控制溢流渣的排放量。冷渣的排放，一般采用断续全开冷渣门的排放法。这样可以达到流化床底部粗颗粒的最佳排放要求。因为突然全开渣门，渣管口处压力突然减小，会产生一定的虹吸力，将底部的粗颗粒往渣管口吸，从而达到尽量排放粗渣的效果。但排放时排渣量大，带走的热量也多，容易使沉积在底部来不及完全燃烧的粗颗粒燃料随冷渣排出炉外。小型流化床锅炉最好采用机械或人工自动连续排渣方法。如水冲渣，通过调节冲渣水量来实现对冷渣量的排放调节。这种排渣方式较为简单易行，排渣时，渣门全开，渣管靠冷渣来密封，即渣管内充满了冷渣，靠冲渣水的冲动力来实现渣管内的冷渣逐步缓慢往外流动。这样，带走的热量少，炉内的流化燃烧工况也较稳定。但应防止冲渣水量的变化而发生冲渣事故，使床料减薄而死炉。

大型循环流化床锅炉的排渣，一般都使用选择性冷渣器，对冷渣的排放实施自动控制，排渣的信号指令，来自床温和床高。冷渣器内布置有受热面，充分利用了灰渣物理热。同时，对排出的细灰、可燃物及脱硫剂，用流化风返回流化床循环使用。

（2）循环灰浓度的调节与控制　循环灰浓度，是指循环流化床锅炉稀相区的物料量，灰浓度高，说明循环物料量大，循环倍率高。灰浓度低，则循环物料量少，循环倍率低。循环流化床锅炉运行时灰浓度的高低，一般用炉膛出口的烟气压差值来表示。灰浓度大，烟气的阻力大，测定的压差值则越小。正常运行时，循环流化床锅炉炉膛出口压差值一般为−200～400Pa。

灰浓度高，说明流化风速大，稀相区的燃烧份额多，放热量大，同时，物料多，从密相区带出的热量多，放热量大；流化风速大，冲刷速度快，细颗粒密度大，碰撞剧烈，传热快。所以，灰浓度高，能起到强化稀相区传热的效果。灰浓度的大小，具有较强的蒸发负荷调节功能，这也是循环流化床锅炉优于粉煤炉的地方。循环流化床锅炉变负荷运行的能力较强，它可以在高负荷时，采取高床料、高循环灰浓度的运行方式，在低负荷时，采取低床料、低灰浓度的运行方式。

循环灰浓度的调整，一般采取从返料器放灰管排放细灰的方法。灰浓度高，有利于传热，但同时，大量的循环灰要吸收一定的热量来加热自身，为此，高灰浓度还会降低床温，影响正常的燃烧。当供热负荷一定时，灰浓度增大，床温下降，可排放一定的循环灰来提升床温，恢复正常燃烧。对于使用外置式换热器的，还可以通过调节外置式换热器的灰量，来平衡总的循环灰量。

循环灰量的变化，除了与流化风速和密、稀两相的燃烧份额有关外，还和燃料的性质和脱硫剂的多少有关，燃料的粒度越小，灰的热碎性越强，循环灰量越大，煤质越差，灰分越高，灰量越大。运行中，对灰量的控制应适当，灰量大，阻力大，当流化床阻力大于送风机的压头时，会形成床料塌死、沸不起的现象。如果煤质太好，灰量少，又会形成养不厚床料的现象，这时，可采取补充循环灰，或增加石灰石的办法，维持一定的灰浓度。对于建立有炉外细灰循环系统的大型电站锅炉，可将细灰储备仓的灰补充到炉内。

4. 燃料、粒度、水分及脱硫剂的调整控制

（1）燃料量　燃料量的变化，主要受床温和供热负荷的影响。供热负荷增大，蒸发量大，吸热量大，床温降低，增大给煤量。供热负荷降低，蒸发量减少，吸热量少，床温上升，则减小给煤量。前面已经讲过，燃料燃烧，需要空气量，增大燃料量，必然应加大风量。如果风量不能再增加时，应控制燃料量的调整，以免产生化学不完全燃烧损失，严重时，还会发生可燃气体爆炸事故。燃烧还受到床温的限制，燃料燃烧需要一定的着火温度，当床温下降到一定温度（视燃料的性质定），烟煤600～700℃，无烟煤700～800℃时，燃料将难以着火燃烧，这时应停止给煤，大型循环流化床锅炉一般设计有主燃料跳闸控制系统。当床温低于设定温度时，给煤机自动跳闸停机。当床温低到一定程度时，采用手动给煤的锅炉，应注意减小给煤量或停止给煤，尤其是煤的水分较重时，更应如此。这时，床温过低，再大量追煤，不但不能提升床温，相反还因新煤吸热而降低床温，如追煤量过大，一旦床温回升，燃料开始着火，床温又很难控制。这样往往易发生先低温、后高温结焦的事故。

（2）燃料的粒度　燃料的粒度应能适应锅炉燃用。一般沸腾炉控制在0～8mm以内；循环流化床锅炉为0～13mm以内，并且为宽筛分。粒径过粗，易造成流化质量变差，粗细分层，局部超温结焦死炉。颗粒过粗的原因，一般是煤筛断条，或破碎机锤头磨损，应及时检查消除。一旦炉内进入大量粗颗粒，会造成放渣困难的现象，这时，千万不能减小风量运行，应采用高流化风速，较薄的床料厚度运行。排放冷渣时，应尽量采取断续全开渣门的手动排渣方式，尽量将粗渣逐步排出炉外。但应注意：床料不宜过薄，过薄易穿孔；排渣时，一次排渣量不宜过多，时间不宜过长；应采取一次排渣量少、勤排渣的运行方式。

（3）燃料的水分　燃料的水分应适中，对于采用传动带负压给煤方式的锅炉，水分可以偏大，可控制在8%～10%；采用螺旋绞笼给煤的，水分应控制在5%以内。水分过量，不但加热吸热量大，而且还会造成绞笼堵料，影响给煤。对于沸腾炉，在采用负压给煤时，适当的水分有利于细粒相互黏结，可减少悬浮段的飞灰量，有助于完全燃烧。根据一些单位的运行经验，床温可以控制在950～1050℃以内，燃料中的水分在1000℃以上的高温下会分解为氢和氧。氢和氧都是活性气体，有助于燃烧。燃料虽含有一定的水分，只要控制调整得当，对燃烧反而有利。有的电厂还专门在输煤带上装有水分调节喷嘴，对水分的调节交接班相当严格。若燃料水分调得过重，应注意监视给煤卡斗是否断煤和下煤口是否堵塞，以防发生断煤熄火事故。

（4）脱硫剂的调整　脱硫剂主要根据给煤量的变化来调整。增加给煤量时，同时增加石灰石量，维持一定的煤和石灰石比例。为了提高脱硫效果，减少脱硫剂的耗量，一般石灰石颗粒应破碎得较小，低于1mm以下。颗粒小，面积大，反应时接触面积大，效果好。一般钙、硫比控制在3:1左右。

一般脱硫时有一个最佳燃烧温度范围，其值为850～950℃。对有脱硫要求的锅炉，应控制好脱硫燃烧温度。

5. 炉膛负压的调整与控制

流化床锅炉一般都采用平衡通风，其正负压零点多设计在燃烧室流化床密相区的出口处，也有设计在炉膛出口和分离器出口的。零压点布置在炉膛内，有利于给煤、给料装置的布置，否则，炉膛正压值过大，密封困难，锅炉运行时漏灰漏烟严重。

炉膛负压值一般控制在-10～20Pa，尽量微负压运行。负压值越大，漏风量越大，烟气量相应增大，排烟热损失也越大。漏风量过大，还会降低炉温，影响燃烧。一般不应正压运行，正压运行，炉墙密封性能差时，会有大量烟、灰漏出炉外，既不安全也不卫生，而且还易损坏炉墙。正压运行，还容易形成空气量不足，燃烧不完全，产生过多的一氧化碳气体。当可燃气体浓度达到爆炸极限时，在一定的温度下会发生爆炸事故，造成燃烧设备的损坏，甚至人员的伤亡。一般大型电站循环流化床锅炉都设计有床压保护。

为了控制好炉内适当的负压，除了监视好炉膛负压表外，在调风时，应做到加风时先调引风，后加送风；减风时，先减送风，后减引风。在排灰、放渣时，由于床料减薄，阻力减小，一次风会自行增加，这时，应注意适当调整引风或减小一次风量，维持炉内微负压。除了熄火事故处理、床温过低、短时间微正压养火以外，其他时间，锅炉严禁正压运行。

6. 水位的控制与调整

流化床锅炉具有传热剧烈、蒸发快、起压快的特点，炉水的消耗比其他炉型都要大，燃烧时，对水位应严密监视和加强调整。锅炉水位的调整控制范围：正常水位为水位计的1/2处上下波动，调整范围为1/3～2/3，即水位计玻璃板可见部位的1/3处为低水位，2/3处为高水位。距水位计玻璃板上部可见边缘25mm处为上极限水位，距下部可见边缘25mm处为下极限水位。一般升炉时，水位进至水位计1/3处，这时炉水未加热，体积小，随着炉温的升高，水不断吸热、汽化、体积膨胀，水位会升高，当升炉结束时，水位刚好膨胀上升到正常水位。

当锅炉并汽时，水位应稳定在1/3处较低水位，以免因大量蒸汽涌入蒸汽母管造成蒸汽带水事故。锅炉正常运行高负荷时，应稳定1/2以下较低水位，这样锅筒水位低，汽流量大，有利于汽水分离，同时水位距汽水分离器较远，减少了蒸汽带水的可能，这也有利于水位的调节稳定。当减负荷时，不增加给水，水位也会自行上升，以免形成高水位。

在低负荷运行时，锅炉水位宜在2/3处的高水位运行，这样，一旦增加负荷时，有一定量的高温炉水来满足负荷蒸发的需要，以免大量进水，突然加大吸热量降低床温和汽压。同时，也可避免低负荷时低水位运行，一旦突然增大负荷，增大蒸发量，补充给水不及时而造成缺水事故，有利于锅炉的稳定运行。正常运行加负荷时应加大给水，减负荷时，应减少给水，采用手动给水的小型流化床锅炉，应和床温调节一样，学会采用前期调节法。当蒸汽流量改变时，应提前调整给水，使给水尽量稳定。另外，调整给水，应根据汽压、床温的变化情况来适时调整。当汽压、床温高时，可加大给水，使水位稍高于水位计1/2水位；当汽压、床温较低时，不宜急于加大给水，否则，汽压、床温将会更低。

容量稍大的锅炉，一般都设计有给水自动调节控制装置。给水自动调节器，根据锅筒水位的变化以及蒸汽流量的变化信号，来调整给水电磁阀的开度，实现给水的自动调整与控制。一般升炉时和事故状态下，以及蒸汽负荷低于30%的供热负荷时，可由自动变为手动。当锅炉稳定运行时，再将手动改为自动。

对于极限水位，一般都设计有报警信号和联锁跳闸保护。一旦水位低于或高于极限水位，即引发报警信号，并延时跳闸停止所有风机、给料机的运行，紧急停炉。当水位恢复正常以后，才能恢复风机、给料机和起动锅炉。正常运行时，司炉应严格监视和调整好水位，有的电站，还设置有专门的司水人员。

7. 蒸汽压力的调节与控制

锅炉蒸汽压力是随蒸汽流量、给水流量、燃烧温度等参数的变化而变化的。当燃烧工况不变，即蒸发量不变，供汽负荷增加，即蒸汽流量增大时，蒸汽压力将降低。如果燃烧不变，即炉温不变，蒸发量不变，供热负荷减少，则蒸汽压力将上升。当蒸汽流量不变，给水流量增加，即加大了给水量，这时炉水吸热量加大，床温将降低，蒸汽压力也随之降低。相反，当锅炉供汽量不变时，如果减小给水量，炉水吸热量减少，虽然没加大给煤量和送风量，燃烧不变，但炉温仍然会上升，使蒸发加强，蒸汽压力随之上升。如果加强燃烧，增加给煤量，增加一次风、二次风量，提升床温，或提升床高，提高循环灰浓度等，使传热加快，蒸发加强，蒸汽压力会相应上升。当减弱燃烧，减小给煤量、排放床料、排放循环灰，使传热减弱，蒸发减弱，蒸汽压力将会随之降低。

锅炉正常运行时，蒸汽压力一般要求在工作压力下稳定运行，其正常波动范围在±（0.05～0.1）MPa，异常范围为±0.15MPa。尤其是电站锅炉，要求司炉控制蒸汽压力在正常波动范围以内稳定运行，如汽压过低，将会降低汽轮机转速，使电压、频率降低。严重时，会导致电网事故。当汽压低于异常范围时，汽轮机将会发出低汽压运行信号，同时关小调速汽门，降负荷运行，以提升蒸汽压力。

锅炉任何时候都不能高于额定工作压力运行，当蒸汽压力过高，一时控制不住时，可采取紧急排汽方式降低蒸汽压力。有的流化床锅炉除了在上锅筒设计有排空阀外，在操作层的主蒸汽管路上，或分汽缸上还装有紧急排汽降压装置。当锅炉在紧急异常情况下，如汽轮机甩负荷，或工业生产车间停止用汽等，可打开紧急排汽阀排汽降压。只有在万不得已的情况下，才使锅炉安全阀动作排汽降压。一般容量较大的锅炉都设计有高汽压联动保护装置，即将蒸汽压力与主燃烧装置，一、二次风机联动，当主蒸汽超过安全阀动作压力仍然上升时，高汽压保护动作，给煤机、一次风机、二次风机跳闸，锅炉处于压火状态。

8. 蒸汽温度的调节与控制

大部分小型工业流化床锅炉都是使用饱和蒸汽，其温度的变化随着饱和蒸汽压力的变化而变化。一般不存在对蒸汽温度进行调整和控制。而电站流化床锅炉，使用的是温度较高的过热蒸汽，其温度的变化与蒸汽压力不存在对应关系。过热蒸汽温度需要进行单独调整和控制。

过热蒸汽是饱和蒸汽在过热器内经过再次加热形成的。因此，过热汽温的变化，与流经过热器的蒸汽流量、烟气量、烟气温度以及过热器本身的工作状况等因素有关。如果烟气量、烟气温度不变，即燃烧工况不变，流经过热器的蒸汽流量加大，过热汽温将降低。如燃烧不变，流经过热器的蒸汽量减少，过热汽温会升高。当蒸汽流量不变时，如果流经过热器的烟气量、烟气温度增大，过热汽温将上升；相反，蒸汽流量不变，如果烟气量及烟气温度下降，蒸汽的吸热量将减少，过热汽温将降低。所以，锅炉在现实运行过程中，随着蒸汽流量，即供汽量的改变，燃烧的调整，给水的调整，以及床高的变化，循环灰浓度的变化，都会影响到过热汽温的变化。在进行上述操作调整时，应联想到对过热汽温的监视和调整。

锅炉正常运行时，过热汽温一般控制在±5℃以内波动。允许波动范围为±15℃，事故异常范围为±25℃。锅炉正常运行时，要求过热器在允许波动范围内供汽。如某锅炉的额定蒸汽温度为400℃，那么当过热蒸汽温度为405℃或395℃时，无须对蒸汽温度采取调整措施，当汽温低于395℃时，则应进行调整，使其恢复到390℃以上，405℃以下。当蒸汽温度低于375℃时，汽轮机将发出低汽温运行的事故信号，要求司炉恢复过热蒸汽温度，同时，汽轮机将会采取措施，如开启疏水、降负荷运行等。

过热汽温高，蒸汽的热焓值高，做功的能力强，蒸汽耗量少，无论发电还是工业加工，都能取得较好的经济效果。但过高的蒸汽温度，对热力设备的材质，有较高的耐热要求。如一般的碳钢耐温为450℃，如果蒸汽温度接近或超过450℃，就会使设备材质过热，发生材质结构变化，使材料的强度变低。如过热器蛇形弯管，严重超温过热时，管径会胀粗、爆管。否则，就必须选用能耐高温的合金材料。这样，将会增加设备的制造费用，降低经济效益。

过热汽温过低，不但含有的热量少，做功的能力低，降低生产过程的经济性，同时也会引发异常事故。如发电厂的过热汽温过低时，进入汽轮机后，压力降低，体积膨胀，温度降低，很容易产生蒸汽带水现象，这样，会对汽轮机叶片产生气蚀，严重时，会形成水击，打烂叶轮，导致恶性事故。汽温的调节控制，对于发电厂来说，是相当重要的。锅炉正常运行，应尽量控制一些异常运行状态的发生。如高水位运行，炉水碱度过高，蒸汽含盐量过大，使蒸汽品质变差，蒸汽带水严重，使过热器受热面内壁积盐垢，影响过热器传热。再如燃烧调整不当，炉膛出口烟气温度过高，过热器受热面外壁积灰；火焰中心偏移，使过热器整体传热不均匀等。不少锅炉运行中发生过热器爆管事故，尤其是高温过热器发生率较高，除了有些属于设计布置因素外，大部分为操作调整不当。锅炉的实际运行工况，偏离了锅炉的设计运行工况，导致过热器工作环境变化，使过热器处于不正常工作的状态。过热器运行正常与否，除了通过过热器进出口蒸汽温度的变化来监视和调整外，还可以通过对过热器进出口蒸汽压力差的变化来反映过热器的工作状态。如过热汽温偏低，且过热器进出口的压差值增大，应考虑过热器内壁积盐垢的可能性。可采取煮炉方式消除。

过热汽温的调整，除了通过调整燃烧，如床温，一、二次风量，以及给水流量、床高、循环灰浓度外，当波动幅度较大时，可通过调节减温器的工作状况来调节汽温。减温器一般有两种形式，一种是表面式，一种是混合式。表面式过热汽管通常从上锅筒炉水中通过，使过热汽管壁与炉水以表面接触方式进行传热减温。这种方式调节幅度较小，且减温速度较慢。一般大型流化床电站锅炉均采用混合式减温方法。即使用蒸汽凝结水，直接喷入减温器内，与过热汽混合减温。该方式不但调节幅度大，减温速度快，且易于自动控制。一般都是通过过热汽温度的变化幅度来调整减温水量。

（二）物料循环系统的运行

为保证循环流化床锅炉正常运行，除风量、风压、床温等多种因素外，更为重要的是要建立稳定可靠的物料循环过程。正如所知，在燃烧过程中，大量循环灰的传质和传热作用，不仅提高了炉膛上部的燃烧份额，而且还将大量热量带到整个炉膛，从而使炉膛上下温度梯度减少，负荷调节范围增大。循环物料主要由燃料中的灰、脱硫剂（石灰石）及外加物料（如炉渣、砂子）等组成。

1. 运行的一般要求

对中、高含硫量的煤，石灰石作为脱硫剂的同时也起着循环物料的作用。锅炉正常运行时，一般要求石灰石颗粒粒径在 0～1mm 的范围，粒径太大，脱硫反应不充分，颗粒扬析率也低，不能起到循环物料的作用；颗粒太小，则在床内停留时间太短，脱硫效果也不好。对发热量很高且含硫量很低的烟煤，由于不需加石灰石脱硫，煤中含灰量又很低，仅靠煤自身的灰不足以满足循环物料的需要，则应外加物料作为循环物料损失的补充。为此，循环流化床锅炉应有良好的煤制备系统和循环灰系统。煤制备系统应满足入炉燃煤颗粒粒径为 0～8mm，其中 0～1mm 的应达到 40%～50% 的要求。这样，燃料中的灰大都成为可参与循环的物料。

对循环灰系统而言，要求在入炉前的适当位置设有一定容积的灰仓，储存一定量合适粒径的物料（一般物料的粒径在 0～3mm 的范围，其中粒径为 500μm～1mm 的要占 50% 以上）。如果燃料发生改变，原煤中含灰量很低时，补充的物料可通过灰仓随原煤一起入炉参与循环燃烧；如果锅炉负荷发生变化，可根据负荷变化情况，通过调整外加灰量随时调整物料循环量，以满足正常燃烧的要求。由于点火所需的灰料通过灰仓直接向床内给料，大大减轻了人工铺设底料的劳动强度，锅炉容量越大，效果越显著。

循环灰分离器的效率与负荷有关。当负荷降低时，炉膛温度下降，分离器效率会有所降低，飞灰中含碳量会升高。将这部分飞灰通过送灰器返回炉膛燃烧，可降低飞灰含碳量，提高燃烧效率。

2. 飞灰回送装置的运行

目前，在国内外循环流化床锅炉循环灰系统的飞灰回送装置中，广泛采用具有自调节性能的流化密封送灰器（U 形阀），其结构如图 3. 2-3 所示。送灰器本体由一块不锈钢板将其分为储灰室和送灰室，其工作用风（也称返料风）的布风系统由风帽、布风板和两个独立的风室组成。风从一次风管引入，由阀门控制。送灰室风量 Q_1 和储灰室风量 Q_2 以及不锈钢板的高度可根据回送灰量的需要分别进行调节。采用这种送灰器时，应先在冷态试验和热态低负荷试运行中调整送风位置和送风量。由于煤的筛分特性和燃料燃烧特性不同，进行这些试验是必要的。循环灰系统投入运行以后，要适当调整送灰器的送灰量。一般在送灰器的立管上安装有一个观察孔，通过该孔上的视镜可清楚地看到橘红色的灰流。调整两个送风阀门就可以方便地控制循环灰量的大小。

如采用具有自平衡性能的 J 形阀，则无须监控料位，缺点是如果立管中灰位高度很高时，再起动比较困难，需较高压头的空气。因此，在热态运行初始就要开启，实行定风量运行，以免立管（料腿）中结焦。

3. 循环灰系统的工作特性

循环灰系统正常投入运行后，送灰器与循环灰分离器相连的立管中应有一定的料柱高度，其作用是：一方面阻止床内的高温烟气返窜进入分离器，破坏正常循环；另一方面料柱高度形成的压力差可维持系统的压力平衡。当炉内工况发生变化时，送灰器的输送特性能自行调整：如锅炉负荷增加时，飞灰夹带量增大，分离器的捕灰量增加，此时，若送灰器仍维持原输送量，则料柱高度会上升，压差增大，因而物料输送量自动增加，使之达到平衡；反之，如果锅炉负荷下降，料柱高度随之减小，送灰器的输送量也自动减小，循环灰系统达到新的平衡。因此，在循环流化床锅炉正常运行中，一般无须调整送灰器的风门开度，但要经常监视送灰器及分离器内的温度状况。同时，还要不定期地从送灰器下灰管排放一部分灰，以减轻尾部受热面的磨损和减少后部除尘器的负担。也可排放沉积在送灰器底部的粗灰粒以及因磨损而使分离器脱落下来的耐火材料，以避免对送灰器的正常运行造成危害。

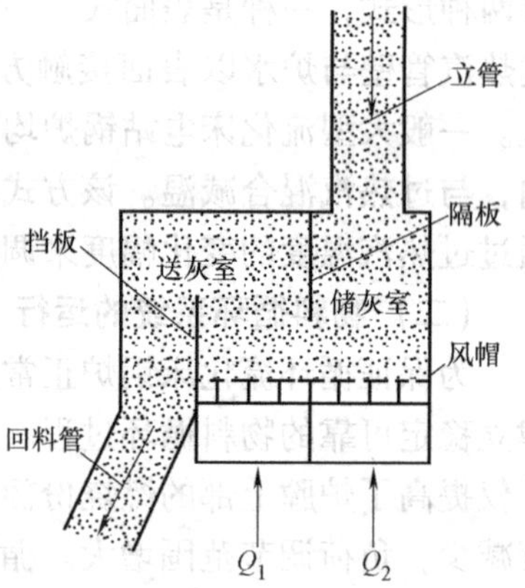

图 3. 2-3　流化密封送灰器（U 形阀）结构

二、锅炉辅助设备的运行与调整

锅炉运行时，无论哪一环节发生故障，都会威胁到锅炉的安全及稳定。锅炉的给煤、给水、通风及除渣系统的正常与否，直接危及锅炉本体的安全运行，运行中应注意检查、监视和调整。

（一）给煤系统的运行与调整

1. 系统的投入

1）投入前，应全面检查设备是否完好，如破碎机轴承是否有润滑油，轴承座是否牢固，机座地脚是否牢固，电动机、传动带是否正常。

2）检查煤筛是否断条，支架是否牢固。

3）检查传动带是否跑偏，是否有撕裂现象。

4）检查传动带支架、托辊、边辊、清扫器等是否完好。

5）起动给煤系统。起动顺序：首先起动炉前煤斗的平带，中间斜带，振动筛、破碎机和破碎机进料带。

2. 运行中注意事项

运行中，应注意监视破碎机是否有异响，是否振动，破碎的颗粒是否达到粒度要求。注意监视检查振动筛的工作是否正常，是否断条，筛下颗粒是否符合要求。监视调整传动带是否跑偏，托辊是否附着漏煤，注意清扫滚筒。

3. 系统的退出

当煤仓料已打满时，应按顺序依次退出输煤设备，其程序为：首先停止破碎机进料带，停止进料，待机内物料基本打空以后，停下破碎机，然后依次停下振动筛、中间带、炉前带。其程序不能乱，如果先停破碎机，再停进料带，就会造成破碎机堵料。

4. 采样化验

做好入炉燃料的采样化验工作，确保入炉煤样的准确及真实。

5. 保证原煤质量

做好原煤质量的混合与搭配，如煤水分的控制与调整，优劣的搭配。

（二）给水系统的运行与调整

循环流化床锅炉给水系统的运行与调整、通风系统的运行调整、除灰系统的运行与调整、除尘系统的运行和调节与一般锅炉相同，应按照有关安全操作规程执行，这里不做介绍。

（三）飞灰再循环系统的运行和调节

大型电站循环流化床锅炉，不少设计有飞灰再循环系统，将返料器、外置式换热器、干式除尘器的外排灰和除尘灰集中输送至存灰库，再使用再循环烟气，以气力输送的方式返送回流化床燃烧。这样，有利于降低飞灰中的可燃物含量和脱硫剂的消耗量，提高锅炉热效率和降低运行成本。飞灰循环燃烧，可将飞灰中的碳的质量分数从10%以上降低至4%以下。

锅炉转入正常运行后，首先检查热烟再循环风机是否正常，然后起动风机，运转5min左右，对飞灰输送系统进行通风和吹扫，调节风速，检查和起动排灰机，调节排灰量，建立正常的飞灰气力输送状态。投入细灰回燃时，一般会影响到蒸汽温度的变化，应注意监视和调节燃烧，稳定蒸汽温度。正常运行时，应注意检查输送风机及排灰机是否工作正常，输送管道是否有泄漏、堵塞等现象，发现异常及时退出系统，进行消除。退出系统时，应先停排灰机停止排灰，运行几分钟后，再停送风机，以免发生飞灰堵塞。

（四）外置式换热器的运行调节

为了弥补炉内传热面积布置的不足，大型循环流化床锅炉都倾向于设计布置炉外换热器。

1. 外置换热器特点

（1）具有较好的负荷调节功能　常规的循环流化床锅炉对锅炉供热负荷的调节是通过调节炉内燃烧工况，即燃烧量和一、二次风量，用不同的风煤比来调节供热负荷。这种调节，床温变化较大，使蒸汽温度波动幅度也较大。同时，由于燃烧温度的变化，对脱硫剂的反应也带来不利影响。而使用外置式换热器时，可以通过调节换热器的循环灰量，来调节热负荷。如减负荷时，除了减煤、减风以外，还可以通过减少换热器的循环灰量来减少换热器的传热量，实现减负荷的目的，使调节相对较稳定，燃烧也相对稳定，可以通过稳定的燃烧，来控制 NO_x 有害气体排放量，实现最佳的脱硫效果。

（2）较好的蒸汽温度调节特性　常规的循环流化床锅炉，是利用尾部烟气温度来调节过热蒸汽、再热蒸汽汽温。由于尾部烟气温度较低，调节性能较差。而换热器的灰温可从900℃调到500℃，调节幅度大，而且还可以调节灰流量，调节比较灵活。只要调节换热器的循环灰量和温度，就可以调节换热器内过热和再热蒸汽温度。

（3）使锅炉的燃料适应性更强　由于使用外置式换热器，可将受热面积从炉内移至炉外，使燃烧和传热分开，从而使燃烧不再受到蒸发受热面布置的影响，更能适应各种燃料的燃烧。如在炉膛内布置有大量的蒸发受热面，使炉膛的水冷度加大，炉膛温度会降低，则很难适应低热值燃料的燃烧。

（4）传热效果好　使用外置式换热器，可将过热器、再热器等受热面直接作为埋管受热面的形式布置在换热器内，使传热效果大大增强。由于换热器内的工质是颗粒较小的循环灰，流化速度也没有炉膛流化速度快，对受热面的磨损很低，同时工作温度又较高，可达900℃以上。

（5）耐蚀性好　换热器内的传热表面不与腐蚀性气体直接接触，从而可以避免腐蚀性气体对受热面的侵害。

2. 系统的投入

外置式换热器必须在锅炉投入运行后一段时间、带有一定的负荷、具有一定的循环灰量后，才能投入。即锅炉带有一定的供热负荷，受热面内已经有过热蒸汽和再热蒸汽流动时，才能投入运行。其步骤如下：

1）起动前，检查换热器设备是否正常，过热器、再热器减温装置是否正常。

2）关闭换热器排灰阀。

3）检查换热器受热面内工质（汽、水）流通是否正常。

4）开启换热器流化风。

5）开启灰排放阀。

6）根据负荷和汽温，调节灰排放阀开度和减温水量，待工况稳定后，将系统置于自动。

3. 系统退出

当锅炉停止运行后，关闭换热器流化风，关闭灰排放阀和减温水阀，将换热器退出运行。

（五）整体式换热床（INTREX）的运行与调节

整体式换热床的功能与外置式换热器基本相同，即在主床以外建立的灰床中布置一定数量的受热面，可以弥补炉内受热面积布置的不足，有利于锅炉大型化设计，同时又发挥了利用灰床来调节供热负荷及蒸汽温度的灵活性。整体式换热床与外置式换热器的不同处，是换热床整体布置在主床、分离器、返料器、换热床的串联回路上。换热床与循环回路在运行过程中组成一个不可分的整体，所以称其为整体式换热床。而外置式换热器则是并联布置在主循环回路上，在运行方式上可以与主床分隔开，即退出换热器运行，并不影响整个主床的运行。所以，整体式换热床的运行、调节与外置式换热器存在一定的差异。

1. 系统的投入

点火升炉前，整体式换热床的直流通道及换热床应投入一定厚度的细灰，进行冷态流化试验。锅炉点火起动时，直流通道投入流化风，循环灰经直流通道返回主床循环燃烧。换热床不投入流化风，不处于工作状态，因为这时换热床的受热面管道内还没有介质流通。当锅炉升压以后，换热床内已经有过热蒸汽流通，需要对蒸汽温度进行调解时，再投入换热床流化风，使换热床流化，将隔墙下部的窗口打开，让循环灰由直流通道经窗口进入换热床，再经换热床溢流口返回主床循环燃烧，使整个锅炉投入正常运行。

2. 运行中的调节

锅炉正常运行时，可以通过调节换热床的流化风量，来调节通过换热床的循环灰浓度。换热床流化风量小，床料密度大，阻力大，通过的灰量少，传热量少，汽温降低，循环灰通过直流通道直接返回主床。当增大换热床流化风速时，床内物料密度小，阻力小，高温循环灰由直流通道大量进入传热床，增加了床内的传热量，蒸汽温度将上升。

3. 系统的推出

在锅炉停止运行或处于热备用压火状态时，停止一次风、二次风以后，即可关闭直流通道及换热床的流化风，使直流通道及换热床的物料处于静止状态，最后关闭风机风门，停止风机运行。

单元三　循环流化床锅炉常见事故处理与预防

一、超温结焦的处理及预防

当流化床锅炉的燃烧温度达到灰的变形温度时，流化床、返料器、换热器及冷渣器等处就会产生灰渣结焦现象，致使锅炉停止运行。

1. 超温结焦的现象

1）床温直线上升，高达1100℃以上。

2）火色发白发亮。

3）流化风量自行升高，风室压力、床压下降。

4）返料器、流化床、冷渣器排灰排渣不正常。

5）循环灰浓度降低，炉膛压差下降，蒸汽压力、流量下降。

2. 超温结焦的原因

1）风煤比调整不当，给煤量过大。

2）排灰、排渣操作不当，灰渣短时间内排放过多，床料吸热量减少，床温上升控制不住。

3）燃料颗粒过粗，流化质量破坏，燃料堆积，形成局部超温。

4）风帽损坏，灰、渣管破裂，造成风室积灰、积渣、流化风量不足，流化质量恶劣，灰、渣堆积燃烧结焦。

3. 超温结焦的处理

当流化床温度上升较快，有超温的趋势时，应立即停止给煤，大幅度增加一次风量，以降低床温。如果给煤自动控制时，应将自动改为手动，床温正常以后再恢复自动。如果负压给煤时，可从下煤口往炉内投入素炉灰，以吸热降温；如在风室或风道装有蒸汽降温装置时，可向风室喷射蒸汽，随一次风进入炉内吸热降温；对于设计有独立的脱硫、飞灰再循环系统的大型流化床锅炉，可通过适当增加脱硫剂和投入飞灰再循环来降低床温。当床温稳定以后，应及时停止蒸汽喷射，减小脱硫剂量，停止飞灰再循环，减少一次风量，逐步增大给煤量，恢复正常燃烧。同时应密切注意风室压力、床层压力及炉膛出口差压值的变化，如压力值下降或存在较强烈的波动现象，应考虑床料是否有局部结焦现象，当床温稳定后，压炉检查流化床及返料器，确认无焦，或清除焦块后，再重新投入运行。如床温、床压均正常，应注意适当排灰、排渣，以检查灰渣排放是否正常，如排灰、排渣不正常，也应采取压炉措施检查是否结焦，并查明排渣排灰不正常的原因。在压炉检查时，应注意检查分离器及返料器返料斜管是否存在结焦和堵塞。切不可在已发现有异常情况时强行运行，以防扩大事故，增加处理的难度。

4. 超温结焦的预防

1）锅炉正常运行时，应注意监视仪表参数的变化，调整好燃烧。

2）对于采用手动排灰、排渣的小型流化床锅炉，应做好联系工作，排灰排渣采取少量勤放的办法，以免造成床温不稳，大幅度变化。排灰、排渣时，表盘操作司炉应注意监视床温及床压、风量的变化，及时调整，稳定燃烧。

3）运行中，应注意检查和观察燃料及颗粒的变化，采取相应的运行方式和防止颗粒过粗对燃烧的影响。

4）加强技术培训，提高操作技能和熟练程度；加强司炉工作责任感，精心操作，稳定运行；加强设备管理，及时发现和消除设备缺陷。

二、低温熄火的处理及预防

当流化床燃烧风煤比不当，给煤量不足，或给煤设备发生故障断煤，床温下降，低于燃烧的正常温度时，会导致熄火事故。

1. 低温熄火的现象

1）床温降低，火色变灰变暗。

2）发出断煤报警信号，给煤机停转，给煤电流为零。

3）汽压、汽温、流量下降。

2. 低温熄火的原因

1）锅炉供汽量加大，蒸发量加大，吸热量加大，而给煤量没有相应加大，燃烧放热量小于吸热量，炉内热平衡遭到破坏，床温降低。

2）入炉燃料质量变劣，给煤量没有加大，使燃烧放热量小于吸热量，床温下降。

3）床料过厚，灰浓度过高，冷渣、冷灰吸热量过大，破坏了炉内热平衡，床温下降。

4）燃料水分过重，煤斗不下煤，给煤机因煤湿致使绞笼卡死，给煤机停转断煤。

5）脱硫剂、飞灰再循环给料量过大，吸热过多，致使床温下降。

6）司炉调整不及时，给煤量过小，或一次风量过大，使床温降低。

3. 低温熄火的处理

当床温下降较快且幅度较大时，应立即检查是否断煤、卡斗，并及时调整给煤量，减小一次风量，直至最小运行风量，但不宜小于相应床料厚度的冷态临界风量。调整炉膛微负压运行，必要时，可关闭返料流化风，停止返料，关闭二次风门，停止输送二次风，停止脱硫剂及飞灰再循环给料。待炉温稳定和回升时，再逐步恢复返料量、二次风及脱硫剂、飞灰再循环给料。如床温低于800℃以下再继续下降较快时，或观察炉内火色变暗时，应停止给煤，停止一次风，压炉闷火，利用炉墙温度加热床料。闷炉时间一般为15min左右。必要时，可打开炉门，查看床料火色，呈红色，可关闭炉门，直接起动，恢复锅炉正常运行。检查时，注意查看下部底料温度，如果床料较厚，可排放部分底料，也可从炉门处往外耙出床料表面温度较低的一层炉料，再起动锅炉。起动时，注意一次风不宜提升过快，一般起动风机投入给煤时，给煤量不宜过大，注意炉温是否回升，如回升，可逐步增加风量到临界流化风量稳定一段时间，待床温快速回升时，再逐步提升一次风，并调整给煤量。重新起动时，流化风量较低，锅炉又没有带负荷，给煤量只用于提升床温，所以，给煤量应远小于正常运行煤量，以免给煤量过大，一旦床温正常，燃烧正常，床内过量的可燃物大量燃烧放热，床温无法控制，反过来又出现超温现象，这种操作，无经验的司炉最易发生。但床温恢复到800℃以上，一次风量恢复到正常运行风量时，可控制好床温，逐步投入二次风和返料器。待系统已经正常循环燃烧时，可恢复脱硫剂、飞灰再循环给料，使锅炉完全正常运行。通过压火闷炉以后，如果检查底料温度过低，床料火色不转红，可投入引火烟煤，或投入木炭、木柴重新加热底料，或投入一次风使底料流化，投入喷燃装置加热底料，如同冷态升炉一样重新点火升炉。对于大型流化床锅炉，在床温下降低于600℃时，可采用最低流化风量，投入床喷枪，燃油加热，提升炉温，待床温回升至800℃以上时，再投入给煤，燃烧正常后再退出床喷枪，恢复锅炉正常燃烧。

在处理熄火事故时，应注意床温变化，控制好给煤量，不能追煤过多，不要勉强拖延，果断压炉闷火，床料过厚时，适当排放冷渣冷灰，重新投入返料器时，将冷灰排完后再投入，注意调整炉膛负压。

4. 低温熄火的预防

1）运行中，应注意检查燃料水分情况，当给煤水分过重时，应注意监视炉前煤斗，防止卡斗，注意下料口，防止堵煤。

2）小型流化床锅炉应完善给煤断煤信号装置。

3）司炉应注意细心操作，监视床温变化，及时调整给煤，维持床温稳定。

三、返料器结焦、不返料的处理及预防

循环流化床锅炉运行中，返料器结焦、不返料，会造成锅炉无法正常运行。

1. 返料器结焦、不返料的现象

1）返料器温度升高到1000℃以上，或返料器温度低于正常运行温度，并逐步下降。

2）循环灰浓度降低，即炉膛出口压差值降低。锅炉供汽压力降低，蒸汽流量下降。

3）返料器放灰不正常，大量流化风带有少量细灰呈喷射状。

4）风室压力或床压下降，床温升高。

2. 返料器结焦、不返料的原因

1）主床燃烧不正常，床温过高，引起循环系统温度超高。

2）排灰、排渣量过大，破坏了炉内循环系统的平衡，致使床温及循环物料温度过高超温。

3）返料器测温装置损坏，不能准确反映被测物料的温度，出现假象。

4）返料器流化室内掉有耐火材料，返料器不流化，工作异常。

5）返料器排灰管破裂漏风、漏灰，造成风室积灰，流化风量不足，不能正常返料。返料器排灰管破裂漏风量大；风室失压，或大量漏风集中从放灰口上窜，破坏了流化质量，不能正常返料。

6）返料器流化风送风设备、管道、阀门出现故障，不能正常供风、流化而返料不正常。

3. 返料器结焦、不返料的处理

当返料器出现超温、不返料的异常现象时，应调整好主床燃烧，与用汽部门及邻炉取得联系，及时停炉压火，打开返料器检查门进行检查。如结焦，应及时清除，并检查分离器、返料斜管是否结焦并进行清除，同时，分析结焦的原因，防止重复发生。如果主床正常，没有超温，也没有大量排灰、排渣现象，返料器内也无其他杂物，如耐火砖、混凝土块等，应注意检查返料器流化风室及放灰管、返料风的送风系统。如放灰管破裂，应修复；排灰口漏风严重，应用耐火混凝土密实，消除一切影响流化的因素。如返料器内既不结焦，也无其他异常情况，应考虑返料器温度计是否损坏，更换损坏的热电偶或导线。同时应注意检查返料器是否漏风，是否流化风量调整过大，使返料风返窜至分离器，造成分离器分离效果降低，使循环灰浓度下降。

4. 返料器结焦、不返料的预防

1）点火升炉前，应详细检查返料器、分离器设备，及时消除存在的缺陷，排除运行中掉物、不流化返料的现象。

2）检查时，应重点检查返料器小风帽有无损坏和小眼堵塞的现象。检查放灰管是否损坏漏风。检查返料流化风风室、风管是否有灰渣堵塞的现象。如有的小型循环流化床锅炉流化风从主床风室引来，常会发生主床风室积灰渣后，致使返料器流化风管被灰渣堵塞，流化风不足的现象。

3）正常运行中，应尽量避免短期大量连续排放灰渣的现象，应少放勤放。

4）返料器热电偶应完好，应按要求插到位，以免发生误判断。

四、分离器结焦、堵灰、分离效果差的处理及预防

返料器工作正常时，循环灰在分离器内是不滞留的，所以，分离器内一般不会积灰和结焦。但如果返料不正常，或分离器耐火内衬损坏剥离，造成返料器、分离器料腿堵料时，分离器便会发生堵灰和结焦。

1. 分离器结焦、堵灰、分离效果差的现象

1）循环灰浓度下降，锅炉出力降低，蒸汽流量、压力降低。

2）养不厚床料，床温逐步升高，给煤量减小。

3）返料器不返料，温度下降，放灰不正常。

2. 分离器结焦、堵灰、分离效果差的原因

1）返料器故障不返料，致使分离器堵灰结焦。

2）分离器内衬损坏掉落，致使返料器不返料，以及落灰斗排灰口堵塞，灰不能经料腿进入返料器。

3）返料器漏风，返料风过大，气流经料腿返窜，使分离效果降低。

4）分离器自身损坏，漏风、漏烟、漏水失去分离效果。

5）燃料颗粒过细，呈粉状，分离器难以分离。燃料既呈粉状，且黏结性强，灰熔点又低，也会在分离器内燃烧和结焦。

3. 分离器结焦、堵灰及分离效果差的处理

如果返料器温度正常，排灰正常，灰浓度过低，应注意检查燃料是否颗粒过细，如颗粒过细，应注意降低一次风量运行，尽量养厚床料，如还是不行，可适当加强飞灰再循环量，以及由给煤机中掺烧冷渣，以提高床料，待有机会时，再停炉检查分离器是否损坏。如果有条件，可以改变燃料质量，掺烧其他燃料。一旦返料器呈现不返料、排灰不正常，或温度下降等现象时，应及时采取压火停炉措施，检查返料器和分离器，以便及时消除故障，防止分离器严重堵灰或结焦，给处理增加难度。一般返料器只要停止返料几分钟，循环灰便可能由料腿堵上分离器，一旦堵上去，而且又结焦时，很难处理。只要堵灰不严重，处理及时，只要压火几分钟即可排除故障。如果分离器掉内衬，应注意清除干净，尤其是升炉前的冷状态，必须将那些将要掉、但还不掉的内衬及耐火混凝土块，用外力将其捅掉，以免运行时，受热后因应力作用而松动掉落，影响正常运行。对于损坏剥落，形成裂纹的现象应及时修复，以免影响分离效果。对于容量较大的循环流化床锅炉、分离器、汽水冷却装置采用悬吊件的，应注意检查悬吊件是否损坏，注意检查水冷集箱、水冷管是否有变形损坏现象。注意检查分离器进口、落灰斗料腿处的高温膨胀节是否完好。

4. 分离器结焦、积灰、分离效果差的预防

1）升炉前应详细检查设备，消除缺陷，保证设备完好。

2）运行中注意调整燃烧，控制炉温不宜过高，分离器进口烟温不宜超过900℃。

3）对不同特性的燃料，采取不同的操作方法，保证循环燃烧系统工作正常。

4）搞好煤场燃料搭配，尽量使用混合燃料，调整好燃料的特性。

5）发现循环系统设备工作不正常，及时压火停炉检查处理，以免扩大事故。

五、循环灰浓度过高的处理及预防

循环流化床锅炉运行中，会因循环灰浓度过高、通风阻力过大、流化质量遭到破坏而塌床停炉。

1. 循环灰浓度过高的现象

1）悬浮段压差值增大。

2）流化床温度偏低。

3）一次风压头不足，增大风门开度时风量、床压提升不起。

4）风室压力表盘指针剧烈抖动。

5）压火停炉后，床内细灰过多。

2. 循环灰浓度过高的原因

1）运行调整不当，流化风量、风速过高。

2）燃料中细颗粒成分过多，煤质差，灰分过高。

3）循环灰浓度控制不当，没有及时排灰。

3. 循环灰浓度过高的处理

循环流化床锅炉的运行特点，是可以通过调整循环物料量来调整锅炉传热、蒸发和供热负荷。灰浓度低，锅炉出力下降，灰浓度高，锅炉出力大。不同的循环流化床锅炉，其设计选用的风机压头、风量不一样，循环倍率也不一样。锅炉运行时，应根据锅炉设备的设计情况、设备参数特性来调整控制适当的循环灰浓度。如有的循环流化床锅炉，当其炉膛出口处差压值低于 -200Pa 时，锅炉出力只有设计出力的 80%；当差压值控制在 -300 ~ -200Pa 时，锅炉出力达到设计出力，当差压值控制在 -400 ~ -300Pa 时，如煤质正常，床温及流化正常时，可超设计出力运行；当差压值超过 -400Pa 时，如床压高，密相区料层厚时，就会出现风室压力指针抖动，一次风机压头不足的现象，甚至发生床料塌死停炉的事故。

因此，循环流化床锅炉在正常运行中，当供热负荷较重，运行床料较厚，悬浮段稀相区差压值较大时，一旦出现风室压力指针大幅抖动的现象，即说明循环灰流量过高，床内极有可能发生流化质量恶化的腾涌现象。这时，应果断采取排放循环灰及冷渣，适当降低循环物料量及床料，改善流化质量。如果汽压、蒸汽流量降低时，应适当减少供热负荷，稳定锅炉运行工况。但应注意，在排灰、排渣时，不宜在短时间大量排放，以防床温控制不住。

如果床压指针剧烈抖动，应立即停止给煤，停止锅炉运行，压火停炉。适当排放冷渣，同时打开返料器放灰门及炉门，排放循环灰，待炉内物料量控制在适当的厚度后再重新起动锅炉，恢复正常运行。

4. 灰浓度过高的预防

1）控制灰浓度在适当的范围以内，不要超负荷出力运行。

2）根据燃煤特性，合理调整一、二次风比例，适当降低一次风量，增大二次风量。

3）改善燃煤特性，降低燃料中细颗粒成分和控制燃煤灰分。

六、循环灰浓度过低的处理及预防

循环流化床锅炉运行时，灰浓度过低，会降低稀相区的燃烧份额，降低炉内水冷壁的传热，影响锅炉出力。严重时，养不起床料，使密相区物料量越来越少，颗粒越来越粗，流化质量越来越差，严重时会造成薄料层局部高温结焦。

1. 循环灰浓度过低的现象

1）悬浮段压差值很小，且无法自然提升。

2）给煤量小，床温偏高，锅炉出力降低。

3）风室压力较低，床料较薄，长时间没有冷渣排放。

2. 灰浓度过低的原因

1）燃料中的灰分过低，且燃料呈粉状，颗粒过小，分离器无法分离收集细灰。大量的细灰随烟气进入烟道外排。

2）操作调整不当，不适应燃料特性。一次风量过大，二次风量过小。

3）设备缺陷，炉墙损坏，烟气短路，不经过分离器直接进入烟道。

4）分离器损坏，筒体裂纹，顶盖磨穿，分离效果降低。

5）返料器流化风量过大，或返料器检查门漏风等，大量气体返窜到分离器，造成分离器分离效率降低。

3. 循环灰浓度过低的处理

当锅炉床料提升不起、灰浓度过低时，应注意调整风量，维持一次风最小运行风量，适当增大二次风量。可在炉前给煤中适当掺烧冷料，以补充床料，也可以利用压炉的机会由炉门口往炉内投入冷料，适当加厚床料。注意改善原煤质量，增加含灰和矸石成分稍多的燃料，使用混合燃料。同时注意检查返料器，消除漏风，关小返料风。停炉后，注意检查分离器及炉墙，消除设备缺陷。

当床料过低时，应注意防止床料粗大化现象的扩展，除了适当降低一次风外，应采取措施补充加厚床料，并配合适当排放床层下部的粗颗粒冷料，排冷渣时，一次不能多排，渣门应开得大，排时动作应快。否则，长时间不排渣，燃料中的超大颗粒会在床层底部越积越多，流化风量过小时，流化质量会变劣，新煤进入床内不易扩散，会形成局部高温结焦事故。只有在保证流化质量的前提下，才能采用降低一次风量、降低流化速度来养厚床料。要想通过排渣来防止床料粗大化，就必须想办法不断往床内补充物料。所有操作，应环环相扣，否则，处理不当，将会雪上加霜，加速扩大事故。

4. 灰浓度过低的预防方法

1）锅炉运行时，注意适当调整返料风，消除漏风。

2）升炉前，应注意全面检查炉渣、分离器，消除缺陷，保证设备完好，发挥设备的正常功用。

3）改善操作，正确使用一、二次风，使操作适应燃料的特性。

4）改善燃料，使用混合燃料。

5）建立飞灰循环系统，能及时方便地补充循环灰，建立适当的循环灰浓度。

单元四　不同结构、不同燃料特性的流化床锅炉运行操作方法

一、横埋管结构流化床锅炉运行操作方法

横埋管结构流化床锅炉，宜采用“高炉温、低风量、薄煤层”的操作方法。根据一些单位的运行经验，对于同一台锅炉，相同的供热负荷，使用相同质量的煤，采用高炉温、低风量、薄煤层运行方式，比采用低炉温、高风量、厚煤层的运行方式会取得较低的燃料消耗量。

（1）高炉温　一般锅炉的床温控制在850～950℃之间，如果将床温提高到950～1050℃之间运行，只要加强工作责任感，也不是做不到。因为一般燃料灰分的熔点温度普遍在1200～1600℃，从1050℃到1200℃还有150℃左右的安全系数。对于熟练的司炉操作人员，是完全做得到的。这样，由于床温高，传热得到加强，而且燃料中的水分也能在高温下分解成可燃的氢和助燃的氧。在燃料中添加一定量的水分，不但不影响燃烧，而且还能收到节煤的效果。现在由于脱硫的需要，强调低温运行，但在不影响脱硫的原则下，床温宜高不宜低。

(2) 低风量　低风量即较低的流化速度。对于横埋管的流化床锅炉，床内传热主要取决于冲刷方式，即横向冲刷和纵向冲刷的传热系数差异很大，而冲刷速度对横埋管影响不大，增大流化风速对布置在密相区最底层埋管冲刷较强，而对于上部的埋管，由于被第一、二排埋管挡住，增强不多。但是，提高了风量、风速，对于提高过量空气系数影响较大，同时对于沸腾炉来说，将增大烟气中的飞灰及飞灰含碳量。综上所述，采用较低的流化风，对横埋管结构的锅炉，较为经济有利。

(3) 薄煤层　薄煤层是指能满足埋管浸泡要求的床料高度。一般横埋管设计布置在溢流口高度以下，对于流化床锅炉低流化风量运行时，也能满足对埋管的浸泡高度要求。较厚的床料，对横埋管的传热影响不是主要因素，但会增加冷渣的吸热量，要消耗较多的燃料。所以适当降低床高，减少炉料，对燃烧有利。这样操作方法对于燃用劣质烟煤节煤效果更为明显。

但是值得注意的是，该方法强调的是高床温、低床高，等于是将锅炉放在两个极限下运行，其安全性相应降低。这就要求司炉必须具有较熟练的操作技术和较强的工作责任心，并且，对锅炉房还应辅以较严的管理。否则，不宜采用此种操作方法。

二、竖埋管流化床锅炉运行操作方法

对于竖埋管流化床锅炉，宜采用“高炉温、高风压、厚料层”的运行操作方法。对于采用埋管结构的流化床锅炉，主要是要发挥埋管传热较强的特点。埋管传热量的多少，主要取决于埋管在床料中的浸泡面积。而对于竖埋管布置的锅炉，要想获得较大的埋管浸泡面积，就只有提高床高，即料层高度。料层加厚，其阻力相应增加，相应要提高床压，提高流化速度，才能保证正常的流化质量。同时床料量增加，吸热量增大，床温会有所降低，这时，要想获得正常的燃烧，就必须加大给煤量，提高床温。这种操作方法，和横埋管结构的高炉温、低风量、薄料层的操作方法完全相反，会不会降低锅炉运行的经济效果呢？下面进行分析和比较。

1）如果是鼓泡床沸腾炉，采用高风量运行，会增加床层细颗粒燃料的飞出率，其燃烧率可能会降低。但是，锅炉的热效率不只取决于燃料的消耗量，同时还取决于锅炉的蒸发量，即锅炉的供汽能力。尽管增大了风量，燃烧率有所下降，但蒸发量能够获得较大的增强时，可以弥补燃烧效率低的损失，从整体上来讲，锅炉的效率仍然得到了加强。如果采用低风量运行，锅炉出力降低，带不起负荷，燃料燃烧后没有发挥作用，作为排烟浪费了，其效率相对来说也不会高。

2）如果控制悬浮段较高温度，同时，适当加大燃料的含水率，使细颗粒燃料互相黏结，不易飞出流化床。即使是被带出了悬浮段，也能在较高的炉温下燃烧完全。同时，料层增厚，阻力增大，对于正压给煤的方式，增大了细颗粒飞出床层的难度，也不至于增大风量，就一定会增大燃料消耗，降低锅炉效率。所以，高炉温、高风压、高料层，对于竖埋管可以提高埋管浸泡面积，加强炉料对埋管的冲刷和传热，获得较大的蒸发速度，提高锅炉出力，而不会降低锅炉效率，是一种可取的运行方式。

3）对于循环流化床锅炉而言，提高运行风压，只会相应提高循环灰浓度，加强稀相区的燃烧和传热，对提高锅炉出力更加有力，不存在降低锅炉效率的担忧。

4）但应注意的是，在高床料、高炉温的运行状态下，千万不能超温结焦。因此，在床温的控制和调整上，应加强责任感，勤调整，使炉温稳定，在关键时刻，宁可熄火，也不可超温。一旦超温结焦，对于厚料层，是很难打焦处理的。因此，在床温的控制上有一个“度”的问题，不能一味强调提高炉温，多带负荷，应适宜、适当。

三、燃用发热量高、颗粒呈粉状燃料锅炉的运行操作方法

对于燃用发热量高、挥发分较低且颗粒呈粉状的烟煤和无烟煤的循环流化床锅炉，应采用低循环灰浓度、低流化风速、较高床温的运行方法。由于循环流化床锅炉的流化风速较高，当燃料的颗粒较小时，细粒燃料很容易被带离床层进入分离器，有相当一部分细微颗粒随烟气进入除尘器。燃料的发热量较高，灰分本来就少，所以，床料量很难建立。有的锅炉很少有冷渣排放，最后床内就只剩下较薄的一层粗颗粒，流化质量不断降低恶化，放渣困难，一次风不敢开，挥发分又低，新煤着火困难，床温也提不起，最终导致局部穿孔、分层、高温结焦死炉。对于燃用这样的燃料，从升炉开始，就应注意养好床料。点火升炉时，床料不宜过薄，应适当加厚，一般在300mm以上，采用手动固定床点火时，注意床料加热温度应高，升炉时，由固定床到流化床的时间应短，尽快进入流化阶段，尽早关闭炉门，缩短点火时间，以防在点火升炉阶段，过多地将床料中的细颗粒带进分离器。进入流化阶段后，应尽量控制流化风量，采用较低的流化风量运行，尽快投入返料器，建立正常的物料循环系统。

投入正常运行时，注意在升炉的初级阶段低负荷运行，以较小的流化风量逐步养厚料层。床温应稳定较高，在900℃以上，因为固定碳的燃烧温度较高。如果床温较低时，应适当排放循环灰，降低灰浓度。一般炉膛出口负压值控制在较低的数值（-200Pa）。运行中，仍然需要定期排放沉积于床底部位的粗颗粒，保证正常的流化质量。如果床料一时无法养厚时，可采取压炉办法由炉门投入床料，或从给煤口投入床料的办法，尽快将床料加厚。只有当床高和料层阻力达到一定值后，才能够适当增加流化风量，加大给料量，提高锅炉带负荷能力，同时建立起正常的物料循环系统，使给料量、流化风量、密相区床高、稀相区物料量、床温之间，处于一个最佳的协调关系。其关键是流化风量不宜过大，有效地控制稀相区的物料浓度，使加入的燃料量能弥补流化风从密相区带走的物料，建立起较稳定的床高。

燃用这种燃料时，应注意在升炉的初级阶段，不要急于提升流化风量，急于提升锅炉带负荷的能力。因为升炉时，床料薄，不压风，加风以后，极易造成循环灰量增加，床料减薄，床温下降，依靠排灰来提升床温维持的正常燃烧。排灰会使床料减薄得更快，这样就形成了一种在床料不足的情况下不断排灰的恶性循环，破坏锅炉的稳定燃烧，导致事故发生。

四、燃用灰分较高的劣质烟煤锅炉的运行操作方法

对于燃用灰分较高的劣质烟煤，应采用薄煤层、低流化风量、低循环灰量、高床温的操作方法。燃用这种劣质燃料，一般床料很容易增高，循环灰浓度也容易增大。床料量增大，吸热量大，床温下降，床料高，阻力大，通风量小，这时如不及时排放冷渣和循环灰量，控制灰浓度的增大，燃料将无法正常燃烧。当床温较低时，加入的燃料由于发热量低，燃料量大，灰多，不但不能燃烧，相反还会吸热降低床温。遇有这种情况时，不能盲目加大给料量，应注意查看排渣、排灰的情况。如果灰渣燃烧不完全，应注意适当减少或停止给料，通过排渣排灰提升炉温后再适当投入燃料。在正常燃烧时，应尽量控制排渣、排灰量，保持床

料、循环物料量的稳定，维持较高的床温，使加入的燃料能够正常燃烧。

燃烧灰多的劣质燃料，最易犯的错误是：当床温下降时，不去注意控制床料和灰浓度，而只是加大给煤量。由于床温低，新燃料不易燃烧，这样会使床温更低，床料更厚。这时会形成一边不停地排灰、排渣，一边不断地加大给煤，煤燃烧不完全，又转化为灰渣的一种恶性循环。所以使用劣质燃料的关键是要建立较高、较稳定的床温和较低的床料厚度及循环灰浓度。同时，注意灰渣是否完全燃烧，及时调整不当的操作，使燃烧工况稳定。

同时燃用灰多的劣质燃料时，应注意控制好燃料的颗粒度，颗粒宜细不宜粗。

单元五　循环流化床锅炉运行实例

本单元介绍流化床锅炉的运行操作调试过程中易发事故、故障实例、事故原因分析及所采取的应对措施。这些事例都是各地厂家不同结构、不同容量参数的流化床锅炉在运行中实实在在发生的事情。

一、点火升炉实例

流化床锅炉的点火升炉操作，根据锅炉结构及自动化程度的不同，各有差异，但其基本操作规律相同。各台锅炉在实际使用中，应根据其结构及设备特性，制定各自操作规程。

（一）锅炉及系统简述

某 UG-130/3.82-MⅡ锅炉为中温中压循环流化床锅炉，炉室为膜式水冷壁全悬吊结构。炉膛出口有水冷方形分离器，过热汽分二级布置，低温过热器布置在分离器后面，悬吊于尾部烟道，高温过热器布置在炉膛顶部。在高低温过热汽之间布置有喷水减温器。在尾部烟道过热器后面布置有两段省煤器，一、二次风预热器。

（二）点火起动前的检查及准备

1. 起动前的检查

1）对仪表、自动装置、仪表电源的检查。

2）对汽水系统各路阀门、安全阀、水位计的检查。

3）对旋转机械油位的检查。

4）燃烧室内应无杂物；风帽应完好无损，风帽小孔无堵塞；放渣管内无异物，渣管无开裂及明显变形；二次风喷口及观察孔内应无炉渣及其他杂物；测温热电偶应完好，插入炉内距壁面约 250mm；放灰管无堵塞、损坏现象。

5）返料器中无杂物；放灰管无堵塞、变形、开裂等；调节风门开闭自如。

6）旋风分离器防磨浇注料层表面应完整无损，内部无杂物；平衡烟道及尾部烟道耐火浇注料层表面应完整无损，内部无杂物；检查门关闭严密。

7）各部分炉墙保温及外护板应正常；燃烧室看火门、各烟道人孔门应完好无损，关闭严密；顶部各部位应正常，保温层无脱落现象；锅筒及过热器安全阀不得有妨碍其动作的障碍物，排气管和泄水管畅通；锅筒水位计汽水连接管保温良好，水位清晰可见，汽水阀门和放水阀门应严密，开关灵活；锅筒、过热器就地压力表不得有任何缺陷。

8）给煤机及冷渣机安全护罩完好牢固，地脚螺栓不松动；减速机油位正常，各部件及表计应齐全无损；试运转时各部件无噪声，并注意机械转动方向是否正确；冷渣器的冷却水是否接通。

9）汽水管道支架完好，管道能自由膨胀；保温良好；各阀门手轮应完整，开关灵活，标号正确齐全。

2. 起动前的准备工作

（1）阀门检查　检查所有阀门，并置于下列状态：

1）主汽系统，关闭主汽阀门。

2）给水系统，关闭给水头道阀门和给水旁路阀门，关闭省煤器再循环阀门。

3）开减温水疏水阀门，关闭减温水进水阀门。

4）放水系统，关闭各集箱的排污阀门、放水阀门、连续排污二次阀门及事故放水阀门，打开定期排污总门和连续排污一次阀门。

锅筒所有水位计的汽水阀门打开，放水阀门关闭。所有压力表的一、二次阀门打开。打开省煤器及蒸汽连接管上的放气门，打开过热汽对空排气阀。

（2）锅炉上水　由省煤器向锅炉上水，上水应缓慢进行，从无水至水位达锅筒水位100mm处所需时间夏季不少于1h，冬季不少于2h。在上水过程中，检查锅筒人孔门各集箱手孔、法兰、阀门等是否有泄漏现象。出水后打开省煤器再循环阀门。

（3）加底料　在布风板上铺一层400mm厚的底料，底料采用流化床锅炉排出的冷渣或溢流渣，粒度一般控制在0～5mm，起动炉前给料机，将底料输入炉膛内，人工将底料铺平。然后起动风机，一次风机进行平料，平料5min后迅速停风机观察底料是否平坦，如有沟流，查明原因后重新平料。

（三）点火起动

1）检查高能点火装置及其电气控制设备，看火门是否完好。清洁高能点火枪的头部，试验其发火是否良好。

2）点火设备组成。高能点火枪及电控箱，油栓（采用机械压力雾化），火焰检测器及电控箱，吹扫空气管路上电磁阀及止回阀，油管路上电磁阀及止回阀。

3）点火步骤：

① 首先检查高能点火设备及其电气控制设备，看火门是否完好。

② 清洁高能点火枪的头部，并试验其发火是否良好，然后将点火棒插入燃烧室中，头部应达到油枪稳燃制定的位置，即在火焰的回流区内（同时在点火枪上做标记，使点火枪每次插入的位置正确）。

③ 起动油泵，打开油管路。

④ 打开吹扫空气管路上的电磁阀，用蒸汽吹扫油枪，吹扫时间大于30s，然后关闭。

⑤ 起动引风机、一次风机、二次风机、高压风机，保持炉室下压力为－20Pa，逐渐打开一次风门，直到底料处于微流化状态，一次点燃两侧油枪，调整点火燃烧器风门，逐渐加大风量，保证良好燃烧。点火1h属预热阶段，目的是使锅炉缓慢升温，防止产生过大的热应力，因此油量要逐渐增加，不可升温过快，要密切注意床温变化，待床温升到450℃时，开始少量送料，同时逐渐开大送料风门。当床温升至700℃并继续上升时，停止油枪，调整送料量和风量以控制床温，待升至800℃左右并能稳定在这一温度时，点火阶段结束。

⑥ 在油枪投运期间，应始终有运行人员在现场，密切注意油枪燃烧情况，保证锅炉安

全运行。

（四）升压阶段控制

1）当汽压升至0.05～0.1MPa时，冲洗锅筒水位计，并核对其他水位计水位指示是否与锅筒水位相符。

2）当汽压升至0.15～0.2MPa时，关闭锅筒空气阀，开减温联箱疏水阀。

3）当汽压升至0.25～0.35MPa时，依次进行水冷壁下集箱排放水，注意锅筒水位。

4）当汽压升至0.35MPa时，对法兰人孔、手孔等处螺栓进行热紧和对仪表管进行冲洗。

5）当汽压升至1.0MPa时，通知热工投入水位计。

6）当汽压升至2.0MPa时，稳定压力，对锅炉汽水系统进行全面检查，发现不正常现象，立即停止升压，待故障消除后再继续升压。

7）当汽压升至3～3.4MPa时，冲洗锅筒水位计，通知化验汽水品质并对设备进行检查，调整过热蒸汽温度，准备并炉。

（五）升压阶段注意事项

升压阶段升温应缓慢，控制饱和蒸汽温度差小于50℃/h，锅筒上下壁温差小于50℃，整个升压时间控制在2～3h，并在以下各阶段记录膨胀指示值：

1）上水前后。

2）锅筒压力分别达到0.3～0.4MPa、1～1.5MPa、2MPa、3.9MPa。如不正常时，必须查清原因，恢复正常后，方可继续升压。

3）点炉升压过程，应监视水位。

（六）并炉

1）在并炉前，应与邻炉司炉取得联系，适当调整汽温，保持汽压稳定。

2）并炉操作：

① 锅炉所有设备运行正常，燃烧稳定。

② 主蒸汽压力略低于蒸汽母管压力0.1～0.3MPa。

③ 主蒸汽温度在400℃以上，出口汽温低于母管汽温20～50℃。

④ 锅炉水位保持在正常水位以下50mm左右。

⑤ 蒸汽品质经化验合格。

3）在并炉过程中，如引起主蒸汽管道水击时，应立即停止并炉，减弱燃烧，加强疏水，恢复正常后重新并炉。并炉后再次对照锅炉水位及汽压指示。

4）当主蒸汽温度达到420℃以上，并能维持汽轮机汽温时，依次关闭各集箱疏水阀及对空排汽阀，根据汽温上升情况投入减温器。

5）并炉后关闭省煤器的再循环阀，打开各自的取样阀，并炉后低负荷运行一段时间。

（七）运行调节

1. 床温控制

1）影响炉温的因素主要是燃料热量、风量、运行中燃料品质的变化。因此，即使稳定工况，也要注意床温的变化。运行中随着床料的增加，床层阻力增加，在风门开度不变的情况下，风量会逐渐减少。返料量对床温有一定的影响。

2）为了保证脱硫效率，床温要稳定在（850±50）℃，如果不脱硫，床温可适当提高。为了维持床温稳定，主要通过风量及燃料来控制。稳定负荷运行时，可在小范围改变风量。温度太高，则减料或增风，太低则相反。满负荷运行时，风量一般不变，温度波动，一般通过改变给料量来调整。

2. 循环量控制

在炉膛出口布置有水冷方形旋风分离器，配有很大的分离回料量。循环量与燃烧特性、粒度组成、分离器效率等因素有关。循环量的大小也影响燃烧效率、电耗、磨损、负荷等，运行中综合各方面的因素，经过实际测试来确定。

3. 床层压力的控制

运行中，保持一次风室压力在12000～14000Pa范围内变化。这一数值范围与燃料的性质、负荷的高低等因素有关，可在运行中根据具体情况而定，通过排渣来控制，放渣过程中要密切注意床温、汽温的变化。

（八）正常停炉

停炉前，最好在停止给料后再燃烧一段时间，床温低于800℃后，依次关高压风机、二次风机、一次风机，关闭所有的风门及人孔门，等炉子缓慢冷却。24h以内不要打开炉门，更不可通风冷却，也不可一停炉即在沸腾状态下放床料，因风温低会使炉子降温太快，引起过大的温度应力。在停炉24h后，可自然通风冷却，灰渣温度低于200℃以后，可起动风机从渣管将渣放光。

二、运行调试实例

新装锅炉的投运调试，如果经验不足，或准备不够充分，对设备和物料的特性掌握不了，很容易发生各种设备及操作事故，使调试归于失败。因此，在点火调试之前，在做冷态试验时，准备一定要充分，同时应预想许多应对措施，以防突发事件，措手不及。

1. 实例一

某10t/h风帽式沸腾炉，因布风装置设计缺陷，点火底料选择不当，运行经验不足，经数十次点火起动，历时近一年，不能投入正常运行。后来通过改进布风装置设计参数和调整升炉底料，一次点火成功投运。

该炉原布风板开孔率选取过小，只有1.9%，一般沸腾炉常规设计布风板孔率选取范围为2.2%～3.2%，即风帽小孔开孔面积与布风板有效面积的比值过小。这样致使布风板的空板阻力过大，在做冷态试验时，底料难以流化，尽管增大风速，细颗粒底料已流化，甚至被大量带出床层，但仍有相当的粗料无法正常流化。同时，床内底料在高压流化风的作用下，只见细颗粒底料被气流携带直线往上运动，见不到明显的沸腾界面和大量的床料不断下落返混的现象。底料冷态试验时呈现的这种情形，有经验的司炉一见，就知道无法点火成功。如果强行点火，要么会在加风流化时床温提升不起而熄火，要么会因风量增加过慢，床温控制不住，快速上升而超温结焦。

经查看图样资料，核算布风板设计数据，发现开孔率过小，只有1.9%，大大小于常规设计要求。决定采取增加开孔面积、降低流化风速、改善底料流化质量的措施。将安装好的风帽，全部拆卸，在原开孔小眼的基础上进行扩孔，使开孔率增加到2.4%，重新冷态试验时，底料流化质量有了明显好转，但仍存在部分粗颗粒底料流化风速过高的现象。

一般情况下，开孔率扩大到了2.4%，底料流化风速应不会过高，经过过筛的0～5mm的底料，应该能满足点火升炉的正常流化质量要求。后经仔细观察风帽结构，发现风帽小眼中心至帽顶的高度尺寸过大，正常应为20mm左右，这一尺寸大，会形成过大的帽间阻力，一次风离开风帽后，其动能在风帽间上升时消耗过多，冷态时，使部分大颗粒底料流化质量较差。但是这一尺寸在风帽定型后，已经无法改变。

为了获得较低的临界流化风速，消除底部较大颗粒流化不良的现象，采取改变点火底料粒度的办法。该炉原点火底料的选择是将沸腾炉的冷渣经过5mm筛网过筛，去除了较大颗粒的冷料，同时，又用细孔筛，将大部分1mm以下的小颗粒底料也去除，升炉的底料为2～5mm的窄筛分底料。虽然底料颗粒粒径不超标，但总体密度偏大，再加上帽间阻力过大，冷态试验时，不但临界风量偏高，而且在由固定床转到流化床时，形成明显的分界点，稍略降低流化风量，就会形成大量粗颗粒沉积现象，给底料的加热和加风造成较大的难度。为了消除这一现象，采取扩大底料筛分范围的办法，去掉1/3的粗料，掺和部分细料，在冷态试验时，使底料能逐步由固定床过渡到流化床，在低临界风量下，沉积的粗颗粒减少到最小的限度。沸腾界面清晰，流化质量改善。

通过改进布风板设计，调整底料颗粒度后，一次点火成功。由于问题分析准确，采取的措施对路，从进厂检查分析问题，到点火调试成功，前后不到一个星期，使一台近一年未被投入使用的锅炉变成了当家炉。

2. 实例二

某4t/h风帽式沸腾炉，投运初期，连续点火10多次，由于司炉人员运行经验不足，不是熄火便是结焦，一次点火运行最长时间不超过8h。

该炉为2t/h卧式快装锅炉改造为4t/h的沸腾炉，传动带负压给煤方式，设计燃用0～8mm粒径层燃炉渣，及造气炉渣混合后经破碎、筛选的低热值燃料。经现场了解设备及查看图样资料，该炉设计上不存在明显问题，但没有配置风量表，点火和运行时，靠观看风机电流及风门开度指示标杆位置来调整风量，同时，该厂附近没有其他沸腾炉，采用本厂层燃炉渣筛选后作为底料，由于层燃炉渣作为底料比重轻，且含碳量较高，升炉难度大，又没有风量指示，再加上司炉人员不具备点火经验，熄火、结焦是很难避免的。

根据运行经验，建议改用0～5mm河砂作为升炉底料，冷态试验时，在风门开度指示杆上标出临界风量的位置标记。点火升炉时，在给煤口处准备有引火烟煤和点火用的河砂作为超温、熄火处理用。点火时，当底料已经流化，底料温度已稳定在800℃以上时，再关闭炉门，转入表盘操作，由给煤机给料。关炉门以前，以往炉内投引火烟煤的方式提升炉温。当炉温过高时，以投入河砂的方式稳定炉温。

当炉温已稳定在800℃以上，关闭炉门，起动给煤机给料时，炉温逐步下降，火色开始由红变灰，立即停止给煤，由下煤口投入引火烟煤，炉温又开始逐步回升，当炉温升至900℃，停止投引火烟煤，再起动给煤机给料时，炉温又逐步下降，于是再停止给煤，以引火烟煤提升炉温，这样多次反复，未能正常，不能停止投引火烟煤。这种情况十分少见。从理论上讲，炉温已达到900℃以上，层燃炉、造气炉渣混合料中的固定碳应该能着火燃烧，且经测试，燃料中的低位发热值，高达15000kJ/kg左右，发热值也不低，完全能满足正常燃烧需要。由于是采用负压给料，站在下煤口仔细观察炉内燃烧情况，发现床料上部虽然燃烧正常，但未见炉料剧烈翻腾现象，见到的只是细颗粒燃料在翻腾燃烧，未见较粗的颗粒翻腾燃烧。经分析，有可能是运行风量过低，流化质量差，给入的炉料沉积在下部，投入的引火烟煤，颗粒较小，浮在床料上部燃烧，使床温分布不均，床温反映的是上部较高的温度，下部温度低，未能正常燃烧。根据分析，决定以引火烟煤稳定上部床温的情况下，增大运行风量。当逐步加大流化风量后，床料沸腾加剧，明显可见颜色暗的粗颗粒在床料上部翻腾，床温逐步升高，停止投入烟煤后，床温继续爬升，及时停止给料，往下煤口投入河砂控制床温，以防超温结焦。当床温稳定以后，重新给料，这时不投烟煤。全部燃用炉渣，燃烧也趋于正常。锅炉点火成功，投入了正常运行。

分析此次点火过程，点火初期在关闭炉门时，虽然底料温度已达800℃以上，且已经完全流化，但因底料为河砂，比重料重，流化风量较低。投入正常给煤时，由于使用的是低热值炉渣，给料量比较大，很容易使床料增厚，使需要的临界风量值增大，形成底部粗颗粒聚积，流化质量较差，底部床温偏低。同时，炉渣全部为固定碳可燃物，无挥发物，着火燃烧温度较烟煤高，一般要求800℃以上才能正常燃烧。再加上投入烟煤时，使床料上部温度得到提升，下部提升较慢，停止烟煤，床温下降，使给入的炉料仍不能正常燃烧。

三、超温结焦实例

流化床锅炉超温结焦一般发生在点火升炉、压火停炉期间或压火再起动的过程中，结焦的性质多为低温松散焦，结焦的原因多为司炉人员操作经验不足，对物料性能掌握不了，操作处理不当所致。运行中一般很难超温，一旦偶然发生，多为追煤过多的高温焦。结焦事故是一种常见易发事故，但也不是不可避免的，这是一个司炉人员技术和经验的体现。

（一）首次起动床料结焦

某130t/h循环流化床锅炉是中温中压，平衡通风，床下油枪点火，燃用烟煤、煤矸石混合料，入炉粒度0~13mm，于2000年10月首次点火发生床料严重结焦。

1. 问题的发现

该炉具备点火条件后，于2000年10月9日开始用木材烘炉3天，烘炉结束后进行油枪出力/雾化试验、床料阻力/流化试验等调试工作，然后点火进行一阶段吹管，即在流化床上铺上600mm厚的底料，起动一次风机，点燃布置在床下风道内的油枪，待床温达到613℃时，间断投煤，每次投煤30s，时间间隔约为8min（给煤量为48t/h），炉渣燃烧不稳定，床温急剧上升，冲管第16次时床温上升至1200℃，随后又逐渐下降，其间尾部添加床料，试图增大床层压差，未有效果，燃烧状况恶化，投甲、乙油枪维持冲管至25次后解列，停炉后，发现床料大面积结焦，焦块呈深褐色。

2. 原因分析

1）冲管第16次时，床层压差逐渐降低，投煤后的床层阻力由5.97kPa逐渐降至3.0kPa，一次风量由13.25m^3/s降至11.27m^3/s，风机电源未变，一次风量低于床层临界流化风量13.0m^3/s以下，床料无法正常流化，此时极有可能结焦。

2）现场对床底料和入炉煤样进行熔点分析，底料灰锥变形温度为1230℃，细粉灰锥度变形温度为1080℃，而在锅炉点火投煤后床温急剧上升，第16次冲管时床温达到最高点1200℃左右，超过和接近煤样及底料灰锥的变形温度，此时底料极有可能瞬间结焦。

3）点燃油枪加热底料的过程中，氧量在15%（指体积分数）左右变化，而投煤后，床温急剧上升，燃烧工况不良，氧量出现一次零值，随后床层阻力降低至3.0kPa。床料在缺氧的情况下也极易结焦。

4）入炉煤在密相区内燃烧所释放出的热量，大部分被物质循环物料带走，这样才能保证床温稳定。从返料风压值的变化可以看出，在锅炉点火投煤后第16次冲管时，返料风压由5.8kPa降至3.4kPa，物料循环量降低，热量集聚，床温升高，可导致床料结焦。

3. 采取的措施及效果

通过分析，采取的措施是：

1）减少油枪出力，从而降低燃油所占氧量份额，满足燃煤所占氧量份额，在保证底料充分流化的情况下，延长加热底料时间。

2）调整给煤量，更好地控制床料温度，即将给煤时间确定为30s，间隔5min，床料温度上升速率控制在5~15℃/min，并保证床料密相区温度在（900±20）℃之间变化，煤粒粒径为0~13mm。

3）调整尾部氧量在17%（指体积分数）左右。在一次风满足床料流化需要的前提下，当尾部氧量不足时，可逐渐开启二次风门来调整氧量。

4）调整一次风量。不得将一次风量减小到临界流化风量13.0m^3/s以下，防止因床料不能正常流化而结焦，同时保持炉膛负压在-100~200Pa之间。

5）维持返料风压在5.8kPa左右，确保回料器有足够的循环量，从而有效地控制床温。

经采取上述几个方面的措施后，在第二阶段吹管、安全门整定期间，燃烧工况良好，停炉后检查，床料平整，未发现结焦。

（二）床料流化不良超温结焦

某410t/h循环流化床锅炉起动前做流化试验，塌床后发现炉内局部流化不良，布风板中部有两个小山堆，对该处进行清理检查未发现异物，但床料堆积较紧，经疏松后再次做流化试验，发现布风板仍有轻微不平整。锅炉点火起动后，投煤时发现床温分布不均，流化不是很好，20:04床温快速上升无法控制，锅炉床温高，MFT动作，21:17床层温度恢复正常后起动1号一次风机，重新脉冲投煤，发现流化不良有结焦现象，23:45，因床温不易控制，判断为炉内结焦，令锅炉停炉，停炉后检查炉内结焦较严重。

1. 结焦原因

1）锅炉起动前加装的床料较湿，且床料在人工加装过程中踩动过紧，造成不易流化。

2）锅炉起动投煤过程中1号一次风机跳闸，锅炉流化风量不足，再次起动一次风机后出现局部流化不良引起床温超温，导致锅炉结焦。

2. 采取的措施

1）起动床料应保持干燥，起动前加装床料过程中应避免过于踩压。

2）起动前做流化试验时若发现有流化不良现象，应进行检查并疏松，在确认流化正常后，再起动锅炉。

3）在投煤过程中若出现一次风机跳闸，流化风量不足，锅炉应立即停止给煤并保证最低流化风量，保证正常流化后再进行脉冲投煤。

采取上述措施后，锅炉未再发生结焦。如果锅炉在下一次起动前的流化试验中，又发现布风板中部有一小山堆，应该重新做流化试验，直至布风板上料层平整才能启动点火程序。

（三）流化风量的低温结焦事例

某130t/h循环流化床锅炉在某次点火过程中，由于点火煤水分过大，且热值不高，经过反复间断加煤，终于使床温升至760℃附近，但却不再上升。正常情况下，只要适当加煤加风，即可逐步燃烧正常。但当时加煤加风后，床温反而逐渐下降，于是又适当加大了给煤量，但最终床温还是降到了700℃左右不再变化。这种情况一般会有两种判断：一是认为还是由于煤质问题和刚才增加了部分送风量所致，由于此时的风量已经超过了点火初期的临界流化风量，流化应属良好，所以此时，可以适当降低一次风量，并继续加煤；另一种意见则相反，目前经过多次加煤，炉内已经有了大量焦炭，此时料层已变厚了许多，虽然增加了一次风量，且料层差压并不太大，但通过观察发现，上部的负压由于刚才调整时引风量偏大，已从原先的 -200Pa 变为 -500Pa 左右，因此，其实料层差压应高出正常值，很可能已经流化不好。另外，正常时剩余氧量一般在6%（指体积分数）左右，如果是风量过大，使床温下降，则氧量值迅速变大，而当时的氧量仅有3%（指体积分数）左右，这充分说明炉内处于缺氧状态，而床温稳定在700℃左右不变，正是由于流化不良致使燃烧不正常。因此，目前应立即停煤，同时继续加大一次风量，并放掉部分炉料。果然经过分析采纳后一种意见，停煤加风后，床温迅速上升，最后经过反复调整达到正常。另外通过放出的炉料观察，里面的可燃物比例相当大，而且放渣口已堵了一个，正是低温结焦所致。如果采用第一种方法处理，后果不堪设想。

这是一个易造成误判断、误操作而导致低温结焦的典型实例。在实际操作中，只有在勤观察、勤分析的基础上进行正确调整，才不致由于误操作而发生恶性结焦事故。

1）所谓低温结焦，是指流化床温度低于灰渣变形温度，由于局部超温而引起的结焦。常见于点火时或运行中断煤压火后，多数是底料中已积聚了大量焦炭，但有时床温会升至着火附近停滞不前，此时由于调整不当使流化不良造成局部超温结焦，严重时会逐渐扩大导致大面积结焦，如超温部位在放渣口附近，则可能导致排渣不畅。

2）点火中防止低温结焦的关键是加煤后合理布风，严格控制好临界流化风量。因为加煤前底料热值很低，即使流化不良甚至不流化，也不会有结焦危险，但底料中一旦混入煤粒，就可能在流化不好的地方燃烧，形成局部超温结焦。

四、磨损爆管实例

磨损爆管，是流化床锅炉的常见易发事故，主要是由于锅炉受热面在物料流的长期冲刷磨损下管壁减薄、强度减弱所致。其发生部位多为埋管、流化床密相区过渡段水冷壁管、炉膛出口处的烟窗水冷壁管，布置在炉膛顶部的过热器管，烟道进口处的第1、2排炉管，省煤器进口及上部弯头等。磨损是流化床锅炉的特点，没有物料对受热面的剧烈冲刷，也就不存在流化床锅炉的燃烧和传热两大特点。也就是说，在流化床锅炉中，磨损应视为一种不可避免的正常现象。但磨损可以控制，只要防磨的措施对路，因磨损而导致的爆管事故也是可以预防的。

2004年5月26日，某10t/h循环流化床锅炉后墙斜坡处第一根水冷壁管爆破，裂口长150mm，裂口最大宽度150mm，巨大的冲击力量，致使炉膛前墙顶部冲垮，后墙整体移位变形。换管、砌墙、烘炉，共计停炉近1个星期，直接经济损失1万多元，由于事故当时炉前没有人员操作，幸免了一场重大的人员伤害事故。

该炉5月6日至9日，刚停炉检修三天，投运不满1个月，按理说不该发生如此严重的爆管事故。该炉在5月6日至9日的停炉检修期间，重点检查和修理了水冷壁管下部密相区的严重磨损部位，并采取了相应的防磨措施，如加焊防磨圈。对磨损严重的部分位置，还进行过换管修理。对有的部位还采取过破坏性壁厚检查，对低于2mm的位置，采取换管措施。由于该炉只需再连续运行2个月，就可以停炉大修换管，所以5月6日的修理，只是小修。经过如此严密的检查和修理，维修人员认为有把握连续运行至7月份的大修。但是事与愿违，不到1个月，炉管就破裂了。

事故后，经检查、换管修理和分析，其爆管的原因，是必然的，而不是偶然的。其原因如下：

1）严重磨损减薄爆管。破口为撕裂状，并呈现刀口，破口上端经锯开查看，壁厚也低于2mm。

2）该破口位置较为特殊，一般磨损严重的部位在管与密相区斜坡炉墙接口上150mm处，但该破口上移至300mm处。5月6日停炉检查时，只注意检查150mm处的磨损，而根本就没有注意上部。因为该管处在墙角处，气流冲刷位置较高。

3）因5月6日检修时考虑7月份会停炉大修换管，按常规的磨损速度，2mm以上的壁厚再运行2个月应没有问题。但是，实际情况是该炉5月9日投入后，另一台炉停炉大修，因此该炉处于超负荷运行，原来是两台炉并列运行供汽，现只有一台炉，负荷重，流化风速高，磨损速度加快，超出预期。

通过吸取此次爆管的教训，在停炉修理时，采取了下列措施：

1）防磨位置加高，原来水冷壁管下部防磨的位置只焊到200mm高，后加高到1m。

2）以往采用$\phi6 \sim \phi8$mm的圆盘制作防磨圈，但不耐磨，一般只能运行3~5个月，必须更换或加焊，现采用耐磨的合金瓦，造价虽高些，但耐磨性和安全可靠性得到了加强。

3）在下部侧墙增加设置防爆门。因为流化床锅炉，尤其是循环流化床锅炉流化风速较高，炉膛横截面面积小，且炉膛高度较高，虽然在炉顶设置有防爆门，但在下部爆管，泄压能力仍有限，采用轻型炉墙的工业锅炉，一旦爆管，很容易损坏炉墙，造成人员伤害。

4）在进行定期的或停炉后的磨损量监测中，一定要全面仔细，尤其是容易产生剧烈磨损的特殊部位不可漏检，以便及时采取修理换管措施。

思考题与习题

1. 循环流化床锅炉正式运行前为什么要做冷态试验？冷态试验主要确定哪些参数？要达到什么目的？
2. 循环流化床锅炉共有几种点火方法？每种方法适用于什么样的炉型？
3. 循环流化床锅炉如何调整床温？
4. 如何调节床层厚度和循环灰浓度？
5. 如何进行风量的调整？
6. 分析超温结焦产生的原因及处理措施。
7. 分析低温熄火的原因及处理措施。
8. 分析循环灰浓度过高产生的原因及处理措施。

参 考 文 献

[1] 朱皑强，芮新红. 循环流化床锅炉设备及系统［M］. 北京：中国电力出版社，2008.

[2] 姚本万. 流化床锅炉司炉读本［M］. 北京：中国电力出版社，2006.

[3] 丁崇功. 工业锅炉设备［M］. 北京：机械工业出版社，2005.

[4] 钱申贤. 燃油燃气锅炉技术管理手册［M］. 北京：中国建筑工业出版社，2006.

[5] 史培甫. 工业锅炉节能减排应用技术［M］. 北京：化学工业出版社，2009.

[6] 张泉根. 燃油燃气锅炉房设计手册［M］. 北京：机械工业出版社，2000.

[7] 辛广路. 锅炉运行与操作指南［M］. 北京：机械工业出版社，2009.

[8] 赵钦新，等. 燃油燃气锅炉结构设计及图册［M］. 西安：西安交通大学出版社，2000.

[9] 辛洪祥. 锅炉运行及事故处理［M］. 南京：东南大学出版社，2004.

[10] 丘伟. 锅炉操作工（中级）［M］. 北京：机械工业出版社，2009.

[11] 徐生荣. 锅炉操作工（高级）［M］. 北京：机械工业出版社，2009.